Glück, Logik und Bluff

Jörg Bewersdorff

Glück, Logik und Bluff

Mathematik im Spiel –
Methoden, Ergebnisse und Grenzen

7., verbesserte und erweiterte Auflage

 Springer Spektrum

Jörg Bewersdorff
Limburg, Deutschland

ISBN 978-3-658-21764-8   ISBN 978-3-658-21765-5   (eBook)
https://doi.org/10.1007/978-3-658-21765-5

Die Deutsche Nationalbibliothek verzeichnet diese Publikation in der Deutschen Nationalbibliografie; detaillierte bibliografische Daten sind im Internet über http://dnb.d-nb.de abrufbar.

Springer Spektrum

Verantwortlich im Verlag: Ulrike Schmickler-Hirzebruch

Gedruckt auf säurefreiem und chlorfrei gebleichtem Papier

Springer Spektrum ist ein Imprint der eingetragenen Gesellschaft Springer Fachmedien Wiesbaden GmbH und ist ein Teil von Springer Nature
Die Anschrift der Gesellschaft ist: Abraham-Lincoln-Str. 46, 65189 Wiesbaden, Germany

Einführung

*Das Abenteuergefühl ist ein Element des Spiels. Wir setzen
uns der Ungewissheit des Schicksals aus und erleben, wie
wir es durch unsere eigene Tätigkeit in den Griff bekommen.
Alex Randolph, Spieleautor[1]*

Die Ungewissheit im Gesellschaftsspiel

Warum spielen wir? Woher rührt der Reiz eines Spiels? Was bringt Menschen dazu, oft
stundenlang zu spielen? Wo bleibt die Langeweile, wenn immer wieder das gleiche Spiel gespielt wird? Wirklich das gleiche Spiel?

Wirklich gleich bleiben bei einem Spiel nur seine Regeln, Verlauf und Ausgang ändern sich
hingegen von Partie zu Partie. Die Zukunft bleibt zunächst im Dunklen – wie im richtigen
Leben, aber auch wie im Roman, im Spielfilm und beim sportlichen Spiel. Das sorgt für Unterhaltung und erzeugt zugleich Spannung.

Verstärkt wird die Spannung durch die Möglichkeit zum Gewinn. Jeder Spieler hofft zu gewinnen – um einen materiellen Gewinn zu erlangen, in der Hoffnung auf ein kurzes Glücks-
gefühl, als Selbstbestätigung oder im Hinblick auf Anerkennung. Egal, um was es „geht",
jeder Spieler kann hoffen. Sogar ein Verlierer darf wieder Hoffnung schöpfen, wenn das
Spiel weiter geht: „Neues Spiel – neues Glück". Dabei wirkt die Hoffnung auf einen Gewinn
oft stärker als das Wissen über schlechte Gewinnchancen. Die Popularität von Kasino- und
Lotteriespielen beweist das ständig neu.

Unterhaltung und allseitige Gewinnhoffnung haben dieselbe Basis, nämlich die Abwechslung im Spiel. Durch sie bleiben die Spieler lange im Ungewissen über die weitere
Entwicklung einer Partie bis hin zu deren Resultat. Wie aber kommt es zu dieser Ungewissheit? Welche Mechanismen des Spiels verursachen sie? Bereits anhand von Spielen wie
Roulette, Schach und Pokern lassen sich drei prinzipiell verschiedene Typen von Ursachen
erkennen:

1. Zufall.
2. Vielfältige Kombinationen der möglichen Züge.
3. Unterschiedlicher Informationsstand der einzelnen Spieler.

1. Zufällige Einflüsse treten bei Gesellschaftsspielen in der Hauptsache beim Würfeln auf,
ebenso beim Mischen von Spielkarten und -steinen. Der Verlauf einer Partie wird dann im
Rahmen der Spielregeln sowohl von Entscheidungen der Spieler, als auch den Ergebnissen
zufälliger Prozesse bestimmt. Dominiert der Einfluss des Zufalls gegenüber denen der Spieler, spricht man von Glücksspielen. Bei reinen Glücksspielen ist die Entscheidung eines

---

[1] Zitiert nach Spielbox 1985/1, S. 30. Alex Randolph ist Autor so bekannter Spiele wie Twixt, Geister und Hol's der Geier sowie Mitautor von Sagaland. Die vollständige Liste mit über fünfzig Titeln
findet man im jährlich neu erscheinenden Taschenbuch *Spiel* des Friedhelm Merz Verlages, Bonn.

Spielers über die Teilnahme und die Höhe des Einsatzes bereits die wichtigste. Glücksspiele, die um Geld gespielt werden, unterliegen traditionell gesetzlichen Reglementierungen.

2. Im Allgemeinen erhalten die Spieler während des Verlaufs einer Partie in genau festgelegten Situationen die Gelegenheit zu handeln. Zur Auswahl stehen dabei bestimmte, durch die Spielregeln fixierte Handlungsmöglichkeiten. Ein Spielabschnitt, der genau eine solche solche Handlungsmöglichkeit eines Spielers umfasst, wird Zug genannt. Bereits nach wenigen Zügen können sich die erlaubten Möglichkeiten zu einer kaum noch überschaubaren Vielfalt kombinieren, so dass die Konsequenzen eines einzelnen Zuges nur noch schwer zu erkennen sind. Genau diesem Umstand verdanken Schachaufgaben vom Typ „Matt in zwei Zügen" ihre Schwierigkeit. Spiele, bei denen die Ungewissheit ganz auf den vielfältigen Zugmöglichkeiten beruht, werden kombinatorische Spiele genannt. Bekannte Vertreter dieser Klasse von Spielen sind Brettspiele wie Schach, Go, Mühle, Dame, Halma und Reversi. Zu den Spielen, die sowohl kombinatorische wie zufällige Elemente besitzen, gehören Backgammon und „Mensch ärgere dich nicht", wobei der kombinatorische Charakter beim Backgammon deutlich ausgeprägter ist als beim „Mensch ärgere dich nicht".

3. Eine dritte Ursache, die bei Spielern eine Ungewissheit über den weiteren Spielverlauf verursachen kann, entsteht, wenn die Spieler unterschiedliche Informationen über den erreichten Spielstand besitzen und damit ein einzelner Spieler nicht unbedingt die Informationen hat, über die die Spieler insgesamt verfügen. So muss ein Pokerspieler seine Entscheidungen treffen, ohne dass er die Karten seiner Gegner kennt. Man könnte nun argumentieren, dass auch beim Backgammon gezogen werden muss, ohne die künftigen Würfelergebnisse zu kennen. Jedoch besteht zwischen Pokern und Backgammon ein gravierender Unterschied: Die weiteren Würfelergebnisse kennt kein Spieler, hingegen sind die bereits verteilten Karten einem Teil der Spieler bekannt – jeder sieht zunächst nur seine eigenen Karten. Spiele, deren Teilnehmer vorwiegend aufgrund solcher imperfekter Information im Ungewissen über den weiteren Spielablauf sind, werden strategische Spiele genannt; in reiner Form sind sie allerdings sehr selten. Imperfekte Information ist ein typisches Element der meisten Kartenspiele wie Pokern, Skat und Bridge. Bei den Brettspielen Geister und Stratego beruht die imperfekte Information darauf, dass man zunächst nur den Ort, nicht aber den Typ der gegnerischen Steine kennt[2]. Bei Diplomacy[3] und Papier-Stein-Schere[4] ziehen die Spieler gleich-

---

[2] Geister und Stratego sind Brettspiele für zwei Personen, bei denen jeder Spieler von den Steinen seines Gegners nur die neutrale Rückseite sieht. Zunächst sind einem Spieler also nur die eigenen Spielsteine und die Positionen der gegnerischen Steine bekannt. Bei Geister, das auf einem Schachbrett mit je vier guten und schlechten Geistern auf beiden Seiten gespielt wird, werden nur die geschlagenen Figuren enttarnt. Bei Stratego ist die Schlagkraft einer Figur abhängig vom militärischen Rang. Daher muss eine Figur zum Zeitpunkt eines Schlagabtauschs dem Gegner offen gelegt werden.
Die einfachen Regeln von Geister und eine kommentierte Partie findet man in Spielbox 1984/3, S. 37-39. Taktische Hinweise zu Stratego sind in Spielbox 1983/2, S. 37 f. beschrieben.

[3] Diplomacy ist ein Klassiker unter den Gesellschaftsspielen. Erfunden wurde es 1945 von Alan Calhamer. Unter Einschluss von Absprachen, die zwischen den Mitspielern getroffen werden können, sind entscheidende Regionen des Spielplans, der Europa vor dem Ersten Weltkrieg darstellt, unter eigene Kontrolle zu stellen. Der besondere Charakter von Diplomacy rührt daher, dass das Schließen und Aufkündigen von Bündnissen geheim gegenüber Dritten verhandelt werden kann. Einen Überblick über Diplomacy vermittelt ein Artikel in Spielbox 1983/2, S. 8-10 sowie ein vom Erfinder verfasstes Kapitel in David Pritchard (ed.), *Modern board games*, London 1975, S. 26-44.

[4] Zwei Spieler entscheiden völlig frei, aber gleichzeitig für je eine der drei Alternativen „Papier", „Stein" oder „Schere". Haben beide Spieler die gleiche Wahl getroffen, endet die Partie unent-

zeitig, so dass jedem Spieler die Information über den aktuellen Zug der Gegner fehlt. Wie sich die imperfekte Information in einem Spiel konkret auswirkt, lässt sich am besten verdeutlichen, wenn die Spielregeln so abgeändert werden, dass ein neues Spiel mit perfekter Information entsteht. Bei Kartenspielen müssen dazu die Spieler ihre Karten offen auslegen; Poker würde auf diese Weise zur Farce, Skat bliebe immerhin ein kombinatorisch interessantes Spiel ähnlich der halb-offenen Zwei-Personen-Variante. Neben dem Spiel Papier-Stein-Schere, bei dem es sich um ein rein strategisches Spiel handelt, erkennt man auf diese Weise auch Pokern als ein überwiegend strategisches Spiel.

Bild 1   Die drei Ursachen der Ungewissheit in Gesellschaftsspielen: Gewonnen wird mit *Glück, Logik und Bluff.*

Zu fragen bleibt, ob die Ungewissheit über den weiteren Spielverlauf noch auf anderen, bisher nicht erkannten Ursachen beruhen kann. Untersucht man eine Vielzahl von Spielen nach solchen Ursachen, dann stößt man im Wesentlichen auf die folgenden Erscheinungen:

- Das Ergebnis eines Spieles kann von der körperlichen Geschicklichkeit und Leistungsfähigkeit abhängen. Außer den Sport- und Computerspielen, die sicherlich nicht zu den Gesellschaftsspielen gehören, ist beispielsweise Mikado ein Spiel, das manuelle Geschicklichkeit erfordert.
- Die Spielregeln an sich können den Spielern zum Teil unklar sein. Insbesondere in der Lernphase komplizierter Spiele kommt es zu solchen Situationen. In anderen Fällen ergeben sich Zweifelsfälle zwangsläufig aus der Natur des Spiels. So kann es beim Kreuzworträtsel-artigen Spiel Scrabble unklar sein, ob ein Wort zulässig ist oder nicht. Und selbst beim Skat bleibt das in Altenburg tagende Skatgericht bei der Klärung von Streitfragen nicht unbeschäftigt, auch wenn es meist nur mit nebensächlichen Details befasst ist.
- Ein unvollkommenes Gedächtnis vergrößert nicht nur beim Memory die persönliche Ungewissheit. Allerdings ist diese Art der Ungewissheit keine objektive Eigenschaft des betreffenden Spiels.

Im Vergleich zu Zufall, Kombinationsreichtum und unterschiedlichen Informationsständen können die zuletzt genannten Phänomene allesamt vernachlässigt werden. Keins von ihnen ist als typische und objektive Ursache für die Ungewissheit innerhalb eines Gesellschaftsspiels anzusehen. Daher erhält man auf Basis der Ursachen für die Ungewissheit in

---

schieden. Ansonsten übertrifft („schleift") der „Stein" die „Schere", das „Papier" schlägt („umwickelt") den „Stein", und die „Schere" übertrifft („schneidet") das „Papier".

Spielen eine Einteilung der Gesellschaftsspiele in sieben Klassen. In Bild 1 ist die Klassifikation graphisch dargestellt. Bei den sieben Klassen handelt es sich um

- drei Klassen reiner Spiele, die mit den Ecken korrespondieren,
- drei, den Kanten zugeordnete, Klassen von Spielen, bei denen jeweils zwei der drei Ursachen vorkommen sowie
- korrespondierend zum Innenbereich des Dreiecks eine Klasse von gemischten Spielen, bei denen alle drei Ursachen auftreten.

Zur Abbildung ist noch anzumerken, dass die untere Kante im Dreieck nur deshalb leer geblieben ist, weil dazu kein populäres Spiel existiert. Würde man Papier-Stein-Schere derart modifizieren, dass jede der neun Paarungen von Spielerentscheidungen wie zum Beispiel „Papier-Stein" zu einer speziell dafür vorgesehenen Gewinnauslosung führt, so wäre dieses Spiel dort zu platzieren: Mangels möglicher Zugfolgen fehlt es ihm an kombinatorischer Vielfalt – analog zu dem ebenfalls auf einer Kante abgebildeten Stratego, das keine Zufallsentscheidung beinhaltet, und Backgammon, das den Spielern stets übereinstimmende Informationsstände bietet. Eigentlich müssten die drei Merkmale zu acht Klassen führen, aber ein Spiel ohne jede Ungewissheit – quasi nach der Regel „Weiß gewinnt sofort" – ist kaum als Spiel anzusehen.

Spiel und Mathematik

Will ein Spieler die Gewinnaussichten zu seinen Gunsten verbessern, muss er zunächst versuchen, seine persönliche Ungewissheit möglichst weitgehend zu überwinden, um dann die Konsequenzen seiner möglichen Handlungen abzuwägen. Wie er dabei vorzugehen hat, hängt selbstverständlich davon ab, welche konkreten Ursachen für seine Ungewissheit verantwortlich sind: Will ein Spieler beispielsweise entscheiden, ob er an einem Glücksspiel teilnehmen soll oder nicht, dann muss er die Gewinnchancen dahingehend abschätzen, ob sie im Vergleich zum Einsatz attraktiv sind. Ein Schachspieler dagegen hat zu seinem ins Auge gefassten Zug alle möglichen Gegenzüge zu prüfen und zu jedem von ihnen mindestens eine erfolgreiche Antwort parat zu haben. Ein Pokerspieler schließlich muss versuchen zu ergründen, ob das hohe Gebot seines Gegners auf einem guten Blatt basiert oder ob es sich nur um einen Bluff handelt. Alle drei Probleme lassen sich nicht nur im Einzelfall spielerisch, sondern auch in prinzipieller Hinsicht untersuchen. Welche mathematische Methoden dafür entwickelt wurden, soll im vorliegenden Buch anhand von möglichst plakativen Beispielen vorgestellt werden:

- Glücksspiele können mit Hilfe der Wahrscheinlichkeitsrechnung analysiert werden. Diese mathematische Disziplin, die heute in vielfältiger Weise in Natur-, Wirtschafts- und Sozialwissenschaften angewendet wird, verdankt sogar ihre Entstehung im 17. Jahrhundert dem Wunsch, die Gewinnchancen von Glücksspielen berechnen zu können.
- Für die kombinatorischen Elemente in Spielen gibt es keine einheitliche Theorie. Jedoch können mit den unterschiedlichsten mathematischen Methoden sowohl prinzipielle als auch für Einzelfälle konkrete Resultate erzielt werden.
- Ausgehend von den strategischen Komponenten eines Spieles wurde eine eigene mathematische Disziplin begründet, die so genannte Spieltheorie. Spiele fungieren dort als Mo-

dell, auf deren Basis interaktive, ökonomische Prozesse in Abhängigkeit von getroffenen Entscheidungen untersucht werden.

Für alle drei Spieltypen und ihre mathematischen Methoden gilt, dass mit Hilfe von Computern ansonsten unerreichbare Anwendungen realisiert werden können. Aber auch unabhängig von der Entwicklung immer schnellerer Computer hat es bei den betreffenden mathematischen Theorien im 20. Jahrhundert große Fortschritte gegeben. Das mag den einen oder anderen mathematischen Laien vielleicht überraschen – besitzt die Mathematik doch oft völlig zu unrecht den Ruf, ihre Entwicklung sei schon lange abgeschlossen.

Der Ausgangspunkt der **Wahrscheinlichkeitsrechnung** liegt in Fragen wie derjenigen, welcher Spieler in einem Glücksspiel die besten Chancen hat zu gewinnen. Zentraler Begriff ist die Wahrscheinlichkeit, die als Maß für die Gewissheit interpretiert werden kann, mit der ein zufälliges Ereignis eintritt. Für Glücksspiele interessiert natürlich letztlich die Wahrscheinlichkeit des Ereignisses, dass ein bestimmter Spieler gewinnt. Häufig muss aber nicht nur der Gewinn als solches, sondern zugleich auch seine Höhe berücksichtigt werden. Zu berechnen sind dann der durchschnittliche Gewinn und das mit dem Spiel verbundene Risiko. Aber nicht immer muss ein Spiel vollständig analysiert werden, beispielsweise dann, wenn nur unterschiedliche Zugmöglichkeiten gegeneinander abzuwägen sind und das im direkten Vergleich geschehen kann. Bei Wettrennen auf Würfelbasis stellen sich dabei Fragen der Art, wie lange ein Spielstein durchschnittlich dafür braucht, eine bestimmte Wegstrecke zurückzulegen. Besonders kompliziert sind solche Berechnungen dann, wenn wie beim Leiterspiel ein Spielstein auch wieder zurückfallen kann. Auch die Antwort auf die Frage nach der Bevorzugung von bestimmten Feldern beim Monopoly verlangt ähnliche Berechnungs-Techniken. Schwierig zu analysieren sind ebenso solche Glücksspiele, die ausgeprägte kombinatorische Spielelemente beinhalten. Erstmals bewältigt wurden solche Schwierigkeiten bei der Analyse des Black Jacks.

Kombinatorische Spiele, namentlich die traditionsreichen Vertreter Schach und Go, gelten als Spiele mit hohem intellektuellen Anspruch. Schon früh in der Entwicklungsgeschichte der Rechenmaschinen reifte daher der Wunsch heran, in Maschinen ebenbürtige Spielgegner finden zu können. Wie aber lässt sich das realisieren? Dafür benötigt werden Rechenverfahren, mit denen ausreichend gute Züge gefunden werden können. Kann die Güte eines Zuges aber überhaupt eindeutig bewertet werden oder hängt sie nicht immer von der gegnerischen Antwort ab? Immerhin ist der Suchverfahren und Computertechnik umfassende aktuelle Stand der Technik beeindruckend. Ein durchschnittlicher Schachspieler besitzt nämlich gegen die besseren Schachprogramme kaum noch eine Chance. Aber nicht nur Schach war Gegenstand des mathematischen Interesses. Für viele Spiele konnten, zum Teil auf überraschend einfache Weise, sichere Gewinnstrategien gefunden werden. Bei anderen Spielen kann seltsamerweise nur bestimmt werden, welcher Spieler theoretisch stets gewinnen kann, ohne dass bis heute eine Gewinnstrategie konkret bekannt ist. Einige dieser Spiele besitzen sogar Eigenschaften, die kaum eine Hoffnung bestehen lassen, je eine solche Gewinnstrategie zu finden.

In welcher Weise sich strategische Spiele prinzipiell von zufälligen und kombinatorischen Spielen unterscheiden, davon handeln die Grundlagen der **Spieltheorie**. Am Beginn steht eine mathematisch formale Definition eines Spiels. Charakterisiert wird ein Spiel durch seine Regeln, und diese umfassen die folgenden Angaben:

- Die Anzahl der Mitspieler.
- Zu jedem Spielstand die Aussage darüber,

- wer am Zug ist,
- welche Zugmöglichkeiten für den betreffenden Spieler bestehen und
- auf Basis welcher Informationen er seine Entscheidung zu treffen hat.
- Für beendete Partien, wer wie viel gewonnen hat.
- Bei Zufallszügen, wie wahrscheinlich die möglichen Ergebnisse sind.

Als eigenständige Disziplin entstand die Spieltheorie erst 1944, als fast aus dem Nichts eine monumentale Monographie über die Theorie der Spiele erschien. Auch wenn sich dieses Werk an verschiedenen Stellen Spielen wie Schach, Bridge und Pokern widmet, sind für die Spieltheorie wirkliche Gesellschaftsspiele im Vergleich zu ökonomischen Prozessen eigentlich nachrangig. Dass sich Spiele überhaupt als Modell für reale Abläufe eignen, überrascht eigentlich nicht. Schließlich sind viele Spielelemente Konflikten um Geld, Macht oder gar Leben entlehnt. Insofern bietet sich die „Umkehrung" geradezu an, das heißt, die Interaktion von Individuen – ob in Konkurrenz oder in Kooperation – auf der Basis eines an Spielen angelehnten Modells zu beschreiben und zu untersuchen. Die weitgehende Idealisierung ist dabei genauso unvermeidbar, wie es bei anderen Modellen der Fall ist, etwa wenn in der Physik eine Masse als auf einen Punkt konzentriert angenommen wird.

Über dieses Buch

Entsprechend der beschriebenen Systematik gliedert sich der nachfolgende Text in drei Hauptteile, in denen nacheinander zufällige, kombinatorische und strategische Spielelemente mathematisch untersucht werden. Jeder der drei Teile umfasst mehrere Kapitel, die jeweils ein abgegrenztes Problem – meist ein einzelnes Spiel oder Spielelement – zum Gegenstand haben.

Um einen möglichst breiten Leserkreis erreichen zu können, wurde bewusst von einer Darstellung abgesehen, wie sie im Hinblick auf Allgemeinheit, Formalismus und Vollständigkeit in Lehrbüchern üblich und angebracht ist. Wie in meinen beiden Büchern *Algebra für Einsteiger: Von der Gleichungsauflösung zur Galois-Theorie* und *Statistik – wie und warum sie funktioniert* stehen vielmehr Ideen, Begriffe und Techniken im Blickpunkt, die soweit vermittelt werden, dass sie auf andere Spiele übertragen werden können.

Aufgrund der problemorientierten Themenauswahl differiert das mathematische Niveau bei den verschiedenen Kapiteln zum Teil erheblich. Obwohl Bezüge auf vorangegangene Kapitel zahlreich sind, können die Kapitel oft unabhängig voneinander gelesen werden. Jedes Kapitel beginnt mit einer, manchmal mehr oder weniger rhetorisch gemeinten Frage, die zugleich Natur und Schwierigkeit des im betreffenden Kapitel behandelten Problems offenbart. Dem (der) mathematisch bestens vorgebildeten Leser(in)[5], für den (die) der hier gebotene Überblick in vielen Fällen zu oberflächlich und unvollständig bleiben muss, ermöglicht diese

---

[5] *Der* Spieler, *der* Verlierer, *sein* fehlerhafter Zug – alle diese Bezeichnungen sind im folgenden genauso wenig geschlechtsspezifisch gemeint wie *der* Hund, *die* Katze und *das* Pferd. Die Möglichkeit, mathematisch-formal in *dem* Spieler nicht *eine* Person, sondern auch in grammatikalischer Sicht geschlechtsneutral *das* Element einer entsprechenden Menge zu sehen, erschien unter dem Blickwinkel der Verständlichkeit genauso wenig sinnvoll wie der ständige Gebrauch doppelter Genera.

Struktur eine schnelle und gezielte Auswahl der für ihn (sie) interessanten Teile – die angegebene Fachliteratur weist den weiteren Weg. Ebenso zum Weiterlesen anregen sollen die angeführten Zitate sowie die Ausblicke auf mathematische Hintergründe und verwandte, außerhalb des eigentlichen Themenbereichs liegende Probleme und Sachverhalte.

Deutlichen Wert gelegt wird auf die historische Entwicklung, und zwar zum einen, weil zumindest der jüngere Aufschwung der Mathematik weit weniger bekannt ist als der der Naturwissenschaften, zum anderen, weil es durchaus spannend sein kann, persönlichen Irrtum und Erkenntnisgewinn der zeitraffermäßig verkürzten Entwicklung zuordnen zu können. Wie stark die mathematische Forschung auch im – nicht unbedingt repräsentativen – Bereich der Spiele gerade in den letzten Jahrzehnten vorangeschritten ist, macht ein Vergleich mit thematisch ähnlich abgegrenzten, im Detail allerdings oft anders ausgerichteten Zusammenstellungen deutlich, deren Erscheinen vor der Entdeckung vieler der hier beschriebenen Ergebnisse datiert ist:

- René de Possel, *Sur la théorie mathématique des jeux de hasard et de réflexion*, Paris 1936, Reprint in: Hevre Moulin, *Fondation de la théorie des jeux*, Paris 1979
- R. Vogelsang, *Die mathematische Theorie der Spiele*, Bonn 1963;
- N. N. Worobjow, *Die Entwicklung der Spieltheorie*, Berlin (-Ost) 1975 (russ. Orig. 1973) – Hauptgegenstand ist die Spieltheorie als mathematische Disziplin, jedoch wird für die Theorien von Glücksspielen, kombinatorischen und strategischen Spielen in I. §§2-5 ein Abriss der historischen Entwicklung gegeben[6];
- Richard A. Epstein, *The theory of gambling and statistical logic*, New York 1967 (erweiterte Neuauflage 1977);
- Edward Packel, *The mathematics of games and gambling*, Washington 1981.
- John D. Basley, *The mathematics of games*, Oxford 1989.
- *La mathématique des jeux*, Bibliothèque pour La Science, Paris 1997 – Beiträge zum Thema Spiel und Mathematik der französischen Ausgabe von Scientific American, die nur zum Teil auch in anderen Länderausgaben veröffentlicht wurden.

Nicht versäumen möchte ich es, meinen Dank an all jene auszusprechen, die bei der Entstehung dieses Buchs behilflich waren: Elwyn Berlekamp, Richard Bishop, Olof Hanner, Julian Henny, Daphne Koller, Martin Müller, Bernhard von Stengel und Baris Tan erläuterten mir freundlicherweise ihre Forschungsergebnisse. Bernhard von Stengel verdanke ich darüber hinaus einige Anmerkungen und Verbesserungsvorschläge und nicht zuletzt die Ermutigung, den Weg zu einer Publikation zu suchen. Angesichts des umfangreichen Quellenstudiums nicht vergessen werden soll die mir zuteil gewordene Unterstützung durch Mitarbeiter der von mir genutzten Bibliotheken – stellvertretend auch für die anderen seien hier nur die Bibliothek des Mathematischen Instituts in Bonn, die Bibliothek des Instituts für Diskrete Mathematik in Bonn sowie die Universitätsbibliotheken Bonn und Bielefeld genannt. Frauke Schindler vom Lektorat des Vieweg-Verlages und Karin Buckler haben viel dazu beigetragen, die Zahl *meiner* Fehler zu verringern. Dem Vieweg-Verlag, namentlich seiner Programmleiterin Ulrike Schmickler-Hirzebruch, habe ich dafür zu danken, diese sicher aus dem üblichen Rahmen fallende Zusammenstellung ins Verlagsprogramm aufgenommen zu haben. Last not least gilt mein ganz besonderer Dank meiner Frau Claudia, deren Verständnis ich in den letzten Jahren leider viel zu oft strapaziert habe.

---

6   Darüber hinaus verdankt der Autor den Ausführungen Worobjows aus Teil I wesentliche Einsichten, wie sie insbesondere auch in die Einführung eingeflossen sind.

Vorwort zur zweiten Auflage

Der erfreuliche Umstand, dass die erste Auflage nach nur zwei Jahren vergriffen ist, gibt mir Gelegenheit, zwischenzeitlich entdeckte Druckfehler zu beseitigen. Außerdem konnten einige Literaturverweise und Hinweise auf neuere Untersuchungen ergänzt werden. Danken möchte ich Hans Riedwyl, Jürg Nievergelt und Aviezri S. Fraenkel für ihre Anmerkungen.

Hinweisen möchte ich schließlich noch auf meine Web-Seite www.bewersdorff-online.de, auf der ich Ergänzungen und Korrekturen veröffentliche.

Vorwort zur dritten Auflage

Wieder habe ich aufmerksamen Lesern zu danken, die mich freundlicherweise auf Druckfehler in vorangegangenen Auflagen hingewiesen haben: Pierre Basieux, Ingo Briese, Dagmar Hortmeyer, Jörg Klute, Norbert Marrek, Ralph Rothemund, Robert Schnitter und Alexander Steinhansens. In dieser Hinsicht besonders danken möchte ich David Kramer, der derzeit das vorliegende Buch ins Englische übersetzt.

Die Notwendigkeit zu inhaltlichen Ergänzungen ergaben sich aufgrund von einigen zwischenzeitlich publizierten Arbeiten, darunter insbesondere Dean Allemangs Untersuchung über die Misère-Version von Nim-Spielen sowie Elwyn Berlekamps Idee des Environmental Go. Auch der Anregung von Lesern, neuere Ansätze bei Spielbaum-Suchverfahren zu ergänzen, habe ich gerne entsprochen.

Vorwort zur vierten Auflage

Für Hinweise auf Druckfehler habe ich diesmal Benno Grabinger und nochmals David Kramer zu danken. Ergänzt wurde ein Überblick über neue Ansätze zur Untersuchung der Misère-Version von Nim-Spielen, die Thane Plambeck 2005 veröffentlicht hat.

Vorwort zur fünften Auflage

Für Hinweise auf Druckfehler danke ich Winfried Borchardt, Wolfgang Götz und Sophie Rabe. Ergänzt wurden neuere Ergebnisse über die amerikanische Dame-Variante sowie ein Überblick über Machine-Learning- und Monte-Carlo-Ansätze bei der Spielbaumsuche.

Vorwort zur sechsten Auflage

Für Hinweise auf Unzulänglichkeiten danke ich Frank Diekmann, Donald Knuth, Horst Rödel und Walter Schmucker. Ergänzt wurden Erläuterungen zu Zwischenschritten bei der Berechnung von Black Jack sowie neuere spieltheoretische Resultate über Mastermind.

Vorwort zur siebten Auflage

Für Hinweise auf Unzulänglichkeiten danke ich Jirka Dell'Oro-Friedl und Elmar Vogel. Außerdem habe ich gerne einen freundlichen Hinweis Ingo Althöfers auf Monte-Carlo-Analysen Laskers aufgenommen.

Nachdem nun 20 Jahre seit dem Erscheinen der Erstausgabe vergangen sind, habe ich diesmal etwas umfangreichere Ergänzungen vorgenommen: Ergänzt wurde ein Kapitel, das neuere Untersuchungen zum Ziegenproblem erläutert. Angefügt wurde außerdem ein Epilog. Er umfasst eine resümierende Darlegung über symmetrische Spiele sowie einen Überblick über mathematische Ansätze, mit denen das Rechtsproblem der Abgrenzung von Glücks- und Geschicklichkeitsspielen systematisch angegangen werden kann.

JÖRG BEWERSDORFF[7]

---

[7] Unter mail@bewersdorff-online.de sind Hinweise auf Fehler und Unzulänglichkeiten willkommen. Auch Fragen werden, soweit es mir möglich ist, gerne beantwortet.

Inhaltsverzeichnis

1 Glücksspiele

1.1 Würfel und Wahrscheinlichkeit

Mit einem Würfelpaar kann die Summe 10 durch 5 + 5 oder 6 + 4 erreicht werden. Auch die Summe 5 lässt sich auf zwei Arten, nämlich durch 1 + 4 oder 2 + 3, erzielen. Trotzdem tritt die Würfelsumme 5 in längeren Versuchsreihen erfahrungsgemäß häufiger als die 10 auf. Warum?

Obwohl wir in unserer Umgebung in vielfältiger Weise dem Zufall ausgesetzt sind, waren es maßgeblich Fragen über Glücksspiele, die zu den ersten mathematischen Untersuchungen von zufälligen Erscheinungen führten. Abgesehen davon, dass es höchst attraktiv sein kann, Wege zum Gewinn zu suchen und zu finden, haben Glücksspiele auch den Vorteil, dass bei ihnen der Zufall in genau fixierten Bahnen wirkt. So ist die zufallsbedingte Ungewissheit, eine Sechs zu werfen, einfacher erfassbar als wenn es darum geht, ob am 12. Juli des nächsten Jahres ein Blitz in den Eiffelturm einschlagen wird. Das liegt in erster Linie daran, dass Glücksspiele unter gleichen Bedingungen reproduzierbar sind und theoretische Ergebnisse daher relativ einfach in Versuchsreihen überprüft werden können, wenn sie nicht ohnehin schon als Erfahrungstatsache bekannt sind.

Die ersten systematischen Untersuchungen von Glücksspielen stammen aus der Mitte des 17. Jahrhunderts. Punktuelle Untersuchungen gab es allerdings schon vorher. So wurde bereits im 13. Jahrhundert das eingangs gestellte Problem der Augensummen von Würfeln korrekt gelöst[8], was insofern eine besondere Beachtung verdient, da aus den nachfolgenden Jahrhunderten mehrere fehlerhafte Analysen zum gleichen Thema bekannt sind. Einen universellen Ansatz zur Beschreibung zufälliger Probleme schuf zuerst Jakob Bernoulli (1654-1705) mit seiner *Ars coniectandi*, der Kunst des Vermutens. Ihr Gegenstand ist es nach Bernoulli, „so genau wie möglich die Wahrscheinlichkeit der Dinge zu messen und zwar zu dem Zwecke, dass wir bei unseren Urteilen und Handlungen stets das auswählen und befolgen können, was uns besser, trefflicher, sicherer oder ratsamer erscheint"[9]. Im Auge hatte er dabei nicht nur Glücksspiele sondern auch Probleme des Alltags. Bernoullis Anspruch an eine mathematische Theorie des Zufalls ist noch heute aktuell. So formulierte der bekannte Physiker Richard Feynman (1918-1988) in kaum übertreffbarer Schlichtheit: „Die Theorie der Wahrscheinlichkeit ist ein System, das uns beim Raten hilft".

---

[8] R. Ineichen, *Das Problem der drei Würfel in der Vorgeschichte der Stochastik*, Elemente der Mathematik, 42 (1987), S. 69-75; Ivo Schneider, *Die Entwicklung der Wahrscheinlichkeitstheorie von den Anfängen bis 1933*, Darmstadt 1988, S. 1 und S. 5-8 (kommentierte Quellen). Einen historischen Überblick der Entwicklung der Wahrscheinlichkeitsrechnung findet man auch im Anhang des Lehrbuchs B. W. Gnedenko, *Einführung in die Wahrscheinlichkeitstheorie*, Berlin 1991.

[9] Siehe dazu den umfassenden Nachdruck Jakob Bernoulli, *Wahrscheinlichkeitsrechnung*, Ostwalds Klassiker der exakten Wissenschaften, Band 107, Frankfurt/M. 1999, S. 233.

© Springer Fachmedien Wiesbaden GmbH, ein Teil von Springer Nature 2018
J. Bewersdorff, *Glück, Logik und Bluff*, https://doi.org/10.1007/978-3-658-21765-5_1

Zentrale Bedeutung in Bernoullis Theorie besitzt der Begriff der **Wahrscheinlichkeit**, nach Bernoulli ein „Grad von Gewissheit". Ausgedrückt wird dieser Grad an Gewissheit durch eine Zahl. Wie eine Länge misst auch die Wahrscheinlichkeit etwas, aber was genau und wovon überhaupt? Das heißt, was für Objekte werden gemessen, und welche Ausprägung von ihnen ist Gegenstand der Messung?

Nehmen wir zunächst einen einzelnen Würfel. Über ein einzelnes Würfelergebnis sind Aussagen möglich wie „Das Würfelergebnis ist gleich 5" oder „Die geworfene Zahl ist höchstens gleich 3". Je nach Wurf kann eine solche Aussage wahr oder unwahr sein. Anders ausgedrückt: Das durch die Aussage beschriebene **Ereignis** kann bei einem einzelnen Versuch eintreten oder auch nicht. Dabei tritt der Extremfall des unmöglichen Ereignisses, welches beispielsweise durch die Aussage „Das Würfelergebnis ist gleich 7" repräsentiert wird, nie ein. Dagegen tritt das absolut sichere Ereignis, beschrieben etwa durch die Aussage „Die geworfene Zahl liegt zwischen 1 und 6", in jedem Versuch ein.

Die Ereignisse sind nun die Objekte, die mit den Wahrscheinlichkeiten gemessen werden. Gemessen wird bei einem Ereignis die Gewissheit oder Sicherheit, mit der es in einem einzelnen Versuch eintreten kann.

Wie aber lässt sich diese Sicherheit messen? Messen heißt vergleichen, so messen wir Längen dadurch, dass wir sie mit einem Maßstab, etwa einem Lineal, vergleichen. Bei den Wahrscheinlichkeiten ist das nicht so einfach. Zum einen sind die zu messenden Objekte nicht materiell, zum anderen ist die zu messende Ausprägung, im Gegensatz zu Größen wie Geschwindigkeit, Temperatur oder Helligkeit, nicht direkt wahrnehmbar. Immerhin ist intuitiv klar, wie man die Sicherheit eines Ereignisses abschätzen kann: Man schreitet zur Tat, das heißt, man würfelt, und zwar möglichst oft! Je höher dabei der Anteil der Würfe ist, bei denen das Ereignis eintritt, als desto sicherer ist der Eintritt des Ereignisse in einem einzelnen Versuch anzusehen. Zahlenmäßig wird der gemessene Anteil durch die so genannte **relative Häufigkeit** erfasst, bei der die Zahl der Eintritte durch die Gesamtzahl der Würfe geteilt wird. Ergeben beispielsweise von 6000 Würfen 2029 Würfe mindestens eine Fünf, dann entspricht das einer relativen Häufigkeit von 2029/6000 = 0,338. Die Sicherheit, mindestens eine Fünf zu würfeln, ist damit gemessen, das Messergebnis lautet 0,338. Eine erneute Messung mit derselben oder einer anderen Wurfzahl würde kaum das gleiche, vermutlich aber ein ähnliches Ergebnis erbringen. Ein endgültiger Wert ist aber so nicht zu erhalten, und selbst die Angabe einer Messgenauigkeit ist bereits problematisch. Eindeutig messbar sind nur das absolut sichere Ereignis, das immer die relative Häufigkeit 1 besitzt, sowie das unmögliche Ereignis, für das sich stets die relative Häufigkeit 0 ergibt.

Will man bei unterschiedlichen Ereignissen die Sicherheit vergleichen, mit der sie eintreten, dann muss das nicht unbedingt experimentell geschehen. Möglich ist es vielmehr auch, Symmetrien zu berücksichtigen: So wie die sechs Flächen des Würfels geometrisch vollkommen gleichwertig sind, so ist es nahe liegend, den Eintritt der entsprechenden Ereignisse als gleich sicher anzusehen, das heißt, den sechs Wurfergebnissen die gleiche Wahrscheinlichkeit zu unterstellen. Auf einer Wahrscheinlichkeits-Messskala, die wie bei den relativen Häufigkeiten von der 0 des unmöglichen Ereignisses bis zur 1 des absolut sicheren Ereignisses reicht, ergeben sich dann für die sechs Wurfergebnisse, von denen immer genau eines eintritt, die Wahrscheinlichkeiten 1/6. Bernoulli begründete dies mit den Worten: „Wahrscheinlichkeit ist nämlich der Grad an der Unsicherheit, und sie unterscheidet sich von ihr wie ein Teil vom Ganzen."

Das Ereignis, mindestens eine Fünf zu werfen, umfasst die Würfelergebnisse Fünf und Sechs. Folglich wird ihr die Wahrscheinlichkeit 2/6 = 1/3 zugeordnet. Das Ereignis, eine gerade Zahl zu werfen, erhält entsprechend die Wahrscheinlichkeit 3/6 = 1/2.

Wahrscheinlichkeiten lassen sich immer dann wie beim Würfel finden, wenn ein System gleichmöglicher Fälle vorliegt. Pierre Simon Laplace (1749-1824) erklärte 1812 in seinem *Essai philosophique sur les probabilités* Fälle dann für gleichmöglich, wenn „wir über deren Eintreffen in der gleichen Ungewissheit sind" und „keinen Grund zu glauben haben, dass einer dieser Fälle eher eintreten werde als der andere". Sind die möglichen Ergebnisse eines Zufallsexperiments in diesem Sinne „gleichmöglich", dann ist die Wahrscheinlichkeit eines Ereignisses nach Laplace wie folgt definierbar: Die Anzahl der Fälle, bei denen das Ereignis eintritt, das heißt, die „günstig" für das Ereignis sind, geteilt durch die Gesamtzahl der möglichen Fälle. Ist A ein Ereignis, dann entspricht die Definition von Laplace der Formel

$$\text{Wahrscheinlichkeit des Ereignisses A} = \frac{\text{Anzahl der für A günstigen Fälle}}{\text{Gesamtzahl der möglichen Fälle}}$$

Auf die engen Beziehungen zwischen den relativen Häufigkeiten innerhalb einer Versuchsreihe und den Wahrscheinlichkeiten wurde bereits hingewiesen: Beide verwenden die Maßskala von 0 bis 1, und bei dem unmöglichen und dem absolut sicheren Ereignis sind ihre Werte immer gleich. Verläuft eine Versuchsreihe „ideal" in dem Sinne, das gleichmögliche Fälle gleichhäufig eintreten, dann stimmen relative Häufigkeiten und Wahrscheinlichkeiten sogar völlig überein. Bernoulli entdeckte aber noch eine weit interessantere Beziehung, das so genannte **Gesetz der großen Zahlen**. Es besagt, dass bei langen Versuchsreihen die relativen Häufigkeiten ungefähr gleich den zugehörigen Wahrscheinlichkeiten sind. Dies ist zugleich die Bestätigung dafür, dass Wahrscheinlichkeiten bei Ereignissen wirklich die Sicherheit messen, wie man sie intuitiv versteht. Übersteigt beispielsweise bei einem Spiel die Gewinnwahrscheinlichkeit die Wahrscheinlichkeit eines Verlustes, dann wird man bei genügend langem Spiel öfter gewinnen als verlieren. Bernoullis Gesetz der großen Zahlen macht sogar Aussagen darüber, wie genau Wahrscheinlichkeiten und relative Häufigkeiten übereinstimmen. Wir werden darauf noch zurückkommen.

2. Würfel 1. Würfel	1	2	3	4	5	6
1	1-1	1-2	1-3	1-4	1-5	1-6
2	2-1	2-2	2-3	2-4	2-5	2-6
3	3-1	3-2	3-3	3-4	3-5	3-6
4	4-1	4-2	4-3	4-4	4-5	4-6
5	5-1	5-2	5-3	5-4	5-5	5-6
6	6-1	6-2	6-3	6-4	6-5	6-6

Tabelle 1   Die 36 Kombinationen von zwei Würfeln

Bei einem Würfel ist die Symmetrie der Grund dafür, dass die sechs Werte als gleichmöglich und damit gleichwahrscheinlich angesehen werden können. Es gibt eben keinen Grund dafür, dass – im Sinne von Laplace – ein Würfelwert eher erreicht würde als ein anderer. Bei zwei Würfeln gibt es insgesamt 36 Kombinationen der beiden Würfelwerte. Wichtig ist – und das war in der anfänglichen Fragestellung unterlassen worden –, dass Würfelkombinationen wie 2-3 und 3-2 unterschieden werden! In der Praxis ist der Unterschied zwar häufig nicht zu erkennen, etwa dann, wenn zwei gleichartige Würfel aus einem Becher geworfen werden.

Nimmt man aber zwei unterschiedlich gefärbte Würfel, so werden die Ereignisse 2-3 und 3-2 problemlos unterscheidbar.

Sind nun auch diese 36 Kombinationen gleichmöglich im Laplaceschen Sinne? Zunächst ist zu bemerken, dass es nicht ausreicht, einfach wieder nur auf die Symmetrie der Würfel zu verweisen. So wäre es denkbar, dass zwischen den Werten der beiden Würfel Abhängigkeiten bestehen, wie sie auftreten, wenn zwei Karten aus einem Kartenspiel gezogen werden. Zieht man aus einem Romméblatt mit 52 Karten eine Karte, dann ist die Wahrscheinlichkeit für jeden der 13 Kartenwerte gleich 4/52 = 1/13. Wird aber, ohne dass die erste Karte zurückgesteckt wird, eine weitere Karte gezogen, dann gelten für dessen Kartenwert neue Wahrscheinlichkeiten. So ist eine Wiederholung des zuerst gezogenen Wertes weniger wahrscheinlich, da er nur bei 3 der 51 verbliebenen Karten erreicht wird. Jeder der zwölf anderen Werte besitzt dagegen die Wahrscheinlichkeit von 4/51.

Verursacht wird die Änderung der Wahrscheinlichkeiten dadurch, dass das Kartenspiel aufgrund der ersten Ziehung seinen Zustand verändert hat. Vergleichbares ist bei einem Würfel wenig plausibel, da sein Zustand, anders als der des Kartenspiels, nicht von vorangegangenen Ergebnissen abhängt – Würfel besitzen eben kein „Gedächtnis". Im Sinne von Laplace ist also, egal wie der erste Wurf ausgeht, kein Grund dafür zu erkennen, welcher Wert beim zweiten Wurf eher erreicht werden könnte als ein anderer. Damit können alle 36 Würfelkombinationen als gleichwahrscheinlich angesehen werden.

Die gestellte Frage lässt sich nun sofort beantworten: Ausgehend von dem Laplaceschen Ansatz ergeben vier der 36 gleichwahrscheinlichen Würfelkombinationen die Summe 5, nämlich 1-4, 4-1, 2-3 und 3-2. Die Summe 10 wird aber nur bei drei Kombinationen erreicht: 4-6, 6-4 und 5-5. Daher ist die Würfelsumme 5 wahrscheinlicher als die 10.

1.2   Warten auf die Doppel-Sechs

Wettet man darauf, in vier Würfen mit einem Würfel mindestens eine Sechs zu erzielen, dann ist erfahrungsgemäß ein Gewinn eher wahrscheinlich als ein Verlust. Wie sieht es aber mit der Variante aus, bei der mit zwei Würfeln mindestens eine Doppel-Sechs erzielt werden muss? Wie viele Versuche müssen eingeräumt werden, damit auch diese Wette empfehlenswert wird? Folgende Überlegung bietet sich an: Da eine Doppel-Sechs als eine von 36 gleichmöglichen Kombinationen nur ein Sechstel so wahrscheinlich ist wie eine Sechs mit einem Würfel, reichen sechsmal so viele Versuche. Somit scheint die Wette, in 24 Versuchen mindestens eine Doppel-Sechs zu erzielen, erfolgversprechend. Sollte man aber tatsächlich so wetten?

Ungefähr wie gerade beschrieben mag im 17. Jahrhundert der Chevalier de Méré (1607-1684) gedacht haben, im Urteil des Mathematikers Blaise Pascal (1623-1662) zwar „ein sehr tüchtiger Kopf", aber eben kein Mathematiker („ein großer Mangel"). Zu de Mérés Hauptbeschäftigungen gehörte standesgemäß das Glücksspiel, und dabei verblüffte ihn die folgende Beobachtung: Während bei einem Würfel vier Versuche ausreichen, um erfolgversprechend auf mindestens eine Sechs wetten zu können, reicht bei zwei Würfeln die sechsfache Versuchsanzahl nicht! Der zweifellos nahe liegende Schluss, einfach die einzuräumende Versuchszahl entsprechend der geringer gewordenen Wahrscheinlichkeit zu vervielfachen, ist damit unzulässig.

De Méré, der sich sein „Pech" nicht erklären konnte, wandte sich 1654 Hilfe suchend an den schon zitierten Pascal. Pascal, der damals einen Briefwechsel mit seinem Kollegen Pierre de Fermat (1601-1665) über Gewinnchancen in Glücksspielen führte, nahm de Mérés Problem darin auf. So blieb die Episode zusammen mit einem Teil der Briefe der Nachwelt überliefert[10]. Allgemein gilt der Briefwechsel heute als die Geburtsstunde der mathematischen Wahrscheinlichkeitsrechnung, auch wenn eine einheitliche Theorie, in deren Mittelpunkt der Begriff der Wahrscheinlichkeit steht, erst später durch Jakob Bernoulli ersonnen wurde. De Mérés Problem bereitete Pascal und Fermat übrigens keine Schwierigkeiten. Eine Erklärung für de Mérés Beobachtung ergibt sich nämlich einfach dadurch, dass man die Zahl der insgesamt möglichen Fälle mit derjenigen Zahl von Fällen vergleicht, bei denen gewonnen wird:

So gibt es insgesamt $6 \cdot 6 \cdot 6 \cdot 6 = 1296$ Möglichkeiten, vier Würfelergebnisse miteinander zu kombinieren. Im Sinne von Laplace sind alle 1296 Würfelergebnisse gleichmöglich und daher gleichwahrscheinlich. Verloren wird, wenn keine Sechs geworfen wird. Dafür gibt es für jeden Wurf fünf Möglichkeiten, was insgesamt $5 \cdot 5 \cdot 5 \cdot 5 = 625$ Verlustkombinationen ergibt. Ihnen entgegen stehen $1296 - 625 = 671$ Gewinnkombinationen, so dass die Wahrscheinlichkeit eines Gewinnes mit $671/1296 = 0,518$ etwas größer ausfällt als die Verlustwahrscheinlichkeit, die nur $625/1296 = 0,482$ beträgt.

Bei 24 Würfen mit zwei Würfeln gibt es astronomisch viele Möglichkeiten, nämlich 36^{24}, das ist eine immerhin 38-stellige Zahl! Die Wahrscheinlichkeit eines Verlustes beträgt $35^{24}/36^{24}$, einfacher zu berechnen in der Form $(35/36)^{24} = 0,5086$. Die Gewinnwahrscheinlichkeit ist diesmal kleiner, nämlich gleich $0,4914$, genau wie es de Méré erfahren musste.

Die auf Laplace zurückgehende Wahrscheinlichkeitsformel, bei der die Anzahl der für ein Ereignis günstigen Fälle durch die Gesamtzahl aller Fälle geteilt wird, ist zwar im Prinzip sehr einfach, jedoch erweist sie sich in der Praxis oft als unhandlich, etwa wenn es wie im Beispiel astronomisch viele Kombinationsmöglichkeiten gibt. In solchen und ähnlichen Situationen ist es praktischer, die Formeln des so genannten Multipliaktions- beziehungsweise Additionsgesetzes zu verwenden. Beide Gesetze machen für Ereignisse, die in einem logischen Zusammenhang zueinander stehen, Aussagen über deren Wahrscheinlichkeiten. So lautet das **Multiplikationsgesetz** für unabhängige Ereignisse:

> Beeinflusst der Eintritt oder Nicht-Eintritt eines Ereignisses nicht die Wahrscheinlichkeit eines anderen Ereignisses – man nennt diese dann **unabhängig** voneinander –, dann ist die Wahrscheinlichkeit, dass beide Ereignisse eintreten, gleich dem Produkt der Einzelwahrscheinlichkeiten.

Beispielsweise ist die Wahrscheinlichkeit, mit einem Würfelpaar zwei gerade Zahlen zu werfen, gleich $1/2 \cdot 1/2 = 1/4$. Natürlich erhält man das Resultat auch, wenn man die Zahl der günstigen Würfelkombinationen bestimmt: Bei einem einzelnen Würfel wird eine gerade Zahl mit der Wahrscheinlichkeit 1/2, das heißt in 3 von 6 Fällen, erreicht. Damit sind bei $3 \cdot 3 = 9$ der 36 gleichwahrscheinlichen Würfelkombinationen beide Werte gerade, was die Wahrscheinlichkeit $9/36 = 1/4$ ergibt. Wichtig ist, dass die günstigen Fälle beider Ereignisse nur deshalb zu gleichwahrscheinlichen Ergebnissen kombiniert werden können, weil sich die beiden Würfel gegenseitig nicht beeinflussen.

---

[10] Ivo Schneider (siehe Kapitel 1.1, Fußnote 8), S. 3 f. und S. 25-40.

Würfelt man einmal mit einem Würfelpaar, so beträgt die Wahrscheinlichkeit, keine Doppel-Sechs zu erzielen, 35/36. Dass in 24 Versuchen nie eine Doppel-Sechs erscheint, ist daher aufgrund des Multiplikationsgesetzes mit der Wahrscheinlichkeit $(35/36)^{24}$ zu erwarten. Wie erhält man nun aus dieser Verlustwahrscheinlichkeit die gesuchte Wahrscheinlichkeit für einen Gewinn? Dabei hilft das **Additionsgesetz**, das folgendermaßen lautet:

> Schließen sich zwei Ereignisse gegenseitig aus, das heißt, können die beiden Ereignisse in einem Versuch keinesfalls beide eintreten, dann ist die Wahrscheinlichkeit, dass eines der Ereignisse eintritt, gleich der Summe der Einzelwahrscheinlichkeiten.

Zum Beispiel ist die Wahrscheinlichkeit, mit einem Würfel eine gerade Zahl oder eine Fünf zu werfen, gleich $3/6 + 1/6 = 4/6 = 2/3$. Gewürfelt werden kann nämlich sowohl eine Zwei, Vier oder Sechs, als auch eine Fünf. So wie die Anzahlen der günstigen Fälle zu addieren sind, so müssen auch die Wahrscheinlichkeiten addiert werden. Ein Sonderfall des Additionsgesetzes liegt dann vor, wenn die beiden Ereignisse zueinander komplementär sind, das heißt, sich einerseits gegenseitig ausschließen und andererseits zum sicheren Ereignis ergänzen. Die Summe ihrer Wahrscheinlichkeiten ist immer gleich 1. Folglich ist beispielsweise die Wahrscheinlichkeit, in 24 Versuchen mit zwei Würfeln mindestens eine Doppel-Sechs zu werfen, gleich $1 - (35/36)^{24}$.

Mit Hilfe von Additions- und Multiplikationsgesetz ist noch ein interessanter Ausblick auf die allgemeine Situation des de Méré'schen Problems möglich: Ist die Wahrscheinlichkeit eines Ereignisses gleich p, so ergibt sich bei einer Versuchsreihe von m Versuchen die Wahrscheinlichkeit dafür, dass das Ereignis mindestens einmal eintritt, mittels der Formel $1 - (1 - p)^m$. Um eine günstige Gewinnaussicht zu erhalten, muss dieser Wert mindestens gleich ½ sein. Das trifft dann zu, wenn die Anzahl m der Versuche mindestens

$$\frac{\ln 2}{-\ln(1-p)}$$

beträgt[11]. Näherungsweise ist dieser Bruch gleich $\ln 2\,/p$ mit dem natürlichen Logarithmus $\ln 2 = 0{,}6931...$, wobei sich der exakte Wert ergibt, wenn zusätzlich noch durch $1 + p/2 + p^2/3 + p^3/4 + ...$ geteilt wird[12]. Diese Korrektur ist insbesondere dann wichtig, wenn die Wahrscheinlichkeit p nicht allzu klein ist. Beispielsweise ist bei der Wahrscheinlichkeit von $p = 1/6$ durch 1,094 zu teilen. Hingegen kann bei kleineren Wahrscheinlichkeiten problemlos die Näherung $\ln 2\,/p$ verwendet werden, so dass die notwendige Versuchszahl etwa umgekehrt proportional mit der Wahrscheinlichkeit wächst – so, wie es de Méré als allgemeines Gesetz anscheinend fast selbstverständlich voraussetzte.

Völlig abwegig war de Mérés Intuition also nicht. Zudem wurde sein Trugschluss in späterer Zeit noch oft übertroffen. Unter anderem wird nicht selten vermutet, bereits bei drei Versuchen mit einem Würfel beziehungsweise bei 18 Versuchen mit einem Würfelpaar betrage die Chance auf einen Treffer, das heißt eine Sechs beziehungsweise Doppel-Sechs, bereits 50 %. Dabei wird schlicht übersehen, dass einige Würfelergebnisse im Verlauf der 18 Versuche mehrfach auftreten können, so dass dann insgesamt weniger als die Hälfte der mög-

---

[11] Die Bedingung $1 - (1 - p)^m \geq$ ½ wird dazu in der Form $(1 - p)^m \leq$ ½ logarithmiert. Zu beachten ist, dass beide Logarithmen negativ sind.

[12] Die Potenzreihe des natürlichen Logarithmus beträgt

$$\ln(1-p) = -p - \frac{p^2}{2} - \frac{p^3}{3} - \frac{p^4}{4} - ...$$

lichen Ergebnisse eintreten. Einen Fall, bei dem de Mérés Fehleinschätzung in spektakulärer Weise übertroffen wurde, erwähnt der amerikanische Glücksspielexperte John Scarne in seinem Buch *Complete guide to gambling*[13]: So soll ein Spieler – sich selbst im Vorteil wähnend – 1952 innerhalb von zwölf Stunden insgesamt 49000 Dollar bei Wetten darauf verloren haben, in jeweils 21 Würfen mindestens eine Doppel-Sechs zu erzielen. Tatsächlich ist die Gewinnwahrscheinlichkeit in Höhe von $1 - (35/36)^{21} = 0{,}4466$ deutlich geringer, als man vermutlich schätzen würde.

1.3 Lottotipps – „gleicher als gleich"?

Eine statistische Auswertung der insgesamt 1433 deutschen Lotto-Ausspielungen, die vom Oktober 1955 bis Anfang 1983 erfolgten, ergibt, dass – ohne Berücksichtigung der Zusatzzahlen – bei 76,4% der Ausspielungen mindestens eine der Zahlen von 1 bis 10 gezogen wurde. Getippte Zahlenreihen, die keine der Zahlen 1 bis 10 enthielten, hatten also allein aufgrund dieser Tatsache in 76,4% der Fälle keine Chance, einen Haupttreffer mit „Sechs Richtigen" zu erzielen. Sollte man deshalb immer mindestens eine der Zahlen 1 bis 10 in seinem Lotto-Tipp berücksichtigen?

Das Zahlenlotto, das in Deutschland und in einigen anderen Ländern in der Form „6 aus 49" gespielt wird, gehört heute zu den populärsten Glücksspielen. Und das nicht nur beim Publikum, sondern auch beim Staat, dessen Gewinn in der ungefähren Höhe des halben Einsatzes schon vor der Ziehung sicher ist. Entstanden ist das Lotto übrigens im 16. Jahrhundert in der Stadt Genua, wo damals jährlich fünf Senatoren per Los bestimmt wurden. Gleichzeitig konnte auf die zur Auswahl stehenden 110 Namen gewettet werden. Mit der Zeit verselbstständigte sich das Spiel und wurde dabei abstrahiert. Statt auf Namen setzte man nun auf Zahlen. Dem Siegeszug des Lottos konnten sich selbst die Regierungen des ehemaligen Ostblocks nicht entziehen[14]. Auch dort wurde das ursprünglich als kapitalistisch gebrandmarkte Spiel veranstaltet.

Aufgrund seiner Beliebtheit wurde das Lotto auch zum Gegenstand vieler Publikationen. In einem Lotto-Buch[15] wird die in der Fragestellung zitierte Auswertung wie folgt kommentiert:

> So gesehen muß man feststellen, daß Lotto eigentlich unlogisch ist. Wenn man darüber nachdenkt, ist es ganz einfach. Es haben nicht alle Zahlen beziehungsweise alle möglichen „Anfangszahlen"[16], die von 1 bis 44, die gleichen Chancen.
> Weil das so ist, haben nicht alle Tippreihen im Lottospiel die gleichen Chancen.
> ... wer Lotto spielt und dabei Reihen zusammenstellt, die mit einer Anfangszahl 11 und höher beginnen, verschenkt mehr als drei Viertel der Chancen, einen Sechser zu treffen. Selbst dann, wenn das Glück ihm eigentlich hold wäre. Er kann den Sechser deshalb nur

---

13 John Scarne, *Complete guide to gambling*, New York 1974, S. 16.

14 Die Entwicklung des Lottos in der DDR wird beschrieben in Wolfgang Paul, *Erspieltes Glück – 500 Jahre Geschichte der Lotterien und des Lotto*, Berlin 1978, S. 190-192.

15 Rolf B. Alexander, *Das Taschenbuch vom Lotto*, München 1983; Zitate: S. 26, S. 68 f.

16 Mit „Anfangszahl" ist die kleinste Zahl einer getippten Sechser-Reihe gemeint.

in einem knappen Viertel aller Ausspielungen treffen, weil seine Spielreihe nach der Formel „6 aus 49" schlicht unvollständig ist. Der Spieler, der hohe Anfangszahlen für seine Reihe wagt, gleicht dem Lotteriespieler, der mit einem Viertellos die auf ein ganzes Los entfallende Million gewinnen will. Er kann sie einfach nicht bekommen.

Fast ist man geneigt, den Argumenten Glauben zu schenken und seine Tippreihen immer mit einer der Zahlen 1 bis 10 anfangen zu lassen. Andererseits ist aber jede Zahl und damit auch jede Lottoreihe theoretisch „gleichmöglich", wie Laplace formulierte. Und warum sollten gerade die Zahlen von 1 bis 10 und nicht andere Zehner-Gruppen wie

- 34 bis 43 oder
- 4, 9, 14, 19, 24, 29, 34, 39, 44 und 49 oder
- 11, 16, 17, 22, 23, 25, 29, 32, 36 und 48

eine besondere Rolle spielen? Alles gut und schön, aber vielleicht doch nur graue Theorie? Schließlich kann das Ergebnis der statistischen Untersuchung doch nicht einfach ignoriert werden! Aber ist es wirklich so außergewöhnlich, wie es scheint? Und kann das statistische Ergebnis wirklich als Argument für die gegebene Empfehlung dienen?

Vergessen wir für einen Moment, dass die statistische Auswertung bereits vorliegt. Welches Ergebnis würden wir dann ungefähr erwarten? Das heißt, wie groß ist die Wahrscheinlichkeit und damit ungefähr die relative Häufigkeit dafür, dass eine Lottoausspielung mindestens eine der Lottozahlen 1 bis 10 enthält? Für eine Antwort könnte man einen Computer so programmieren, dass er alle Möglichkeiten und darunter die für das Ereignis „günstigen" durchzählt. Dass es auch einfacher geht, verdanken wir einigen Formeln der **Kombinatorik**, einer mathematischen Teildisziplin, die sich mit den Möglichkeiten befasst, Dinge miteinander zu kombinieren oder anzuordnen. Der denkbar einfachste Fall betrifft die völlig freie Kombination von Merkmalen, etwa den Ergebnissen von zwei Würfeln: Jedes Ergebnis des einen Würfels kann mit jedem Ergebnis des anderen zusammentreffen, so dass es $6 \cdot 6 = 36$ Kombinationen gibt, wobei Würfelkombinationen wie 2-6 und 6-2 unterschieden sind.

Etwas komplizierter wird es, wenn Karten gemischt werden. Wie viele Möglichkeiten gibt es dafür, eine vorgegebene Anzahl von unterschiedlichen Karten anzuordnen? Handelt es sich nur um drei Karten, hier einfach 1, 2 und 3 genannt, dann sind die folgenden Reihenfolgen möglich:

$$1\,2\,3 \quad 1\,3\,2 \quad 2\,3\,1 \quad 2\,1\,3 \quad 3\,1\,2 \quad 3\,2\,1$$

Drei Karten lassen sich also auf 6 Arten sortieren, es gibt also 6 so genannte **Permutationen**. Bei 4 Karten gibt es bereits 24 und bei 5 Karten schon 120 Permutationen. Um diese Zahlen zu finden, müssen keineswegs alle Permutationen aufgelistet werden. So gibt es bei 5 Karten 5 Möglichkeiten für die erste Karte. Ist die erste Karte gewählt, kann die zweite Karte aus dem Rest von 4 Karten gewählt werden. Für die dritte Karte gibt es dann 3 und für die vierte Karte noch 2 Möglichkeiten. Am Schluss muss schließlich die einzig noch verbliebene Karte genommen werden. Die Zahl der Permutationen von 5 Karten oder anderen unterscheidbaren Dingen ist also gleich $5 \cdot 4 \cdot 3 \cdot 2 \cdot 1 = 120$.

Die Anzahl von Permutationen hat eine so große Bedeutung, dass sie als eigenständige mathematische Operation interpretiert wird. Diese so genannte **Fakultät** wird mit einem Ausrufungszeichen „!" abgekürzt: n!, gesprochen „n Fakultät", steht für die Anzahl von Permutationen, die mit n unterschiedlichen Dingen gebildet werden können. Wie im Fall n = 5 berechnet man n Fakultät allgemein mit der Formel

$$n! = n \cdot (n-1) \cdot (n-2) \ldots 4 \cdot 3 \cdot 2 \cdot 1,$$

was für die Zahlen n = 1, 2, 3, 4, 5, 6 die Werte

$$1! = 1, \quad 2! = 2, \quad 3! = 6, \quad 4! = 24, \quad 5! = 120, \quad 6! = 720$$

ergibt. Als praktisch hat sich die Festlegung des Wertes 1 für die Fakultät der Null erwiesen, das heißt

$$0! = 1.$$

Die 32 Karten eines Skatspiels können auf $32! = 32 \cdot 31 \cdot \ldots 4 \cdot 3 \cdot 2 \cdot 1$ verschiedene Arten gemischt werden, das ist eine immerhin 35-stellige Zahl, die selbst die vermutlich seit dem Urknall des Universums vergangenen Sekunden, eine 18-stellige Zahl, weit übertrifft:

$$32! = 263\ 130\ 836\ 933\ 693\ 530\ 167\ 218\ 012\ 160\ 000\ 000$$

So astronomisch diese Zahl ist, im Vergleich zu den 52! Permutationen eines Rommé- oder Poker-Spiels ist sie verschwindend klein: 52! ist nämlich eine 67-stellige Zahl – etwa so viel, wie es nach einer Schätzung Atome im gesamten Universum geben soll[17].

Beim Lotto werden, sieht man von der Zusatzzahl erst einmal ab, 6 von 49 Zahlen gezogen. Vergleichbare Auswahlen sind auch bei anderen Spielen üblich: Beim Pokern erhält ein Spieler 5 der 52 Karten, ein Skatspieler erhält 10 von 32 Karten. Allen Situationen gemeinsam ist, dass aus einer Gesamtzahl von unterscheidbaren Dingen eine festgelegte Zahl von Dingen zufällig ausgewählt wird. Auf die Reihenfolge, in der diese Dinge ausgewählt werden, kommt es dabei nicht an. Man spricht in solchen Fällen von **Variationen**.

Die Anzahl von möglichen Variationen kann ähnlich wie die von Permutationen bestimmt werden: Für die erste Kugel bei einer Lottoausspielung gibt es 49 Möglichkeiten. Wird die zweite Zahl gezogen, gibt es für diese noch 48 Möglichkeiten. Folglich können sich die ersten beiden Zahlen auf $49 \cdot 48$ verschiedene Weisen miteinander kombinieren. Bei den anschließend gezogenen Zahlen verringert sich die Anzahl der Möglichkeiten jeweils um 1. Daher existieren insgesamt $49 \cdot 48 \cdot 47 \cdot 46 \cdot 45 \cdot 44$ Sequenzen von 6 Lottozahlen, wobei sich einige Sequenzen nur in der Reihenfolge, nicht aber in den ausgewählten Zahlen unterscheiden. Dieser Sachverhalt lässt sich noch präzisieren: Jede Auswahl von 6 Lottozahlen kann als Permutation in insgesamt $6! = 720$ Ziehungssequenzen auftreten, das heißt, die Zahl der Variationen beträgt

$$\frac{49 \cdot 48 \cdot 47 \cdot 46 \cdot 45 \cdot 44}{6!} = 13983816.$$

Damit gibt es knapp 14 Millionen mögliche Tippreihen beim Lotto. Folglich beträgt die Wahrscheinlichkeit, „Sechs Richtige" zu tippen, etwa 1 durch 14 Millionen. Dass trotz der geringen Wahrscheinlichkeit fast jede Woche Glückliche zu verzeichnen sind, liegt einzig an der riesigen Zahl von abgegebenen Lottotipps, welche die Anzahl der Mitspieler aufgrund mehrfacher Tipps sogar noch übersteigt.

---

[17] Wie stark Fakultäten wachsen, kann man gut anhand der so genannten Stirling'schen Formel sehen, mit der Fakultäten näherungsweise berechnet werden können. Die Stirling'sche Formel lautet

$$n! \approx \left(\frac{n}{e}\right)^n \sqrt{2\pi n},$$

wobei der relative Fehler für größere Werte n sehr klein ausfällt. Beschreiben lässt sich die Qualität der Approximation dadurch, dass der Quotient aus n! und der Stirling-Näherung zwischen $e^{1/(12n+1)}$ und $e^{1/12n}$ liegt. Beispielsweise für n=32 erhält man die Näherung $2,6245 \cdot 10^{35}$; das ist nur 0,26% zu wenig.

Die allgemeine Formel für die Anzahl von Variationen ergibt sich ganz analog zum Lotto-Beispiel: Werden aus n unterschiedlichen Dingen k Dinge ausgewählt, dann gibt es insgesamt

$$\frac{n(n-1)(n-2)...(n-k+1)}{k!}$$

verschiedene Möglichkeiten einer Auswahl. Der Bruch, der sich immer zu einer ganzen Zahl kürzen lässt, wird **Binomialkoeffizient** genannt. In seiner Schreibweise

$$\binom{n}{k}$$

spricht man auch von „n über k". Die Zahl der möglichen Lottotipps beträgt

$$\binom{49}{6},$$

was genau den schon berechneten Wert ergibt.

Das Pascal'sche Dreieck

Die Gesamtheit der Binomialkoeffizienten lässt sich übersichtlich in einem Schema anordnen, das Pascal'sches Dreieck genannt wird:

$$
\begin{array}{ccccccccccc}
 & & & & & 1 & & & & & \\
 & & & & 1 & & 1 & & & & \\
 & & & 1 & & 2 & & 1 & & & \\
 & & 1 & & 3 & & 3 & & 1 & & \\
 & 1 & & 4 & & 6 & & 4 & & 1 & \\
1 & & 5 & & 10 & & 10 & & 5 & & 1 \\
 & & ... & & & ... & & & ... & & \\
\end{array}
$$

Dabei steht der Binomialkoeffizient $\binom{n}{k}$ in der (n+1)-Zeile an (k+1)-ter Stelle, beispielsweise findet man $\binom{4}{2} = 6$ als dritten Wert in der fünften Zeile. Der Clou des Pascal'schen Dreiecks besteht darin, dass alle Werte ohne jede Multiplikation berechnet werden können, da jede Zahl gleich der Summe der beiden über ihr stehenden Zahlen ist. Warum das funktioniert, lässt sich schnell erklären: Um von n Karten k auszuwählen, nimmt man entweder die erste Karte und wählt die anderen k-1 aus den verbleibenden n-1 Karten aus oder man nimmt die erste Karte nicht und nimmt alle k Karten aus dem Rest. Das entspricht der Gleichung

$$\binom{n}{k} = \binom{n-1}{k-1} + \binom{n-1}{k}$$

Mit Binomialkoeffizienten ist es nun ein Leichtes, Wahrscheinlichkeiten beim Lotto zu berechnen. So gibt es unter den insgesamt knapp 14 Millionen möglichen Tippreihen nur $\binom{39}{6} = 3262623$, die sich bloß aus den 39 Zahlen von 11 bis 49 zusammensetzen. Das heißt, die Wahrscheinlichkeit, dass alle sechs ausgespielten Zahlen größer oder gleich 11 sind, beträgt 0,2333. Nach dem Gesetz der großen Zahlen ist es also auf Dauer zu erwarten, dass der Anteil der Ziehungen, die mindestens eine Zahl von 1 bis 10 enthalten, etwa gleich

76,67% beträgt. Das Ergebnis der statistischen Untersuchung von 76,4% ist damit alles andere als ungewöhnlich.

Wenn das statistische Ergebnis schon nicht ungewöhnlich ist, wie sieht es dann mit der ausgesprochenen Empfehlung aus, mindestens eine der Zahlen 1 bis 10 bei einem Tipp zu berücksichtigen? Man kann sie getrost vergessen, da sie auf einem Fehlschluss beruht! Die Aussage, dass man bei einem Tipp ohne die Zahlen 1 bis 10 mit fast 77-prozentiger Wahrscheinlichkeit unter anderem deshalb keinen Sechser erzielen wird, weil mindestens eine der Zahlen 1 bis 10 gezogen wird, ist schlicht uninteressant. Damit wird nämlich nur ausgesagt, dass bei Tipps, welche die Empfehlung nicht berücksichtigen, die Wahrscheinlichkeit auf „Sechs Richtige" kleiner als 0,2333 ist. Aber das ist ohnehin klar, denn die Wahrscheinlichkeit auf einen Sechser ist noch viel kleiner, nämlich gleich 0,0000000715.

Nicht überzeugt? Stellen wir uns vor, wir hätten die Zahlen 22, 25, 29, 31, 32, 38 getippt. Da wir die Ziehung im Fernsehen nicht selbst verfolgen können, bitten wir einen Bekannten, die Lottozahlen für uns aufzuschreiben. Immer noch nicht überzeugt, ob es richtig war, keine Zahl bis 10 zu tippen, fragen wir unseren Bekannten zunächst: „Ist eine Zahl von 1 bis 10 dabei?". In knapp 77% der Fälle ist der Traum von den Millionen mit einem „Ja" als Antwort bereits beendet. So weit so gut. In den anderen knapp 23% – und hier irrte der zitierte Buchautor – bleibt die Gewinnhoffnung aber nicht gleich, sondern sie steigt. Schließlich haben wir ja nur noch 6 aus 39 Zahlen richtig zu tippen.

Nachdem wir uns davon überzeugen konnten, dass der aus dem Buch zitierte Ratschlag unbegründet ist, bleibt noch die Frage danach, was einen Spieler erwartet, der der Empfehlung trotzdem folgt. Zunächst ist natürlich zu bemerken, dass die entsprechenden Zahlenkombinationen zwar nicht „besser" sind, wie der Autor vermutete, aber ebenso wenig sind sie „schlechter", das heißt unwahrscheinlicher, als die anderen. Insofern ist die Empfehlung im Hinblick auf die Gewinnwahrscheinlichkeit keineswegs schädlich. Berücksichtigt man aber, dass die Gewinnhöhen beim Lotto stets davon abhängen, wie viele Mitspieler eine Gewinnklasse treffen, dann ändert sich das Bild[18]. Jede Zahlenkombination, die häufig getippte Zahlen und Zahlenkombinationen beinhaltet, ist danach weniger empfehlenswert, da sie im Gewinnfall zu vergleichsweise niedrigen Gewinnhöhen führt. Beispielsweise ergeben, da viele Lotto-Spieler ihren Tipp aus Datumsangaben ableiten, Ziehungen mit der Zahl 19 vergleichsweise niedrige Quoten. Entsprechendes gilt für Ziehungen, in denen die Zahlen von 1 bis 12 beziehungsweise 1 bis 31 besonders oft vorkommen. Andere Vorlieben erklären sich, wie bei der Glückszahl 7, eher aus der mit der Zahl verbundenen Symbolik. Und auch die geometrische Verteilung der Zahlen auf dem Spielschein hat sicher einen Einfluss.

---

[18] Die Gewinnquoten differieren zum Teil erheblich. So hat es bei der Gewinnklasse „Sechs Richtige" bisher zweimal besonders niedrige Quoten gegeben. Bei der Ziehung am 18.6.1977 waren es 205 vermeintliche „Glückspilze", die alle die sechs gezogenen Zahlen, nämlich 9, 17, 18, 20, 29 und 40 richtig getippt hatten. Die Gewinnquote betrug aber nicht die ersehnte Million, sondern nur vergleichsweise klägliche 30737,80 DM. Was war passiert? Viele Tipper, vor allem im nordwestdeutschen Raum, hatten es sich angewöhnt, diejenigen Zahlen zu tippen, die in Holland eine Woche zuvor gezogen worden waren. Dies war, wie sich dann zeigte, ein schwerer Fehler, natürlich nicht deshalb, weil eine direkte Wiederholung unwahrscheinlicher war als eine andere Zahlenreihe, sondern einfach deshalb, weil zu viele Mitspieler die gleiche Idee hatten. Bei einer anderen Ziehung, nämlich am 23.1.1988, ergaben sich sogar 222 Volltreffer. Dafür verantwortlich war wohl die Regelmäßigkeit der gezogenen Zahlenreihe: 24, 25, 26, 30, 31 und 32.

Die Gewinnklassen im Lotto

Auch die Chance, beim Lotto eine bestimmte Gewinnklasse zu erzielen, kann mit Hilfe von Binomialkoeffizienten leicht berechnet werden. Beispielsweise erreicht man genau dann 4 Richtige, wenn

- 4 der 6 getippten Zahlen und
- 2 der 43 nicht getippten Zahlen

gezogen werden. Dazu gibt es, kombiniert man die Möglichkeiten für die richtigen wie die falsch getippten Zahlen miteinander, insgesamt genau

$$\binom{6}{4} \cdot \binom{43}{2} = 15 \cdot 903 = 13545$$

Möglichkeiten. Das ergibt eine Wahrscheinlichkeit von 0,00097, ungefähr entsprechend 1/1032. Folglich bringt noch nicht einmal jeder tausendste Tipp 4 Richtige!

Gewinnklasse	Anzahl der Kombinationen	Wahrschein- lichkeit
6 Richtige	1	1/14 Mill.
5 Richtige mit Zusatzzahl	6	1/2,3 Mill.
5 Richtige	252	1/55491
4 Richtige	13545	1/1032
3 Richtige mit Zusatzzahl	17220	1/812
3 Richtige	229600	1/61
Verlust (Rest)	13723192	0,981
	13983816	

Aufgrund der zusätzlich ausgespielten „Superzahl" unterteilt sich die höchste Gewinnklasse im Verhältnis von 9:1, so dass die Wahrscheinlichkeit für die höchste Gewinnklasse nur noch 1 zu 140 Millionen beträgt. Trotz des gestiegenen Umsatzes, nicht zuletzt auch aufgrund der deutschen Wiedervereinigung, wird so die höchste Gewinnklasse oft über mehrere Wochen nicht erreicht. Die dann nicht ausgespielten Gewinne bleiben in Form eines Jackpots für die nächste Ziehung stehen. 1994 erreichte dieser Jackpot immerhin einen Spitzenwert von 42 Millionen DM.

Hinweise darauf, welche Zahlen besonders oft getippt werden, lassen sich indirekt dadurch erhalten, dass man die wöchentlichen Gewinnquoten darauf untersucht, bei welchen gezogenen Zahlen sie höher und bei welchen sie niedriger ausfallen. Allerdings sind so aufgrund der vielschichtigen Einflüsse, etwa durch mehr oder weniger beliebte Teilkombinationen und einem nicht bei jeder Ziehung völlig gleichem Verhalten, nur eingeschränkte Aussagen zu erzielen[19]. Weit aussagekräftiger ist eine Auswertung, in der bei einer Ziehung des Jahres 1993 alle in Baden-Württemberg abgegebene Tipps einbezogen wurden[20]. Von

---

[19] Heinz Klaus Strick, *Zur Beliebtheit von Lottozahlen*, Praxis der Mathematik, 33 (1991), Heft 1, S. 15-22; Klaus Lange, *Zahlenlotto*, Ravensburg 1980, S. 61-110.

[20] Karl Bosch, *Lotto und andere Zufälle*, Braunschweig 1994, S. 201 ff.; Karl Bosch, *Glücksspiele: Chancen und Risiken*, München 2000, S. 57-70. Die Auswertung erstreckte sich über knapp 7 Millionen Tippreihen, so dass bei einer zufälligen Verteilung der Tipps jede der knapp 14 Millionen

diesen Tipps haben 80,7% eine Anfangszahl zwischen 1 und 10. Da davon ausgegangen werden kann, dass es sich bei diesem Wert nicht nur um eine Momentaufnahme handelt, sind die Kombinationen mit einer Anfangszahl von höchstens 10 weniger empfehlenswert. Sicher würde man dem zitierten Buch zu viel Ehre antun, wenn man das Verhalten auf seine Empfehlung zurückführen würde. Ursache ist sicher eher die schon genannte Vorliebe für Datumsangaben.

Pokern

Beim Pokern erhält ein Mitspieler fünf der insgesamt 52 Karten, dafür gibt es

$$\binom{52}{5} = \frac{52 \cdot 51 \cdot 50 \cdot 49 \cdot 48}{1 \cdot 2 \cdot 3 \cdot 4 \cdot 5} = 2598960$$

Möglichkeiten. Will man unter diesen knapp 2,6 Millionen Kartenkombinationen beispielsweise die Anzahl der „Doppel-Zwillinge" bestimmen, geht man am besten wie folgt vor: Ein Doppel-Zwilling besteht aus 5 Karten mit insgesamt 3 unterschiedlichen Kartenwerten, von denen 2 zweimal vorkommen. Ein Beispiel ist

- Herz-*Vier*, Kreuz-*Vier*, Herz-*Bube*, Pik-*Bube*, Pik-Dame.

Eindeutig bestimmt wird ein Doppel-Zwilling durch die folgenden Angaben:

- Die beiden Kartenwerte der Zwillinge (im Beispiel Vier, Bube),
- der einmal vorkommende Wert (Dame),
- die beiden Farben des niedrigwertigen Zwillings (Herz, Kreuz),
- die beiden Farben des höherwertigen Zwillings (Herz, Pik),
- die Spielfarbe des einmal vorkommenden Wertes (Pik).

Die Zahl der möglichen Kombinationen erhält man nun, wenn man die Anzahlen, die sich für diese Merkmale ergeben, miteinander multipliziert. Zu berücksichtigen dabei ist, dass nicht alle Merkmale frei miteinander kombinierbar sind. Im Einzelnen gibt es

- zunächst $\binom{13}{2} = 78$ Möglichkeiten für die Kartenwerte der beiden Zwillinge,
- dazu jeweils 11 Möglichkeiten für den einmal vorkommenden Wert,
- für die beiden Farben des ersten Zwillings $\binom{4}{2} = 6$ Möglichkeiten,
- für die Farben des zweiten Zwillings ebenfalls 6 Möglichkeiten und
- 4 Möglichkeiten für die Farbe des einmal vorkommenden Wertes.

Zahlenkombinationen etwa 0,5-mal zu erwarten ist. Allerdings gibt es bei den Tippreihen stark ausgeprägte Favoriten, von denen 24 mehr als tausend mal getippt wurden. Die häufigste Tippreihe, bestehend aus den Zahlen 7, 13, 19, 25, 31 und 37, wurde sogar 4004-mal getippt! Weniger die Zahlen selbst – bis auf die 25 allesamt Primzahlen – dürften für diese Vorliebe verantwortlich sein. Vielmehr bilden diese Zahlen auf dem Spielschein eine fast vollständige Diagonale, die oben rechts beginnt. Hochgerechnet auf ganz Deutschland dürfte diese Tippreihe bei jeder Ziehung über 30000-mal getippt werden. Kaum einer der betreffenden Spieler wird wohl ahnen, wie gering seine Gewinnaussichten sind.

Ähnliche Ergebnisse in anderen Ländern wurden von H. Riedwyl gefunden. Siehe: Hans Riedwyl, *Zahlenlotto – Wie man mehr gewinnt*, Bern 1990; Norbert Henze, Hans Riedwyl, *How to win more*, Natick 1998; Hans Riedwyl, *Gewinnen im Zahlenlotto*, Spektrum der Wissenschaft, 2002/3, S. 114-119.

Insgesamt existieren daher $78 \cdot 11 \cdot 6 \cdot 6 \cdot 4 = 123552$ Doppel-Zwillinge. Werden aus einem gut gemischten Kartenblatt fünf Karten zufällig ausgeteilt, dann ist die Wahrscheinlichkeit, einen Doppel-Zwilling zu erhalten, gleich

$$123552/2598960 = 0{,}04754,$$

das heißt, etwa jedes 21. zufällig gezogene Blatt ergibt einen Doppel-Zwilling.

Die folgende Tabelle umfasst in der Reihenfolge der Wertigkeit die Anzahlen aller Poker-Kombinationen. Mit berücksichtigt ist auch die Würfelvariante, die mit fünf Würfeln gespielt wird, welche mit den Symbolen (Pik-)Neun, (Karo-)Zehn, Bube, Dame, König und (Kreuz-)Ass gekennzeichnet sind:

Poker-Kombination	Anzahl bei ...	
	5 Karten	5 Würfeln
Fünfling		6
Royal Flush (Zehn bis Ass einer Farbe)	4	
Straight Flush	36	
Vierling	624	150
Full House (Drilling und Zwilling)	3744	300
Flush (eine Farbe)	5108	
Straight (Straße: Werte in Reihenfolge)	10200	240
Drilling	54912	1200
Doppel-Zwilling	123552	1800
Zwilling	1098240	3600
Rest	1302540	480
	2598960	7776

Weiterführende Literatur zum Thema Lotto:

Norbert Henze, *2000mal Lotto am Samstag – gibt es Kuriositäten?*, Jahrbuch Überblicke der Mathematik, 1995, S. 7-25.

Glück im Spiel, Bild am Sonntag Buch, Hamburg, ca. 1987, S. 6-29.

Ralf Lisch, *Spielend gewinnen? – Chancen im Vergleich*, Berlin 1983, S. 38-54.

Günter G. Bauer (Hrsg.), *Lotto und Lotterie*, Homo Ludens – der spielende Mensch, Internationale Beiträge des Institutes für Spielforschung und Spielpädagogik an der Hochschule „Mozarteum" Salzburg, 7 (1997), München 1997.

1.4   Gerecht teilen – aber wie?

Zwei Spieler tragen ein Glücksspiel aus, das sich über mehrere Runden erstreckt, in denen die Gewinnchancen jeweils 50:50 sind. Den gesamten Einsatz soll der Spieler gewinnen, der als Erster vier Runden für sich entscheidet. Als der Spielstand 3:2 erreicht ist, muss das Match vorzeitig abgebrochen werden. Man einigt sich darauf, die Einsätze dem Spielstand entsprechend fair zu teilen. Aber welches Teilungsverhältnis ist fair?

Als so genanntes Teilungsproblem gehört die Fragestellung zu den Klassikern der Wahrscheinlichkeitsrechnung. Unter anderem wird das Teilungsproblem ausführlich im schon erwähnten Briefwechsel zwischen Fermat und Pascal behandelt[21]. Versuche einer gerechten Lösung gab es aber schon früher[22], wobei meist vorgeschlagen wurde, den Einsatz im Verhältnis der gewonnenen Runden, im vorliegenden Fall also 3 zu 2, zu teilen. Das entspricht der kaufmännisch üblichen Verfahrensweise, gemäß der beispielsweise gemeinsam erwirtschaftete Erlöse geteilt werden. Andere Autoren vertraten dagegen die Ansicht, das Verhältnis müsse sich allein an den noch fehlenden Siegen orientieren. So muss im Beispiel der erste Spieler nur noch einen, der zweite Spieler dagegen zwei Runden für sich entscheiden. Das könnte dann zu einem Teilungsverhältnis von 2 zu 1 führen.

Sowohl Fermat als auch Pascal lösten das Teilungsproblem – mit zwei verschiedenen, allgemein anwendbaren Verfahren, deren Resultate stets übereinstimmen. Pascal beschreibt in seinem Brief vom 29.7.1654 einen Teilungsplan, der sich an den Spielchancen orientiert, wie sie sich bei einer fiktiven Fortsetzung des Spiels ergeben. So führt eine weitere Runde entweder zum Stand 4:2 oder dem Gleichstand 3:3. Im ersten Fall gewinnt der erste Spieler alles, während es im zweiten Fall zweifellos gerecht ist, den Einsatz zu halbieren. Der erste Spieler erhält also den halben Einsatz sicher und bei der verbleibenden Hälfte sind die Chancen der beiden Spieler, sie zu erhalten, gleich. Eine beim Spielstand 3:2 gerechte Teilung muss daher im Verhältnis 3:1 vorgenommen werden, das heißt, der erste Spieler erhält 75 % des Einsatzes, der zweite 25 %.

Ausgehend von dem erhaltenen Ergebnis können nun weitere Spielstände analysiert werden. So ergibt sich für den Spielstand von 3:1, auf den nach einer weiteren Runde einer der Stände 4:1 oder 3:2 folgt, ein Anteil für den ersten Spieler von 87,5 %, nämlich das Mittel aus 100 % (für 4:1) und 75 % (für 3:2).

Das Prinzip, das hinter Pascals Argumentation steht, ordnet jedem Spielstand ein Teilungsverhältnis zu. Berechnet werden können die Teilungsverhältnisse nacheinander, wobei – wie gerade demonstriert – stets umgekehrt zur Chronologie des Spiels vorgegangen wird. Dabei handelt es sich bei den beiden Anteilen wie beispielsweise 0,75 und 0,25 um nichts anderes als die Gewinnwahrscheinlichkeiten, die beide Spieler besitzen. Das heißt, der Einsatz wird im Verhältnis der beiden Gewinnwahrscheinlichkeiten geteilt.

Eine elegante Idee, die beiden Gewinnwahrscheinlichkeiten direkt zu berechnen, stammt von Fermat und wird in dem oben genannten Brief von Pascal kurz erwähnt. Auch dabei wird davon ausgegangen, dass noch weitere Runden gespielt werden, allerdings diesmal gerade genau so viele, wie notwendig sind, damit das Spiel auf jeden Fall entschieden wird. Im untersuchten Beispiel werden daher noch zwei Runden – wieder rein fiktiv – ausgetragen, und zwar selbst dann, wenn die erste Runde bereits das Spiel entscheiden sollte. Bei den zwei Runden sind insgesamt 4 verschiedene Spielverläufe möglich, die alle untereinander gleichmöglich sind und daher die Wahrscheinlichkeit 1/4 besitzen. Nur im letzten der in Tabelle 2 zusammengestellten Fälle gewinnt der zweite Spieler das Match. Seine Gewinnwahrscheinlichkeit beträgt daher nur 1/4, während der erste Spieler mit einer Wahrscheinlichkeit von 3/4 gewinnt.

---

[21] Ivo Schneider (siehe Kapitel 1.1, Fußnote 8), S. 3 f. und S. 25-40.
[22] Ivo Schneider (siehe Kapitel 1.1, Fußnote 8), S. 2 f. und S. 9-24.

nächste Runde	übernächste Runde
„1" gewinnt	„1" gewinnt
„1" gewinnt	„2" gewinnt
„2" gewinnt	„1" gewinnt
„2" gewinnt	„2" gewinnt

Tabelle 2   Mögliche Spielverläufe in zwei weiteren Runden

Natürlich kann auch für andere Spielstände entsprechend verfahren werden. Muss der erste Spieler noch n Runden für sich entscheiden, während seinem Gegner noch m Runden zum Gesamtgewinn fehlen, dann ist von n+m-1 fiktiven Runden auszugehen. Nach so vielen Runden – unter Umständen sogar schon vorher – hat nämlich ein Spieler sein Ziel erreicht, während es seinem Gegner keinesfalls möglich ist, schon genügend Runden gewonnen zu haben. Da es für das Resultat einer einzelnen Runde genau 2 Möglichkeiten gibt, kombinieren sich diese Einzelergebnisse in den n+m-1 fiktiven Runden zu insgesamt 2^{n+m-1} verschiedenen und untereinander gleichwahrscheinlichen Spielverläufen. Wie viele davon bringen dem ersten Spieler den Gewinn? Das heißt, wie viele Möglichkeiten gibt es für ihn, seine mindestens n angestrebten Gewinne zu erzielen?

Das ist zunächst eine rein kombinatorische Frage, die sich wie das Problem des vorhergehenden Kapitels mit Binomialkoeffizienten beantworten lässt: Ist k die Anzahl der vom ersten Spieler gewonnenen Runden, dann gibt es $\binom{n+m-1}{k}$ Möglichkeiten, diese k Gewinnrunden auf die n+m-1 Runden zu verteilen. Da der erste Spieler für einen Gesamtgewinn mindestens k = n Runden für sich entscheiden muss, gibt es dafür insgesamt

$$\binom{n+m-1}{n} + \binom{n+m-1}{n+1} + \binom{n+m-1}{n+2} + ... + \binom{n+m-1}{n+m-1}$$

Möglichkeiten. Teilt man diese Anzahl von günstigen Fällen durch die Gesamtzahl 2^{n+m-1} aller möglichen Fälle, dann erhält man die gesuchte Wahrscheinlichkeit. Der erste Spieler, der mit dieser Wahrscheinlichkeit das Match gewinnt, erhält bei Spielabbruch einen Anteil in genau dieser Größe.

Muss der erste Spieler noch 4 Runden, sein Gegner nur noch 3 Runden gewinnen, dann ist der Anteil des ersten Spielers auf Basis 6 fiktiver Runden gleich

$$\frac{\binom{6}{4} + \binom{6}{5} + \binom{6}{6}}{64} = \frac{22}{64} = 0,34375.$$

Bei den Glücksspiel-Runden handelt es sich im Prinzip um eine Versuchsreihe, bei der ein Experiment, nämlich ein einzelnes Glücksspiel, mehrfach und unabhängig voneinander wiederholt wird. Der Gewinn einer Runde durch den ersten Spieler ist dann einfach ein Ereignis, das eintreten kann oder auch nicht. Die Anzahl der gewonnenen Runden wird so zu einer Häufigkeit, mit der ein Ereignis innerhalb einer Versuchsreihe beobachtet werden kann. Natürlich muss die Wahrscheinlichkeit eines Ereignisses nicht immer wie im hier untersuchten Fall 1/2 betragen. Für einen Ausblick auf die allgemeine Situation gehen wir daher davon aus, dass die Wahrscheinlichkeit für das Ereignis in einem einzelnen Versuch gleich p sei:

Wie groß ist nun beispielsweise die Wahrscheinlichkeit, dass in 6 Versuchen das Ereignis genau zweimal beobachtet werden kann? Entsprechende Versuchsverläufe, bei denen das

Ereignis genau zweimal eintritt, sind in ihrer Abfolge auf so viele Arten denkbar, wie es möglich ist, die zwei positiven Versuche auf die insgesamt 6 Versuche zu verteilen, das sind $\binom{6}{2}$ = 15. Da die Ergebnisse der einzelnen Versuche voneinander unabhängig sind, kann die Wahrscheinlichkeit für jeden dieser 15 Versuchsverläufe mit dem Multiplikationsgesetz berechnet werden. Beispielsweise ist die Wahrscheinlichkeit, dass das Ereignis im ersten und dritten Versuch eintritt, sonst aber nicht, gleich

$$p \, (1\text{-}p) \, p \, (1\text{-}p) \, (1\text{-}p)(1\text{-}p) = p^2 \, (1\text{-}p)^4.$$

Berücksichtigt man alle Versuchsverläufe, die zum gleichen Endergebnis führen, erhält man die Wahrscheinlichkeit, dass das Ereignis genau zweimal eintritt:

$$\binom{6}{2} p^2 \, (1\text{-}p)^4 = 15 \, p^2 \, (1\text{-}p)^4.$$

Beispielsweise ist die Wahrscheinlichkeit, in sechs Würfen zwei Sechsen zu erhalten, gleich

$$15 \cdot (1/6)^2 \cdot (5/6)^4 = 0,2009.$$

Allgemein ist die Wahrscheinlichkeit, dass bei insgesamt n Versuchen das Ereignis k-mal eintritt, gleich $\binom{n}{k} p^k \, (1\text{-}p)^{n\text{-}k}$. Unter Bezug auf diese Formel bezeichnet man die Häufigkeiten des Ereignisses allgemein als „binomialverteilt".

Die Formeln der **Binomialverteilung** stellen einen Zusammenhang her zwischen der eigentlich abstrakten Wahrscheinlichkeit, deren Wert aufgrund von Symmetrien festgelegt wurde, und der Häufigkeit innerhalb einer Versuchsreihe, die ganz konkret gemessen werden kann. Der unbestimmten Natur zufälliger Prozesse entsprechend ist auch diese Verbindung nicht frei von Ungewissheit, das heißt, die gemachten Aussagen beinhalten selbst wieder Wahrscheinlichkeiten. Allerdings lässt sich die Ungewissheit dadurch weitgehend überwinden, dass man die Aussagen für lange Versuchsreihen und eine Vielzahl von möglichen Häufigkeiten macht. Zum Beispiel kann man die Wahrscheinlichkeit, mit 6000 Würfen mindestens 900 und höchstens 1100 Sechsen zu werfen, dadurch berechnen, dass man die entsprechenden 201 Binomialterme addiert[23], das Ergebnis lautet 0,9995. Damit ist es fast sicher, in 6000 Würfen zwischen 900 und 1100 Sechsen zu erzielen.

Noch viel wichtiger als die quantitative Aussage ist das ihr zugrunde liegende Prinzip, nämlich das so genannte Gesetz der großen Zahlen: Die relativen Häufigkeiten eines Ereignisses nähern sich im Verlauf einer Versuchsreihe immer weiter und immer sicherer der Wahrscheinlichkeit des Ereignisses an. Wir werden darauf im nächsten Kapitel näher eingehen.

1.5   Rot und Schwarz – das Gesetz der großen Zahlen

Werden im Spielkasino beim Roulette zehn rote Zahlen hintereinander ausgespielt, setzt das Publikum erfahrungsgemäß kaum noch auf Rot. Der Grund ist nahe liegend: Nach dem Übergewicht roter Zahlen erwartet man einen „Ausgleich", denn schließlich gibt es ja ein

---

[23] Glücklicherweise gibt es einen wesentlich einfacher zu beschreitenden Weg, dessen Grundlage allerdings mathematisch anspruchsvoller ist und der daher jetzt noch nicht beschrieben werden kann. Näheres dazu findet man in Kapitel 1.13.

Gesetz der großen Zahlen, gemäß dem sich das Verhältnis zwischen Rot und Schwarz auf Dauer ausgleicht. Andererseits sind Roulette-Läufe voneinander unabhängig, denn die Kugel verfügt ebenso wenig über ein „Gedächtnis" wie ein Würfel. Folglich sind beide Farben auch nach zehnmal Rot noch völlig gleichwahrscheinlich. Wo liegt der Widerspruch?

Mittelpunkt jeder europäischen Spielbank sind die Roulette-Tische. Dabei erscheint es auf den ersten Blick kaum abwechslungsreich, auf 37 Zahlen oder Gruppen von ihnen zu setzen und dann jeweils eine Zahl auszuspielen. So zu denken missachtet aber die edle Atmosphäre des Roulette: Angefangen beim prachtvollen Interieur eines Kasinos und der gepflegten Kleidung der Gäste, über die hohen Beträge, die unscheinbar in Form von Jetons über den Tisch geschoben werden bis hin zur von Teppichen und Filz gedämpften Geräuschkulisse, bei der die Ansagen der Croupiers und das Klackern der rollenden Kugel dominieren.

Roulette ist ein reines Zufallsspiel, dessen Gewinnoptionen in vielerlei Hinsicht symmetrisch sind: Ob man auf 17, 25 oder 32 setzt, ist völlig egal. Auch die einfachen Chancen, wie man die Möglichkeiten nennt, auf Rot, Schwarz, Gerade, Ungerade, „1 bis 18" oder „19 bis 36" zu setzen, sind untereinander gleichwertig. Allerdings kann der Spieler das Risiko bestimmen, mit dem er spielt. Auf einer Zahl ist der mögliche Gewinn hoch, nämlich der 1+35-fache Einsatz, dafür ist die Gewinnwahrscheinlichkeit mit 1/37 sehr klein. Bei den einfachen Chancen ist es genau umgekehrt: Dort beträgt die Gewinnwahrscheinlichkeit zwar 18/37 und ist damit relativ groß, dafür erhält man als Gewinn nur den doppelten Einsatz.

Die Wahrscheinlichkeiten beruhen beim Roulette – wie schon beim Würfel – auf der Symmetrie des Spiels und damit auf mehr oder minder abstrakten Überlegungen. Einen Bezug zur Wirklichkeit erhalten die Wahrscheinlichkeiten erst durch das Gesetz der großen Zahlen, das sicherlich zu den wichtigsten Gesetzen der Wahrscheinlichkeitsrechnung gehört: Bei Versuchsreihen – so das Gesetz der großen Zahlen – nähern sich die relativen Häufigkeiten eines Ereignisses beliebig nahe dessen Wahrscheinlichkeit an. Beispielsweise bewegt sich der relative Anteil der roten Zahlen bei langem Roulette-Spiel immer weiter auf die Zahl 18/37 hin. Das Gesetz der großen Zahlen bildet damit eine Brücke zwischen Theorie und Praxis, das heißt konkret zwischen dem abstrakten Begriff der Wahrscheinlichkeit einerseits und den experimentell bestimmbaren relativen Häufigkeiten andererseits.

So einfach und plausibel das Gesetz der großen Zahlen klingt, so häufig wird es doch falsch gedeutet. Das betrifft besonders die Situation, bei der innerhalb einer begonnenen Versuchsreihe ein Ereignis im Vergleich zu seiner Wahrscheinlichkeit über- oder unterrepräsentiert ist. Wie ist es möglich, dass sich ein solches Ungleichgewicht wieder ausgleicht, wie es das Gesetz der großen Zahlen vorhersagt? Es liegt nahe zu erwarten, dass dazu ein gegenläufiger Ausgleich nötig ist. Aber muss es wirklich ein gegenläufiger Ausgleich sein? Das heißt, kann beim Roulette ein vorübergehendes Übergewicht roter Zahlen nur dadurch ausgeglichen werden, dass danach weniger rote Zahlen erscheinen, als es der Wahrscheinlichkeit eigentlich entspricht?

Nehmen wir als Beispiel Roulette-Sequenzen von je 37 Spielen, in denen sich aufgrund des Gesetzes der großen Zahlen durchschnittlich 18-mal „Rot" ergibt. Werden in der ersten Sequenz 25 rote Zahlen ausgespielt, dann ist „Rot" gegenüber dem theoretischen Durchschnitt mit 7 Treffern im Übergewicht. Bei 23 roten Zahlen in der zweiten 37er-Sequenz verstärkt sich das Übergewicht sogar noch auf 7+5=12 rote Zahlen. Ein gegenläufiger Ausgleich hat also nicht stattgefunden. Trotzdem hat sich die relative Häufigkeit der Wahrscheinlichkeit von 18/37 angenähert, nämlich von 25/37 auf (25+23)/74 = 24/37.

Die Erklärung ist eigentlich ganz einfach: Das Gesetz der großen Zahlen sagt nur voraus, dass sich die *relativen* Häufigkeiten auf die Wahrscheinlichkeiten hin bewegen. Ein relativer Ausgleich findet aber bereits dann statt, wenn die auf einen „Ausreißer" folgende Sequenz weniger ungleichgewichtig ist. Da Ausreißer die Ausnahme bleiben, ist der relative Ausgleich stets sehr wahrscheinlich. Allerdings kann sich trotz des relativen Ausgleichs das absolute Ungleichgewicht noch vergrößern – so wie im Beispiel auch geschehen!

Spricht man vom Gesetz der großen Zahlen als Gesetz, so ist zu fragen, wodurch der Begriff des Gesetzes legitimiert ist. Zwei Begründungen lassen sich anführen:

- Rein empirisch lässt sich beobachten, dass in Versuchsreihen, bei denen ein und dasselbe Experiment ständig wiederholt wird, die relativen Häufigkeiten eines Ereignisses einen ganz bestimmten Zielpunkt haben, auf den sich ihr Wert hinbewegt – auch dann, wenn die Versuchsreihe nochmals von vorne begonnen wird. Man spricht in diesem Zusammenhang von einer Stabilität der Häufigkeiten. Das Gesetz der großen Zahlen vermag diese empirische Erkenntnis zu erklären, und zwar damit, dass der Zielpunkt die Wahrscheinlichkeit des Ereignisses ist.
- In mathematischer Hinsicht ergibt sich das Gesetz der großen Zahlen aus den Grundannahmen der Wahrscheinlichkeitsrechnung, bei denen es sich im Wesentlichen um das Additions- und Multiplikationsgesetz handelt. Aus ihnen lässt sich sogar bestimmen, wie schnell und wie sicher sich die relativen Häufigkeiten auf die Wahrscheinlichkeit hin bewegen. Relativ aufwändig, dafür aber völlig exakt, geht das mit den Formeln der Binomialverteilung, die wir im vorangegangenen Kapitel kennen gelernt haben[24]. In diesem Sinne mathematisch bewiesen wurde das Gesetz der großen Zahlen erstmals ungefähr 1690 von Jakob Bernoulli[25].

Theorie und Praxis decken sich also – so wie es in der exakten Wissenschaft von Modellen verlangt wird. Dabei macht das Wahrscheinlichkeitsmodell Aussagen, die wesentlich präziser sind als sie ursprünglichen Beobachtungen. Aber auch diese Vorhersagen, etwa die Formeln der Binomialverteilung, lassen sich in Versuchsreihen wiederum praktisch bestätigen.

Es gibt verschiedene Formulierungen dafür, wie schnell und sicher sich die relativen Häufigkeiten der Wahrscheinlichkeit annähern. Eine sehr weitgehende Version, die auch als **starkes Gesetz der großen Zahlen** bezeichnet wird, wurde erst 1909 in einem Spezialfall von Émile Borel (1871-1956) und 1917 in der allgemeinen Fassung von Cantelli entdeckt, das heißt, mathematisch aus den Grundannahmen der Wahrscheinlichkeitsrechnung abgeleitet[26]:

> Sind zwei positive Zahlen als maximale Abweichung für die relative Häufigkeit sowie als höchstzulässige Fehlerwahrscheinlichkeit vorgegeben, dann lässt sich dazu immer eine Mindest-Versuchszahl finden, nach deren Erreichen die „meisten" Versuchsreihen die vorgegebene Abweichung nicht mehr überschreiten. Genauer lässt sich sagen: Das Ereig-

---

[24] Einfacher lassen sich quantitative Aussagen zum Gesetz der großen Zahlen herleiten, wenn der Begriffs- und Methodenapparat der Wahrscheinlichkeitsrechnung gegenüber dem bisher erreichten Stand erweitert ist. Wir stellen daher die genauere Erörterung des Sachverhalts noch zurück.

[25] Ivo Schneider (siehe Kapitel 1.1, Fußnote 8), S. 118-124; Herbert Meschowski, *Problemgeschichte der Mathematik*, Band II, Zürich 1981, S. 185-187.

[26] Über die Entstehungsgeschichte des starken Gesetzes der großen Zahlen und einer 1928 geführten Kontroverse darüber, wem die wissenschaftliche Priorität gebühre, informiert E. Senteta, *On the history of the Strong Law of Large Numbers and Boole's Inequality*, Historia Mathematica, 19 (1992), S. 24-39.

nis, dass eine Versuchsreihe im späteren Verlauf irgendwann die vorgegebene Abweichung mindestens einmal überschreitet, besitzt höchstens die vorgegebene Wahrscheinlichkeit.

Wichtig ist, dass sich die Wahrscheinlichkeit auf das Ereignis bezieht, das die Abweichungen von *allen* folgenden Versuchen beinhaltet. Gehen wir beispielsweise von einer Wahrscheinlichkeit 0,01 und einer Abweichung 0,001 aus, dann wird sich eine Roulette-Permanenz[27] mit der Wahrscheinlichkeit von 0,99 so verhalten, dass ab der gefundenen Mindest-Spielezahl *alle* relativen Häufigkeiten von „Rot" im Bereich von 18/37 − 0,001 bis 18/37 + 0,001 liegen. Permanenzen mit späteren Ausreißern kommen nur mit einer Wahrscheinlichkeit von höchstens 0,01 vor.

Die gestellte Frage ist eigentlich längst beantwortet. Unabhängigkeit und Gesetz der großen Zahl sind kein Widerspruch. Dies wäre nur dann der Fall, wenn das Gesetz der großen Zahlen einen absoluten Ausgleich vorhersagen würde – ein Gesetz des absoluten Ausgleichs gibt es aber nicht! Auch nach zehnmal „Rot" kann man also, wenn man unbedingt spielen will, getrost noch auf „Rot" setzen, selbst auf die Gefahr hin, unter den Mitspielern als „unverbesserlicher Ignorant" aufzufallen, wie es eine Kostprobe aus einem Roulette-Buch deutlich macht, das übrigens in einem bekannten Verlag erschienen ist[28]:

> Die Mathematiker der vergangenen Jahrhunderte stellten einfach die Behauptung auf: „Beim Roulette ist jeder Coup[29] neu. Das kommende Ereignis wird in keiner Weise von den vorangegangenen beeinflußt". Wenn dies stimmen würde, könnte man das Roulette-Problem rein mathematisch lösen. Da dies aber gerade nicht der Fall ist, kann man mit der Mathematik allein dieses Problem nicht lösen.
> Wenn nämlich jeder Coup neu wäre – wie es die Mathematiker behaupten –, wenn der Zufall wirklich keine Gesetze kennen würde, wie ist es dann möglich, daß am Roulette-Tisch etwa 500 schwarze und 500 rote Nummern fallen? Warum nicht das eine Mal 1000 schwarze und das andere Mal 1000 rote? Und warum hat unser Groß-Computer CDC 6600 (dasselbe Modell, das bei der NASA installiert ist) – gefüttert mit 37 Zufallszahlen – eine Permanenz von 5000000 Coups in wenigen Minuten erzeugt, bei der immer auf 1000 Zahlen etwa je 500 schwarze und 500 rote herauskommen und ausgedruckt werden? Trotzdem behaupten die Mathematiker – entsprechend der Überlieferung ihrer Kollegen des vergangenen Jahrhunderts – steif und fest: Eine Serie von 1000 mal Schwarz oder Rot ist nicht unmöglich! Jetzt ist es an uns, mitleidig zu lächeln.

Gegen die mathematische Wahrscheinlichkeitsrechnung werden also im Wesentlichen zwei Einwände formuliert: Die Ergebnisse von Roulette-Ausspielungen sind in Wahrheit nicht voneinander unabhängig, und die Prognosen, die auf der Basis der Wahrscheinlichkeitsrechnung gemacht werden, stimmen nicht mit der Wirklichkeit überein, etwa bei Sequenzen von 1000 roten oder schwarzen Zahlen.

Es ist mehr als lohnend, sich mit den beiden Vorbehalten auseinander zu setzen. Dabei ist die Ausgangsbasis, dass sich Roulette-Ausspielungen nicht gegenseitig beeinflussen, mathematisch zunächst überhaupt nicht prüfbar. Dass die Kugel kein „Gedächtnis" habe, wie immer gerne gesagt wird, knüpft ausschließlich an die Erfahrung an, die wir mit mechanischen Prozessen haben. Eine zusammengedrückte Feder verändert mit ihrer äußeren Form auch

---

[27] Unter einer Permanenz versteht man die Folge von ausgespielten Roulette-Zahlen.

[28] Thomas Westerburg, *Das Geheimnis des Roulette*, Wien 1974.

[29] Ein Coup meint die Ausspielung einer Zahl.

ihren inneren Zustand, folglich „weiß" sie, dass sie wieder in ihre Ursprungsform zurück „will". Im Bereich der Atomphysik wird es schon schwieriger. Zerfällt der Kern eines radioaktiven Isotops, wenn im Inneren eine für uns unsichtbare Uhr abgelaufen ist? Oder handelt es sich um reinen Zufall, quasi um einen „würfelnden" Atomkern, der schließlich bei einem bestimmten Ergebnis spontan zerfällt?

Solche Gedankengänge können die Annahmen eines Modells plausibel machen – mehr aber nicht! Dagegen besteht der einzige Weg, Modelle zu bestätigen, darin, die Aussagen des Modells und empirische Beobachtungen daraufhin zu überprüfen, ob sie im Einklang zueinander stehen. Und genau das ist möglich, wenn man im Modell davon ausgeht, dass die einzelnen Kugelläufe unabhängig voneinander sind, das heißt, wenn für die Ergebnisse unterschiedlicher Roulette-Ausspielungen das Multiplikationsgesetz angewendet wird. So werden sich in 5000 Versuchsreihen mit je 1000 roten oder schwarzen Zahlen die Farbverteilungen ungefähr so verhalten, wie es die mit den Formeln der Binomialverteilung berechneten Wahrscheinlichkeiten vorhersagen. Die Mathematik hält also keineswegs „steif und fest" an ungeprüften Tatsachen fest. Vielmehr müssen sich die Ergebnisse tagtäglich – in der angewandten Statistik genauso wie im Spielkasino – immer wieder bewähren. Und genau das tun sie!

Natürlich steht der Autor des zitierten Roulette-Buches mit seinem Irrtum nicht allein. Ein sehr schönes Beispiel dafür findet man zum Schluss von Edgar Allan Poes (1809-1849) *Das Geheimnis der Marie Rogêt* aus dem Jahre 1842:

> Es gibt zum Beispiel nichts Schwierigeres, als den ganz gewöhnlichen Leser davon zu überzeugen, dass die Tatsache, dass von einem Spieler beim Würfeln zweimal hintereinander eine Sechs geworfen wurde, allein Grund genug ist, jede Wette einzugehen, dass beim dritten Versuch keine Sechs geworfen wird. Eine derartige Auffassung wird vom Intellekt für gewöhnlich sogleich zurückgewiesen. Es ist nicht einzusehen, weshalb die beiden vollzogenen Würfe, die nun absolut der Vergangenheit angehören, auf den Wurf einen Einfluss haben können, der vorerst nur in der Zukunft existiert. Die Wahrscheinlichkeit, Sechsen zu werfen, scheint genau in dem gleichen Maße gegeben zu sein, wie sie zu jeder x-beliebigen Zeit auch gegeben war – das heißt, nur von den verschiedenen anderen Würfen abzuhängen, die möglicherweise mit dem Würfel geworfen werden. Und dies ist ein Gedanke, der so überaus einleuchtend ist, dass Versuche, dessen Richtigkeit in Zweifel zu ziehen, viel häufiger ein abschätziges Lächeln finden als so etwas wie anerkennende Beachtung. Den hierin enthaltenen Fehler – einen groben Fehler, der sich verhängnisvoll auswirken kann – innerhalb der mir zurzeit gesetzten Grenzen aufzudecken, kann ich nicht hoffen; überdies bedarf es für den, der Einsicht in die Dinge hat, sowieso keiner Aufdeckung. Es mag an dieser Stelle genügen, wenn ich sage, dass dieser zu einer endlosen Reihe von Fehlern zählt, die auf dem Pfad der Vernunft entstehen, weil diese die Wahrheit im Detail zu suchen pflegt.

1.6   Unsymmetrische Würfel: Brauchbar oder nicht?

Kann ein Würfel, der in Form oder Material unregelmäßig ist, trotzdem als vollwertiger Ersatz für einen symmetrischen Würfel dienen? Das heißt, kann auch mit einem unsymmetrischen Würfel eine der Zahlen 1 bis 6 zufällig ausgewählt werden, wobei alle sechs Ergebnisse praktisch gleichwahrscheinlich sind?

Bei den bisherigen Untersuchungen wurden Würfel immer als absolut symmetrisch angenommen. Andere lässt das auf Laplace zurückgehende Modell der Wahrscheinlichkeit auch gar nicht zu! Für die Praxis ist das eigentlich unrealistisch, da jeder handelsübliche Würfel zumindest etwas unsymmetrisch ist – von gezielten Manipulationen einmal ganz abgesehen.

Übrigens werden in Spielkasinos für Würfelspiele wie Craps Präzisionswürfel verwendet, deren Abweichungen weniger als ein 1/200 Millimeter betragen sollen[30]. Um diese Genauigkeit zu erreichen, sind die Ecken und Kanten der Kasinowürfel nicht – wie bei den gebräuchlichen Spielwürfeln üblich – abgerundet. Selbst an die Löcher der Würfelaugen hat man gedacht: Sie sind mit einem Kunststoff gefüllt, dessen spezifisches Gewicht dem des Grundmaterials entspricht. Zum Schutz gegen Trickbetrüger bestehen die Würfel aus einem transparenten Material; außerdem sind sie nummeriert und mit einem Monogramm des Kasinos gekennzeichnet. Ausgemusterte Würfel werden mit einer Prägung entwertet.

Was ist aber nun mit Würfeln, die diesem Idealbild nicht im Entferntesten entsprechen, etwa deshalb, weil sie im Inneren mit einem Metallkern verfälscht wurden? Zwar versagt in solchen Fällen das Laplace-Modell, jedoch ist das glücklicherweise nicht allzu schlimm, da die Wahrscheinlichkeitsrechnung auch auf unsymmetrische Zufallsprozesse verallgemeinert werden kann. Wie groß ist aber bei einem unsymmetrischen Würfel die Wahrscheinlichkeit, eine Sechs zu werfen?

Um bei einem unsymmetrischen Würfel Wahrscheinlichkeiten praktisch zu bestimmen, gibt es eigentlich nur einen Weg – man würfelt, und zwar möglichst oft[31]. Dabei lässt sich wie beim symmetrischen Würfel eine Stabilität der relativen Häufigkeiten beobachten. Das heißt, mit dem Fortschreiten der Versuchsreihe ändern sich die relativen Häufigkeiten eines Ereignisses immer weniger. Sie streben dabei einem bestimmten Wert zu. Wiederholt man die Versuchsreihe, so ergibt sich – trotz zufallsbedingter Unterschiede – ein ganz ähnliches Bild. Insbesondere bewegen sich die relativen Häufigkeiten wieder auf denselben Grenzwert hin, das heißt, die Abweichungen zwischen den relativen Häufigkeiten beider Versuchsreihen werden bei steigender Wurfzahl beliebig klein. Die Grenzwerte sind also Invarianten der Bauart, das heißt konkret Konstanten des verwendeten Würfels.

Auch bei allen anderen Zufallsexperimenten lässt sich entsprechendes beobachten, so dass die häufige Wiederholung eines Zufallsexperiment damit als Messmethode eingesetzt werden kann. Was dabei gemessen wird, gilt als Wahrscheinlichkeit – und zwar per Definition! Das heißt, man erklärt – wie in der Physik häufig praktiziert – den Begriff der Wahrscheinlichkeit dadurch, dass man eine Messmethode dafür festlegt. Dass die Wahrscheinlichkeit

---

30   John Scarne, *Complete guide to gambling*, New York 1974, S. 261. Würfelmanipulationen und andere Betrügereien werden ab S. 307 ausführlich erörtert.

31   Über Ansätze einer geometrischen Lösung berichtet Robert Ineichen, *Der schlechte Würfel – ein selten behandeltes Problem in der Geschichte der Stochastik*; Historia Mathematica, <u>18</u> (1991), S. 253-261.

anders als bei einem symmetrischen Würfel nie exakt bestimmt werden kann, ist durchaus akzeptabel. Schließlich unterliegen auch physikalische Größen bei ihrer Messung immer einer Fehlertoleranz. Im konkreten Fall muss die Versuchsreihe allerdings nicht unbedingt wirklich durchgeführt werden. Die Wahrscheinlichkeiten werden dann als prinzipiell bestimmbare, aber unbekannte Werte behandelt.

Jeder Würfel, und sei er noch so schief, besitzt also sechs Grundwahrscheinlichkeiten p_1, ..., p_6. Abgesehen davon, dass diese Wahrscheinlichkeiten nicht gleich 1/6 sein müssen, gelten die meisten aus dem Laplace-Modell bekannten Eigenschaften von Wahrscheinlichkeiten auch weiterhin: Alle Wahrscheinlichkeiten sind Zahlen zwischen 0 und 1, wobei 0 die Wahrscheinlichkeit des unmöglichen Ereignisses und 1 die Wahrscheinlichkeit des sicheren Ereignisses ist. Weiterhin gültig bleiben auch Additions- und Multiplikationsgesetz. So ist die Wahrscheinlichkeit, eine gerade Zahl zu werfen, gleich $p_2 + p_4 + p_6$. Außerdem ist die Summe der sechs Grundwahrscheinlichkeiten gleich der Wahrscheinlichkeit des sicheren Ereignisses, das entspricht der Identität $p_1 + ... + p_6 = 1$. Wirft man den Würfel zweimal, so handelt es sich um voneinander unabhängige Ereignisse. Die Wahrscheinlichkeit für eine Drei im ersten und eine Sechs im zweiten Wurf ist daher aufgrund des Multiplikationsgesetzes gleich $p_3\,p_6$.

Nun wissen wir zwar, wie unsymmetrische Würfel mathematisch zu handhaben sind. Die Lösung des eigentlichen Problems steht aber noch aus. Zur Vereinfachung nehmen wir zunächst eine leicht gekrümmte Münze, bei der es mehr als fraglich erscheint, ob „Kopf" und „Zahl" mit der gleichen Wahrscheinlichkeit erscheinen. Wir bezeichnen die Wahrscheinlichkeit, dass „Kopf" geworfen wird, mit p. Die Wahrscheinlichkeit, dass bei einem Wurf „Zahl" erscheint, ist dann gleich $1 - p$, was wir mit q abkürzen wollen. Der Idealfall einer völlig symmetrischen Münze entspricht den Werten $p = q = 1/2$.

Aber auch mit einer gekrümmten Münze lässt sich eine faire 1:1-Entscheidung herbeiführen. Man wirft dazu die Münze einfach mehrfach, zählt dabei die Häufigkeiten des Ereignisses „Kopf" und trifft schließlich die angestrebte Entscheidung danach, ob die ermittelte Häufigkeit von „Kopf" gerade oder ungerade ist. Als Beispiel stellen wir uns eine unsymmetrische Münze vor, bei der bei einem einzelnen Wurf der „Kopf" mit der Wahrscheinlichkeit von $p = 0,6$ erscheint. Bereits nach zwei Würfen wird eine weit gehende Angleichung der Wahrscheinlichkeiten erreicht:

- Häufigkeit von „Kopf" ist gerade (2× „Kopf" oder 2× „Zahl"):
$$0,6 \cdot 0,6 + 0,4 \cdot 0,4 = 0,52,$$
- Häufigkeit von „Kopf" ist ungerade („Kopf-Zahl" oder „Zahl-Kopf"):
$$2 \cdot 0,6 \cdot 0,4 = 0,48$$

Nach drei Würfen ist das Verhältnis bereits 0,504 zu 0,496, nach vier Würfen sogar 0,5008 zu 0,4992.

Wie verhält es sich aber mit anderen Ausgangsverteilungen – schließlich sind die Wahrscheinlichkeiten für eine konkrete Münze nicht unbedingt bekannt. Dazu gehen wir von einem allgemeinen Zufallsexperiment aus, das mit zwei möglichen Ergebnissen enden kann, nämlich mit „Ja" oder „Nein". Sind die zugehörigen Wahrscheinlichkeiten gleich $(1 + d)/2$ und $(1 - d)/2$, dann ist die (möglicherweise negative) Zahl d ein Maß für die Abweichung von der Symmetrie, das heißt, je kleiner der Betrag dieser Maßzahl d ist, desto weniger weicht das Experiment vom symmetrischen Idealfall ab. Kombiniert man nun zwei voneinander unabhängige Ja-Nein-Zufallsentscheidungen, deren Abweichungen von der Symmetrie

durch die Maßzahlen d und e gegeben sind, dann führt das zu folgenden Wahrscheinlichkeiten:

- 2× „Ja" oder 2× „Nein":

$$\frac{(1+d)(1+e)}{4} + \frac{(1-d)(1-e)}{4} = \frac{1+de}{2}$$

- 1× „Ja" und 1× „Nein":

$$\frac{(1+d)(1-e)}{4} + \frac{(1-d)(1+e)}{4} = \frac{1-de}{2}$$

Die Maßzahl der Symmetrie-Abweichung im Gesamtexperiment ist also gleich dem Produkt
d·e der einzelnen Maßzahlen d und e. Im Beispiel der schiefen Münze mit den Wahrscheinlichkeiten von 0,6 = (1 + 0,2)/2 und 0,4 betrug die Maßzahl 0,2. Bei mehreren Würfen ergeben sich daher Wahrscheinlichkeiten von

- $(1 + 0{,}2^2)/2 = 0{,}52$ bei 2 Würfen,
- $(1 + 0{,}2^3)/2 = 0{,}504$ bei 3 Würfen,
- $(1 + 0{,}2^4)/2 = 0{,}5008$ bei 4 Würfen,
- $(1 + 0{,}2^5)/2 = 0{,}50016$ bei 5 Würfen und so weiter.

Auch mit einer noch so schiefen Münze lässt sich also eine Entscheidung treffen, die de facto
gerecht ist. Einzige Bedingung ist, dass jede Seite überhaupt erscheinen kann. So ergeben
sich selbst bei einer 90-zu-10-Entscheidung, was d = 0,8 entspricht, nach 20 Würfen Wahrscheinlichkeiten von 0,5058 und 0,4942.

Den komplizierteren Fall eines Würfels wollen wir hier nicht im Detail untersuchen. Das
Resultat ist aber weitgehend analog: Ausgegangen wird von einem Würfel, dessen sechs
Grundwahrscheinlichkeiten p_1, ..., p_6 alle im Bereich zwischen $(1 - d)/6$ und $(1 + d)/6$ liegen,
wobei d eine Zahl aus dem Bereich zwischen 0 und 1 ist. Um aus mehreren Würfen ein Gesamtergebnis zwischen 1 und 6 zu erhalten, kann man einen sechs Spielfelder langen Rundkurs verwenden, auf dem man einen Spielstein immer um die gewürfelte Zahl weiterzieht.
Dasselbe Ergebnis erhält man auch, wenn man von der insgesamt erzielten Würfelsumme
nur den bei der Division durch 6 verbleibenden Rest berücksichtigt. Je länger man würfelt,
desto mehr gleichen sich die Wahrscheinlichkeiten der einzelnen Felder aneinander an. Nach
n Würfen, so lässt sich zeigen[32], liegen die Wahrscheinlichkeiten für die einzelnen sechs
Felder alle im Bereich von $(1 - d^n)/6$ bis $(1 + d^n)/6$. Wie bei der Münze führt das langsam
aber sicher zu einer für die Praxis völlig ausreichenden Gleichverteilung der Wahrscheinlichkeiten. Eine Unsymmetrie des Würfels wird damit überwunden. Anders als bei der Münze dürfen die Grundwahrscheinlichkeiten aber nicht zu groß werden. Ist ein Würfel so schief,
dass ein Ergebnis die Wahrscheinlichkeit von 1/3 erreicht, dann ist es nicht mehr gesichert,
dass das beschriebene Verfahren funktioniert.

---

[32] Man kann dazu wie beim Münzwurf vorgehen, das heißt, man untersucht zwei Zufallsexperimente
mit den möglichen Ergebnissen 1, 2, ..., 6. Liegen die Wahrscheinlichkeiten der einen Zufallsentscheidung zwischen (1-d)/6 und (1+d)/6 und die der anderen zwischen (1-e)/6 und (1+e)/6, dann
liegen die des kombinierten Experimentes zwischen (1-de)/6 und (1+de)/6. Bei den dazu notwendigen Berechnungen stellt man die Wahrscheinlichkeiten in der Form $(1+d_1)/6$, ..., $(1+d_6)/6$ mit
$$d_1 + ... + d_6 = 0 \text{ und } |d_1|, ..., |d_6| \le d$$
(und analog für das zweite Experiment) dar.

1.7 Wahrscheinlichkeit und Geometrie

Angenommen, man wirft in einem Zimmer, dessen Fußboden schlicht aus parallelen Brettern besteht, einen Stab in die Luft und einer der Spieler wettet, dass der Stab keine der Parallelen des Fußbodens kreuzt, während der andere darauf setzt, dass der Stab irgendwelche der Parallelen kreuzt. Man fragt nach der Gewinnaussicht dieser beiden Spieler.

Bei der Aufgabe handelt es sich um ein Zitat[33] aus dem Jahre 1777. Sie ist bekannt als Buffon'sches Nadelproblem und wurde erstmals 1773 vom Comte de Buffon (1707-1788) vor der Pariser Académie des sciences vorgetragen. Zu ergänzen ist die Voraussetzung, dass die Länge des Stabes nicht den Abstand zwischen zwei Parallelen überschreiten darf.

Das Buffon'sche Nadelproblem, das zweifellos auch zu den Klassikern der Wahrscheinlichkeitsrechnung zu zählen ist, unterscheidet sich deutlich von den bisher behandelten Fragestellungen. Zwar gibt es beim Nadelwurf letztlich nur zwei Ergebnisse, nämlich dass der Stab eine der Parallelen schneidet oder nicht. Allerdings lassen sich Symmetrien und daraus abgeleitete Gleichmöglichkeiten, wie sie dem Laplace-Modell zugrunde liegen, nur für geometrische Daten finden, bei denen die Anzahl der möglichen Fälle unendlich ist:

- Jeder Winkel zwischen dem Stab (beziehungsweise seiner gedachten Verlängerung) und der Parallelenschar ist gleichmöglich.
- Der Mittelpunkt des Stabes kann gleichmöglich auf jeden Punkt der Ebene fallen, was sich damit auch auf den Abstand des Mittelpunktes zur nächsten Parallele überträgt. Das heißt, jeder denkbare Abstandswert zwischen 0 und dem erreichbaren Maximum, nämlich dem halben Abstand zwischen zwei benachbarten Parallelen, ist gleichmöglich.

Die mathematischen Konsequenzen dieser beiden, voneinander unabhängigen Gleichmöglichkeiten sind komplizierter als bei den bisher behandelten Situationen. Da es unendlich viele Winkel und Abstände gibt, nutzt es nämlich überhaupt nichts, wenn wir davon ausgehen, dass diese alle untereinander gleichwahrscheinlich sind. Aufgrund der unendlichen Zahl von Möglichkeiten ist die Wahrscheinlichkeit für einen einzigen Winkel oder einen einzigen Abstand nämlich gleich 0, obwohl das zugehörige Ereignis keineswegs unmöglich ist!

Positive Wahrscheinlichkeiten erhält man, wenn man den Ereignissen ganze Bereiche, also Intervalle, zugrunde legt. Teilt man beispielsweise den Vollwinkel in sechs gleich große Segmente, dann besitzt jedes der Segmente als Ereignis die Wahrscheinlichkeit 1/6. Das heißt, in einem solchen Segment liegt der sich in einem Experiment ergebende Winkel mit der Wahrscheinlichkeit von 1/6. Allgemein kann man für jedes beliebige Intervall eine Wahrscheinlichkeit finden, die einzig von der geometrischen „Größe" des Intervalls abhängt – gemeint ist damit die auf das Gesamtintervall bezogene relative Länge. Das Additionsgesetz für solche „geometrischen" Wahrscheinlichkeiten bedeutet nichts anderes, als dass sich Längen addieren.

Wie aber lassen sich solche geometrische Wahrscheinlichkeiten mathematisch behandeln? Wie kann zum Beispiel beim Buffon'schen Nadelproblem aus den Annahmen über die Gleichmöglichkeit der Winkel und Abstände die gesuchte Wahrscheinlichkeit berechnet werden? Warum ist sie, wie empirische Versuche nahe legen, bei einer Gleichheit von Stablänge und Parallelenabstand gleich $2/\pi = 0{,}6366$?

---

[33] Ivo Schneider (siehe Kapitel 1.1, Fußnote 8), S. 494.

Bevor wir das nicht ganz einfache Nadelproblem angehen, wollen wir eine ähnliche Fragestellung, die ebenfalls auf Buffon zurückgeht, untersuchen: Eine Münze mit Radius r wird auf einen Fußboden geworfen, der mit quadratischen Fliesen der Kantenlänge a ausgelegt ist. Wie groß ist die Wahrscheinlichkeit, dass die Münze keine Fuge, deren Breite vernachlässigt wird, schneidet?

Das zweite Problem ist insofern einfacher, als es nur einen geometrischen Wert gibt, der einen Wurf beschreibt, nämlich den Punkt des Fußbodens, der vom Mittelpunkt der Münze getroffen wird. Dabei ist die Situation für jede Fliese gleich (siehe Bild 2): Der Fall, dass die Münze keine Fuge schneidet, tritt ein, wenn der Mittelpunkt der Münze im inneren Teilquadrat liegt, dessen Seiten parallel mit dem Abstand des Münzradius r zu den Kanten der Fliese verlaufen. Möglich ist das nur, wenn die Kantenlänge a der Fliese den Münzdurchmesser 2r übertrifft. Da jeder Punkt der Fliese gleichmöglich ist, ergibt sich die Wahrscheinlichkeit, dass keine Fuge geschnitten wird, als das Verhältnis der inneren Quadratfläche zur Fläche der Fliese, das ist $(a - 2r)^2/a^2$.

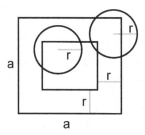

Bild 2   Wie eine geworfene Münze auf einen gefliesten Fußboden fallen kann

Ändert man das Experiment etwas ab, kann man auch andere Flächeninhalte als Wahrscheinlichkeiten interpretieren: Sind beispielsweise die quadratischen Fliesen mit einem Muster in Form eines einbeschriebenen Kreises versehen, dann ist die Wahrscheinlichkeit, dass ein zufälliger Punkt innerhalb eines Kreises liegt, gleich dem Flächenverhältnis von Kreis zu Quadrat, also gleich $\pi(a/2)^2/a^2 = \pi/4 = 0{,}7854$. In Verbindung mit dem Gesetz der großen Zahlen hat das zwei bemerkenswerte Konsequenzen:

- Als Wahrscheinlichkeit lässt sich die Zahl $\pi/4$ in einer Versuchsreihe von Zufallsexperimenten aus den relativen Häufigkeiten näherungsweise bestimmen. Folglich kann auch die Zahl π mit Zufallsexperimenten experimentell angenähert werden.
- Die experimentelle Art der Flächenberechnung ist sehr universell. Statt mit Kreisen können die Fliesen auch mit anderen Flächengebieten gemustert werden. Die relativen Häufigkeiten innerhalb einer Versuchsreihe nähern sich dann dem Flächenanteil beliebig nahe an und das mit beliebig hoher Sicherheit.

Anders als bei den beiden bisher untersuchten Situationen müssen beim Buffon'schen Nadelproblem zwei Zufallsparameter, nämlich der Winkel zwischen Stab und Parallelenschar einerseits sowie der Abstand zwischen Stabmittelpunkt und nächster Parallelen andererseits berücksichtigt werden. Auch wenn die mathematischen Details dazu komplizierter sind, so kann wieder das Prinzip verwendet werden, bei dem das Verhältnis zweier Flächen zu bestimmen ist (siehe Kasten).

Die Berechnung des Buffon'schen Nadelproblems

Bezeichnet L die Stablänge, a den Abstand zwischen zwei benachbarten Parallelen, ϕ den Winkel zwischen Stab und Parallelenschar und x die Distanz zwischen Stabmittelpunkt und nächster Parallele, dann erkennt man aus dem linken Teil der Abbildung, dass genau dann eine Parallele getroffen wird, wenn die Ungleichung

$$\frac{L}{2}\sin\phi \geq x$$

erfüllt ist. Stellt man nun – wie im rechten Teil der Abbildung – alle gleichmöglichen Wertepaare für x (von 0 bis a/2) und ϕ (von 0 bis π) graphisch in einem Rechteck dar, dann entsprechen die Wertepaare, die einen Treffer bedeuten, dem Gebiet, das zwischen der (Sinus-)Kurve und der horizontalen Koordinate liegt. Die zugehörige Fläche lässt sich mit einem Integral sofort berechnen. Die gesuchte Wahrscheinlichkeit ergibt sich wieder als das Verhältnis zur Gesamtfläche, es ist gleich 2L/aπ.

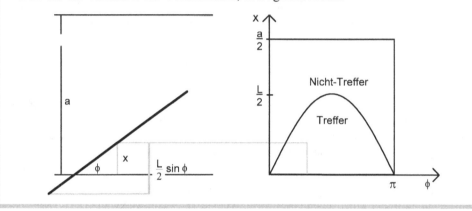

1.8 Zufall und mathematische Bestimmtheit – unvereinbar?

Kann die Folge der Dezimalziffern einer Zahl wie beispielsweise der Kreiszahl $\pi = 3{,}14159265358...$ genauso zufällig sein wie die Ergebnisse einer Würfelreihe?

Ein wesentliches Merkmal des Zufalls ist es, dass sein Wirken nicht vorhergesehen werden kann. Daher ist die Folge von Dezimalziffern der Zahl π eigentlich nicht zufällig. Denn selbst, wenn bestimmte Stellen von π unbekannt sind, so können sie doch bei Bedarf berechnet werden. Kennt man den Kontext der Ziffernfolge

3, 1, 4, 1, 5, 9, 2, 6, 5, 3, 5, 8, ...

aber nicht, erhalten die Ziffern subjektiv einen zufälligen Charakter. Formeln, mit denen die Ziffern der Folge erzeugt werden können, sind nämlich so kompliziert, dass man sie ohne Kenntnis des Hintergrundes kaum finden wird.

Wie zufällig ist dagegen ein Würfelergebnis? Natürlich werden auch die physikalischen Vorgänge, die einem Würfelwurf zugrunde liegen, durch Gesetze der Mechanik in völlig bestimmter Weise beschrieben. Bei genauer Kenntnis der Situation sollte es daher im Prinzip möglich sein, den Bewegungsablauf exakt vorauszuberechnen – man denke nur daran, wie präzise Raumsonden auf den Weg gebracht werden. Ist also auch beim Würfel der Zufall nur subjektiver Natur, das heißt Folge eines Informationsmangels? Maßgeblicher Initiator einer solchen Ansicht war Laplace, der in Anlehnung an die seinerzeit gemachten Fortschritte bei Mechanik und Astronomie ein deterministisches Weltbild entwarf. 1783 bemerkte er[34]:

> So wurden das Auftauchen und die Bewegung der Kometen, die wir heute als abhängig von demselben Gesetz verstehen, das die Wiederholung der Jahreszeiten sichert, einst von denjenigen, die die Sterne zu den Meteoren rechneten, als Wirkung des Zufalls angesehen. Das Wort Zufall drückt also nichts anderes als unser Unwissen über die Ursachen der Erscheinungen aus, die wir ohne irgendeine sichtbare Ordnung eintreten und einander folgen sehen.

Folglich sah Laplace die Wahrscheinlichkeitsrechnung als ein Instrument, mit dem selbst bei Unkenntnis der kausalen Zusammenhänge eine Orientierungshilfe gegeben werden kann, so dass die entstandene Unwissenheit zum Teil überwunden wird. So können mit dem Gesetz der großen Zahlen recht genaue Aussagen über den mutmaßlichen Ausgang einer Glücksspiel-Serie gemacht werden, ohne dass dazu der physikalische Verlauf eines Würfelwurfs analysiert werden muss.

Ist der Zufall generell nur eine subjektive Erscheinung, dann sind auch die Dezimalziffern der Zahl π zufällig, wenn vielleicht auch nicht ganz so zufällig wie die Ergebnisse eines Würfels. Gibt es aber überhaupt einen objektiven Zufall? Aus heutiger Sicht muss die Frage eindeutig bejaht werden, und zwar aufgrund von Erkenntnissen sowohl aus der Physik wie der Mathematik.

Die erste bedeutende Anwendung innerhalb der Naturwissenschaft erlangte die Wahrscheinlichkeitsrechnung in der kinetischen Gastheorie, wie sie 1859 von Maxwell (1831-1879) begründet wurde. Die Wärme bei Gasen wird dabei als Bewegung von Molekülen gedeutet und damit auf im Prinzip bekannte mechanische Phänomene der Bewegung zurückgeführt. Neu ist hingegen die aus der astronomisch großen Zahl von Teilchen resultierende Komplexität, die explizite Berechnungen praktisch unmöglich macht. Allerdings lassen sich mathematische Ergebnisse erzielen, wenn die Geschwindigkeit eines einzelnen Teilchens als zufällig angesehen wird. Makroskopisch messbare Größen wie Volumen, Druck, Temperatur und chemische Zusammensetzung finden sich so durch ein mittleres Verhalten von Molekülen erklärt. Insbesondere kann die Temperatur als durchschnittliche Bewegungsenergie der Moleküle gedeutet werden. Wie jedes andere Modell musste sich die kinetische Gastheorie letztlich an der Erklärung experimenteller Ergebnisse messen lassen – und sie bestand! Dazu ein Beispiel zur so genannten Entropie: Füllt man in ein der Schwerelosigkeit ausgesetztes Behältnis nacheinander zwei verschiedene Gase, dann durchmischen sich diese gleichmäßig miteinander. Ist es aber umgekehrt auch möglich, dass sich durchmischte Gase wieder trennen? Gesetze der Mechanik würden dadurch nicht verletzt werden. Die Antwort des zufallsabhängigen Modells lautet: Im Prinzip ja, allerdings ist die selbstständige Trennung so unwahrscheinlich, dass sie kaum je eintreten wird – makroskopisch ist der Verlauf also determiniert! Die Situation tritt stark vereinfacht auch bei zwei größeren Päckchen von roten

---

[34] Ivo Schneider (siehe Kapitel 1.1, Fußnote 8), S. 71.

und schwarzen Karten ein, die miteinander vermischt werden. Der Zustand, dass beim Mischen irgendwann die roten von den schwarzen Karten getrennt werden, ist möglich aber extrem unwahrscheinlich – das Gesetz der großen Zahlen zeigt eben seine Wirkung.

Besitzt nun der Zufall innerhalb der kinetischen Gastheorie einen objektiven Charakter? Die Tatsache, dass die Daten eines Systems in der Praxis auf einen wesentlichen Kern von Durchschnittswerten wie die Temperatur konzentriert werden, zeigt ein subjektiv vorhandenes Unwissen, mehr aber nicht. Allerdings wird ein solches System aufgrund der mechanischen Deutung und der dafür bekannten deterministischen Gesetze prinzipiell im Voraus berechenbar, selbst wenn eine praktische Realisierung genauso hoffnungslos ist wie bei einem Würfelwurf. Das heißt, man kann die Hoffnung hegen, scheinbar zufällige Vorgänge der Makrophysik durch absolut deterministische Gesetze der Mikrophysik erklären zu können. Dass diese Hoffnung selbst in der Theorie unerfüllt bleiben wird, wissen wir seit der Entwicklung der Quantenphysik in den 1920er Jahren durch Heisenberg (1901-1975) und Schrödinger (1887-1961). Danach ist der Zufall für den Betrachter unüberwindbar und die scheinbar deterministischen Gesetze der Makrophysik entpuppen sich als statistische Gesetze der Mikrophysik. Deutlich erkennbar wird dieses Unvermögen durch die Heisenbergsche Unschärferelation, gemäß der bei einem Teilchen Ort und Geschwindigkeit gleichzeitig immer nur mit einer begrenzten Genauigkeit gemessen werden können. In den Worten Heisenbergs bedeutet das: „An der scharfen Formulierung des Kausalitätsgesetzes ‚Wenn wir die Gegenwart kennen, können wir die Zukunft berechnen‘ ist nicht der Nachsatz, sondern die Voraussetzung falsch." Da die Gesamtheit der das Modell bestimmenden Zustandsparameter nie exakt gemessen werden kann, unterliegen die Aussagen über die zukünftige Entwicklung immer dem Zufall – der Zufall ist also objektiv vorhanden.

Im Bereich der klassischen Mechanik greifen wir nochmals auf den Würfel zurück: Sein anscheinend so simpler Wurf mit seinen Dreh- und Sprungbewegungen wird von so vielen Faktoren beeinflusst, dass es praktisch unmöglich ist, seinen Verlauf vorherzusehen. Selbst zwei Würfe mit augenscheinlich identischen Anfangsbedingungen werden völlig unterschiedlich verlaufen, da sich selbst geringste Unterschiede schnell vergrößern und schließlich zu völlig abweichenden Abläufen führen: „Kleine Ursache – große Wirkung!". Im Zufall eines Würfels kann also eine spezielle Form einer kausalen Beziehung gesehen werden, bei der das Eintreten oder Nichteintreten des Ereignisses von selbst unmerklich kleinen Änderungen der Einflussgrößen abhängt. Wie die Einflussgrößen in einem konkreten Versuch wirken, ist damit unvorhersehbar. Kausale Beziehungen, die in solcher Weise anfällig gegen kleinste Störungen sind, nennt man chaotisch. Sie stellen, wie man heute weiß, weit eher den Normalfall dar als geordnete und kontinuierliche Abhängigkeiten von Größen, wie man sie von den klassischen Naturgesetzen her kennt.

Der Zufall in chaotischen Beziehungen ist eigentlich rein mathematischer Natur. Damit ist gemeint, dass er mit Hilfe der deterministischen Formeln der klassischen Physik vollständig auf mathematischer Ebene erklärt werden kann. Welches Chaos selbst einfachste Formeln „anrichten" können, weiß jeder, der schon einmal jene populären Apfelmännchen-Figuren der fraktalen Geometrie betrachtet hat. So sehr darin Regelmäßigkeiten in Form ähnlich erscheinender Gebilde zu finden sind, so wenig lässt sich eine einfache Beschreibung finden, wenn die eigentliche Grundformel unbekannt ist. Wie bei der Zahl π, und hier schließt sich der gedankliche Kreis wieder, kann durchaus von einem Zufall gesprochen werden, allerdings nur auf einer subjektiven Ebene.

Wie in der kinetischen Gastheorie kann es gerade dann sehr zweckmäßig sein, Methoden der Wahrscheinlichkeitsrechnung anzuwenden, wenn ein zufälliger Einfluss objektiv überhaupt nicht gesichert ist. Auch im Alltagsleben gibt es viele solche Situationen, deren Verlauf zu einem genügend frühen Zeitpunkt nicht vorhersehbar ist:

- die Marke des ersten bei „Rot" an einer Ampel anhaltenden Autos,
- die Summe der Schadensfälle einer Versicherung während eines Jahres,
- die Niederschlagsmenge während eines Tages,
- das Geschlecht eines neugeborenen Kindes,
- die Zahl der Strafmandate, die ein ständiger Falschparker im Jahr erhält,
- die Zahl der Krankmeldungen in einem Betrieb.

Dass es auch in der Mathematik sinnvoll sein kann, den Zufall gezielt ins Spiel zu bringen, haben wir schon beim Buffon'schen Nadelproblem gesehen. Nicht nur die Zahl π, auch Inhalte beliebiger Flächen können mit Zufallsexperimenten bestimmt werden. Aber selbst wenn es um Primzahlen geht, kann es von Vorteil sein, Teilbarkeitseigenschaften als zufällig anzusehen – beispielsweise ist eine zufällig gewählte, ganze Zahl mit der Wahrscheinlichkeit von 1/2 gerade. Mit dieser Sichtweise lassen sich Schätzungen darüber finden, wie häufig bei einer vorgegebenen Größenordnung Zahlen mit bestimmten Eigenschaften sind – zum Beispiel Primzahlen, Primzahlzwillinge (zwei Primzahlen mit Differenz 2) oder Zahlen mit einer bestimmten Zahl von Primteilern.

Erscheinungen, die objektiv als zufällig gelten können, haben wir bisher erst in der Quantenmechanik ausmachen können. Dafür, wann ein Atomkern eines radioaktiven Isotops zerfällt, gibt es a priori keine Anhaltspunkte. Kann es aber auch innerhalb der Mathematik, in der alles so determiniert erscheint, einen wirklichen Zufall geben? In der historischen Entwicklung hat es erhebliche Probleme bereitet, Erkenntnisse über Zufall und Wahrscheinlichkeit mathematisch befriedigend zu deuten. So bestand die Wahrscheinlichkeitsrechnung noch bis zum Beginn des 20. Jahrhunderts aus einer Methodensammlung zur Lösung von diversen Problemen. Über die Grundlagen der Wahrscheinlichkeitsrechnung herrschte allerdings Unklarheit: Sind die Gesetze der Wahrscheinlichkeit Naturgesetze, wie man sie aus der Physik her kennt, oder gibt es eine abstrakte Theorie, deren Objekte wie in der Geometrie so weit idealisiert sind, dass sie auch außerhalb unserer materiellen Umwelt denkbar werden? Dann müssten insbesondere auch die Begriffe des Zufalls und der Wahrscheinlichkeit genauso rein mathematisch erklärbar sein wie es beispielsweise bei Längen, Flächen und Volumen möglich ist. Konkrete Versuche und Messreihen haben in solchen Erklärungen keinen Platz – genauso wenig, wie in der Geometrie ein Volumen dadurch bestimmt wird, dass der betreffende Körper in Wasser getaucht wird, um die dabei entstehende Verdrängung zu messen.

Da sich Bestimmtheit der Mathematik einerseits und Unbestimmtheit von Wahrscheinlichkeit und Zufall andererseits auszuschließen schienen, tendierten noch zu Beginn des 20. Jahrhunderts maßgebliche Mathematiker dazu, die Wahrscheinlichkeitsrechnung als physikalische Disziplin anzusehen[35]. Einen Weg, die Wahrscheinlichkeitsrechnung mathematisch zu

---

[35] Dazu ein Zitat aus dem Jahre 1900: „Durch die Untersuchung über die Grundlagen der Geometrie wird uns die Aufgabe nahe gelegt, nach diesem Vorbilde diejenigen physikalischen (!) Disziplinen axiomatisch zu behandeln, in denen schon heute die Mathematik eine hervorragende Rolle spielt; dies sind in erster Linie die Wahrscheinlichkeitsrechnung und die Mechanik." Das Zitat stammt aus einem berühmten, vor dem 2. Internationalen Mathematikerkongress gehaltenen Vortrag von David Hilbert (1862-1943). Der Vortrag hatte eine Liste von damals offenen mathematischen Problemstellungen zum Inhalt, als deren sechstes Hilbert die zitierte Aufforderung gab. Von einigen der an-

fundieren, suchte ab 1919 der Mathematiker Richard von Mises (1883-1953). Mises untersuchte dazu relative Häufigkeiten in Versuchsreihen. Allerdings legte er nicht wirkliche Versuchsreihen zugrunde, sondern Folgen von Ergebnissen, die aus einer Versuchsreihe hätten stammen können. Dazu forderte Mises, dass die Reihenfolge der Ergebnisse regellos zu sein hätte. Aber wie sieht das Kriterium dafür genau aus? Wie regellos muss eine Folge von Zahlen wie

$$4, 2, 1, 1, 6, 2, 3, 5, 5, 5, 6, 2, 3, 6, 2, \dots$$

beschaffen sein, damit sie als zufällig angesehen werden kann? Regelmäßige Folgen wie

$$1, 2, 3, 4, 5, 6, 1, 2, 3, 4, 5, 6, 1, 2, 3, \dots$$

sind sicher nicht zufällig. Aber für welche Folgen gilt das Gegenteil?

Die von Mises versuchten Erklärungen der Zufälligkeit konnten letztlich nicht voll befriedigen. Sein Ansatz, das Messverfahren für Wahrscheinlichkeiten mathematisch zu abstrahieren, war damit gescheitert. Erst Jahrzehnte später, nämlich in den 1960er Jahren, gelang es unabhängig voneinander Gregory Chaitin und Andrej Kolmogorow (1903-1987), Zufälligkeit bei Zahlenfolgen formal zu definieren[36]. Maßgebend für die Zufälligkeit einer Zahlenfolge ist es demnach, wie umfangreich ein Computerprogramm sein muss, das die Folge erzeugt. So dürfen zufällige Folgen in ihrer unendlichen Länge keinesfalls durch ein endliches Programm erzeugbar sein – die Ziffernfolge der Zahl π ist also nicht zufällig. Und für endliche Anfangsfolgen darf keine generelle Möglichkeit bestehen, die Zahlen mit zu „einfachen" Programmen zu erzeugen. Das heißt, gegenüber der Möglichkeit, die Folge einfach selbst zu speichern, darf keine zu „starke" Komprimierung möglich sein[37].

So interessant eine solche Charakterisierung des Zufalls ist, für die mathematische Wahrscheinlichkeitsrechnung besitzt sie seltsamerweise kaum eine Bedeutung! Ein mathematisches Modell für Wahrscheinlichkeiten kann nämlich erstellt werden, ohne sich dabei auf den Zufall zu beziehen.

So gelang es bereits 1900 dem Mathematiker Georg Bohlmann (1869-1928), die bekannten Gesetze und Techniken der Wahrscheinlichkeitsrechnung auf ein System von Grundeigenschaften zurückzuführen: Neben der Festlegung, dass Wahrscheinlichkeiten Werte zwischen 0 und 1 sind, die Ereignissen zugeordnet sind, umfasst dieses System im Wesentlichen den Inhalt von Additions- und Multiplikationsgesetz. Für sich genommen ist Bohlmanns Ansatz keineswegs ungewöhnlich – schließlich können auch die Kepler'schen Gesetze aus Grundgesetzen von Mechanik und Gravitation abgeleitet werden. Entscheidender ist, dass Bohlmann die Deutung dieser Grundeigenschaften änderte, in dem er sie als Definitionen auffasste. Das heißt, alles, was diesen Eigenschaften genügt, gilt als Wahrscheinlichkeit. Und

---

deren Problemen wird noch an späterer Stelle die Rede sein. Siehe auch *Die Hilbertschen Probleme*, Ostwalds Klassiker der exakten Wissenschaften, <u>252</u>, Leipzig 1976 (russ. Orig. 1969); Jean-Michel Kantor, *Hilbert's problems and their sequels*, The Mathematical Intelligencer, <u>18</u>/1 (1996), S. 21-30.

[36] Chaitin hat zwei populärwissenschaftliche Darstellungen seiner Arbeiten gegeben: *Randomness and mathematical proof*, Scientific American, 1975/5, S. 47-52 und *Der Einbruch des Zufalls in die Zahlentheorie*, Spektrum der Wissenschaft, 1988/9, S. 63-67.

[37] Informationstechnisch komprimieren lassen sich Folgen – selbst zufällig erzeugte – immer dann, wenn die vorkommenden Zahlen mit unterschiedlicher Häufigkeit auftreten. Beispielsweise wird eine Folge, die aus etwa 90 % Nullen und 10 % Einsen besteht, dadurch komprimiert, dass man die Abstände zwischen den Einsen speichert. Da die ursprüngliche Folge daraus wieder rekonstruierbar ist, geht keine Information verloren.

auch die Unabhängigkeit von zwei Ereignissen wird nicht mehr als das Fehlen eines „gegenseitigen Einflusses" verstanden. Zwei Ereignisse gelten im Sinne Bohlmanns als voneinander unabhängig, wenn sie dem Multiplikationsgesetz genügen, das heißt, wenn die Wahrscheinlichkeit, dass beide eintreten, gleich dem Produkt der Einzelwahrscheinlichkeiten ist. Weitere Eigenschaften von Wahrscheinlichkeiten, wie das Gesetz der großen Zahlen und die auf ihm beruhenden Messmethoden für Wahrscheinlichkeiten, ergeben sich dadurch – und nur dadurch –, dass logische Schlüsse aus den zur Definition erhobenen Grundeigenschaften, Axiomensystem genannt, gezogen werden.

Ein Schwachpunkt von Bohlmanns Konzept war, dass der Begriff des Ereignisses stillschweigend vorausgesetzt wurde. Endgültig überwunden wurde diese Schwierigkeit erst 1933, als Andrej Kolmogorow ein rein mathematisches Axiomensystem sowie eine darauf aufbauende Ausarbeitung der Wahrscheinlichkeitsrechnung vorlegte. Kolmogorow verwendete dazu ausschließlich mathematische Objekte, nämlich Zahlen und Mengen. Damit hatte die Wahrscheinlichkeitsrechnung eine rein mathematische und zugleich universell verwendbare Grundlage erhalten und wurde so – wie Arithmetik, Geometrie und Analysis – zu einer zweifelsfrei mathematischen Disziplin!

Kolmogorows Axiomensystem basiert darauf, dass jedem Zufallsexperiment eine **Menge von möglichen Ergebnissen** zugeordnet wird. Beim Würfel – ob symmetrisch oder nicht – entsprechen die Ergebnisse den Zahlen 1 bis 6. Als Ergebnismenge nimmt man daher die Menge $\{1, 2, 3, 4, 5, 6\}$. Jedes **Ereignis** kann nun als eine Teilmenge der Ergebnismenge aufgefasst werden – bestehend jeweils aus den „günstigen" Ergebnissen. Beispielsweise wird das Ereignis, eine gerade Zahl zu werfen, durch die Menge repräsentiert, welche alle geraden Zahlen zwischen 1 und 6 enthält, das ist die Menge $\{2, 4, 6\}$. Das sichere Ereignis umfasst alle möglichen Ergebnisse und entspricht daher der Menge $\{1, 2, 3, 4, 5, 6\}$. Das unmögliche Ereignis tritt bei keinem Ergebnis ein und wird demgemäß durch die leere Menge repräsentiert.

Jedem Ereignis ist eine **Wahrscheinlichkeit** zugeordnet. Wahrscheinlichkeiten werden – in Anlehnung an das lateinische *probabilitas* und das englische *probability* – mit dem Buchstaben „P" bezeichnet. Das Ereignis, um dessen Wahrscheinlichkeit es geht, wird dem „P" in Klammern nachgestellt, wobei der Ausdruck P(...) als „P von ..." gelesen wird[38]. Die Aussage, dass das sichere Ereignis die Wahrscheinlichkeit 1 besitzt, wird so durch die Formel

$$P(\{1, 2, 3, 4, 5, 6\}) = 1$$

abgekürzt. Die Wahrscheinlichkeit für eine Sechs entspricht $P(\{6\})$, und $P(\{2, 4, 6\})$ steht für die Wahrscheinlichkeit, eine gerade Zahl zu werfen. Welche konkreten Werte diese Wahrscheinlichkeiten besitzen, ist für die Theorie zunächst belanglos – physikalische Formeln sind schließlich auch nicht an konkrete Werte gebunden. Die Werte der Wahrscheinlichkeiten können, müssen aber nicht mit denen im Laplace-Modell übereinstimmen.

Der Ansatz, Ereignisse durch Teilmengen einer Grundmenge zu beschreiben, erlaubt es, Aussagen über Ereignisse und Wahrscheinlichkeiten vollkommen zu mathematisieren. Nehmen wir zum Beispiel die Aussage des Additionsgesetzes:

Gegeben sind zwei Ereignisse A und B, die miteinander unvereinbar sind. Bezogen auf die Mengen A und B bedeutet das, dass die beiden Mengen kein gemeinsames Element besitzen

---

[38] Mathematisch handelt es sich bei P um eine Abbildung von der Menge der Ereignisse in die reellen Zahlen.

und dass folglich ihre Durchschnittsmenge A∩B leer ist. Denn die beiden Ereignisse können nur dann nie in einem einzelnen Versuch eintreten, wenn kein Ergebnis für beide „günstig" ist. Analog wird das Ereignis, dass eines der beiden Ereignisse eintritt, durch die Vereinigungsmenge A∪B repräsentiert, welche sowohl die Ergebnisse der Menge A als auch die der Menge B enthält. In mathematischer Formulierung lautet das Additionsgesetz nun:

Für zwei Ereignisse A und B mit A∩B = {} gilt
$$P(A \cup B) = P(A) + P(B);$$
zum Beispiel ist beim Würfel
$$P(\{2, 4, 6\}) = P(\{2, 4\}) + P(\{6\}).$$

Nach Kolmogorow werden Wahrscheinlichkeiten dadurch definiert, dass ein System von Teilmengen und ihnen zugeordneten Zahlen P( ) dann als Zufallsexperiment samt Ereignissen und Wahrscheinlichkeiten angesehen wird, wenn bestimmte Eigenschaften erfüllt sind. Diese entsprechen im Wesentlichen den schon von Bohlmann formulierten Axiomen und damit wohlbekannten Gesetzen der intuitiv betriebenen Wahrscheinlichkeitsrechnung:

- Wahrscheinlichkeiten sind Zahlen zwischen 0 und 1.
- Das sichere Ereignis besitzt die Wahrscheinlichkeit 1.
- Es gilt das Additionsgesetz.

Die mathematische Formulierung wird hier absichtlich nicht vertieft, da es dann unvermeidlich würde, einige für die Praxis weniger wichtige, in der Mathematik aber unverzichtbare Details zu ergänzen[I] [39]. Anzumerken bleibt, dass die Axiome so universell sind, dass alle praktischen Anwendungen, also selbstverständlich auch die nicht endlichen Ergebnismengen der „geometrischen" Wahrscheinlichkeiten, umfasst werden.

Wie schon von Bohlmann vorgeschlagen, erlangt auch die Aussage des Multiplikationsgesetzes für unabhängige Ereignisse die Qualität einer Definition, in dem die dem Multiplikationsgesetz entsprechende Gleichung verwendet wird: Danach heißen zwei Ereignisse A und B unabhängig, wenn die Bedingung $P(A∩B) = P(A) \cdot P(B)$ erfüllt ist; dabei entspricht die Durchschnittsmenge A∩B dem Ereignis, das den Eintritt sowohl des Ereignisses A als auch des Ereignisses B voraussetzt. Drei oder mehrere Ereignisse heißen voneinander unabhängig, wenn für jede beliebige Auswahl von mindestens zwei Ereignissen eine entsprechende Produktformel gilt[40].

Begriffe der Wahrscheinlichkeitsrechnung wie Ergebnis, Ereignis, Wahrscheinlichkeit und Unabhängigkeit haben im Kolmogorow-Modell neue, ausschließlich auf mathematische Objekte bezugnehmende Deutungen erhalten. Nur diese formalen Deutungen interessieren innerhalb der mathematischen Wahrscheinlichkeitsrechnung, etwa wenn es darum geht, ganze Klassen von Problemen zu untersuchen. Erst wenn die so gefundenen Resultate angewendet werden, treten die anschaulichen, in den Begriffsbenennungen erhalten gebliebenen Deutungen wieder in den Mittelpunkt. Ein solches Vorgehen erlaubt eindeutig prüfbare und sehr universelle Schlussweisen und ist somit sehr rational. Allerdings darf die Gefahr, jeglichen Bezug zur Anwendung aus den Augen zu verlieren, nicht unterschätzt werden.

---

[39] Römische Zahlen I, II, ... weisen auf – zumeist umfangreichere – Anmerkungen am Ende des Buches hin.

[40] Beispielsweise müssen für drei unabhängige Ereignisse A, B und C die Gleichungen $P(A∩B∩C) = P(A) P(B) P(C)$, $P(A∩B) = P(A) P(B)$, $P(B∩C) = P(B) P(C)$ und $P(A∩C) = P(A) P(C)$ gelten.

In der Praxis, in der es darauf ankommt, Erscheinungen zu erklären und vorherzusagen, wird der mathematische Formalismus zu Recht gerne begrenzt. So kommen selbst die eigentlich unzulänglichen Deutungen und Argumentationen des Laplace-Modells weiterhin zu Ehren. Das Wissen, dass dessen formale Defizite ausräumbar sind, mag den beruhigen, der danach verlangt.

Weiterführende Literatur zur Axiomatik der Wahrscheinlichkeitsrechnung:

B. L. van der Waerden, *Der Begriff der Wahrscheinlichkeit*, Studium Generale, 4 (1951), S. 65-68.

Ivo Schneider, *Die Entwicklung der Wahrscheinlichkeitsrechnung von den Anfängen bis 1933*, Darmstadt 1988, S. 353-416.

Ulrich Krengel, *Wahrscheinlichkeitstheorie*, in: *Ein Jahrhundert Mathematik, 1890-1990*, Braunschweig 1990, S. 457-489, besonders Kapitel 1 bis 4.

Thomas Hochkirchen, *Die Axiomatisierung der Wahrscheinlichkeitsrechnung und ihre Kontexte*, Göttingen 1999.

1.9   Die Suche nach dem Gleichmöglichen

In einer amerikanischen Fernsehshow gewinnt der Kandidat der Endrunde ein Auto, wenn er unter drei Türen diejenige errät, hinter der sich ein Auto verbirgt. Hinter jeder der beiden anderen Türen steht – als publikumswirksames Symbol für die Niete – eine Ziege. Um die Spannung zu vergrößern, öffnet der Showmaster nach der Wahl des Kandidaten zunächst eine der beiden verbliebenen Türen. Dabei wählt der Showmaster, der die richtige Tür kennt, immer eine Tür, hinter der eine Ziege steht. Anschließend darf der Kandidat seine getroffene Entscheidung nochmals revidieren und sich für die übrig bleibende dritte Tür umentscheiden. Soll er oder soll er nicht?

Als die Frage 1990/91 in einer Kolumne der amerikanischen Zeitschrift *Skeptical Inquirer* als Leserfrage diskutiert wurde, löst das eine heftige Debatte aus, die sogar über den Atlantik bis in die Leserbriefspalten von *Zeit* und *Spiegel* schwappte[41]. Und alles nur deshalb, weil in den genannten Zeitschriften übereinstimmend behauptet worden war, dass sich die Chance auf den Gewinn erhöht, wenn die ursprüngliche Entscheidung revidiert wird. Das klingt in der Tat sehr fraglich. Plausibel erscheint dagegen die folgende Überlegung: Die Wahrscheinlichkeit, das Auto zu gewinnen, beträgt zu Beginn 1/3. Öffnet aber dann der Showmaster eine Tür mit einer Ziege, dann gibt es nur noch zwei Möglichkeiten, die beide vollkommen gleichberechtigt sind. Also erhöht sich die Wahrscheinlichkeit für die beiden verbliebenen Türen jeweils von 1/3 auf 1/2. Die Wahl der Tür zu revidieren, macht also keinen Sinn!

---

[41]   Der Spiegel 1991/34, S. 212-213 und dazu (gewollt und unfreiwillig) amüsante Leserbriefe in 1991/36, S. 12-13; Spektrum der Wissenschaft 1991/11, S. 12-16; Gero von Randow, *Das Ziegenproblem*, Hamburg 1992. Das Problem selbst ist nicht neu, es wurde in anderer Formulierung schon bei Martin Gardner, *Mathematische Rätsel und Probleme*, 1964 (Orig. 1959/1961), S. 147-148 (der 6. Auflage) behandelt.

Dagegen argumentieren die Befürworter eines Türwechsels, dass sich die Wahrscheinlichkeit für die ursprünglich gewählte Türe nicht ändert: Da der Showmaster immer eine der beiden anderen Türen öffnet und er dabei immer eine Tür mit einer Ziege dahinter wählt, erhält man über die ursprünglich gewählte Tür keine zusätzliche Information. Nach dem Öffnen sind aber nur noch zwei Türen übrig. Daher erhöht sich die Erfolgswahrscheinlichkeit für die dritte Tür auf 2/3, so dass ein Wechsel ratsam ist.

Seltsamerweise ist die Entscheidung des Kandidaten intuitiv leichter abzuwägen, wenn die Zahl der Türen größer ist. Nehmen wir an, es gebe hundert Türen mit 99 Ziegen und einem Auto, und der Kandidat zeige auf die erste Türe. Dann ist die Wahl des Kandidaten fast hoffnungslos, da die Erfolgswahrscheinlichkeit – zumindest zunächst – nur 1/100 beträgt. Öffnet nun der Showmaster eine lange Reihe von 98 der insgesamt 99 verbliebenen Türen, was werden wir dann hinter der Lücke vermuten? Richtig! – dort muss das Auto stehen, es sei denn, die ursprüngliche Wahl wäre richtig gewesen, was aber kaum wahrscheinlich ist. Bei 100 Türen würde man daher relativ sicher die ursprüngliche Wahl revidieren!

Natürlich besteht zur Originalversion mit drei Türen nur ein quantitativer Unterschied: Um das ursprüngliche Problem zweifelsfrei zu lösen, müssen die gleichmöglichen Fälle erkannt werden. Die Frage dabei ist nur, welcher Zeitpunkt mit welchem Informationsstand für die Symmetrien zugrunde zu legen ist. Würde der Showmaster zu Beginn eine Türe mit einer Ziege dahinter öffnen, dann gäbe es nur noch zwei gleichmögliche Fälle. In Wirklichkeit wählt der Kandidat aber zuerst eine der drei Türen, und dann erst öffnet der Showmaster eine der beiden anderen Türen. Die zwei so verbleibenden Türen sind damit nicht zwangsläufig gleichmöglich. Einzig gesichert ist nämlich nur die Ausgangssituation, bei der unterstellt wird, dass das Auto hinter allen drei Türen gleichwahrscheinlich stehen kann. Folglich ist die ursprüngliche Wahl mit einer Wahrscheinlichkeit von 1/3 richtig und mit einer Wahrscheinlichkeit von 2/3 falsch. Nachdem nun der Showmaster eine der beiden anderen Türen so geöffnet hat, dass eine Ziege erscheint, ist in beiden möglichen Fällen die Wirkung eines Türwechsels offenkundig:

	Ursprüngliche Wahl ist ...	Wahrschein- lichkeit dafür	Änderung der Entscheidung ist ...
1. Fall	richtig	1/3	schlecht
2. Fall	falsch	2/3	gut

Da der Kandidat nicht weiß, ob für ihn der erste oder zweite Fall zutrifft, kann er sich nur global für oder gegen einen Wechsel entscheiden. Dabei zeigt die Tabelle deutlich, dass der Kandidat die Tür wechseln sollte, da eine Verbesserung doppelt so wahrscheinlich ist wie eine Verschlechterung.

Hinter dem Problem, die richtige Türe zu raten, verbirgt sich ein wichtiges Prinzip der Wahrscheinlichkeitsrechnung. Wahrscheinlichkeiten für Ereignisse können nämlich nicht nur absolut, sondern auch bedingt zum Eintritt anderer Ereignisse betrachtet werden. Beispielsweise ist die Wahrscheinlichkeit, mit zwei Würfeln mindestens die Summe 11 zu erzielen, gleich 3/36. Sollte der erste Würfel eine Sechs zeigen, dann scheiden für das Endresultat bereits 30 der ursprünglich 36 gleichmöglichen Fälle aus. Und von den sechs verbliebenen Möglichkeiten 6-1, 6-2, 6-3, 6-4, 6-5, 6-6 führen zwei, nämlich 6-5 und 6-6, zum Ziel. Daher ist die Wahrscheinlichkeit, mindestens eine 11 zu erreichen, bedingt zum Ereignis einer Sechs beim ersten Würfel gleich 2/6.

Innerhalb des Laplace-Modells kann generell entsprechend verfahren werden. Ausgegangen wird von zwei Ereignissen A und B. Dazu teilt man die Anzahl der Ereignisse, die für beide Ereignisse A und B günstig sind, durch die Anzahl der für das Ereignis B günstigen Fälle und erhält so die zum Eintritt des Ereignisses B **bedingte Wahrscheinlichkeit** für das Ereignis A. Bezeichnet wird diese bedingte Wahrscheinlichkeit mit P(A|B). Aber auch außerhalb des Laplace-Modells lassen sich bedingte Wahrscheinlichkeiten definieren. Statt Anzahlen von günstigen Fällen wird dann der Quotient aus den entsprechenden Wahrscheinlichkeiten gebildet:

$$P(A|B) = \frac{P(A \cap B)}{P(B)}$$

Für das obige Beispiel entspricht A dem Ereignis, dass insgesamt mindestens 11 Augen erzielt werden, während B für das Ereignis steht, dass der 1. Würfel eine Sechs zeigt. In ausführlicher Form lautet die Gleichung damit:

P(„Summe ist mindestens 11", vorausgesetzt daß: „1. Würfel zeigt 6") =

$$\frac{P(\text{„Summe ist mindestens 11 und 1.Würfel zeigt 6"})}{P(\text{„1.Würfel zeigt 6"})} = \frac{2/36}{1/6} = \frac{2}{6} \; .$$

Für zwei unabhängige Ereignisse A und B, die definitionsgemäß die Bedingung P(A∩B) = P(A)·P(B) erfüllen, folgt aus der Definition der bedingten Wahrscheinlichkeit die Gleichung P(A|B) = P(A) und entsprechend auch P(B|A) = P(B). Die Wahrscheinlichkeiten der beiden Ereignisse ändern sich also nicht, wenn man sie bedingt zum jeweils anderen Ereignis betrachtet.

Häufig kann die Wahrscheinlichkeit eines Ereignisses mit Hilfe von bedingten Wahrscheinlichkeiten einfacher bestimmt werden. Dazu muss das betreffende Ereignis als Durchschnitt von zwei oder mehr Ereignissen aufgefasst werden, so dass die auch allgemeines Multiplikationsgesetz genannte Gleichung P(A∩B) = P(A|B)·P(B) anwendbar wird. Das ist dann sehr nahe liegend, wenn das zugrunde liegende Zufallsexperiment in mehrere Stufen zerfällt und sei es nur gedanklich wie beim Würfelpaar. Werden zum Beispiel aus einem Kartenspiel zwei der 52 Karten zufällig herausgezogen, dann ist

- die Wahrscheinlichkeit für ein Ass bei der ersten Karte gleich 4/52 und
- die dazu bedingte Wahrscheinlichkeit auf ein weiteres Ass gleich 3/51.

Daher ist die Wahrscheinlichkeit für zwei Asse gleich 3/51·4/52 = 1/221.

Die Wahrscheinlichkeit, mit zwei Karten zwei Asse zu erhalten, wird also dadurch berechnet, dass man das „Zwischen"-Ereignis, mit der ersten Karten ein Ass zu ziehen, untersucht. Allerdings kann nicht immer so einfach vorgegangen werden, etwa dann, wenn das interessierende Ereignis auf mehreren Wegen erreicht werden kann. Nehmen wir zum Beispiel das Ereignis, mit zwei aus 52 Karten einen so genannten Black Jack zu ziehen. Beim Black Jack[42] handelt es sich um ein Ass zusammen mit einem Bild oder einer Zehn. Wieder empfiehlt es sich, von Ereignissen auszugehen, die durch die erste Karte charakterisiert werden. Anders als beim Beispiel der zwei Asse sind aber zwei gänzlich unterschiedliche Verläufe

---

[42] Ass mit Bild oder Zehn, der so genannte Black Jack, ist die hochwertigste Kombination im gleichnamigen Kartenspiel, das mit dem deutschen Siebzehn und Vier verwandt ist. Black Jack, das in vielen Spielkasinos veranstaltet wird, ist Gegenstand von Kapitel 1.17.

möglich, da ein Black Jack sowohl aus einem Ass als erster Karte wie auch aus einem Bild beziehungsweise einer Zehn als erster Karte entstehen kann. Erst wenn die beiden Fälle voneinander abgrenzt sind, kann wieder das Multiplikationsgesetz angewendet werden. Addiert man schließlich die Wahrscheinlichkeiten der beiden Wege zum Black Jack, erhält man die gesamte Wahrscheinlichkeit für einen Black-Jack:

1. Karte	Wahr. dafür	dazu bedingte Wahr. für einen Black Jack	Wahr., auf diesem Weg einen Black Jack zu erhalten
As	4/52	16/51	4/52·16/51 = 16/663
10, B, D, K	16/52	4/51	16/52 · 4/51 =16/663
2 bis 9	32/52	0	32/52 · 0 = 0

Allgemein wird das beschriebene Prinzip durch die so genannte **Formel für die totale Wahrscheinlichkeit** beschrieben: Bilden die Ereignisse B_1, B_2, ..., B_m eine durchschnittslose Zerlegung des sicheren Ereignisses, dann gilt für jedes beliebige Ereignis A die Gleichung

$$P(A) = P(A|B_1)·P(B_1) + P(A|B_2)·P(B_2) + ... + P(A|B_m)·P(B_m)$$

Doch nun zurück zum Ziegenproblem. Obwohl wir es eigentlich schon gelöst haben, wollen wir es noch einmal tun. Getrennt für die beiden Strategien wenden wir einfach zweimal die Formel für die totale Wahrscheinlichkeit an:

Ursprüngliche Wahl wird nicht revidiert:

1. Wahl war ...	Wahrschein-lichkeit dafür	dazu bedingte Wahr. für einen Gewinn	Wahr., auf diesem Weg zu gewinnen
richtig	1/3	1	1/3
falsch	2/3	0	0

Gesamtwahrscheinl. für einen Gewinn (Summe):   1/3

Ursprüngliche Wahl wird revidiert:

1. Wahl war ...	Wahrschein-lichkeit dafür	dazu bedingte Wahr. für einen Gewinn	Wahr., auf diesem Weg zu gewinnen
richtig	1/3	0	0
falsch	2/3	1	2/3

Gesamtwahrscheinl. für einen Gewinn (Summe):   2/3

Was ist daran bloß so kompliziert? Was verleitet selbst Fachleute dazu, sich so uneinsichtig zu irren? Zwei Ursachen scheinen dafür verantwortlich zu sein:

- Im Fall von drei Türen sind die bedingten Wahrscheinlichkeiten gleich 0 und 1. Solche Werte behüten uns zwar davor, mit Brüchen rechnen zu müssen, dafür werden sie intuitiv kaum als Wahrscheinlichkeiten wahrgenommen. Oft wird daher der richtige Ansatz überhaupt nicht gefunden. Bei vier oder mehr Türen mit mindestens je zwei Autos und Ziegen wird es übrigens einfacher, da alle Wahrscheinlichkeiten „echte" Werte annehmen.

- Wo sind die Fälle, die wir aufgrund von Symmetrien als gleichwahrscheinlich ansehen können? Nur zu Beginn sind sie erkennbar, wenn jede Tür gleichberechtigt ist. Jeder Versuch, auch später noch Symmetrien zu unterstellen, verstrickt sich schnell in reiner Spekulation.

Kein Zweifel mehr vorhanden? Und was ist von dem Argument zu halten, das ein mit „Prof. Dr." betitelter Leserbriefschreiber im *Spiegel* anführt[43]:

> Wenn der Quizmaster nun noch eine weitere Tür öffnet und damit die zweite Tür freigibt, ist nach Ihrer Rechnung die Wahrscheinlichkeit, daß sich das Auto hinter der ersten Tür befindet, weiterhin 1/3 (nicht 1!); das heißt, die Wahrscheinlichkeit, daß die Ziegen zwischenzeitlich das Auto gefressen haben, beträgt 2/3.

Es darf allerdings nicht verschwiegen werden, dass die hier präsentierte Erklärung dafür, dass der Kandidat seine anfängliche Wahl einer Türe ändern sollte, nicht unumstritten ist. Im Detail wird kritisch angemerkt, dass der Kandidat sich erst nach dem Öffnen einer Tür durch den Moderator entscheiden müsse und daher ihm zugängliche oder von ihm angenommene Informationen über das Moderatorverhalten zu berücksichtigen habe. Wir werden auf diese Thematik in Kapitel 3.14 zurückkommen.

1.10 Gewinne im Spiel: Wahrscheinlichkeit und Wert

Beim Glücksspiel Chuck-a-Luck werden pro Spiel drei Würfel geworfen. Gesetzt werden darf auf eins der sechs Würfelsymbole. Verloren wird, wenn das gesetzte Symbol auf keinem der Würfel erscheint. Andernfalls gewinnt der Spieler zusätzlich zum Einsatz für jeden Würfel, der das gesetzte Symbol zeigt, einen Betrag in Höhe des Einsatzes. Ist die Bank bei Chuck-a-Luck im Vorteil und wenn ja, wie stark?

Chuck-a-Luck, das dem deutschen Spiel Krone und Anker[44] entspricht, ist ein relativ leicht überschaubares Glücksspiel. Trotzdem werden die Gewinnchancen von Spielern oft überschätzt. So legen die sechs Symbole auf den drei Würfeln den Trugschluss nahe, die Wahrscheinlichkeit, überhaupt zu gewinnen, betrage 1/2. Da aber nicht nur doppelt, sondern auch drei- und vierfach gewonnen werden kann, scheint man im Schnitt mehr zu gewinnen als zu verlieren.

Entscheidend für die Gewinnchancen sind nicht nur die Wahrscheinlichkeiten für einen Gewinn, sondern auch dessen jeweilige Höhe. Es reicht also bei Chuck-a-Luck nicht aus, Wahrscheinlichkeiten für Gewinn und Verlust miteinander zu vergleichen. Das mathematische Modell, dessen wir uns bedienen, muss also erweitert werden, damit wir auch solche Situationen kalkulieren können.

---

[43]   Der Spiegel 1991/36, S. 12.

[44]   Die Spiele unterscheiden sich nur in den auf den Würfeln angebrachten Symbolen. Bei Chuck-a-Luck werden normale Würfel verwendet, bei Krone und Anker sind es die vier Spielkartensymbole Kreuz, Pik, Herz und Karo sowie Krone und Anker. Illustrationen und Näheres zu beiden Spielen findet man bei David Pritchard, *Das große Familienbuch der Spiele*, München 1983, S. 174; Erwin Glonnegger, *Das Spiele-Buch*, München 1988, S. 61; John Scarne, *Complete guide to gambling*, New York 1974, S. 505-507.

Wir beginnen damit, die Wahrscheinlichkeiten für die möglichen Spielresultate zu berechnen. Dazu sind die 216 möglichen Würfelkombinationen auf ihre Gewinnhöhe hin zu überprüfen. Die Ergebnisse sind in Tabelle 3 zusammengestellt.

Gewinn-höhe	Würfelkombinationen	Anzahl	Wahrschein-lichkeit
4	6-6-6	1	1/216
3	6-6-a, 6-a-6, a-6-6 mit a = 1,2,3,4,5	15	15/216
2	6-a-b, a-6-b, a-b-6 mit a, b = 1,2,3,4,5	75	75/216
0	a-b-c mit a, b, c = 1,2,3,4,5	125	125/216
gesamt:		216	1

Tabelle 3   Gewinnwahrscheinlichkeit beim Chuck-a-Luck (Einsatz auf die Sechs).

Wir kennen nun die Wahrscheinlichkeiten, mit der die verschiedenen Gewinnhöhen erreicht werden. Wie aber lassen sich daraus die Gewinnchancen berechnen? Das heißt, gesucht ist ein Maß dafür, wie sich bei langem Spiel Gesamtgewinn und -einsatz zueinander verhalten. Konkret: Gesucht ist das Verhältnis, in dem bei langen Spielserien der durchschnittliche Gewinn zum Einsatz steht. Berechnet werden kann der durchschnittliche Gewinn in einer Wurfserie, wenn die relativen Häufigkeiten der Gewinnhöhen bekannt sind: Jede Gewinnhöhe wird dazu mit ihrer relativen Häufigkeit multipliziert. Anschließend werden alle diese Produkte addiert. Die Summe ist dann gleich dem durchschnittlichen Gewinn.

Bei längerem Spiel wirkt das Gesetz der großen Zahlen. Das bedeutet, dass sich die relativen Häufigkeiten der einzelnen Gewinnhöhen auf die zugehörigen Wahrscheinlichkeiten hin bewegen. Folglich strebt auch der durchschnittliche Gewinn einer Zahl zu, die sich dadurch berechnen lässt, dass man alle Gewinnhöhen mit ihren Wahrscheinlichkeiten multipliziert und anschließend die Produkte summiert.

Auf diesem Weg erhält man beim Chuck-a-Luck für den sich auf Dauer einstellenden Durchschnittsgewinn den Wert

$$\frac{1}{216} \cdot 4 + \frac{15}{216} \cdot 3 + \frac{75}{216} \cdot 2 + \frac{125}{216} \cdot 0 = \frac{199}{216} = 0,9213,$$

das sind etwa 8% weniger als der Einsatz. Auf Dauer beträgt der durchschnittliche Verlust also etwa 8% des Einsatzes.

Beim Gewinn eines Glücksspiels handelt es sich um eine Zahl, deren Wert in einem Zufallsexperiment bestimmt wird. Ähnliche Situationen treten sehr häufig auf:

- Die Zahl der Felder, die man im „Mensch ärgere dich nicht" weiterrücken darf. Sie ist das direkte Ergebnis eines Würfelwurfs.
- Die Zahl der Würfe, die ein Backgammon-Spieler zum Rauswürfeln seiner Steine im Endspiel, dem so genannten Running Game, benötigt.
- Die Schadenssumme, die eine Versicherung in einem Jahr begleichen muss.
- Die Anzahl derjenigen, die unter tausend zufällig befragten Bürgern angeben, eine bestimmte Meinung zu haben.
- Die Zahl der radioaktiven Zerfallsprozesse, die sich während eines Experiments beobachten lassen.
- Die Gewinnhöhe für eine bestimmte Gewinnklasse im Lotto.

Ein Zahlenwert, der zufällig bestimmt ist, wird **Zufallsgröße** oder **zufällige Größe** genannt, manchmal wird auch von einer Zufallsvariablen gesprochen. Im Einzelnen besteht eine Zufallsgröße aus einem Zufallsexperiment und Daten darüber, wie die Ergebnisse des Zufallsexperiments die Werte der Zufallsgröße bestimmen. Ausgehend von einem Zufallsexperiment handelt es sich bei einer Zufallsgröße also um eine Zuordnungsvorschrift, bei der jedem Ergebnis des Experiments eine Zahl zugeordnet wird. Natürlich können zu einem Zufallsexperiment durchaus unterschiedliche Zufallsgrößen definiert werden.

Obwohl eine Zufallsgröße durch ihre Verbindung zu einem Zufallsexperiment beschrieben wird, interessiert es oft sehr wenig, wie diese Verbindung konkret aussieht. Wesentlicher sind aber die Wahrscheinlichkeiten, mit der die einzelnen Werte erreicht werden. Für den Gewinn beim Chuck-a-Luck haben wir die Wahrscheinlichkeiten bereits bestimmt: Die Wahrscheinlichkeit für den Wert 4 beträgt 1/216, für den Wert 3 beträgt sie 15/216, für den Wert 2 beträgt sie 75/216, und für den Wert 0 ergibt sich die Wahrscheinlichkeit 125/216. Bezeichnet man die Zufallsgröße mit dem Buchstaben X, kann man die so genannte Wahrscheinlichkeitsverteilung abkürzend auch in der Form

$P(X = 0) = 125/216,$

$P(X = 2) = 75/216,$

$P(X = 3) = 15/216$ und

$P(X = 4) = 1/216$

schreiben[II].

Beim Chuck-a-Luck haben wir die Gewinnchancen direkt aus den möglichen Gewinnhöhen und den ihnen zugeordneten Wahrscheinlichkeiten berechnet. Konkret geschah dies dadurch, dass alle Gewinnhöhen mit ihrer Wahrscheinlichkeit multipliziert und anschließend alle Produkte summiert wurden. Sinnvoll ist die verwendete Formel aufgrund des Gesetzes der großen Zahlen. Denn bei längerem Spiel nähert sich der durchschnittliche Gewinn der berechneten Zahl beliebig nahe an.

Das zugrunde liegende Prinzip ist natürlich nicht auf das Chuck-a-Luck-Spiel beschränkt. So definiert man für eine Zufallsgröße X, die nur endlich viele Werte x_1, x_2, ..., x_n annehmen kann, den so genannten **Erwartungswert**, abgekürzt mit E(X) und gesprochen „E von X", entsprechend durch die Formel[III]:

$$E(X) = P(X = x_1) \cdot x_1 + P(X = x_2) \cdot x_2 + \ ... \ + P(X = x_n) \cdot x_n$$

Von der Gewinnhöhe beim Chuck-a-Luck kennen wir den Erwartungswert E(X) = 199/216 bereits. Für die Höhe eines Würfelwurfs erhält man den Erwartungswert

$$^1/_6 \cdot 1 + {}^1/_6 \cdot 2 + {}^1/_6 \cdot 3 + {}^1/_6 \cdot 4 + {}^1/_6 \cdot 5 + {}^1/_6 \cdot 6 = {}^{21}/_6 = 3,5.$$

Da alle Würfelergebnisse gleichwahrscheinlich sind, stimmt der Erwartungswert mit dem Durchschnitt der möglichen Würfelwerte überein. Für die Summe von zwei Würfelwerten erhält man den Erwartungswert

$$^1/_{36} \cdot 2 + {}^2/_{36} \cdot 3 + {}^3/_{36} \cdot 4 + \ ... \ + {}^3/_{36} \cdot 10 + {}^2/_{36} \cdot 11 + {}^1/_{36} \cdot 12 = 7.$$

Eine spezielle Klasse von Zufallsgrößen ist noch hervorzuheben: Nimmt eine Zufallsgröße nur die Werte 0 und 1 an, dann ist ihr Erwartungswert gleich der Wahrscheinlichkeit, mit der die Zufallsgröße den Wert 1 annimmt. Damit können Erwartungswerte auch als verallgemeinerte Wahrscheinlichkeiten angesehen werden.

Intuitiv ist klar, dass der Erwartungswert die Größenverhältnisse einer Zufallsgröße charakterisiert – und zwar mit einer einzigen Zahl. Beeinflusst wird die Höhe des Erwartungswertes durch alle Werte, die die Zufallsgröße annehmen kann, wobei Werte mit höherer Wahrscheinlichkeit einen stärkeren Einfluss haben als solche, die weniger wahrscheinlich sind. Wie für Wahrscheinlichkeiten gilt auch für Zufallsgrößen ein Gesetz der großen Zahlen: Wird das der Zufallsgröße zugrunde liegende Experiment in einer Versuchsserie ständig wiederholt und sind die Ergebnisse der Einzelexperimente voneinander unabhängig, dann nähert sich der Durchschnittswert der Zufallsgröße dem Erwartungswert beliebig nahe an – von auf Dauer beliebig unwahrscheinlich werdenden Ausnahmen einmal abgesehen. Bei der Analyse von Spielen erhält damit der Erwartungswert des Gewinns, kurz **Gewinnerwartung** oder einfach **Erwartung**, die zentrale Bedeutung:

- Die Gewinnchancen eines Spiels sind fair, wenn Einsatz und Gewinnerwartung übereinstimmen.
- Kann ein Spiel strategisch beeinflusst werden, sollte sich ein Spieler so verhalten, dass seine Gewinnerwartung möglichst groß wird. Auf Dauer erzielt er so den größten Erfolg.

Um Erwartungswerte zu berechnen, aber auch um quantitative Resultate über Erwartungswerte zu interpretieren, gibt es eine breite Palette von Techniken und Gesetzmäßigkeiten, die zumindest im Überblick vorgestellt werden sollen. Im Wesentlichen handelt es sich darum, wie man mit Zufallsgrößen rechnet. Als Beispiel nehmen wir Zufallsgrößen, wie sie sich aus den Ergebnissen von zwei aufeinanderfolgenden Chuck-a-Luck-Partien ableiten:

$X_1, X_2, ..., X_6$ bezeichnen den Gewinn, wenn beim ersten Wurf ein einfacher Einsatz auf Eins, Zwei, ... beziehungsweise Sechs gesetzt wird.

$Y_1, Y_2, ..., Y_6$ bezeichnen den Gewinn, wenn beim zweiten Wurf ein einfacher Einsatz auf Eins, Zwei, ... beziehungsweise Sechs gesetzt wird.

Alle zwölf Zufallsgrößen besitzen übereinstimmende Wahrscheinlichkeitsverteilungen; ihre Erwartungswerte sind gleich $199/216$. Wichtig ist, dass die Beziehungen der Zufallsgrößen untereinander sehr unterschiedlich sind. So ist es unmöglich, dass X_1 und X_6 beide zugleich den Maximalwert 4 erreichen, da sich die dafür notwendigen Würfel-Ereignisse 1-1-1 und 6-6-6 gegenseitig ausschließen. Dagegen kann es durchaus vorkommen, dass man in beiden Runden den Höchstgewinn erzielt. Das bedeutet beispielsweise, dass X_1 und Y_6 beide zugleich den Wert 4 erreichen können. Die Ereignisse, dass diese beiden Zufallsgrößen bestimmte Werte annehmen, sind sogar stets voneinander unabhängig – man spricht auch von **unabhängigen Zufallsgrößen**.

Mit Zufallsgrößen, denen dasselbe Zufallsexperiment zugrunde liegt, kann man nun rechnen. Bezogen auf das aus zwei Chuck-a-Luck-Würfe umfassende Zufallsexperiment sind Ausdrücke wie

$$2X_6, \quad X_6 - 1, \quad X_1 + X_6, \quad X_6 + Y_6 \text{ und } X_6 Y_6$$

nicht nur mathematisch sinnvoll[45], sie haben auch eine praktische Deutung. So ist

$2X_6$ der Gewinn, wenn beim ersten Wurf auf die Sechs ein doppelter Einsatz gesetzt wird;

---

[45] Mathematisch handelt es sich um die Addition, Multiplikation etc. von Abbildungen, die einen gemeinsamen Definitionsbereich besitzen.

$X_6 - 1$ der möglicherweise negative Gewinnsaldo, wenn vom Gewinn der Einsatz abgezogen wird (bei einfachem Einsatz auf die Sechs im ersten Wurf);

$X_1 + X_6$ der Gesamtgewinn, wenn beim ersten Wurf jeweils einfach auf Eins und Sechs gesetzt wird;

$X_6 + Y_6$ der Gesamtgewinn, wenn bei beiden Würfen jeweils einfach auf die Sechs gesetzt wird und

$X_6 Y_6$ der Gewinn, wenn beim ersten Wurf auf die Sechs gesetzt wird und der eventuelle Gewinn für den nächsten Wurf stehen bleibt, das heißt ebenfalls auf die Sechs gesetzt wird.

Wie groß sind nun die Erwartungswerte für diese fünf Zufallsgrößen? Die Möglichkeit, kombinatorisch ihre Wahrscheinlichkeitsverteilung zu bestimmen, ist zwar universell, aber viel zu kompliziert. Besser ist es, wenn die Erwartungswerte auf die der zugrunde liegenden Zufallsgrößen zurückgeführt werden können. Und das ist in der Tat möglich. Es ist

$$E(2X_6) = 2\,E(X_6) \qquad\quad = 1{,}843,$$
$$E(X_6 - 1) = E(X_6) - 1 \qquad = -0{,}079,$$
$$E(X_1 + X_6) = E(X_1) + E(X_6) = 1{,}843,$$
$$E(X_6 + Y_6) = E(X_6) + E(Y_6) = 1{,}843 \;\text{ und}$$
$$E(X_6 Y_6) = E(X_6){\cdot}E(Y_6) \quad\;\, = 0{,}849.$$

Die meisten verwendeten Eigenschaften sind wenig überraschend, denn wer würde schon anderes erwarten, als dass sich der durchschnittliche Gewinn bei doppeltem Einsatz verdoppelt und so weiter. Schon eher bemerkenswert ist die letzte Gleichung, der das Multiplikationsgesetz für unabhängige Zufallsgrößen zugrunde liegt. Im vorliegenden Fall ist aber auch dieses recht plausibel: Im ersten Wurf wird auf Dauer ein durchschnittlicher Gewinn in Höhe des Erwartungswertes $E(X_6)$ erreicht. Anschließend wird im zweiten Wurf durchschnittlich das $E(Y_6)$-fache des dort eingesetzten Betrages gewonnen. Da die Ergebnisse in beiden Runden unabhängig voneinander sind, ergibt sich über beide Runden gesehen der Durchschnittsgewinn $E(X_6){\cdot}E(Y_6)$.

Fassen wir zusammen: Für Zufallsgrößen X und Y sowie konstante Zahlen a und b gelten die Gleichungen

$$E(aX + b) = aE(X) + b,$$
$$E(X + Y) = E(X) + E(Y).$$

Sind die Zufallsgrößen X und Y unabhängig, gilt außerdem noch das **Multiplikationsgesetz**

$$E(XY) = E(X){\cdot}E(Y).$$

Die Zufallsgrößen $2X_6$, $X_1 + X_6$ und $X_6 + Y_6$ besitzen zwar den gleichen Erwartungswert, nicht aber die gleiche Wahrscheinlichkeitsverteilung. Bezogen auf den spielerischen Charakter unterscheiden sich die zugrunde liegenden Strategien in der Risikobereitschaft, mit der die jeweils zwei Einsätze getätigt werden (siehe auch Tabelle 4):

- Bei $2X_6$ wird mit hohem Risiko der doppelte Einsatz bei einem Wurf auf eine Zahl gesetzt. Mit der Wahrscheinlichkeit von $125/216 = 0{,}579$ wird nichts gewonnen; andererseits können insgesamt bis zu 8 Einsätze gewonnen werden.

- Bei $X_1 + X_6$ wird vorsichtig gespielt, da beide Einsätze bei einem Wurf auf unterschiedliche Zahlen gesetzt werden. Nur in 64 von 216 Fällen, das heißt mit einer Wahrscheinlichkeit von 0,296, wird nichts gewonnen. Allerdings beträgt der maximal mögliche Gewinn auch nur 5 Einsätze – er wird erreicht, wenn im ersten Wurf entweder zwei Einsen und eine Sechs oder eine Eins und zwei Sechsen gewürfelt werden.
- Die Zufallsgröße $X_6 + Y_6$ entspricht einer Spielweise, die bezogen auf die Risikobereitschaft zwischen den beiden anderen liegt. So beträgt die Wahrscheinlichkeit, nichts zu gewinnen, 0,335, und es können bis zu 8 Einheiten gewonnen werden, was allerdings im Vergleich zur ersten Strategie deutlich unwahrscheinlicher ist.

Qualitativ unterscheiden sich die drei Zufallsgrößen durch ihre Streuung, das heißt, wie stark und wie wahrscheinlich die Werte um den Erwartungswert schwanken. Mathematisch beschrieben wird die Streuung einer Zufallsgröße X durch die transformierte Zufallsgröße $|X - E(X)|$. Sie enthält genau die Angaben darüber, welche absoluten Abweichungen vom Erwartungswert möglich sind und wie wahrscheinlich sie eintreten. Ist beispielsweise X ein Würfelergebnis, dann handelt es sich bei $|X - E(X)| = |X - 3,5|$ um eine Zufallsgröße, die mit der Wahrscheinlichkeit von jeweils 1/3 die Werte 1/2, 3/2 und 5/2 annimmt. Ein mögliches Maß für die Streuung stellt die mittlere Abweichung dar, die in diesem Beispiel gleich 3/2 und allgemein gleich dem Erwartungswert $E(|X - E(X)|)$ ist. Dass man die Streuung einer Zufallsgröße abweichend davon meist mit der so genannten **Standardabweichung**

$$\sigma_X = \sqrt{E((X - E(X))^2)}$$

misst, liegt ausschließlich darin begründet, dass Absolutbeträge mathematisch ungünstig zu handhaben sind. Der Radikand, also der Ausdruck unter dem Wurzelzeichen, wird auch **Varianz** genannt und mit Var(X) bezeichnet. Eine explizite Formel für die Varianz – und damit mittelbar auch für die Standardabweichung – lässt sich wieder für solche Zufallsgrößen X angeben, die nur endlich viele Werte $x_1, x_2, ..., x_n$ annehmen. Ist $m = E(X)$ der Erwartungswert, dann ist die Varianz gleich

$$\text{Var}(X) = P(X = x_1)(x_1 - m)^2 + P(X = x_2)(x_2 - m)^2 + ... + P(X = x_n)(x_n - m)^2.$$

Die Gewinnchancen, die von den drei betrachteten Zufallsgrößen beschrieben werden, unterscheiden sich nun deutlich in ihrer Streuung um den gemeinsamen Erwartungswert:

t	$P(2X_6 = t)$	$P(X_1+X_6 = t)$	$P(X_6+Y_6 = t)$
0	0,57870	0,29630	0,33490
1			
2		0,44444	0,40188
3		0,11111	0,08038
4	0,34722	0,12037	0,12592
5		0,02778	0,04823
6	0,06944		0,00804
7			0,00064
8	0,00463		0,00002
E(X)	1,842593	1,842593	1,842593
Var(X)	4,956704	2,003001	2,478352
σ_X	2,226366	1,415274	1,574278

Tabelle 4   Was aus zwei Einsätzen beim Chuck-a-Luck werden kann

Auch für Varianz und Standardabweichung gibt es wichtige Rechenregeln: Ist X eine Zufallsgröße und sind a und b konstante Zahlen (a ≥ 0), dann ist

$$\sigma_{aX+b} = a \cdot \sigma_X.$$

Für unabhängige Zufallsgrößen X und Y gilt schließlich noch die Gleichung[IV]

$$\sigma_{X+Y} = \sqrt{\sigma_X^2 + \sigma_Y^2}.$$

Die Standardabweichungen der Zufallsgrößen $2X_6$ und $X_6 + Y_6$ hätten also auch aus der Standardabweichung von X_6 berechnet werden können.

Um angesichts der vielen Formeln, die besonders im zweiten Teil des Kapitels leider unvermeidlich waren, nicht den Überblick zu verlieren, ziehen wir ein Resümee: Werden Werte mit einem Zufallsexperiment bestimmt, lassen sie sich mathematisch durch Zufallsgrößen beschreiben. Insbesondere handelt es sich bei dem Gewinn in einem Glücksspiel um eine Zufallsgröße. Da Zufallsgrößen in ihrer Vielfalt nur schwer überschaubar sind, werden ihre fundamentalen Eigenschaften durch zwei Kenngrößen beschrieben:

- Der Erwartungswert ist eine Art Mittelwert, dessen Höhe in der Praxis dann zutage tritt, wenn das die Zufallsgröße bestimmende Experiment innerhalb einer Versuchsreihe vielfach und unabhängig voneinander wiederholt wird. Der dabei gemessene Durchschnittswert der Zufallsgröße strebt dann, so das Gesetz der großen Zahlen, auf Dauer dem Erwartungswert zu. Insbesondere ist ein Glücksspiel, bei dem der zu erwartende Gewinn mit dem Einsatz übereinstimmt, in seinen Gewinnchancen fair.
- Die Standardabweichung ist ein Maß dafür, wie häufig und stark die Werte einer Zufallsgröße von ihrem Erwartungswert abweichen.

Machmal sind von einer Zufallsgröße nur ihre beiden Kenngrößen, also Erwartungswert und Standardabweichung, bekannt. Das kann zum Beispiel dann der Fall sein, wenn die Zufallsgröße durch arithmetische Operationen aus anderen Zufallsgrößen hervorgegangen ist und Erwartungswert sowie Standardabweichung aus denen der ursprünglichen Zufallsgrößen direkt bestimmbar sind. Wir werden noch sehen, dass in solchen Situationen oft die Kenntnis der beiden Kenngrößen bereits genügt, um ausreichende Aussagen über die Zufallsgröße selbst abgeben zu können.

1.11 Welcher Würfel ist der beste?

Zwei Spieler knobeln darum, wer mit einem Würfel die höchste Zahl erreicht. Gespielt wird mit drei Würfeln, die abweichend vom Standard beschriftet sind. Auf dem ersten Würfel stehen die Zahlen 5-7-8-9-10-18, auf dem zweiten Würfel 2-3-4-15-16-17 und 1-6-11-12-13-14 auf dem dritten. Nacheinander dürfen sich beide Spieler einen Würfel aussuchen. Welchen Würfel sollte der erste Spieler wählen?

Die drei Würfel entsprechen drei Zufallsgrößen, deren Werte größenmäßig miteinander verglichen werden. Bei normalen Zahlen findet sich unter dreien immer eine, die von keiner anderen in ihrer Größe übertroffen wird. Gilt das aber auch für Zufallsgrößen? Welche der drei Würfel liefert die „größte" Zufallsgröße?

Vergleichen wir zunächst die ersten beiden Würfel miteinander. Geht man alle 36 gleichwahrscheinlichen, in Tabelle 5 aufgelisteten Kombinationsmöglichkeiten durch, dann findet man, dass in 21 von 36 Fällen der Wert des ersten Würfels den des zweiten übersteigt. Die Gewinnwahrscheinlichkeit beträgt also 21/36 für den Spieler, der den ersten Würfel verwendet.

Würfel I Würfel II	5	7	8	9	10	18
2	I	I	I	I	I	I
3	I	I	I	I	I	I
4	I	I	I	I	I	I
15	II	II	II	II	II	I
16	II	II	II	II	II	I
17	II	II	II	II	II	I

Tabelle 5   „Würfel I gegen II" – welcher Würfel die höhere Zahl zeigt

Tabelle 6 zeigt, dass der dritte Würfel noch schlechter ist als der zweite. Wieder beträgt die Gewinnwahrscheinlichkeit 21/36.

Würfel II Würfel III	2	3	4	15	16	17
1	II	II	II	II	II	II
6	III	III	III	II	II	II
11	III	III	III	II	II	II
12	III	III	III	II	II	II
13	III	III	III	II	II	II
14	III	III	III	II	II	II

Tabelle 6   „Würfel II gegen III" – welcher Würfel die höhere Zahl zeigt

Damit scheint die Frage beantwortet. Der erste Würfel ist besser als der zweite Würfel, der allerdings den dritten noch übertrifft. Der erste Spieler greift also zum ersten Würfel. Und was passiert, wenn sein Gegner nun den dritten Würfel wählt? Wider Erwarten ist der erste Spieler keineswegs im Vorteil, sondern er verliert mit der Wahrscheinlichkeit von 21/36, wie es in Tabelle 7 zu sehen ist.

Würfel III Würfel I	1	6	11	12	13	14
5	I	III	III	III	III	III
7	I	I	III	III	III	III
8	I	I	III	III	III	III
9	I	I	III	III	III	III
10	I	I	III	III	III	III
18	I	I	I	I	I	I

Tabelle 7   „Würfel III gegen I" – welcher Würfel die höhere Zahl zeigt

Der Spieler, der sich zuerst für einen Würfel entscheiden muss, ist also deutlich benachteiligt. Kein Würfel ist der beste, denn zu jedem gibt es einen, der noch besser ist: Der erste Würfel ist besser als der zweite, der zweite Würfel besser als der dritte, und der dritte Würfel besser als der erste. Was auf den ersten Blick dem gesunden Menschenverstand zu widersprechen scheint, formuliert sich mathematisch ganz nüchtern: Die Relation „besser als" zwischen zwei Zufallsgrößen ist nicht transitiv, das heißt, die von üblichen Zahlen her gewohnte Eigenschaft, dass aus a > b und b > c immer a > c folgt, ist nicht erfüllt. Dabei ist die Relation „besser als" passend zum untersuchten Spiel definiert, das heißt, eine Zufallsgröße X gilt genau dann als „besser als" die Zufallsgröße Y, wenn $P(X > Y) > \frac{1}{2}$ ist.

Zu fragen ist, ob sich der Vorteil für den zweiten Spieler noch vergrößern lässt, wenn anders beschriftete Würfel verwendet werden. Dabei bietet es sich an, die Fragestellung zunächst etwas zu verallgemeinern. Dazu werden unabhängige Zufallsgrößen $X_1, X_2, ..., X_n$ gesucht, für welche die kleinste der Wahrscheinlichkeiten $P(X_1 > X_2)$, $P(X_2 > X_3)$, ..., $P(X_n > X_1)$ möglichst groß ist. Für den Fall von n = 3 Zufallsgrößen ergibt sich dabei ein Maximum von 0,618, wobei die betreffenden Zufallsgrößen allerdings nicht mit geeignet beschrifteten Würfeln realisiert werden können. Darüberhinaus wird klar, dass der für die untersuchten Würfel bestimmte Wert von 21/36 = 0,583 keinesfalls stark verbessert werden kann. Anders stellt sich der Fall von n = 4 unabhängigen Zufallsgrößen dar, für den sich das theoretische Maximum von 2/3 sogar mit Würfeln erreichen lässt[46]:

$$3, \quad 4, \quad 5, 20, 21, 22;$$
$$1, \quad 2, 16, 17, 18, 19;$$
$$10, 11, 12, 13, 14, 15;$$
$$6, \quad 7, \quad 8, \quad 9, 23, 24.$$

---

[46] Das Set mit vier Würfeln ist dem Buch *Martin Gardner's mathematische Denkspiele*, München 1987 (Original 1983), S. 7 ff. entnommen. Die Beschriftung des Dreier-Sets stammt aus G. J. Székely, *Paradoxa*, Frankfurt 1990, S. 65 f.

1.12 Ein Würfel wird getestet

Ein Würfel, dessen Symmetrie getestet werden soll, wird zehntausendmal geworfen. Als Summe der dabei geworfenen Augenzahlen ergibt sich 37241, das entspricht einem Durchschnitt von 3,7241. Ist eine solche Abweichung vom Idealwert 3,5 unter normalen Umständen möglich? Oder ist das Ergebnis nur dadurch zu erklären, dass der Würfel unsymmetrisch ist?

Fragestellungen dieser und ähnlicher Art sind typisch für die Praxis der angewandten Statistik. Liegt das Ergebnis einer Versuchsreihe im Bereich dessen, was durch zufällige Schwankungen erklärbar ist? Oder können die ursprünglich gemachten Annahmen nicht mehr aufrechterhalten werden? Konkret: Der als symmetrisch angenommene Würfel muss unsymmetrisch sein, das als wirkungslos angenommene Medikament erweist sich als wirksam, und der als unverändert populär angenommene Politiker ist es überhaupt nicht mehr.

Untersucht werden solche Probleme dadurch, dass ausgehend von den gemachten Annahmen, im Allgemeinen **Hypothese** genannt, Aussagen über die mutmaßlichen Ergebnisse einer durchzuführenden Versuchsreihe abgeleitet werden. Meist handelt es sich um einen Bereich, innerhalb dessen eine bei der Versuchsreihe zu messende **Prüfgröße**, auch **Stichprobenfunktion** genannt, mit fast sicherer Wahrscheinlichkeit liegen muss. So bestimmt man bei der Würfelreihe Grenzen dafür, dass die konkret erwürfelte Augensumme fast sicher darin liegt – beispielsweise mit einer Wahrscheinlichkeit von 0,99. Ergibt sich dann aber in einer Versuchsreihe eine zu starke Über- oder Unterschreitung, wird der Würfel für unsymmetrisch erklärt. Das lässt sich nicht zuletzt dadurch rechtfertigen, weil es durchaus plausibel ist, dass die andernfalls sehr unwahrscheinliche Abweichung durch eine Unsymmetrie verursacht worden sein *kann*. Dagegen könnte bei einer weniger sinnvoll vorgenommenen Versuchsplanung das Eintreten eines a priori unwahrscheinlichen Ergebnisses nicht unbedingt als Indiz dafür gewertet werden, die gemachte Hypothese zu verwerfen: Beispielsweise ist es bei 10000 Würfen sehr unwahrscheinlich, *exakt* eine Summe von 35000 Augen zu erhalten. Da es aber keine Unsymmetrie gibt, die speziell ein solches Ergebnis in plausibler Weise verursachen könnte, wäre es wenig sinnvoll, eine Unsymmetrie auf diesem Weg erkennen zu wollen.

Aber selbst beim „Ausreißer"-Kriterium kann es durchaus zu einem Fehlschluss kommen:

- Auch wenn ein Würfel vollkommen symmetrisch ist, so wird er doch mit einer bestimmten Wahrscheinlichkeit, im Beispiel konkret von 0,01, für unsymmetrisch erklärt.
- Umgekehrt wird eigentlich überhaupt keine Aussage getroffen. Das heißt, ein unsymmetrischer Würfel muss keineswegs zu auffälligen Ergebnissen führen. Insbesondere bei nur einem geringfügig unsymmetrischen Würfel kann man realistisch auch nichts anderes erwarten[47]. Auch ist ein Test, der nur den durchschnittlichen Wurfwert berücksichtigt, nicht dazu geeignet, jede Art der Abweichung aufzuspüren.

---

[47] In anderen Fällen nimmt man die Tatsache, dass die Versuchsergebnisse nicht der Hypothese widersprechen, bereits zum Anlass, die Hypothese als bestätigt anzusehen. Ist die Hypothese in Wahrheit falsch, spricht man dann von einem Fehler 2. Art – im Unterschied zum Fehler 1. Art, bei dem eine in Wirklichkeit richtige Hypothese verworfen wird. Wie wahrscheinlich Fehler 1. und 2. Art sind, und wie sie bei der Planung eines Tests möglichst klein gehalten werden können, ist ein wesentlicher Bestandteil der mathematischen Statistik.

Obwohl es eine mathematische Statistik, die sich mit wahrscheinlichkeitstheoretisch fundierten Testmethoden beschäftigt, erst seit etwa 1890 gibt, hat es einzelne Beispiele für so genannte Hypothesentests schon früher gegeben. So widerlegte bereits 1710 der englische Mathematiker John Arbuthnot (1667-1735) die Annahme, dass Jungen- und Mädchengeburten gleichwahrscheinlich sind. In der ihm vorliegenden Geburtsstatistik überwog in jedem der insgesamt 82 Einzeljahre die Zahl der Jungen gegenüber den Mädchen. Bei im Prinzip gleichwahrscheinlichen Ereignissen hätte dieses Resultat nur mit einer Wahrscheinlichkeit von $1/2^{82}$ rein zufällig eintreten können – eine selten klare Widerlegung der gemachten Hypothese[48]!

Beim Würfel ist die Argumentation nicht so einfach. Immerhin ist es aber plausibel, in welcher Hinsicht das Versuchsergebnis überprüft werden sollte, ob es nämlich dem Gesetz der großen Zahlen widerspricht. Muss die durchschnittliche Wurfhöhe bei 10000 Würfen nicht näher am Erwartungswert 3,5 liegen als der beobachtete Wert von 3,7241? Da wir das Gesetz der großen Zahlen bisher nur qualitativ ausgesprochen haben, muss dazu zunächst eine quantitative Präzisierung nachgeholt werden. Dabei sind die Rechenregeln für Erwartungswerte und Standardabweichungen äußerst hilfreich.

Aufgrund der allgemeinen Bedeutung beschränken wir uns nicht auf den speziellen Fall der Wurfserie, sondern untersuchen eine beliebige Folge von untereinander identisch verteilten und voneinander unabhängigen Zufallsgrößen $Y = Y_1, Y_2, ..., Y_n$. Für die insgesamt gewürfelten Augen, das ist die Zufallsgröße $Y_1 + Y_2 + ... + Y_n$, gilt zunächst

$$E(Y_1 + Y_2 + ... + Y_n) = n \cdot E(Y)$$

$$\sigma_{Y_1 + Y_2 + ... + Y_n} = \sqrt{n} \cdot \sigma_Y$$

Die durchschnittliche Wurfhöhe, welche durch die Zufallsgröße

$$X = \frac{Y_1 + Y_2 + ... + Y_n}{n}$$

gegeben ist, besitzt daher die Kenngrößen

$$E(X) = E(Y)$$

$$\sigma_X = \frac{\sigma_Y}{\sqrt{n}}.$$

Das heißt, die Zufallsgröße X, die dem Durchschnittswert der n Zufallsgrößen entspricht, besitzt den gleichen Erwartungswert wie die ursprüngliche Zufallsgröße Y. Dagegen verringert sich die Standardabweichung gegenüber dem ursprünglichen Wert auf den $\sqrt{n}$-ten Teil. Bei unverändertem Erwartungswert wird also die Streuung im Verlauf der Versuchsreihe immer kleiner. Das ist aber genau die Aussage des Gesetzes der großen Zahlen! Hervorzuheben ist, dass sich die Streuung beim Durchschnittswert der Zufallsgrößen vermindert, nicht aber bei der Summe. Deren Standardabweichung vergrößert sich sogar, nämlich auf das $\sqrt{n}$-fache bei insgesamt n Versuchen. Es gibt eben kein Gesetz des Ausgleichs, dass absolute Ergebnisse in der Summe $Y_1 + Y_2 + ... + Y_n$ nivelliert, sondern nur ein Gesetz der großen Zahlen, das durchschnittliche Werte auf die Erwartung hinführt.

---

[48] Genauer erörtert werden Arbuthnots Untersuchungen, aber auch frühe statistische Schlussweisen von anderen Gelehrten, in Robert Ineichen, *Aus der Vorgeschichte der Mathematischen Statistik*, Elemente der Mathematik, <u>47</u> (1992), S. 93-107.

Wir wissen nun, dass bei genügend vielen Versuchen der gemessene Durchschnittswert eine geringe Standardabweichung aufweist. Welche Aussagen lassen sich aber über die Wahrscheinlichkeiten der beobachteten Durchschnittswerte machen, das heißt, welche Zahlen mit was für Wahrscheinlichkeiten der experimentell ermittelte Durschnittswert erreicht? Eine sehr grobe Eingrenzung für die Möglichkeiten, wie die Zufallsgröße X verteilt sein kann, liefert die so genannte **Ungleichung von Tschebyschew** (1821-1894): Danach ist die Wahrscheinlichkeit, dass eine beliebige Zufallsgröße von ihrem Erwartungswert um das mindestens t-fache ihrer Standardabweichung abweicht, höchstens gleich $1/t^2$. Große Abweichungen sind demnach relativ unwahrscheinlich, wobei sich konkret nur dann interessante Aussagen ergeben, wenn der Wert t größer als 1 ist. Beispielsweise besagt die Tschebyschew'sche Ungleichung für t = 1,5, dass die Wahrscheinlichkeit einer Abweichung um mindestens das Anderthalbfache der Standardabweichung vom Erwartungswert höchstens gleich $1/1,5^2 = 0,444$ ist. Für t = 10 folgt, dass eine Abweichung von mehr als dem 10-fachen der Standardabweichung höchstens mit der Wahrscheinlichkeit von 0,01 möglich ist.

Sehen wir uns an, was die letzte Aussage konkret für unsere Würfelserie bedeutet: Bezogen auf einen Würfelwurf ergeben sich ein Erwartungswert von 3,5 und eine Standardabweichung von 1,708. Bei 10000 Würfen erhält man daher für die durchschnittliche Wurfhöhe X die Standardabweichung $\sigma_X = 0,01708$. Gemäß der Tschebyschew'schen Ungleichung liegt bei 10000 Würfen die durchschnittliche Wurfhöhe mit einer Wahrscheinlichkeit von höchstens 0,01 außerhalb des Bereichs von $3,5 \pm 10 \cdot \sigma_X$. Genau dieses eigentlich sehr unwahrscheinliche Ereignis ist aber in der Versuchsreihe mit dem Ergebnis 3,7241 eingetreten. Der Würfel sollte daher besser aussortiert werden, da die Hypothese der Symmetrie verworfen werden muss.

Nachdem wir schon gesehen haben, wie nützlich die Tschebyschew'sche Ungleichung sein kann, wollen wir sie etwas näher untersuchen. In der Schreibweise einer Formel lautet sie für eine beliebige Zufallsgröße X

$$P(|X - E(X)| \geq t \cdot \sigma_X) \leq 1 / t^2$$

Liest man die Ungleichung Stück für Stück, erkennt man die schon beschriebene Interpretation: Das Ereignis, dass die Zufallsgröße X „stark" von ihrem Erwartungswert E(X) abweicht, nämlich $|X - E(X)| \geq t \cdot \sigma_X$, kann höchstens mit der Wahrscheinlichkeit $1/t^2$ eintreten[V]. „Starke" Abweichungen können also nicht zu „häufig" eintreten.

Die wichtigste Anwendung der Tschebyschew'schen Ungleichung ist das Gesetz der großen Zahlen. Ergibt sich die Zufallsgröße X wie oben beschrieben durch eine Versuchsreihe, deren voneinander unabhängige Ergebnisse gemittelt werden, dann nimmt die Tschebyschew'sche Ungleichung die Form

$$P(|X - E(X)| \geq t \cdot \frac{\sigma_Y}{\sqrt{n}}) \leq \frac{1}{t^2}$$

an. Besonders plastisch wird die Wirkung des Gesetzes der großen Zahlen in dieser Ungleichung erkennbar, wenn der Parameter t im Verlauf der Versuchsreihe langsam vergrößert wird. Toleranzbereich und zugehörige Wahrscheinlichkeit werden dann simultan kleiner, wie es für das Beispiel der Würfelreihe die Tabelle 8 zeigt[49].

---

[49] Für die in der Tabelle aufgeführten Beispiele wurde $t = \sqrt[6]{n}$ gewählt.

Versuchs-zahl	Toleranz-Intervall		Wahrscheinlichkeit, dass die durchschnittliche Wurfhöhe außerhalb liegt
	von	bis	
10	2,7073	4,2927	$\leq 0{,}4642$
100	3,1321	3,8679	$\leq 0{,}2154$
1000	3,3292	3,6708	$\leq 0{,}1000$
10000	3,4207	3,5793	$\leq 0{,}0464$
100000	3,4632	3,5368	$\leq 0{,}0215$
1000000	3,4829	3,5171	$\leq 0{,}0100$
10000000	3,4921	3,5079	$\leq 0{,}0046$

Tabelle 8   Die Entwicklung der durchschnittlichen Wurfhöhe in einer Würfelserie

Es bleibt anzumerken, dass die Abschätzungen der Wahrscheinlichkeiten sehr großzügig sind, das heißt, die Wahrscheinlichkeit ist meist wesentlich kleiner als die mit der Tsche-byschew'schen Ungleichung berechnete Obergrenze. Eine weit präzisere Angabe über die Wahrscheinlichkeit macht der so genannte zentrale Grenzwertsatz, der im nächsten Kapitel erörtert werden wird. Allerdings sind die Formeln des zentralen Grenzwertsatzes wesentlich komplizierter. So erlangt die Tschebyschew'sche Ungleichung die bleibende Bedeutung, dass mit ihr das Gesetz der großen Zahlen relativ elementar aus den Axiomen der Wahr-scheinlichkeitsrechnung erklärt werden kann.

Das klassische Gesetz der großen Zahlen, wie wir es in den ersten Kapiteln mehrfach dis-kutiert haben, bezieht sich nur auf Wahrscheinlichkeiten und relative Häufigkeiten. Natürlich lässt sich auch dieser Spezialfall mit der Tschebyschew'schen Ungleichung quantitativ präzi-sieren: Ausgehend von einem Zufallsexperiment und einem Ereignis A mit der Wahrschein-lichkeit p = P(A) wird dazu eine Zufallsgröße konstruiert, die den Wert 1 besitzt, wenn das Ereignis eintritt, und ansonsten gleich 0 ist. Wird dieses Experiment nun in einer Ver-suchsreihe n-mal unabhängig voneinander wiederholt, erhält man gleichverteilte und unab-hängige Zufallsgrößen Y_1, Y_2, ..., Y_n. Für sie gilt

$$P(Y_i = 1) = p,$$
$$P(Y_i = 0) = 1 - p$$

und folglich $E(Y_i) = p$

sowie $Var(Y_i) = (1 - p)\, p^2 + p\,(1 - p)^2 = p(1 - p) \leq \frac{1}{4}.$

Der Durchschnitt X dieser Zufallsgrößen Y_1, Y_2, ..., Y_n ist nun nichts anderes als die relative Häufigkeit des Ereignisses A bei den ersten n Versuchen. Wie wahrscheinlich nun Abwei-chungen dieser relativen Häufigkeit X von der Wahrscheinlichkeit p höchstens sein können, darüber macht die Tschebyschew'sche Ungleichung eine Aussage:

$$P\left(|X - p| \geq \frac{t}{2\sqrt{n}}\right) \leq \frac{1}{t^2}$$

Lässt man die durch den Parameter t bestimmte Abweichung wieder mit dem Fortschreiten der Versuchsreihe langsam größer werden, konkretisiert sich diese Ungleichung zu den in Tabelle 9 zusammengestellten Ergebnissen[50].

---

[50]   Es ist wieder $t = \sqrt[6]{n}$.

Versuchs-zahl	Toleranz-Intervall	Wahrscheinlichkeit, dass die relative Häufigkeit außerhalb liegt
10	p ± 0,2321	≤ 0,4642
100	p ± 0,1077	≤ 0,2154
1000	p ± 0,0500	< 0,1000
10000	p ± 0,0232	≤ 0,0464
100000	p ± 0,0108	≤ 0,0215
1000000	p ± 0,0050	< 0,0100
10000000	p ± 0,0023	≤ 0,0046

Tabelle 9   Die empirische Messung einer unbekannten Wahrscheinlichkeit p

Gegenüber der in Kapitel 1.5 formulierten Version des Gesetzes der großen Zahlen ist die hier formulierte übrigens deutlich schwächer. Man bezeichnet sie deshalb auch als **schwaches Gesetz der großen Zahlen**. Der Unterschied besteht darin, dass sich die Wahrscheinlichkeit hier immer nur auf die Abweichung bei einer ganz bestimmten Zahl von Versuchen bezieht. Dagegen macht das starke Gesetz der großen Zahlen, wie es in Kapitel 1.5 beschrieben wurde, auch Aussagen über die Abweichungen im weiteren Verlauf der Versuchsreihe.

Mit der formalen Begründung des Gesetzes der großen Zahlen erfährt die Wahrscheinlichkeitsrechnung eine wichtige Bestätigung. Schließlich war die empirische Erkenntnis, dass sich relative Häufigkeiten in Versuchsreihen langfristig einem Zielpunkt nähern, der Ausgangspunkt dafür gewesen, eine abstrakte Größe – eben die Wahrscheinlichkeit – einzuführen. Zugleich erhält man für diese Größe ein Messverfahren und eine Angabe darüber, wie genau dieses Verfahren ist. Der Übergang von Ungewissheit zur Fastgewissheit in langen Versuchsreihen wird damit quantifizierbar.

Weiterführende Literatur zur Statistik:

Jörg Bewersdorff, *Statistik – wie und warum sie funktioniert. Ein mathematisches Lesebuch*, Wiesbaden 2011.

Karl Bosch, *Elementare Einführung in die Statistik*, Braunschweig 1976;

Ulrich Krengel, *Einführung in die Wahrscheinlichkeitsrechnung und Statistik*, Braunschweig 1988;

Marek Fisz, *Wahrscheinlichkeitsrechnung und mathematische Statistik*, Berlin (Ost) 1970 (poln. Orig. 1967);

Helmut Swoboda, *Knaurs Buch der modernen Statistik*, München 1971.

Hermann Witting, *Mathematische Statistik*, in: *Ein Jahrhundert Mathematik, 1890-1990*, Braunschweig 1990, S. 781-815.

1.13 Die Normalverteilung: Wie lange noch zum Ziel?

In einem Rennspiel, bei dem es darum geht, die eigene Spielfigur als Erster ins Ziel zu würfeln, hat ein Spieler noch 76 Felder vor sich. Pro Zug darf er seine Figur um das Ergebnis zweier Würfel weiterrücken. Wie groß ist die Wahrscheinlichkeit, das Ziel in höchstens neun Zügen zu erreichen?

Würfelrennspiele der beschriebenen Art besitzen eine große Tradition in breiter Variation und Ausgestaltung. Zu den Spielen, bei denen sich die Spieler anders als bei „Mensch ärgere dich nicht" und Backgammon nicht gegenseitig behindern, gehören Klassiker wie das Gänsespiel, das Leiterspiel und Pferderennspiele. Eine moderne Variante ist das sehr erfolgreiche Spiel Dampfross[51], welches der Engländer Dave Watts 1970 erfand. Gerade bei diesem Spiel ist es häufig sehr wichtig, die Chancen für bestimmte Wegstrecken abzuschätzen, nämlich dann, wenn zu entscheiden ist, ob die Strecke kostenpflichtig abgekürzt werden soll. Eine Untersuchung zu dieser Problematik findet man im entsprechenden Kasten.

Im Prinzip ist das gestellte Problem in der gleichen Weise lösbar, wie das in Kapitel 1.4 erörterte Teilungsproblem: Aufsteigend für immer längere Wegstrecken werden die Wahrscheinlichkeiten berechnet, diese in den unterschiedlichen Wurfzahlen zu bewältigen. Dabei wird jeweils auf die schon vorhandenen Ergebnisse zurückgegriffen. Sind Y_1, Y_2, ... die Würfelergebnisse, dann ist die gesuchte Wahrscheinlichkeit, in neun Würfen mindestens die Summe 76 zu erzielen, gleich $P(Y_1 + ... + Y_9 \geq 76)$ und kann mit der Formel

$$P(Y_1 + ... + Y_9 \geq 76) = \frac{1}{36} P(Y_1 + ... + Y_8 \geq 74)$$

$$+ \frac{2}{36} P(Y_1 + ... + Y_8 \geq 73)$$

$$+ \frac{3}{36} P(Y_1 + ... + Y_8 \geq 72)$$

$$+ ...$$

$$+ \frac{1}{36} P(Y_1 + ... + Y_8 \geq 64)$$

berechnet werden, falls die Wahrscheinlichkeiten der rechten Gleichungsseite bereits bekannt sind[52]. Jede Situation wird also bedingt zu den möglichen Ergebnissen des gerade gemachten Wurfes analysiert. Schritt für Schritt erhält man so die gesuchte Wahrscheinlichkeit 0,042138. Voraussetzung dazu ist entweder ein Computer[53] oder genügend Ausdauer, da

---

[51] Auf einem wabenförmig eingeteilten Spielplan, der eine vereinfachte Landkarte mit Gewässern, Bergen und Städten darstellt, werden Eisenbahnstrecken zunächst gebaut und anschließend befahren. Beim Befahren werden pro Runde zwei Städte als Anfangs- und Zielort eines Wettrennens ausgewürfelt. Jeder Spieler, der mitfahren will, muss sich für eine Route entscheiden, wobei nur eigene Streckenteile kostenfrei befahren werden dürfen – auf fremden Strecken muss an den jeweiligen Eigentümer Miete bezahlt werden. Nachdem sich die Spieler für eine Stecke entschieden haben, wird das eigentliche Rennen ausgewürfelt. Die beiden ersten Spieler, die das Ziel erreichen, erhalten Punkte. Nähere Informationen zum Spiel Dampfross findet man in Erwin Glonnegger: *Das Spiele-Buch*, München 1988, S. 75; Jury ‚Spiel des Jahres', *Spiel des Jahres*, München 1988, S. 62.

[52] Bei der Formel handelt es sich um eine Anwendung der Formel für die totale Wahrscheinlichkeit (siehe Kapitel 1.9). Das Ereignis $Y_1 + ... + Y_9 \geq 76$ wird dabei bedingt zu den möglichen Ergebnissen Y_9 des neunten Wurfes untersucht. Dabei gilt
$$P(Y_1 + ... + Y_9 \geq 76 \mid Y_9 = k) = P(Y_1 + ... + Y_8 \geq 76 - k).$$

[53] Einfacher als die nahe liegende Möglichkeit, ein Programm in einer Programmiersprache wie

mehrere hundert Zwischenwerte berechnet werden müssen. Insofern wäre es natürlich wünschenswert, zumindest ein ungefähres Ergebnis einfacher berechnen zu können. Das ist in der Tat möglich, und zwar auf der Basis des so genannten zentralen Grenzwertsatzes. Dieser Satz macht bei gleichverteilten und unabhängigen Zufallsgrößen $Y = Y_1, Y_2, ..., Y_n$, wie sie in Versuchsreihen auftreten, Aussagen über die Summe $Y_1 + Y_2 + ... + Y_n$, sofern die Versuchsanzahl n genügend groß ist. Bekanntlich besitzt die Summe den Erwartungswert $n \cdot E(Y)$ und die Standardabweichung $\sqrt{n} \cdot \sigma_Y$. Wie die Zufallsgröße genau aussieht, geht aus den Wahrscheinlichkeiten

$$P(Y_1 + Y_2 + ... + Y_n \leq u)$$

hervor. Aber wie verhalten sich diese Wahrscheinlichkeiten, wenn der Parameter u variiert wird? Dazu besagt der **zentrale Grenzwertsatz**, dass bei einer genügenden Versuchszahl eine gute Näherung allein auf Basis des Quotienten

$$t = \frac{u - n \cdot E(Y)}{\sqrt{n} \cdot \sigma_Y}$$

berechenbar ist. Maßgebend ist also nur, wie weit der Parameter u vom Erwartungswert $n \cdot E(Y)$ entfernt ist, wobei dieser Abstand relativ zur Standardabweichung $\sqrt{n} \cdot \sigma_Y$ gemessen wird. Die eigentliche Grenzwertaussage lässt sich am besten aus der Perspektive eines fest gewählten Wertes t formulieren: Passt man zur fest gewählten Zahl t mit fortschreitender Versuchsreihe den Wert des Parameters u kontinuierlich an die Versuchszahl n gemäß der Formel

$$u = u_n(t) = n \cdot E(Y) + t\sqrt{n} \cdot \sigma_Y$$

an, dann bewegt sich die Wahrscheinlichkeit $P(Y_1 + Y_2 + ... + Y_n \leq u)$ auf eine Zahl zu, die unabhängig von der ursprünglichen Zufallsgröße Y ist. Das heißt, der Grenzwert der genannten Wahrscheinlichkeiten ist, egal von welcher Zufallsgrößen ausgegangen wird, immer gleich. Unterschiede gibt es lediglich für die verschiedenen Werte des Parameters t, so dass die Grenzwerte, die im Allgemeinen mit $\phi(t)$ bezeichnet werden, tabelliert werden können. Zum Überblick begnügen wir uns hier mit einer kleinen Auswahl von t-Werten. Vollständigere Daten findet man in jedem mathematischen Tafelwerk unter dem Stichwort „**Normalverteilung**".

PASCAL, C, BASIC oder FORTRAN zu schreiben, ist die Verwendung einer Tabellenkalkulation. Für die noch zurückzulegenden Feldzahlen von 76 abwärts bis -10 (letzteres entspricht der Situation, dass das Ziel um 10 Felder überschritten wurde) und Restwurf-Zahlen zwischen 0 und 9 wird eine Tabelle für die zugehörigen Erfolgswahrscheinlichkeiten angelegt. Außer den Anfangswerten 0 und 1, die den Wahrscheinlichkeiten bei Spielende entsprechen, muss nur eine einzige Formel eingegeben werden. Der Rest kann mit Befehlen der Tabellenkalkulation wie „Unten ausfüllen" und „Rechts ausfüllen" erledigt werden.

t	ϕ(-t)	ϕ(t)
0,0	0,50000	0,50000
0,2	0,42074	0,57926
0,4	0,34458	0,65542
0,6	0,27425	0,72575
0,8	0,21186	0,78814
1,0	0,15866	0,84134
1,2	0,11507	0,88493
1,4	0,08076	0,91924
1,6	0,05480	0,94520
1,8	0,03593	0,96407
2,0	0,02275	0,97725
2,2	0,01390	0,98610
2,4	0,00820	0,99180
2,6	0,00466	0,99534
2,8	0,00256	0,99744

Tabelle 10   Werte der Normalverteilung

Die tabellierten Zahlen $\phi(t)$ beschreiben in ihrer Gesamtheit eine spezielle Zufallsgröße, die beliebige Werte auf dem Zahlenstrahl annehmen kann. Dabei ist $\phi(t)$ die Wahrscheinlichkeit, dass diese Zufallsgröße kleiner oder gleich t ist. Die auch Standardnormalverteilung genannte Zufallsgröße besitzt den Erwartungswert 0 und 1 als Standardabweichung[VI].

Angewendet wird der zentrale Grenzwertsatz in der Praxis dadurch, dass man auf seiner Basis die Wahrscheinlichkeiten der Form $P(Y_1 + Y_2 + ... + Y_n \leq u_n(t))$ mit den entsprechenden Wahrscheinlichkeiten $\phi(t)$ der Normalverteilung approximiert. Der dabei gemachte Fehler fällt umso kleiner aus, je größer die Versuchsanzahl n ist.

Im Beispiel der Würfelreihe liefert die Approximation sogar schon bei kleinen Versuchszahlen wie n = 9 sehr gute Ergebnisse: Ausgehend von den Kenndaten der Zufallsgröße Y, nämlich E(Y) = 7 und σ_Y = 2,4152 ist dazu zunächst der Parameter t so zu wählen, dass die Gleichung $u_7(t) = 9 \cdot 7 + t \cdot 3 \cdot 2{,}4152 = 75{,}5$ erfüllt ist, was für t = 1,7232 der Fall ist. Dass man nicht von der eigentlichen Zahl 76, sondern von 75,5 ausgeht, liegt daran, dass die Würfelsumme nur ganze Zahlen annehmen kann, während sich die Normalverteilung über den gesamten Zahlenstrahl verteilt. Die Werte zwischen 75 und 76 der normalverteilten Zufallsgröße werden so je zur Hälfte auf die beiden benachbarten Würfelsummen aufgeteilt. Als Ergebnis ergibt sich daher

$$P(Y_1 + Y_2 + ... + Y_9 \leq 75) \approx \phi(1{,}7252) = 0{,}9578$$

Die gesuchte Wahrscheinlichkeit $P(Y_1 + Y_2 + ... + Y_9 \geq 76)$ ist also ungefähr gleich 0,0422, was im Vergleich zum genauen Wert 0,042138 eine gute Näherung darstellt.

Der zentrale Grenzwertsatz und die Normalverteilung besitzen vielfältige Anwendungsmöglichkeiten. Um einen Eindruck davon zu vermitteln, greifen wir auf einige in den vorherigen Kapiteln diskutierte Sachverhalte zurück:

- Das Gesetz der großen Zahlen kann mit Hilfe des zentralen Grenzwertsatzes weit besser konkretisiert werden, als es mit der Tschebyschew'schen Ungleichung möglich ist. Wie sich bei langen Versuchsreihen der aus den gleichverteilten und voneinander unabhängigen Ergebnissen $Y = Y_1, Y_2, \ldots$ gebildete Durchschnitt X um den Erwartungswert $E(Y)$ verteilt, das zeigt die Näherung

$$P(|X - E(Y)| \geq t \cdot \frac{\sigma_Y}{\sqrt{n}}) \approx 1 - \phi(t) + \phi(-t) = 2\phi(-t).$$

- Schon für den Wert $t = 1$, bis zu dem die Tschebyschew'sche Ungleichung überhaupt keine Aussage macht, besagt der zentrale Grenzwertsatz, dass die Wahrscheinlichkeit tatsächlich wesentlich kleiner, nämlich ungefähr gleich 0,317 ist. Beim Wert $t = 2$ liefert die Tschebyschew'sche Ungleichung die sehr großzügig bemessene Obergrenze 0,25, der zentrale Grenzwertsatz hingegen die Näherung 0,046.

- Beim im letzten Kapitel diskutierten Würfeltest kann mit der Normalverteilung eine genauere Angabe über die Würfelsumme gemacht werden. Aufbauend auf der Annahme, dass der Würfel vollkommen symmetrisch ist, geht man von einem Erwartungswert $E(Y) = 3,5$ und einer Standardabweichung $\sigma_Y = 1,708$ aus. Mit einer Wahrscheinlichkeit von 0,99 muss dann der geworfene Durchschnitt entsprechend dem Wert $t = 2,58$ zwischen 3,456 und 3,544 liegen. Unsymmetrische Würfel werden also weit besser erkannt, als es mit der Tschebyschew'schen Ungleichung möglich war.

- Auch die Binomialverteilung lässt sich mit der Normalverteilung approximieren. Die Ausgangssituation ist wieder eine Versuchsreihe, in der ein Experiment n-mal unabhängig voneinander wiederholt wird, wobei die relative Häufigkeit X eines bestimmten Ereignisses gemessen wird. Ist dessen Wahrscheinlichkeit im Einzelexperiment gleich p, dann besagt der zentrale Grenzwertsatz für längere Versuchsreihen die folgende Näherung:

$$P(X \leq p + t \cdot \sqrt{\frac{p(1-p)}{n}}) \approx \phi(t).$$

- Als Beispiel greifen wir auf ein schon in Kapitel 1.4 diskutiertes zurück. Bestimmt werden soll die Wahrscheinlichkeit, in 6000 Versuchen mindestens 900 und höchstens 1100 Sechsen zu würfeln. Bei den relativen Häufigkeiten entspricht das einem Intervall von $1/6 - 0,01675$ bis $1/6 + 0,01675$. Über die t-Werte $\pm 3,4814$ findet man dann für die gesuchte Wahrscheinlichkeit die Näherung $\phi(3,4814) - \phi(-3,4814) = 0,0005$. Zwar lässt sich das Ergebnis auch aus den Formeln der Binomialverteilung herleiten, doch ist das kaum praktikabel.

Das unsymmetrische Roulette

In Spielkasinos verwendete Roulette-Kessel werden mit höchster Präzision hergestellt und außerdem regelmäßig überprüft. Der Grund dafür liegt auf der Hand: Sollten die Unregelmäßigkeiten des Kessels dazu führen, dass die Wahrscheinlichkeit irgendeiner Zahl den Wert von 1/36 überschreitet, dann eröffnet das dem Publikum Gewinnstrategien – vom de-facto-Zwang zu Trinkgeldern einmal abgesehen. Das heißt, bereits geringfügige Unsymmetrien können dem Kasino schweren Schaden zufügen, wenn ein Spieler sie entdeckt, wie es wohl schon mehrmals vorgekommen zu sein scheint. So fanden in den

1960er Jahren die angeblich auf Kesselfehlern beruhenden Gewinnserien des Dr. Jarecki ein breites Echo in der Presse[54].

Versucht man, Unregelmäßigkeiten statistisch zu ergründen, muss man zunächst beachten, dass sich diese nie konstant äußern. So wird die Kugel abwechselnd links und rechts herum in den sich jeweils gegenläufig drehenden Kessel eingeworfen. Sollte also beispielsweise ein Steg minimal höher sein als die anderen, dann wirkt sich das je nach Laufrichtung unterschiedlich aus. Ferner ist es bei den Roulette-Kesseln technisch möglich, den Zahlenkranz gegenüber den Fächern zu verschieben. Im Prinzip begünstigte Felder können somit im Verlauf der Zeit unterschiedlichen Zahlen zugeordnet sein.

Um die Hypothese, der Roulette-Kessel sei in Ordnung, zu widerlegen, geht man also am besten von einer Stichprobe aus, die unter möglichst unveränderten Bedingungen zustande gekommen ist. Ob sich in einem Spielkasino überhaupt genügend große Stichproben nehmen lassen, die solchen Anforderungen genügen, muss allerdings stark bezweifelt werden.

Der Erste, der eine Roulette-Permanenz als höchst ungewöhnlich erkannte, war Karl Pearson (1857-1937), einer der Begründer der mathematischen Statistik. Über eine Zwei-Wochen-Permanenz aus Monte Carlo schrieb er: „Wenn es das Monte Carlo Roulette seit Beginn des geologischen Erdzeitalters gäbe, so hätten wir mit einem solchen Zwei-Wochen-Verlauf kein einziges Mal gerechnet, vorausgesetzt, es handelt sich um ein Zufallsspiel. ... Das Roulette von Monte Carlo ist das erstaunlichste Wunder des 19. Jahrhunderts". Später stellte sich heraus, wie Thorp in einer Anekdote berichtet[55], dass die Permanenzen anscheinend von Journalisten erfunden worden waren, um die mühsame Protokollierung zu vermeiden.

Die große Bedeutung der Normalverteilung in der Wahrscheinlichkeitsrechnung beruht natürlich nicht nur darauf, dass man mit ihr die Wahrscheinlichkeiten für Würfelsummen berechnen kann. Wie die Bezeichnung schon suggeriert, handelt es sich bei der Normalverteilung um eine in der Natur, Technik und Ökonomie oft anzutreffende Verteilung von Wahrscheinlichkeiten und Häufigkeiten. Erklären lässt sich dieses Phänomen, wenn ein Prozess durch eine Vielzahl von zufälligen, voneinander unabhängigen Faktoren bestimmt wird. Ergibt sich nämlich das Gesamtergebnis als Summe unabhängiger Zufallsgrößen, die einzeln das Gesamtergebnis nur wenig beeinflussen, dann ist es – wie die Summe von Würfelergebnissen – annähernd normalverteilt. Daher sind zum Beispiel Körpergrößen erwachsener Menschen ungefähr normalverteilt, und zwar sowohl bei der gesamten Population als auch bei Teilpopulationen wie beispielsweise Frauen und Männern – natürlich jeweils mit ganz spezifischen Erwartungswerten und Standardabweichungen. Quasi-zufällige Erscheinungen, die der Normalverteilung unterworfen sind, können sogar bei den Teilbarkeitseigenschaften ganzer Zahlen gefunden werden. So bewiesen 1940 die Mathematiker Paul Erdös (1913-1997) und Marc Kac (1914-1984), dass sich die Anzahl der Primzahlen, durch die eine Zahl teilbar ist, annähernd so verhält wie eine normalverteilte Zufallsgröße. So lassen sich nämlich die Häufigkeiten, mit der solche Anzahlen in einem durch eine große Zahl n nach oben

---

[54] Zum Beispiel Stuttgarter Zeitung vom 7.7.1973, als Faksimile abgedruckt in Max Woitschach, *Logik des Fortschritts*, Stuttgart 1977, S. 75.

[55] E. O. Thorp, *Optimal gambling systems for favorable games*, Revue de l'institute international de statistique/Review of the International Statistical Institute, 37 (1969), 273-293; insbesondere S. 276.

begrenzten Zahlbereich auftreten, mit Hilfe einer Normalverteilung approximieren, deren Erwartungswert und Standardabweichung beide gleich ln ln n sind[VII].

Dampfross: Wettrennen zwischen zwei Spielern

Wie stehen die Chancen, wenn zwei Spieler beim schon erwähnten Spiel Dampfross ein Rennen austragen? Auskunft darüber gibt die Zufallsgröße, die dem Unterschied im Fortkommen beider Spieler entspricht. Diese Differenz aus den Würfelsummen beider Spieler ist mit dem ursprünglichen Vorsprung zu vergleichen, was für jede feste Wurfanzahl näherungsweise mit dem zentralen Grenzwertsatz geschehen kann. Allerdings steht bei einem Rennen die notwendige Wurfzahl a priori keineswegs fest, vielmehr ist auch sie eine Zufallsgröße. Es ist daher nahe liegend, zur Approximation der Wurfzahl von deren Erwartungswert auszugehen.

Wir untersuchen ein Rennen, bei dem die beiden Spieler w beziehungsweise w+d Felder zurückzulegen haben. Weil beide Spieler immer gleich oft würfeln dürfen (überschreiten beide Spieler im gleichen Wurf das Ziel, gewinnt derjenige, der das Ziel weiter übertrifft), spielt es keine Rolle, ob mit einem oder zwei Würfeln geworfen wird (abgesehen davon, dass Unentschieden seltener werden). Wir gehen daher von einem Würfel aus. Da die Differenz zweier Würfelergebnisse die Standardabweichung 2,415 besitzt, ergibt sich bei einer Zugzahl von w/3,5 eine Standardabweichung von $1{,}291 \cdot \sqrt{w}$, so dass die Gewinnwahrscheinlichkeit für den führenden Spieler ungefähr

$$\phi(0{,}775 \frac{d}{\sqrt{w}})$$

beträgt (Unentschieden werden hier immer je zur Hälfte als Gewinn für den einen und den anderen Spieler gewertet). Bereits ab Streckenlängen von 25 Feldern erhält man brauchbare Näherungen der Wahrscheinlichkeiten; so beispielsweise für die Rennen 25:20, 25:30, 65:60 und 65:70 die Werte 0,193 (exakt: 0,210) 0,781 (exakt: 0,768), 0,308 (exakt: 0,313) und 0,685 (exakt: 0,681). Die Näherungsformel erlaubt es insbesondere abzuschätzen, wie rentabel Abkürzungen über fremde Eisenbahnstrecken sind. Da bei einem Rennen der Gewinner 20 und der Zweite 10 Punkte erhält, beträgt bei zwei Teilnehmern A und B die Gewinnerwartung für Spieler A

$$10 + 10 \cdot P(\text{„A vor B"}).$$

Bei drei Teilnehmern A, B und C sind Abkürzungen vergleichsweise noch lohnender, die Gewinnerwartung für Spieler A ist gleich

$$10 \cdot P(\text{„A vor B"}) + 10 \cdot P(\text{„A vor C"}).$$

Backgammon

Können in der Endphase des Backgammon gegenseitig keine Steine mehr geschlagen werden, erhält das Spiel den Charakter eines reinen Wettrennens, Running Game genannt. Abgeschätzt werden solche Endspiel-Stellungen meist dadurch, dass man die noch zurückzulegenden Felder aller Steine eines Spielers zu einer Gesamtpunktzahl addiert. Stellt man sich eine fiktive Stellung vor, bei der jeder Spieler über einen Stein verfügt, der um diese Gesamtpunktzahl vom Ziel entfernt ist, dann entspricht das einem einfachen Modell, mit dem die Chancen der eigentlichen Stellung abgeschätzt werden können. Verbessern lassen sich die Aussagen des Modells noch dadurch, dass die Positionen der beiden Steine abhängig von den Details der ursprünglichen Stellung wie Anzahl und Verteilung der Steine geringfügig modifiziert werden, um so die beim Herauswürfeln verloren gehenden Punkte zu kompensieren.

In der Praxis werden die Gewinnaussichten häufig deshalb abgeschätzt, um die Chancen beim so genannten Verdoppeln abzuwägen. Dieses spezielle Problem wird in Kapitel 2.14 noch ausführlich behandelt werden.

Für das genannte Backgammon-Modell wollen wir nun die Gewinnchancen der Stellung abschätzen, bei der der führende Spieler noch w Felder und sein Gegner noch w+d Felder zurückzulegen hat. Bis auf zwei Details ist alles wie beim schon untersuchten Dampfross:

- Erreicht ein Spieler das Ziel, endet das Spiel sofort, so dass der anziehende Spieler über einen Vorteil verfügt. Da das Anzugsrecht nach einem Zug zum Gegner wechselt, entspricht der Anzugs-Vorteil rechnerisch einem halben Zug, das heißt, der anziehende Spieler erhält bei seiner Felderzahl einen Bonus in Höhe des halben Erwartungswertes eines Wurfes.
- Gewürfelt wird mit zwei Würfeln, wobei die Würfelpunkte eines Paschs doppelt gezogen werden. Für die so pro Wurf zurückgelegte Felderzahl ergibt sich ein Erwartungswert von 8,167 und eine Standardabweichung von 4,298.

Dem zugrunde gelegten Spielstand von w zu w + d Feldern entspricht eine zu erwartende Wurfanzahl von w/8,167 und eine Standardabweichung von $2{,}127 \cdot \sqrt{w}$. Die Gewinnwahrscheinlichkeit für den führenden Spieler beträgt daher ungefähr

$$\phi(0{,}470\,\frac{d \pm 4{,}083}{\sqrt{w}}),$$

wobei der Abstand zwischen den Spielern um 4,083 Felder abhängig davon vergrößert oder verringert wird, ob der führende Spieler als Erster würfelt oder nicht. Die Näherungen sind bei nicht zu kleinen Feldzahlen relativ genau; so ergeben sich für die Stände 20:25, 25:20, 65:55, 65:65, 65:75 und 65:85 die angenäherten Wahrscheinlichkeiten 0,830 (exakt 0,829), 0,462 (exakt: 0,451), 0,354 (exakt: 0,358) 0,594 (exakt: 0,595), 0,794 (exakt: 0,787) und 0,920 (exakt: 0,906). Wird von einer richtigen, das heißt einer mehrere Steine umfassende Backgammon-Stellung ausgegangen, entstehen beim Übergang zum Modell allerdings noch zusätzliche Ungenauigkeiten.

Risiko

„Rennen" ganz besonderer Art finden im nicht unumstrittenen, vom Franzosen Albert Lamorisse erfundenen Spiel Risiko statt, welches 1957 erstmals erschien. Der Spielplan von Risiko zeigt eine Weltkarte. Die darauf eingezeichneten Felder entsprechen fiktiven Ländern, die – je nach Auflage – zu „erobern" beziehungsweise zu „befreien" sind[56]. In

---

[56]　Nähere Beschreibungen und Illustrationen findet man bei Erhard Gorys, *Das große Buch der Spiele*, Hanau ca. 1987, S. 283-286; David Pritchard, Tom Werneck: *Das große Familienbuch der Spiele*, München 1983 (engl. Original: 1983), S. 196; Spielbox, 1983/3, S. 22; Roberto Convenevole, Francesco Bottone, *La storia di risiko*, Rom 2002. Die begriffliche Überarbeitung der deutschen

einer Variante gewinnt derjenige, der mit seinen Spielsteinen, die Armeen symbolisieren, die ganze Welt befreit, das heißt alle gegnerischen Steine schlägt.

Pro Zug werden ein oder mehrere Angriffe ausgetragen, in denen jeweils bis zu drei in einem Land stehende Steine ein benachbartes Land angreifen, in welchem gegnerische Spielsteine stehen, von denen sich jeweils bis zu zwei – in der alten Variante auch drei – Steine verteidigen können. Das Ergebnis des Angriffs wird ausgewürfelt, wozu für jeden beteiligten Spielstein ein Würfel geworfen wird. Die dabei erzielten Wurfergebnisse werden, getrennt für Angreifer und Verteidiger, in absteigender Größe sortiert, um dann – soweit möglich – paarweise miteinander verglichen zu werden. Jedes Ergebnispaar entscheidet ein Duell zwischen jeweils einem angreifenden und einem verteidigenden Stein, wobei der Angreifer genau dann gewinnt, wenn sein betreffender Wurf höher ist. Beispielsweise führt ein 3:2-Angriff mit den Würfen 6-4-2 gegen 4-4 dazu, dass sowohl Angreifer wie Verteidiger je einen Stein vom Spielplan entfernen müssen: 6 gewinnt gegen 4, der Gleichstand 4 gegen 4 führt zum Verlust des Angreifers.

Soweit ein Überblick über die Regeln. Wie die Chancen bei einem einzelnen Angriff stehen, zeigt die folgende Tabelle, welche die kombinatorische Situation widerspiegelt:

Verhältnis Angreifer : Verteidiger	Verlust des Verteidigers				Erwartung	Standardabweichung
	0	1	2	3		
1 : 1	21	15			0,42	0,49
1 : 2	161	55			0,25	0,44
1 : 3	1071	225			0,17	0,38
2 : 1	91	125			0,58	0,49
2 : 2	581	420	295		0,78	0,79
2 : 3	4816	1981	979		0,51	0,71
3 : 1	441	855			0,66	0,47
3 : 2	2275	2611	2890		1,08	0,81
3 : 3	17871	12348	10017	6420	1,11	1,07

Im fortgeschrittenem Stadium einer Risiko-Partie wächst die Gesamtzahl der Spielsteine auf dem Spielfeld erfahrungsgemäß stark an. Wie chancenreich dabei längere Duelle zwischen zwei stark besetzten Ländern sind, kann mit Hilfe des zentralen Grenzwertsatzes abgeschätzt werden. Vereinfachend gehen wir davon aus, dass das gesamte Duell mit gleichartigen Teilangriffen im Verhältnis 3:2 beziehungsweise 3:3 abläuft. Da sich nach jedem Angriff die Anzahl der Steine um zwei beziehungsweise drei reduziert, kann man wie folgt vorgehen: Ist a die Anzahl der angreifenden und v die Anzahl der verteidigenden Steine, dann ist ein Angriff genau dann erfolgreich, wenn der Gesamtverlust des Verteidigers nach (a+v)/2 beziehungsweise (a+v)/3 Angriffen mindestens v beträgt. Dann sind nämlich noch Steine des Angreifers übrig, während der Verteidiger theoretisch bereits im Minus steht, das heißt, dass er das Duell in Wirklichkeit bereits vorher verloren hat. Aus den Anzahlen (a+v)/2 und (a+v)/3 sowie den oben tabellierten Erwar-

Spielregel erfolgte ungefähr 1982, als eine Indizierung durch die Bundesprüfstelle für jugendgefährdende Schriften drohte.

tungswerten und Standardabweichungen erhält man schließlich die folgenden Näherungen für die Erfolgswahrscheinlichkeiten des Angreifers[57]:

$$\phi\left(\frac{\frac{a+v}{2}\cdot 1{,}08 - v}{\sqrt{\frac{a+v}{2}}\cdot 0{,}81}\right) = \phi\left(0{,}94 \cdot \frac{a - 0{,}85v}{\sqrt{a+v}}\right) \qquad (\text{"3:2"})$$

$$\phi\left(\frac{\frac{a+v}{3}\cdot 1{,}11 - v}{\sqrt{\frac{a+v}{3}}\cdot 1{,}07}\right) = \phi\left(0{,}60 \cdot \frac{a - 1{,}71v}{\sqrt{a+v}}\right) \qquad (\text{"3:3"})$$

1.14 Nicht nur beim Roulette: Die Poisson-Verteilung

Bei 37 Roulette-Läufen ist es kaum zu erwarten, dass alle 37 Zahlen einmal getroffen werden. Wie viel verschiedene Zahlen sind es aber im Durchschnitt?

Dass alle Zahlen in 37 Läufen einmal getroffen werden, mag zwar der naiven Vorstellung von gleichen Chancen nahe kommen, tatsächlich ist das Ereignis aber fast vollkommen unmöglich. Denn unter den insgesamt 37^{37} möglichen Ergebnis-Kombinationen gibt es „nur" 37! für das Ereignis günstige – entsprechend jeder Permutation der 37 Roulette-Zahlen. Die Wahrscheinlichkeit, dass alle 37 Zahlen genau einmal getroffen werden, ist daher gleich $37!/37^{37} = 1{,}304 \cdot 10^{-15}$, das ist 0,000000000000001304. Dazu im Vergleich ist sogar das Ereignis, in zwei Lotto-Ziehungen mit je einem Tipp beide Mal einen „Sechser" zu erzielen, noch deutlich wahrscheinlicher.

Wir wissen nun, dass in 37 Roulette-Läufen mit allen 37 Zahlen kaum zu rechnen ist. Wie viele verschiedene Zahlen sind es aber im Durchschnitt? Das heißt, wie groß ist, wenn wir die Anzahl der getroffenen Zahlen als zufällige Größe auffassen, deren Erwartungswert? Greift man zunächst eine feste Zahl heraus, dann lässt sich mit den Formeln der Binomialverteilung berechnen, wie wahrscheinlich die möglichen Trefferhäufigkeiten bei dieser Zahl sind. Ist X die Zahl der Treffer, dann ist die Wahrscheinlichkeit P(X = k), dass es bei n Versuchen k Treffer auf diese Zahl gibt, gleich

---

57   Eine Analyse des Spiels Risiko auf Basis von Markow-Ketten findet man in Baris Tan: *Markov chains and the RISK board game*, Mathematics Magazine, 70 (1997), S. 349-357. Der dort gewählte Ansatz ergibt im Prinzip exakte Resultate, allerdings wird bei den einzelnen Würfelrunden von einer leicht verfälschten Wahrscheinlichkeitsverteilung ausgegangen (siehe Table 3 sowie die fälschlicherweise unterstellte Unabhängigkeiten in den Gleichungen auf S. 354 oben). Entsprechend korrigierte Resultate findet man bei Jason A. Osborne, *Markov chains and the RISK board game revisted*, Mathematics Magazine, 76 (2003), S. 129-135. Siehe auch: Pamela Pierce, Robert Wooster: *Conquer the world with Markov chains*, Math Horizions, 22/4 (April 2015), S. 18-21.
     In dem in Fußnote 56 genannten Buch *La storia di risiko* sind auf S. 167-176 Tabellen mit Erfolgswahrscheinlichkeiten wiedergegeben, die auf Berechungen von Michael Keller zurückgehen, die erstmals in der Zeitschrift *World Game Review* (1983 bzw. 1985) veröffentlicht wurden.

$$P(X = k) = \binom{n}{k} p^k (1-p)^{n-k}.$$

Dabei ist im konkreten Fall die Versuchszahl $n = 37$ und die Wahrscheinlichkeit $p = 1/37$. Schon im Zusammenhang mit der Normalverteilung wurde darauf hingewiesen, dass die Formeln der Binomialverteilung in der Praxis etwas schwerfällig zu handhaben sind. Neben der Möglichkeit, die Normalverteilung zu verwenden, bietet sich im vorliegenden Fall noch eine weit einfachere Approximation an, die so genannte **Poisson-Verteilung**. Sie ist benannt nach dem Mathematiker Siméon Denis Poisson (1781-1840). Die Poisson-Verteilung basiert auf der Beobachtung, dass die Wahrscheinlichkeit, in 37 Roulette-Läufen eine bestimmte der 37 Zahlen k-mal zu treffen, fast unverändert bleibt, wenn die Gesamtheit der Zahlen und die Anzahl der Versuche in gleicher Weise vergrößert wird. Das heißt, auch bei 100 Ziehungen aus 100 Zahlen ergeben sich für die Wahrscheinlichkeiten $P(X = k)$ annähernd die gleichen Werte. Wie das diesem Sachverhalt zugrunde liegende Prinzip im Detail aussieht, lässt sich anhand der Formel der Binomialverteilung analysieren. Dazu geht man davon aus, dass das Produkt aus Versuchszahl n und Wahrscheinlichkeit p im Einzelversuch, nämlich $\lambda = np$, einen festen Wert hat – im hier behandelten Beispiel ist $\lambda = 1$. Wird nun die Wahrscheinlichkeit p durch den Ausdruck λ/n ersetzt, erhält man die Gleichungskette

$$P(X = k) = \binom{n}{k} p^k (1-p)^{n-k} = \frac{1}{k!} \cdot \frac{n}{n} \cdot \frac{n-1}{n} \cdots \frac{n-k+1}{n} \cdot \lambda^k \cdot \left(1 - \frac{\lambda}{n}\right)^n \cdot \left(1 - \frac{\lambda}{n}\right)^{-k}$$

$$\approx \frac{\lambda^k}{k!} e^{-\lambda}.$$

Bei der am Schluss durchgeführten Näherung wird der genaue Wert mit Hilfe seines Grenzwertes approximiert, der sich ergibt, wenn die Zahl der Versuche n immer größer wird und sich die Wahrscheinlichkeit $p = \lambda/n$ entsprechend verkleinert – etwa beim Übergang zu einem 370-Zahlen-Roulette und einer verzehnfachten Anzahl von Versuchen und so weiter. Der bei der Approximation gemachte Fehler bleibt sehr gering, wenn die Wahrscheinlichkeit p relativ klein ist; es lässt sich nämlich zeigen, dass alle Abweichungen in ihrer Summe höchstens den Wert $2np^2$ erreichen[58]. Unabhängig davon, wie genau die Approximationen im konkreten Fall sind, können die Näherungswerte für sich gesehen als Wahrscheinlichkeitsverteilung einer Zufallsgröße Y aufgefasst werden. Der Wertebereich umfasst die natürlichen Zahlen $k = 0, 1, 2, \ldots$ und die Wahrscheinlichkeitsverteilung, eben die Poisson-Verteilung, ist durch die Formel

$$P(Y = k) = \frac{\lambda^k}{k!} e^{-\lambda}$$

gegeben.

Im behandelten Beispiel, das heißt für den Parameter $\lambda = 1$, erhält man die tabellierten Werte. Als Näherungen geben sie an, wie wahrscheinlich es ist, dass in 37 Roulette-Läufen eine bestimmte Zahl k-mal ausgespielt wird. Insbesondere beträgt die Wahrscheinlichkeit, dass eine Zahl in 37 Läufen überhaupt nicht erscheint, mehr als ein Drittel. Zum Vergleich sind ebenfalls die exakten Werte der Binomial-Verteilung und die daraus resultierenden Fehler angegeben:

---

[58] Diesen Satz und weiter gehende Erörterungen findet man in Standardwerken der Wahrscheinlichkeitsrechnung wie Ulrich Krengel, *Einführung in die Wahrscheinlichkeitstheorie und Statistik*, Braunschweig 1988; besonders S. 88 ff. und dort Satz 5.9.

k	Poisson-Vert. P(Y = k)	Binomial-Vert. P(X = k)	Fehler (Differenz)
0	0,36788	0,36285	0,00503
1	0,36788	0,37293	0,00505
2	0,18394	0,18647	0,00253
3	0,06131	0,06043	0,00088
4	0,01533	0,01427	0,00106
5	0,00307	0,00262	0,00045
6	0,00051	0,00039	0,00012
7	0,00007	0,00005	0,00003
...	...	...	...

Summe (Gesamtfehler):   0,01515

Tabelle 11   Wahrscheinlichkeiten für Mehrfachtreffer bei 37 Roulette-Läufen

Für einzelne Zahlen ist damit geklärt, mit welchen Wahrscheinlichkeiten die möglichen Trefferhäufigkeiten erreicht werden. Wie verhält es sich aber mit der Gesamtheit der Zahlen? Wie viele verschiedene Zahlen sind in 37 Läufen zu erwarten? Mit einem kleinen Trick lässt sich die Antwort sofort aus den schon vorliegenden Daten geben: Dazu definiert man auf der Basis der 37 Läufe die Zufallsgrößen Z_0, Z_1, ..., Z_{36}, wobei jede von ihnen den Wert 1 oder 0 annimmt, je nachdem, ob die entsprechende Zahl *genau* einmal ausgespielt wurde oder nicht. Aufgrund der bisherigen Ergebnisse gilt

$$E(Z_0) = E(Z_1) = ... = E(Z_{36}) = 0,37293.$$

Folglich besitzt die Anzahl der genau einmal getroffenen Zahlen $Z_0 + Z_1 + ... + Z_{36}$ den Erwartungswert

$$E(Z_0) + E(Z_1) + ... + E(Z_{36}) = 37 \cdot 0,373 = 13,8,$$

ein Wert, der sich nach dem Gesetz der großen Zahlen in langen Versuchsserien à 37 Spielen ungefähr als Durchschnitt ergeben wird. Annähernd genau so groß ist die zu erwartende Anzahl von Zahlen, die überhaupt nicht getroffen werden. In der Roulette-Literatur wird dieser Sachverhalt als „Zwei-Drittel-Gesetz" bezeichnet: In einer Rotation genannten Serie von 37 Spielen erscheinen demnach etwa zwei Drittel der gesamten Zahlen.

In der alltäglichen Praxis kommt die Poisson-Verteilung vor allem dann zum Einsatz, wenn es darum geht, wie häufig seltene Ereignisse eintreten. Dabei kann es sich sowohl um Versicherungsfälle, eingehende Reparatur-Aufträge an einen Kundendienst oder atomare Zerfallsereignisse handeln. Selten sind jeweils die auf ein Objekt bezogenen Ereignisse, das heißt, die auf einen bestimmten Versicherten, einen bestimmten Kunden beziehungsweise ein bestimmtes Atom bezogenen Ereignisse – aufgrund der hohen Gesamtzahl der Objekte werden die global gezählten Ereignisse dann entsprechend häufig, wobei ihre Wahrscheinlichkeitsverteilung durch die Poisson-Verteilung gegeben wird. Die erste statistische Beobachtung der Poisson-Verteilung erfolgte übrigens zum Ende des 19. Jahrhunderts bei Todesfällen, die durch Hufschläge im deutschen Armeekorps verursacht wurden. Zu finden ist das Beispiel in dem 1898 erschienenen Buch *Das Gesetz der kleinen Zahlen* des Mathematikers Ladislaus von Bortkiewicz (1868-1931). Die von Bortkiewicz in seinem Buchtitel gewählte Bezeichnung bezieht sich auf die Seltenheit der zugrunde liegenden Ereignisse. Aufgrund des suggerierten, in Wahrheit aber überhaupt nicht postulierten Gegensatzes zum

Gesetz der großen Zahlen, ist die Bezeichnung eher missdeutig denn hilfreich. Trotzdem wird sie auch heute noch gelegentlich verwendet.

Schließlich soll noch darauf hingewiesen werden, dass auch die in Kapitel 1.2 im Zusammenhang mit de Mérés Problem hergeleitete Näherungsformel ein Sonderfall der Poisson-Verteilung ist. Gefragt wurde dort nach der Anzahl von Versuchen, bei der die Wahrscheinlichkeit, dass ein Ereignis wenigstens einmal eintritt, zumindest 1/2 erreicht. Wird eine näherungsweise Antwort mit Hilfe von Poisson-Verteilungen angestrebt, dann muss die Versuchszahl n die Bedingung $P(Y = 0) \leq \frac{1}{2}$ erfüllen. Aufgrund der Formel $P(Y = 0) = e^{-np}$ gilt diese Ungleichung genau dann, wenn $n \geq (\ln 2)/p$ ist.

1.15 Wenn Formeln zu kompliziert sind: Die Monte-Carlo-Methode

Zwei Spieler tragen eine Serie von Glücksspielen aus. Gespielt wird jeweils mit einfachem Einsatz. Die Wahrscheinlichkeit, dass der erste Spieler ein Einzelspiel gewinnt, ist 0,52; andernfalls verliert er seinen Einsatz an den Gegner. Zu Beginn verfügt der erste Spieler über ein Kapital von fünf Einsätzen, sein Gegner über 50. Es wird so lange gespielt, bis ein Spieler pleite ist. Wie groß ist die Wahrscheinlichkeit, dass der erste Spieler gewinnt, und wie viele Partien dauert es durchschnittlich bis zum Ruin eines Spielers?

Selbst prinzipiell hoffnungsvolle Gewinnaussichten schützen nicht vor Pech. Ist das Grundkapital zu klein, kann es durchaus passieren, dass man aufgrund eines vorzeitigen Ruins auf die ersehnte Wirkung des Gesetzes der großen Zahlen „verzichten" muss. Wie aber lässt sich dieses Ruin-Risiko berechnen? Obwohl es auch zu diesem klassischen Problem, das bereits auf Christian Huygens (1629-1695) zurückgeht, Formeln für die gesuchte Wahrscheinlichkeit gibt, wollen wir hier einen anderen Weg beschreiten. Ganz nach dem Motto „Probieren geht über Studieren" veranstalten wir einfach eine Versuchsreihe von Spielen und werten die Ergebnisse aus[59]. Da das aber doch ein bisschen langwierig werden könnte, spielen wir nicht selbst, sondern überlassen Ausführung und Auswertung einem Computer.

Wie aber bestimmt der Computer die Spielergebnisse? Schließlich hat er keinen eingebauten Würfel. Zwei Möglichkeiten bieten sich an:

- Außerhalb des Computers werden Zufallsexperimente durchgeführt, wobei die Ergebnisse für den Computer registriert und aufgezeichnet werden. Will man sich die Arbeit sparen, kann man auch auf Roulette-Permanenzen von Spielkasinos zurückgreifen. Die so erhaltene Liste so genannter **Zufallszahlen** kann man dann für die verschiedensten Untersuchungen, darunter die aktuell anstehende, verwenden.
- Der Computer selbst erzeugt die Zufallszahlen. Schon in Kapitel 1.8 wurde darauf hingewiesen, dass sich Berechnung und Zufall eigentlich ausschließen. Allerdings gibt es Rechenprozesse, deren Ergebnisse sich statistisch wie zufällige Zahlen verhalten. Man spricht deshalb auch von **Pseudo-Zufallszahlen**. Allem Anschein nach, so die Ergebnisse

---

[59] Emanuel Lasker beschreibt ein solches Vorgehen bereits in seinem 1930 erschienenen Buch *Brettspiele der Völker* bei seiner Analyse von Endspielpositionen des Spiels Puff, der deutschen Version des Backgammon (S. 239).

empirischer Untersuchungen, gehören beispielsweise die Dezimalziffern der Zahl π dazu, wobei jede der zehn Ziffern gleichwahrscheinlich zu sein scheint.

In der Praxis wird heute generell nur noch die zweite Methode verwendet, denn bei ihr ist der Aufwand deutlich geringer. Allerdings berechnet man nicht die Ziffern der Zahl π, da es wesentlich einfachere Rechenverfahren gibt, die zugleich den Vorteil haben, dass es über die „Qualität" des mit ihnen erzeugten Zufalls gesicherte Aussagen gibt. Will man nun die Spielserie programmieren, braucht man sich aber um die Zufallszahlen keine großen Gedanken machen, denn jeder Compiler oder Interpreter einer Programmiersprache stellt sie zur Verfügung, beispielsweise liefern die Ausdrücke `INT(100*RND(1))+1` in BASIC und `Random(99)+1` in PASCAL gleichverteilte, ganze Zufallszahlen zwischen 1 und 100. Das Ergebnis eines einzelnen Spiels wird dadurch simuliert, dass die generierte Zufallszahl mit 52 verglichen wird. Ist sie kleiner oder gleich 52, dann wird ein Gewinn des ersten Spielers angenommen, was damit mit einer Wahrscheinlichkeit von 0,52 eintritt. Der Rest des kurzen Programms protokolliert innerhalb der Spielserien die Kapitalstände und wertet schließlich die Ergebnisse statistisch aus. Die folgende Tabelle weist die Ergebnisse einer durchgeführten Computer-Simulation aus:

Anzahl der Spielserien	Durchschnittliche Spieldauer	Gewinn des 1. Spielers	Gewinn des 2. Spielers
10	567,40	0,4000	0,6000
100	323,54	0,3600	0,6400
1000	338,16	0,3430	0,6570
10000	326,70	0,3347	0,6653
100000	333,89	0,3344	0,6656

Tabelle 12   Ergebnisse einer Simulation zum gestellten Problem

Trotz der für ihn im Einzelspiel leicht vorteilhaften Aussichten hat der erste Spieler also insgesamt eine schlechtere Gewinnchance. Wie genau die experimentell erhaltenen Ergebnisse sind, ergibt sich aus den Überlegungen, wie sie im Zusammenhang mit dem Gesetz der großen Zahlen sowie dem zentralen Grenzwertsatz angestellt wurden. Danach ist, sofern eine Versuchsreihe lang genug ist, bei einem Ereignis eine große Abweichung zwischen relativer Häufigkeit und seiner Wahrscheinlichkeit sehr unwahrscheinlich. Um eine hohe Genauigkeit zu erreichen, sind allerdings sehr lange Versuchsreihen notwendig, da sich bei gleichbleibendem Sicherheitsniveau die Genauigkeit erst dann verdoppelt, wenn die Länge der Versuchsreihe vervierfacht wird. Allgemein beträgt, wie wir in Kapitel 1.13 gesehen haben, bei n Versuchen die Wahrscheinlichkeit einer Abweichung von mehr als $2{,}58/(2\sqrt{n})$ höchstens $2\phi(-2{,}58) = 0{,}01$. So ist bei hunderttausend Versuchen der Fehler mit 99-prozentiger Sicherheit kleiner als 0,004.

Wird ein experimentelles Verfahren wie das gerade beschriebene durchgeführt, spricht man von einer **Monte-Carlo-Methode**. Ihr Vorteil liegt darin, dass mit einem universellen Ansatz relativ einfach und schnell ungefähre Ergebnisse erzielt werden können, deren Genauigkeit für die Praxis meist völlig reicht. Die Einfachheit des Verfahrens erlaubt es insbesondere, gegebenenfalls Simulationen unter verschiedenen Bedingungen durchzuführen, um anschließend die Ergebnisse miteinander zu vergleichen. Auf diese Art kann etwa die Abhängigkeit des Ergebnisses von Eingangsparametern zahlenmäßig erfasst werden. Ebenso ist es möglich, Entscheidungen zu optimieren – beispielsweise in einem zufallsabhängigen Spiel. Vorsicht ist allerdings geboten, wenn vermeintlich etwas gemessen wird, was wie ein unendlicher Erwartungswert in Wahrheit gar nicht gemessen werden kann!

Da sich Monte-Carlo-Methoden ohne Computer kaum durchführen lassen, überrascht es kaum, dass Monte-Carlo-Methoden ungefähr so alt sind wie die ersten Computer. Obwohl die theoretischen Grundlagen, also ist insbesondere das Gesetz der großen Zahlen, schon lange bekannt waren, erfolgte 1949 die erste Publikation über Monte-Carlo-Methoden[60]. Begründet wurde die Monte-Carlo-Methode wohl schon drei Jahre früher, nämlich 1946 durch Stanislaw Ulam (1909-1984). Maßgebliche Beiträge gehen auf John von Neumann (1903-1957) zurück, die dieser anlässlich der Berechnung von Kernreaktionen leistete.

Die wohl großartigste Idee über Monte-Carlo-Methoden ist es, diese Verfahren auch auf Bereiche auszudehnen, die im Prinzip keinem Zufallseinfluss unterworfen sind. Das erste, allerdings historisch völlig isolierte Beispiel ist das Buffon'sche Nadelproblem, auf dessen Basis, wie schon in Kapitel 1.7 dargestellt wurde, die Zahl π experimentell bestimmt werden kann. Das Verfahren lässt sich so verallgemeinern, dass beliebige Flächenstücke und Volumina bestimmt werden können. Werden beispielsweise dreidimensionale Koordinatenpunkte (x, y, z) mit drei voneinander unabhängigen, gleichverteilten Zufallszahlen aus dem Intervall von –1 bis 1 erzeugt, dann kann mit Hilfe der Ungleichung $x^2 + y^2 + z^2 \leq 1$ geprüft werden, ob der zufällig erzeugte Punkt innerhalb einer Kugel vom Radius 1 um den Nullpunkt liegt. Damit ist die Wahrscheinlichkcit, dass die Ungleichung erfüllt ist, gleich dem relativen Volumenanteil der Einheitskugel innerhalb des Würfels mit Kantenlänge 2. Selbst höherdimensionale Inhalte lassen sich so näherungsweise bestimmen – wer möchte, kann es beispielsweise mit dem Volumen $\pi^2/2$ der vierdimensionalen Hyperkugel mit Radius 1 versuchen.

Beim Ruin-Problem noch nicht diskutiert wurde, wie genau die Ergebnisse über die zu erwartende Spieldauer sind. Um mit dem zentralen Grenzwertsatz eine Aussage machen zu können, muss eigentlich bekannt sein, wie groß die Standardabweichung der Spieldauer ist. Allerdings reicht es in der Praxis vollkommen aus, den Wert der Standardabweichung auf der Basis der Simulation näherungsweise zu bestimmen. Geschehen kann das dadurch, dass man zur Berechnung statt der unbekannten Wahrscheinlichkeitsverteilung die ungefähr gleiche Verteilung der relativen Häufigkeiten verwendet. Bei der in Tabelle 12 zusammengefassten Simulation ergab sich bei einer Million Spielserien für die Spieldauer eine Standardabweichung von etwa 439. Mit 99-prozentiger Sicherheit entsteht damit bei einer Million Spielserien für die durchschnittliche Spieldauer ein Fehler, der kleiner oder gleich $2{,}58 \cdot 439/1000 \approx 1{,}1$ ist.

Die Erzeugung von Zufallszahlen

Bei der Generierung von Zufallszahlen haben wir auf die in Programmiersprachen zugänglichen Funktionsbibliotheken verwiesen. Wie aber arbeiten diese Zufallsfunktionen? Wie kann man selbst Zufallszahlen erzeugen? Dies ist auch insofern wichtig, da bei längeren Monte-Carlo-Simulationen die Genauigkeit der Ergebnisse wesentlich von der Qualität der verwendeten Zufallszahlen abhängt. Nicht immer reichen die in Programmiersprachen implementierten Zufallsfunktionen dafür aus.

---

[60]   N. Metropolis und S. Ulam: *The Monte Carlo method*, Journal of the American Statistical Association 44 (1949), S. 335-341.

In der Zeit, in der Computer noch kein allgemein zugängliches Arbeitsmittel darstellten, verwendete man vielfach Zufallstabellen. Eine der umfangreichsten Tabellen aus dem Jahre 1955 enthält eine Million Zufallsziffern – hätten wir nicht mit den hier vorgestellten Beispielen bereits Anwendungen kennen gelernt, wäre unsere Reaktion auf ein solch monumentales Opus sicher ein verständnisloses Kopfschütteln gewesen. Erzeugt wurden solche Zufallszahlen übrigens nicht mit einem Roulette-Kessel oder einem Würfel, sondern als Quelle dienten unter anderem mittlere Ziffern aus statistischen Tabellen wie von Volkszählungen. Außerdem konstruierte man, um Zufallszahlen in schneller Folge erzeugen zu können, abgewandelte Glücksräder, bei denen die Ziehung einer Zahl durch ein elektronisch gesteuertes Anblitzen erfolgt. Um konzeptbedingte Fehler auszuschließen, wurden die erzeugten Zufallszahlen anschließend statistischen Tests unterworfen.

Für Simulationen mit Hilfe von Computern eignen sich solche, einmal erzeugte Zufallszahlen weniger, da das notwendige Abspeichern bei langen Zufallsfolgen kaum ökonomisch ist. Die Überlegungen der Mathematiker, die maßgeblich an der Entwicklung der Monte-Carlo-Methoden beteiligt waren, gingen daher in eine andere Richtung. Gesucht wurden Programmabläufe, die direkt Zufallszahlen erzeugen. Das klingt einfacher, als es ist. Die prinzipielle Schwierigkeit resultiert daraus, dass Rechenautomaten völlig deterministisch arbeiten. Das heißt, bei gleicher Eingabe entsteht immer das gleiche Ergebnis und das kann damit nicht zufällig sein. Möglich ist es aber, zufällig erscheinende Zahlen zu erzeugen. Gemeint sind damit Zahlenfolgen, die wie die Ziffern der Zahl π selbst bei statistischen Tests keine Regelmäßigkeit offenbaren. Man spricht auch von Pseudo-Zufälligkeit.

Die Methode, mit der am häufigsten Zufallszahlen erzeugt werden, beruht auf einem Satz über Primzahlen. Die folgende Tabelle zeigt das Prinzip in einem relativ einfachen Fall, der dadurch für die Praxis ungeeignet ist. Tabelliert sind 100 zufällig erscheinende Zahlen aus dem Bereich von 1 bis 100:

15	24	99	17	7	92	26	82	10	16
66	45	72	95	51	21	74	78	44	30
48	97	34	14	83	52	63	20	32	31
90	43	89	1	42	47	55	88	60	96
93	68	28	65	3	25	40	64	62	79
86	77	2	84	94	9	75	19	91	85
35	56	29	6	50	80	27	23	57	71
53	4	67	87	18	49	38	81	69	70
11	58	12	100	59	54	46	13	41	5
8	33	73	36	98	76	61	37	39	22

Ohne Kenntnis des Prozesses, durch den diese Zahlen entstanden sind, lässt sich die Zufälligkeit sicher am unbefangensten prüfen. Festzustellen ist zunächst, dass jede Zahl von 1 bis 100 genau einmal vorkommt, was eigentlich kein Zufall sein kann. Tatsächlich liegt der Zahlenfolge eine Formel zugrunde, die nacheinander alle Zahlen von 1 bis 100 erzeugt. Jede Zahl wird dabei aus der vorhergehenden berechnet und nach einem vollständigen Durchlauf geht es wieder von vorne los, das heißt, auf die letzte Zahl, nämlich 22, würde wieder die erste Zahl 15 folgen. Die Formel für die Zahlenfolge $x_1, x_2, x_3, \ldots$ lautet

$$x_{n+1} = 42 \cdot x_n \bmod 101.$$

Mit „mod 101", das für „modulo 101" steht, ist gemeint, dass vom Produkt mit $42x_n$ so lange 101 abgezogen wird, bis das Ergebnis im Bereich von 0 bis 100 liegt. Beispielsweise ergibt sich aus der ersten Zahl $x_1 = 15$ der Folgewert $x_2 = 42 \cdot 15 - 6 \cdot 101 = 24$. Dadurch, dass das abzuziehende Vielfache von 101 im Verlauf der Zahlenfolge stark schwankt, sind Regelmäßigkeiten nur schwer erkennbar.

Grund dafür, dass die angegebene Formel alle Zahlen von 1 bis 100 erzeugt, ist der schon angekündigte Satz über Primzahlen. Danach gibt es für jede Primzahl p eine Zahl a, so dass die Zahlen 1, a, a^2, a^3, ..., a^{p-1} bei der Division durch p jeden möglichen Rest mit Ausnahme der 0 bilden[VIII]. Im Beispiel ist p = 101 und a = 42. Um Pseudo-Zufallszahlen zu erzeugen, müssen sehr große Primzahlen verwendet werden; gebräuchlich sind Werte im Milliardenbereich und darüber. Ist eine Primzahl p festgelegt, gibt es für die mögliche Auswahl der Zahl a immer sehr viele Möglichkeiten, damit die erzeugte Sequenz wirklich alle Zahlen von 1 bis p-1 erreicht. Einschränkungen ergeben sich aber auch dadurch, dass die erzeugten Zahlen einen zufälligen Charakter haben sollen. Das heißt insbesondere, dass auf Zahlen einer bestimmten Größenordnung immer Zahlen aus unterschiedlichen Größenordnungen folgen müssen. Dadurch scheiden unter anderem relativ kleine Werte für a aus.

Um Zufallszahlen zu erhalten, die universell einsetzbar sind, wird die generierte Zahlenfolge meist gleichverteilt in den Bereich zwischen 0 und 1 transformiert. Das geschieht mit einer Division durch p. Aus einem so erhaltenen Zufallswert y kann dann mit INT(6*y+1), das ist der ganze Anteil der zwischen 0 und 7 liegenden Dezimalzahl 6y + 1, ein Würfelergebnis simuliert werden.

Bei vielen der eingesetzten Zufallsgeneratoren ist das Erzeugungsprinzip verallgemeinert worden. Einerseits wird der Rest nicht unbedingt zu einer Primzahl gebildet, andererseits kann die Rekursionsformel eine komplexere Gestalt haben. Meist erhält man eine neue Zufallszahl x_{n+k} aus k vorangegangenen Zahlen mit einer Formel vom Typ

$$x_{n+k} = a_0x_n + a_1x_{n+1} + ... + a_{k-1}x_{n+k-1} + b \bmod m;$$

dabei sind a_0, a_1, ..., a_{k-1}, b, m sowie die Anfangswerte x_1, x_2, ... und x_k geeignet gewählte ganze Zahlen. Alle erzeugte Zahlen sind ganze Zahlen zwischen 0 und m–1, wobei die Periode bei der erhaltenen Zahlenfolge maximal m^k lang sein kann.

Unter den einfach aufgebauten Zufallsgeneratoren, das heißt unter solchen mit k = 1 und b = 0, sind unter anderem die folgenden Parameter gebräuchlich:

a_0	m
5^{13}	2^{39}
5^{15}	2^{35}
5^{17}	2^{40}
23	100000001
100003	10000000000

In der Praxis bewährt hat sich auch die Kombination unterschiedlicher Zufallsfolgen[IX].

Das Leiterspiel

Ein schönes Beispiel einer Monte-Carlo-Methode ist die 1960 veröffentlichte Untersuchung[61] eines Leiterspiels[62]. Beim traditionsreichen Leiterspiel, im Englischen „Snakes and Ladders", handelt es sich um ein Wettrennen, bei dem der Spieler gewinnt, der seine Spielfigur als Erster ins Ziel würfelt.

100	99	98	97	96	95	94	93	92	91
81	82	83	84	85	86	87	88	89	90
80	79	78	77	76	75	74	73	72	71
61	62	63	64	65	66	67	68	69	70
60	59	58	57	56	55	54	53	52	51
41	42	43	44	45	46	47	48	49	50
40	39	38	37	36	35	34	33	32	31
21	22	23	24	25	26	27	28	29	30
20	19	18	17	16	15	14	13	12	11
1	2	3	4	5	6	7	8	9	10

Bei der untersuchten Version umfasst der Spielplan hundert Felder; gestartet wird vor dem Feld „1", Feld „100" ist das Ziel. Gewürfelt wird mit einem Würfel, um dessen Ergebnis die eigene Figur weitergezogen wird, ohne dass ein Spieler eine Entscheidungsmöglichkeit hat. Ins Ziel gerückt werden darf nur mit einem passenden Wurf, höhere Würfe verfallen. Zwischen den Spielern gibt es keine gegenseitige Beeinflussung, das heißt, gegnerische Steine werden weder geschlagen noch blockiert. Das Besondere am Leiterspiel sind die auf dem Spielplan abgebildeten Leitern und Schlangen (siehe Abbildung). Spielfiguren, die bei einem Zug das untere Ende einer Leiter erreichen, rücken auf das Feld weiter, an dem die Leiter oben endet. Bei Schlangen wird entsprechend verfahren, allerdings fällt man bei ihnen zurück[63].

---

[61] N. W. Bazley, P. J .Davis, *Accuracy of Monte Carlo methods in computing finite Markov chains*, Journal of Research of the National Bureau of Standards – Mathematics and Mathematical Physics, B64 (1960), S. 211-215. Siehe auch: S. C. Althoen, L. King, K. Schilling, *How long is a game of snakes and ladders?* The Mathematical Gazette, 77 (1993), S. 71-76.

[62] Spielpläne und weitere Informationen findet man in Erwin Glonnegger, *Das Spiele-Buch*, München 1988, S. 54-55; R. C. Bell, *Board and table games from many civilazations*, New York 1979, Vol 2, S. 10-11; Frederic V. Grunfeld, *Spiele der Welt*, Frankfurt 1985 (holländisches Orig. 1975), Band I, S. 74 f.

[63] Bei einer besonders dramatischen Variante wird der Spielplan, der einen Berg darstellt, schräg hochgeklappt. Die Figuren symbolisieren Bergsteiger, die auf den Feldern durch rückseitig ange-

In der genannten Untersuchung wurde die durchschnittliche Wurfzahl bestimmt, die ein Spieler bis zum Ziel benötigt. Wieder ist die Monte-Carlo-Methode im Vergleich zu einer rechnerischen Lösung, die wir im Kapitel 1.16 nachtragen werden, sehr einfach. Als Ergebnis ergibt sich schließlich eine Näherung der zu erwartenden Zugzahl von 39,225.

Statistik: Stichprobenfunktionen und ihre Verteilung

In Kapitel 1.12. wurde die Symmetrie eines Würfels verworfen, weil die theoretisch berechnete Prognose und das experimentelle Ergebnis nicht im Einklang miteinander standen: Ausgehend von der Hypothese, der Würfel sei tatsächlich symmetrisch, wurden zunächst bestimmte Ergebnisse einer Versuchsreihe mit annähernd sicherer Wahrscheinlichkeit vorhergesagt. Aufgrund davon abweichender Ergebnisse im Experiment musste diese Ausgangs-Hypothese allerdings verworfen werden. Im konkreten Fall wurde als Prüfgröße die Summe der insgesamt erzielten Würfelaugen verwendet. Selbstverständlich ist das zugrunde liegende Prinzip unabhängig davon, wie die Prüfgröße im Einzelnen berechnet wird.

Als Beispiel nehmen wir wieder einen Würfel, der n-mal geworfen wird. Als Prüfgröße, in der Statistik meistens Stichprobenfunktion genannt, kann prinzipiell zwar jede Zufallsgröße genommen werden, deren Wert durch die Versuchsreihe bestimmt wird. Besonders geeignet sind allerdings solche Zufallsgrößen, die auf Abweichungen bei der zu testenden Eigenschaft sehr stark reagieren. Bei endlichen Verteilungen wird das von der 1900 von Karl Pearson ersonnenen χ^2-**Funktion** gewährleistet, die man im Fall des Würfels aus den absoluten Häufigkeiten h_1, h_2, ..., h_6 mit der Formel

$$\chi^2 = \frac{(h_1 - n\frac{1}{6})^2}{n\frac{1}{6}} + \frac{(h_2 - n\frac{1}{6})^2}{n\frac{1}{6}} + \ldots + \frac{(h_6 - n\frac{1}{6})^2}{n\frac{1}{6}}$$

berechnet. Allgemein werden mit der χ^2-Funktion innerhalb einer Versuchsreihe alle Abweichungen zwischen den gemessenen Häufigkeiten und ihren Erwartungswerten, im Beispiel also jeweils n/6, gemessen. Wie sich die Werte der χ^2-Funktion verteilen, kann mit tiefergehenden Überlegungen abgeleitet werden. Dabei zeigt sich, dass die Verteilung der χ^2-Funktion praktisch nur von der Anzahl der möglichen Ergebnisse abhängt, nicht aber von der Versuchszahl und den Wahrscheinlichkeiten der einzelnen Ergebnisse – allerdings dürfen die sich aus diesen Daten ergebenden Erwartungswerte für die einzelnen Häufigkeiten nicht zu klein sein. Die theoretischen Überlegungen einschließlich der nicht ganz einfachen Berechnungen kann man umgehen, wenn man ein Monte-Carlo-Verfahren anwendet. Das heißt, bevor man die eigentliche Versuchsreihe mit dem zu prüfenden Würfel beginnt, simuliert man möglichst viele Versuchsreihen mit einem Computer. Beispielsweise kann man 999 Versuchsreihen veranstalten. Fällt das Ergebnis des zu prüfenden Würfels im Vergleich zu diesen 999 Ergebnissen auffällig anders aus, wird die Hypothese, der Würfel sei symmetrisch, verworfen. Was heißt aber „auffällig anders"? Da unsymmetrische Würfel eher höhere χ^2-Werte produzieren als symmetrische, werden einfach die höchsten zehn der 999 Simulationsergebnisse als Ausreißer an-

brachte und daher nicht sichtbare Magneten gehalten werden. Auf einem Feld, wo ein solcher Magnet fehlt, stürzt der Bergsteiger eine Teilstrecke nach unten ab.

gesehen. Liegt das Prüfergebnis über den 989 unteren Simulations-Ergebnissen, dann gibt es dafür zwei mögliche Ursachen:

- Der Würfel ist unsymmetrisch; die Hypothese wird damit zu recht verworfen.
- Der Würfel ist symmetrisch, so dass es sich beim Prüfergebnis um einen Ausreißer handelt; das Verwerfen der Hypothese ist daher ein Irrtum!

Welche Ursache in einer konkreten Situation vorliegt, lässt sich nicht sagen. Allerdings ist die Wahrscheinlichkeit, dass es bei einem solchen Vorgehen zu einer unberechtigten Ablehnung der Hypothese kommt, a priori, das heißt vor Beginn von Simulation und Würfelexperiment, höchstens gleich 0,01. Der Grund dafür ist offenkundig: Ist der Würfel tatsächlich symmetrisch, dann liefern die simulierten und die konkret durchgeführte Versuchsreihe identisch verteilte Zufallsgrößen. Sortiert man, unter Einschluss der konkreten Würfelreihe, alle tausend Ergebnisse der Größe nach, dann ist jeder Rang von 1 bis 1000 für den χ^2-Wert der Würfelreihe gleichwahrscheinlich und bei genau zehn von ihnen wird die Ausgangs-Hypothese verworfen, obwohl sie in Wahrheit richtig ist.

Der mögliche Einwand, für die soeben angestellten Überlegungen hätte es gar keiner so geschickt konstruierten χ^2-Stichprobenfunktion bedurft, ist nur zum Teil berechtigt. Auch bei anderen, weniger pfiffig konstruierten Funktionen werden in Wahrheit richtige Hypothesen mit derselben Wahrscheinlichkeit verworfen. Die Qualität der χ^2-Funktion zeigt sich allerdings an anderer Stelle: Da sie auf abweichende Wahrscheinlichkeiten stark reagiert, ist die Gefahr, dass bei einem stark unsymmetrischer Würfel die Hypothese nicht verworfen wird, vergleichsweise gering.

Übrigens ergaben 999 Versuchsreihen mit je 1200 simulierten Würfen einen Ablehnungsbereich von 14,67 an aufwärts – in Statistiktabellen findet man im Teil „χ^2-Verteilung" bei 5 Freiheitsgraden den zugehörigen Erwartungswert von 15,09.

Weiterführende Literatur zu Monte-Carlo-Methoden:

I. M. Sobol, *Die Monte-Carlo-Methode*, Frankfurt 1985.

S. M. Ermakow, *Die Monte-Carlo-Methode und verwandte Fragen*, München 1975.

1.16 Markow-Ketten und Monopoly

Beim Spiel Monopoly sollen die Straßenzüge nach den zu erwartenden Mieteinnahmen bewertet werden. Was ist zu tun?

Unter den urheberrechtlich geschützten Spielen gehört Monopoly mit insgesamt über 260 Millionen verkauften Exemplaren zu den weltweit meistverkauften. Seit seiner Erfindung durch den Amerikaner Charles Darrow im Jahre 1931 hat es zudem die Entwicklung zahlreicher anderer Wirtschaftsspiele beeinflusst, von denen allerdings keines die Verbreitung des Monopoly auch nur annähernd erreichte. Nicht unerwähnt bleiben soll allerdings, dass es auch Vorläufer gab, die aufgrund ihrer Gemeinsamkeiten mit Monopoly den Erfinder inspiriert haben dürften. So ist bereits aus dem Jahre 1904 eine Patentschrift über ein „Landlord's

Game" bekannt. Dieses Spiel verfügte nicht nur schon über den 40 Felder langen Rundkurs, auch die Eckfelder mit ihren besonderen Funktionen sowie die Bahnhöfe in der Mitte der vier Seiten sind auf dem Spielplan bereits zu finden. Die ebenfalls vorhandenen Versorgungswerke sind gegenüber dem Monopoly um ein Feld verschoben. Außerdem hatte auch das Landlord's Game bereits das Kaufen und Vermieten von 22 Grundstücken zum Thema[64] [65].

In der Anfangsphase des Monopoly versucht jeder Spieler, Grundstücke – „Straßen" genannt – zu erwerben. Dabei darf immer nur die Straße gekauft werden, auf der man gerade mit seinem Pöppel steht. Landet man beim Würfeln auf einer bereits an einen anderen Spieler verkauften Straße, wird's unangenehm: An den Besitzer wird nämlich Miete fällig. Anfangs sind dies noch relativ geringe Beträge. Besitzt ein Spieler aber komplette, meist drei Straßen umfassende Straßenzüge, dann erhält er für diese Straßen die doppelte Miete. Mit weiteren Investitionen, nämlich dem Bau von Häusern oder Hotels, lässt sich die Miete noch drastischer steigern.

Eine sinnvolle mathematische Analyse von Monopoly muss dem Spieler bei seinen Entscheidungen, die im Wesentlichen den Kauf und Verkauf von Grundstücken – auch von beziehungsweise an Mitspieler – sowie den Bau von Häusern und Hotels betreffen, eine fundierte Entscheidungshilfe geben. Wie im richtigen Wirtschaftsleben sind dazu die entstehenden Kosten mit der zu erwartenden Ertragssteigerung zu vergleichen. Weil Monopoly einen Glücksfaktor beinhaltet, sind bei den Erträgen nur Prognosen auf der Basis von Wahrscheinlichkeiten und Erwartungswerten möglich. So ergibt sich die Höhe der Einnahmen, die bei einer bestimmten Bebauung auf einer Straßengruppe zu erwarten ist, aus der Höhe der Miete, die pro „Besuch" fällig wird, und der Wahrscheinlichkeit, dass es zu einem solchen Besuch kommt. Wie hoch sind aber die Wahrscheinlichkeiten für die 40 Felder? Jedenfalls nicht 1/40, denn dazu ist die Symmetrie zu stark gestört – angefangen vom Feld „Gehen Sie in das Gefängnis" über die Ereignis- und Gemeinschaftskarten der Art „Rücken Sie ..." bis hin zur Regelung, dass man beim dritten Pasch in Folge ins Gefängnis muss.

Will man die Aufenthaltswahrscheinlichkeiten der 40 Felder bestimmen, dann geht das sicher mit einer Computersimulation am einfachsten. Allerdings können die Wahrscheinlichkeiten auch berechnet werden. Wie das möglich ist, wollen wir uns zunächst an dem weniger komplizierten Beispiel von Bild 3 ansehen.

---

[64] Informationen zum Landlord's Game: Sid Sackson, *Spiele anders als andere*, München 1981 (amer. Orig. 1969), S. 18 f; Erwin Glonnegger, *Das Spiele-Buch*, München 1988, S. 114; Dan Glimme, Barbara Weber, *Monopoly - die internationale Geschichte*, Spielbox 1995/4, S. 10-14 und 1995/5, S. 4-8; Willard Allphin, *Who invented Monopoly?*, Games and Puzzles, 1975/3, S. 4-7; Philip Orbanes, *The Monopoly companion*, Boston 1988, S. 25 ff. Im ASS-Verlag erschien das Landlord's Game 1986 unter dem Titel „Das Original".

[65] Informationen zu Monopoly (siehe auch die Verweise in Fußnote 64): Erhard Gorys, *Das Buch der Spiele*, Hanau ca. 1987, S. 357-359; Werner Fuchs, *Spieleführer 1*, Herford 1980, S. 75 f.; David Pritchard, *Das große Familienbuch der Spiele*, München 1983, S. 186 f.; David Pritchard (ed.), *Modern board games*, London 1975, S. 85-91 (Beitrag von David Parlett); *Mit großen Scheinen und kleinen Steinen*, Spielbox 1983/4, S. 8-14 und S. 40-43. Ausschließlich dem Monopoly widmet sich das Buch Maxine Brady, *Monopoly*, New York 1974, das in deutscher Übersetzung der Monopoly-Ausgabe des Bertelsmann-Buchclubs beiliegt.

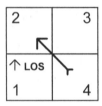

Bild 3   Ein Würfelrundkurs mit 4 Feldern

Beim abgebildeten Rundkurs wird eine Spielfigur in jedem Zug um das Ergebnis eines einzelnen Würfels weitergezogen. Gestartet wird auf dem ersten, mit „LOS" markierten Feld. Kommt die Spielfigur auf dem vierten Feld zum Stehen, wird sie auf Feld „2" weitergerückt. Wie beim Monopoly fragen wir nach den Wahrscheinlichkeiten dafür, dass die Spielfigur auf den vier Feldern landet. Nach gleichmöglichen Fällen bei den Feldern zu suchen, führt zu nichts. Fündig wird man natürlich bei den Würfelwerten und wie sich deren Wahrscheinlichkeiten auf den Rundkurs übertragen. Dort bestimmen sie die so genannten Übergangswahrscheinlichkeiten, die angeben, wie wahrscheinlich es ist, von einem Feld auf ein anderes Feld zu kommen. Diese Wahrscheinlichkeiten bleiben immer unverändert, so kommt man vom Feld „1" immer mit der Wahrscheinlichkeit von 2/6, nämlich mit einer Zwei oder einer Sechs, auf das dritte Feld. Dafür, dass eine auf dem zweiten Feld stehende Spielfigur dort verbleibt, beträgt die Wahrscheinlichkeit sogar 3/6 – entsprechend den Würfen einer Zwei, Vier oder Sechs. Insgesamt ergeben sich die in Tabelle 13 aufgeführten Übergangswahrscheinlichkeiten.

		Feld nach einem Zug			
		1	2	3	4
Feld	**1**	$\frac{1}{6}$	$\frac{1}{2}$	$\frac{1}{3}$	0
vor	**2**	$\frac{1}{6}$	$\frac{1}{2}$	$\frac{1}{3}$	0
einem	**3**	$\frac{1}{3}$	$\frac{1}{2}$	$\frac{1}{6}$	0
Zug	**4**	$\frac{1}{3}$	$\frac{1}{2}$	$\frac{1}{6}$	0

Tabelle 13   Die Übergangsmatrix zum Würfelrundkurs

Will man nun berechnen, wie wahrscheinlich es ist, nach einer vorgegebenen Zugzahl auf einem bestimmten Feld anzukommen, dann ist das mit Hilfe der Übergangswahrscheinlichkeiten Zug um Zug möglich. Bezeichnen $p_n(1)$, $p_n(2)$, $p_n(3)$ und $p_n(4)$ die Wahrscheinlichkeiten, nach n Würfen auf dem ersten, zweiten, dritten beziehungsweise vierten Feld zu landen, dann wird

- die Anfangssituation, bei der die Spielfigur auf dem ersten Feld steht, durch die Werte
$$p_0(1) = 1 \text{ und } p_0(2) = p_0(3) = p_0(4) = 0$$
  wiedergegeben, und
- ein Zug durch die Übergangsgleichungen

$$p_{n+1}(1) = (\ p_n(1) +\ p_n(2) + 2p_n(3) + 2p_n(4))/6$$
$$p_{n+1}(2) = (\ p_n(1) +\ p_n(2) +\ p_n(3) +\ p_n(4))/2$$
$$p_{n+1}(3) = (2p_n(1) + 2p_n(2) +\ p_n(3) +\ p_n(4))/6$$
$$p_{n+1}(4) = 0$$

beschrieben[66].

Nach dem ersten Wurf ergeben sich so die Wahrscheinlichkeiten

$$p_1(1) = {}^1/_6,\ p_1(2) = {}^1/_2,\ p_1(3) = {}^1/_3,\ p_1(4) = 0,$$

und nach zwei Würfen ist

$$p_2(1) = {}^2/_9,\ p_2(2) = {}^1/_2,\ p_2(3) = {}^5/_{18},\ p_2(4) = 0.$$

Die weitere Entwicklung der Wahrscheinlichkeiten ist in Tabelle 14 zusammengestellt.

n	$p_n(1)$	$p_n(2)$	$p_n(3)$	$p_n(4)$
0	1,0000000	0,0	0,0000000	0,0
1	0,1666667	0,5	0,3333333	0,0
2	0,2222222	0,5	0,2777778	0,0
3	0,2129630	0,5	0,2870370	0,0
4	0,2145062	0,5	0,2854938	0,0
5	0,2142490	0,5	0,2857510	0,0
6	0,2142918	0,5	0,2857082	0,0
7	0,2142847	0,5	0,2857153	0,0
8	0,2142859	0,5	0,2857141	0,0
9	0,2142857	0,5	0,2857143	0,0
...	...	...	...	...

Tabelle 14 Entwicklung der 4 Zustandswahrscheinlichkeiten des Würfelrundkurses

Wie die Tabelle zeigt, stellt sich mit zunehmender Zugzahl recht schnell eine **stationäre Wahrscheinlichkeitsverteilung** bei den Feldern ein. Obwohl das nicht selbstverständlich ist, muss angemerkt werden, dass mit der Frage nach den vier Wahrscheinlichkeiten für die Felder eigentlich eine solche Stabilität implizit vorausgesetzt wurde. Natürlich ist der beschrittene Weg, diese stationäre Wahrscheinlichkeitsverteilung zu berechnen, recht kompliziert, so dass man überlegen sollte, ob das Ergebnis nicht einfacher bestimmt werden kann. Das ist in der Tat der Fall. Ist nämlich klar, dass es überhaupt eine stationäre Grenzverteilung p(1), ..., p(4) gibt, dann muss sich diese mit Hilfe der Übergangswahrscheinlichkeiten selbst reproduzieren, das heißt, sie muss dem Gleichungssystem

$$p(1) = (\ p(1) +\ p(2) + 2p(3))/6$$
$$p(2) = (\ p(1) +\ p(2) +\ p(3))/2$$
$$p(3) = (2p(1) + 2p(2) +\ p(3))/6$$
$$p(4) = 0$$

zusammen mit der Nebenbedingung

$$p(1) + p(2) + p(3) + p(4) = 1$$

---

[66] Nach der Formel für die totale Wahrscheinlichkeit (siehe Kapitel 1.9), denn Übergangswahrscheinlichkeiten sind eine spezielle Art von bedingten Wahrscheinlichkeiten.

genügen. Ohne große Schwierigkeiten erhält man daraus direkt als eindeutige Lösung die gesuchte Wahrscheinlichkeitsverteilung

$$p(1) = {}^3/_{14}, \; p(2) = {}^1/_2, \; p(3) = {}^2/_7 \text{ und } p(4) = 0.$$

Schon das analysierte Beispiel sowie unser eigentliches Thema, das Spiel Monopoly, lassen vermuten, dass die zutage getretenen Erscheinungen Spezialfälle allgemeiner Prinzipien sind, die auch für viele andere Spiele – und natürlich vor allem darüber hinaus – von Bedeutung sind. Bevor wir uns wieder dem Monopoly zuwenden, wollen wir daher einige allgemeine Grundlagen diskutieren, die auf dem russischen Mathematiker Andree Andrejewitsch Markow (1856-1922) zurückgehen, die Theorie der so genannten Markow-Ketten.

Wenn wir bisher Zufallsfolgen untersucht haben, dann handelte es sich meistens um voneinander unabhängige Ereignisse, wie man sie beispielsweise bei einer Serie von Würfelversuchen erhält – der Würfel besitzt eben kein „Gedächtnis". Ganz anders verhält sich die Situation, wenn man den Standort der Spielfigur auf dem Rundkurs untersucht. Hier sind die Ereignisse, nach n Würfen auf einem bestimmten Feld anzukommen, nicht davon unabhängig, wo man nach einer anderen Wurfzahl m steht. Allerdings, und das ist die hervorzuhebende Eigenschaft, kommt immer nur dem unmittelbar letzten Standort eine Bedeutung zu, die Historie davor spielt für den weiteren Verlauf keine Rolle mehr. Die Abhängigkeit innerhalb der Zufallsfolge ist damit qualitativ begrenzt, nämlich durch ein „Gedächtnis", das immer genau einen Zug lang währt. Ein allgemeines Modell für solche Situationen geben die Markow-Ketten:

Bei einer **Markow-Kette** handelt es sich um eine Folge von zufälligen Versuchen, bei denen jeweils genau eins von insgesamt endlich vielen Ereignissen eintritt. Dabei hängt die Wahrscheinlichkeit, dass im (n+1)-ten Versuch ein bestimmtes Ereignis eintritt, nur von dem im n-ten Versuch eingetretenen Ereignis ab, nicht aber darüber hinaus auch von den davor eingetretenen. Das heißt, die bedingten Wahrscheinlichkeiten für das im (n+1)-Versuch eingetretene Ereignis sind unabhängig davon, ob sich die Bedingtheit nur auf das im n-ten Versuch eingetretene Ereignis bezieht oder ob zusätzlich auch die weiter zurückliegenden Versuche mit einbezogen werden.

Für Markow-Ketten hat sich eine spezielle, der Physik entlehnte Terminologie eingebürgert. Dabei wird der Eintritt eines Ereignisses als Aufenthalt in einem **Zustand** interpretiert. Man erhält so ein System, das sich immer in einem von endlich vielen Zuständen befindet und dessen Zustandsänderungen zu feststehenden Zeitpunkten schrittweise in zufälliger Weise stattfinden. Dabei hängt die Wahrscheinlichkeit, das sich das System von einem in einen anderen Zustand bewegt, nur von diesen beiden Zuständen ab – nicht aber vom Zeitpunkt oder der weiter zurückliegenden Vorgeschichte. Mathematisch besteht eine Markow-Kette daher aus nichts anderem als einer quadratischen Tabelle von Übergangswahrscheinlichkeiten, auch **Übergangsmatrix** genannt (weitere mathematische Details sind im Kasten *Kleines Einmaleins der Markow-Ketten* zu finden).

Im Beispiel des untersuchten Rundkurses umfasst die Markow-Kette vier Zustände, die den Feldern entsprechen, wobei der aktuelle Zustand der Markow-Kette durch den Standort der Spielfigur bestimmt wird. Die Übergangsmatrix wurde bereits tabelliert. Ein weiteres Beispiel für eine Markow-Kette ist das im letzten Kapitel untersuchte Leiterspiel, aber auch das dort erörterte Ruin-Problem kann als Markow-Kette gesehen werden, wenn die aktuelle Kapitalverteilung als Zustand angesehen wird (siehe Kästen).

Um die Entwicklung einer Markow-Kette zu untersuchen, werden die Aufenthaltswahrscheinlichkeiten, das sind die Wahrscheinlichkeiten, dass sich das System im n-ten Versuch in einen bestimmten Zustand befindet, berechnet. Häufig reicht es allerdings bereits aus, die tendenzielle Entwicklung der Aufenthaltswahrscheinlichkeiten zu ergründen. So konnte für die Markow-Kette des Rundkurses aus den Übergangswahrscheinlichkeiten eine stationäre Zustandsverteilung bestimmt werden, die sich auf Dauer sogar einstellt. Beim Leiterspiel und dem Ruin-Problem stellen sich dagegen andere Probleme.

Das Leiterspiel als Markow-Kette

Neben den 100 Feldern bildet die Startsituation einen Zustand, so dass man insgesamt eine Markow-Kette mit 101 Zuständen erhält. Die Übergangsmatrix besteht damit aus $101 \cdot 101 = 10201$ Wahrscheinlichkeiten, so dass hier nur ein Teil tabelliert werden kann. Man beachte, dass wie bei allen Übergangsmatrizen die Wahrscheinlichkeiten innerhalb einer Zeile immer die Summe 1 besitzen:

		Feld	nach	einem	Zug						
		0	**1**	**2**	**3**	**4**	**5**	**6**	**7**	**8**	**... 100**
Feld	**0**	0	0	$1/6$	$1/6$	0	$1/6$	$1/6$	0	0	... 0
vor	**1**	0	0	$1/6$	$1/6$	0	$1/6$	$1/6$	$1/6$	0	... 0
einem											
Zug	**2**	0	0	0	$1/6$	0	$1/6$	$1/6$	$1/6$	$1/6$	... 0
$\vdots$		$\vdots$	$\vdots$	$\vdots$	$\vdots$	$\vdots$	$\vdots$	$\vdots$	$\vdots$	$\vdots$	$\vdots$
	100	0	0	0	0	0	0	0	0	0	... 1

Mit Hilfe dieser Daten kann ausgehend von den anfänglichen Aufenthaltswahrscheinlichkeiten $p_0(0) = 1$ und $p_0(1) = p_0(2) = ... = p_0(100) = 0$ wie beim untersuchten Rundkurs Zug um Zug die weitere Entwicklung der Wahrscheinlichkeitsverteilung berechnet werden. Als stationäre Grenzverteilung ergibt sich $p(0) = p(1) = p(2) = ... = p(99) = 0$ und $p(100) = 1$, das heißt, irgendwann kommt jeder ins Ziel. Wichtiger aber ist, dass man aus der sukzessiven Entwicklung der Aufenthaltswahrscheinlichkeiten auch die Wahrscheinlichkeitsverteilung der Spieldauer sowie deren Erwartungswert 39,224 berechnen kann.

Das Ruin-Problem als Markow-Kette

Das im letzten Kapitel durch eine Simulation gelöste Problem wird hier in verallgemeinerter Version behandelt. Ausgegangen wird von einem Gesamtkapital von n Einsätzen und einer Wahrscheinlichkeit von p, dass der erste Spieler ein Einzelspiel gewinnt; die Wahrscheinlichkeit für einen Verlust beträgt dann $q = 1 - p$. Diesem Ruin-Problem entspricht eine Markow-Kette mit n+1 Zuständen, wobei der aktuelle Zustand durch den Kapitalstand des ersten Spielers gegeben wird – beim Stand 0 ist er ruiniert, beim Stand n sein Gegner. Die Übergangsmatrix sieht wie folgt aus:

	Zustand nach einem Übergang						
	0	**1**	**2**	**3**	**n-2**	**n-1**	**n**
Zustand **0**	1	0	0	0	... 0	0	0
vor							
einem **1**	q	0	p	0	... 0	0	0
Übergang **2**	0	q	0	p	... 0	0	0
⋮	.	.	.	.	.	.	.
n-2	0	0	0	0	... 0	p	0
n-1	0	0	0	0	... q	0	p
n	0	0	0	0	... 0	0	1

Anders als bei den anderen Beispielen gibt es keine eindeutig bestimmte Grenzverteilung, da es von der anfänglichen Kapitalverteilung abhängt, wie sich die beiden Ruinwahrscheinlichkeiten zueinander verhalten. Sie zu berechnen, ist nicht besonders schwierig: Ist r(k) die Wahrscheinlichkeit, dass der erste Spieler seinen aktuellen Kapitalstand von k Einsätzen im weiteren Verlauf vollständig verspielt, dann lässt sich

$$r(0) = 1 \quad \text{und} \quad r(n) = 0$$

aussagen, da in beiden Fällen das Spiel bereits zu Ende ist. Für $0 < k < n$ lässt sich die Wahrscheinlichkeit r(k) aus r(k-1) und r(k+1) berechnen, wenn man den Verlauf des unmittelbar nächsten Einzelspiels zugrunde legt:

$$r(k) = q \cdot r(k-1) + p \cdot r(k+1).$$

Für q>0 erhält man daraus die allgemeine Formel[X]

$$r(k) = \frac{1 + s + \ldots + s^{n-k-1}}{1 + s + \ldots + s^{n-1}} \quad \text{mit} \quad s = \frac{p}{q}.$$

Auch für die zu erwartende Dauer d(k) bis zum Ruin kann eine allgemeine Formel hergeleitet werden. Offensichtlich sind zunächst die Werte $d(0) = 0$ und $d(n) = 0$. Im Fall von $0 < k < n$ untersucht man wieder den Verlauf des nächsten Spiels:

$$d(k) = p \cdot d(k+1) + q \cdot d(k-1) + 1.$$

Für $p \neq q$ ergibt sich daraus die Formel[XI]

$$d(k) = \frac{1}{q \cdot (s-1)} \cdot \left(n - k - \frac{n \cdot \left(s^{n-k} - 1 \right)}{s^n - 1} \right);$$

im Fall $p = q = 1/2$ ist einfach $d(k) = n \cdot (n-k)$.

Für das konkrete Beispiel des letzten Kapitels, das heißt $p = 0{,}52$ und $n = 55$, lassen sich daraus die Werte $r(5) = 0{,}6661$ und $d(5) = 334{,}1304$ berechnen.

Beim Monopoly, dem wir uns nun wieder zuwenden wollen, muss zunächst geklärt werden, welche Zustände zu unterscheiden sind. Komplikationen ergeben sich dadurch, dass bei einem Pasch nach dem Zug nochmals gewürfelt wird. Ebenso wird bei einem weiteren Pasch verfahren. Ein dritter Pasch wird allerdings nicht mehr gezogen – stattdessen wandert der Spieler sofort ins Gefängnis. Einmal an der Reihe, kann ein Spieler also auf einem, zwei oder drei Feldern zum Stehen kommen, und zwar mit allen Rechten und Pflichten. Er kann damit bis zu zwei Straßen auf einmal kaufen oder eben auch bis zu zweimal zum Miete-Zahlen vergattert werden! Aus diesem Grund konstruiert man eine Markow-Kette, bei der ein Über-

	Straße (deutsche Ausgabe)	Straße (US-Ausgabe)	Wahr. (dt.)	Wahr. (US)	maximale Miete (dt.)		
					absolut	Erw.	Gruppe
0	Los	Go	0,02889	0,02914			
1	Badstr.	Mediterranean Avenue	0,02436	0,02007	5000	122	
2	Gemeinschaftsfeld	Community Chest	0,01763	0,01775			
3	Turmstr.	Baltic Avenue	0,02040	0,02037	9000	184	305
4	Einkommenssteuer	Income Tax	0,02210	0,02193			
5	Südbahnhof	Reading Railroad	0,02686	0,02801	4000	107	
6	Chausseestr.	Oriental Avenue	0,02169	0,02132	11000	239	
7	Ereignisfeld	Chance	0,00972	0,00815			
8	Elisenstr.	Vermont Avenue	0,02246	0,02187	11000	247	
9	Poststr.	Connecticut Avenue	0,02217	0,02168	12000	266	752
10	Nur zu Besuch	Just visiting	0,02184	0,02139			
11	Seestr.	St. Charles Place	0,02596	0,02556	15000	389	
12	Elektrizitätswerk	Electric Company	0,02378	0,02614	1400	33	
13	Hafenstr.	States Avenue	0,02213	0,02174	15000	332	
14	Neue Str.	Virginia Avenue	0,02457	0,02426	18000	442	1164
15	Westbahnhof	Pennsylvnia Railroad	0,02531	0,02653	4000	101	
16	Münchener Str.	St. James Place	0,02703	0,02680	19000	514	
17	Gemeinschaftsfeld	Community Chest	0,02306	0,02296			
18	Wiener Str.	Tennessee Avenue	0,02821	0,02821	19000	536	
19	Berliner Str.	New York Avenue	0,02794	0,02812	20000	559	1608
20	Frei parken	Free parking	0,02806	0,02825			
21	Theaterstr.	Kentucky Avenue	0,02594	0,02614	21000	545	
22	Ereignisfeld	Chance	0,01209	0,01045			
23	Museumsstr.	Indiana Avenue	0,02549	0,02567	21000	535	
24	Opernplatz	Illinois Avenue	0,02983	0,02993	22000	656	1736
25	Nordbahnhof	B. and O. Railroad	0,02718	0,02893	4000	109	
26	Lessingstr.	Atlantic Avenue	0,02540	0,02537	23000	584	
27	Schillerstr.	Ventnor Avenue	0,02521	0,02519	23000	580	
28	Wasserwerk	Water Works	0,02480	0,02651	1400	35	68
29	Goethestr.	Marvin Gardens	0,02441	0,02438	24000	586	1750
30	Gefängnis	Jail	0,09422	0,09457			
31	Rathausplatz	Pacific Avenue	0,02501	0,02524	25500	638	
32	Hauptstr.	North Carolina Av.	0,02438	0,02472	25500	622	
33	Gemeinschaftsfeld	Community Chest	0,02193	0,02228			
34	Bahnhofstr.	Pennsylvania Av.	0,02312	0,02353	28000	647	1907
35	Hauptbahnhof	Short Line Railroad	0,02243	0,02291	4000	90	407
36	Ereignisfeld	Chance	0,00934	0,00816			
37	Parkstr.	Park Place	0,02023	0,02060	30000	607	
38	Zusatzsteuer	Luxury Tax	0,02023	0,02052			
39	Schloßallee	Boardwalk	0,02457	0,02483	40000	983	1590

Tabelle 15   Aufenthaltswahrscheinlichkeiten und Mieten beim Monopoly: Die maximalen Mieten beziehen sich auf komplette Serien (mit Hotels bei normalen Straßen bzw. einer Wurfzahl 7 bei den Versorgungswerken). Die Gesamterwartungen stehen jeweils rechts der letzten Straße der betreffenden Gruppe.

gang genau den Auswirkungen eines Wurfes entspricht. Eventuell weitere Zwischenstationen auf Ereignis- oder Gemeinschaftsfeldern brauchen nicht explizit erfasst zu werden. Sollte man dort eine Transferkarte wie „Rücke vor zur Schloßallee" ziehen, dann kann dieses Weiterziehen zusammen mit dem eigentlichen Wurf als ein Übergang betrachtet werden, ohne dass sich dadurch die Miet-Erwartungen ändern.

Umfasst innerhalb der Markow-Kette ein Übergang immer genau die Auswirkungen eines Wurfs, dann muss der aktuelle Zustand jene Informationen umfassen, die notwendig sind, um den nächsten Wurf gemäß den Spielregeln ausführen zu können. Neben dem aktuellen Standort gehört dazu auch die Angabe darüber, ob dieser mit einem Pasch oder gar einem zweiten Pasch in Folge erreicht wurde. Jedem Feld entsprechen also drei Zustände – „ohne Pasch erreicht", „mit Pasch, aber nicht mit Folgepasch erreicht", „mit Folgepasch erreicht". Auch im Sonderfall „Im Gefängnis" ergeben sich drei Zustände, da man bis zu drei Versuche hat, mit einem Pasch herauszuwürfeln[67].

Streng genommen unterteilen sich die bisher erkannten Zustände noch weiter. Grund dafür sind die schon erwähnten Transferkarten unter den je 16 Ereignis- und Gemeinschaftskarten. Sind einige bereits vom Stapel gezogen worden, dann ändern sich die Übergangswahrscheinlichkeiten zwischen den Feldern geringfügig. Ohne dass ein großer Fehler entsteht, kann man aber annehmen, dass Karten immer von einem vollständigen und gerade durchgemischten Kartenstapel gezogen werden.

Um die Aufenthaltswahrscheinlichkeiten für die einzelnen Straßen berechnen zu können, muss also eine Markow-Kette mit $3 \cdot 40 = 120$ Zuständen untersucht werden – ohne Computer sicherlich ein hoffnungsloses Unterfangen. Die Wahrscheinlichkeiten der Zustandsübergänge ergeben sich, wenn man die Würfelwahrscheinlichkeiten auf das Spielfeld überträgt und dabei die Sonderfälle wie Pasch und Transferkarten berücksichtigt. Die natürliche Gliederung eines Überganges in eigentlichen Wurf und die anschließenden Transfers behält man in den Berechnungen am besten bei. Um die Iteration zu beschleunigen, kann man mit einer Wahrscheinlichkeitsverteilung starten, die dem mutmaßlichen Ergebnis nahe kommt, beispielsweise mit 3/42 für das Gefängnis und 1/42 für jedes andere Feld. Die sich schließlich ergebenden Wahrscheinlichkeiten für die einzelnen Felder sind in Tabelle 15 zusammengestellt. Da sich die Zusammensetzung der Ereignis- und Gemeinschaftskarten mehrfach geändert hat, sind zwei Varianten aufgeführt[XII, 68].

---

[67] Da im Gefängnis Miete kassiert werden darf, aber keinesfalls welche fällig wird, ist es für einen Spieler in der Endphase günstig, möglichst viel Zeit dort zu verbringen. Die Möglichkeit eines unmittelbaren Freikaufs sollte man daher nicht wahrnehmen.

[68] Die Ergebnisse der amerikanischen Ausgabe wurden bereits mehrfach publiziert: Robert B. Ash, Richard L. Bishop, *Monopoly as a Markov process*, Mathematics Magazine, 45 (1972), S. 26-29. Bishop vergleicht unter anderem, wie sich die beiden Gefängnis-Strategien – so lange bleiben wie möglich oder direkt heraus – auf die Zahlungsbilanz auswirken. Eine ausführliche Version ist als Skript erschienen. Dort sind auch kleinere Ungenauigkeiten des Zeitschriftartikels korrigiert.
Irvin R. Hentzel, *How to win at Monopoly*, Saturday Review of Sciences, April 1973, S. 44 - 48.
Dr. Crypton, *How to win at Monopoly*, Science Digest, Sept. 1985, S. 66-71. Die Ergebnisse von Hentzel werden auch im Buch von Maxine Brady (s. Fußnote 65) verwendet, und zwar unverändert auch für die deutsche Ausgabe (siehe dort Seite 110). Im Buch von Orbanes (siehe Fußnote 64) sind die Wahrscheinlichkeiten für die einzelnen Straßenzüge angegeben.
Es ist nahe liegend, die Wahrscheinlichkeiten für drei Paschs in Folge bei allen Feldern mit Ausnahme des Gefängnisses als annähernd gleich anzunehmen. Das entspricht einer Markow-Kette mit 42 Zuständen, deren Resultate nur unwesentlich ungenau sind; siehe dazu: Steve Abott, Matt Ri-

Die Aufenthaltswahrscheinlichkeiten der verschiedenen Felder unterscheiden sich zum Teil sehr deutlich. Bei den eigentlichen Straßen der deutschen Ausgabe reichen sie von 0,02023 für die Parkstraße bis hin zu 0,02983 für den Opernplatz – das ist immerhin ein relativer Unterschied von 47%! Ein Hotel auf dem Opernplatz besitzt daher sogar eine höhere Mieterwartung als eines in der Parkstraße, nämlich pro Wurf 656 gegenüber 607 DM. Allgemein haben die Straßen zwischen dem Gefängnis und dem gegenüberliegenden Feld „Gehen sie in das Gefängnis" relativ hohe Besuchswahrscheinlichkeiten. Besonders hohe Wahrscheinlichkeiten ergeben sich für Straßen, die vom Gefängnis aus mit einem Pasch oder besonders wahrscheinlichen Würfelkombinationen erreicht werden. Im speziellen Fall des Opernplatzes, der 14 Felder hinter dem Gefängnis liegt und damit häufig in zwei Zügen vom Gefängnis erreicht wird, kommt noch die Ereigniskarte „Rücke vor zum Opernplatz" hinzu.

Wie sind die berechneten Mieterwartungen zu interpretieren? Wie können auf ihrer Basis Entscheidungen optimiert werden, wie sie insbesondere beim Grundstückshandel sowie beim Bauen zu fällen sind? Natürlich sind aufgrund der hohen Komplexität, die ein von mehreren Personen gespieltes Monopoly beinhaltet, im Hinblick auf das Spielziel, nämlich dem letztlich angestrebten Ruin der Mitspieler, nur tendenzielle Aussagen möglich. Dabei muss der Nutzen, der von einer Investition ausgeht, je nach Spielphase differenziert bewertet werden:

- In frühen Spielphasen, wenn die ersten Häuser gebaut werden, sind die Kapitaldecken aller Spieler meist recht eng. Vordringliches Ziel der Spieler ist es daher, die weitere Liquidität sicherzustellen. Investitionen werden darauf geprüft, wie man ausgehend vom vorhandenen oder kurzfristig verfügbaren Budget seine Mieterwartung am meisten steigern kann. Beispielsweise wird der Bau eines Hauses nach seiner Rendite bewertet, das heißt danach, wie schnell die zusätzliche Mieterwartung die Baukosten amortisiert.
- In späteren Spielphasen, wenn insgesamt mehr Geld in Umlauf ist, geht es vor allem darum, die Mitspieler in den Ruin zu treiben. Einmalig entstehende Kosten, insbesondere wenn sie für Häuser an die Bank gezahlt werden, fallen im Vergleich zu den dauerhaften Einnahmen aus Mieten kaum ins Gewicht. Investitionen werden deshalb auf der Basis der Einnahmen, also der absoluten Mieterwartungen bewertet. Insbesondere werden, wenn immer möglich, Hotels gebaut[69].

Tabelle 16 enthält für die acht Straßengruppen sowohl die absoluten Mieterwartungen als auch die prozentualen Renditen zusätzlicher Häuser. Alle Werte beziehen sich auf einen Zug eines Spielers und damit im Durchschnitt auf 1,1869 Würfe[70]. Bei einem Vergleich mit den notwendigen Kosten ist auch die Zahl der Spieler zu berücksichtigen. Je mehr Personen mitspielen, desto schneller rentieren sich gemachte Investitionen.

---

chey, *Take a walk on the Boardwalk*, The College Mathematical Journal, 28 (1997), S. 162-171. Noch stärkere Vereinfachungen macht Ian Stewart in seinen beiden Artikeln *How fair is Monopoly?*, Scientific American, 1996/4, S. 86-87; *Monopoly revisted*, Scientific American, 1996/10, S. 92-95 (übersetzt in: Ian Stewart, *Die wunderbare Welt der Mathematik*, München 2006, S. 123-149); siehe auch *Feedback*, Scientific American, 1997/4, S. 104.
Die beiden Gefängnis-Strategien werden auch untersucht von David T. Taylor, *The mathmatics of games*, Boca Raton 2015, S. 184-205.

[69] Eine Ausnahme ergibt sich durch die Möglichkeit, durch Bebauung mit jeweils vier Häusern den insgesamt begrenzten Häuservorrat für die Mitspieler zu blockieren.

[70] Innerhalb der Markow-Kette lassen sich die ersten Würfe eines Zuges als diejenigen Übergänge lokalisieren, die von den 39 „ohne Pasch erreicht"-Zuständen oder einem der drei Gefängnis-Zustände ausgehen. Für sie ergibt sich bei der stationären Zustandsverteilung ein Anteil von 0,8425.

	Miet- erwartung bei Hotels	Rendite eines weiteren Hauses (in Prozent pro Zug)				
		1.	**2.**	**3.**	**4.**	**5.**
lila	362	0,5	1,5	4,6	5,4	5,7
hellblau	892	1,0	3,1	9,8	7,2	7,9
violett	1381	0,9	3,1	8,8	5,3	4,3
orange	1909	1,4	4,4	11,9	6,6	6,6
rot	2061	1,2	3,7	9,6	3,8	3,8
gelb	2077	1,3	4,5	9,4	3,5	3,5
grün	2263	1,2	3,9	7,5	2,9	2,6
dunkelblau	1887	1,4	4,9	9,4	3,4	3,4

Tabelle 16 Die Mieterwartung bei den verschiedenen Straßengruppen und die Renditen beim Bau eines weiteren Hauses

Farbe	Anlage Häuser	Rendite (% pro Zug)
orange	1.-5.	6,2
hellblau	1.-5.	5,8
dunkelblau	1.-3.	5,2
gelb	1.-3.	5,1
rot	1.-3.	4,9
violett	1.-5.	4,5
grün	1.-3.	4,2
rot	4.-5.	3,8
lila	1.-5.	3,6
gelb	4.-5.	3,5
dunkelblau	4.-5.	3,4
grün	4.-5.	2,7

Tabelle 17   Vergleich der Renditen: Wo man zuerst bauen sollte

Sollte man in der glücklichen Lage sein, schon frühzeitig zwischen mehreren Bauvorhaben auswählen zu können, dann kann die Rangfolge der Renditen aus Tabelle 17 ersehen werden[71].

---

71 Dass im Buch von Maxine Brady und im Artikel der Spielbox 1983/4, S. 40 ff. (siehe Fußnote 65) andere Rangfolgen angegeben werden, hat im Wesentlichen den Grund, dass dort auch der Kaufpreis der Straßen bei den Investitionen berücksichtigt wird. Da beim Bau des Hauses die Besitzrechte aber schon meist vorliegen, Besitzrechte zum Teil ohne festen Preis versteigert werden und schließlich oft aus rein strategischen Gründen – zur Blockade der Mitspieler – erworben werden müssen, wurde dieser Ansatz hier nicht verfolgt. Sollten vor dem Bau beispielsweise Hypotheken extra für diesen Zweck aufgelöst werden, dann sind diese Kosten natürlich den Investitionen hinzuzuzählen.
Außerdem setzt Brady statt der Mietsumme die durchschnittliche Miete der Straßen ins Verhältnis zu den Gesamtkosten. Dadurch erscheinen die Zweier-Gruppen, nämlich lila und dunkelblau, günstiger als sie in Wahrheit sind.

Kleines Einmaleins der Markow-Ketten

Mathematische Eigenschaften von Markow-Ketten können am einfachsten mit Hilfe von Matrizen formuliert werden. Ausgangspunkt ist die quadratische Matrix A, die alle Übergangswahrscheinlichkeiten enthält. Die i-te Zeile enthält die Wahrscheinlichkeiten, wie sich das System vom i-ten Zustand aus entwickelt. Insbesondere sind die Summen der Koeffizienten einer Zeile immer gleich 1. Werden die Zustandsverteilungen als Zeilenvektoren p geschrieben, dann wird das System der Übergangsgleichungen gegeben durch

$$p' = p\,A.$$

In weiteren Schritten entwickelt sich die Markow-Kette zu den Zustandsverteilungen $(pA)A = pA^2$, pA^3 und so weiter.

Wesentlicher Gegenstand der Untersuchung von Markow-Ketten ist die Suche nach stationären Zustandsverteilungen, also Verteilungen p mit $pA = p$. Stationäre Zustandsverteilungen existieren immer, allerdings sind sie wie beim Ruin-Problem nicht unbedingt eindeutig bestimmt. Gibt es jedoch eine bestimmte Schrittzahl, in der jeder Zustand von jedem anderen aus erreicht werden kann – eine solche Markow-Kette heißt **regulär** –, dann existiert genau eine stationäre Verteilung, die sich zudem als Grenzverteilung aus jeder beliebigen Startverteilung ergibt. Die Markow-Kette des Monopoly ist regulär, da jeder Zustand in drei Würfen von jedem anderen erreichbar ist. Dies lässt sich leicht plausibel machen; wer unbedingt will, kann statt dessen die 120×120-Matrix A^3 berechnen und prüfen, dass alle ihre Koeffizienten größer als 0 sind.

Markow-Ketten, bei denen jeder Zustand in eventuell mehreren Schritten von jedem anderen Zustand erreichbar ist, werden **irreduzibel** genannt. Irreduzible Markow-Ketten müssen nicht regulär sein, wie das Beispiel

$$\begin{pmatrix} 0 & 1 \\ 1 & 0 \end{pmatrix}$$

zeigt: Der erste Zustand kann von sich selbst nur mit geraden Schrittzahlen erreicht werden, während er vom zweiten nur in ungeraden Schrittzahlen erreichbar ist. Als **Periode** eines Zustandes bezeichnet man den größten gemeinsamen Teiler aller Schrittzahlen, in denen man von diesem Zustand aus wieder zu ihm zurückkehren kann. Bei irreduziblen Markow-Ketten stimmen die Perioden aller Zustände überein; sind sie einheitlich gleich 1, ist die Markow-Kette sogar regulär.

Ein Zustand einer Markow-Kette heißt **absorbierend**, wenn er wie das letzte Feld im Leiterspiel nicht mehr verlassen werden kann. Besitzt eine Markow-Kette mindestens einen absorbierenden Zustand, der von jedem nicht absorbierenden Zustand in eventuell mehreren Schritten erreicht werden kann, heißt die gesamte Markow-Kette absorbierend. Beispielsweise bildet das Ruin-Problem eine absorbierende Markow-Kette, deren beide Ruin-Zustände absorbierend sind. Listet man die absorbierenden Zustände als Erste auf, erhält die Übergangsmatrix die folgende Blockform (I ist die Einheitsmatrix):

$$A = \begin{pmatrix} I & 0 \\ R & Q \end{pmatrix}$$

Aussagen über das langfristige Verhalten absorbierender Markow-Ketten erhält man, wenn die Blockform der Matrix A immer wieder mit sich selbst multipliziert wird:

$$A^n = \begin{pmatrix} I & 0 \\ (I + Q + \ldots + Q^{n-1})R & Q^n \end{pmatrix} \rightarrow \begin{pmatrix} I & 0 \\ (I - Q)^{-1}R & 0 \end{pmatrix}$$

Insbesondere kann mit Hilfe des Grenzwertes von A^n, wie beim Ruin-Problem schon auf anderem Wege geschehen, bestimmt werden, welche absorbierenden Zustände aus einem gegebenem Startzustand mit welchen Wahrscheinlichkeiten langfristig erreicht werden. Wie lange dies im Durchschnitt dauert, kann ebenfalls aus der Matrix $(I - Q)^{-1}$ berechnet werden. Ist d der Spaltenvektor, dessen Koordinaten gleich der zu erwartenden Schrittzahl bis zum Erreichen eines absorbierenden Zustandes sind, dann ergibt sich wie beim Ruin-Problem die Gleichung

$$d = Qd + \begin{pmatrix} 1 \\ \vdots \\ 1 \end{pmatrix},$$

die umgeformt werden kann zu

$$d = (I - Q)^{-1} \begin{pmatrix} 1 \\ \vdots \\ 1 \end{pmatrix}.$$

Weiterführende Literatur zu Markow-Ketten:

John T. Baldwin, *On Markov process in elementary mathematics courses*, American Mathematical Monthly, 96 (1989), S. 147-153;

J. G. Kemeny, J. L. Snell, *Finite markov chains*, New York 1960.

1.17 Black Jack: Ein Märchen aus Las Vegas

In Spielkasinos gilt Black Jack als das Spiel mit den besten Gewinnchancen. Es wird sogar behauptet, dass es Spielstrategien gebe, bei denen die Chancen des Spielers die der Bank übertreffen. Kann so etwas überhaupt möglich sein?

Das Kartenspiel Black Jack ist eng mit dem deutschen Siebzehn-und-Vier verwandt. Gemeinsames Ziel beider Spiele ist es, so lange Karten zu ziehen, bis man eine möglichst hohe, aber keinesfalls eine 21 übersteigende Zahl von Kartenpunkten erreicht hat. Dabei zählen beim Black Jack die Karten 2 bis 10 mit ihrem Wert, jedes Bild zählt 10 und das Ass wahlweise 1 oder 11 Punkte[72]. Werden 21 Punkte mit nur zwei Karten erreicht, spricht man von einem Black Jack. Diese Kartenkombination aus Ass sowie Bild oder 10 übersteigt in seiner

---

[72] Siebzehn-und-Vier wird dagegen meist nur mit einem Skat-Blatt gespielt. Der Bube zählt 2, die Dame 3, der König 4 Punkte. Das Ass zählt immer 11 Punkte.

Wertigkeit andere Blätter mit 21 Punkten. In amerikanischen Spielkasinos, in denen Black Jack seit etwa 1920 gespielt wird, erfreut sich Black Jack einer großen Popularität. Aber auch in fast jedem europäischen Kasino gehört Black Jack zum Spielangebot.

Black Jack wird in Kasinos als Bankspiel veranstaltet, das heißt, man spielt gegen einen Angestellten des Kasinos. Im Allgemeinen können bis zu sieben Personen gleichzeitig versuchen, eine Kartenkombination zu ziehen, welche die der Bank übertrifft. Im Einzelnen verläuft das Spiel wie folgt: Zunächst setzt jeder der Teilnehmer einen Einsatz im Rahmen des festgesetzten Limits. Im eigentlichen Spiel zieht der Bankhalter vom verdeckten Stapel die benötigen Karten und legt sie alle offen hin: Zunächst für jeden Spieler eine, dann eine für sich selbst und anschließend für jeden Spieler eine weitere[73]. Auf Wunsch können die Spieler noch weitere Karten anfordern – je nachdem wie sie ihre Chancen in Anbetracht ihres eigenen Blattes und der ersten Karte der Bank beurteilen. Ein Spieler, der sich „verkauft", das heißt 21 überschreitet, hat sofort verloren. Möchte kein Spieler mehr eine Karte ziehen, zieht die Bank für sich selbst. Sie hat dabei allerdings keine echte Entscheidungsmöglichkeit, da sie bis einschließlich 16 ziehen muss und ab 17 nicht mehr ziehen darf. Dabei muss ein im Blatt vorkommendes Ass mit 11 gezählt werden, es sei denn, 21 würde auf diese Weise überschritten. Ist auch die Bank mit dem Ziehen fertig, wird jeder Spieler, der sich nicht verkauft hat, einzeln abgerechnet: Ein Spieler, der das Blatt der Bank übertrifft, erhält zu seinem Einsatz einen Gewinn in gleicher Höhe hinzu. Geschieht dies mit einem Black Jack, erhält er sogar den 1,5-fachen Einsatz. Bei Gleichstand erhält der Spieler seinen Einsatz zurück. Ist das Blatt der Bank besser, geht der Einsatz verloren.

Anders als beim Roulette haben die Spieler also einen erheblichen strategischen Einfluss, da sie entscheiden, ob sie noch weitere Karten ziehen wollen oder nicht. Um das Spiel noch vielseitiger und damit interessanter zu machen, gibt es noch drei Sonderregeln:

Versichern (insurance) : Ist die erste Karte der Bank ein Ass, dann wird diese mit einer relativ hohen Wahrscheinlichkeit, nämlich bei vier der 13 Kartenwerte als zweite Karte, einen Black Jack erhalten. Um sich vor diesem drohenden Verlust zu schützen, können die Spieler sich gegen einen Black Jack versichern. Durch Zahlung eines zusätzlichen Einsatzes, der halb so hoch wie der ursprüngliche ist, erhält ein Spieler bei einem Black Jack der Bank seinen dann verlorenen Spieleinsatz zusammen mit dem Versicherungseinsatz zurück. Ohne Black Jack der Bank geht der Versicherungseinsatz verloren, während der ursprüngliche Spieleinsatz normal abgerechnet wird.

Doppeln (doubling down) : Ergeben die ersten beiden Karten eine Summe von 9, 10 oder 11 Punkten, wobei ein Ass gegebenenfalls dafür wie 1 gezählt werden kann, dann darf der Spieler den Einsatz verdoppeln. Anschließend darf er allerdings nur noch eine Karte ziehen.

Teilen (splitting) : Weisen die ersten beiden Karten den gleichen Wert auf, kann der Spieler sie in zwei Blätter teilen, wobei er für das zusätzliche Blatt einen Einsatz nachentrichten muss. Das heißt, er zieht anschließend für beide Blätter getrennt weitere Karten. Allerdings zählt ein so erreichter Black Jack nur wie normale 21 und zu einem geteilten Ass darf nur

---

73 In amerikanischen Spielkasinos ist es üblich, dass sich die Bank ebenfalls eine zweite Karte nimmt. Diese bleibt für die Spieler zunächst verdeckt, es sei denn, dass sich ein Black Jack der Bank ergibt. Im Vergleich zur europäischen Variante erhalten die Spieler damit geringfügig mehr Informationen: Deckt die Bank trotz einer 10 oder einem Ass als erste Karte nicht direkt auf, dann wissen die Spieler, dass die Bank keinen Black Jack erzielt hat.

noch eine weitere Karte gezogen werden. Außerdem ist in einigen Spielkasinos mehrfaches Teilen hintereinander oder ein Doppeln nach einem Teilen nicht erlaubt.

Höchst bemerkenswert ist noch das Verfahren, wie die Karten gezogen werden. Es wird nämlich nicht für jedes Spiel neu gemischt, sondern es werden gleich mehrere, meist sechs Kartenspiele mit je 52 Karten vermischt, von denen etwa ein Fünftel mit einer neutralen Karte abgetrennt wird. Es wird nun so lange mit dem Kartenstapel gespielt, bis die neutrale Karte erscheint. Nach dem Ende des gerade laufenden Spiels wird neu gemischt.

Black Jack ist ein für Spieler und Bank fast symmetrisches und damit ausgeglichenes Spiel. Außerdem scheinen die nicht symmetrischen Teile des Black Jack den Spieler zu bevorteilen, was sicher der Attraktivität des Black-Jack-Spiels zugutekommt:

- Der Spieler gewinnt bei einem Black Jack 1,5-fach zu seinem Einsatz hinzu.
- Die Bank muss nach einer festgelegten Strategie weitere Karten ziehen.
- Der Spieler kennt beim Ziehen die erste Karte der Bank.
- Die Bank darf weder teilen noch doppeln.

Der einzige, zunächst recht unscheinbare, letztlich aber umso gewichtigere Vorteil der Bank beruht darauf, dass die Bank auf jeden Fall gewinnt, wenn der Spieler sich verkauft, auch dann, wenn sie selbst die Grenze 21 überschreitet. Es erscheint daher plausibel, dass der Spieler im Durchschnitt etwas defensiver spielen sollte als die Bank. Eine gute Strategie wird sich außerdem an der ersten Bank-Karte orientieren, da diese wesentliche Information über das mutmaßliche Abschneiden der Bank enthält.

Eine mathematische Analyse des Black Jack beginnt am besten mit der Bank, deren Spielresultate in Form einer Wahrscheinlichkeitsverteilung bestimmt werden. Im einfachsten Fall geht man davon aus, dass die Wahrscheinlichkeiten für die einzelnen Kartenwerte immer konstant gleich 1/13 beziehungsweise 4/13 beim Wert 10 sind. Richtig ist diese Annahme eigentlich nur bei einem unendlich großen Kartenstapel, da sich sonst die Wahrscheinlichkeiten mit jeder ausgespielten Karte ändern. Zulässig ist die Annahme allerdings dann, wenn es gilt, eine feste, im Durchschnitt optimale Strategie in guter Näherung zu berechnen.

Obwohl es passieren kann, dass die Bank zwölf Karten ziehen muss – nämlich in Reihenfolge 6 Asse, eine Sechs und anschließend wieder 5 Asse – sind es meist viel weniger, nämlich selten mehr als vier. Wer will, kann den Ziehvorgang auch als Markow-Kette ansehen, bei der die Zustände den Zwischenergebnissen entsprechen. Neben dem Sonderfall des Black Jacks müssen auch die so genannten Softhands, das sind Blätter mit einem als 11 gezählten Ass, als separate Zustände berücksichtigt werden. Für die Bank ergibt sich dann die in Tabelle 18 aufgeführte Endverteilung:

Bank-Ergebnis	Wahrscheinlichkeit
17	0,1451
18	0,1395
19	0,1335
20	0,1803
21	0,0727
Black Jack	0,0473
22 oder mehr	0,2816

Tabelle 18   Die Wahrscheinlichkeiten für das Spiel der Bank

Sicherlich bemerkenswert ist das relativ hohe Risiko der Bank, die sich im Schnitt mehr als jedes vierte Mal mit 22 oder mehr Kartenpunkten verkauft. Die tabellierten Ergebnisse reichen bereits aus, um die Chancen eines Spielers zu berechnen, der die Strategie der Bank kopiert: Zieht der Spieler, ohne je zu teilen oder zu doppeln, wie die Bank so lange, bis er mindestens 17 erreicht hat, dann folgt sein Kartenergebnis ebenfalls der tabellierten Wahrscheinlichkeitsverteilung. Wären die Gewinnpläne für Bank und Spieler zueinander symmetrisch, ergäbe sich für die Gewinnerwartung des Spielers der Wert 0. Da der Gewinnplan aber in Teilen unsymmetrisch ist, ergeben sich daraus leichte Korrekturen, die in Tabelle 19 zusammengestellt sind und in der Summe einen durchschnittlichen Verlust von 5,68% des Einsatzes ergeben.

Situation	Vor-/Nachteil	Wahrscheinl.	Erwartung
Spieler hat Black Jack, Bank hat keinen	0,5	0,0451	0,0225
Spieler und Bank verkaufen sich beide	-1,0	0,0793	-0,0793

Tabelle 19 Unsymmetrien im Gewinnplan und dessen Auswirkungen, wenn der Spieler die Zieh-Strategie der Bank kopiert.

Es wurde schon darauf hingewiesen, dass es für einen Spieler kaum sinnvoll sein kann, die für die Bank vorgeschriebene Strategie zu kopieren. Insbesondere sollte ein Spieler bei seinen Entscheidungen die erste Karte der Bank berücksichtigen. Um die so erzielbare Gewinnerwartung berechnen zu können, müssen zunächst die Wahrscheinlichkeitsverteilungen bestimmt werden, die sich für die Endwerte der Bank *bedingt* zur ersten Bank-Karte ergeben. Dies geschieht am besten dadurch, dass man diese Endwert-Wahrscheinlichkeiten Schritt für Schritt bedingt zu beliebigen Zwischenständen der Bank berechnet:

- Man startet mit dem Wert 16 der Bank, von dem ausgehend die Endwerte 17, 18, 19, 20 und 21 jeweils mit der Wahrscheinlichkeit 1/13 erreicht werden, während die Bank mit einer Wahrscheinlichkeit von 8/13 den Wert 21 überschreitet.
- Darauf aufbauend kann als Nächstes der Bankwert 15 untersucht werden. Wieder werden mit der ersten Karte die Endwerte 17, 18, 19, 20 und 21 jeweils mit der Wahrscheinlichkeit 1/13 erreicht. Zu berücksichtigen ist aber auch noch der Fall, dass zunächst ein Ass gezogen wird, wodurch die bereits untersuchte Situation eines Bankwertes von 16 erreicht wird. Insgesamt erzielt die Bank daher ausgehend vom Wert 15 die Endresultate 17 bis 21 jeweils mit der Wahrscheinlichkeit 1/13 + 1/169 = 14/169.
- Nun wird der Bankwert 14 untersucht. Auch von diesem Wert werden mit der ersten Karte die Endwerte 17, 18, 19, 20 und 21 jeweils mit der Wahrscheinlichkeit 1/13 erreicht. Außerdem werden jeweils mit der Wahrscheinlichkeit 1/13 die beiden bereits untersuchten Werte 15 und 16 erreicht. Insgesamt erzielt die Bank daher ausgehend vom Wert 14 die Endresultate 17 bis 21 jeweils mit der Wahrscheinlichkeit 1/13 + 14/2197 + 1/169 = 196/2197.

Setzt man diese Berechnung Schritt für Schritt *entgegen* der Chronologie des Spieles fort, so findet man die gewünschten Wahrscheinlichkeiten für alle 13 Möglichkeiten der ersten Bank-Karte, und zwar mit einer einzigen iterativen Berechnung, die sogar mit einer Tabellenkalkulation realisierbar ist[74]. Die Ergebnisse sind in Tabelle 20 zusammengefasst.

---

[74] Platziert man die Sonderfälle wie Black Jack, Softhands sowie verdoppel- und teilbare Blätter mit

	2	3	4	5	6	7	8	9	10	Ass
17	0,1398	0,1350	0,1305	0,1223	0,1654	0,3686	0,1286	0,1200	0,1114	0,1308
18	0,1349	0,1305	0,1259	0,1223	0,1063	0,1378	0,3593	0,1200	0,1114	0,1308
19	0,1297	0,1256	0,1214	0,1177	0,1063	0,0786	0,1286	0,3508	0,1114	0,1308
20	0,1240	0,1203	0,1165	0,1131	0,1017	0,0786	0,0694	0,1200	0,3422	0,1308
21	0,1180	0,1147	0,1112	0,1082	0,0972	0,0741	0,0694	0,0608	0,0345	0,0539
BJ	0,0000	0,0000	0,0000	0,0000	0,0000	0,0000	0,0000	0,0000	0,0769	0,3077
verk.	0,3536	0,3739	0,3945	0,4164	0,4232	0,2623	0,2447	0,2284	0,2121	0,1153

Tabelle 20   Zur ersten Bank-Karte bedingte Wahrscheinlichkeiten für das Ergebnis der Bank

Im zweiten Schritt wird nun der Gewinnsaldo des Spielers untersucht, wenn dieser bei einem bestimmten Wert nicht mehr zieht. Wieder wird bedingt zur ersten Bank-Karte vorgegangen. Die dem Gewinnsaldo entsprechende Zufallsgröße kann nur die Werte –1, 0, 1 und 3/2 annehmen, wobei sich ihre Wahrscheinlichkeitsverteilung direkt aus Tabelle 20 ergibt. Dies führt dann zu den folgenden Gewinnerwartungen von Tabelle 21.

	Bank:	2	3	4	5	6	7	8	9	10	Ass
Sp.:	BJ	1,5000	1,5000	1,5000	1,5000	1,5000	1,5000	1,5000	1,5000	1,3846	1,0385
	21	0,8820	0,8853	0,8888	0,8918	0,9028	0,9259	0,9306	0,9392	0,8117	0,3307
	20	0,6400	0,6503	0,6610	0,6704	0,7040	0,7732	0,7918	0,7584	0,4350	0,1461
	19	0,3863	0,4044	0,4232	0,4395	0,4960	0,6160	0,5939	0,2876	-0,0187	-0,1155
	18	0,1217	0,1483	0,1759	0,1996	0,2834	0,3996	0,1060	-0,1832	-0,2415	-0,3771
	17	-0,1530	-0,1172	-0,0806	-0,0449	0,0117	-0,1068	-0,3820	-0,4232	-0,4644	-0,6386
	bis 16	-0,2928	-0,2523	-0,2111	-0,1672	-0,1537	-0,4754	-0,5105	-0,5431	-0,5758	-0,7694

Tabelle 21   Zur ersten Bank-Karte bedingte Erwartungen für den Spielergewinn (abzüglich Einsatz), falls der Spieler nicht mehr zieht.

Mit Hilfe der letzten Tabelle kann ein Spieler seine Chancen abwägen, wenn er sich entscheiden muss, ob er noch eine weitere Karte zieht oder nicht. Optimiert wird die Ziehstrategie in der zum chronologischen Spielverlauf umgekehrten Richtung, das heißt, man beginnt mit den hochwertigen Blättern und optimiert dann die Strategie Schritt für Schritt rekursiv weiter. Die schon optimierten Erwartungen fließen dabei immer dann ein, wenn die Erwartung eines niedrigeren Blattes beim Ziehen zu berechnen ist. Diese wird jeweils mit der Erwartung verglichen, die sich beim Verzicht auf weitere Karten ergibt – der höhere Wert ist dann die maximale, aktuell erzielbare Erwartung: Die gestrichelten Linien in Tabelle 22 geben an, wie weit gezogen werden sollte. Im oberen Bereich, das heißt, für die Situationen, in denen nicht mehr gezogen wird, stimmen die Gewinnerwartungen mit den Werten von Tabelle 21 überein.

etwas Geschick in der Tabelle, kann man sogar die gesamten Black-Jack-Berechnungen, so wie sie hier dargestellt sind, mit vertretbarem Aufwand in einer einzigen Tabelle zusammenfassen.

Bank:	2	3	4	5	6	7	8	9	10	Ass
Sp.: 19	0,3863	0,4044	0,4232	0,4395	0,4960	0,6160	0,5939	0,2876	-0,0187	-0,1155
18	0,1217	0,1483	0,1759	0,1996	0,2834	0,3996	0,1060	-0,1832	-0,2415	-0,3771
17	-0,1530	-0,1172	-0,0806	-0,0449	0,0117	-0,1068	-0,3820	-0,4232	-0,4644	-0,6386
16	-0,2928	-0,2523	-0,2111	-0,1672	-0,1537	-0,4148	-0,4584	-0,5093	-0,5752	-0,6657
15	-0,2928	-0,2523	-0,2111	-0,1672	-0,1537	-0,3698	-0,4168	-0,4716	-0,5425	-0,6400
14	-0,2928	-0,2523	-0,2111	-0,1672	-0,1537	-0,3213	-0,3719	-0,4309	-0,5074	-0,6123
13	-0,2928	-0,2523	-0,2111	-0,1672	-0,1537	-0,2691	-0,3236	-0,3872	-0,4695	-0,5825
12	-0,2534	-0,2337	-0,2111	-0,1672	-0,1537	-0,2128	-0,2716	-0,3400	-0,4287	-0,5504
11	0,2384	0,2603	0,2830	0,3073	0,3337	0,2921	0,2300	0,1583	0,0334	-0,2087

Tabelle 22 Zur ersten Bank-Karte bedingte Erwartungen für den Spielergewinn (abzüglich Einsatz), falls der Spieler optimal zieht.

Wie man in Tabelle 22 sieht, sollte sich der Spieler relativ defensiv verhalten:

- Gegen eine 4, 5 oder 6 der Bank sollte der Spieler nur bis 11 ziehen, das heißt, er zieht nur solange, wie das Ziehen absolut kein Risiko darstellt.
- Bei 2 oder 3 der Bank sollte der Spieler ab 13 passen.
- Bei den höheren Bank-Karten 7 bis Ass empfiehlt es sich, bis einschließlich 16 zu ziehen.

Die defensive Optimalstrategie wird ungefähr plausibel, wenn man bedenkt, dass die Bank beginnend mit einer 6 besonders häufig 16 erreicht und sich anschließend verkauft. Einzelheiten in Form konkreter Wahrscheinlichkeiten dazu kann man Tabelle 20 entnehmen, wo die bedingten Bank-Verteilungen angegeben sind.

Softhands, also die Blätter, die ein mit 11 bewertetes Ass beinhalten, müssen gesondert untersucht werden. Offensichtlich erlauben sie ein ziehfreudigeres Spiel, da man sich bei ihnen mit der nächsten Karte nicht verkaufen kann. Tabelle 23 enthält die entsprechenden Daten für die Softhands. Da aus Softhands mit weiteren Karten normale Blätter entstehen können, beruht die Tabelle zum Teil auf der vorangegangenen.

Bank:	2	3	4	5	6	7	8	9	10	Ass
Sp.: 19s	0,3863	0,4044	0,4232	0,4395	0,4960	0,6160	0,5939	0,2876	-0,0187	-0,1155
18s	0,1217	0,1483	0,1759	0,1996	0,2834	0,3996	0,1060	-0,1007	-0,2097	-0,3720
17s	-0,0005	0,0290	0,0593	0,0912	0,1281	0,0538	-0,0729	-0,1498	-0,2586	-0,4320
16s	-0,0210	0,0091	0,0400	0,0734	0,0988	-0,0049	-0,0668	-0,1486	-0,2684	-0,4224
15s	-0,0001	0,0292	0,0593	0,0920	0,1182	0,0370	-0,0271	-0,1122	-0,2373	-0,3977
14s	0,0224	0,0508	0,0801	0,1119	0,1392	0,0795	0,0133	-0,0752	-0,2057	-0,3727
13s	0,0466	0,0741	0,1025	0,1334	0,1617	0,1224	0,0541	-0,0377	-0,1737	-0,3474
12s	0,0818	0,1035	0,1266	0,1565	0,1860	0,1655	0,0951	0,0001	-0,1415	-0,3219

Tabelle 23 Zur 1. Bank-Karte bedingte Erwartungen für den Spielergewinn (abzüglich Einsatz), falls der Spieler ausgehend von Softhands optimal zieht.

Chronologisch weiter umgekehrt zum Spielablauf können nun die Gewinnerwartungen bei Blättern mit bis zu 10 Punkten berechnet werden. Für Blätter, die noch besondere Chancen ermöglichen wie Paare gleichwertiger Karten oder einzelne Karten, bilden diese Werte nur eine untere Schranke für die Gewinnerwartung (siehe Tabelle 24).

Bank:	2	3	4	5	6	7	8	9	10	Ass
Sp: 10	0,1825	0,2061	0,2305	0,2563	0,2878	0,2569	0,1980	0,1165	-0,0536	-0,2513
9	0,0744	0,1013	0,1290	0,1580	0,1960	0,1719	0,0984	-0,0522	-0,2181	-0,3532
8	-0,0218	0,0080	0,0388	0,0708	0,1150	0,0822	-0,0599	-0,2102	-0,3071	-0,4441
7	-0,1092	-0,0766	-0,0430	-0,0073	0,0292	-0,0688	-0,2106	-0,2854	-0,3714	-0,5224
6	-0,1408	-0,1073	-0,0729	-0,0349	-0,0130	-0,1519	-0,2172	-0,2926	-0,3887	-0,5183
5	-0,1282	-0,0953	-0,0615	-0,0240	-0,0012	-0,1194	-0,1881	-0,2666	-0,3662	-0,5006
4	-0,1149	-0,0826	-0,0494	-0,0124	0,0111	-0,0883	-0,1593	-0,2407	-0,3439	-0,4829

Tabelle 24   Zur 1. Bank-Karte bedingte Erwartungen für den Spielergewinn (abzüglich Einsatz), falls der Spieler optimal zieht.

Sieht man zunächst einmal von den Möglichkeiten ab, Blätter zu teilen oder zu doppeln, ergibt sich auf die gleiche Weise schließlich die zugehörige Gesamterwartung, die einem durchschnittlichen Verlust von 2,42% entspricht. Dazu sind in einem hier nicht dargestellten Zwischenschritt die Erwartungen der aus einer Karte bestehenden Blätter zu bestimmen – ohne Doppeln und Teilen reicht es allerdings, nur Zehn und Ass separat zu betrachten (siehe Tabelle 25).

Bank	2	3	4	5	6	7	8	9	10	Ass	gesamt
Erw.	0,0664	0,0938	0,1221	0,1530	0,1827	0,1215	0,0440	-0,0477	-0,1779	-0,3389	-0,0242

Tabelle 25   Gewinnerwartung des Spielers (abzüglich Einsatz), falls er optimal zieht (ohne Doppeln und Teilen) – bedingt zur 1. Bank-Karte und absolut.

Der sich so ergebende Verlust von durchschnittlich 2,42% ist höher als derjenige beim Roulette, wenn man auf Farben oder andere einfache Chancen setzt. Allerdings kann der durchschnittliche Verlust beim Black Jack noch weiter verringert werden, wenn man teilt und doppelt. Wir beginnen damit, das Doppeln zu optimieren. Wieder sind jeweils zwei Gewinnerwartungen miteinander zu vergleichen – diejenige ohne und die mit Doppeln. Ohne Doppeln ergeben sich die schon tabellierten Gewinnerwartungen bei den Blättern 9, 10 und 11 beziehungsweise den Softhands 19s und 20s. Mit Doppeln ist zunächst die Erwartung zu bestimmen, wenn bei diesen Blättern noch genau eine Karte gezogen wird; dieser Wert ist dann mit 2 zu multiplizieren: Im Ergebnis sollte in den Situationen gedoppelt werden, die in Tabelle 26 oberhalb der gestrichelten Linie dargestellt sind, da bei ihnen der tabellierte Erwartungswert die übliche, nur auf optimalem Ziehen beruhende Gewinnerwartung übersteigt. Dies gilt allerdings niemals für Softhands, die mit normalem Ziehen stets eine höhere Erwartung als beim Doppeln bringen.

Bank:	2	3	4	5	6	7	8	9	10	Ass
Sp: 11	0,4706	0,5178	0,5660	0,6147	0,6674	0,4629	0,3507	0,2278	0,0120	-0,5399
10	0,3589	0,4093	0,4609	0,5125	0,5756	0,3924	0,2866	0,1443	-0,1618	-0,6251
9	0,0611	0,1208	0,1819	0,2431	0,3171	0,1043	-0,0264	-0,3010	-0,5847	-0,9151

Tabelle 26   Gewinnerwartung des Spielers (abzüglich Einsatz) bei genau einer weiteren Karte (bedingt zur 1. Bank-Karte).

Es bleibt noch die Splitting-Strategie zu optimieren, das heißt, für zwei wertgleiche Anfangskarten des Spielers ist zu prüfen, ob er am besten teilt oder nicht. Da sich – wie schon erwähnt – die Teilungsregeln in Details unterscheiden, sind wir zu Fallunterscheidungen gezwungen.

- Nach dem Teilen darf weder gedoppelt noch geteilt werden.
- Zwar darf mehrfach in Folge geteilt werden, allerdings dürfen geteilte Blätter später nicht gedoppelt werden.
- Geteilte Blätter dürfen anschließend sowohl erneut geteilt als auch gedoppelt werden.

Offensichtlich ist die letzte Regelvariante für den Spieler am günstigsten, da sie ihm die meisten Spieloptionen bietet. Tatsächlich wird sich herausstellen, dass in einigen Situationen ein Teilen nur dann empfehlenswert ist, wenn später noch gedoppelt werden kann. Dagegen unterscheiden sich die ersten beiden Regelvarianten nur in ihrer Gewinnerwartung, nicht aber bei den optimalen Entscheidungen: Ist es nämlich günstig zu teilen, dann stimmt das auch dann, wenn sich anschließend die gleiche Gelegenheit nochmals ergibt.

Die eigentliche Rechnung erstreckt sich ausgehend von den schon erhaltenen Ergebnissen über drei Stufen: Zunächst wird die Gewinnerwartung zu jedem Kartenpaar und jeder Bank-Karte für den Fall berechnet, dass geteilt wird. Je nach Regelvariante ist dabei zu berücksichtigen, dass nach den nächsten Karten gegebenenfalls gleich nochmals geteilt wird oder die Möglichkeit des Doppelns besteht. Anschließend vergleicht man diese Ergebnisse mit den schon berechneten Gewinnerwartungen auf der Basis einer optimalen Ziehstrategie. Man erhält so die optimale Splittingstrategie. Will man schließlich noch die sich daraus ergebende Gesamtgewinnerwartung berechnen (siehe Tabelle 27), dann ist dies am besten über die Zwischenschritte der aus einer Karte bestehenden Blätter möglich.

Bank	2	3	4	5	6	7	8	9	10	Ass	gesamt
nur 1x	0,0891	0,1201	0,1529	0,1884	0,2232	0,1419	0,0574	-0,0409	-0,1770	-0,3389	-0,00883
mehrm.	0,0903	0,1214	0,1543	0,1900	0,2252	0,1438	0,0588	-0,0399	-0,1763	-0,3389	-0,00772
oh.Beschr.	0,0918	0,1240	0,1576	0,1938	0,2295	0,1451	0,0592	-0,0397	-0,1763	-0,3389	-0,00639

Tabelle 27   Gewinnerwartung des Spielers (abzügl. Einsatz) bei optimalem Spiel – je nach der für das Teilen gültigen Variante

Die optimale Teilungs-Strategie kann Tabelle 28 entnommen werden. In den mit „(T)" markierten Situationen sollte nur dann geteilt werden, wenn nach der nächsten Karte noch gedoppelt werden darf.

	2	3	4	5	6	7	8	9	10	Ass
Ass,Ass	T	T	T	T	T	T	T	T	T	
10,10										
9, 9	T	T	T	T	T		T	T		
8, 8	T	T	T	T	T	T	T	T		
7, 7	T	T	T	T	T	T				
6, 6	(T)	T	T	T						
5, 5										
4, 4				(T)	(T)					
3, 3	(T)	(T)	T	T	T	T				
2, 2	(T)	(T)	T	T	T	T				

Tabelle 28   Wann geteilt werden sollte

Je nach Regelvariante kann der durchschnittliche Verlust beim Black Jack also auf 0,64 % bis 0,88 % des Erst-Einsatzes gedrückt werden. Dies ist deutlich weniger als die 2,42 % ohne Teilen und Doppeln, auch ist der Verlust im Mittel geringer als bei den einfachen Chancen im Roulette mit 1/74 = 1,35 %. Allerdings – und das ist der gravierende Unterschied zum Roulette – verliert nur der gute Spieler im Schnitt so wenig. Falsches Spiel ist teuer; dazu gehört übrigens auch das Versichern gegen einen Black Jack. Und selbst diese offensichtlich ungünstige Spieloption kann in Spielkasinos immer wieder beobachtet werden.

Die Ersten, die Black Jack ausgiebig mathematisch analysierten, waren 1956 die Amerikaner R. Baldwin, W. Cantey, H. Maisel und J. Mc Dermott[75]. Untersucht wurde die damals in den USA übliche Version, die in einigen Details von den hier untersuchten abweicht. Als Ergebnis berechneten die vier einen durchschnittlichen Verlust von 0,6 %, wobei die optimale Strategie deutlich defensiver ausfiel, als es bis dahin von Spielexperten empfohlen wurde – in ihrer Veröffentlichung referieren sie unter anderem eine Empfehlung von Culbertson und anderen, bis einschließlich 13 beziehungsweise 15 zu ziehen, je nachdem ob die Karte der Bank eine Zwei bis Sechs ist oder nicht.

Baldwin und seine Kollegen gingen – wie auch hier geschehen – von konstanten Wahrscheinlichkeiten für die einzelnen Kartenwerte, eben 1/13 beziehungsweise 4/13, aus. Die dem Spieler im Prinzip zugängliche Information, welche Karten des Kartenstapels schon aus dem Spiel sind, bleibt also unberücksichtigt. Sollte es aber vielleicht möglich sein, durch ein Mitzählen der ausgespielten Karten die Gewinnchancen nochmals deutlich zu erhöhen? Genau diese Idee bewegte den jungen Mathematikprofessor Edward Thorp, nachdem er Baldwins Veröffentlichung gelesen hatte. Tatsächlich entdeckte Thorp bestimmte Spielsituationen, zum Beispiel wenn alle Fünfen aus dem Spiel sind, die für den Spieler bei einer geeigneten Strategie äußerst vorteilhaft sind – der Spieler kann nach Thorp dann ungefähr 3,3 % Gewinn erwarten. Da damals noch mit nur einem einzigen 52er-Blatt gespielt wurde, tritt diese Situation je nach Anzahl der Mitspieler am Tisch in etwa 3,5 % bis 10 % der Fälle ein. Wird in diesen Fällen der Einsatz erhöht, dann reicht das knapp dazu aus, den anderweitigen Vorteil der Bank zu übertreffen. Die Bank wird somit – zumindest in der Theorie – geschlagen!

Was sich nun ereignete, passiert in der Mathematik nur selten: Kaum hatte Thorp seine Ergebnisse der mathematischen Fachwelt auf einem Treffen der American Mathematical Society präsentiert[76], entfachte ein gewaltiger Medienrummel[77], dessen Echo sogar bis nach Europa reichte. Natürlich musste der mathematische Beweis auch im praktischen Test, das heißt im Kasino, „bestätigt" werden. Nicht weniger lukrativ dürfte für Thorp sein mehr als 500.000-mal verkauftes Buch gewesen sein, das er für potentielle Nacheiferer veröffentlichte[78]. Dort werden Strategien beschrieben, mit denen man sich mit viel Übung einen echten Vorteil gegen die Bank verschaffen kann. Grundidee, eine in der Praxis tatsächlich auch anwendbare Strategie zu erhalten, ist es, sich mittels eines so genannten Zählsystems einen

---

[75] R. Baldwin, W. Cantey, H. Maisel und J. Mc Dermott, *The optimum strategy in Blackjack*, Journal of the American Statistical Association, 51 (1956), S. 429-439.

[76] E. Thorp, *A favorable strategy for twenty-one*, Proceedings of the National Academy of Sciences of the USA, 47 (1961), S. 110-112.

[77] E. Thorp, *A prof beats the gamblers*, The Atlantic Monthly, June 1962, S. 41-45; *How to beat the game*, Scientific American, 1961/4, S. 84; P. O. Niel, *A professor who breaks the bank*, Life, 1964/7 (20.4.64), S. 66-72; *17+4, Formel des Glücks*, Der Spiegel, 1964/18, S. 127-131.

[78] E. Thorp, *Beat the dealer*, New York 1962 (überarbeitete Neuauflage 1966).

ungefähren, aber ausreichenden Überblick über die Zusammensetzung des Reststapels zu verschaffen[79]. Dazu wird jedem Kartenwert ein „Gewicht" zugeordnet. Bei Thorps High-Low-System ist das

- 1 für die Karten 2 bis 6,
- -1 für die 10, die Bilder sowie das Ass und
- 0 für den Rest.

Sind die Karten neu gemischt, wird damit begonnen, die Gewichte aller ausgespielten Karten zu addieren. Abhängig von dem erreichten Gesamtgewicht, meist Count genannt, und dem Umfang des Reststapels kann nun die Strategie vorteilhaft variiert werden.

Als erstes und einziges Kasinospiel war Black Jack damit „geknackt". Und heute? In Kasinos wird nach wie vor Black Jack gespielt. Nicht zuletzt dank Thorp und vielen weiteren Black-Jack-Experten mit nahezu ebenso zahlreichen Veröffentlichungen[80] ist Black Jack heute populärer denn je. Dass die Kasinobetreiber sich keine wirklichen Sorgen zu machen brauchen, hat vor allem zwei Gründe: Zum einen wird Black Jack heute generell mit mehreren, meist sechs Kartenblättern gespielt, von denen etwa 80 Karten mit der neutralen Karte abgegrenzt werden; starke Ungleichgewichte zwischen den verschiedenen Kartenwerten werden daher weitgehend vermieden. Zum anderen erfordern die Zählstrategien ein Höchstmaß an Übung und Konzentration, denn jede im schnellen Spielverlauf getroffene Fehlentscheidung geht im Mittel zu Lasten des Spielers. Nur wer ständig richtig zählt und seine Strategie entsprechend anpasst, kann seinen geringfügigen Vorteil gegen die Bank halten. Erfolgreiche Card-Counter dürften daher in der Masse der alles andere als optimal spielenden Durchschnittsspieler untergehen. Dass sich der minimale Vorteil zudem nur auf die Erwartung bezieht und durch Pech im Einzelfall zunichte gemacht werden kann, versteht sich von selbst.

Wie sich Zählsysteme mathematisch herleiten lassen, soll hier am Beispiel des High-Low-Systems demonstriert werden. Ausgegangen wird von einer Black-Jack-Berechnung, die gegenüber der bisher dargestellten verallgemeinert werden muss. So wird die angenommene Gleichverteilung der einzelnen Kartenwerte durch eine beliebige andere Wahrscheinlichkeitsverteilung ersetzt. Unberücksichtigt bleibt dabei, dass sich die Wahrscheinlichkeiten auch während des Spiels noch weiter ändern – der gemachte Fehler kann allerdings vernachlässigt werden. Nahe liegend ist zunächst eine Sensitivitätsanalyse, das heißt man prüft, wie stark sich die Ergebnisse ändern, wenn man die Kartenwahrscheinlichkeiten als Eingangsdaten leicht vergrößert oder verkleinert. Besonders schnell und übersichtlich geht das, wenn man die Black-Jack-Berechnung mit einer Tabellenkalkulation realisiert. Entsprechend der Wahrscheinlichkeits-Änderung von 4/52 auf 3/51 beziehungsweise 15/51, wie sie sich bei der ersten Karte *eines* vollständigen 52er-Blattes ergibt, erhält man die folgenden Korrekturen bei den Gewinnerwartungen (bei nur einmal erlaubtem Teilen):

---

[79] Wäre, was aber nicht der Fall ist, die Verwendung eines Computers im Spielkasino erlaubt, könnte man die Werte der ausgespielten Karten einfach direkt eingeben. Bereits eine entsprechend angelegte Tabelle einer Tabellenkalkulation würde ausreichen, die aktuelle Gewinnerwartung samt zugehöriger Strategie zu ermitteln.

[80] Siehe die Zusammenstellung am Ende des Kapitels.

Bank:	2	3	4	5	6	7	8	9	10	Ass
+/- Erw.	0,0036	0,0044	0,0057	0,0073	0,0043	0,0027	-0,0002	-0,0018	-0,0044	-0,0059

Tabelle 29   Änderung der Gewinnerwartung, wenn eine Karte aus dem 52-er-Blatt entfernt wird.

Die angegebenen Änderungen, für die teilweise auch die Strategien modifiziert werden müssen, liegen in derselben Größenordnung wie die Verlusterwartung bei der optimalen Fixstrategie. Das heißt, bei dem heute nicht mehr üblichen Spiel mit nur einem 52er-Blatt kann der Spieler schnell, nämlich allein aufgrund des „Verbrauchs" von nur zwei Karten, in vorteilhafte Situationen kommen. Auch im weiteren Spielverlauf ändert sich die Gewinnerwartung relativ dynamisch nach oben wie unten. Wird allerdings mit sechs 52er-Blättern gespielt, wirken sich einzelne Karten weit geringer aus, nämlich zu Spielanfang mit ungefähr nur einem Sechstel der tabellierten Werte.

Die Tabelle zeigt auch, dass sich der Verbrauch der Kartenwerte 2 bis 6 positiv für den Spieler auswirkt, während es bei den anderen Karten, insbesondere bei 10 und Ass, genau umgekehrt ist. Die Zählweise des High-Low-Systems berücksichtigt genau diesen Sachverhalt. Der High-Low-Count ist deshalb gut geeignet, die sich ändernden Gewinnchancen ungefähr zu charakterisieren. Wird beispielsweise eine einzige Karte mit Count 1 aus einem 52er-Blatt entfernt, so gibt es für den Kartenwert fünf gleichwahrscheinliche Fälle, nämlich die Karten 2 bis 6. Mittelt man die Ergebnisse dieser Fälle, ergibt sich eine um 0,0051 verbesserte Gewinnerwartung.

Will man seine Strategie anhand des aktuellen Counts optimieren, geht man analog vor. Im Einzelnen wird zunächst die mutmaßliche Zusammensetzung des Reststapels ermittelt, das heißt, bedingt zum aktuellen Count C und der Anzahl n der verbliebenen Karten werden die bedingten Wahrscheinlichkeiten der einzelnen Kartenwerte im Reststapel bestimmt. Da die Karten 7, 8 und 9 den High-Low-Count nicht beeinflussen, sind deren bedingte Wahrscheinlichkeiten für jede Höhe des Counts jeweils gleich 1/13. Dagegen verändern sich die Wahrscheinlichkeiten p_L und p_H für niedrige (2 bis 6) beziehungsweise hohe (10, Bild oder Ass) Karten abhängig vom Count. Im Einzelnen gilt, weil der Count eines vollen Kartenblattes immer gleich 0 ist, die Gleichung

$$p_L - p_H = -{}^C\!/_n.$$

Zusammen mit zumindest ungefähr geltenden Identität

$$p_L + p_H \approx {}^{10}\!/_{13}$$

lassen sich daraus die Wahrscheinlichkeiten p_L und p_H abschätzen[81]. Weiter, das heißt innerhalb der hohen und niedrigen Kartenwerte, kann aufgrund des Counts nicht differenziert werden. Damit sind die zum relativen Count C/n bedingten Wahrscheinlichkeiten für die einzelnen Kartenwerte ungefähr gleich

---

81   Ohne Angabe eines konkreten Count-Wertes C gilt die Identität natürlich exakt, und zwar für jede beliebige Karten-Anzahl n des verbliebenen Reststapels. Die exakte Identität gilt allerdings nicht mehr bedingt zu einem konkret gezählten Count-Wert, wobei die Abweichung besonders in Extremfällen sehr stark sein kann. Beispielsweise kann bei einem Reststapel mit n = 20 Karten ein Count von C = 17 nur durch mindestens 17 hohe Karten entstehen, so dass höchstens drei neutrale Karten im Reststapel verblieben sind (möglich sind einerseits 17 hohe Karten und drei neutrale Karten und andererseits 18 hohe Karten sowie je eine niedrige und eine neutrale Karte). In einem solchen Extremfall liefern die nachfolgenden Schätzungen sogar negative Wahrscheinlichkeiten.

$$P(2) = \ldots = P(6) \approx {}^1/_{13} - {}^C/_{10n} \, ,$$
$$P(10) = \ldots = P(A) \approx {}^1/_{13} + {}^C/_{10n} \qquad \text{und}$$
$$P(7) = P(8) = P(9) \approx {}^1/_{13} \, .$$

Mit diesen bedingten und während des laufenden Spiels als konstant angenommenen Wahrscheinlichkeiten kann nun abhängig vom Quotienten C/n die Strategie optimiert werden. Die Ergebnisse sind im Kasten zusammengefasst. Welche Gewinnerwartung sich aus einer solchermaßen optimierten Strategie ergibt, hängt von verschiedenen Faktoren ab, nämlich

- dem Verhältnis zwischen Mindest- und Höchsteinsatz,
- der Anzahl der verwendeten Kartenblätter,
- dem Anteil der beim Mischen mittels der Trennkarte „abgestochenen" Karten sowie
- der Anzahl von Spielern – bei höherer Teilnehmerzahl steigt bei den „abgestochenen" Karten der Anteil, der noch ausgeteilt wird.

Wie hoch die Gewinnerwartung im Einzelfall ausfällt, kann durch eine die speziellen Gegebenheiten berücksichtigende Monte-Carlo-Simulation bestimmt werden. Mit ihr kann auch getestet werden, wie aussichtsreich vereinfachte Strategien sind, etwa wenn nur das Ziehen vom High-Low-Count abhängig gemacht wird.

Optimale Strategie auf der Basis des High-Low-Counts

Auf der Basis des aktuellen High-Low-Counts C und der Anzahl n der Karten im Reststapel wird wie folgt gespielt:

Einsatz: Bei $100 \cdot C/n \geq 3,6$ wird mit erhöhtem Einsatz gespielt, sonst wird der minimale Einsatz gewählt.

Ziehen:

Bank:	2	3	4	5	6	7	8	9	10	11
19										
18										
17							-44,2	-40,2	-43,3	-12,0
16	-18,3	-20,4	-22,5	-24,9	-27,3	14,7	12,0	8,6	0,1	16,8
15	-11,9	-14,0	-16,1	-18,3	-19,8	18,3	17,9	15,3	8,2	18,8
14	-7,9	-10,3	-12,6	-15,1	-16,2	34,0	38,8	Z	Z	26,9
13	-2,0	-4,8	-7,4	-10,1	-10,5	Z	Z	Z	Z	38,7
12	5,8	2,5	-0,4	-3,3	-2,5	Z	Z	Z	Z	Z
11	Z	Z	Z	Z	Z	Z	Z	Z	Z	Z

Bank:	2	3	4	5	6	7	8	9	10	11
19s										
18s	-29,4	-29,5	-30,1	-30,5	-35,9		-29,7	Z	Z	2,7
17s	Z	Z	Z	Z	Z	Z	Z	Z	Z	Z

Ziehen bei „Z" oder wenn $100 \cdot C/n$ kleiner oder gleich dem angegebenen Wert ist.

Doppel:

Bank:	2	3	4	5	6	7	8	9	10	11
11	-23,3	-25,1	-26,7	-28,2	-31,5	-19,1	-14,8	-9,9	5,9	
10	-17,5	-19,5	-21,3	-22,8	-26,1	-12,6	-9,0	-3,4		
9	1,8	-2,2	-5,6	-8,5	-12,5	6,6	14,5			

Doppeln, wenn $100 \cdot C/n$ größer oder gleich dem angegebenen Wert ist.

Teilen:

Bank:	2	3	4	5	6	7	8	9	10	11
11,11	-22,2	-23,4	-24,5	-25,6	-27,7	-18,2	-16,0	-14,6	-11,8	
10,10	20,0	15,9	12,4	9,4	8,4	25,0	38,6			
9, 9	-2,9	-5,6	-7,8	-10,1	-10,7	12,1	-15,6	-18,7		
8, 8	T	T	T	T	T	T	T	T		
7, 7	-16,8	-20,2	-23,3	-24,9	-35,5	T				
6, 6	3,6	-2,0	-6,4	-10,3	-14,9					
5, 5										
4, 4		36,6	24,6	15,7	34,0					
3, 3	14,8	6,3	0,0	-5,3	-18,9	T				
2, 2	12,6	5,0	-1,9	-8,7	-20,4	T	38,9			

Teilen bei „T" oder wenn $100 \cdot C/n$ größer oder gleich dem angegebenen Wert ist.

Die Regelvariante, bei der geteilte Blätter gedoppelt werden können, ist in der letzten Tabelle nicht berücksichtigt.

Weiterführende Literatur zum Thema Black Jack

Michael Rüsenberg, Andreas Hohlfeld, *Geplantes Glück*, Bild der Wissenschaft 1985/10, S. 60-71;

Michael Rüsenberg, Andreas Hohlfeld, *Black Jack*, Düsseldorf 1985;

Konrad Kelbratowski, *Black Jack*, Niedernhausen 1984;

Bernd Katzenstein, *Black Jack*, Capital 1982/3; S. 264-271;

Virginia Graham, Ionescu Tulcea, *A book on casino gambling*, New York 1978;

Charles Cordonnier, *Black Jack*, München 1985.

Die gerade genannten Publikationen richten sich an Spieler, die folgenden mehr an mathematisch interessierte Leser:

R. A. Epstein, *The theory of gambling and statistical logic*, New York 1967 (eine erweiterte Neuauflage erschien 1977);

Edward Thorp, *Optimal gambling systems for favorable games*, Revue de l'institut international de statistique/Review of the International Statistical Institute, 37 (1969), S. 273-293;

Edward Thorp, William Walden, *The fundamental theorem of card counting with applications to trente-et-quarante and baccarat*, International Journal of Game Theory, 2 (1973), S. 109-119;

Edward Thorp, *The mathematics of gambling*, Hollywood 1984, S. 11-28.

Ulrich Abel, *Black Jack mit der Fünf-Karten-Regel*, Der Mathematikunterricht, 28 (1982), S. 62-73;

Manfred Tiede, *Optimale Verhaltensweisen bei Blackjack*, Statistische Hefte, 12 (1971), S. 143-154.

Martin Millman, *A statistical analysis of casino blackjack*, American Mathematical Monthly, 90 (1983), S. 431-436;

Gary Gottlieb, *An analytic derivation of blackjack win rates*, Operations Research, 33 (1985), S. 971-988.

Olaf Vancura, Judy A. Cornelius, William R. Eadington (ed.), *Finding the edge: Mathematical analysis of casino games*, Reno 2000, S. 71-160.

N. Richard Werthamer, *Risk and Reward: The Science of Casino Blackjack*, New York 2009.

2 Kombinatorische Spiele

2.1 Welcher Zug ist der beste?

Beim Schach ist der Zug des weißen Königsbauern e2 - e4 eine gebräuchliche Eröffnung. Schwarz kann unter anderem mit einem der Züge e7 - e5, e7 - e6, c7 - c5 oder Sg8 - f6 antworten. Gibt es unter den vier Zügen zwei, die hinsichtlich der Gewinnaussichten absolut gleichwertig sind?

Bild 4   Besitzen zwei Positionen gleichwertige Gewinnaussichten?

Die gestellte Frage unterscheidet sich thematisch stark von den bisherigen. Es wird daher nochmals an die in der Einführung dargelegten Ursachen für die Ungewissheit erinnert, wie sie für Spiele typisch ist. Schach ist ein rein kombinatorisches Spiel, das heißt, die Schwierigkeit, die weitere Entwicklung einer Partie abzuschätzen, resultiert einzig aus der astronomischen Vielfalt möglicher Zugfolgen – Zufall oder verdeckte Spielelemente sind nicht vorhanden.

Sind wir beim Schach am Zug, so haben wir die zukünftigen Züge abzuwägen. Dabei besteht zwischen den eigenen Zügen und denen des Gegners ein wesentlicher Unterschied: Bei den gegnerischen Zügen müssen wir immer mit dem schlimmsten rechnen, also auch mit dem Zug, der für uns am ungünstigsten ist. Insbesondere stellt jeder übersehene Zug des Gegners eine Gefahr dar, denn gerade er könnte die eigene Stellung in Gefahr bringen. Dagegen reicht es bei eigenen Zügen völlig aus, jeweils einen guten Zug zu kennen – weitere Züge müssen dann nicht mehr untersucht werden.

Gut ist ein Zug für uns dann, wenn er letztlich zum gewünschten Ergebnis führt, also zum eigenen Sieg oder – bei geringeren Ansprüchen – zu einem Remis. Solche nachträglichen Kriterien sind für einen Spieler aber wenig hilfreich. Er benötigt vielmehr Kriterien, mit denen er a priori Züge objektiv und absolut, also ohne Bezug auf das weitere Spiel des Gegners, bewerten kann. Beim Schach scheint das möglich, nicht dagegen bei Spielen wie Roulette oder Papier-Stein-Schere. Bei ihnen kann nämlich kein Zug als absolut gut oder schlecht charakterisiert werden, alles hängt vom weiteren Geschehen ab. Gute Spieler, die fast immer gewinnen, gibt es bei diesen Spielen daher nicht. Dagegen lässt ein guter Schachspieler einem ihm unterlegenen praktisch keine Chance. Gleiches gilt für gute Schachprogramme, die von einem Durchschnittsspieler kaum noch zu schlagen sind.

© Springer Fachmedien Wiesbaden GmbH, ein Teil von Springer Nature 2018
J. Bewersdorff, *Glück, Logik und Bluff*, https://doi.org/10.1007/978-3-658-21765-5_2

Werden Züge oder Positionen charakterisiert, dann geschieht das meist mit sprachlichen Umschreibungen wie „vorzüglich", „im Vorteil", „etwas besser", „ausgeglichen", „annähernd ausgeglichen" oder „mit Aussicht auf raschen Ausgleich". Dagegen messen Schachprogramme die Gewinnaussichten mit einer Zahl. Gute Züge scheinen also berechenbar zu sein. Dazu Gedanken machte sich übrigens 1836 auch Edgar Allan Poe anlässlich einer Präsentation des berühmten, 1769 vom Baron von Kempelen (1734-1804) konstruierten Schachautomaten. Poe versuchte mit einem Artikel im *Southern Literary Messenger*[82] zu beweisen, dass dieser Automat in der Gestalt eines schachspielenden Türken auf einer Täuschung beruhte. Nachdem Poe den Rechenautomaten des englischen Mathematikers Charles Babbage (1792-1871) gewürdigt hat, vergleicht er ihn mit dem Schachautomaten:

Arithmetische oder algebraische Berechnungen sind ihrem Wesen nach bestimmt. Wenn gewisse Daten gegeben werden, müssen gewisse Resultate notwendig und unausbleiblich folgen. ... Da dies der Fall ist, können wir uns ohne Schwierigkeit die Möglichkeit vorstellen, eine Mechanik zu verfertigen, die von den Daten der Fragen ausgehend richtig und unabweislich zu der Lösung vorschreitet, da dies Vorschreiten, wie verwickelt es auch immer sein mag, doch nach ganz bestimmtem Plane vor sich geht. Bei dem Schachspieler liegt die Sache durchaus anders. Bei ihm ist der Fortschritt in keiner Weise bestimmt. Kein einziger Zug im Schachspiel folgt notwendig aus einem anderen. Wir können aus keiner Stellung der Figuren zu einer Periode des Spiels ihre Stellung zu einer anderen voraussagen.... In genauem Verhältnis zu dem Fortschreiten des Schachspiels steht die Ungewissheit jedes folgenden Zuges. Wenn ein paar Züge gemacht worden sind, so ist kein weiterer Schritt mehr sicher. Verschiedene Zuschauer des Spieles würden verschiedene Züge anraten. Es hängt also alles vom veränderlichen Urteil der Spieler ab. Wenn wir nun annehmen (was nicht anzunehmen ist), dass die Züge des automatischen Schachspielers in sich selbst bestimmt wären, so würden sie doch durch den nicht zu bestimmenden Willen des Gegenspielers unterbrochen und in Unordnung gebracht werden. Es besteht also gar keine Analogie zwischen den Operationen des Schachspielers und denen der Rechenmaschine des Herrn Babbage.

Können die Berechnungen, die durchzuführen eine Maschine nach einem festen Verfahren imstande ist, wirklich vom Wirken des Gegenspielers in Unordnung gebracht werden? Für Spiele wie Papier-Stein-Schere trifft das sicherlich zu, aber auch für Schach? Können auch dort die Züge nur auf der Basis einer mutmaßlichen Gegenstrategie bewertet werden? Oder ist beim Schach das psychologische Einschätzen des Gegners im Prinzip überflüssig? Zweifellos der Fall ist das bei Schachaufgaben und vielen Endspielpositionen. Bei ihnen kann meist einer der Spieler einen Sieg für sich erzwingen, und zwar unabhängig davon, wie sein Gegner spielt. Bei anderen Endspielen lässt sich häufig feststellen, dass beide Spieler ihren Verlust verhindern können, so dass die Partie, vorausgesetzt kein Spieler macht einen Fehler, unentschieden enden wird. Gibt es aber auch Positionen, die vergleichbar der Ausgangssituation bei Papier-Stein-Schere in keine dieser drei Klassen eingeordnet werden können?

Aufgeworfen, präzise formuliert und sogleich beantwortet wurde diese Frage 1912 von dem deutschen Mathematiker Ernst Zermelo (1871-1953). Zu Beginn seines *Eine Anwendung der Mengenlehre auf die Theorie des Schachspiels* betitelten Beitrages zum 5. Internationalen Mathematikerkongress[83] heißt es:

---

[82] Zitiert nach *Der Schachautomat des Baron von Kempelen*, Dortmund 1983.

[83] E. Zermelo, *Über eine Anwendung der Mengenlehre auf die Theorie des Schachspiels*, Proceedings

Die folgenden Betrachtungen sind unabhängig von den besonderen Regeln des Schachspiels und gelten prinzipiell ebensogut für alle ähnlichen Verstandesspiel, in denen zwei
Gegner unter Ausschluss des Zufalls gegeneinander spielen; es soll aber der Bestimmtheit
wegen hier jeweilig auf das Schach als das bekannteste aller derartigen Spiele exemplifi-
ziert werden. Auch handelt es sich nicht um irgend eine Methode des praktischen Spiels,
sondern lediglich um die Beantwortung der Frage: kann der Wert einer beliebigen während des Spiels möglichen Position für eine der spielenden Parteien sowie der bestmögliche Zug mathematisch-objektiv bestimmt oder wenigstens definiert werden, ohne dass
auf solche mehr subjektiv-psychologischen wie die des „vollkommenen Spielers" und
dergleichen Bezug genommenen zu werden brauchte? Dass dies wenigstens in einzelnen
besonderen Fällen möglich ist, beweisen die sogenannten „Schachprobleme", d.h. Beispiele von Positionen, in denen der Anziehende *nachweislich* in einer vorgeschriebenen
Anzahl von Zügen das Matt erzwingen kann. Ob aber eine solche Beurteilung der Position auch in anderen Fällen, wo die genaue Durchführung der Analyse in der unübersch-
baren Komplikation der möglichen Fortsetzungen ein praktisch unüberwindliches Hin-
dernis findet, wenigstens theoretisch denkbar ist und überhaupt einen Sinn hat, scheint
mir doch der Untersuchung wert zu sein, und erst diese Feststellung dürfte für die praktische Theorie der „Endspiele" und der „Eröffnungen", wie wir sie in den Lehrbüchern des
Schachspiels finden, die sichere Grundlage bilden. Die im folgenden zur Lösung des
Problems verwendeten Methode ist der „Mengenlehre" und dem „logischen Kalkül" entnommen und erweist die Fruchtbarkeit dieser mathematischen Diszplin in einem Falle,
wo es sich fast ausschliesslich um *endliche* Gesamtheiten handelt.

Mit relativ kurzen Überlegungen beweist Zermelo dann seinen **Bestimmtheitssatz**: Die Positionen des Schachs und vergleichbarer Spiele sind allesamt bestimmt, das heißt, sie erfüllen
stets eine der drei folgenden Eigenschaften:

- Weiß kann, egal wie Schwarz spielt, einen Sieg erzwingen.
- Schwarz kann, egal wie Weiß spielt, einen Sieg erzwingen.
- Beide Spieler können unabhängig von der Spielweise des jeweils anderen zumindest ein
  Unentschieden erreichen.

Macht kein Spieler einen Fehler dergestalt, dass er das für ihn eigentlich sicher Erreichbare
verfehlt, dann steht das Ergebnis für jede Position fest – die Anfangsposition selbstverständlich eingeschlossen. Und spätestens hier kommen wir an die Grenze zwischen Theorie
und Praxis. Die prinzipielle Möglichkeit, sämtliche Positionen in drei Klassen einteilen zu
können, besagt noch nichts darüber, wie sie sich konkret vollzieht. Und genau das ist für
Schach ein nach wie vor offenes Problem. Wäre es gelöst, wüsste man auch, von welchem
Typ die Anfangsposition ist. Schach würde dann, wie Zermelo bemerkte, „freilich den Charakter eines Spiels überhaupt verlieren". Wenn also heute und sicher auch zukünftig Partien
zwischen den weltbesten Schachspielern und -programmen nicht immer gleich enden, dann
ist das ein Beleg dafür, dass die Komplexität des Schachs so hoch ist, dass sie de facto nicht
überwunden werden kann. Zwar lässt die Erfahrung vermuten, dass Schwarz keinen Vorteil

---

of the Fifth Congress of Mathematics, Vol. II, Cambridge 1913, S. 501-504.
Zermelo, der als Mathematiker vorwiegend auf dem Gebiet der Axiomatisierung mathematischer
Grundlagen hervorgetreten ist, hat später auch einen Vorschlag für ein Ranking-System innerhalb
von Schachturnieren vorgelegt: *Die Berechnung der Turnier-Ergebnisse als ein Maximierungs-
problem der Wahrscheinlichkeitsrechnung*, Mathematische Zeitschrift, 29 (1929), S. 436-460.

hat. Zudem sprechen die vielen Remis in Turnieren dafür, dass Schach ausgeglichen ist. Letztlich aber ist das reine Spekulation.

Keine Spekulation ist die Antwort auf die eingangs gestellte Frage. Da es für Schachpositionen nur drei Klassen mit unterschiedlichen Gewinnaussichten gibt, finden sich unter den vier in der Frage genannten Zügen mindestens zwei, die zu Positionen mit identischen Gewinnaussichten führen[84]. Welche das sind, welche Gewinnaussichten sie konkret ermöglichen, und ob es nicht noch mehr Übereinstimmungen gibt, muss offen bleiben.

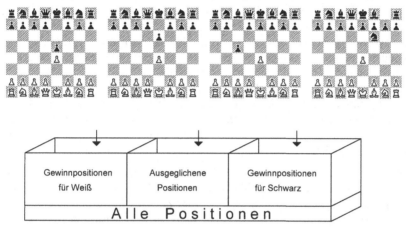

Bild 5   Mindestens ein „Schubfach" enthält zwei Positionen

Machen solch wenig konkreten Aussagen überhaupt einen Sinn? Beim Schachspielen helfen sie sicher nicht. Allerdings bilden sie eine Basis, auf der weiter gehende Ergebnisse abgeleitet werden können. Wie das möglich ist, wird Thema der nächsten Kapitel sein. Hier eine kleine Vorausschau:

- Für einige, im Vergleich zu Schach weniger komplizierte Spiele können optimale Strategien und die zugehörigen Gewinnaussichten explizit bestimmt werden. In anderen Fällen können die Gewinnaussichten angegeben werden, ohne dass man optimale Strategien kennt.
- Das Prinzip, das dem Bestimmtheitssatz zugrunde liegt, wird in modifizierter Form auch in Schachprogrammen angewendet.
- Brettspiele wie Schach und Go gelten als reine Verstandesspiele. Der Bestimmtheitssatz bestätigt dieses Image. Mit anderen Worten: Der spielerische Charakter eines Spiels steht in engem Zusammenhang zu seinen formalen Eigenschaften. Insofern ist es interessant zu prüfen, unter welchen Bedingungen der Bestimmtheitssatz auch für andere Spiele gilt.

Den letzten Punkt wollen wir sofort noch etwas vertiefen. Folgende fünf Eigenschaften reichen bei einem Spiel[85] aus, damit wie beim Schach der Bestimmtheitssatz gilt:

---

[84] Entsprechende, auf Lejeune Dirichlet (1805-1859) zurückgehende Argumentationen sind in der Zahlentheorie unter der Bezeichnung „Schubfachprinzip" bekannt.

[85] Was eigentlich unter einem „Spiel" im Sinne eines mathematischen Modells zu verstehen ist, wird hier bewusst noch nicht näher präzisiert. Die Vorstellung, die wir durch die uns bekannten Beispiele haben, reicht fürs Erste völlig aus.

1. Das Spiel wird von zwei Personen gespielt.
2. Der Gewinn des einen Spielers ist gleich dem Verlust des anderen Spielers.
3. Das Spiel endet nach einer begrenzten Zahl von Zügen, und jeder Spieler hat immer nur endlich viele Zugmöglichkeiten.
4. Das Spiel weist **perfekte Information** auf, das heißt, alle Informationen über den erreichten Spielstand liegen beiden Spielern offen.
5. Es gibt keine zufälligen Einflüsse[86].

Die zweite Bedingung ist bei der Bewertung der Spielausgänge mit $(1, -1)$, $(0, 0)$ und $(-1, 1)$, wie sie bei Schach und vergleichbaren Spielen üblich ist, gewährleistet. Werden Verluste als negative Gewinne interpretiert, beträgt die Summe der Gewinne stets 0, weshalb man ein solches Spiel **Nullsummenspiel** nennt. Bei einem Nullsummenspiel verfolgen beide Spieler stets vollkommen konträre Interessen. Die dritte Bedingung ist beim Schach dadurch erfüllt, dass eine Partie unentschieden abgebrochen wird, wenn 50 Züge kein Bauer gezogen und keine Figur geschlagen wird. Ein endloses Umherrücken von Figuren ist daher nicht möglich. Für den Bestimmtheitssatz unerheblich ist, dass beide Spieler abwechselnd ziehen; gleichzeitige Züge wie bei Papier-Stein-Schere sind aber entsprechend dem vierten Punkt ausgeschlossen[87]. Erlaubt sind schließlich auch andere als die drei beim Schach auftretenden Spielresultate wie beispielsweise ein doppelter Gewinn $(2, -2)$ für Weiß.

Erfüllt ein Spiel alle fünf Voraussetzungen, gilt der Bestimmtheitssatz. Danach ist das Spiel in dem Sinne strikt determiniert, dass der Ausgang bei beidseitig fehlerfreiem Spiel von vornherein feststeht. Das heißt, zu dem Spiel gehört *ein* Gesamtresultat wie $(1, -1)$, $(0, 0)$ oder $(-2, 2)$, das bei beidseitig fehlerfreiem Spiel immer erreicht wird. Jeder der beiden Spieler kann nämlich so spielen, dass ihm mindestens das entsprechende Ergebnis sicher ist. Und umgekehrt kann das Ergebnis nicht besser ausfallen, sofern auch der Gegner seine Möglichkeiten ausschöpft.

Präziser formulieren lässt sich der Bestimmtheitssatz mit Hilfe des Begriffs der **Strategie**. Eine Strategie stellt eine für einen Spieler vollständige Handlungsanweisung dar, die für jede Situation, wo der betreffende Spieler ziehen muss, einen Zug vorsieht. Dass solche Strategien enorm viel Information beinhalten können und ihre Beschreibung daher entsprechend umfangreich ist, dürfen wir in unseren theoretischen Überlegungen wieder übersehen. Auf diesem Level ist es sogar denkbar, den Ablauf eines beliebigen Zweipersonenspiels so zu ändern, dass beide Spieler ihre Strategie schon vor der Partie vollständig festlegen müssen. Dabei sind verschiedene Varianten denkbar, die sich darin unterscheiden, mit welchem Wissen über die gegnerische Strategie sich ein Spieler entscheiden muss:

- Beide Spieler wählen ihre Strategie insgeheim und offenbaren sie gleichzeitig.
- Weiß muss seine gewählte Strategie offenbaren, bevor sich Schwarz für seine Strategie entscheidet.
- Schwarz muss seine gewählte Strategie offenbaren, bevor sich Weiß für eine Strategie entscheidet.

---

[86] Auf diese Bedingung kann verzichtet werden, wenn statt der Gewinne deren Erwartungswerte als Basis genommen werden. Dann gilt der Bestimmtheitssatz auch für Spiele wie Backgammon.

[87] Ziehen beide Spieler wie bei Papier-Stein-Schere gleichzeitig, dann kann man, ohne dass sich das Spiel substantiell ändert, die Züge auch nacheinander organisieren. Dazu wird die Information über den Zug des zuerst ziehenden Spielers seinem Gegner solange vorenthalten, bis auch dieser gezogen hat – offensichtlich liegt damit keine perfekte Information vor.

Für Zwei-Personen-Nullsummenspiele wollen wir uns nun ansehen, wie diese drei Regelvarianten die Gewinnaussichten der Spieler beeinflussen:

Der erste Ablauf entspricht, sieht man einmal von der etwas umständlichen Abwicklung ab, dem ursprünglichen Spiel. Dass sich die Spieler schon zu Beginn festlegen müssen, verändert deren Chancen nicht, da es für eine zu treffende Entscheidung unerheblich ist, ob die Situation, in der die Entscheidung zu realisieren ist, schon eingetreten ist oder nicht. Wesentlich ist nur, dass jede Zugentscheidung an genau dem **Informationsstand** ausgerichtet wird, wie er für den ziehenden Spieler in einer realen Partie verfügbar ist.

Dagegen verändern die beiden anderen Spielabläufe die für die Entscheidung vorhandene Informationsbasis. Jeweils einem Spieler wird es nämlich ermöglicht, konkret die gegnerische Strategie zu berücksichtigen und damit gegebenenfalls deren Schwächen auszunutzen. Dieser Spieler hat damit für seine Entscheidungen gegenüber dem originalen Spiel mehr Informationen – er weiß nämlich immer, wie sein Gegner sich im Verlauf der Partie verhalten wird. In Spielen wie Papier-Stein-Schere ist ein solcher Vorteil immens, da er einen sicheren Gewinn ermöglicht!

Muss sich Weiß als Erster für eine Strategie entscheiden, wird er bestrebt sein, eine Strategie zu finden, die unabhängig von der schwarzen Strategie einen möglichst hohen Gewinn ergibt. Weiß nimmt daher für jede seiner ins Auge gefasste Strategie den „worst case" an, also jene Erwiderung von Schwarz, bei der sein Gewinn am kleinsten ausfällt. Er entscheidet sich daher am besten für die Strategie, bei der dieses Minimum am größten ausfällt. Der derart gesicherte Gewinn wird **Maximin-Wert** genannt.

Im umgekehrten Fall, bei dem sich Schwarz zuerst zu entscheiden hat, muss Schwarz bei jeder eigenen Strategie damit rechnen, dass Weiß so kontert, dass dessen Gewinn am höchsten ausfällt. Schwarz spielt daher am besten so, dass unter diesen Maxima das kleinste erreicht wird. Es wird als **Minimax-Wert** bezeichnet.

Insgesamt verfügt also Weiß über eine Strategie, bei der er mindestens den Maximin-Wert als Gewinn erhält, und umgekehrt kann Schwarz mit einer geeigneten Strategie den Gewinn von Weiß auf höchstens den Minimax-Wert beschränken. Insbesondere ist also der Maximin-Wert kleiner oder gleich dem Minimax-Wert, weswegen man auch von dem unteren und dem oberen Wert eines Spiels spricht (siehe auch Bild 6).

Maximin-Wert	$\leq$	Minimax-Wert
So viel kann sich Weiß selbst dann als Gewinn sichern, wenn Schwarz seine Spielweise bestmöglich auf die ihm bereits vor dem Spiel bekannte Spielweise von Weiß ausrichtet.		Auf so wenig kann Schwarz den Gewinn für Weiß selbst dann begrenzen, wenn Weiß seine Spielweise bestmöglich auf die ihm bereits vor dem Spiel bekannte Spielweise von Schwarz ausrichtet.

Bild 6   Die beiden Werte eines Zwei-Personen-Nullsummenspiels

Für den Fall des Spiels Papier-Stein-Schere sind die beiden Werte verschieden, nämlich gleich −1 und 1. Anders sieht es bei Spielen aus, die wie Schach den Voraussetzungen des Bestimmtheitssatzes genügen. Unter Bezug auf die beiden Werte lässt sich nämlich die Aussage des Bestimmtheitssatzes folgendermaßen formulieren: Der Maximin-Wert ist unter den genannten Voraussetzungen gleich dem Minimax-Wert, wobei diese übereinstimmende Größe kurz **Wert** des Spiels genannt wird. Zermelos Satz wird daher häufig auch Minimax-Satz genannt. Schach weicht damit in seinem Charakter deutlich von einem Spiel wie Papier-Stein-Schere ab. Folglich ist beim Schach – eben anders als bei Papier-Stein-Schere – das Durchschauen des Gegners unwichtig. Schach kann sogar völlig ohne jeden Bezug auf den Gegner nach objektiven Gesichtspunkten geplant werden, eben auch von einem Computer, der mit einem entsprechenden Verfahren programmiert wurde.

Maximin-Wert   =   Minimax-Wert

Bild 7   Zermelos Bestimmtheitssatz: gültig für Zwei-Personen-Nullsummenspiele
            mit perfekter Information

Bei Spielen, die die Voraussetzungen des Bestimmtheitssatzes erfüllen, bilden die Minimax-Strategien eine Art Gleichgewicht, das keiner der beiden Spieler zu seinen Gunsten verschieben kann. Eine geometrische Interpretation ergibt sich, wenn man die von den aufeinandertreffenden Strategien abhängenden Gewinne in ein räumliches Koordinatensystem einträgt – ein Beispiel dazu findet man am Ende des Kapitels (siehe Bild 10). Maximin- und Minimax-Strategie bilden dann zusammen mit dem entsprechenden Gewinn einen **Sattelpunkt** – man spricht deshalb von Sattelpunktstrategien, aber auch von Minimax-, Maximin- oder optimalen Strategien. Ein Spieler, der eine **optimale Strategie** verwendet, kann sie, ohne dass er einen Nachteil befürchten muss, schon vor einer Partie offen legen.

Wichtig ist, dass der Wert eines Spiels mit perfekter Information rekursiv bestimmt werden kann. Dazu minimiert und maximiert man zugweise: Ist Weiß am Zug, ist der Wert gleich dem maximalen Wert unter den Nachfolgepositionen, andernfalls ist entsprechend zu minimieren. Dieses Verfahren bildet, wie wir noch sehen werden, eine der Grundlagen von Schachprogrammen. Besonders plastisch wird der rekursive Maximin-Prozess, wenn der Spielverlauf in einer **Spielbaum** genannten Form dargestellt wird. Positionen werden dabei durch die Knoten genannten Verzweigungen des Spielbaums, Züge durch die Kanten repräsentiert. Damit eine Partie von oben nach unten verläuft, wird die den Spielanfang symbolisierende Spielbaum-Wurzel oben dargestellt. Die unteren Enden, auch Endknoten genannt, entsprechen dann den verschiedenen Endpositionen und sind deshalb mit den zugehörigen Spielresultaten gekennzeichnet. Ein Beispiel eines Dreizügers ist in Bild 8 dargestellt.

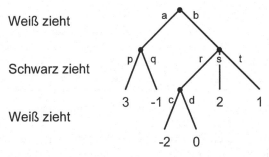

Bild 8   Ein Dreizüger als Spielbaum

Der Wert des Spiels kann nun von unten nach oben mit Hilfe abwechselnder Maxi- und Minimierungen berechnet werden. Ausgehend von den Endpositionen und den sich dort für Weiß ergebenden Gewinnen geht man Stufe für Stufe nach oben. Dabei wird auf der Basis der für das nächstniedrigere Niveau bereits bekannten Werte maximiert, wenn Weiß zieht, beziehungsweise minimiert, wenn Schwarz zieht. So findet man die in Bild 9 fett eingezeichnete Zugfolge, die für beide Seiten optimal ist.

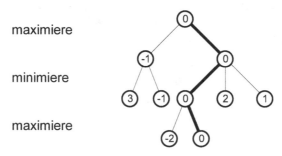

Bild 9   Beidseitige optimale Zugfolge

Das Beispiel eignet sich auch sehr gut dazu, den Strategiebegriff näher zu erläutern. Entscheidet sich Weiß dazu, mit dem Zug a (siehe Bild 8) zu eröffnen, braucht er für das anschließende Spiel keine weiteren Pläne zu schmieden. Anders beim Zug b, wo Weiß bei der Erwiderung r einen Plan besitzen muss, ob er nach c oder d ziehen will. Für Weiß gibt es also drei Strategien: a, b-c und b-d. Auch Schwarz muss für zwei Positionen planen, in denen er zum Zug kommen kann. Das entspricht insgesamt sechs Strategien, nämlich p-r, p-s, p-t, q-r, q-s und q-t. Trägt man zu jeder nur möglichen Kombination von weißer und schwarzer Strategie das Spielergebnis in eine Tabelle ein, erhält man die so genannte **Normalform**. Praktisch geht das natürlich nur für solche Spiele, die ähnlich einfach wie der hier untersuchte Dreizüger sind. Bei Schach würde sich eine gigantische Tabelle astronomischen Ausmaßes ergeben. Warum die Normalform trotzdem so wichtig ist, liegt einfach daran, dass ein Spiel ohne perfekte Information wie Papier-Stein-Schere zwar als Normalform einfach, als Baum hingegen nur mit Komplikationen dargestellt werden kann.

		Schwarz					
		p-r	p-s	p-t	q-r	q-s	q-t
Weiß	a	3	3	3	-1	-1	-1
	b-c	-2	2	1	-2	2	1
	b-d	0	2	1	**0**	2	1

Tabelle 30   Die Normalform des Dreizügers mit Sattelpunkt

In Tabelle 30 sind die optimalen Strategien mit dem dazugehörigen Sattelpunkt hervorgehoben. Deutlich erkennbar ist die Stabilität des Sattelpunktes. Ausgehend von ihm kann sich nämlich keiner der beiden Spieler dadurch verbessern, dass er seine Strategie wechselt. Stellt man die Normalform wie in Bild 10 in Form eines Balkendiagramms graphisch dar, kann man sogar mit etwas Phantasie den „Sattel" erkennen: In einer Richtung ist kein Gewinn höher, quer dazu keiner niedriger.

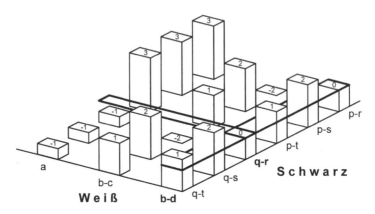

Bild 10   Normalform als Balkendiagramm

Der Beweis des Bestimmtheitssatzes

Entsprechend dem Prinzip der vollständigen Induktion geht man davon aus, dass der Bestimmtheitssatz für alle Spiele gültig ist, die höchstens eine bestimmte Zugzahl n dauern. Diese Annahme ist a priori zumindest für n = 0 richtig, da die Spielregel eines solchen Torso-Spiels ausschließlich daraus besteht, wer wie viel von wem gewinnt. Im eigentlichen Induktionsschritt betrachtet man den ersten Zug eines höchstens n+1 Züge dauernden Spiels, wobei aufgrund der Symmetrie angenommen werden kann, dass Weiß anzieht. Jedes Endspiel, das sich an den ersten Zug anschließt, ist, da es höchstens n Züge dauert, im Sinne des Bestimmtheitssatzes strikt determiniert, das heißt, der Maximin-Wert ist stets gleich dem Minimax-Wert. Wir bezeichnen den größten dieser Werte mit v; er ist, wie nun gezeigt werden wird, gleich dem Wert des Gesamtspiels[XIII]:

- Weiß zieht im ersten Zug zu dem Endspiel mit dem Wert v. Anschließend kann sich Weiß innerhalb dieses Endspiels einen Gewinn in der Höhe von v sichern.

- Aufgrund der perfekten Information erfährt Schwarz den Zug, mit welchem Weiß das Spiel eröffnet hat. Daher ist es Schwarz möglich, sich in dem erreichten Endspiel so zu verteidigen, wie er sich in diesem Spiel einzeln verhalten würde. Damit gewinnt Weiß maximal den Wert des erreichten Endspiels, also höchstens den Betrag v.

2.2   Gewinnaussichten und Symmetrie

Um keinen Spieler zu begünstigen, sind die Regeln der meisten Brettspiele für beide Spieler annähernd symmetrisch. Wird das Ziel im konkreten Einzelfall aber tatsächlich erreicht?

Ob Schach, Backgammon, Dame, Halma, Reversi, Go oder Mühle – abgesehen vom Recht des ersten Zuges sind diese Zwei-Personen-Nullsummenspiele für beide Spieler vollkommen symmetrisch. Stark unsymmetrische Spiele wie Wolf und Schafe[88] und das 1983 in Deutschland als „Spiel des Jahres" ausgezeichnete Spiel Scotland Yard[89] sind eher die Ausnahme.

Bei Spielen wie Schach gilt der Anziehende als „leicht" bevorteilt. Allerdings, so lehrt uns der Bestimmtheitssatz, ist ein solches Brettspiel entweder absolut ausgewogen oder einer der beiden Spieler besitzt eine Gewinnstrategie. Für intellektuelle Wettkämpfe kommen eigentlich nur ausgeglichene Spiele in Frage. Sollte ein Zwei-Personen-Nullsummenspiel mit perfekter Information nicht ausgeglichen sein, oder ist – was in der Praxis eher die Regel sein dürfte – sein Wert nicht bekannt, kann man versuchen, die Chancen auszugleichen. Dazu gibt es verschiedene Möglichkeiten:

- Der erste Zug wird ausgelost. Die Spielchancen sind dann gerecht verteilt, aber nur um den Preis, es nun mit einem Glücksspiel zu tun zu haben. Auch wenn der Zufall auf den Spielanfang beschränkt bleibt, so ist sein Einfluss doch sehr erheblich. Bei a priori nicht ausgeglichenen Spielen ist er theoretisch sogar allein entscheidend!
- Man spielt zwei Partien, wobei das Recht des ersten Zuges wechselt. Gegebenenfalls bestehende Vor- und Nachteile bei der ersten Partie werden dann durch die zweite entsprechend kompensiert. Wer das Anzugsrecht in der zuerst gespielten Partie besitzt und wer in der zweiten Partie, ist ohne Belang.
- Beim Brettspiel Twixt[90] von Alex Randolph soll der Vorteil des Anziehenden dadurch kompensiert werden, dass der Nachziehende nach dem Eröffnungszug entscheiden darf, ob er die Seiten wechseln möchte oder nicht. Die Idee dieser „Kuchenregel" folgt dem Prinzip, nach dem man zwei Kinder gerecht einen Kuchen teilen lassen kann – das eine schneidet den Kuchen, das andere darf sich dann das vermeintlich größere Stück aussuchen. Als so genanntes texanisches Roulette wird das Prinzip in abgewandelter Form in der Ökonomie verwendet: Räumen sich zwei gleichberechtigte Teilhaber einer Firma gegenseitig ein Vorkaufsrecht ein, so kann die Preisfindung für einen Anteil dadurch gerecht gestaltet werden, dass der Bietende zugleich bereit sein muss, seinen eigenen Anteil für den gleichen Preis zu verkaufen.

---

[88] Auf einem Schachbrett erhält Weiß vier Damesteine, eben die Schafe, und Schwarz einen Damestein als Wolf. Gezogen werden darf nur diagonal, und zwar ein Feld weit. Dabei dürfen die Schafe nur nach vorne ziehen, der Wolf darf vorwärts und rückwärts ziehen. Ziel der Schafe ist es, den Wolf einzukreisen, so dass er nicht mehr ziehen kann. Das Spiel ist auch unter dem Namen Fuchs und Gänse bekannt; eine Beschreibung findet man in Claus D. Group, *Brettspiele – Denkspiele*, München 1976, S. 90-92. Übrigens besitzen die Schafe eine Gewinnstrategie. Einen Beweis dafür findet man in Elwyn Berlekamp, John H. Conway, Richard K. Guy, *Gewinnen*, Band 3, Braunschweig 1986 (engl. Orig. 1982), S. 209-212.

[89] Scotland Yard ist ein sehr schön gestaltetes Verfolgungsspiel, bei dem ein Spieler durch die zusammenspielenden Gegner aufgespürt werden muss. Beim Spielplan handelt es sich um einen Londoner Stadtplan, auf dem im Netz des öffentlichen Nahverkehrs gezogen werden darf; siehe dazu Erwin Glonnegger, *Das Spiele-Buch*, München 1988, S. 124-125; Jury ‚Spiel des Jahres', *Spiel des Jahres*, München 1988, S. 56-58; Jury ‚Spiel des Jahres', *Die ausgezeichneten Spiele*, Hamburg 1991 (rororo 8912), S. 55-60.

[90] Twixt gehört zu den so genannten Border-to-Border-Spielen, bei denen normalerweise der anziehende Spieler immer zumindest ein Remis erreichen kann. Zwei weitere Spiele dieses Typs, nämlich Hex und Bridge-it, werden in diesem Kapitel an späterer Stelle erörtert. Literatur zu Twixt: David Pritchard (ed.), *Modern board games*, London 1975, S. 92-101 (Autor: David Wells); Andreas Kleinhans, *Twixt – ein kleines Expertenheft*, Stuttgart 1990 (vervielfältigte Broschüre); Erwin Glonnegger, *Das Spiele-Buch*, München 1988, S. 142-143; Werner Fuchs, *Spieleführer 1*, Herford 1980, S. 106-108; Cameron Browne, *Connection Games,* Wellesley 2005, S. 162 ff.

Die beschriebenen Verfahren erscheinen intuitiv recht vernünftig und werden dementsprechend in der Praxis verwendet. Zwischen den Verfahren bestehen allerdings gravierende Unterschiede, die auf der Basis des Bestimmtheitssatzes deutlich gemacht werden können. Dazu werden die zugehörigen Werte bestimmt, was möglich ist, ohne irgendwelche Gleichgewichtsstrategien zu kennen.

Das Auslosen des Eröffnungszuges führt dazu, dass jeder der beiden Spieler eine Strategie besitzt, die ihm die Gewinn*erwartung* 0 sichert. Wie diese Strategie, die sich aus den Gleichgewichtsstrategien des ursprünglichen Spiels zusammensetzt, konkret aussieht, muss meist offen bleiben – hier liegt eben der intellektuelle Anspruch des Spiels, obwohl selbst der perfekteste Spieler mit Pech bei der Auslosung durchaus verlieren kann.

Mit dem Spiel von zwei Partien lassen sich die Chancen ohne jeden Zufallseinfluss völlig ausgleichen, das heißt, der Wert des kombinierten Spiels ist gleich 0. Insbesondere ergibt sich kein Vor- oder Nachteil daraus, wer in der ersten Partie anzieht. Um den Wert 0 zu realisieren, kann ein Spieler die Gleichgewichtsstrategien des Einzelspiels verwenden. Da meistens nicht bekannt ist, wie diese aussehen, wird ein vollkommener intellektueller Wettkampf erreicht. Übrigens reicht bereits eine geringfügige Änderung der Regeln aus, um für einen Spieler explizit eine Gleichgewichtsstrategie angeben zu können. Dazu werden beide Partien simultan gespielt, wobei eine ganz spezielle Zugreihenfolge verwendet wird:

- Spieler A zieht in der Rolle von Weiß in der ersten Partie,
- Spieler B zieht in der Rolle von Weiß in der zweiten Partie,
- Spieler A zieht in der Rolle von Schwarz in der zweiten Partie,
- Spieler B zieht in der Rolle von Schwarz in der ersten Partie und so weiter.

Wird so gespielt, kann sich Spieler B mit einer einfachen Kopie der Züge seines Gegners A den Wert 0 als Gewinn sichern. In einer ausgefeilten Version beschrieben wird dieser Trick in Sidney Sheldons Roman *Kalte Glut*[91]. Dort spielt ein Gaunerpärchen simultan gegen zwei, räumlich voneinander getrennte Schachmeister und wettet mit dem naiven Publikum, dabei mindestens zwei Remis oder einen Sieg zu erzielen. Noch trickreicher wäre es wahrscheinlich gewesen, für die Einzelspiele entsprechende Wettquoten festzulegen.

Bei der spielerisch sehr interessanten Kuchenregel wird ein Ausgleich der Spielchancen nur dann garantiert, wenn es einen Eröffnungszug gibt, der zu einer Position mit dem Wert 0 führt. Mit einem solchen Eröffnungszug kann Weiß nämlich eine Gleichgewichtsstrategie einleiten. Alle anderen Züge sind für Weiß ungünstig: Bei positivem Wert tauscht Schwarz nämlich die Seiten, andernfalls, das heißt bei negativem Wert, hat Schwarz direkt eine Gewinnstrategie. Der Wert eines Spiels mit Kuchenregel ist daher maximal gleich 0.

Alle drei gemachten Aussagen beruhen darauf, die Handlungsmöglichkeiten beider Spieler miteinander zu vergleichen. Bei einigen Spielen ist solches ebenso direkt und nicht nur für die symmetrisierten Varianten möglich. So kann bei Sid Sacksons Brettspiel Focus[92], das mit Damesteinen auf einem an den Ecken verkleinerten Schachbrett gespielt wird, der Nachziehende alle Züge des Anziehenden nachmachen. Anders als beim Schach funktioniert das,

---

[91] In Kapitel 20.

[92] Focus wurde erstmals von Martin Gardner in Scientific American, 1963/10, S. 124-130 vorgestellt; überarbeitet und übersetzt zu finden in Martin Gardner, *Mathematisches Labyrinth*, Braunschweig 1979, S. 43-45. Beschreibungen des Spiels findet man in Sid Sackson, *Spiele anders als andere*, München 1982 (amerikan. Original 1969), S. 145-154; Erwin Glonnegger, *Das Spiele-Buch*, München 1988, S. 161; Jury ‚Spiel des Jahres', *Spiel des Jahres*, München 1988, S. 44-46.

weil man die Spielsteine nur horizontal und vertikal ziehen darf und die Anfangsstellung in dem Sinne symmetrisch ist, dass eine Spiegelung am Mittelpunkt wirkungsgleich mit einem Austausch der Farben ist. Mit einer kleinen Regelergänzung kann die spielerische Ungewissheit bei Focus, das 1981 in Deutschland als „Spiel des Jahres" ausgezeichnet wurde, wieder hergestellt werden.

Bei einer großen Klasse von Spielen wird beginnend mit einem leeren Spielbrett pro Zug je ein Spielstein der eigenen Farbe auf irgendein noch freies Feld gelegt. Einmal gelegte Steine werden später weder gezogen noch geschlagen, weswegen sich solche Spiele gut als Schreibspiele eignen. Gewonnen hat derjenige der beiden Spieler, der als Erster mit seinen Steinen eine bestimmte Konfiguration erreicht. Beispiele für solche Spiele sind Tic-Tac-Toe, Go-Moku und Qubic, bei denen aus den eigenen Steine eine geschlossene Reihe einer vorgegebenen Länge – ob vertikal, horizontal oder diagonal – gebildet werden muss:

- Bei Tic-Tac-Toe ist auf einem 3×3-Brett eine Dreier-Reihe zu bilden (siehe Bild 11).
- Bei dem auf einem deutlich größeren Brett gespielten Go-Moku müssen fünf eigene Steine in einer Reihe liegen.
- Qubic wird gewonnen, wenn in einem 4×4×4-Würfel vier Steine eine Reihe bilden.

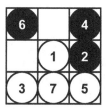

Bild 11 Tic-Tac-Toe: Weiß hat mit dem 7. Zug gewonnen – der 2. Zug von Schwarz war schlecht.

Allen diesen Spielen gemein ist, dass ein zusätzlicher Stein nie schaden kann. Aufgrund der für beide Seiten identischen Gewinnkonfigurationen hat das zur Konsequenz, dass der Nachziehende auf keinen Fall eine Gewinnstrategie besitzt. Wäre dem nämlich so, könnte der Anziehende erst einen beliebigen Stein legen und anschließend die Gewinnstrategie des Nachziehenden kopieren. Falls der Anziehende dabei auf ein schon von ihm vorher besetztes Feld setzen müsste, weicht er einfach auf ein anderes aus. Damit besitzt nun auch der Anziehende eine Gewinnstrategie, was offensichtlich die gemachte Annahme aufgrund des zutage getretenen Widerspruchs widerlegt. Diese Technik des „Strategieklaus" wurde wohl erstmals 1949 von dem Amerikaner John Nash (1928-2015), einem der wirtschaftswissenschaftlichen Nobelpreisträger des Jahres 1994, angewandt[93].

Es bleibt anzumerken, dass für die drei genannten Spiele die Werte sogar explizit bekannt sind. Bei Tic-Tac-Toe ist es relativ einfach, alle maßgeblichen Zugfolgen zu analysieren. Dabei stellt sich heraus, dass der Nachziehende nur dann verlieren kann, wenn er einen Fehler macht, so dass der Wert von Tic-Tac-Toe gleich 0 ist. Wird Go-Moku auf einem Brett

93 Martin Gardner, *Mathematische Rätsel und Probleme*, Braunschweig 1986 (amerikan. Orig. 1959), S. 35 ff.; John Milnor, *A Nobel Prize for John Nash*, The Mathematical Intelligencer, 17/3 (1995), S. 11-17; Sylvia Nasar, *Genie und Wahnsinn: Das Leben des genialen Mathematikers John Nash*, München 2002 (amer. Orig. 1998), Kapitel 6. In Kapitel 3.11 werden Nashs Ergebnisse, für die er mit dem Nobelpreis ausgezeichnet wurde, näher erläutert.

gespielt, das mindestens die Größe von $15{\times}15$ besitzt, dann besitzt der Anziehende eine Gewinnstrategie. Bewiesen wurde dieses Ergebnis 1993 von drei niederländischen Informatikern mit Hilfe umfangreicher Computeranalysen, bei denen bis auf Symmetrie alle Zugmöglichkeiten des Nachziehenden berücksichtigt wurden. Dabei wurden etwa 15 Millionen Positionen durchlaufen, um eine Gewinnstrategie in Form einer Bibliothek von 150000 Zügen zu generieren[94]. Eine entsprechende, ebenfalls sehr umfangreiche Computeranalyse für Qubic gelang Oren Patashnik bereits 1980. Auch bei Qubic kann der Anziehende immer gewinnen[95]. Beide Ergebnisse beruhen auf einem Prinzip, das zumindest in den „ernsthaften" Bereichen der Mathematik nicht unumstritten ist, nämlich Sätze auf dem Wege von umfangreichen Fallunterscheidungen mit Hilfe von Computern zu beweisen. Der erste so bewiesene und wohl zugleich bekannteste Satz ist der Vierfarbensatz[XIV].

Weiter gehende Ergebnisse über Tic-Tac-Toe-Spiele

Auf einem sehr abstrakten Level wurden Spiele vom Tic-Tac-Toe-Typ 1963 von Hales und Jewett analysiert[96]. Das Anwendungsbeispiel ihrer Untersuchung ist das Spiel, bei dem auf einem n-dimensionalen Spielfeld mit k^n Feldern k eigene Steine in einer Reihe zu positionieren sind. Solche Spiele besitzen – so die Ergebnisse – zwei entscheidende Eigenschaften:

- Ist die Dimension des Spielfeldes im Vergleich zu seiner Länge groß genug, gibt es keine Remis-Position. Das heißt, bei einem vollständig mit Steinen belegten Spielfeld verfügt immer einer der beiden Spieler über eine Gewinnreihe. Das hat zur Folge, dass der zuerst ziehende Spieler eine Gewinnstrategie besitzen muss.
- Ist die Länge des Spielfeldes im Vergleich zu seiner Dimension groß genug, kann der Nachziehende ein Remis erzwingen. Hales und Jewett konstruieren dazu mit Hilfe des so genannten Heiratssatzes[XV] eine Paarung zwischen den Feldern des Spielfeldes. Immer wenn der Anziehende ein Feld eines Paars besetzt, legt der Nachziehende einen seiner Steine auf das andere Feld. Da die Paarung so konstruiert ist, dass jede Gewinnreihe ein vollständiges Paar enthält und kein Feld mehr als einem Paar angehört, kann eine Gewinnreihe nie vollständig werden[XVI]. Für ein $5{\times}5$-Spielfeld ist eine Paarung in der folgenden Abbildung dargestellt:

---

[94] Victor Allis, Jaap van den Herik, Matty Huntjens, *Eine Gewinnstrategie für Go-Moku*, Spektrum der Wissenschaft, 1993/4, S. 25-28; Victor Allis, *Searching for solutions in games and artificial intelligence*, Maastricht 1994.

[95] Oren Patashnik, *Qubic: 4×4×4 Tic-Tac-Toe*, Mathematics Magazine, 53 (1980), S. 202-216.

[96] A. W. Hales, R. J. Jewett, *Regularity and positional games*, Transactions of the American Mathematical Society, 106 (1963), S. 222-229; nachgedruckt in: Ira Gessel, Gian-Carlo Rota, *Classic papers in combinatorics*, Boston 1987, S. 320-327. Einen Überblick enthält auch die Arbeit von Patashnik (siehe Fußnote 95).

1	5	8	5	2
3	9	9	10	4
7	12		10	7
3	12	11	11	4
2	6	8	6	1

Mit einem ganz anderen Ansatz gelang es P. Erdös und J. L. Selfridge 1973, das zweitgenannte Ergebnis von Hales und Jewett quantitativ zu verbessern. Ihre Verteidigungsstrategie garantiert dem Nachziehenden ein Remis in den Fällen, in denen die Anzahl der Gewinnreihen im Vergleich zu deren Länge nicht zu groß ist. Die Strategie orientiert sich an einer Formel, gemäß der aus den noch für Weiß erzielbaren Gewinnreihen ein Wert berechnet wird. Schwarz muss seinen Zug stets so wählen, dass der berechnete Wert möglichst klein wird[XVII].

Weitere Vertreter von Spielen, bei denen einmal gesetzte Spielsteine nicht mehr bewegt werden und auf diesem Weg bestimmte Konfigurationen erreicht werden müssen, sind die so genannten Border-to-Border-Spiele wie Hex, Bridge-it und Twixt. Bei ihnen müssen die gegenüberliegenden Seiten des Spielplans mit Ketten aus eigenen Spielsteinen verbunden werden. Mathematisch besonders interessant sind Hex und Bridge-it. Bei Hex[97] legen die Spieler ihre Spielsteine auf ein wabenförmiges Spielfeld, dessen vier Seiten gleich lang sind. Bild 12 zeigt eine Spielsituation, bei der der anziehende Spieler Weiß gewonnen hat.

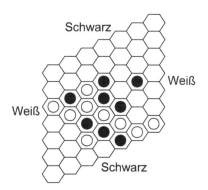

Bild 12   Das Spiel Hex

Wie Martin Gardner berichtet[98], wurde Hex 1942 von dem Dänen Piet Hein und unabhängig davon sechs Jahre später durch Nash, damals noch Student in Princeton, erfunden. Hex kann nicht unentschieden enden, weshalb für den anziehenden Spieler Weiß bei jeder Spielfeldgröße eine Gewinnstrategie existieren muss. Wie Weiß gewinnen kann, ist allerdings bei großen Spielfeldern absolut unbekannt.

---

[97] Die umfassendste Darstellung des Hex gibt Cameron Browne, *Hex strategy: Making the right connections*, Natick 2000.

[98] Siehe Fußnote 93.

Warum aber kann Hex nicht remis enden? Da ein strenger mathematischer Beweis zwar nicht schwer, aber keineswegs offensichtlich ist[XVIII], begnügen wir uns mit einer Plausibilitätsbetrachtung: Ausgegangen wird von einem vollständig mit weißen und schwarzen Steinen belegten Spielbrett. Wir nehmen an, Schwarz verfüge über keine Verbindung seiner Seiten. Zu zeigen ist, dass Weiß dann gewonnen hat. Dazu beginnen wir damit, die Position in einer Weise zu modifizieren, dass dadurch die Chancen für Weiß keinesfalls besser werden. Konkret werden Stein für Stein – solange wie dies geht – einzelne weiße gegen schwarze Steine ausgetauscht, sofern dadurch keine Gewinnstellung für Schwarz erreicht wird. Die Gesamtheit der schwarzen Steine bildet dann zwei Gebiete, die beide keine „Inseln" beinhalten und die voneinander durch einen jeweils ein Feld breiten Weg aus weißen Steinen getrennt sind. Dieser Weg, der auch schon Bestandteil der ursprünglichen Stellung war, stellt eine Verbindung der beiden weißen Seiten dar. Weiß hat also gewonnen.

Versucht man bei Hex den Vorteil des anziehenden Spielers Weiß dadurch auszugleichen, dass man die weiße Seite um ein Feld verkürzt, so dass Weiß gegenüber Schwarz einen längeren Weg hat, dann kann Schwarz mit Hilfe einer Paarungsstrategie sicher gewinnen. Das heißt, wie bei einem Teil der Tic-Tac-Toe-Varianten (siehe Kasten) lassen sich die Spielfelder derart in Paare einteilen, dass jede weiße Randverbindung ein komplettes Paar enthält. Kontert Schwarz jeden Zug von Weiß in der Weise, dass er auf das Partnerfeld setzt, kann Weiß nicht gewinnen. Die Einteilung der Paare, die aus Bild 13 ersehen werden kann, ergibt sich aus einer Spiegelung an der dick gezeichneten Mittellinie.

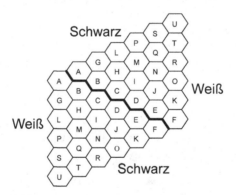

Bild 13   Unsymmetrisches Hex mit Paarungsstrategie

Einige Ähnlichkeiten zu Hex weist das von David Gale[99] (1921-2008) – wie Nash ein Pionier der Spieltheorie – erfundene Border-to-Border-Spiel Bridge-it auf, das erstmals im Oktober 1958 in Martin Gardners Kolumne im Scientific American vorgestellt wurde[100]. Gespielt wird mit länglichen Spielsteinen, mit denen benachbarte Punkte der zugehörigen Farbe überbrückt werden können, wenn dabei keine Brücke der anderen Farbe gekreuzt wird. In Bild 14 hat der anziehende Spieler Weiß gewonnen.

---

[99] Siehe auch: David Gale, *Topological games at Princeton, a mathematical memoir*, Games and Economic Behavior, 66 (2009), S. 647–656.

[100] Siehe auch: Martin Gardner, *Mathematische Rätsel und Probleme*, Braunschweig 1986 (amerikan. Orig. 1959), S. 109 ff.; Cameron Browne, *Connection Games,* Wellesley 2005, S. 158 ff.

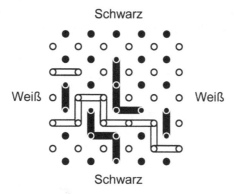

Bild 14   Das Spiel Bridge-it

Wie bei Hex kann man sich auch bei Bridge-it überlegen, dass kein Remis möglich ist. Damit muss eine Gewinnstrategie für Weiß existieren. Im Unterschied zu Hex ist es sogar möglich, solche Gewinnstrategien einfach anzugeben. So stammt von Oliver Gross eine Paarungsstrategie, bei der Weiß mit dem in Bild 15 eingezeichneten Zug beginnt und anschließend die Züge von Schwarz entsprechend den Linien paarweise kontert[101]. Schwarz wird es dadurch unmöglich gemacht, seine beiden Seiten miteinander zu verbinden.

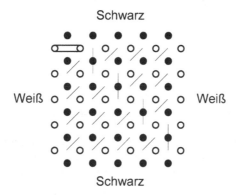

Bild 15   Paarungsstrategie für Weiß nach seinem ersten Zug

Ein Spiel, das aufgrund seiner langen Spieltradition als ausgeglichen gilt, ist das Mühlespiel[102]. Ein guter Spieler verliert demnach weder als Weiß noch als Schwarz. Zwar hat Weiß den Vorteil, als Erster ziehen zu dürfen, was ihm zunächst aggressive Drohungen erlaubt. Das ändert sich aber oft dann, wenn Schwarz den letzten Stein einsetzt und damit das weitere Spielgeschehen entscheidend prägt. Wie sich die konträren Einflüsse präzise gegeneinander aufwiegen, ist seit Anfang der 1990er Jahre bekannt. Mit einer umfangreichen Computeranalyse wiesen der Züricher Informatiker Jürg Nievergelt und sein Doktorand

---

[101] Martin Gardner, *Mathematische Knobeleien*, Braunschweig 1978 (amerikan. Orig. 1966), S. 173 f.

[102] Zu den Regeln und spielerischen Einschätzungen von Mühle siehe: Hans Schürmann, Manfred Nüscheler, *So gewinnt man Mühle*, Ravensburg 1980.

Ralph Gasser nach, dass sowohl Weiß als auch Schwarz ein Remis halten können[103]. Immerhin ist es für Schwarz etwas leichter, optimal zu spielen. Bis auf Symmetrien reichen bei den ersten 8 (Halb-)Zügen 4393 Positionen aus, für die sich Schwarz einen Zug merken muss, während es für Weiß bei der entdeckten Strategie 15513 Positionen sind. Nievergelt und Gasser stellten auch ausgiebige statistische Untersuchungen an, etwa wie Materialstärken die Gewinnaussichten durchschnittlich beeinflussen.

Zu was für eindrucksvollen Aussagen man mit Hilfe von Computeranalysen kommen kann, dafür gibt die Mühle-Position aus Bild 16 ein Beispiel. Wer als Erster zieht, der verliert: Dabei kann sich Weiß als Anziehender immerhin noch 37 Doppelzüge lang verteidigen; hingegen ist das Schwarz „nur" 30 Doppelzüge lang möglich.

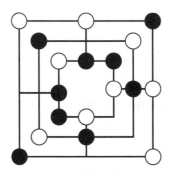

Bild 16   Der zuerst ziehende Spieler verliert

Mit umfangreichen Computeruntersuchungen wurden zum Ergebnis über Mühle analoge Resultate auch für andere Brettspiele gefunden:

- Das auf einem Spielfeld von sieben senkrechten Spalten und sechs waagrechten Zeilen gespielte Brettspiel „Vier gewinnt" wurde 1988 unabhängig voneinander von James Allen und Victor Allis untersucht[104]. Demnach kann der anziehende Spieler einen Gewinn erzwingen, allerdings nur, wenn er seinen ersten Stein in der mittleren Spalte platziert.
- Auch bei Go-Moku kann, wie Victor Allis 1993 nachwies, der anziehende Spieler einen Gewinn erzwingen, sofern auf einem Spielbrett von mindestens 15×15 Feldern gespielt wird[105].
- Für Checkers, die amerikanische Version des Brettspiels Dame, bei der auch die Dame nur ein Feld weit ziehen darf, wurde 2007 von Jonathan Schaeffer und seinen Mitarbei-

---

[103] R. Gasser, J. Nievergelt, *Es ist entschieden: Das Mühlespiel ist unentschieden*, Informatik Spektrum, 17 (1994), S. 314-317; Ralph Gasser: *Solving Nine Men's Morris*, in: R. J. Nowakowski (ed.), *Games of no chance*, Cambridge 1996, S. 101-113.

[104] J.D. Allen, *A note on the computer solution of Connect-Four*, in: D.N.L. Levy and D.F. Beal (eds.), *Heuristic Programming in Artificial Intelligence 1: the first computer olympiad*, Chichester 1989, S. 134-135. Victor Allis, *A knowledge-based approach of Connect-Four, The game is solved: White wins*, Masters Thesis, Vrije Universiteit Report No. IR-163, Faculty of Mathematics and Computer Science, Amsterdam 1988.

[105] L.V. Allis, H.J. Van den Herik, M.P.H. Huntjens, *Go-Moku Solved by New Search Techniques*, Proceedings of the 1993 AAAI Fall Symposium on Games: Planning and Learning, AAAI Press Technical Report FS93-02, Menlo Park 1993. Victor Allis, *Searching for Solutions in Games and Artificial Intelligence*, Ph.D. Thesis, Rijksuniversiteit Limburg, Maastricht 1994.

tern nachgewiesen, dass beide Spieler einen Verlust verhindern können, wenn sie nur richtig spielen[106].

Im Sinne einer schon von Allis verwendeten Bezeichnung sind damit Spiele wie Mühle, „Vier gewinnt", Go-Moku und Checkers **schwach gelöst**, das heißt, für die Anfangsposition ist eine optimale Spielweise in dem Sinne bekannt, dass sie mit realistisch verfügbaren Computerressourcen berechnet oder aus einer Datenbank generiert werden kann. Demgegenüber wird ein Spiel wie Hex als **ultra-schwach gelöst** bezeichnet, da für große Spielbretter nur die Existenz einer Gewinnstrategie für Weiß bekannt ist, ohne dass eine solche Gewinnstrategie mit realistisch verfügbaren Computerressourcen berechenbar wäre. Schließlich wird ein Spiel als **gelöst** bezeichnet, wenn für *jede* Position ein optimaler Zug mit realistisch verfügbaren Computerressourcen bestimmt werden kann.

2.3   Ein Spiel zu dritt

Von einem Haufen mit anfänglich zehn (oder mehr) Steinen nehmen drei Spieler reihum Steine. Jeder Spieler darf pro Zug höchstens fünf Steine nehmen. Derjenige Spieler, der den letzten Stein nimmt, gewinnt eine Einheit, und zwar von dem Spieler, der zuvor gezogen hat. Der dritte Spieler geht null auf null aus. Wie verhalten sich die Spieler am besten?

Das beschriebene Spiel wurde erstmals vom Schachweltmeister und Mathematiker Emanuel Lasker[107] (1868-1941) in seinem 1931 erschienenen Buch *Brettspiele der Völker* untersucht. In einem mit *Mathematische Kampfspiele* überschriebenen Kapitel untersucht Lasker zunächst entsprechende Spiele für zwei Personen und versucht dann, seine dabei gewonnenen Ergebnisse zu verallgemeinern. Kann auch bei drei Mitspielern festgestellt werden, welcher der drei Spieler bei fehlerfreiem Spiel die Partie gewinnen wird?

---

[106] Jonathan Schaeffer, Neil Burch, Yngvi Björnsson, Akihiro Kishimoto, Martin Müller, Robert Lake, Paul Lu, Steve Sutphen, *Checkers is solved*, Science, 317 (2007), 5844 (14. Sept. 2007), S. 1518-1522; *Dame ist gefallen*, Der Spiegel, 2007/30, S. 122-123.

[107] Als Mathematiker ist Lasker durch einen von ihm 1905 bewiesenen Satz aus der Idealtheorie, einem Zweig der Algebra, bekannt. Laskers Satz lässt sich bei der Untersuchung von Lösungsmengen von Polynom-Gleichungssystemen anwenden (*Zur Theorie der Moduln und Ideale*, Mathematische Annalen, 60 (1905), S. 20-116). Als relativ leicht verständliche Erörterung dieser Thematik kann eine Vortragsausarbeitung von Bartel L. van der Waerden, *Meine Göttinger Lehrjahre*, Mitteilungen der Deutschen Mathematiker Vereinigung, 1997/2, S. 20-27 empfohlen werden; siehe auch: Markus Lang, *Laskers „Ideale" und die Fundierung der modernen Algebra*, in: Michael Dreyer, Ulrich Sieg (Hrsg.), *Emanuel Lasker – Schach, Philosophie, Wissenschaft*, Berlin 2001, S. 93-111; Joachim Rosenthal, *Der Mathematiker Lasker*, in: Richard Forster, Stefan Hansen, Michael Negele (Hrsg.), *Emanuel Lasker – Denker, Weltenbürger, Schachweltmeister*, Berlin 2009, S. 213-231.
Als Schachweltmeister amtierte Lasker zwischen 1894 und 1921. Nur schwer nachzuvollziehen ist die Lasker von Georg Klaus in *Emanuel Lasker – ein philosophischer Vorläufer der Spieltheorie*, Deutsche Zeitschrift für Philosophie, 13 (1965), S. I/976-988 zugedachte Vordenkerrolle bei der Spieltheorie; vgl. Jörg Bewersdorff, in: R. Forster, M. Negele, R. Tischbierek, *Emanuel Lasker*, Volume II, Berlin 2019.

Wie Lasker analysieren wir das Spiel vom Ende her: Bei nur noch einem verbliebenen Stein gewinnt der Ziehende sofort, und zwar mit dem einzig möglichen Zug. Nicht weniger chancenreich sind Haufen mit zwei bis fünf Steinen, die ebenfalls in einem Rutsch abgeräumt werden können – die anderen möglichen Züge sind dagegen kaum attraktiv. Schlechte Aussichten hat man als Spieler, wenn man bei einem sechs Steine großen Haufen ziehen muss. Egal, wie viel Steine man dann nimmt, immer kann der nächste Spieler gewinnen und damit einem selbst eine Niederlage beibringen. Bessere Chancen verspricht ein Haufen mit sieben Steinen. Nimmt man nämlich von den sieben nur einen Stein, wird der Nachziehende damit wohl verlieren, was einem selbst letztlich ein Unentschieden beschert. Noch günstiger sind Haufen mit acht, neun, zehn oder elf Steinen, die man am besten auf sieben Steine reduziert, um auf dem schon untersuchten Weg mit dem Unentschieden des Nachziehenden schließlich selbst zu gewinnen.

Haufengröße	Gewinn für den als ...			
	1.	2.	3.	
	... ziehenden Spieler			
0	0	-1	1	
1	1	0	-1	nimm 1
2	1	0	-1	nimm 2
3	1	0	-1	nimm 3
4	1	0	-1	nimm 4
5	1	0	-1	nimm 5
6	-1	1	0	beliebig
7	0	-1	1	nimm 1
8	1	0	-1	nimm 1
9	1	0	-1	nimm 2
10	1	0	-1	nimm 3
11	1	0	-1	nimm 4
12	1	0	-1	nimm 5
13	-1	1	0	beliebig
14	0	-1	1	nimm 1
15	1	0	-1	nimm 1

Tabelle 31   Gleichgewicht des Dreipersonenspiels: Gewinne und Züge

Die so erzielten Ergebnisse sind in Tabelle 31 zusammengefasst. Zu jeder Haufengröße sind die Gewinne aufgeführt, und zwar – in Reihenfolge – für den anziehenden Spieler, für den danach ziehenden Spieler und für den zwei Züge später ziehenden Spieler. Rechts der eigentlichen Tabelle sind die zu empfehlenden Züge aufgelistet. Die sich daraus ergebenden Strategien der Spieler bilden ein so genanntes Gleichgewicht (siehe dazu den Kasten am Ende des Kapitels).

Jede Tabellenzeile ergibt sich aus den darüberliegenden: Der ziehende Spieler entscheidet sich unter den möglichen Zügen für denjenigen, der ihm den größten Gewinn verspricht. Dazu muss er unter den fünf darüberliegenden Zeilen diejenige aussuchen, die in der dritten Gewinnspalte den größten Wert enthält. Denn dieser Wert ist für ihn selbst, der erst nach zwei weiteren Zügen wieder ans Spiel kommt, der maßgebliche. Insgesamt ergibt sich auf diesem Weg eine sich alle sieben Zeilen periodisch wiederholende Tabelle.

So betrachtet, scheint das untersuchte Spiel für drei Personen ähnlich bestimmt zu sein, wie wir es von Zweipersonenspielen wie Schach, Go und so weiter her kennen. Aber ist das wirklich der Fall? Insbesondere ist zu fragen, was passiert, wenn sich ein Spieler nicht so verhält, wie wir es unterstellt haben. Mit anderen Worten: Welche Konsequenzen hat es, wenn ein Spieler nicht optimal zieht? Nehmen wir zum Beispiel an, dass nach dem Eröffnungszug, bei dem drei der ursprünglich zehn Steine entfernt werden, der nächste Spieler unüberlegt fünf Steine nimmt. Das eröffnet dem dritten Spieler, dem wir eigentlich die Position des Verlierers zugedacht hatten, die Möglichkeit, die Partie sofort für sich zu entscheiden. „Bezahlt" wird diese Verbesserung von den *beiden* anderen Spielern. Der Spieler mit dem unklugen Zug verschlechtert sich von 0 auf −1, aber auch der erste, am Fehler völlig unbeteiligte Spieler, der sich beim Ausgangshaufen mit zehn Steinen noch als Sieger wähnen durfte, verschlechtert sich auf ein Unentschieden.

Auch Lasker ist dieser Umstand natürlich nicht verborgen geblieben, er bemerkt dazu:

> (Spieler) A gewinnt demnach, wofern nicht B seinem eigenen Interesse entgegen handelt, und er verliert auch dann nicht, wenn nicht zudem C denselben Fehler begeht.

Bezogen auf noch größere Haufen fährt Lasker fort:

> Wenn freilich B und C jeder einmal im Spiel solchen Fehler begehen, um nachher das Spiel fehlerlos zu Ende zu führen, so ist A verloren.

| Haufengröße | Gewinn für den als ... | | | Summe |
| | 1. | 2. | 3. | dieser drei |
	... ziehenden Spieler			Gewinne
0	0	-1	1	0
1	1	0	-1	0
2	1	0	-1	0
3	1	0	-1	0
4	1	0	-1	0
5	1	0	-1	0
6	-1	1	0	0
7	0	-1	0	-1
8	0	-1	-1	-2
9	0	-1	-1	-2
10	0	-1	-1	-2
11	0	-1	-1	-2
12	0	0	-1	-1
13	-1	0	-1	-2
14 und mehr	-1	-1	-1	-3

Tabelle 32   Dreipersonenspiel: Von den Spielern aus eigener Kraft zu sichernde Gewinne

Tatsächlich ist es beim Start mit 15 Steinen möglich, dass der Spieler mit dem ersten Zug durch „Fehler" seiner beiden Mitspieler nicht nur um seinen Sieg gebracht wird, sondern sogar verliert. Die „Fehler" der beiden Spieler „ergänzen" sich nämlich so gut, dass sich die Gewinnsumme der beiden von −1 auf 1 verbessert. Es muss sich also in Wirklichkeit gar nicht um ein fehlerhaftes Spiel handeln, vielmehr kann auch eine erfolgreiche Kooperation stattgefunden haben. Deutlich werden solche Möglichkeiten aus Tabelle 32, die wieder Aussagen über die Gewinne der drei Spieler macht – tabelliert sind diesmal die Gewinne, die ein Spieler allein aufgrund seines *eigenen* Handelns für sich sichern kann. Bei den Gegenspielern wird jeweils eine **Koalition** unterstellt, die versucht, ihr Gesamtergebnis zu optimieren. Mit anderen Worten: Die Varianten „einer gegen zwei" werden als Zweipersonenspiele auf der Basis des Minimax-Prinzips untersucht.

Auch diese Tabelle kann rekursiv berechnet werden, wobei wieder jeweils von den fünf vorangegangenen Zeilen auszugehen ist. Für die erste Gewinn-Spalte, die den Gewinn des ziehenden Spielers beinhaltet, müssen die Werte der letzten Gewinn-Spalte maximiert werden. Für die Gewinne der anderen beiden Spieler, die aktuell nicht am Zug sind, muss entsprechend minimiert werden, und zwar sind für die zweite Gewinn-Spalte die fünf vorangegangen Werte der ersten Gewinn-Spalte zu minimieren. Analog ergibt sich die dritte Gewinn-Spalte aus der zweiten. Man erkennt sofort, dass bei Haufen von mindestens 14 Steinen kein Spieler eine Chance hat, wenn sich die beiden anderen einig sind.

Mit den gewonnenen Erkenntnissen wird deutlich, dass Dreipersonenspiele einen ganz anderen Charakter aufweisen können, als wir es von Zwei-Personen-Nullsummenspielen her kennen. Obwohl der Zufall keine Rolle spielt, besitzt das Ergebnis bei drei Mitspielern längst nicht die Stabilität, wie sie bei gültigem Bestimmtheitssatz gegeben ist. Zwar kann kein einzelner der drei Spieler sich einen Vorteil gegenüber dem ursprünglich vorhergesagten Ergebnis verschaffen, Zweien ist es dagegen eventuell möglich – ob durch Kooperation oder zwei Züge, die einzeln betrachtet beide schlecht sind. Als Grundlage eines intellektuellen Wettkampfs kommen solche Spiele daher kaum in Frage. Das erklärt auch, warum es fast keine intellektuell anspruchsvollen Spiele für drei oder mehr Teilnehmer gibt. Zwar werden immer wieder Dreipersonen-Varianten von bekannten Brettspielen wie Schach erdacht, durchsetzen konnte sich aber keine von ihnen[108]. Eine Ausnahme bilden Brettspiele für vier Spieler, die in zwei Teams gegeneinander spielen. Da die Mitglieder eines Teams nur zusammen gewinnen oder verlieren können, sind diese Spiele vom Charakter her mehr Zwei- als Vierpersonenspiele.

Undenkbar sind intellektuell anspruchsvolle Mehrpersonen-Nullsummenspiele aber nicht. Voraussetzung ist, dass die Summe der Gewinne, die jeder Spieler allein für sich sichern kann, gleich 0 ist. Dann kann keine Koalition mehr erreichen als seine einzeln agierenden Mitglieder. In der kooperativen Spieltheorie, die sich im Hinblick auf ökonomische Anwendungen mit Koalitionen beschäftigt, nennt man solche Spiele **unwesentlich**. In diesem Sinne unwesentlich und zugleich in den Gewinnaussichten ausgeglichen ist zum Beispiel ein Schachturnier, wo jeder Teilnehmer gegen jeden anderen zwei Partien mit wechselndem Anzugsrecht spielt: Einerseits ist das Turnier-Spiel symmetrisch, so dass kein Spieler einen Gewinn von mehr als 0 sicher haben kann. Andererseits besitzt jede Kombination aus Hin- und Rückspiel auf Grund der Symmetrie den Wert 0. Damit ist es jedem einzelnen Spieler auch im gesamten Turnier theoretisch möglich, sich einen Gewinn von mindestens 0 zu si-

---

[108] Siehe dazu in D. B. Pritchard, *The encyclopedia of chess variants*, Surrey 1994 – insbesondere die Einträge zu den Dreipersonen- und Vierpersonen-Schachvarianten (S. 310-313 nebst den dort genannten Querverweisen bzw. S. 113-119); Siegmund Wellisch, *Das Dreierschach*, Wiener Schachzeitung, 15 (1912), S. 322-330. Zu den Dreipersonen-Schachvarianten führt Pritchard aus, dass ihre gemeinsame Schwäche darin bestehe, dass die Defensive bis zum Zeitpunkt des Ausscheidens eines Spielers die beste Strategie sei, während Allianzen, ob explizit oder implizit geschlossen, zum ungleichgewichtigen Beutezug werden.

chern. Letztlich liegt das daran, dass in solchen Turnieren Koalitionen wegen der beschränkten Interaktion nur auf der Ebene von Einzelpartien realisierbar sind, wo aber aufgrund des Nullsummen-Charakters keine Verbesserung erreichbar ist[109]. Allerdings ist Vorsicht geboten: Die Überlegungen gelten dann, wenn um die Höhe des Gesamtergebnisses, etwa in Form von Geld, gespielt wird. Soll aber ein Sieger ermittelt werden, dann darf das nicht dadurch geschehen, dass dazu der Spieler mit der höchsten Gesamtpunktzahl erklärt wird, weil dann eine Koalition einem Mitglied gezielt „helfen" könnte. Solche Unterstützungen innerhalb einer Koalition sind allerdings dann zwecklos, wenn jeder Spieler unterschiedslos zum Sieger erklärt wird, der ein Gesamtergebnis von mindestens 0 erzielt.

Mehrpersonenspiele mit perfekter Information

Eine Möglichkeit, die Aussage des Zermelo'schen Bestimmtheitssatzes auf Mehrpersonenspiele zu verallgemeinern, ergibt sich dadurch, so genannte Gleichgewichte zu untersuchen. Ein **Gleichgewicht** beinhaltet für jeden Spieler eine Strategie, die zusammen die folgende Eigenschaft erfüllen: Verwenden alle bis auf einen Spieler Strategien eines solchen Gleichgewichts, dann kann dieser eine Spieler nichts besseres tun, als ebenso zu verfahren. Das heißt, für keinen einzelnen Spieler ist es empfehlenswert, von einem Gleichgewicht abzuweichen. Außerdem sind Strategie-Kombinationen, die kein Gleichgewicht bilden, dadurch gekennzeichnet, dass nachträglich zumindest ein Spieler mit seiner Strategie unzufrieden sein sollte, da ihm eine andere Strategie einen höheren Gewinn eingebracht hätte.

Im Prinzip kann jedes endliche Mehrpersonenspiel mit perfekter Information, auch eins ohne Nullsummen-Charakter, so analysiert werden wie das hier untersuchte Dreipersonenspiel. Umgekehrt zur Spielchronologie erhält man auf diese Weise Zug für Zug ein Gleichgewicht, sodass immer mindestens ein solches existiert. In dieser Allgemeinheit wurde der Existenzsatz erstmals 1950 von Kuhn (1925-) formuliert[110]. Welche Aussagen über Gleichgewichte in Spielen ohne perfekte Information möglich sind, wird Gegenstand von Kapitel 3.11 sein.

Im Vergleich zum speziellen Fall der Zwei-Personen-Nullsummenspiele haben die Gleichgewichte allgemeiner Mehrpersonenspiele mit perfekter Information eine weit geringere Stabilität. So kann die Gewinnhoffnung, wie sie mit einem Gleichgewicht verbunden ist, sowohl durch eine fehlerhafte Spielweise eines einzelnen Gegners als auch durch eine gezielte Kooperation zwischen mehreren Gegnern zerstört werden – daher hat im untersuchten Beispiel der Spieler, der bei einem Haufen von zehn Steinen zieht, eben seinen Sieg *nicht* sicher. Zum anderen ist es möglich, dass es Gleichgewichte ganz unterschiedlicher Qualität gibt. Wie verhält sich beispielsweise ein Spieler, wenn er zwi-

---

[109] Ein schönes Beispiel, dass nach anderen Modi ausgerichtete Turniere durchaus wesentlich im Sinne der Spieltheorie sein können, ergab sich 1982 in der ersten Runde der Fußballweltmeisterschaft. Deutschland und Österreich „einigten" sich im letzten Spiel ihrer Gruppe schnell auf einen Spielstand, der beiden ein Weiterkommen sicherte. Der lautstarke Protest in den Medien darüber, dass der Ball nach dem Erreichen des für beide Seiten günstigen Spielstandes nur noch müde über das Spielfeld geschoben wurde, ist spieltheoretisch natürlich nicht nachvollziehbar.

[110] H. W. Kuhn, *Extensive games*, Proceedings of the National Academy of Sciences of the USA, 36 (1950), S. 570-576. Der Satz findet sich natürlich in den meisten Büchern über Spieltheorie, zum Beispiel: Ewald Burger, *Einführung in die Spieltheorie*, Berlin 1959, S. 31; G. Owen, *Spieltheorie*, Berlin 1971, S. 9.

schen zwei Zügen wählen kann, die ihm selbst zwar den gleichen Gewinn bescheren, aber die Gewinnaussichten der Kontrahenten unterschiedlich beeinflussen? Im untersuchten Beispiel können solche Situationen aufgrund der speziellen Gewinnaufteilung $(1, 0, -1)$ nicht eintreten, wohl aber bei der Gewinnaufteilung $(2, -1, -1)$ und ansonsten unveränderten Regeln. Und selbst bei Spielen für zwei Personen, allerdings solchen ohne Nullsummen-Eigenschaft, können mehrere Gleichgewichte mit unterschiedlichen Gewinnverteilungen existieren.

Verhaltensweisen untereinander abzusprechen, ist bei vielen Spielen verpönt, auch wenn die meisten Spielregeln explizit nichts darüber aussagen. Unabhängig davon ist es aber in jedem Fall interessant, die „Kraft" möglicher Koalitionen zu messen. Bereits 1928 machte John von Neumann für Mehrpersonen-Nullsummenspiele den Ansatz, diese mittels Koalitionen auf Zweipersonenspiele zu reduzieren[111]. Im Fall von Spielen für drei Personen reicht es, die Gewinne zu berechnen, die jeder Spieler für sich allein sichern kann. Wegen der Nullsummen-Eigenschaft kann deren Summe nie positiv sein. Im hier untersuchten Beispiel ist diese Gewinnsumme, wie man aus der zweiten Tabelle ersehen kann, je nach Haufengröße gleich 0, -1, -2 oder -3. Mit umgekehrtem Vorzeichen gibt die Zahl Auskunft darüber, welcher Anteil des im Spiel erzielbaren Gesamtgewinnes von keinem einzelnen Spieler gesichert werden kann. Das ist damit die „Beute", die sich eine Zweier-Koalition über die einzeln erzielbaren Gewinne „unter den Nagel reißen" kann. So dient beim Start mit zehn Steinen die Gewinnverteilung $(0, -1, -1)$ als Ausgangsbasis, hinzu kommen 2 Einheiten als Bonus an die sich bildende Zweier-Koalition.

2.4   Nim: Gewinnen kann ganz einfach sein!

Zwei Spieler nehmen abwechselnd Steine von drei Haufen, die zu Beginn 6, 7 und 8 Steine umfassen. Pro Zug dürfen nur von einem Haufen Steine genommen werden, allerdings ist die Zahl beliebig. Gewonnen hat der Spieler, der den letzten Stein nimmt. Wie eröffnet man am besten das Spiel?

Nim, wie das beschriebene Spiel heißt, ist wahrscheinlich das bekannteste Spiel, für das eine vollständige mathematische Theorie existiert. Viele Leser dürften daher die richtige Lösung direkt angeben können: Um sich den Gewinn zu sichern, nimmt man sieben Steine vom größten Haufen.

Hinter der Lösung verbirgt sich eine besondere Formel, die 1902 von Charles Bouton gefunden wurde[112]. Danach besitzt der nachziehende Spieler genau dann eine Gewinnstrategie,

---

[111] John von Neumann, *Zur Theorie der Gesellschaftsspiele*, Mathematische Annalen, <u>100</u> (1928), S. 295–320, nachgedruckt in: Werke: Band IV, S. 1-26. In Kapitel 3.11 werden von Neumanns Ideen über Koalitionen etwas ausführlicher skizziert.

[112] Charles L. Bouton, *Nim, a game with a complete mathematical theory*, Annals of Mathematics, Series II., <u>3</u> (1901/02), S. 35-39. Bouton erwähnt übrigens, dass die Lösung auf eine Idee von Paul E. More zurückgehe. Gemeint ist der Journalist und Literat Paul Elmer More. Siehe: Arthur Hazard Dakin, *A Paul Elmer More miscellany*, Portland 1950, II. 6, S. 183. More hatte eigentlich die Version untersucht, bei der bei unveränderten Zugregeln der zuletzt ziehende Spieler verliert. Trotz des

wenn die so genannte Nim-Summe der Haufengrößen gleich 0 ist. Dabei wird die Nim-Summe mittels einer übertragslosen „Addition" im binären Zahlensystem berechnet. Ein Beispiel für eine Position, in der der Nachziehende eine Gewinnstrategie besitzt, ist die durch den gesuchten Gewinnzug entstehende Position aus drei Haufen mit den Größen 6, 7 und 1. Ihre Binärdarstellungen, nämlich 110, 111 und 1, ergeben die Nim-Summe 0. Weitere Einzelheiten zur **Nim-Addition** sind im Kasten zusammengestellt.

Die Nim-Addition

Bekanntlich kann statt im üblichen Dezimalsystem auch im binären Zahlensystem gerechnet werden – insbesondere verfährt intern jeder Computer so. Im binären Zahlensystem wird als Basis die Zahl 2 statt der üblichen Dezimalbasis 10 verwendet, so dass man nur zwei Ziffern braucht, nämlich 0 und 1. Anstelle der Zerlegung nach Zehnerpotenzen, die der dezimalen Zifferndarstellung zugrunde liegt, wie zum Beispiel

$$209 = 2 \cdot 100 + 0 \cdot 10 + 9 \cdot 1,$$

tritt im Binärsystem die Zerlegung in Zweierpotenzen, nämlich

$$209 = 1 \cdot 128 + 1 \cdot 64 + 0 \cdot 32 + 1 \cdot 16 + 0 \cdot 8 + 0 \cdot 4 + 0 \cdot 2 + 1 \cdot 1.$$

Sie entspricht der Binärzahl 11010001. Gerechnet wird mit denselben Techniken wie im Dezimalsystem, wobei aber die Unterschiede im Ziffernvorrat und die dadurch bedingten anderen Überträge zu beachten sind. Nehmen wir zum Beispiel die binäre Addition von 5 und 7, die natürlich wieder 12 ergibt:

$$\begin{array}{r} 101 \\ 111 \\ + \ _111 \\ \hline 1100 \end{array}$$

Im speziellen Fall dieses Beispiels entstehen bei den drei hinteren Stellen Überträge von 1. Ignoriert man grundsätzlich alle Überträge, dann stimmt die Summe natürlich nicht mehr. Dafür erhält man aber eine neue mathematische Operation, eben die mit „$+_2$" abgekürzte Nim-Addition. Bei ihr ist $5 +_2 7 = 2$.

Die Nim-Addition erfüllt die meisten Eigenschaften, die man von der üblichen Addition her kennt. Sie ist sowohl kommutativ, das heißt, es gilt $a +_2 b = b +_2 a$, als auch assoziativ – immer ist $(a +_2 b) +_2 c = a +_2 (b +_2 c)$. Die Null bleibt auch bei der Nim-Addition das neutrale Element, denn es gilt stets $a +_2 0 = 0 +_2 a = a$. Negative Zahlen braucht man allerdings nicht, da für jede Zahl $a +_2 a = 0$ ist. Im größenmäßigen Vergleich zur normalen Addition stellt sich heraus, dass die Nim-Summe nie die normale Summe übertrifft, stets gilt $a +_2 b \leq a + b$.

Ergänzend wird noch auf die interessante, aber nicht ganz einfache Formel

$$a +_2 b = \min\left(\mathbb{N} - \{a' +_2 b \mid 0 \leq a' < a\} - \{a +_2 b' \mid 0 \leq b' < b\} \right)$$

negierten Spielziels sind die Gewinnformeln für beide Versionen sehr ähnlich (siehe Kapitel 2.9). Wie Richard Guy in den Mathematical Reviews 1982f: 90101 ausführt, dürfte Nim übrigens nicht viel älter sein als Boutons Untersuchung. Siehe auch: Lisa Rougetet, *A prehistory of nim*, The College Mathematics Journal, <u>45</u> (2014), S. 358–363. Die häufig in Spielebüchern wiederholte Ansicht, Nim sei ein sehr altes Spiel – *Das große Krone Spielebuch*, Hamburg 1976 erklärt Nim sogar zu dem „wahrscheinlich ältesten Spiel der Welt" – ist durch keine Quelle belegbar.

hingewiesen. Sie bedeutet, dass man eine Nim-Summe von zwei Zahlen auch folgendermaßen berechnen kann: Man bildet alle Nim-Summen, bei denen jeweils einer der beiden Summanden durch jeden kleineren Wert ersetzt wird. Die zu berechnende Nim-Summe ergibt sich dann als die kleinste Zahl, die unter all diesen Nim-Summen *nicht* vorkommt.

Soll zu einer gegebenen Position ein Gewinnzug gefunden werden, kann man folgendermaßen vorgehen: Zunächst berechnet man aus den Haufengrößen a, b, c, ... die Nim-Summe $s = a +_2 b +_2 c +_2 ....$. Nur wenn die so zur Position gebildete Nim-Summe ungleich 0 ist, existiert ein Gewinnzug. Einen Haufen, von dem man dazu Steine entfernen kann, erkennt man nun daran, dass sich seine Größe bei der Nim-Summation mit s verkleinert. Ist beispielsweise $a +_2 s < a$, so wird ein sicherer Gewinn dadurch ermöglicht, dass man vom ersten Haufen Steine wegnimmt. Dabei sind so viele Steine zu nehmen, dass noch ein Rest von $a +_2 s$ Steinen übrig bleibt. Wie gewünscht besitzt die dann entstehende Position die Nim-Summe $(a +_2 s) +_2 b +_2 c +_2 ... = s +_2 s = 0$.

Im Beispiel der drei Haufen 6, 7 und 8 ergibt sich die Nim-Summe $s = 6 +_2 7 +_2 8 = 9$. „Nimaddiert" man nun diesen Wert zu jedem einzelnen der drei Haufen, dann führt dies nur beim letzten Haufen zu einer Verkleinerung, nämlich zu $8 +_2 9 = 1 < 8$. Die in Bild 17 dargestellte Reduktion dieses Haufens auf einen Stein ist daher sogar der einzige Gewinnzug.

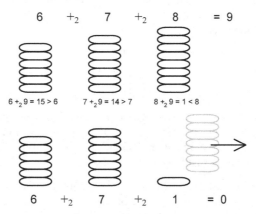

Bild 17   Der einzige Gewinnzug: Nehme 7 Steine vom rechten Haufen

Dass Boutons Regel wirklich immer einwandfrei funktioniert, beruht auf zwei wesentlichen Eigenschaften der Nim-Summen von Positionen:

- Für jede Position mit positiver Nim-Summe existiert mindestens ein Zug, bei dem eine Position mit Nim-Summe 0 erreicht wird.
- Von einer Position mit Nim-Summe 0 kann nie so gezogen werden, dass wieder eine solche Position entsteht[XIX].

Aufgrund der beiden Eigenschaften kann ein Spieler ausgehend von einer Position mit positiver Nim-Summe stets so ziehen, dass er die Nim-Summe 0 erreicht. Nach dem Zug seines Kontrahenten findet er dann garantiert wieder eine Position mit positiver Nim-Summe vor. Dies geht so lange, bis der letzte Stein genommen wird. Da diese Position die Nim-Summe 0 besitzt, ist sie für den Kontrahenten in seinen Zügen unerreichbar.

Die spezielle Form von Boutons Formel macht Nim zu einem Spiel, das besonders einfach mit einem Computer programmierbar ist. So können in den meisten Programmiersprachen die logischen Operationen bitweise auch auf ganze Zahlen angewendet werden. Die Nim-Summe zweier Zahlen a und b kann dann mittels

$$a \text{ XOR } b = (a \text{ OR } b) \text{ AND } (\text{NOT}(a \text{ AND } b))$$

berechnet werden. Auch schaltungstechnisch können Nim-Summen einfach realisiert werden. Es wundert daher nicht, dass Nim das erste Spiel ist, das je von einer Maschine gespielt wurde. Bereits 1940 präsentierte die Firma Westinghouse auf der New Yorker Weltausstellung ihr Gerät „Nimatron"[113]. Das durch seine zahlreichen Relais mehr als eine Tonne schwere Gerät spielte Nim mit bis zu vier Haufen mit jeweils höchstens sieben Steinen. Und selbst noch 1951 beeindruckte ein anderes Gerät namens „Nimrod" die Öffentlichkeit dadurch, dass es den damaligen deutschen Wirtschaftsminister Ludwig Erhard schlug[114].

2.5   Lasker-Nim: Gewinn auf verborgenem Weg

Bei einer Variante des Nim-Spiels entfernt ein Spieler bei seinem Zug entweder Steine von einem Haufen oder er zerlegt einen Haufen mit mindestens zwei Steinen in zwei, nicht unbedingt gleich große Teile. Der Spieler, der den letzten Stein nimmt, gewinnt. Kann man dieses Spiel ähnlich wie Nim auf einfache Weise gewinnen?

Das beschriebene Spiel wurde von Emanuel Lasker erfunden und ist in seinem schon erwähnten Spielebuch[115] beschrieben. Seinem Erfinder zu Ehren hat sich inzwischen der Name Lasker-Nim eingebürgert.

Lasker hat das Spiel in seinen Ausführungen auch eingehend untersucht. Dazu versucht er, die Einteilung aller Positionen – Lasker nennt sie „Stellungen" – in **Verlust-** und **Gewinnpositionen** vom Nim auf seine, aber auch weitere Varianten des Nim zu übertragen. Eine Position wird dazu aus der Perspektive des Spielers gewertet, der als Nächster zieht. Das heißt, bei einer Position handelt es sich genau dann um eine Gewinnposition, wenn sie dem als nächsten ziehenden Spieler eine Gewinnstrategie bietet. Lasker konkretisiert:

Können wir von einer Stellung, die wir untersuchen, durch einen erlaubten Zug zu einer Verluststellung übergehen, so ist die untersuchte Stellung eine Gewinnstellung; können wir dies nicht, so ist es eine Verluststellung. Ein Drittes gibt es hier nicht ...

Anders als beim Schach ist es also nicht notwendig, die Spieler konkret zu unterscheiden, da ihre Zugmöglichkeiten in einer gegebenen Position stets übereinstimmen.

---

[113] Siehe dazu E. U. Condon, *The Nimatron*, American Mathematical Monthly <u>49</u> (1942), S. 330-332, US-Patent-Nr. 2 215 544. Eine anders arbeitende Nim-Maschine wird in Raymond Redheffer, *A machine for playing the game Nim*, American Mathematical Monthly, <u>55</u> (1948), S. 343-349 beschrieben.

[114] *Digital computers applied to games*, in: B. V. Bowden, *Faster than thought*, London 1953, S. 287, 394 ff.

[115] Emanuel Lasker, *Brettspiele der Völker*, Berlin 1931. Die Nim-Variante wird auf S. 183 ff. untersucht; das erste der folgenden Zitate stammt von S. 177 f.

Laskers Idee zur Spielanalyse besteht darin, aus zwei schon klassifizierten Positionen eine neue zu bilden, indem man deren Haufen einfach nebeneinander legt. Gesucht sind dann Kriterien für den Gewinncharakter der so entstandenen Position. Laskers erste Beobachtung ist:

> Zwei Verluststellungen aneinandergefügt, ergeben eine neue. Das läßt sich ohne weiteres ersehen, denn der Nachziehende kann jeden Zug des Anziehenden so beantworten, als wäre die nichtgespielte Verluststellung gar nicht vorhanden, und muß auf diese Art zuletzt den Tisch leeren, also gewinnen. Beispielsweise, da 1, 1 und 1, 2, 4 Verluststellungen sind, ist auch 1, 1, 1, 2, 4 eine solche.

Direkt anschließend kommt Lasker zum nächsten Fall:

> Wiederum, eine Verluststellung an eine Gewinnstellung gefügt, ergibt eine Gewinnstellung, weil ja der Zug, der die ursprüngliche Gewinnstellung in eine Verluststellung verwandelt, auch die erweiterte Stellung in eine Verluststellung verwandelt.

Zusammenfassend lässt sich sagen, dass man zu einer beliebigen Position eine Verlustposition hinzufügen kann, ohne dass sich der Gewinncharakter ändert. Übrig bleibt der Fall, bei dem zwei Gewinnpositionen zu einer neuen Position zusammengefügt werden. Anders als in den ersten beiden Fällen kann es dafür keine allgemeine Aussage über den entstehenden Gewinncharakter geben: Beispielsweise ist die aus zwei Gewinnpositionen zusammengesetzte Position 1, 1 eine Verlustposition, hingegen die ebenfalls aus zwei Gewinnpositionen zusammengesetzte Position 1, 2 eine Gewinnposition. Lasker kommt aber zu folgender Erkenntnis:

> Zunächst findet sich, daß zwei Gruppen von Haufen „äquivalent" sein können, indem in jeder Verluststellung, wo die eine Gruppe vorkommt, diese durch die andere ersetzt werden kann, ohne daß der Charakter der Stellung aufgehoben würde. Zwei äquivalente Stellungen, zueinander gelegt, erzeugen eine Verluststellung.

Tatsächlich stimmt die Umkehrung ebenfalls: Zwei Positionen sind genau dann zueinander **äquivalent**, wenn sie nebeneinandergelegt eine Verlustposition ergeben[XX]. Insbesondere besitzen äquivalente Positionen immer den gleichen Gewinncharakter. Außerdem sind alle Verlustpositionen zueinander äquivalent, während sich die Gesamtheit der Gewinnpositionen in Klassen untereinander äquivalenter Positionen zergliedert. Mit Hilfe seines Konzepts von äquivalenten Positionen gelingt es Lasker, eine Position dadurch zu klassifizieren, dass er sie zu einer äquivalenten Position mit einer besonders einfachen Gestalt vereinfacht. So findet er zu seiner Variante die folgenden, von ihm „prim" genannten „Haufen, die nicht äquivalent Gruppen von kleineren Haufen sind": 1, 2, 3, 7, 15, 31 und so weiter. Bis auf die 2 sind das die um 1 verminderten Zweierpotenzen. Lasker bemerkt:

> Jeder beliebige Haufe ist entweder äquivalent einem dieser Haufen oder äquivalent einer Gruppe dieser Haufen. Beispielsweise ist 4 äquivalent 1, 2; 5 äquivalent 1, 3; 6 äquivalent 2, 3; 8 äquivalent 1, 2, 3; ...

Umfangreichere Positionen wie 1, 3, 5, 8 lassen sich auf diese Weise relativ schnell zu 1, 3, 1, 3, 1, 2, 3 und schließlich zu 1, 2, 3 vereinfachen. Da aus dieser Position durch Teilen des letzten Haufens die Verlustposition 1, 2, 1, 2 erreicht werden kann, handelt es sich um eine Gewinnposition. Auch jede andere Position ist äquivalent zu genau einer Auswahl von primen Haufen unterschiedlicher Größe. Um eine Verlustposition, die ja zur leeren Position äquivalent ist, zu erhalten, bestehen dabei nur stark eingeschränkte Möglichkeiten: Würde nämlich aus einer nicht-leeren Auswahl primer Haufen unterschiedlicher Größe eine Verlustposition entstehen, ergäbe sich daraus eine Äquivalenz zwischen diesen Haufen, und der größte Haufen wäre folglich nicht prim. Das heißt, gruppiert man prime Haufen unterschiedlicher Größe zu einer Position, ergibt einzig die leere Gruppierung eine Verlustposition! Allein deshalb kann die oben untersuchte, zu 1, 2, 3 äquivalente Position keine Verlustposition sein. Hat man also erst einmal alle primen Haufen einer Nim-Variante bestimmt, kann dieses Spiel genauso einfach analysiert werden wie das Standard-Nim:

- Jeder Haufen einer Position wird zunächst durch äquivalente prime Haufen ersetzt.
- Eine Verlustposition liegt genau dann vor, wenn danach jeder prime Haufen mit einer geraden Häufigkeit auftritt.

Die beschriebene Methode ist in Laskers Spielebuch explizit nicht ausgeführt. Obwohl man mit ihr durchaus brauchbare Ergebnisse erhält, ist sie im Vergleich zu Boutons Kriterium für das Standard-Nim, dessen prime Haufengrößen die Zweierpotenzen sind, deutlich schwerfälliger. Eine Verbesserung gelang 1935 Roland Sprague (1894-1967) und unabhängig davon 1939 Patrick Michael Grundy[116]. Ihr Fortschritt gegenüber Lasker besteht vor allem darin, eine Verbindung zwischen verallgemeinertem und dem Standard-Nim gefunden zu haben. Dabei stellt sich heraus, dass die Variationen des Nim mehr das spielerische Erscheinungsbild als die mathematische Substanz betreffen. Innerhalb der zwischenzeitlich erweiterten Theorie bezeichnet man die von Sprague und Grundy untersuchten Spiele heute als neutrale Spiele, bei denen der zuletzt ziehende Spieler gewinnt. Folgende Eigenschaften werden für die Spiele vorausgesetzt:

- Es handelt sich um ein zufallsfreies Zweipersonenspiel mit perfekter Information.
- Die beiden Spieler ziehen beginnend mit einer jeweils festgelegten Anfangsposition immer abwechselnd.
- Die Zugmöglichkeiten in einer Position sind unabhängig davon, welcher Spieler zieht – daher die Bezeichnung **neutral**[117]. Die von einer Position mit einem Zug erreichbaren Positionen werden als deren Nachfolger bezeichnet.
- Der Spieler, der den letzten Zug machen kann, gewinnt.
- Das Spiel ist endlich, das heißt es endet stets nach einer endlichen Zahl von Zügen. Häufig wird auch vorausgesetzt, dass in jeder Position die Zahl der Zugmöglichkeiten endlich ist.
- Werden mehrere Positionen G, H, L, ... zu einer Gesamtposition „zusammengelegt", dann geschieht das in Form einer so genannten **disjunktiven Summe** G + H + L + ...: Ein Spieler zieht in einer solchen Summen-Position dadurch, dass er eine der Komponenten G, H, L, ... auswählt und dort nach der für diese Komponente gültigen Regel zieht.

Disjunktive Summen können durchaus auch von Positionen unterschiedlicher Nim-Varianten gebildet werden. Damit kann Laskers Äquivalenzbegriff auf beliebige Positionen der hier untersuchten Spiele ausgedehnt werden. Das hat auch den Vorteil, dass die Kernaussage der Theorie von Sprague und Grundy besonders einfach formuliert werden kann:

> Bei einem neutralen Spiel, bei dem der zuletzt ziehende Spieler gewinnt, ist jede Position äquivalent zu einem Haufen des Standard-Nim.

---

[116] R. Sprague, *Über mathematische Kampfspiele*, Tôhuko Mathematical Journal, 41 (1935/6), S. 438-444; P. M. Grundy, *Mathematics and games*, Eureka, 2 (1939), 6-8, Nachdruck: Eureka, 27 (1964), S. 9-11.

[117] Die englische Original-Bezeichnung *impartial* wird in der deutschsprachigen Fachliteratur mit *neutral* oder *objektiv* übersetzt.

Die Größe dieses Haufens wird **Grundy-Wert** genannt. Sie stellt ein wesentliches Charakteristikum der zugrunde liegenden Position dar. Der Grundy-Wert hat zwei Eigenschaften, die seine Berechnung in der Praxis entscheidend vereinfachen:

- Der Grundy-Wert einer Position ist gleich der kleinsten natürlichen Zahl, die unter den Grundy-Werten der Nachfolger-Positionen nicht vorkommt[XXI].
- Der Grundy-Wert einer disjunktiven Summe von Positionen ist gleich der aus den Grundy-Werten der Komponenten gebildeten Nim-Summe[XXII].

Um zu gewinnen, muss ein Spieler stets versuchen, mit seinem Zug eine Position mit dem Grundy-Wert 0 zu erreichen, denn eine solche Position ist äquivalent zu einem leeren Nim-Haufen, so dass der nachfolgend ziehende Spieler eine Verlustposition vorfindet. Dabei erlauben es die beiden formulierten Eigenschaften, den Grundy-Wert in zwei Schritten zu bestimmen: Einerseits wird die Folge der Grundy-Werte g(0), g(1), g(2) ... der Positionen berechnet, die nur aus einem Haufen bestehen; andererseits ergeben sich aus diesen Ergebnissen mittels Nim-Addition die Grundy-Werte der Positionen mit mehr als einem Haufen. Am Beispiel des Lasker-Nims sieht das folgendermaßen aus:

Haufengröße n	Grundy-Wert g(n)
0	0
1	1
2	2
3	4
4	3
5	5
6	6
7	8
8	7
9	9
10	10
11	12
12	11

Tabelle 33   Grundy-Werte zum Lasker-Nim

Der leere Haufen hat keinen Nachfolger, also ist sein Grundy-Wert die kleinste natürliche Zahl, eben g(0) = 0. Für den Grundy-Wert des einen Stein umfassenden Haufens muss die 0 als Grundy-Wert der leeren Position ausgenommen werden, so dass sich der Grundy-Wert g(1) = 1 ergibt. Umfasst der Haufen zwei Steine, so können bei einem Zug ein oder zwei Steine genommen werden oder aber der Haufen wird geteilt. Die Nachfolger haben also die Grundy-Werte 1, 0 und $1 +_2 1 = 0$, was für die zwei Steine den Grundy-Wert g(2) = 2 ergibt. Bei einem Haufen mit drei Steinen gibt es vier mögliche Züge; entweder man nimmt einen, zwei oder drei Steine oder man teilt den Haufen. Das führt bei den Nachfolgern zu den Grundy-Werten 2, 1, 0 und $1 +_2 2 = 3$, so dass die drei Steine einen Grundy-Wert von g(3) = 4 haben. Allgemein kann man die Grundy-Werte des Lasker-Nims mit der Rekursionsformel

$$g(n) = \min\left(\mathbb{N} - \{g(0),\, g(1),\, ...,\, g(n-1)\} - \{g(1) +_2 g(n-1),\; g(2) +_2 g(n-2),\, ...\}\right)$$

berechnen. Das Ergebnis ist in Tabelle 33 zusammengestellt.

Die Grundy-Werte in Tabelle 33 setzen sich so fort, das heißt, der Grundy-Wert eines Haufens ist immer um jeweils 4 größer als der Grundy-Wert des 4 Steine kleineren Haufens: $g(n) = g(n-4) + 4$. Wie mit Hilfe dieser Grundy-Werte tatsächlich Gewinnzüge direkt gefunden werden können, soll am Beispiel der schon untersuchten Position 1, 3, 5, 8 demonstriert werden. Ihr Grundy-Wert ergibt sich als Nim-Summe der Grundy-Werte zu den einzelnen Haufen, das ist

$$g(1) +_2 g(3) +_2 g(5) +_2 g(8) = 1 +_2 4 +_2 5 +_2 7 = 7.$$

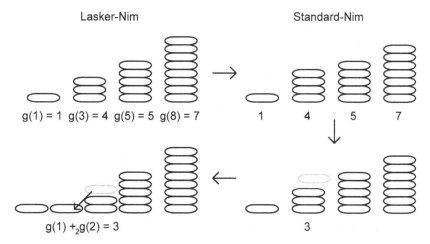

Bild 18   Lasker-Nim: Zunächst wird die Position in eine äquivalente Position des Standard-Nim transformiert; der dort gefundene Gewinnzug wird dann zurücktransformiert.

Ein Gewinnzug für die gegebene Position im Lasker-Nim ist nun analog zur Position 1, 4, 5, 7 des Standard-Nim zu vollziehen. Das kann auf dreierlei Weise geschehen:

- Entsprechend dem Gewinnzug im Standard-Nim von 1, 4, 5, 7 nach 1, 3, 5, 7 werden die drei Steine des zweiten Haufens zu 1, 2 geteilt, um dort den Grundy-Wert 3 zu realisieren (siehe Bild 18).
- Entsprechend dem Gewinnzug im Standard-Nim von 1, 4, 5, 7 nach 1, 4, 2, 7 werden von den fünf Steinen des dritten Haufens drei abgeräumt, um so mit dem Rest von 2 Steinen den Grundy-Wert 2 zu erzielen.
- Entsprechend dem Gewinnzug im Standard-Nim von 1, 4, 5, 7 nach 1, 4, 5, 0 wird der vierte Haufen ganz abgeräumt.

Das Beispiel macht deutlich, dass disjunktive Varianten neutraler Spiele fast so einfach zu gewinnen sind wie das Standard-Nim. Ein Laie dürfte allerdings kaum eine Chance haben, das Gewinnprinzip zu erkennen.

Nim-Varianten en masse

Natürlich sind neben dem Lasker-Nim noch viele weitere Varianten des Nim denkbar. Zu nennen sind unter anderem die folgenden beiden Regelvarianten:

- Beim Kegel-Nim[118] dürfen von einem Haufen ein oder zwei Steine genommen werden. Zusätzlich darf der Haufen anschließend noch geteilt werden.
- Bei Subtraktionsspielen sind bestimmte positive, ganze Zahlen $s_1, s_2, ..., s_n$ vorgegeben, die angeben, um wie viel Steine ein Haufen pro Zug vermindert werden darf. Haufen, deren Größe unterhalb der kleinsten dieser Zahlen liegt, können entfernt werden, da bei ihnen kein Zug mehr möglich ist.

Diese und weitere Nim-Varianten, darunter sowohl das Original- wie das Lasker-Nim, lassen sich in eine sehr große Klasse von Nim-Spielen einordnen, deren Regel man in Form einer Ziffernfolge codieren kann. In einer solchen Ziffernfolge $A_0 \cdot A_1 A_2 A_3 ...$ gibt die Zahl A_i Auskunft darüber, unter welchen Umständen bei der betreffenden Nim-Variante von einem Haufen i Steine weggenommen werden dürfen. Erlaubt ist das genau dann, wenn der verminderte Haufen anschließend in t echte Haufen geteilt wird, wobei die Zahl $t \geq 0$ die Bedingung $(2^t \text{ AND } A_i) > 0$ erfüllen muss. Ist die geforderte Haufenzahl durch Teilung nicht erreichbar, ist es nicht erlaubt, i Steine zu nehmen.

$0 \cdot 333...$	ist der Code des Standard-Nims, bei dem entsprechend den Ziffern $3 = 2^1 + 2^0$ von einem Haufen beliebig viele Steine genommen werden dürfen, so dass daraus $t = 0$ oder $t = 1$ Haufen entstehen.
$0 \cdot 77,$	was kurz für $0 \cdot 77000...$ steht, symbolisiert das Kegel-Nim. Entsprechend den ersten beiden Ziffern $7 = 2^2 + 2^1 + 2^0$ dürfen nur 1 oder 2 Steine entfernt werden, wobei der Resthaufen anschließend noch geteilt werden darf, so dass daraus $t = 0$, 1 oder 2 Haufen entstehen.
$4 \cdot 333...$	ist der Code des Lasker-Nims. Es kann wie im Standard-Nim gezogen werden, jedoch sind auch Züge möglich, bei denen kein Stein weggenommen wird, wenn dabei $t = 2$ Haufen entstehen.
$0 \cdot 03003$	steht für ein spezielles Subtraktionsspiel, bei dem von einem Haufen entweder 2 oder 5 Steine weggenommen werden dürfen, wodurch auf diesem Haufen $t = 0$ oder $t = 1$ Haufen entstehen. Insbesondere kann bei Haufen mit nur noch einem Stein nicht mehr gezogen werden.

Nim-Codes der beschriebenen Art wurden 1955 von Richard Guy (1916-) und Cedric Smith erfunden[119]. Die so erzeugten Nim-Varianten, auch **oktale Spiele** genannt, dienten Guy und Smith als Material für ihre Untersuchungen von Grundy-Werten: Mittels

---

[118] Der Name Kegel-Nim rührt daher, dass man sich dieses Spiel als eine Kegel-Variante vorstellen kann: Dazu stellt man Kegel in einer Reihe nebeneinander auf, so dass pro Wurf ein oder zwei Kegel getroffen werden können. Ohne Lücke direkt nebeneinander stehende Kegel bilden dann jeweils einen „Haufen".

[119] Richard K. Guy, Cedric A. B. Smith, *The g-values of various games*, Proceedings of the Cambridge Philosophical Society, 52 (1956), S. 514-526. Siehe auch: Richard K. Guy, *Fair game*, Arlington 1989; John H. Conway, *Über Zahlen und Spiele*, Braunschweig 1983 (engl. Orig. 1976), §§ 11, 12; E. Berlekamp, J. Conway, R. Guy, *Gewinnen*, Braunschweig 1985 (engl. Orig. 1982), Band 1, Kapitel 2-4.

eines EDSAC-Rechners – damals noch eine bemerkenswerte Besonderheit – berechneten die beiden die Folge der Grundy-Werte $g(0)$, $g(1)$, $g(2)$, ... und untersuchten diese auf Regelmäßigkeiten. Beispielsweise fanden sie für das auch unter dem Namen „Dawsons Schach" [120] bekannte Spiel 0·137 eine Periode der Länge 34, nämlich die Grundy-Werte

$$8\ 1\ 1\ 2\ 0\ 3\ 1\ 1\ 0\ 3\ 3\ 2\ 2\ 4\ 4\ 5\ 5\ 9\ 3\ 3\ 0\ 1\ 1\ 3\ 0\ 2\ 1\ 1\ 0\ 4\ 5\ 3\ 7\ 4,$$

wobei zu Anfang die Werte $g(0) = g(14) = g(34) = 0$ und $g(16) = g(17) = g(51) = 2$ vom periodischen Verhalten der Folge abweichen. Um ein Vielfaches komplizierter ist das Spiel 0·16, dessen Grundy-Werte ab 105350 eine Periode von 149459 aufweisen [121]. Neben Nim-Spielen mit periodischen Grundy-Werten, wozu auch das Kegel-Nim mit einer Periodenlänge 12 ab $g(72)$ gehört [122], gibt es auch solche Varianten, bei denen der Zuwachs periodisch ist. Ein Beispiel ist das schon untersuchte Lasker-Nim.

Subtraktionsspiele haben, wenn die vorgegebene Menge von zulässigen Haufenreduktionen $\{s_1, s_2, ...\}$ endlich ist, immer periodische Grundy-Wert-Folgen. Außerdem besitzen sie, auch im nicht endlichen Fall, noch weitere, zunächst merkwürdig erscheinende Eigenschaften, die 1974 von Ferguson entdeckt wurden [123]:

- Es ist $g(n) = 1$ genau dann, wenn $g(n - s_1) = 0$ für die kleinste Zahl s_1 aus der Menge der zulässigen Haufenreduktionen $\{s_1, s_2, ...\}$ gilt.
- Im Fall von $g(n) = 0$ mit $n \geq s_1$ gibt es eine zulässige Reduktion s_k mit $g(n - s_k) = 1$.

Die zweite Eigenschaft, die aus der ersten abgeleitet werden kann[XXIII], wurde von Ferguson dafür verwendet, für Subtraktionsspiele die so genannte Misère-Version, bei dem der zuletzt ziehende Spieler verliert, zu untersuchen. Wir werden darauf in Kapitel 2.9 zurückkommen.

---

[120] In Band 1 von *Gewinnen* (siehe Fußnote 119) wird das Spiel auf den Seiten 88 bis 91 beschrieben und untersucht.

[121] A. Gangolli, T. Plambeck, *A note on periodicity on some octal games*, International Journal of Game Theory, <u>18</u> (1989), S. 311-320.

[122] Eine Tabelle aller Grundy-Werte des Kegel-Nim findet man in Kapitel 2.9.

[123] T. S. Ferguson, *On sums of graph games with last player losing*, International Journal of Game Theory, <u>3</u> (1974), S. 159-167.

2.6   Schwarz-Weiß-Nim: Jeder zieht mit seinen Steinen

Schwarz-Weiß-Nim wird mit aus weißen und schwarzen Dame-Steinen aufgebauten Türmen gespielt. Pro Zug wählt ein Spieler einen Stein seiner Farbe aus und entfernt ihn zusammen mit den darüberliegenden Steinen. Der Spieler, dem es gelingt, den letzten Zug zu machen, gewinnt. Wie können Gewinnzüge gefunden werden – beispielsweise für die Position aus Bild 19?

Bild 19

Das Schwarz-Weiß-Nim, bei dem es sich um eine vereinfachte Version des von Berlekamp (1940-), Conway (1937-) und Guy untersuchten Spiels Hackenbush handelt[124], weist einen wesentlichen Unterschied zu allen bisher untersuchten Nim-Varianten auf: Es ist wie die meisten Brettspiele nicht neutral, das heißt, die Zugmöglichkeiten hängen davon ab, wer – Weiß oder Schwarz – am Zug ist. So sind die Zugmöglichkeiten von Weiß in Bild 20 auf der linken Seite dargestellt. Rechts sind vier der insgesamt sieben für Schwarz in einem Zug erreichbaren Positionen aufgeführt – die anderen drei Züge sind offenkundig höchstens so günstig wie der zweite Zug.

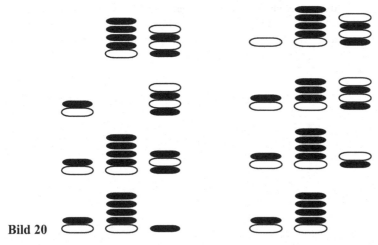

Bild 20

Abgesehen davon, dass die Zugmöglichkeiten in einer Position für beide Spieler unterschiedlich sein können, sind die im letzten Kapitel gestellten Voraussetzungen auch beim Schwarz-Weiß-Nim erfüllt. Für den allgemeinen Teil der Untersuchungen gehen wir daher von folgendem Sachverhalt aus:

- Es handelt sich um ein zufallsfreies Zweipersonenspiel mit perfekter Information.
- Die beiden Spieler ziehen beginnend mit einer jeweils festgelegten Anfangsposition immer abwechselnd.
- Der Spieler, der den letzten Zug machen kann, gewinnt.

---

[124] Die betreffende Literatur ist am Ende des Kapitels zusammengestellt.

- Das Spiel ist endlich, das heißt es endet stets nach einer endlichen Zahl von Zügen. Meist wird auch vorausgesetzt, dass in jeder Position die Zahl der Zugmöglichkeiten endlich ist.
- Werden mehrere Positionen G, H, L, ... zu einer Gesamtposition zusammengelegt, dann geschieht das in Form einer disjunktiven Summe G + H + L+ ...: Ein Spieler zieht in einer solchen Summen-Position dadurch, dass er eine der Komponenten G, H, L, ... auswählt und dort einen für diese Position zulässigen Zug tätigt.

Solche Spiele wurden systematisch in den 1970er Jahren erstmals von John Horton Conway untersucht, der damit die Theorie des Nim auf nicht-neutrale Spiele erweiterte und dabei eine Fülle spielerisch wie mathematisch hoch interessanter Resultate erhielt. Erst nachträglich stellte sich heraus, dass einige Teilaspekte schon 1953 von John Milnor (1931–) und 1959 von Olof Hanner (1922–2015) gefunden worden waren[125], deren Ergebnisse aber anscheinend kaum beachtet wurden. Wie beim Nim sind die Positionen der eigentliche Gegenstand der Untersuchungen. Bei nicht-neutralen Spielen hat das zur Folge, dass immer *beide* Spiele zu untersuchen sind, die mit einer gegebenen Position starten – einerseits die Version, bei der Weiß zuerst zieht, und andererseits diejenige mit dem Anzugsrecht für Schwarz. Gefragt wird nach Gewinnstrategien für *beide* Spiele: *Wer* kann *wie* gewinnen?

Wie bei den neutralen Nim-Varianten handelt auch die verallgemeinerte Theorie, die oft auch als **kombinatorische Spieltheorie** bezeichnet wird, im Wesentlichen davon, Gewinnstrategien für eine als disjunktive Summe gegebene Position dadurch zu finden, dass man ihre Komponenten eingehend analysiert. Das geschieht wieder in zwei Schritten: Zunächst bietet es sich an, Komponenten disjunktiver Summen durch gleichwertige, aber weniger komplexe Positionen zu ersetzen. Anschließend versucht man, die Gewinnaussichten einer disjunktiven Summe auf eine möglichst einfache Weise zu bestimmen, nach Möglichkeit sogar arithmetisch zu berechnen.

Können bei neutralen Spielen Verlustpositionen aus einer disjunktiven Summe entfernt werden, ohne dass sich dadurch die Gewinnaussichten ändern, so müssen bei nicht-neutralen die Gewinnaussichten beider Spielvarianten – mit dem ersten Zug für Weiß und Schwarz – berücksichtigt werden. Das führt zum Begriff der so genannten **Nullposition**, wie eine Position genannt wird, bei der jeweils der nachziehende Spieler – ob Weiß oder Schwarz – eine Gewinnstrategie besitzt.

> Für eine solche Nullposition H gilt: Ein Spieler, der als An- oder Nachziehender eine Gewinnstrategie für eine beliebige Position G besitzt, kann bei unverändertem Anzugsrecht auch das mit der Position G + H startende Spiel sicher für sich entscheiden. Bei beiderseits optimalem Spiel ändert die Addition einer Nullposition das Spielresultat also nicht!

Zur Begründung kann man fast wörtlich auf Laskers Nim-Untersuchungen zurückgreifen: Verfügt ein Spieler als Nachziehender von der Position G aus über eine Gewinnstrategie, so kann er das von der Position G + H startende Spiel dadurch gewinnen, dass er jeden Zug des beginnenden Spielers in der betreffenden Komponente kontert, als wäre die andere gar nicht vorhanden. Besitzt ein Spieler für die Position G hingegen als Anziehender eine Gewinnstrategie, so gewinnt er beginnend von der Position G + H dadurch, dass er zunächst den für die

---

125 John Milnor, *Sums of positional games*, in: Kuhn, Tucker (ed.), *Contributions to the Theory of Games II*, Reihe: Annals of Mathematics Studies, 28 (1953), S. 291-301; Olof Hanner, *Mean play of sums of positional games*, Pacific Journal of Mathematics, 9 (1959), S. 81-89.

Komponente G vorgesehenen Gewinnzug wählt und so die gerade schon untersuchte Situation erreicht.

Ein triviales Beispiel für eine Nullposition ist die mit „0" bezeichnete Position, bei dem keiner der beiden Spieler mehr einen Zug machen kann. Weitere Beispiele für Nullpositionen erhält man, wenn man die Summe aus einer beliebigen Position G und ihrer so genannten inversen Position –G bildet. Dabei entsteht die **inverse Position** –G, wenn die zwei Spieler in den beiden mit der Position G startenden Spielen ihre Rollen vertauschen. Das heißt, die möglichen Zugfolgen bleiben unverändert, allerdings sind die darin Weiß zugedachten Züge nun von Schwarz zu ziehen und umgekehrt – beim Schwarz-Weiß-Nim werden dazu einfach die weißen und die schwarzen Spielsteine gegeneinander ausgetauscht. Bildet man anschließend die Summe G + (–G), dann ist diese Position aufgrund des möglichen Strategieklaus, bei dem der nachziehende Spieler die Züge des Anziehenden in der jeweils anderen Komponente kopiert, eine Nullposition. Das in Bild 21 dargestellte Beispiel verdeutlicht das Gesagte sofort.

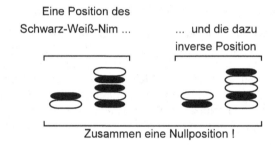

Bild 21   Zusammen eine Nullposition !

Ein noch interessanteres Beispiel für eine Nullposition bilden die drei Türme

Egal wer in dieser Position zuerst zieht, seine Aussichten sind schlecht: Beginnt Weiß, gibt es für ihn bis auf Symmetrie nur einen Zug, nämlich nach

Kontert nun Schwarz damit, dass er den oberen Stein des linken Turms nimmt, gewinnt er sicher. Beginnt umgekehrt Schwarz, so ist es für ihn noch am günstigsten, zur Position

zu ziehen. Räumt aber Weiß dann den mittleren Turm auf einen Schlag ab, wird Schwarz unweigerlich verlieren.

Nullpositionen, bei denen es sich wie im gerade untersuchten Beispiel um eine Summe von Positionen handelt, können oft dazu verwendet werden, gegebene Positionen zu vereinfachen. Ist nämlich eine Position H + L eine Nullposition, dann sind die Positionen H und –L in jeder Summe von Positionen gegeneinander austauschbar, ohne dass sich dadurch die Gewinnaussichten der Spieler ändern: Ist G eine beliebige Position, dann bietet G + (–L) die gleichen Gewinnaussichten wie G + (–L) + H + L und schließlich wie G + H. Die Positionen H und –L werden daher als gleich günstig oder – wie schon bei neutralen Spielen – als **äquivalent** bezeichnet; als Schreibweise wird H = –L verwendet.

Wie sich auf diese Weise Positionen vereinfachen lassen, dazu soll nun das Beispiel

untersucht werden. Ohne dass sich die Gewinnaussichten der beiden Spieler ändern, lassen sich zunächst die einfarbigen Türme zu Einzelsteinen abtragen. Außerdem können Paare aus einem weißen und einem schwarzen Einzelstein entfernt werden, da sie zusammen eine Nullposition bilden. Schließlich können auch zwei der drei rechten Türme ersetzt werden. Das geht alles, weil die folgenden Äquivalenzen erfüllt sind:

Sind alle Vereinfachungen durchgeführt, verbleibt nur noch der einzelne Turm

.

Weiß kann also sowohl als An- und als auch als Nachziehender seinen Sieg erzwingen.

Ist man bereit, einen gewissen Aufwand in Kauf zu nehmen, kann praktisch jede Position des Schwarz-Weiß-Nim auf diese Weise analysiert werden. Es gilt nämlich der folgende Satz:

Jede Position des Schwarz-Weiß-Nim ist äquivalent zu einer Summe von Türmen der folgenden Gestalt

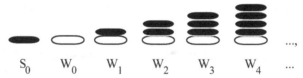

wobei die Beziehungen

$$W_i = W_{i+1} + W_{i+1}$$

gelten.

Werden die einzelnen Türme einer gegebenen Position als Summe von Türmen aus dem abgebildeten Repertoire ausgedrückt, dann kann die Summe anschließend einfach berechnet werden. So ergibt sich für die eingangs gestellte Aufgabe

$= W_1 \qquad = W_4 \qquad = S_0 + W_2 + W_3$

und damit insgesamt

$$W_1 + W_4 + S_0 + W_2 + W_3 = 8W_4 + W_4 - 16W_4 + 4W_4 + 2W_4 = -W_4.$$

Schwarz kann also sowohl als An- als auch als Nachziehender sicher gewinnen!

Auch wenn das ursprüngliche Problem damit eigentlich gelöst ist, so sollten doch zwei Punkte der gerade angestellten Überlegungen noch näher erläutert werden. Zum einen betrifft das die Äquivalenz-Beziehung $W_i = W_{i+1} + W_{i+1}$. Eine noch größere Lücke klafft beim ersten Schritt, bei dem jeder einzelne Turm durch eine Summe von Türmen ersetzt wird, wie sie in der Aufzählung enthalten sind. Bei beiden Punkten ist es natürlich prinzipiell möglich, eine vermutete Äquivalenz von zwei Positionen G und H dadurch zu bestätigen, dass man die zugehörige Differenz G – H mittels einer Zuganalyse als Nullposition nachweist. Da dieser Weg aber nicht sehr effizient ist, wird im Rest des Kapitels ein einfacheres Verfahren entwickelt: Mit ihm kann zu einer Position des Schwarz-Weiß-Nim eine äquivalente Position bestimmt werden, bei der es sich um eine Summe von Positionen S_0, W_0, W_1, W_2, W_3, ... handelt, sofern solche Darstellungen für alle in einem Zug erreichbaren Positionen bereits vorliegen.

Reichte es bei neutralen Spielen völlig aus, nur zwischen Gewinn- und Verlustpositionen zu unterscheiden, so gibt es bei nicht-neutralen Spielen im Hinblick auf die Gewinnaussichten vier Fälle, da jede Position zwei Spiele ermöglicht. Bei einer der vier Klassen handelt es sich um die schon genannten Nullpositionen:

- Eine Position heißt **positiv**, wenn Weiß unabhängig vom Recht des ersten Zuges eine Gewinnstrategie besitzt.
- Eine Position heißt **negativ**, wenn Schwarz unabhängig vom Recht des ersten Zuges eine Gewinnstrategie besitzt.
- Eine Position wird **Nullposition** genannt, wenn der nachziehende Spieler über eine Gewinnstrategie verfügt.
- Eine Position heißt **unscharf**, wenn der anziehende Spieler eine Gewinnstrategie besitzt.

Die Möglichkeit, alle Positionen in die vier genannten Klassen einzuteilen, ergibt sich direkt aus dem Zermelo'schen Bestimmtheitssatz. Einfache Beispiele für Positionen der vier Klassen sind in Bild 22 zu sehen. Da es im Schwarz-Weiß-Nim keine unscharfen Positionen gibt, greifen wir für ein Beispiel auf das Original-Nim zurück, dessen Spielsteine zum Zeichen dafür, dass beide Spieler sie nehmen dürfen, zweifarbig dargestellt werden.

Position G	$\bigcirc$	⬤	$\bigcirc$ ⬤	◑
Gewinn-strategie für ...	Weiß	Schwarz	den Nachziehenden	den Anziehenden
Gewinn-typ	postiv $G > 0$	negativ $G < 0$	Nullposition $G = 0$	unscharf $G \parallel 0$

Bild 22   Die vier bei Positionen möglichen Gewinntypen mit je einem Beispiel

Die in Bild 22 enthaltenen Formelschreibweisen interpretiert man am besten wie schon das verwendete „="-Symbol, nämlich als Vergleich einer Position G mit der Endposition 0. Werden solche Vergleiche auf zwei beliebige Positionen G und H ausgedehnt, können die Gewinnaussichten einer Position noch differenzierter untersucht werden. Dabei bedeutet $G > H$, $G = H$, $G < H$ sowie $G \parallel H$, dass die entsprechende Aussage für die Position G + (-H), kurz G – H, im Bezug auf die Endposition 0 erfüllt ist, also $G - H > 0$, $G - H = 0$, $G - H < 0$ beziehungsweise $G - H \parallel 0$. Wie sind aber diese Beziehungen in der Spielpraxis zu interpretieren? Dazu ein einfaches Beispiel: Für

$G = \overset{\text{⬭⬭⬭}}{}$ und $H = \overset{\text{⬭⬭}}{}$ gilt $G > H$, denn es ist $G - H = \overset{\text{⬭⬭⬭}}{\text{▬▬}} > 0$.

Die Positionen G und H sind beide positiv, bieten also für Weiß sowohl im An- wie im Nachzug Gewinnstrategien. Trotzdem kann die Position G für Weiß in ganz speziellen Situationen günstiger sein als die Position H, nämlich dann, wenn sie als Komponente in bestimmten disjunktiven Summen auftaucht. So ist für

$$L = \quad\text{zwar } G + L > 0, \text{ aber } H + L = 0,$$

das heißt, Weiß kann als Anziehender von der Position G + L aus sicher gewinnen, hingegen ist dies für die Position H + L nicht möglich.

Übrigens lassen sich auch kombinierte Vergleiche wie G ≥ 0, das heißt G > 0 *oder* G = 0, einfach in strategischer Weise interpretieren:

G ≥ 0	Weiß besitzt als Nachziehender eine Gewinnstrategie
G ≤ 0	Schwarz besitzt als Nachziehender eine Gewinnstrategie
G ‖> 0	Weiß besitzt als Anziehender eine Gewinnstrategie
G <‖ 0	Schwarz besitzt als Anziehender eine Gewinnstrategie

Sieht man einmal von der etwas gewöhnungsbedürftigen Beziehung G ‖ H als vierter Alternative neben G > H, G < H und G = H ab, kann man mit den Symbolen meist so hantieren, wie man es von den üblichen Bedeutungen her kennt. Beispielsweise lassen sich die folgenden Gesetzmäßigkeiten leicht nachprüfen:

- Eine Relation wie G > H wird durch die einseitige Addition einer Nullposition L nicht beeinträchtigt, das heißt, es gilt G + L > H.
- Die Summe zweier positiven Positionen ist wieder positiv, das heißt, für G > 0 und H > 0 ist auch G + H > 0 erfüllt.
- Die Größer-Relation ist transitiv: Für drei Positionen mit den Eigenschaften G > H und H > L folgt stets G > L.

Mit Hilfe der Vergleichs-Relationen sowie der gerade beschriebenen Eigenschaften kann eine als disjunktive Summe vorliegende Position oft „lokal", das heißt Komponente für Komponente, analysiert werden. Sind in einer Komponente die Positionen G und H zu vergleichen, so muss dazu lediglich die Differenz-Position G − H untersucht werden. Die folgende Tabelle zeigt, wie sich die Relationen G = H, G ≥ H und G ≤ H in disjunktiven Summen auswirken. Dabei werden ausgehend von einer weiteren, beliebig gewählten Position L die beiden Positionen G + L und H + L miteinander verglichen:

	Egal, wer zuerst zieht, für jede Position L ist für Weiß ...
G = H	... G + L gleich günstig wie H + L.
G ≥ H	... G + L mindestens so günstig wie H + L.
G ≤ H	... H + L mindestens so günstig wie G + L.

Die drei Aussagen gelten übrigens auch umgekehrt, was sofort klar wird, wenn man für die Position L ganz speziell die Position −H wählt. In den restlichen Fällen, das heißt beim Bestehen der Relation G ‖ H, kann keine allgemeine Aussage darüber getroffen, welche der Positionen G + L und H + L für Weiß günstiger ist. Es kommt dann eben ganz darauf an, wie die Position L genau beschaffen ist und wer zuerst ziehen darf.

Dass sich die Symbole „=", „<", „>", „≤", „≥", „+", „−" und „0" in vertrauter Weise handhaben lassen, hat seinen guten Grund. Viele Positionen, insbesondere alle Positionen des Schwarz-Weiß-Nims, können nämlich als Zahlen gedeutet werden! So entsprechen den Positionen S_0, W_0, W_1, W_2, W_3, ... die Zahlen -1, 1, $\frac{1}{2}$, $\frac{1}{4}$, $1/8$ und so weiter. Dass die Operationen von Positionen und den ihnen zugeordneten Zahlen übereinstimmende Ergebnisse liefern und daher miteinander „verträglich"[126] sind, liegt an den Gleichungen $W_i = W_{i+1} + W_{i+1}$ und $S_0 = -W_0$. Interpretieren kann man den Wert einer Position als den Vorteil, den Weiß gegenüber Schwarz besitzt. Ist er wie bei der Position

gleich 2, dann kann Weiß zwei Züge länger ziehen als Schwarz. Natürlich entzieht sich ein Vorteil von $-\frac{1}{4}$ Zügen wie bei der Position

einer gleichermaßen plakativen Interpretation. Trotzdem kann auch der Wert $-\frac{1}{4}$ in indirekter Weise als Vorteil aufgefasst werden. Dazu addiert man vier solche Türme, um so eine Position zu erhalten, die zu einem einzelnen schwarzen Stein äquivalent ist.

Auch Positionen, die nicht durch eine Zahl repräsentiert werden, können durchaus Größer-Beziehungen erfüllen; beispielsweise ist

$$\bigcirc \; > \; \text{⬬}$$

für den Nim-Haufen im Standard-Nim, der wie alle Gewinnpositionen neutraler Nim-Spiele zu keiner Zahl äquivalent ist – insbesondere dürfen die Grundy-Werte des Nims niemals mit den gerade beschriebenen Zahlen verwechselt werden.

Um Positionen auch auf einem abstrakteren Niveau untersuchen zu können, werden diese häufig in der Form

$$(\{G, H, ...\}, \{P, Q, ...\})$$

oder noch kürzer

$$\{G, H, ... \mid P, Q, ...\}$$

geschrieben. Dabei sind G, H, ... sowie P, Q, ... Positionen, und zwar diejenigen, zu denen Weiß beziehungsweise Schwarz ziehen kann. Einen kleinen Eindruck, wie abstrakt auf dieser Basis „gespielt" werden kann, vermittelt der Kasten *Conways Universum der Spiele*.

Wann immer möglich, werden im Folgenden Positionen durch einfache Bezeichnungen gekennzeichnet. Da äquivalente Positionen für beide Spieler generell, das heißt auch als Komponente innerhalb einer disjunktiven Summe, gleich günstig sind, wird außerdem meist darauf verzichtet, zwischen äquivalenten Positionen zu unterschieden. Positionen, die einer Zahl entsprechen, werden – wie das schon mit der Endposition „0" praktiziert wurde – einfach durch diese Zahl gekennzeichnet. Statt

$$\text{⬭} \; = \; \{ \; \text{⬭} \; , \; \text{⬬} \; \mid \; \underline{\;\;} \; \}$$

mit einem waagrechten Strich „___" für die leere Endposition schreiben wir also einfach

$$-\tfrac{1}{4} = \{-\tfrac{1}{2}, -1 \mid 0\}.$$

Wird der Vorteil dieser Notation bei wohlvertrauten Aussagen wie

$$\{ \mid \} = 0,$$
$$\{0 \mid \} = 1,$$

---

126 Wer weiß, was ein Homomorphismus ist, wird wahrscheinlich schon erkannt haben, dass hier ein solcher vorliegt. Es handelt sich um einen Homomorphismus zwischen geordneten Gruppen.

$$\{1 \mid \} = 2$$
$$\{ \mid 0\} = -1,$$
$$\{0 \mid 1\} = \tfrac{1}{2}$$

kaum erkennbar, so ändert sich das schnell, wenn die Zusammenhänge komplizierter werden. Das gilt insbesondere für die beiden folgenden „Rechenregeln". Die erste von ihnen betrifft **dominierte Zugmöglichkeiten**:

Ein im Vergleich zu anderen Zügen nicht so günstiger Zug kann bei einer Position weggelassen werden. Kann etwa Weiß zu zwei Positionen G und H ziehen, für die $G \leq H$ gilt, so ist die Zugmöglichkeit nach G entbehrlich:

$$\{G, H, ... \mid P, ...\} = \{H, ... \mid P, ...\}.$$

Dass ungünstige Züge weggelassen werden können, versteht sich fast von selbst[XXIV]. Als Beispiel vereinfachen wir die Position, die aus dem Turm W_{i+1} im Schwarz-Weiß-Nim besteht. Aus den Zugmöglichkeiten von Schwarz werden alle bis auf den günstigsten Zug entfernt. Für Schwarz bleibt dann nur die kleinste Zahl übrig:

$$\frac{1}{2^{i+1}} = \quad = \{\, 0 \mid \frac{1}{2^i} , \frac{1}{2^{i-1}} , ..., 1 \,\} = \{\, 0 \mid \frac{1}{2^i} \,\}$$

Auch für andere Brüche wie ¾ können ählich einfache Darstellungen gefunden werden. Ausgehend von der disjunktiven Summe

$$\tfrac{3}{4} = \tfrac{1}{2} + \tfrac{1}{4} = \{0 \mid 1\} + \{0 \mid \tfrac{1}{2}\}$$

ergeben sich zunächst für jeden Spieler je zwei Zugmöglichkeiten, nämlich

$$\tfrac{3}{4} = \{0 + \tfrac{1}{4}, \tfrac{1}{2} + 0 \mid 1 + \tfrac{1}{4}, \tfrac{1}{2} + \tfrac{1}{2}\},$$

was schließlich nach Streichung der dominierten Zugmöglichkeiten die Darstellung

$$\tfrac{3}{4} = \{\tfrac{1}{2} \mid 1\}$$

ergibt. Entsprechend kann auch jeder andere Bruch mit einer Zweierpotenz als Nenner durch ein Paar von Zugmöglichkeiten dargestellt werden. Für ganze Zahlen n und k mit $n \geq 0$ ist

$$\frac{2k+1}{2^{n+1}} = \{\, \frac{k}{2^n} \mid \frac{k+1}{2^n} \,\}.$$

Übrigens bildet diese Gleichung zusammen mit den Gleichungen

$$0 = \{ \mid \}, \quad n+1 = \{n \mid \} \quad \text{und} \quad -(n+1) = \{ \mid -n\}$$

einen kompletten Satz von „Standard-Darstellungen" der im Schwarz-Weiß-Nim vorkommenden Zahlen. Bei der Transformation einer gegebenen Position in eine solche Form hilft oft der so genannte **Einfachheitssatz**:

Ist eine Zahl als Position in der Form $\{G \mid H\}$ mit den Zahlen $G < H$ darstellbar, dann ergibt sich diese Zahl auch für alle Positionen $\{P \mid Q\}$, deren Zugmöglichkeiten P und Q den Bedingungen $G \leq P <\parallel \{G \mid H\} <\parallel Q \leq H$ genügen.

Wichtiger als diese abstrakte Formulierung und der Beweis[XXV] des Einfachheitssatzes ist seine häufigste Anwendung, gemäß der eine Position $\{P \mid Q\}$ mit $P < Q$ gleich der „einfachsten" Zahl s ist, die zwischen P und Q liegt, das heißt, für die $P < s < Q$ gilt. Dabei ist eine Zahl – per Definition – desto einfacher, je früher sie in der folgenden Aufzählung auftaucht:

$$0, 1, -1, 2, -2, ..., \tfrac{1}{2}, -\tfrac{1}{2}, 1\tfrac{1}{2}, -1\tfrac{1}{2}, ..., \tfrac{1}{4}, -\tfrac{1}{4}, \tfrac{3}{4}, -\tfrac{3}{4}, ...$$

Um den Zusammenhang zu der abstrakten Version des Einfachheitssatzes zu erkennen, wird eine gegebene Position $\{P \mid Q\}$ jeweils mit der Standard-Darstellung $s = \{G \mid H\}$ verglichen. Beispielsweise ist

$$\{-^3/_2 \mid -^3/_4\} = \{-2 \mid 0\} = -1 \quad \text{wegen} \quad -2 \leq -^3/_2 < -1 < -^3/_4 \leq 0;$$

$$\{^9/_{16} \mid ^{29}/_{32}\} = \{^1/_2 \mid 1\} = ^3/_4 \quad \text{wegen} \quad ^1/_2 \leq ^9/_{16} < ^3/_4 < ^{29}/_{32} \leq 1;$$

$$\{\{0 \mid 0\} \mid ^1/_2\} = \{-1 \mid 1\} = 0 \quad \text{wegen} \quad -1 \leq \{0 \mid 0\} \parallel 0 < ^1/_2 \leq 1.$$

Nochmals, nun in etwas anderen Worten: Liegt eine Zahl in Form einer Position vor, dann ergibt sich diese Zahl auch dann, wenn die Zugmöglichkeiten beider Spieler oder eines Spielers „geringfügig" verbessert werden. Dazu sind für Weiß insbesondere solche Züge erlaubt, die kleiner als die sich ergebende Zahl sind und für Schwarz solche Züge, die größer als diese Zahl sind.

Mit den beiden gerade beschriebenen Instrumenten können nun beliebige Türme des Schwarz-Weiß-Nims untersucht werden. Um zum Beispiel die Zahl des in Bild 23 rechts stehenden Turmes zu berechnen, geht von man der Reihe nach alle Türme durch, die aus dem zu untersuchenden hervorgehen können.

$\{0 \mid \}$	$\{0 \mid 1\}$	$\{0, ^1/_2 \mid 1\}$	$\{0, ^1/_2 \mid 1, ^3/_4\}$	$\{0, ^1/_2 \mid 1, ^3/_4, ^5/_8\}$
$= 1$	$= ^1/_2$	$= ^3/_4$	$= ^5/_8$	$= ^9/_{16}$

Bild 23   Schrittweise Berechnung eines Schwarz-Weiß-Nim-Turmes

Für die Analyse des Schwarz-Weiß-Nim steht damit ein effizientes Verfahren zur Verfügung:

- Sind die zahlenmäßigen Werte bekannt, die aus einer Position durch alle möglichen Züge entstehen können, ergibt sich der zahlenmäßige Wert der Position auf Basis des Einfachheitssatzes.
- Liegt eine gegebene Position als disjunktive Summe vor, braucht das Verfahren nur für die einzelnen Komponenten angewendet werden. Anschließend werden die für jede Komponente gefundenen Werte addiert.

Conways Universum der Spiele

Im Sinne der von Conway aufgestellten Definition handelt es sich bei jeder Position[127] um ein Paar aus zwei Mengen, die beide ausschließlich Positionen beinhalten. Dabei ist die in der Definition enthaltene Rückbezüglichkeit keineswegs unsinnig, wie man vielleicht zunächst denken mag: Als erste Position entsteht die mit 0 bezeichnete Endposition durch die Konstruktion $(\varnothing, \varnothing)$ direkt aus dem „Nichts", das heißt unter alleinigem Bezug auf die leere Menge $\varnothing$. Im nächsten Schritt erhält man drei weitere Positionen, nämlich

---

[127] Bei Conway werden die Begriffe *Position* und *Spiel* synonym gebraucht. Davon abweichend wird hier der Begriff *Spiel* im spieltheoretischen Sinne verwendet, so dass einer *Position* zwei Spiele entsprechen – eines mit dem ersten Zug für Weiß und eines, bei dem Schwarz zuerst zieht.

$$1 = (\{0\}, \varnothing), \; -1 = (\varnothing, \{0\}) \; \text{und} \; * = (\{0\}, \{0\}).$$

Die letztgenannte, mit $*$ bezeichnete Position entspricht einem Nim-Haufen mit einem Stein. Der mit $*2$ bezeichnete Nim-Haufen der Größe 2 ergibt sich im nächsten Schritt, in dem unter anderem die folgenden Positionen entstehen. Aufgeführt sind sowohl die allgemein üblichen Bezeichnungen wie auch die eigentlichen Definitionen, die in der Kurzschreibweise $\{... \mid ...\}$ notiert sind[128]:

$$2 = \{1 \mid \}, \; -2 = \{ \mid -1\}, \; \tfrac{1}{2} = \{0 \mid 1\}, \; -\tfrac{1}{2} = \{-1 \mid 0\},$$

$$\uparrow = \{0 \mid *\}, \; \downarrow = \{* \mid 0\}, \; \pm 1 = \{1 \mid -1\}, \; *2 = \{0, * \mid 0, *\}.$$

Für eine Position $G = (G_1, G_2)$ definiert man die inverse Position $-G$ formal durch

$$-G = (\{-G'' \mid G'' \in G_2\}, \{-G' \mid G' \in G_1\}),$$

und zusammen mit einer weiteren Position $H = (H_1, H_2)$ erklärt man die Summe $G + H$ durch

$$(\{G' + H \mid G' \in G_1\} \cup \{G + H' \mid H' \in H_1\}, \{G'' + H \mid G'' \in G_2\} \cup \{G + H'' \mid H'' \in H_2\}).$$

Auch die Ordnungsrelationen lassen sich ohne jeden Bezug auf ein Spielgeschehen oder gar einen Gewinn erklären. Per Definition gilt $G \geq 0$ genau dann, wenn es keine Position $G'' \in G_2$ mit $G'' \leq 0$ gibt. Analog wird $G \leq 0$ dadurch definiert, dass es keine Position $G' \in G_1$ mit $G' \geq 0$ geben darf. Durch das Zusammenspiel dieser beiden Ordnungsrelationen lassen sich schließlich ">", "<", "=" und "$\parallel$" definieren; beispielsweise ist $G \parallel H$ per Definition erfüllt, wenn weder $G + (-H) \geq 0$ noch $G + (-H) \leq 0$ gilt.

Nicht alle Positionen sind Zahlen, so sind von den oben aufgeführten Positionen $*$, $\uparrow$, $\downarrow$, ± 1 und $*2$ keine Zahlen. Allerdings gibt es zu jeder reellen Zahl eine Position – Einzelheiten dazu findet man im Kasten *Conways Universum der Zahlen*.

Conways Universum der Zahlen

Conways Definition der Positionen lässt sich in einer Art einschränken, dass alle solchermaßen erzeugten Positionen als Zahlen interpretiert werden können. Dabei werden insbesondere alle reellen Zahlen erfasst. Die Definition lautet: Eine Zahl ist eine Position $G = (G_1, G_2)$, bei der die Mengen G_1 und G_2 ausschließlich Zahlen enthalten; außerdem darf für keine dieser Zahlen $G' \in G_1$ und $G'' \in G_2$ die Relation $G'' \leq G'$ bestehen. Mit der schon für allgemeine Positionen definierten Addition, der Gleichheits- und Ordnungsrelation sowie einer entsprechend definierten Multiplikation entsteht dann eine Klasse[129] von Zahlen, die einen total geordneten Körper bildet. Insbesondere lassen sich zwei Zahlen G und H – anders als zwei Positionen – immer größenmäßig vergleichen, das heißt, es gilt immer $G > H$, $G < H$ oder $G = H$.

Offensichtlich sind alle Zahlen Positionen. Umgekehrt werden allerdings Positionen wie $*$, $\uparrow$, $\downarrow$ und $* + 1$ von der Zahl-Definition nicht erfasst und sind damit keine Zahlen im

---

[128] Eine umfassende Untersuchung der in diesem und im darauf folgenden Schritt erzeugten Positionen findet man in David Moews, *Sums of games born on days 2 and 3*, Theoretical Computer Science, 91 (1991), S. 119-128.

[129] Im Sinne der naiven Mengenlehre kann man sich unter einer Klasse einfach eine Menge vorstellen. Eine solche Vorgehensweise beinhaltet aber formal – wie die Konstruktion der Menge aller Mengen – logische Widersprüche, da es einfach zu „viele" Zahlen im Sinne Conways gibt.

formalen Sinn. Mit dabei sind allerdings alle reelle Zahlen, und zwar auch die, denen wir im Schwarz-Weiß-Nim noch nicht begegnet sind, wie etwa 2/3, $\sqrt{2}$ und π. Sie werden durch unendliche Mengen von „Zugmöglichkeiten" repräsentiert. Beispielsweise ist

$$\tfrac{2}{3} = \left\{ \tfrac{1}{2},\ \tfrac{1}{2}+\tfrac{1}{8},\ \tfrac{1}{2}+\tfrac{1}{8}+\tfrac{1}{32},\ \ldots \ \middle|\ \tfrac{2}{2},\ \tfrac{1}{2}+\tfrac{2}{8},\ \tfrac{1}{2}+\tfrac{1}{8}+\tfrac{2}{32},\ \ldots \right\},$$

wozu es sogar einen unendlich hohen Turm im Schwarz-Weiß-Nim gibt:

Aber auch ganz „eigenartige" Zahlen, nämlich unendlich große Zahlen wie

$$\omega = \{0, 1, 2, 3, \ldots \mid \ \}\quad\text{und sogar}\quad \omega + 1 = \{0, 1, 2, 3, \ldots, \omega \mid \ \}$$

sowie unendlich kleine Zahlen wie

$$1/\omega = \{0 \mid 1, \ ^1/_2, \ ^1/_4, \ ^1/_8, \ldots\}$$

können konstruiert werden. Man mag Leopold Kronecker (1823-1891) zustimmen, von dem der Ausspruch aus dem Jahre 1886 überliefert ist: „Die ganzen Zahlen hat der liebe Gott gemacht, alles andere ist Menschenwerk". Oder in den – natürlich nicht ganz ernst gemeinten – Worten von Donald Knuth[130]:

> Am Anfang war alles leer und J. H. W. H. Conway begann, Zahlen zu erschaffen. Conway sagte: "Es gebe zwei Regeln, durch die alle Zahlen, ob groß oder klein, entstehen. Dieses sei die erste Regel: jeder Zahl sollen zwei Mengen vorher erschaffener Zahlen so entsprechen, daß kein Element der linken Menge größer oder gleich irgendeinem Element der rechten Menge sei. Und die zweite Regel sei folgende: eine Zahl sei kleiner oder gleich einer anderen Zahl genau dann, wenn kein Element der linken Menge der ersten Zahl größer oder gleich der zweiten Zahl ist und wenn kein Element der rechten Menge der zweiten Zahl kleiner oder gleich der ersten Zahl ist." Und Conway prüfte die zwei Regeln, die er geschaffen hatte und siehe – er befand sie für gut.
>
> Und die erste Zahl wurde erschaffen aus der leeren linken und der leeren rechten Menge.

Aus mathematischer Sicht ist Conways Ansatz insofern bemerkenswert, als er die meist mehrstufig verlaufenden Zahlbereichskonstruktionen in einem Schritt bewerkstelligt. Dabei erweist sich die Definition als äußerst vielseitig. So kann man einerseits ein Analogon zur Konstruktion der natürlichen Zahlen

$$0 = \varnothing, \quad 1 = \{\varnothing\}, \quad 2 = \{\varnothing, \{\varnothing\}\}, \quad 3 = \{\varnothing, \{\varnothing\}, \{\varnothing, \{\varnothing\}\}\}, \quad \ldots$$

finden, wie sie 1923 vom damals neunzehnjährigen John von Neumann vorgeschlagen wurde. Andererseits beinhaltet die Definition auch eine Verallgemeinerung der so genannten Dedekindschen Schnitte, speziellen Paaren aus zwei Mengen von Brüchen. Ihr Erfinder Richard Dedekind (1831-1916) verwendete solche Schnitte wie zum Beispiel

$$\{x \in \mathbb{Q} \mid x^2 < 2\} \qquad \{x \in \mathbb{Q} \mid x^2 > 2\}$$

[130] Donald E. Knuth, *Insel der Zahlen*, Braunschweig 1979 (engl. Orig.1974). Dort werden die Conway'schen Ideen populär und trotzdem mathematisch präzise dargestellt.

dazu, die reellen Zahlen erstmals formal exakt zu definieren, wobei ihm die rationalen Zahlen als Basis dienten. Hervorzuheben ist schließlich, dass bei Conway auch die Rechen- und Vergleichsoperationen gleichzeitig für alle Typen von Zahlen einschließlich der unendlich kleinen und großen definiert werden. Für weitergehende Details dieser umfangreichen Theorie muss aber auf die Literatur verwiesen werden[131].

Weiterführende Literatur zu Conway-Spielen:

John H. Conway, *Über Zahlen und Spiele*, Braunschweig 1983 (engl. Orig. 1976), S. 69ff.

E. Berlekamp, J. Conway, R. Guy, *Gewinnen*, Braunschweig 1985 (engl. Orig. 1982), Band 1, §§1-2.

J. H. Conway, *All games bright and beautiful*, American Mathematical Monthly, 84 (1977), S. 417-434.

John Horton Conway, *A gamut of game theories*, Mathematics Magazine 51 (1978), S. 5-12.

Richard K. Guy, *Graphs and games*, in: L. W. Beincke, R. J. Wilson (ed.), *Selected Topics in Graph Theory*, vol. 2, London 1983, S. 269-295.

Elwyn Berlekamp, *Two-person, perfect-information games*, in: The legacy of John von Neumann, Proceedings of Symposia in Pure Mathematics 50 (1990), S. 275-286.

Richard K. Guy, *Combinatorial games*, Handbook of Combinatorics (ed.: R. L. Graham, M. Grötschel, L. Lovász), Amsterdam 1995, vol. 2, S. 2117-2162.

Richard K. Guy (ed.), *Combinatorial games*, Proceedings of Symposia in Applied Mathematics (AMS Short Course Lecture Notes), 43, 1991.

Bei den beiden zuerst genannten Büchern handelt es sich um *die* Referenzen zur kombinatorischen Spieltheorie. Die danach aufgeführten Artikel vermitteln jeweils einen Überblick. Besonders hinzuweisen ist auf die umfassende Bibliographie des zuletzt genannten Sammelbandes. Entwicklungsgeschichtlich sehr lesenswert ist ferner

R. K. Guy, *Mathematics from fun & fun from mathematics: An informal autobiographical history of combinatorial games*, in: J. H. Ewing, F. W. Gehring (ed.), Paul Halmos: Celebrating 50 years of mathematics, S. 287-295.

Abseits dieser Arbeiten und Zusammenstellungen aus erster Hand kann schließlich noch verwiesen werden auf:

Michael H. Albert, Richard J. Nowakowski, David Wolfe, *Lessons in play: An introduction to combinatorial game theory*, Wellesley 2007.

John D. Beasley, *The mathematics of games*, Oxford 1990, S. 120-136.

Richard J. Nowakowski, *The history of combinatorial game theory*, Proceedings of Board Game Studies Cooloquium XI, Lissabon 2009, S. 133–145.

Aaron N. Siegel, *Combinatorial game theory*, Providence, 2013.

---

[131] Allgemein mit Zahlbereichskonstruktionen befasst sich das Buch H. D. Ebbinghaus, H. Hermes, F. Hirzebruch u.a., *Zahlen*, Berlin 1983. In Kapitel 12 (*Zahlen und Spiele*) gibt Hans Hermes einen Überblick über die Conway-Theorie.

2.7   Ein Spiel mit Domino-Steinen: Wie lange ist noch Platz?

Auf einem schachbrettartig eingeteilten Spielfeld legen zwei Spieler abwechselnd Domino-Steine, deren Größe zwei Spielfeldern entspricht. Weiß platziert seine Steine stets auf zwei bislang unbelegte, senkrecht benachbarte Felder. Schwarz legt seine Steine analog in waagrechter Ausrichtung. Gewonnen hat der Spieler, der den letzten Stein legen kann. Wer kann bei der Position in Bild 24 einen Sieg für sich erzwingen?

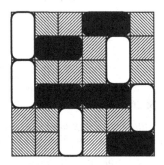

Bild 24

Das beschriebene Spiel geht auf Göran Andersson zurück, der es 1973 Martin Gardner für dessen mathematische Kolumne in *Scientific American* mitteilte[132]. Da die neutrale Variante des Spiels, bei dem beide Spieler ihre Steine beliebig ausrichten dürfen, bei Gardner Cram („voll stopfen") getauft wurde, erhielt Anderssons Spiel zunächst den Namen Crosscram. In den schon erwähnten Untersuchungen von Conway, Berlekamp und Guy[133] wird das Spiel Domineering genannt, in den deutschen Übersetzungen heißt es Domino beziehungsweise Schachteln.

Eine besonders interessante Eigenschaft des Domino ist, dass disjunktive Summen von Positionen im Verlauf einer Partie ganz von selbst entstehen. Damit ist gemeint, dass viele Positionen als Summe einfacherer Positionen gedeutet werden können. Das ist deshalb möglich, weil für die Gewinnaussichten immer nur die zwischen den Steinen klaffenden Lücken entscheidend sind. Zerfällt also diese Gesamtheit von unbelegten Feldern in mehrere, höchstens an Ecken aneinanderstoßende Gebiete, dann ist deren disjunktive Summe gleich der Gesamt-Position – ein Spieler kann nämlich seinen Stein immer nur in *einer* der Lücken platzieren. Bei dem gestellten Problem handelt es sich beispielsweise um die Summe

[132] Scientific American, 1974/2, S. 106 sowie 1976/9, S. 206. Siehe auch Martin Gardner, *Mit dem Fahrstuhl in die 4. Dimension*, Frankfurt/M. 1991 (amerikan. Original. 1986), S. 147 f.

[133] John H. Conway, *Über Zahlen und Spiele*, Braunschweig 1983 (engl. Orig. 1976), S. 58 f., 94 ff.; E. Berlekamp, J. Conway, R. Guy, *Gewinnen*, Braunschweig 1985 (engl. Orig. 1982), Band 1, S. 117 ff., 137 ff.

Einige der Komponenten sind uns in äquivalenter Form bereits vom Schwarz-Weiß-Nim her bekannt, von den anderen war zumindest in den Ergänzungen des letzten Kapitels schon die Rede:

$$\square\square = \{\,|\,0\,\} = -1 \qquad\qquad \square\square = \{\,\square\,|\,\} = \{\,0\,|\,\} = 1$$

$$\square\square = \{\,\square\,|\,\square\,\} = \{\,0\,|\,0\,\} = *$$

$$\square\square = \{\,\square\,|\,\square\square\,\} = \{\,1\,|\,-1\,\} = \pm 1$$

$$\square\square = \{\,\square\square\,|\,\square + \square,\,\square\,\} = \{\,-1\,|\,0,\,1\,\} = -\tfrac{1}{2}$$

Für die zu untersuchende Position ergibt sich damit insgesamt

$$-1 + 1 - \tfrac{1}{2} + (\pm 1) + * = -\tfrac{1}{2} + * + (\pm 1),$$

wobei die Komponenten $* = \{0\,|\,0\}$ und $\pm 1 = \{1\,|\,-1\}$ einen beim Schwarz-Weiß-Nim gänzlich unbekannten Charakter aufweisen. Ist es nämlich beim Schwarz-Weiß-Nim stets günstiger, seinen Kontrahenten zuerst ziehen zu lassen, ist das Recht des ersten Zuges bei der Position ± 1 sehr lukrativ, was auch starke Auswirkungen auf die zu untersuchende Gesamt-Position hat: Ist Weiß am Zug, kann dieser zur Position $-\tfrac{1}{2} + * + 1 = \tfrac{1}{2} + *$ ziehen und damit wegen $* > -\tfrac{1}{2}$ sicher gewinnen. Zieht dagegen Schwarz zuerst, kann dieser die Position $-\tfrac{1}{2} + * - 1 = -1\tfrac{1}{2} + *$ erreichen und damit ebenso gewinnen.

„Gerechnet" werden kann sogar mit Positionen, die keine Zahlen sind. So ist beispielsweise $* + * = 0$ und $(\pm 1) + (\pm 1) = 0$. Nicht ganz so offensichtlich ist die Gleichung

$$\square\square + \square = \{\,1\,|\,0\,\} + 1 = \{\,2\,|\,1\,\} = \square\square\square \,.$$

Die letzte Gleichung beruht darauf, dass die Addition einer Zahl zu einer Position, die selbst keine Zahl ist, die Zugmöglichkeiten der Position um den Wert der Zahl verschieben. Das heißt:

Für jede Zahl x und jede Position $G = \{H, \ldots \,|\, P, \ldots\}$, die selbst keine Zahl ist, gilt die Gleichung

$$\{H, \ldots \,|\, P, \ldots\} + x = \{H + x, \ldots \,|\, P + x, \ldots\}.$$

In Folge können bei einer Summe aus Zahl und Nicht-Zahl die Zugmöglichkeiten der Zahl-Komponente weggelassen werden, ohne dass sich die Gewinnaussichten der beiden Spieler ändern. Beiden Spielern ist es daher immer möglich, einen optimalen Zug innerhalb der Nicht-Zahl-Komponente zu finden – im Beispiel in der linken Komponente $\{1\,|\,0\}$. Je nach Interpretation wird der Satz daher als **Verschiebungsgesetz** oder **Satz vom Zahlen-Vermeiden** bezeichnet. Der Satz beruht darauf, dass ein Zug bei einer Zahl-Position die Gewinn-aussichten nie verbessert, in einer Nicht-Zahl-Position dagegen schon[XXVI].

In Fällen, wo Summen nicht direkt berechnet werden können, bietet es sich an, die Wirkung der einzelnen Komponenten auf die Gewinnaussichten dadurch abzuschätzen, dass man die Komponenten mit Zahlen vergleicht. So ist zum Beispiel für jede positive Zahl ε, und sei sie noch so klein,

$$-\varepsilon < * < \varepsilon,$$

was mit Hilfe von Nim-Positionen durch

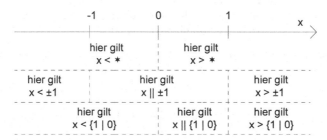

konkretisiert werden kann. Andere Beispiele sind

$$-1 + \varepsilon < \quad \pm 1 \quad < 1 + \varepsilon \quad \text{und}$$

$$-\varepsilon < \{1 \mid 0\} < 1 + \varepsilon,$$

wobei das zugleich die engsten Grenzen für solche Vergleiche mit Zahlen sind. Die Position * ist also eng mit der Zahl 0 verbunden, während entsprechendes bei den Positionen ±1 und {1 | 0} für die abgeschlossenen Intervalle [-1, 1] beziehungsweise [0, 1] der Fall ist (siehe auch Bild 25). Je größer das mit einer Position „verflochtene" Intervall ist, desto unbestimmter ist die Position. Damit ist gemeint, dass der Einfluss solcher Positionen auf die Gewinnaussichten einer disjunktiven Summen auch von den anderen Komponenten abhängt. In diesen Fällen reicht es daher nicht, nur einzelne Komponenten isoliert zu untersuchen.

	-1	0	1	x
	hier gilt x < *		hier gilt x > *	
hier gilt x < ±1	hier gilt x ‖ ±1		hier gilt x > ±1	
hier gilt x < {1 | 0}	hier gilt x ‖ {1 | 0}		hier gilt x > {1 | 0}	

Bild 25   Drei Positionen im Größenvergleich zum Zahlenstrahl

Wie aber lassen sich allgemein derartige Vergleichsintervalle finden? Nehmen wir dazu eine beliebige Position G, die endlich sei in dem Sinne, dass aus ihr durch beliebige, nicht unbedingt abwechselnde Zugfolgen der beiden Spieler höchstens endlich verschiedene Positionen entstehen können. Wie verhält sich nun diese Position G im Vergleich zu den Zahlen des Zahlenstrahls?

Wir setzen für die Position G voraus, dass sie selbst keine Zahl ist, was insofern hinnehmbar ist, weil Zahlen sowieso problemlos mit jeder anderen Zahl vergleichbar sind. Bei einem Vergleich einer beliebigen Position x, die gleich einer Zahl ist, gilt daher, da G = x unmöglich ist, entweder G > x, G < x oder G ‖ x. Welche dieser drei Relationen für eine gegebene Zahl x gültig ist, lässt sich feststellen, indem man die Gewinnaussichten der Position G +(−x) analysiert, die spielerisch auch als eine um ein Handikap ergänzte Position interpretiert werden kann. Selbst wenn die Gewinnaussichten noch nicht bekannt sind, so gibt der Satz vom Zahlen-Vermeiden doch Hinweise darüber, wie sich ein Spieler in dem mit der Handikap-Position G + (−x) startenden Spiel am besten verhält. Da die Position G keine Zahl ist, sollte er sich unabhängig vom Wert x darauf beschränken, grundsätzlich nur in der G-Komponente, das heißt zunächst in der Position G und im weiteren Spielverlauf in den daraus entstehenden Nachfolge-Positionen, zu ziehen, und zwar so lange, bis daraus schließlich eine Zahl entsteht. Wer dann gewinnt, wird klar, wenn die Summe aus der entstandenen Zahl-Position und der Zahl x gebildet wird. Weiß ist deshalb daran interessiert, die G-Komponente zu einer möglichst großen Zahl zu führen. Umgekehrt ist es für Schwarz günstig, die aus der G-Komponente letztlich entstehende Zahl zu minimieren. Damit liegt eine für Zwei-Personen-Nullsummenspiele typische, sich auf eine variable Gewinnhöhe beziehende Minimax-Situation vor, wobei die variierenden Gewinnhöhen insofern überraschen, da die eigentlich untersuchten Spiele nur einfach gewonnen oder verloren werden.

Abhängig vom Recht des ersten Zuges lassen sich also jeder Position zwei Spielwerte zuordnen, die wegen des wechselnden Zugrechts in einem gemeinsamen Minimax-Prozess berechnet werden können. Anzumerken ist, dass dies der Blickwinkel ist, unter dem bereits 1953 Milnor[134] disjunktive Summen von Spielen untersuchte. In Anlehnung an die bei Conway übliche Benennung der Spieler als „Links" für Weiß und „Rechts" für Schwarz werden die Werte allgemein **Links-** beziehungsweise **Rechts-Stop** genannt und mit $L_0(G)$ und $R_0(G)$ bezeichnet[135]. Abgesehen von Positionen G, bei denen es sich um Zahlen handelt und für die $L_0(G) = R_0(G) = G$ gilt, lassen sich für Spiele $G = \{G', ... \mid G'', ...\}$ die Stop-Werte rekursiv mit Hilfe der beiden Minimax-Gleichungen

$$L_0(G) = \max(R_0(G'), ...)$$
$$R_0(G) = \min(L_0(G''), ...)$$

berechnen. Beispielsweise ist

$$L_0(\{1 \mid 0\}) = R_0(1) = 1 \quad \text{und} \quad R_0(\{1 \mid 0\}) = L_0(0) = 0,$$
$$L_0(\ast) = R_0(0) = 0 \quad \text{und} \quad R_0(\ast) = L_0(0) = 0$$

sowie für $G = \{\{5 \mid 3\}, 4 \mid \{4 \mid 1\}, \{3 \mid 2\}\}$

$$L_0(G) = \max(R_0(\{5 \mid 3\}), 4) = \max(3, 4) = 4 \quad \text{und}$$
$$R_0(G) = \min(L_0(\{4 \mid 1\}), L_0(\{3 \mid 2\})) = \min(4, 3) = 3.$$

Der Links-Stop $L_0(G)$ bildet für den Fall, dass Links alias Weiß den ersten Zug macht, die Grenze zwischen den Zahlen x, für welche der Vorteil bei der Handikap-Position $G + (-x)$ zwischen Weiß und Schwarz wechselt: Ist nämlich $x > L_0(G)$, besitzt Schwarz für $G + (-x)$ als Nachziehender eine Gewinnstrategie, das heißt, es gilt $x \geq G$ und damit $x > G$. Für Zahlen x mit $x < L_0(G)$ muss dagegen Weiß als Anziehender eine Gewinnstrategie für $G + (-x)$ besitzen. Folglich ist $x < G$ oder $x \parallel G$.

Stellt man noch die entsprechenden Überlegungen für den Rechts-Stop $R_0(G)$ an, ergibt sich qualitativ die in Bild 26 dargestellte Situation – insbesondere ist $L_0(G) \geq R_0(G)$, wobei die Differenz $L_0(G) - R_0(G)$ ein Maß dafür ist, wie lukrativ es für einen Spieler ist, bei der Position G den ersten Zug zu machen.

---

[134] siehe Fußnote 125

[135] In den in Fußnote 133 genannten Büchern werden Symbole L(G) und R(G) definiert, die im Vergleich zu $L_0(G)$ und $R_0(G)$ etwas aussagekräftiger sind, da sie zusätzlich die Information beinhalten, welcher Spieler die entsprechende Zahl erreicht.

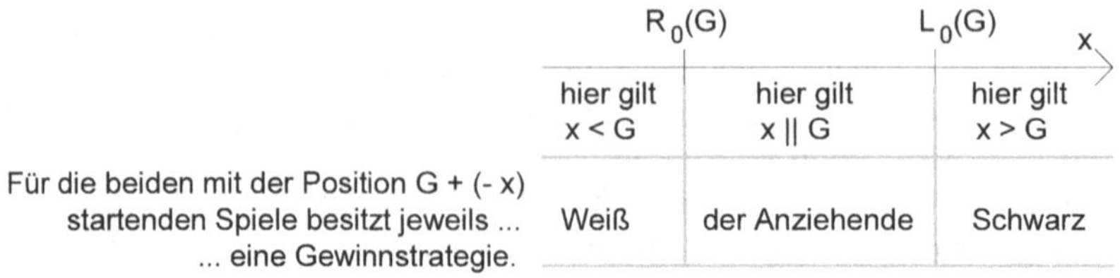

	$R_0(G)$		$L_0(G)$	
	hier gilt $x < G$	hier gilt $x \parallel G$	hier gilt $x > G$	
Für die beiden mit der Position G + (- x) startenden Spiele besitzt jeweils ... ... eine Gewinnstrategie.	Weiß	der Anziehende	Schwarz	

Bild 26   Positionen im Größenvergleich zum Zahlenstrahl

Abgesehen von den Stop-Werten $R_0(G)$ und $L_0(G)$ selbst kann jede Zahl x sofort mit der Position G verglichen werden. So ist, wie in Bild 26 dargestellt, für jede positive Zahl ε, und sei sie noch so klein,

$$R_0(G) - \varepsilon < G < L_0(G) + \varepsilon, \quad R_0(G) + \varepsilon \parallel > G \quad \text{und} \quad L_0(G) - \varepsilon <\parallel G,$$

wobei nun auch der Fall, dass die Position G eine Zahl ist, wieder mit eingeschlossen werden kann.

Welche Aussagen sind nun aber in der Praxis auf der Basis von Stop-Werten konkret möglich? Relativ einfach wäre die ganze Angelegenheit, wenn die Stop-Werte einer disjunktiven Summe aus den Stop-Werten der Komponenten berechenbar wären. Leider ist das aber nicht der Fall, jedoch sind, wie Milnor bereits bemerkte, immerhin ungefähre Aussagen möglich. So gilt für zwei Positionen G und H sowie jede positive Zahl ε stets $G + H < L_0(G) + L_0(H) + 2\varepsilon$, was

$$L_0(G + H) \leq L_0(G) + L_0(H)$$

zur Folge hat. Entsprechend ist für die rechten Stop-Werte die Ungleichung

$$R_0(G + H) \geq R_0(G) + R_0(H)$$

erfüllt. Weit bemerkenswerter ist die Tatsache, dass bei disjunktiven Summen die Differenz der beiden Stop-Werte, also $L_0(G + H) - R_0(G + H)$, relativ klein bleibt. Zu jeder Position G kann man nämlich einen Wert $d_L(G)$ konstruieren, so dass stets

$$L_0(G + H) - R_0(G + H) \leq \max(d_L(G), d_L(H))$$

gilt[XXVII]. Damit bleibt insbesondere für die n-malige disjunktive Summe $n \cdot G = G + ... + G$ die Differenz $L_0(nG) - R_0(nG)$ stets durch $d_L(G)$ begrenzt. Die beiden Folgen

$$L_0(nG)/n \quad \text{und} \quad R_0(nG)/n$$

bewegen sich daher immer weiter aufeinander zu und konvergieren dabei sogar gegen einen gemeinsamen Grenzwert[XXVIII], den so genannten **Mittelwert** m(G) der Position G. Zusammen mit einem anderen, **Temperatur** genannten und mit t(G) bezeichneten Parameter (siehe Kasten *Die Temperatur*), erlaubt der Mittelwert eine ungefähre Charakterisierung der Position G in disjunktiven Summen, ganz ähnlich wie es bei Zufallsgrößen mit dem Erwartungswert und der Varianz möglich ist: Für beliebige Positionen G und H sowie für jede positive Zahl ε gilt nämlich

$$m(G) - t(G) - \varepsilon < \ G < m(G) + t(G) + \varepsilon,$$
$$m(G + H) \ = m(G) + m(H)$$

und
$$t(G + H) \ \leq \max(t(G), t(H)),$$

das heißt, innerhalb von Summen verhält sich jede Position ungefähr so wie eine Zahl-Position, deren Wert gleich dem Mittelwert ist[136]. Wie genau diese Approximation ist, geht aus der Temperatur hervor.

---

[136] Die Gleichung m(G + H) = m(G) + m(H) folgt ohne Rückgriff auf die Temperatur direkt aus der

Mittelwert und Temperatur erlauben es also, eine Position in Form von möglichen Handikaps am Zahlenstrahl ungefähr einzuordnen – zwar nicht exakt, wie es mit Stop-Werten möglich ist, dafür aber mit relativ einfach zu handhabenden Eigenschaften. Das bei disjunktiven Summen moderate Wachstum der Temperaturen hat spielerisch seinen Grund darin, dass die Spieler abwechselnd ziehen und somit die Vorteile, die das Zugrecht bei „heißen" Komponenten bietet, abwechselnd an beide Spieler gehen. Ein Aufschaukeln der „Hitze" im Sinne einer Summation der Anzugs-bedingten Vorteile findet daher nicht statt.

Als Beispiel einer Anwendung der nicht ganz einfachen Temperaturtheorie soll die Position
$$G = \{\{3 \mid 2\} \mid 1\} + \{-2 \mid -3\} + \{0 \mid -2\} + 3$$
untersucht werden. Eine direkte Analyse ist aufgrund der kombinatorischen Vielfalt, die sich für die disjunktive Summe ergibt, keinesfalls offensichtlich. Berechnet man dagegen mit Methoden, wie sie im Kasten *Die Temperatur* beschriebenen werden, die Mittelwerte sowie die Temperaturen der vier Einzelpositionen, dann erhält man die beiden folgenden Aussagen:
$$m(G) = 1\tfrac{3}{4} - 2\tfrac{1}{2} - 1 + 3 = 1\tfrac{1}{4} \quad \text{und} \quad t(G) \leq \max(\tfrac{3}{4}, \tfrac{1}{2}, 1, 0) = 1.$$

Damit folgt $G > m(G) - t(G) - \varepsilon = \tfrac{1}{4} - \varepsilon$ für jede positive Zahl ε und schließlich $G > 0$, das heißt, für die beiden mit der Position G startenden Spiele besitzt Links alias Weiß Gewinnstrategien. In vielen anderen Fällen kann ähnlich vorgegangen werden, beispielsweise wenn auf einem großen Spielfeld des hier untersuchten Dominospiels nur noch kleine Lücken – davon aber gegebenenfalls viele – offen sind. Das Verfahren funktioniert aber nur, wenn ein Spieler im Vergleich zur temperaturbedingten Ungenauigkeit der Approximation einen genügend großen, nämlich die Temperatur übersteigenden Vorteil besitzt.

Wie mittels einer Temperatur-Analyse ein guter Zug gefunden werden kann, ist allerdings ein ganz anderes Problem – gelöst werden kann es mit Verfahren, wie sie im Kasten *Thermostrat* beschrieben werden. Oft reicht es allerdings völlig aus, die Auswirkungen der verschiedenen Zugmöglichkeiten untereinander zu vergleichen. So kann Weiß ausgehend von einer Position G + H nur zu Positionen der Form G' + H oder G + H' ziehen. Bezogen auf die vor dem Zug vorhandene Position G + H entspricht das der Addition einer Position der Gestalt
$$G' - G \quad \text{beziehungsweise} \quad H' - H.$$

Eine solche Position der Form G' – G wird (linker) **Inzentive** oder **Anreiz** zur Position G genannt. Die Inzentives einer Position geben in ihrer Gesamtheit an, wie stark Weiß sich mit einem Zug verbessern kann[XXIX]. Sind diese jeweils nur von einer Komponente abhängenden Positionen untereinander vergleichbar, wird der beste Zug erkennbar. Als Beispiel greifen wir wieder auf die Position des eingangs gestellten Problems zurück: Für die Komponenten dieser Position $-\tfrac{1}{2} + \ast + (\pm 1)$ ergeben sich zu den Darstellungen $-\tfrac{1}{2} = \{-1 \mid \}$, $\ast = \{0 \mid 0\}$ und $(\pm 1) = \{1 \mid -1\}$ für Weiß die drei Inzentives
$$-\tfrac{1}{2}, \quad \ast \quad \text{und} \quad 1 + (\pm 1).$$

Wegen $1 + (\pm 1) \geq -\tfrac{1}{2}$ und $1 + (\pm 1) \geq \ast$ sichert Weiß seine Gewinnaussichten, indem er passend zum dritten Inzentive nach $-\tfrac{1}{2} + \ast + 1$ zieht. Bemerkenswert ist, dass diese Aussage getroffen werden kann, ohne dass die Gewinnaussichten explizit ersichtlich geworden sind.

Limes-Darstellung des Mittelwertes sowie der Ungleichungskette
$$R_0(nG) + R_0(nH) \leq R_0(nG + nH) \leq L_0(nG + nH) \leq L_0(nG) + L_0(nH).$$
Die beiden anderen Gleichungen ergeben sich aus einer Analyse des zur Definition der Temperatur verwendeten Thermograph-Schemas.

Die Temperatur

Die Temperatur ist ein Maß dafür, wie vorteilhaft es für einen Spieler sein kann, bei einer gegebenen Position als Erster ziehen zu dürfen. Ein Ansatz, mit dem dieser Vorteil formal präzise gemessen werden kann, wurde 1959 von Hanner vorgeschlagen[137]. Man reduziert dazu den Anreiz auf das Recht des ersten Zuges, indem man für jeden Zug „Steuern" festsetzt, was in der Form von Transferzahlungen zwischen den Spielern geschieht. Abgewickelt wird die Besteuerung auf der Basis der Stop-Werte, die als Gewinn der beiden mit der betreffenden Position startenden Spiele interpretiert werden. Mit steigender Steuer verändern sich die Stop-Werte und bewegen sich dabei aufeinander zu. Konkret erfolgt die Besteuerung wie folgt:

- Pro Zug zahlt der ziehende Spieler eine Steuer an seinen Gegner.
- Für den ersten Zug ist die Steuerforderung explizit vorgegeben. In den späteren Zügen wird jeweils der Betrag als Steuer gefordert, der im Zug zuvor vom Gegner tatsächlich gezahlt wurde.
- Erscheint dem ziehenden Spieler die Steuer zu hoch, kann er um eine Steuererleichterung nachsuchen: Er bietet dazu die Zahlung eines verringerten Steuerbetrages an, wobei sein Gegner allerdings das Recht erhält, durch Zahlung einer höheren Steuer das Zugrecht zu übernehmen.
- Zum nächsten Zug samt Steuerzahlung aufgefordert wird jeweils der Spieler, der im Zug zuvor nicht gezogen hat.

Die beschriebene Verfahrensweise verhindert, dass ein Spieler bei einem Zug „zusetzen" muss – das Zugrecht wird so nie zum Nachteil. Andererseits kann kein Spieler seine Steuer willkürlich verringern. Für eine Position $G = \{G', ... \mid G'', ...\}$ und einer anfänglichen Steuerfestsetzung in Höhe von $t \geq 0$ erhält man dadurch die „abgekühlten", das heißt besteuerten, Stop-Werte von

$$L_t(G) = \max(R_t(G') - t, ...) \quad \text{und} \quad R_t(G) = \min(L_t(G'') + t, ...).$$

Auszunehmen sind allerdings die Fälle, bei denen sich bereits für einen kleineren Wert u mit $0 \leq u < t$ eine Angleichung der abgekühlten Stop-Werte, also $L_u(G) = R_u(G)$, ergibt. Aufgrund der zu hohen Steuer lohnt es sich dann nicht mehr, den ersten Zug zu machen, und es kommt daher zur Festlegung $L_t(G) = R_t(G) = L_u(G) = R_u(G)$. Die Temperatur $t(G)$ ist per Definition die anfängliche Steuerforderung, ab der die mittels Steuern abgekühlten Stop-Werte übereinstimmen und sich nicht mehr weiter verändern, sondern auf einem festen Wert, eben dem Mittelwert $m(G)$, verharren.

Den besten und schnellsten Eindruck über die Gesamtheit aller abgekühlten Stop-Werte $L_t(G)$ und $R_t(G)$ erhält man durch eine graphische Darstellung innerhalb eines Koordinatensystems. Die folgende Abbildung zeigt für das Beispiel der Position $G = \{\{3 \mid 2\} \mid 1\}$, wie deren so genannter **Thermograph** aus den ebenfalls dargestellten Thermographen der beiden Zugmöglichkeiten, nämlich nach $\{3 \mid 2\}$ und 1, entsteht:

---

137 Siehe Fußnote 125.

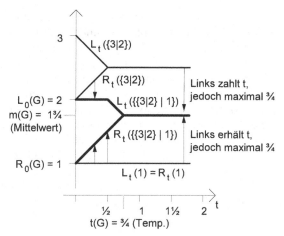

Wie für das Beispiel anhand der Abbildung direkt ersichtlich, sind auch allgemein die abgekühlten Stop-Werte $L_t(G)$ und $R_t(G)$ als Funktionen des Parameters t stetig und stückweise entweder konstant oder linear mit der Steigung -1 bei $L_t(G)$ beziehungsweise 1 bei $R_t(G)$. Aus diesen möglichen Steigungen, die sich rekursiv Zug für Zug weitervererben, ergeben sich schließlich die Ungleichungen

$$m(G) - t(G) \leq R_0(G) \leq m(G) \leq L_0(G) \leq m(G) + t(G)$$

und damit $m(G) - t(G) - \varepsilon < G < m(G) + t(G) + \varepsilon$ für jede positive Zahl ε, wie es im folgenden Bild zu sehen ist.

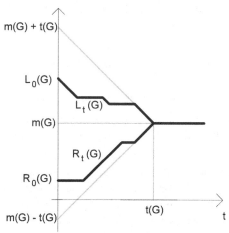

Statt die Stop-Werte zu besteuern, ist es übrigens auch möglich, die Spiele selbst zu **kühlen**. Dies führt zur Definition eines um den Wert $t \geq 0$ abgekühlten Spiels

$$G_t = \{G'_t - t, \ldots \mid G''_t + t, \ldots\},$$

wobei wieder die Fälle der überhöhten Steuer auszunehmen sind, die entstehen, wenn sich auf diesem Weg bereits bei einer geringeren Abkühlung u eine Zahl ergibt. Die Stop-Werte der abgekühlten Position $L_0(G_t)$ und $R_0(G_t)$ stimmen dann mit den abgekühlten Stop-Werten $L_t(G)$ beziehungsweise $R_t(G)$ überein. Beispielsweise handelt es sich bei der abgekühlten Position $\{3 \mid 2\}_t$ für $t \leq \tfrac{1}{2}$ um die Position $\{3 - t \mid 2 + t\}$, während sich bei stärkeren Abkühlungen $\{3 \mid 2\}_t = 2\tfrac{1}{2}$ ergibt; für den Grenzfall $t = \tfrac{1}{2}$ ist

$\{3 \mid 2\}_t = \{2\frac{1}{2} \mid 2\frac{1}{2}\} = 2\frac{1}{2} + *$. Besonders interessant ist die Tatsache, dass es sich bei der Abkühlung um einen so genannten Homomorphismus von Positionen handelt – für zwei Positionen G und H gilt nämlich stets $(G + H)_t = G_t + H_t$ und im Falle von $G \geq H$ überträgt sich diese Relation auf die abgekühlten Positionen, das heißt, es gilt $G_t \geq H_t$. Darüber hinaus bemerkenswert ist das Verhalten bei mehrfachem Abkühlen, das immer auch in einem Schritt erreichbar ist: $G_{t+u} = (G_t)_u$, womit wegen $L_t(G_u) = L_0((G_u)_t) = L_0(G_{u+t}) = L_{u+t}(G)$ der Thermograph abgekühlter Positionen durch eine Verschiebung der senkrechten Koordinate nach rechts entsteht. Wesentliche Eigenschaften von Positionen und Beziehungen zwischen Positionen bleiben also beim Abkühlen erhalten, und das obwohl sich Positionen beim Abkühlen zumeist vereinfachen. Insbesondere „frieren" einige weniger heiße Positionen zu Zahlen ein; die Zahlen selbst bleiben bei jeder Abkühlung unverändert. Insgesamt werden damit beim Abkühlen weniger wichtige Daten einer Position „ausgeblendet", während die wichtigsten Eigenschaften besser erkennbar werden.

Thermostrat

Bei einer disjunktiven Summe von Positionen $G = G_1 + ... + G_n$ stellt der Mittelwert $m(G) = m(G_1) + ... + m(G_n)$ eine gute und relativ leicht berechenbare Approximation der Stop-Werte dar. Aufgrund der für die Temperatur $t(G)$ gültigen Begrenzung

$$t(G) \leq \max_{i=1,...,n}(t(G_i))$$

ergibt sich auf Basis der Daten der einzelnen Positionen das folgende Bild:

$$m(G) - \max_{i=1,...,n}(t(G_i)) \leq R_0(G) \leq m(G) \leq L_0(G) \leq m(G) + \max_{i=1,...,n}(t(G_i))$$

Links kann damit als Nachziehender jedes Spiel gewinnen, das von einer Position der Form

$$G - m(G) + \max(t(G_i)) + \varepsilon$$

startet; wie üblich ist dabei ε eine positive, aber beliebig kleine Zahl. Als Anziehender kann Links sogar von jeder Position aus gewinnen, die von der Gestalt

$$G - m(G) + \varepsilon;$$

ist. Wie aber muss Links spielen, um zu gewinnen? Eine Antwort darauf gaben Hanner und später nochmals Conway, die für solche Situationen Strategien konstruierten, mit denen Links einen Gewinn erzwingen kann. Links wählt dabei jeden seiner Züge auf Basis der Thermographen, wie sie den aktuell erreichten Komponenten innerhalb der Summe entsprechen. Konkret wird dazu zunächst – auf eine noch zu beschreibende Weise – eine genügend erfolgversprechende Komponente ausgesucht, wo gezogen werden soll. In dieser Komponente wird anschließend der beste Zug nach vollkommen lokalen Gesichtspunkten ausgewählt, das heißt, es wird so getan, als seien die anderen Komponenten gar nicht vorhanden.

Bleibt noch zu beschreiben, wie Links bei jedem seiner Züge innerhalb der disjunktiven Summe $G_1 + ... + G_n$ die Komponente G_i finden kann, in der es unter den genannten Voraussetzungen einen Gewinnzug gibt: Ausgehend von den in den einzelnen Thermographen verzeichneten Stop-Werten $L_t(G_1), ..., L_t(G_n), R_t(G_1), ..., R_t(G_n)$ sowie den daraus abgeleiteten Größen

$$W_t(G_1, ..., G_n) = max (L_t(G_1) - R_t(G_1), ..., L_t(G_n) - R_t(G_n))$$

wird zunächst der kleinste Wert t' ≥ 0 bestimmt, für den die Summe

$$L_t = R_t(G_1) + ... + R_t(G_n) + W_t(G_1, ..., G_n)$$

im Bereich t ≥ 0 ihr Maximum annimmt. Für seinen Zug wählt nun Links die Komponente G_i, deren Thermograph bei dem gefundenen t'-Niveau die größte Weite aufweist:

$$W_{t'}(G_1, ..., G_n) = L_{t'}(G_i) - R_{t'}(G_i).$$

In dieser Komponente G_i zieht Links so, als seien die anderen Komponenten nicht vorhanden. Verhält sich Links auch im weiteren Spielverlauf so lange nach diesem „Rezept", bis die erreichte Summe von Positionen gleich einer Zahl ist, dann erzielt Links als Anziehender ausgehend von der Position $G = G_1 + ... + G_n$ eine Zahl, die mindestens so groß ist wie der Mittelwert m(G) [XXX].

Da bei Thermostrat diejenige Komponente zum Ziehen ausgewählt wird, deren Thermograph an dem zuvor bestimmten t'-Niveau die größte Weite aufweist, handelt es sich bei der in der disjunktiven Summe ausgesuchten Komponente oft – aber keineswegs immer – um die heißeste Komponente.

2.8 Go: Klassisches Spiel mit moderner Theorie

Welches sind die besten Züge für Weiß beziehungsweise Schwarz, wenn diese in der Go-Position von Bild 27 am Zuge sind? Wie viele Gewinnpunkte können jeweils erzielt werden?

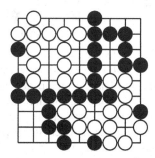

Bild 27

Go ist eines der ältesten Spiele überhaupt. Nach gesicherten Quellen wurde es bereits 300 v.Chr. in China gespielt, wahrscheinlich sind die Ursprünge aber sogar ein- oder gar zweitausend Jahre älter. Schon vor 1500 Jahren verbreitete sich die Leidenschaft des Go-Spiels in andere asiatische Länder wie Korea und vor allem Japan[138]. Nach Europa gelangte das Go

---

[138] Über die Geschichte des Go sowie das eigentliche Spiel informieren: Siegmar Steffens, *Go spielend lernen*, Berlin 1990; Michael Koulen, *Go – die Mitte des Himmels*, Köln 1986; Jörg Digulla, Alfred Ebert, Horst Timm, *Go: Anfängerbuch*, Kassel 1994; Gilbert Obermair, *Klassische Spiele aus dem Fernen Osten*, München 1986, S. 35-56; Frederic V. Grunfeld (dt. Bearb. Eugen Oker), *Spiele der Welt*, Frankfurt 1984 (engl. Orig. 1975), Bd. II, S. 24-38; Erwin Glonnegger, *Das Spiele-Buch*, München 1988, S. 132-139; Erhard Gorys, *Das große Buch der Spiele*, Hanau ca. 1987, S. 218-225; Richard Bozulich, *The Go player's almanac*, Tokio 1992.

erst relativ spät, nämlich zum Ende des 19. Jahrhunderts. Als einer der größten Förderer des Go trat dabei übrigens Emanuel Lasker hervor, in dessen 1931 erschienenem, hier schon zitierten Buch *Brettspiele der Völker* dem Go immerhin achtzig Seiten gewidmet sind. Lasker bemerkt über das Go[139]:

> Es hat eine durchgehendere Logik als das Schach, ist ihm an Einfachheit überlegen und steht ihm, glaube ich, an Schwung der Phantasie nicht nach.

Go: Die Regeln

Im Vergleich zu Schach, das eindeutig ein Kampfgeschehen simuliert, ist das Spielgeschehen des Go deutlich abstrakter. Gespielt wird standardmäßig auf einem quadratischen Spielbrett im Format 19×19, auf das beide Spieler abwechselnd jeweils einen Stein der eigenen Farbe setzen. Positioniert werden die untereinander gleichförmigen Steine jeweils auf noch unbesetzte Schnittpunkte der senkrechten und waagrechten Linien. Spielziel ist es, möglichst große Bereiche des Spielfeldes durch Steine der eigenen Farbe zu umschließen, wobei eingeschlossene Steine des Gegners geschlagen werden. Abgesehen vom Schlagen werden einmal gesetzte Steine bis zum Spielende nicht mehr bewegt.

Steine einer Farbe, die senkrecht oder waagrecht – unmittelbar oder mittelbar – benachbart sind, bilden so genannte Ketten; so bilden im linken Diagramm die weißen Steine zwei Ketten und die schwarzen eine. Als Freiheit einer Kette bezeichnet man einen noch unbesetzten Schnittpunkt, der zu einem Stein der Kette senkrecht oder waagrecht benachbart ist; im linken Diagramm sind die Freiheiten der schwarzen Kette mit × markiert. Ein Schnittpunkt kann auch die Freiheit von mehreren Ketten sein.

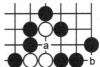

Wird durch das Setzen eines Steines die letzte Freiheit von einer oder mehreren Ketten der gegnerischen Farbe besetzt, so werden alle Steine der betreffenden Ketten geschlagen. Setzt Schwarz zum Beispiel im rechten Diagramm auf den Schnittpunkt a, werden die drei eingeschlossenen weißen Steine geschlagen. Gemäß der so genannten Selbstmordregel darf ein Stein nie so gesetzt werden, dass er einer eigenen Kette die letzte Freiheit nimmt, es sei denn, mindestens ein gegnerischer Stein wird durch den Zug geschlagen. So darf Weiß nicht in die Ecke b setzen. Ab und zu werden die Zugmöglichkeiten noch in einer anderen Weise durch die so genannte Ko-Regel eingeschränkt: Danach darf ein Zug nicht die Situation wiederherstellen, von der aus der Gegner zuletzt gezogen hat – Zugwiederholungen durch das Schlagen und Zurückschlagen von jeweils einem Stein werden damit unterbunden.

Beim Go besteht kein Zwang zum Ziehen. Will keiner der beiden Spieler mehr ziehen, endet die Partie, und es wird abgerechnet: Zunächst werden die Steine, bei denen ein Schlagen nicht verhindert werden könnte, „gefangen" genommen und vom Brett entfernt. Wie auch die schon zuvor geschlagenen Steine zählen sie je einen Punkt für den

---

[139] S. 89 bis 169, das Zitat stammt von S. 89.

Gegner. Der Hauptanteil der Punkte resultiert aus den kontrollierten Gebieten, wobei jeder unbesetzte Schnittpunkt, der von eigenen Steinen „umschlossen" ist, einen Punkt zählt. Dabei zählt ein Schnittpunkt für einen Spieler als umschlossen, wenn jeder nach außen über senkrechte und waagrechte Linien verlaufende Weg durch eigene Steine unterbrochen ist. Der Spieler mit der insgesamt höchsten Punktzahl gewinnt. Wie sich diese Regeln praktisch auswirken, wird an den einfachen Beispielen des Haupttextes schnell deutlich.

Da beim Go die Punktwertung spielentscheidend ist und nicht die Tatsache, wer den letzten Zug gemacht hat, liegt offensichtlich kein Spiel im Sinne Conways vor. Andererseits können Teile des Spielfeldes bereits viele Züge vor dem Spielende völlig stabil werden, so dass sich die noch umkämpften Zwischenräume völlig unabhängig voneinander entwickeln. Weil dann jeweils in genau einem Zwischenraum gezogen wird, handelt es sich wie beim bereits untersuchten Domino um eine disjunktive Summe der den Zwischenräumen entsprechenden Teilpositionen. Untersucht wurden Summen von Positionsspielen mit Punktwertung erstmals 1953 in der schon erwähnten Arbeit von Milnor[140]. Er und später Hanner[141] analysierten, welche Gewinne sich die beiden Spieler in einer Summe von solchen Positionsspielen insgesamt sichern können (siehe den Kasten *Go als Punktwertungsspiel*). Obwohl es in den Arbeiten keine direkten Bezüge auf das Go gibt, ist es doch gesichert, dass die Anwendung auf Go die Entstehung beider Arbeiten maßgeblich motiviert hat[142].

Dass man Spiele, in denen der zuletzt ziehende Spieler gewinnt, mit Hilfe der Stop-Werte in Gewinnhöhen eines Nullsummenspiels „übersetzen" kann, haben wir im letzten Kapitel gesehen. Aber auch das Umgekehrte ist möglich, wie es im Kasten am relativ einfachen Spiel

---

[140] In Kapitel 2.6, Fußnote 125.

[141] Siehe Kapitel 2.6, Fußnote 125 und Seite 145.

[142] So verwendet Milnor auf S. 298 den Go-Begriff Sente zur Beschreibung der Situation, bei der ein Zug in derselben Komponente gekontert werden muss. In der Einführung zu den zusammen mit Milnors Arbeit erschienenen Artikeln bemerken die Herausgeber Kuhn und Tucker, dass besonders Go-Endspiele oft den Charakter einer Summe von Einzelspielen annehmen, wie sie von Milnor untersucht werden (S. 191). Milnor, der später durch seine Forschungen auf dem Gebiet der Topologie sehr bekannt wurde und 1962 mit der Fields-Medaille ausgezeichnet wurde, war damals noch Student in Princeton. Wie er an anderer Stelle schreibt, gehörte Go zu den Spielen, die er oft spielte (*A nobel price for John Nash*, The Mathematical Intelligencer, 17/3 (1995), S. 11-17); zur mathematischen Interpretation des Begriffs Sente siehe auch E. Berlekamp, J. Conway, R. Guy, *Gewinnen*, Braunschweig 1985 (engl. Orig. 1982), Band 1, S. 157.
In Hanners Arbeit ist kein direkter Hinweis auf das Go zu finden. Auf Anfrage erläuterte Olof Hanner jedoch freundlicherweise die Entstehungsgeschichte seiner Arbeit: Mit Go war Hanner erstmals bei seinem Aufenthalt 1949/50 in den USA in Berührung gekommen. Aber erst 1956 vertiefte er seine Erfahrung mit Takagawas Buch *How to play Go*. Dabei reifte bei Hanner die Idee, Endpositionen des Go einen eindeutigen Wert zuzuordnen. Dazu legte Hanner die betreffende Position mehrfach nebeneinander – Milnors Arbeit kannte er zu diesem Zeitpunkt übrigens noch nicht. Wenn solche mehrfachen Positionen abgespielt werden, sind beim Ziehen öfters Wechsel zwischen den verschiedenen Teilpositionen empfehlenswert. Wie aber lassen sich solche Sente-Gote-Fragen beantworten? Hanner ordnete dazu den Zügen versuchsweise Werte zu und überprüfte, bei welchen Werten es dabei zu Widersprüchen kam. Auf diesem Weg gelangte er schließlich zu seiner formalen Definition, bei dem das Zugrecht „versteigert" wird.
Eine explizite Anwendung von Milnors Ergebnissen auf Go findet man bei John Miller, *The end game of Go*, Proceedings of Northwest 76, ACM/CIPS Pacific regional symposium, Seattle 1976, S. 228-233.

Blockbusting demonstriert wird. Voraussetzung ist allerdings, dass Ziehen lohnt. Das heißt, der Minimax-Wert, der sich für einen Spieler als Anziehenden ergibt, darf nie kleiner sein als der Minimax-Wert, der sich für denselben Spieler im Nachzug ergibt.

Blockbusting

Gespielt wird auf einem Spielbrett, dessen Spielfelder in einer einzigen Reihe angeordnet sind. Die beiden Spieler Weiß und Schwarz legen abwechselnd jeweils einen ihrer Spielsteine auf ein noch nicht belegtes Feld. Das Spiel endet, wenn das Spielbrett voll mit Steinen belegt ist. Weiß gewinnt dann für jeden Zwischenraum von zwei Feldern, die beide mit weißen Steinen belegt sind, einen Punkt von Schwarz. Schwarz selbst kann nichts gewinnen – er kann lediglich versuchen, seinen Verlust zu minimieren. Die folgende Abbildung zeigt einen Zwischenstand inklusive der bis dahin von Weiß erzielten Gewinnpunkte:

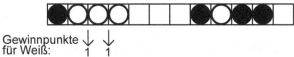

Gewinnpunkte ↓ ↓
für Weiß: 1 1

Um das Spiel vollständig zu untersuchen, muss für jeden Zwischenstand der Minimax-Wert im Sinne des Zermelo'schen Bestimmtheitssatzes berechnet werden. Zu berücksichtigen sind dabei alle im Spielverlauf möglichen Positionen, und zwar jeweils sowohl in der Variante, bei der Weiß beginnt, als auch in der Variante, bei der Schwarz zuerst zieht. Offensichtlich sind alle Minimax-Werte ganze Zahlen. Außerdem kann das Recht des ersten Zuges die eigenen Aussichten nie verschlechtern, da ein zusätzlicher Stein nie schadet. Andererseits ist das Zugrecht nie mehr als 2 Punkte wert[XXXI].

Maßgebend für eine als Zwischenstand erreichte Position sind einzig

- der bisher von Weiß bereits erzielte Gewinn sowie
- die verbliebenen Zwischenräume einschließlich der sie begrenzenden Spielsteine (an den Rändern sind gedanklich zwei schwarze Steine zu ergänzen).

Demgemäß kann eine Position als disjunktive Summe ihrer Teilpositionen aufgefasst werden; im Beispiel handelt es sich um

$$2 + \boxed{\bigcirc\ \ \ \bullet} + \boxed{\bullet\ \ \bullet} = 2 + \text{W3S} + \text{S1S},$$

wobei die verwendeten Bezeichnungen wohl selbsterklärend sind. Abgesehen von den leeren Zwischenräumen W0W = 1 und W0S = S0W = S0S = 0 wird jede Teilposition SnS, SnW = WnS, WnW für n = 1, 2, 3, ... durch ihre beidseitigen Zugmöglichkeiten eindeutig bestimmt. Zum Beispiel ist

$$\text{S1S} = \{\text{S0W} + \text{W0S} \mid \text{S0S} + \text{S0S}\} = \{0 \mid 0\} = *$$

und   W3S = {W2W, W1W + W1S, 1 + W2S | W2S, W1S + S1S, S2S}.

Im Vergleich zum Go ist Blockbusting deutlich einfacher: So sind die Spielsituationen des Blockbusting längst nicht so vielfältig wie beim Go, vor allem aber ist das Spielende eindeutig fixiert. Als Beispiel für eine Übertragung eines um Gewinnpunkte ausgefochtenen Spiels in ein Spiel im Sinne Conways, bei dem der zuletzt ziehende Spieler gewinnt, eignet sich Blockbusting daher bestens. Die Übertragung erfolgt Position für Position, wobei jeder im ursprünglichen Spiel gewonnene Punkt für Weiß die Möglichkeit zu einem weiteren Zug bringt. Das bewirkt, dass die sich ergebenden Stop-Werte mit den beiden Spielwerten der ursprünglichen Position übereinstimmen. Der Grund, warum diese Konstruktion funktioniert, ist der Satz vom Zahlen-Vermeiden. Er stellt nämlich sicher, dass die in den Zahlkomponenten zusätzlich entstehenden Zugmöglichkeiten zunächst nicht attraktiv sind und daher bis zum Ende des eigentlichen Spiels nicht verwendet werden. Für Zwischenräume, die höchstens vier Felder groß sind, enthält die folgende Tabelle die ins Conway-System übertragenen Positionen. Soweit möglich, sind die Positionen bereits vereinfacht – übrigens eine keineswegs immer einfache Aufgabe:

n	WnW	WnS	SnS
0	1	0	0
1	$\{2\mid 0\}$	$\{1\mid 0\}$	$*$
2	1	$\{\{2\mid 1\}\mid *\}$	0
3	$\{2\mid 1\}$	$\{\{\{3\mid 2\}\mid 1+*\}\mid 0\}$	$\{1\mid 0\}$
4	$\{\{3\mid 2\}\mid 1+*\}$	1	$\{1+*\mid *\}$

Schnell analysieren lassen sich die Gewinnaussichten einer Blockbusting-Position, wenn die Mittelwerte und Temperaturen aller Zwischenräume bekannt sind. Es stellt sich heraus, dass die Temperatur einer Ein-Zwischenraum-Position höchstens 1 beträgt – eine Eigenschaft, die sich sofort auf alle Positionen überträgt. Die Mittelwerte der oben tabellierten Positionen sind in der folgenden Tabelle zusammengestellt:

n	m(WnW)	m(WnS)	m(SnS)
0	1	0	0
1	1	½	0
2	1	¾	0
3	1½	7/8	½
4	1¾	1	½

Für das angeführte Beispiel ergibt sich der Mittelwert

$$m(2 + W3S + S1S) = 2 + {}^{7}/_{8} + 0 = 2\,{}^{7}/_{8},$$

woraus sich aufgrund der Temperatur von höchstens 1 die beiden Stop-Werte $L_0(2 + W3S + S1S) = 3$ und $R_0(2 + W3S + S1S) = 2$ ergeben. Der Minimax-Wert des ursprünglichen, mit der Position $2 + W3S + S1S$ startenden Spiels beträgt daher 3, wenn Weiß beginnt, beziehungsweise 2, wenn Schwarz den ersten Zug machen darf. Obwohl sich in diesem Fall das erhaltene Resultat viel schneller durch eine konkrete Analyse der Zugmöglichkeiten herleiten lässt, wird bereits deutlich, wie einfach das verwendete Verfahren auch in komplizierteren Fällen ist.

Um die rekursive Analyse der Ein-Zwischenraum-Positionen drastisch zu vereinfachen, kann man eine von Berlekamp stammende Technik verwenden, bei der alle Positionen um 1 abgekühlt werden[143]. Zwar gehen bei der Abkühlung Informationen verloren, etwa

---

[143] Elwyn R. Berlekamp, *Blockbusting and Domineering*, Journal of Combinatorial Theory, A 49 (1988), S. 67-116. Hervorzuheben an Berlekamps Verfahren ist, dass der Abkühlprozess um 1 für die Blockbusting-Positionen im Wesentlichen umgekehrt werden kann. So ist es möglich, die Ein-Zwischenraum-Positionen in einer einfachen Weise durch ihren Mittelwert zu parametrisieren. Ganz ähnlich kann beim Go vorgegangen werden. Dass beim Kühlen um 1 keine für die Gewinnaussichten in disjunktiven Summen wesentliche Information verloren geht, lässt sich auf der Ebene der originalen (Punktwertungs-)Version des Blockbusting plausibel machen (vgl. Fußnote 151).

wenn die Positionen W1S = {1 | 0} und S4S ={1 + $*$ | $*$} beide zu ½ abkühlen, allerdings sind die wesentlichen Eigenschaften der Positionen nach wie vor enthalten. Abgesehen von $(W1W)_1$ = 1 + $*$ reicht übrigens die Abkühlung um 1 bereits aus, um alle Ein-Zwischenraum-Positionen auf ihren Mittelwert einzufrieren.

Allgemein wird bei der Transformation jede Endposition des gegebenen Nullsummenspiels durch eine Position eines Spiels im Sinne Conways ersetzt, und zwar durch eine dem Gewinnbetrag von Weiß entsprechende Zahl-Position. Gewinnt beispielsweise Weiß zwei Punkte, dann wird diese Position durch die Zugfolge 2 = {{{ | } | } | } ersetzt, das heißt, Weiß kann zweimal ziehen, Schwarz weder sofort noch nach einem der beiden Züge von Weiß[XXXII]. Geschieht dies für alle Endpositionen, die ausgehend von einer Position des gegebenen Nullsummenspiels auftreten können, und werden ansonsten alle Zugmöglichkeiten unverändert beibehalten, dann hat diese Konstruktion von Conway-Spielen die folgenden Eigenschaften:

- Die beiden, vom Anzugsrecht abhängigen Minimax-Werte des Nullsummenspiels stimmen immer mit den beiden Stop-Werten der entstehenden Position überein.
- Die Konstruktion ist mit der Bildung disjunktiver Summen „verträglich". Das heißt, disjunktive Summen von Nullsummenspielen können einzeln oder insgesamt in Conway-Spiele übergeführt werden – das Ergebnis ist beide Mal gleich.

Wie beim im Kasten untersuchten Spiel Blockbusting funktioniert die Positions-Transformation von Nullsummen- zu Conway-Spielen aufgrund des Satzes vom Zahlen-Vermeiden. Er gewährleistet, dass die innerhalb des Conway-Spiels hinzukommenden Zugmöglichkeiten unattraktiv sind und daher erst unmittelbar vor Schluss verwendet werden. Gewinne des Nullsummenspiels übertragen sich daher in Zugmöglichkeiten für den gewinnenden Spieler.

Im speziellen Fall des Go sind einige Besonderheiten zu beachten: So gibt es mehrere, in Details abweichende Regelvarianten, die unter anderem zyklische Spielverläufe betreffen. Zwar werden zweizügige Zugwiederholungen durch die Ko-Regel unterbunden, allerdings um den Preis, dass die Lage der Spielsteine nicht die gesamte Information über die Position enthält. Zugwiederholungen nach vier oder sechs Zügen sind dagegen prinzipiell möglich, und auch sie verlangen für die Conway'sche Theorie eine Erweiterung, bei der Schleifen zugelassen sind. In unserem kurzen Überblick klammern wir Kos daher generell aus. Etwas problematisch ist ebenso die besondere Art des Spielendes – gezogen wird so lange, bis kein Spieler mehr ziehen will.

Zum zuletzt genannten Punkt schauen wir uns das nächste Diagramm an, das eine einfache, Dame genannte Situation zeigt. Wie auch bei allen noch folgenden Teilpositionen werden die Steine am Rand des Diagramms als „lebend", das heißt als nicht mehr schlagbar, angenommen:

Weiß wie Schwarz können durchaus noch einen Zug machen oder es auch lassen, ohne dass dies auf das Spielergebnis einen Einfluss hat. Die Übersetzung der Position in ein Conway-Spiel kann daher sowohl 0 = { | } als auch $*$ = {0 | 0} = {{ | } | { | }} lauten. Die nahe liegende Vereinbarung, gemäß der alle Positionen, bei denen gute Spieler nicht mehr ziehen würden, als Endpositionen deklariert werden, ist damit im Einzelfall zwar brauchbar, für allgemeine Zwecke aber zu vage. Denn bei komplizierten Positionen ist die Sinnlosigkeit weiterer Züge keineswegs so offensichtlich wie im abgebildeten Beispiel, insbesondere dann, wenn ein Spieler noch auf Fehler seines Gegners hoffen kann. Dagegen ist das theoretisch eindeutige Kriterium, dass die Minimax-Werte bei beiderlei Anzugsrecht übereinstimmen, bei komplizierten Positionen praktisch nicht verifizierbar.

Eine Möglichkeit, die für mathematische Untersuchungen notwendige Eindeutigkeit zu erlangen, fanden für einfachere Positionen, aus denen keine Kos und Sekis[144] entstehen, zu Beginn der 1990er Jahre Berlekamp und Wolfe[145]. Dazu werden die Regeln des Go zu einem **mathematisches Go** genannten Conway-Spiel modifiziert. Das heißt, ausgehend vom geometrischen Aufbau der Go-Positionen werden die Setz-Regeln so geändert, dass ein Conway-Spiel entsteht. Bei der Stein für Stein erfolgenden Übertragung einer Position ins Conway-Spiel erhält man so wunschgemäß stets eine Position, die äquivalent ist in dem Sinne, dass die Minimax-Werte der Go-Position mit den Stop-Werten im mathematischen Go übereinstimmen. Die Regeln des mathematischen Go lauten:

- Jeder Spieler muss ziehen. Ein Verzicht auf einen Zug ist nicht erlaubt.
- Wie üblich werden Stein-Ketten geschlagen, wenn sie durch einen Zug des Gegners ihre letzte Freiheit verlieren.
- Statt einen Stein zu legen, darf wahlweise auch ein gefangener Stein des Gegners zurückgegeben werden.
- Nicht erlaubt ist ein Zug, der eine der vorangegangenen Positionen wiederherstellt.
- Nicht erlaubt sind ferner Selbstmord-Züge: Ein gesetzter Stein muss also entweder mindestens eine Freiheit besitzen oder es muss mindestens ein gegnerischer Stein geschlagen werden.
- Steine, die zwei oder mehr „Augen" von unbesetzten Feldern umschließen, werden für den gesamten Rest der Partie unschlagbar[146].
- Der Spieler, der zuletzt ziehen kann, gewinnt.

Weil beim mathematischen Go auch umschlossene Gebiete mit Steinen belegt werden, erscheinen dessen Regeln einem geübten Go-Spieler sicher höchst ungewöhnlich. Verinnerlicht man sich aber die Regeln anhand von ein paar einfachen Beispielen, so wird schnell deutlich, wie elegant Punktgewinne – ob durch umschlossene Gebiete oder geschlagene Steine – in zusätzliche Züge umgesetzt werden[147]:

---

[144] Als Seki bezeichnet man in Go eine Steinkonfiguration, bei der kein Spieler ohne Verlust setzen kann. Die entsprechenden Felder werden als unentschieden gewertet.

[145] Elwyn Berlekamp, *Introductory overview of Mathematical Go endgames*, in: Richard K. Guy (editor), *Combinatorial games*, Proceedings of Symposia in Applied Mathematics (AMS Short Course Lecture Notes), 43, 1991, S. 73-100; Elwyn Berlekamp, David Wolfe, *Mathematical Go*, Wellesley 1994; Elwyn Berlekamp, *The economist's view of combinatorial games*, in: Richard J. Nowakowski (ed.), *Games of no chance*, Cambridge 1996, S. 365-405. Überblicke geben (der Go-Meister) Robert High, *Mathematical Go*, in: Richard Bozulich, *The Go player's almanac*, Tokio 1992, S. 218-224; David Gale, *Go*, The Mathematical Intelligencer, 16/2 (1992), S. 25-29; J. Nievergelt, *Das Go-Spiel, Mathematik und Computer*, Informatik Spektrum, 17 (1994), S. 106-110.

[146] Damit wird ein Spieler davor geschützt, Positionen mit zwei Augen dadurch zu verlieren, dass er in eines der Augen setzt. Dies wird er im normalen Go sowieso niemals tun, im mathematischen Go muss er es aber, wenn er die umschlossenen Felder in Züge umsetzen will.

[147] Anders als beim Schach, bei dem Weiß zuerst zieht, beginnt beim Go Schwarz. Daher würde eigentlich Schwarz der linke Part sowie der positive Zahlenbereich gebühren, und so wird es bei Ber-

$$\text{[Go-Diagramm]} = \{\ \text{[Go-Diagramm]}\ |\ \text{[Go-Diagramm]}\ \} = \{0\ |\ 0\} = *$$

$$\text{[Go-Diagramm]} = \{\ \text{[Go-Diagramm]}\ |\ \ \} = \{0\ |\ \} = 1$$

Im nächsten Diagramm schlägt Weiß einen schwarzen Stein und erhält dadurch für das nachfolgende Spiel eine zusätzliche Zugmöglichkeit:

$$\text{[Go-Diagramm]} = \{\ \text{[Go-Diagramm]} + \text{[Stein]}\ |\ \text{[Go-Diagramm]}\ \} = \{2\ |\ 0\}, \text{ denn es ist}$$

$$\text{[Go-Diagramm]} + \text{[Stein]} = \{\ \text{[Go-Diagramm]} + \text{[Stein]}\ ,\ \text{[Go-Diagramm]}\ |\ \ \} = \{1\ |\ \} = 2\,.$$

Ein wenig vielseitiger und damit interessanter ist die Position

$$\text{[Go-Diagramm]} = \{\ \text{[Go-Diagramm]}\ ,\ \text{[Go-Diagramm]}\ |\ \text{[Go-Diagramm]}\ ,\ \text{[Go-Diagramm]}\ \}$$

$$= \{1, *\ |\ *, \{2\ |\ 0\}\} = \{1\ |\ *\},$$

wobei es sich bei den zwei beim letzten Gleichheitszeichen weggelassenen Positionen jeweils um dominierte Zugmöglichkeiten handelt. So kann Weiß wegen $1 \geq *$ ohne Einbuße auf den Zug nach $*$ verzichten. Für Schwarz ist die Relation $* \leq \{2\ |\ 0\}$ maßgebend, die darauf beruht, dass Weiß für die Position $\{2\ |\ 0\} - *$ als Nachziehender eine Gewinnstrategie besitzt. Aus der sich damit ergebenden Form $\{1\ |\ *\}$ erkennt man schließlich ohne große Mühe den Mittelwert ½ sowie die Temperatur 1.

Die einfache Technik, zwei Zugmöglichkeiten wie gerade geschehen miteinander zu vergleichen, ist uns von Conway-Spielen bestens bekannt. Mittels der Regelvariante des mathematischen Go wird sie indirekt auch für das normale Go verfügbar: Eine einfache Zuganalyse mit dem Ergebnis, dass Weiß ausgehend von der betreffenden Differenz-Position

$$\{2\ |\ 0\} - * = \text{[Go-Diagramm]} + \text{[Go-Diagramm]}$$

im Nachzug stets den letzten Zug für sich erzwingen kann, reicht damit aus, Gewissheit darüber zu erlangen, dass die Teilposition $*$ für Schwarz unabhängig vom restlichen Spielbrett nie ungünstiger sein kann als $\{2\ |\ 0\}$, und zwar auch im normalen Go. Man mag nun einwenden, dass es für solchermaßen offensichtliche Ergebnisse keiner mathematischen Theorie bedarf, da kein nur etwas erfahrener Go-Spieler je auf die Idee käme, anderes zu vermuten. Der Einwand ist allerdings nur solange berechtigt, wie die Gewinnaussichten der zu prüfen-

---

lekamp und Wolfe auch gehandhabt. Hier wird aber die in den bisherigen Kapiteln praktizierte, durch das Schach motivierte Vereinbarung beibehalten, bei der Weiß links steht. Leser, die sich näher mit den genannten Arbeiten befassen möchten, mögen diesen Unterschied bitte beachten.

den Positionen so einfach miteinander zu vergleichen sind wie im vorliegenden Beispiel – mehr dazu später.

Mit zunehmendem Geschick beim Erkennen von derart dominierten Zügen kann man sich Positionen mit noch mehr Zugmöglichkeiten zuwenden. So kommt bei der nächsten Position für Weiß und Schwarz jeweils nur der Zug auf den linken Schnittpunkt in Frage:

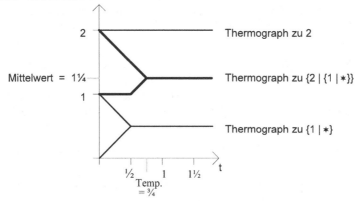

Der Mittelwert dieser Position beträgt 1¼ und die Temperatur ¾, was aus dem Thermographen ersehen werden kann:

Liegt die gerade untersuchte Position fünfmal nebeneinander, so ergibt sich dafür insgesamt ein Mittelwert von 6¼ und eine Temperatur von höchstens ¾. Da die Stop-Werte ganz sein müssen, erkennt man 7 als den einzig möglichen Wert des Links-Stops; entsprechend ist der Rechts-Stop gleich 6. Im normalen Go kann daher Weiß als Anziehender 7 und als Nachziehender 6 Punkte erzielen.

Auch bei der nächsten Position dominiert der Zug auf den linken Schnittpunkt die andere Zugmöglichkeit, und zwar sowohl, wenn Weiß zieht, als auch für Schwarz:

$$= \{3 \mid \{2 \mid 0\}\}$$

Der Mittelwert der Position beträgt 2, die Temperatur ist gleich 1. Entsprechend ergibt sich für die Position

$$= \{4 \mid \{3 \mid \{2 \mid 0\}\}\}$$

der Mittelwert 3 und die Temperatur 1.

Um die enorme Vielfalt solcher Teilpositionen in Endspielsituationen des Go überhaupt nur annähernd bewältigen zu können, bedarf es einer deutlichen Vereinfachung. Ausgehend von den äußerst positiven Erfahrungen beim Blockbusting kühlte Berlekamp dazu die zu untersuchenden Positionen des mathematischen Go um 1 ab. Der dabei erzielte Effekt ist in

entfernter Weise mit einer technischen Zeichnung vergleichbar, die bei einer günstig gewählten Perspektive wesentliche Eigenschaften des abgebildeten Objekts verdeutlicht, weniger wichtige aber ausblendet. Beim Abkühlen erhalten bleiben insbesondere Mittelwerte
und untereinander bestehende Beziehungen auf der Basis einer Größer-oder-Gleich-Relation
oder einer disjunktiven Summe. Warum beim Go eine Abkühlung gerade um den Wert 1
nahe liegend ist, das wird im Kasten *Go als Punktwertungsspiel* erörtert.

Go als Punktwertungsspiel

Disjunktive Summen, Größer-oder-Gleich-Beziehungen und Kühlungen lassen sich für
Go-Positionen auch direkt untersuchen, ohne dass dazu eine Transformation ins mathematische Go vorgenommen wird, womit zugleich die für die Definition der Stop-Werte
implizit notwendige Rückübertragung in ein Spiel mit Punktwertung entfällt. Dieser direkte Weg entspricht dem Ansatz, den Milnor und Hanner in den 1950er Jahren beschritten.

Zu jeder Go-Position G gehören – abhängig vom Anzugsrecht – zwei Minimax-Werte
$L_0(G)$ und $R_0(G)$, von denen jeder den Gewinn widerspiegelt, den Links bei beidseitig
optimalem Spiel erzielt. Da man beim Go auf seinen Zug verzichten darf, kann Links als
Anziehender mindestens einen so hohen Punktgewinn erzielen wie als Nachziehender,
das heißt, es gilt stets die Ungleichung $L_0(G) \geq R_0(G)$.

Für die disjunktive Summe G + H von zwei Teilpositionen G und H gelten Milnors Ungleichungen:

$$L_0(G) + L_0(H) \geq L_0(G+H) \geq \begin{matrix} R_0(G) + L_0(H) \\ L_0(G) + R_0(H) \end{matrix} \geq R_0(G+H) \geq R_0(G) + R_0(H)$$

Jede einzelne dieser Ungleichungen erklärt sich aus strategischen Überlegungen, wie sie
schon Lasker zur Untersuchung von Nim-Varianten verwendete (siehe Kapitel 2.5). Dazu kontert ein Spieler jeweils den Zug seines Gegners in derselben Komponente, in der
dieser gerade gezogen hat, und zwar mit einem Zug, der in der betreffenden Komponente für sich allein betrachtet optimal ist.

Insbesondere erlauben es Milnors Ungleichungen, den Einfluss einzelner Teilpositionen
auf die Gewinnaussichten einer Gesamtposition abzuschätzen. Dazu sehen wir uns an,
wie sich die Gewinnaussichten einer Position G ändern, wenn sie um eine Teilposition H
zur Gesamtposition G + H ergänzt wird: Wegen

$$L_0(G) + L_0(H) \geq L_0(G + H) \geq L_0(G) + R_0(H)$$

$$R_0(G) + L_0(H) \geq R_0(G + H) \geq R_0(G) + R_0(H)$$

sind die Änderungen, die beide Minimax-Werte dabei erfahren, durch die Minimax-
Werte der hinzugekommenen Positionen H begrenzt[148]. Für Links ist daher die Position
G + H im Vergleich zur Position G

---

[148] Auf dieser Basis definiert J. Mark Ettinger (*A metric for positional games*, Theoretical Computer
Science, 230 (2000), S. 207-219) für zwei beliebige solche Punktwertungspositionen vom „Milnor-
Typ" G und H (das heißt mit $L_0(J) \geq R_0(J)$ für alle nachfolgenden Positionen J) einen „Abstand",
mathematisch als so genannte Metrik bezeichnet. Dies geschieht, indem für beliebige Positionen
vom Milnor-Typ X das Maximum

$$\rho'(G,H) = \max_X \left| L_0(G + X) - L_0(H + X) \right| = \max_X \left| R_0(G + X) - R_0(H + X) \right|,$$

- mindestens so günstig im Fall von $R_0(H) \geq 0$,
- gleich günstig im Fall von $L_0(H) = R_0(H) = 0$,
- höchstens so günstig im Fall von $L_0(H) \leq 0$ beziehungsweise
- je nach Anzugsrecht und Ausgangsposition G mehr, weniger oder gleich günstig im Fall von $R_0(H) < 0 < L_0(H)$.

Positionen von Punktwertungsspielen, deren beide Minimax-Werte gleich 0 sind, werden Nullpositionen genannt. Als Teilposition verändern sie die Gewinnaussichten einer disjunktiven Summe nicht. Beispiele für solche Nullpositionen erhält man, wenn man eine Position H und die dazu inverse Position –H addiert: Der nachziehende Spieler kann dann nämlich jeweils den Zug seines Gegners in der anderen Komponente nachmachen.

Mit Hilfe von Milnors Ungleichungen können auch zwei Positionen G und H im Hinblick darauf miteinander verglichen werden, wie sie als Teilpositionen die Gewinnaussichten von disjunktiven Summen beeinflussen. Dazu wird mit Hilfe der invertierten Position –H die Differenz-Position G + (–H), kurz G – H gebildet. Wegen

$$G = H + (G - H)$$

ist innerhalb einer beliebigen Gesamtposition die Teilposition G im Vergleich zur Teilposition H

- mindestes so günstig im Fall von $R_0(G - H) \geq 0$,
- gleich günstig im Fall von $L_0(G - H) = R_0(G - H) = 0$,
- höchstens so günstig im Fall von $L_0(G - H) \leq 0$ beziehungsweise
- je nach Anzugsrecht und restlicher Position mehr, weniger oder gleich günstig im Fall von $R_0(G - H) < 0 < L_0(G - H)$.

In einer Partie muss ein Spieler vor jedem Zug die Gewinnaussichten von Positionen miteinander vergleichen. Hat er etwa die Wahl, in einer Position G unter anderem auf die Schnittpunkte a und b zu setzen und dabei die Position G_a beziehungsweise G_b zu erreichen, so sollte er sich für jenen Zug entscheiden, durch den er als Nachziehender den höheren Minimax-Wert erreicht. Da die beiden Positionen G_a und G_b aus derselben Position entstehen, unterscheiden sie sich nur an wenigen Stellen, so dass die Differenz-Position $G_a - G_b$ bei zusammengesetzten Positionen relativ einfach ist. Ihre beiden Minimax-Werte geben Auskunft darüber, ob einer der beiden Züge unabhängig vom Rest der Position besser ist und welcher Zug das gegebenenfalls ist. Ist beispielsweise gefragt, ob bei der Position

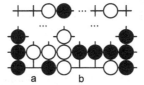

für Schwarz der Zug auf Feld a oder auf Feld b besser ist, dann ist dazu die folgende Position zu untersuchen:

gebildet wird. Zwei Positionen haben damit genau dann einen geringen Abstand voneinander, wenn ein wechselseitiger Austausch der beiden Positionen innerhalb einer Summe die Minimax-Werte höchstens entsprechend wenig verändert.

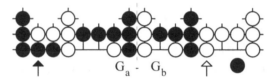

$$G_a - G_b$$

Die außerhalb der abgebildeten Teilposition liegenden Teile des Spielbrettes bestehen aus zwei zueinander inversen Teilpositionen und ergänzen sich daher zu einer Nullposition. Da diese Bereiche damit keinen Einfluss auf die Gewinnaussichten der Gesamtposition haben, wurden sie im Diagramm bereits weggelassen. Analysiert man nun die Zugfolgen, wie sie von der abgebildeten Differenzposition aus möglich sind, so erhält man

$$L_0(G_a - G_b) = 1 \text{ und } R_0(G_a - G_b) = -1.$$

Folglich kann ohne Kenntnis des restlichen Brettes nicht entschieden werden, ob für Schwarz der Zug auf den Schnittpunkt a oder b besser ist. Tatsächlich ist je nach Restposition mal der Zug auf den Schnittpunkt a und mal der Zug auf b besser. Auch wenn dieses Ergebnis hinter den Erwartungen zurückbleiben mag, so zeigt das Beispiel doch recht deutlich, welche Situationen qualitativ möglich sind. Insbesondere sind Züge keineswegs immer lokal vergleichbar!

Wie lukrativ das Recht zum ersten Zug ist, geht aus der Differenz $L_0(G) - R_0(G)$ hervor. Der Anreiz auf den ersten Zug wird verringert, wenn man Züge derart besteuert, wie es im letzten Kapitel beschrieben wurde. Je weiter die anfängliche Steuerforderung erhöht wird, desto mehr bewegen sich die besteuerten Minimax-Werte $L_t(G)$ und $R_t(G)$ aufeinander zu, wobei die Änderung zum Ausgangwert $L_0(G)$ beziehungsweise $R_0(G)$ höchstens gleich t ist. Ist die Abkühlung genügend hoch, stimmen die beiden gekühlten Minimax-Werte überein. Dabei legt der übereinstimmende Wert den Mittelwert $m(G)$ der Position fest und die dafür notwendige Abkühlung die Temperatur $t(G)$. Wie im letzten Kapitel beschrieben, lassen sich bei disjunktiven Summen die Gewinnaussichten annähernd bestimmen, sofern die Mittelwerte sowie die Temperaturen der einzelnen Komponenten bekannt sind. Kennt man außerdem die Thermographen der Komponenten, das heißt das Verhalten der Minimax-Werte bei einer kontinuierlich steigenden Kühlung, dann können mit Thermostrat sogar annähernd gute Züge gefunden werden.

Eine besonderes Phänomen tritt auf, wenn man die Positionen um einen Wert $1 - \varepsilon$ kühlt, der knapp unterhalb von 1 liegt: Gelingt es, zu dieser Abkühlung die Minimax-Werte $L_{1-\varepsilon}(G)$ und $R_{1-\varepsilon}(G)$ zu bestimmen, dann können daraus die ursprünglichen, stets ganze Zahlen ergebenden Minimax-Werte $L_0(G)$ und $R_0(G)$ ersehen werden, da ein Intervall der Länge $1 - \varepsilon$ immer nur höchstens eine ganze Zahl enthalten kann. Obwohl damit bei einer solchen Abkühlung keine Informationen über die Gewinnaussichten verloren gehen, kann es innerhalb einer zusammengesetzten Position trotzdem drastische Vereinfachungen dadurch geben, dass in einzelnen Komponenten einige Zugvarianten bereits früh zu einem festen Wert abkühlen. Wir werden noch sehen, dass auf der Ebene des mathematischen Go mit der Abkühlung um 1 ein ähnlicher Effekt erzielt wird.

Um bei einem Go-Diagramm immer sofort sehen zu können, ob die Conway-Position selbst oder die um 1 abgekühlte Position gemeint ist, wird eine besondere Notation verwendet, bei der die als lebend vorausgesetzten Steine am Rand des Diagramms angeschnitten dargestellt werden. Als erstes Beispiel greifen wir auf eine Position zurück, die wir in ungekühltem Zustand bereits untersucht haben:

$$\text{(Diagramm)} = \{3 \text{-} 1 \mid \{2 \mid 0\}_1 + 1\} = \{2 \mid 2 + *\} = 2 + \{0 \mid *\}$$

Dabei ist die „Up" genannte Position $\uparrow = \{0 \mid *\}$ positiv und trotzdem „fast" gleich 0 – sowohl Mittelwert als auch Temperatur und damit ebenso beide Stop-Werte sind nämlich gleich 0. Für jede noch so kleine positive Zahl ε gilt daher $0 < \uparrow < \varepsilon$.

In anderen Fällen führt schon eine Abkühlung um weniger als 1 dazu, die Position auf ihren Mittelwert „einzufrieren". So reicht für die Position des folgenden Diagramms bereits eine Abkühlung um einen Wert t aus, der ½ beliebig wenig übersteigt:

$$\text{(Diagramm)} = \{1 \mid *\}_1 = \{1 \text{-} t \mid *_t + t\} = \{1 \text{-} t \mid t\} = ½$$

Die „Steuer" in Höhe von 1, wie sie auf die als Gewinne interpretierten Stop-Werte eingefordert wird, ermäßigt sich damit auf ½. Bei Go-Positionen sind solche Steuererleichterungen allerdings eigentlich entbehrlich. Das heißt, abgesehen vom Fall, bei dem beide Stop-Werte übereinstimmen, kann immer die volle Steuer von 1 erhoben werden. Das ist insofern bemerkenswert, weil dabei unter Umständen der Anreiz, zuerst ziehen zu wollen, nicht nur völlig vernichtet, sondern darüber hinaus sogar ins Gegenteil verkehrt wird – Ziehen wird dann praktisch bestraft. Allerdings unterschreitet die Temperatur den Wert 1 nie sehr stark – jedenfalls nie so weit, dass die kompromisslose Steuereintreibung von 1 das Ergebnis gegenüber der normalen Abkühlung ändert[XXXIII]. So ist für das Beispiel

$$\{1 - 1 \mid *_1 + 1\} = \{0 \mid 1\} = ½ = \{1 \mid *\}_1$$

Wie man sieht, wird die um ½ überhöhte Steuer durch einen entsprechenden Bonus wieder kompensiert, was übrigens bei einer Steuerforderung von mehr als 1 bereits nicht mehr funktionieren würde. Da man bei der vereinfachten Rekursionsformel nur ganze Punkte abrechnen muss, kann **kaltes Go** – das um 1 gekühlte Go-Spiel – sogar praktisch leicht gespielt werden: Solange Ziehen im normalen Spiel noch lohnt, muss für jeden Zug im kalten Go ein Punkt in Form eines geschlagenen Steins an den Gegner entrichtet werden:

$$\text{(Diagramm)} = \{ \text{(Diagramm)} + \bigcirc \mid \text{(Diagramm)} + \bullet \} = \{0 \mid 1\} = ½$$

Auch bei den nächsten beiden Positionen kommen für Weiß und Schwarz jeweils nur die Züge auf den am weitesten links gelegenen Schnittpunkt in Frage, da dieser Zug die anderen Zugmöglichkeiten dominiert:

$$\text{(Diagramm)} = \{4 \text{-} 1 \mid \{3 \mid \{2 \mid 0\}\}_1 + 1\} = \{3 \mid 3 + \uparrow\} = 3 + \{0 \mid \uparrow\},$$

wobei für die Position $\{0 \mid \uparrow\}$ die Gleichung $\{0 \mid \uparrow\} = \uparrow + \uparrow + *$ nachgewiesen werden kann. Obwohl die Position $\uparrow$ nicht mit der Position $*$ vergleichbar ist, ist das für das Zweifache der Position, nämlich $\uparrow + \uparrow$ der Fall: Insgesamt ist $\uparrow \parallel *$ und $0 < \uparrow < \uparrow + \uparrow < \varepsilon$ für jede noch so kleine positive Zahl ε. Noch viel kleiner als $\uparrow$ ist die nächste Position des um 1 gekühlten Go:

$= \{5 \mid \{4 \mid 0\}\}_1 = \{5 - 1 \mid \{4 \mid 0\}_1 + 1\} = \{4 \mid \{3 \mid 1\} + 1\}$
$$= \{4 \mid \{4 \mid 2\}\} = 4 + \{0 \mid \{0 \mid -2\}\}$$

Die Teilposition $\{0 \mid \{0 \mid -2\}\}$ ist einerseits positiv, da Weiß als An- und Nachziehender auf Gewinn steht. Andererseits ist selbst die infinitesimal kleine Position $\uparrow$ um ein Vielfaches größer als $\{0 \mid \{0 \mid -2\}\}$:

$$\{0 \mid \{0 \mid -2\}\} + \dots + \{0 \mid \{0 \mid -2\}\} < \uparrow$$

Übrigens hätten wir die Positionen $\uparrow$ und $\{0 \mid \{0 \mid -2\}\}$ schon im Domino kennen lernen können, es ist nämlich

$\uparrow \;=\;$ $\qquad$ und $\qquad \{0 \mid \{0 \mid -2\}\} =$.

Zwischen 0 und $\{0 \mid \{0 \mid -2\}\}$ gibt es noch weitere Positionen, die auch im kalten Go auszumachen sind:

$= \{7 \mid \{6 \mid 0\}\}_1 = \{7 - 1 \mid \{6 \mid 0\}_1 + 1\} = 6 + \{0 \mid \{0 \mid -4\}\}$

Allgemein erfüllen die zu jedem positiven Bruch r definierbaren Positionen $\mathbf{+}_r = \{0 \mid \{0 \mid -r\}\}$ die Ungleichungskette

$$0 < \dots < \mathbf{+}_4 < \mathbf{+}_3 < \mathbf{+}_2 < \mathbf{+}_1 < \mathbf{+}_0 = \uparrow,$$

wobei die Größenordnungen deutlich abgestuft sind. Für zwei Zahlen $s > r$ gilt nämlich

$$0 < \mathbf{+}_s + \dots + \mathbf{+}_s < \mathbf{+}_r.$$

Wie man sich leicht denken kann, ist dieser Katalog von Positionen längst noch nicht vollständig. Trotzdem können viele Endspiel-Situationen bereits mit diesen Positions-Typen untersucht werden, da Steinkonfigurationen oft durch untereinander äquivalente Conway-Spiele repräsentiert werden. So enthält das Buch von Berlekamp und Wolfe[149] seitenlange Übersichten von Steinkonfigurationen einschließlich der Conway-Positionen, die daraus im kalten Go entstehen. Darunter sind allerdings auch Positionen, die nach ihrer Abkühlung immer noch eine positive Temperatur besitzen und bei denen deshalb der erste Zug sehr lukrativ ist. Beispiele sind

$= \{1\tfrac{1}{8} \mid 1\}$ $\quad$ und $\quad$ $= \{3\tfrac{1}{4} \mid 1\tfrac{1}{2}\}.$

Aber wie sind die Aussagen zu interpretieren, die man zu einer gegebenen Go-Position mit Hilfe der um 1 gekühlten Teilpositionen erhält? Die Antwort ist bemerkenswert einfach: Man bildet zunächst die disjunktive Summe der um 1 gekühlten Teilpositionen, woraus die Gewinnaussichten unmittelbar ablesbar sind:

---

[149] Siehe Fußnote 145

- Der Links-Stop, also der Minimax-Wert für Weiß als zuerst Ziehenden, ist gleich der kleinsten ganzen Zahl, die größer oder gleich der disjunktiven Summe ist.
- Der Rechts-Stop, also der Minimax-Wert für Weiß als Nachziehenden, ist gleich der größten ganzen Zahl, die kleiner oder gleich der disjunktiven Summe ist.

Als Beispiel sehen wir uns die eingangs abgebildete Position an. Neben den sicheren Punkten, nämlich 3 für Weiß und 5 + 7 = 12 für Schwarz, ergibt sich die in Bild 28 dargestellte Zerlegung in eine disjunktive Summe. Mit angegeben sind jeweils die um 1 gekühlten Conway-Positionen, wie wir sie in den bisherigen Beispielen bereits kennen gelernt haben.

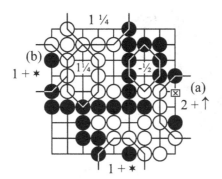

Bild 28

Kühlt man die abgebildete Position um 1 ab, ergibt sich insgesamt die Position
$$-3 + \uparrow,$$
deren größenmäßige Einordnung im Vergleich zu den ganzen Zahlen durch
$$-3 < -3 + \uparrow < -2$$
gegeben ist. Damit beträgt der Minimax-Wert für Weiß –2 Punkte, wenn Weiß beginnt, und -3 Punkte, wenn Schwarz zuerst zieht. Züge, mit denen diese Minimax-Werte realisiert werden können, sind analog erkennbar:

- Ist Weiß am Zug, setzt er auf das in Bild 28 mit ⊠ markierte Feld und erreicht dadurch in dieser Komponente die Position 3. Im kalten Go wird damit insgesamt die Position -2 erreicht, was zugleich der Minimax-Wert des nun nachziehenden Spielers Weiß ist.
- Beginnt Schwarz, setzt er ebenso auf das markierte Feld, womit er im kalten Go in der betreffenden Komponente 1 + * und insgesamt –4 + * erreicht, was ihm letztlich einen Gewinn von mindestens 3 Punkten sichert – als Anziehender verfügt Weiß nämlich über einen Minimax-Wert von –3, der kleinsten ganzen Zahl, die größer oder gleich –4 + * ist.

Schlecht für Weiß ist übrigens der Zug in einer der beiden zu 1 + * abkühlenden Komponenten: Ein Zug dort brächte bei der gekühlten Version in dieser Komponente die Position 2 und damit insgesamt –2 + * + ↑. Die größte ganze Zahl, die kleiner oder gleich dieser Position ist, ist –3 – damit der Minimax-Wert für den nachziehenden Spieler Weiß. Mit einem Zug in der mit (b) markierten Komponente verschenkt Weiß also einen Punkt.

Ist aber, wie in Bild 29 zu sehen, eine der beiden *-Komponenten nicht mehr vorhanden, ändert sich die Situation grundlegend. Obwohl die Position bis auf die zwei mit ⇑ markierten Schnittpunkte mit der untersuchten übereinstimmt, ergibt sich eine gänzlich andere Situation, und zwar in Fernwirkung selbst auf die verbliebenen Komponenten (a) und (b): Mit einem Zug in der vormals optimalen Komponente (a) kann Weiß im kalten Go ausgehend von insgesamt $-3 + * + \uparrow$ die Position $-2 + * + \uparrow$ erreichen, mit einem Zug in (b) die Position $-2 + \uparrow$. Da nun Schwarz ziehen darf, entsprechen diese Positionen Minimax-Werten von -3 und -2. Letzteres verringert den Verlust von Weiß um einen Punkt!

Die Nicht-Vergleichbarkeit von Conway-Positionen wie zum Beispiel bei $* \parallel 0$ und $* \parallel \uparrow$ ist also keineswegs ein mathematisches Hirngespinst, sondern eine strategische Realität: Ob der Zug in (a) oder in (b) für Weiß besser ist, hängt davon ab, wie die restliche Go-Position beschaffen ist. Isolierte Aussagen sind in einem solchen Fall nicht möglich.

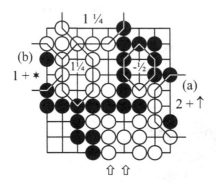

Bild 29

Ob lokale Aussagen möglich sind und wie sie gegebenenfalls lauten, kann mit dem schon beschriebenen Differenz-Verfahren entschieden werden: Dazu bildet ein Spieler jeweils die Differenz von zwei gekühlten Positionen, die er durch Züge erreichen kann. Äquivalent dazu ist der paarweise Vergleich von Inzentives, wie sie zum Schluss des letzten Kapitels beschrieben wurden. In der folgenden Tabelle sind die Inzentives einiger Positionen des kalten Go, jeweils bezogen auf die mit angegebenen Zugmöglichkeiten, zusammengestellt. Je größer die Inzentives sind, desto besser ist ein Zug. Unattraktiv sind die Züge innerhalb der Zahl-Positionen, wie es vom Satz vom Zahlen-Vermeiden her bereits bekannt ist.

Position $G = \{G', \dots \mid G'', \dots\}$	Inzentives für ...	
	Weiß: $G' - G$	Schwarz: $G - G''$
$1 = \{0 \mid 2\}$	-1	-1
$\frac{1}{2} = \{0 \mid 1\}$	$-\frac{1}{2}$	$-\frac{1}{2}$
$\frac{1}{4} = \{0 \mid \frac{1}{2}\}$	$-\frac{1}{4}$	$-\frac{1}{4}$
$* = \{0 \mid 0\}$	$*$	$*$
$\uparrow = \{0 \mid *\}$	$-\uparrow$	$\uparrow + *$
$\uparrow + \uparrow + * = \{0 \mid \uparrow\}$	$-\uparrow - \uparrow + *$	$\uparrow + *$

Fassen wir nochmals zusammen: Endspiel-Situationen des Go, die im weiteren Verlauf Ko- und Seki-frei bleiben, können in ein äquivalentes Conway-Spiel, das mathematische Go, übertragen werden. Kühlt man diese Positionen um 1 ab, entstehen in den Komponenten oft Zahlen oder aus anderen Spielen bestens bekannte Standardpositionen wie $*$, $\uparrow$ und $+_s$, die sich einfacher handhaben lassen als die ungekühlten Positionen des mathematischen Go. Weil außerdem die interessierenden Eigenschaften, nämlich die ursprünglichen Stop- und

Minimax-Werte, weiterhin erkennbar sind, kann man die Untersuchungen sogar vollständig auf das Niveau des kalten Go verlagern. Wie sich die Beziehungen zwischen den drei Go-Varianten im Einzelnen gestalten, ist in der Tabelle 34 nochmals zusammengestellt. Der mathematische Hintergrund, der keineswegs offensichtlich ist, wird im Kasten *Warum kaltes Go so aufschlussreich ist* näher erläutert.

Spiel	Gewinnaussichten einer Position im (klassischen) Go	
Klassisches Go *Spiel mit Punktwertung*	Minimax-Wert für Weiß als Anziehenden $=$	Minimax-Wert für Weiß als Nachziehden $=$
Mathematisches Go *zuletzt ziehender Spieler gewinnt*	Links-Stop	Rechts-Stop
Kaltes Go (um 1 gekühltes Go) *zuletzt ziehender Spieler gewinnt*	Kleinste ganze Zahl, die größer oder gleich der Position ist	Größte ganze Zahl, die kleiner oder gleich der Position ist

Tabelle 34   Drei Go-Varianten und wie sie zueinander in Beziehung stehen

Zu ergänzen bleibt, dass sich auch Positionen, in derem weiteren Spielverlauf Kos auftreten können, auf Basis des mathematischen Go untersuchen lassen. Dazu definierten Martin Müller und Ralph Gasser[150] zwei Regel-Varianten, in denen jeweils ein Spieler für alle Züge, die Kos betreffen, in seiner Zugauswahl derart eingeschränkt wird, dass Zugwiederholungen ausgeschlossen sind. Bezogen auf die Gewinnaussichten bilden diese beiden Varianten dann eine Eingrenzung für die gegebene Position, das heißt, im Vergleich zu den normalen Regeln ist eine Variante für Schwarz mindestens so günstig, die andere höchstens so günstig. Beispielsweise ergibt sich für die Position

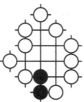

das eine Mal der Mittelwert 77/32 und die Temperatur 53/32 und das andere Mal der Mittelwert 76/32 und die Temperatur 52/32.

Mit ihrer Anwendung auf ein klassisches und bedeutendes Spiel wie Go hat die Conway-Theorie zweifellos ihre spielerische Krönung erhalten und das mit einem Spiel, das eigentlich gar kein Conway-Spiel ist[151]. Abseits der mathematischen Theorie bleibt natürlich noch

---

[150] Martin Müller, Ralph Gasser, *Experiments in computer Go endgames*, in: Richard J. Nowakowski (ed.), *Games of no chance*, Cambridge 1996, S. 273-284; Martin Müller, *Computer Go as a sum of local games: An application of combinatorial game theory*, Diss. ETH Nr. 11006, Zürich 1995.

[151] Dagegen ist Go ein Positionsspiel mit Punktwertung. Wie im Kasten *Go als Punktwertungsspiel* bereits skizziert, erfolgten die Untersuchungen von Milnor und Hanner in direkter Weise auf Basis der Minimax-Werte. Die Kühlung einer Position im mathematischen Go um 1 findet dort ihre Entsprechung, wenn die Minimax-Werte um einen Wert $1 - \varepsilon$ von nahezu 1 gekühlt werden. Nachteilig an diesem Vorgehen ist, dass keine Erkenntnisse über „infinitesimale" Conway-Spiele wie ∗,

genügend offen – von der Eröffnung über das Mittelspiel bis weit ins Endspiel, bei der die Zerlegung in unabhängige Teilpositionen nur selten zu solch überschaubar kleinräumigen Positionen führt wie in den hier untersuchten Beispielen. Mehr war ernsthaft auch gar nicht zu erwarten. Wichtig ist aber, dass der Wert einer Position abhängig vom Recht des ersten Zuges exakt durch Eigenschaften unabhängiger Teilpositionen ausgedrückt werden kann. Damit haben insbesondere auch Go-Begriffe wie Sente und Gote eine formal exakte Analogie gefunden. Insofern mögen die Ansätze des mathematischen Go auch einen kleinen Beitrag dazu liefern, mittelfristig so spielstarke Spielprogramme für das Go erstellen zu können, wie das heute bereits für das Schach der Fall ist[152].

Warum kaltes Go so aufschlussreich ist

Um zu erkennen, wie sich die Stop-Werte des mathematischen Go im kalten Go widerspiegeln, kann man eine für einen Spieler im mathematischen Go vorgesehene Strategie auf die gekühlte Version übertragen[XXXIV]. Dazu setzt der betreffende Spieler seinen Stein auch im kalten Go einfach auf das Feld, auf das er ihn im ungekühlten Spiel legen würde, und zwar solange bis eine Position erreicht ist, für die im ungekühlten Go beide Stop-Werte übereinstimmen.

Auf diesem Weg lassen sich für Positionen G des mathematischen Go – wie wir gleich sehen werden – die folgenden beiden Aussagen zeigen:

- Aus $L_0(G) = 1$ folgt $G_1 \parallel > 0$, das heißt, Weiß kann im kalten Go als Anziehender gewinnen.
- Aus $L_0(G) = 0$ folgt $G_1 \leq 0$, das heißt, Schwarz kann im kalten Go als Nachziehender gewinnen.

Die beiden Aussagen lassen sich, wenn man zusätzlich noch eventuelle Verschiebungen um ganze Zahlen berücksichtigt, in Form der Ungleichungskette $L_0(G) - 1 <\parallel G_1 \leq L_0(G)$ zusammenfassen, so dass $L_0(G)$ die kleinste ganze Zahl ist, die größer oder gleich als G_1 ist.

Wenden wir uns nun der ersten Aussage zu: Macht Weiß in einer Position G des mathematischen Go den ersten Zug, so ergibt sich je nach Spielweise von Weiß und Schwarz im mathematischen Go eine Partie der Art

$$G \xrightarrow{W} H \xrightarrow{S} L \xrightarrow{W} M \xrightarrow{S} \ldots \longrightarrow Z \longrightarrow \ldots,$$

$\uparrow$, $\{0 \mid \uparrow\}$ und $+_s$ verwendet werden können. Dafür sind aber die Kühlungen auf der Ebene der Punktwertungsspiele suggestiver. So ist es relativ einleuchtend, warum optimale Strategien im um knapp 1 gekühlten Punktwertungs-Go auch im normalen Go optimal sind. Auch ist sofort klar, wie viel ein Spieler höchstens einbüßen kann, falls er eine Strategie verwendet, die sich bei einer Kühlung um $2 - \varepsilon$ als optimal herausgestellt hat.

152 Über die Go-Programmierung Go informieren Anders Kierulf, *Smart game board: a workbench for game-playing programs, with Go and Othello as case studies*, Diss. ETH Nr. 9135, Zürich 1990; Christian M. Hamann, *Chronologie der Programmierung des japanischen Brettspiels Go – eine Herausforderung an die Künstliche Intelligenz*, Angewandte Informatik, 12 (1985), S. 501-511; David Erbach, *Computer and Go*, in: Richard Bozulich, *The Go player's almanac*, Tokio 1992, S. 205-207; Martin Müller, *Review: Computer Go 1984-2000*, in: *Computers and games*, Lecture Notes in Computer Sciences 2063, Berlin 2001, S. 405-413.

wobei wir die Position Z als erste in der Partie entstehende Position mit der Eigenschaft $L_0(Z) = R_0(Z)$ annehmen. Übertragen beide Spieler ihre Strategie ins kalte Go, so kommt es dort zur Partie

$$G_1 \xrightarrow{\ W\ } H_1 - 1 \xrightarrow{\ S\ } L_1 \xrightarrow{\ W\ } M_1 - 1 \xrightarrow{\ S\ } \ldots \xrightarrow{\ S\ } Z_1 \qquad \text{bzw.}$$

$$G_1 \xrightarrow{\ W\ } H_1 - 1 \xrightarrow{\ S\ } L_1 \xrightarrow{\ W\ } M_1 - 1 \xrightarrow{\ S\ } \ldots \xrightarrow{\ W\ } Z_1 - 1$$

Dabei ist die Position Z zur ganzen Zahl $Z_1 = L_0(Z)$ abgekühlt.

Aufgrund der Voraussetzung $L_0(G) = 1$ kann Weiß im mathematischen Go so gut spielen, dass eine Position Z mit $L_0(Z) \geq 1$ erreicht wird. Für die ins kalte Go übertragene Strategie gilt folglich $Z_1 \geq 1$, was Weiß in beiden angeführten Fällen den letzten Zug sichert und somit $G_1 \parallel > 0$ beweist.

Die zweite Aussage erhält man analog. Um eine entsprechende Charakterisierung des rechten Stop-Wertes zu erhalten, reicht es, die Position G durch die zu ihr inverse Position $-G$ zu ersetzen.

Environmental Go: Eine erweiterte Temperaturtheorie

Im vorangegangenen Kapitel wurde die Kühlung von Positionen eines Conway-Spiels dadurch definiert, dass Züge „besteuert" wurden. Dieser Ansatz hat allerdings beim Go zwei Nachteile: Einerseits ist eine Verallgemeinerung auf Positionen, bei denen das nachfolgende Spiel Ko-Situationen durchlaufen kann, im Wesentlichen nur dadurch möglich, dass jeweils einem vorher fest ausgewählten Spieler Züge mit Positionswiederholung untersagt werden. Und andererseits hat sich herausgestellt, dass an der kombinatorischen Spieltheorie interessierte Go-Spieler den Ansatz einer Besteuerung meistens wenig suggestiv finden – nicht nur, weil niemand gerne Steuern zahlt.

Aus den beiden genannten Gründen ersann Elwyn Berlekamp eine alternative Konstruktion zur Kühlung von Positionen[153]. Er betrachtete dazu eine temperaturmäßig zu analysierende Position als lokal abgegrenzten Bestandteil innerhalb von umfangreicheren, quasi „umgebenden" Positionen. Konkret werden Summen der gegebenen Position mit jeweils mehreren, standardisierten Positionen untersucht. Dabei reicht es aus, für solche Summen ausschließlich sogenannte **Schaltspiele** zu verwenden, das sind Spiele der Form $\{t \mid -t\}$. Mit solchermaßen gebildeten Summen ist es nämlich möglich, den Vorteil des Zugrechts im weiteren Verlauf des Spiels geschickt aufzuwiegen. In diesem Zusammenhang ist daran zu erinnern, dass ein Aufwiegen von Gewinnaussichten – allerdings in anderer Form – in Bezug auf das Recht des allerersten Zuges (sowie zum Ausgleich unterschiedlicher Spielstärken von Spielern) durch das im Go übliche, Komi genannte Vorgabesystem zur Tradition des Go-Spiels gehört.

Um seine **Environmental Go** genannte Konstruktion, dessen genaue Definition wir noch zurückstellen, praktisch spielbar zu machen, „verpackte" Berlekamp seine Idee in eine spielerisch ansprechende Form: Außer dem Go-Brett, auf dem die Spielsteine nach den üblichen Regeln gesetzt werden, wird zum Spiel ein sortierter Kartenstapel mit den

[153] Elwyn Berlekamp, *The economist's view of combinatorial games*, in: Richard J. Nowakowski (ed.), *Games of no chance*, Cambridge 1996, S. 365-405, insbesondere S. 394 ff.

Werten 10, 20, 19½, 19, 18½, 18, ..., 1½, 1, ½ verwendet. Dabei darf ein Spieler bei seinem Zug entweder auf dem Brett ziehen oder die oberste Karte vom Stapel nehmen und sich so eine entsprechend hohe Zusatzpunktzahl sichern. Zur Kompensation des Rechtes, den allerersten Zug machen zu dürfen, erhält der nachziehende Spieler – beim Go ist dies abweichend von der hier gewählten Praxis traditionell Weiß – vor dem eigentlichen Spielbeginn die oberste Karte mit dem Wert 10.

Um nun einen ungefähren Eindruck davon zu erhalten, wie sich die Temperatur im Verlauf einer Go-Partie entwickelt, organisierte Berlekamp einige Partien seines Environmental Go mit profesionellen Go-Spielern. Die erste solche Partie wurde 1998 von Rui Naiwei und Jiang Zhujiu gespielt, beides Spieler vom höchsten Grad 9-Dan-Pro (und inzwischen miteinander verheiratet). Die Partie endete äußerst knapp, nämlich je nach (länderspezifischer) Regelversion mit einem Vorsprung von 2½ für Weiß beziehungsweise ½ für Schwarz. Damit kann aus dem aufgenommenen Spielprotokoll zu den Zeitpunkten, in denen Karten genommen wurden, auf die jeweils aktuelle Temperatur geschlossen werden – zumindest dann, wenn nicht beide Go-Profis der gleichen Fehleinschätzung über den Wert des aktuellen Zuges unterlegen sind.

Vor dem ersten Zug wurden die Kartenwerte bis einschließlich 14 genommen, bei einer späteren Partie bis 15. Diese Spielweisen lassen vermuten, dass die Temperatur des leeren Spielbrettes als Anfangsposition von den Beteiligten mit 14 oder knapp darüber eingeschätzt wurde. Bereits nach 17 Zügen waren die Kartenwerte bis 10½ abgeräumt. Anschließend wurden über 200 Züge ausschließlich auf dem Spielbrett getätigt.

Für eine theoretische Untersuchung der Kühlung einer Position ist es zweifelsohne nahe liegend, das Temperatur-Raster der „umgebenden" Schaltspiele zu verfeinern. Zur Analyse einer Kühlung um den Wert t wird daher eine Summe von Schaltspielen der Form

$$E_t = \{t|-t\} + \{t-\delta|-t+\delta\} + \{t-2\delta|-t+2\delta\} + ...$$

verwendet. Dabei erstreckt sich die Summe über alle Schaltspiele der angeführten Form mit positiver Temperatur. Der Rasterabstand $\delta > 0$ wird genügend fein gewählt.

Wird das als Umgebung dienende Spiel E_t für sich allein gespielt, ist es für den ziehenden Spieler vorteilhaft, für seinen Zug unter den verbliebenen Schaltspielen jeweils dasjenige Schaltspiel mit der höchsten Temperatur auszuwählen. Da somit der anziehende Spieler in jedem seiner Züge einen um δ höheren Betrag bekommt als sein Gegner im darauf folgenden Zug, ergeben sich, sieht man einmal von einer bei einer ungeraden Anzahl von Summanden entstehenden, kleinen Ungenauigkeit von höchstens δ ab, die beiden Minimax-Werte $L_0(E_t) = t/2$ und $R_0(E_t) = -t/2$.

Die gekühlten Minimax-Werte $L_t(G)$ und $R_t(G)$ einer Position G lassen sich nun, wie Berlekamp nachwies[154],[XXXV], auch folgendermaßen approximieren, wobei der Fehler bei einem klein genug gewählten Rasterabstand δ beliebig klein wird:

$$L_t(G) = L_0(G + E_t) - L_0(E_t) \quad \text{und} \quad R_t(G) = R_0(G + E_t) - R_0(E_t).$$

---

[154] Elwyn Berlekamp, *Sums of N×2 Amazons*, in: *Game theory, optimal stopping probability statistics, Papers in honor of Thomas S. Ferguson*, Institute of Mathematical Statistics Lecture Notes Monograph Series, 35, Beechwood 2000, S. 1-34, insbesondere S. 31 ff. Einen einfacheren Beweis findet man in der Anmerkung XXXV.

Anwendungen der verallgemeinerten Thermographie auf Go-Positionen mit Kos wurden von Bill Spight, Martin Müller und Elwyn Berlekamp gegeben[155].

Und Schach?

Positionen, die sich als disjunktive Summe von Teilpositionen auffassen lassen, treten beim Schach so gut wie nie auf. Zu den seltenen Ausnahmen gehören Zugzwang-Situationen wie zum Beispiel die folgende Position, die aus einer im Jahr 1929 zwischen Schweda und Sika in Brünn gespielten Partie stammt und in einem Buch von Euwe und Hooper analysiert wird[156]:

Verloren hat der Spieler, dessen König in Zugzwang gerät. Daher versucht jeder Spieler, bei den Zugmöglichkeiten mit den seitlichen Bauern den letzten Zug machen zu können – außerdem ist natürlich ein Durchmarsch der gegnerischen Bauern zu verhindern. Aus diesem Grund kann die Position mit den Conway'schen Ansätzen beschrieben und untersucht werden. Wir beginnen mit einfachen Positionen und drehen dabei, um eine einfachere Darstellung zu erzielen, die Positionen um 90°, so dass Weiß von links nach rechts zieht:

$$♙\,▧ = ▧\,♟ = \{\,\mid\,\} = 0$$
$$▧\_♙\,▧ = \{\,♙\,▧ \mid ▧\,♟\,\} = \{0 \mid 0\} = *$$
$$♙\,▧\_♟ = \{\,♙\,▧\,♟ \mid ▧\_♟\,\} = \{* \mid *\} = 0$$

Steht der schwarze Bauer noch auf dem Ausgangsfeld in der siebten Reihe, so ergibt sich

$$♙\,▧\_♟_{(7)} = \{\,♙\,▧\,♟ \mid ▧\_▧\,♟,\ ▧\,♟\,\} = \{* \mid *, 0\} = \{* \mid 0\} = -\!\uparrow,$$

wobei sich die vorletzte Identität dadurch erklärt, dass die zusätzliche Zugmöglichkeit von Schwarz nach $*$ gegenüber $-\!\uparrow = \{* \mid 0\}$ ihm keine Verbesserung bringt, weil sie von Weiß sofort zur ursprünglich einzigen Zugoption 0 zurück „umgekehrt" werden kann. Für die im abgebildeten Diagramm in der h-Linie enthaltene Teilposition ist damit schließlich

$$♙\,▧\_▧\,♟_{(7)} = \{♙\,▧\_♟_{(7)},\ \mid\ ♙\,▧\,▧\,♟,\ ♙\,▧\,♟\,\}$$
$$= \{-\!\uparrow \mid *, 0\} = \{-\!\uparrow \mid 0\} = -\!\uparrow - \uparrow + *,$$

---

[155] Bill Spight, *Extended thermography for multiple kos in Go*, in: *Computer games*, Lecture Notes in Computer Sciences, vol. 1558, Berlin 1999, S. 232-252; auch in: Theoretical Computer Science, <u>252</u> (2001), S. 23-43; Martin Müller, Elwyn Berlekamp, Bill Spight, *Generalized thermography: algorithms, implementation and applications to Go endgames*, Technical Report 96-030, International Computer Science Institute, Berkeley 1996.

[156] Noam D. Elkies, *On numbers and endgames: Combinatorial game theory in chess endgames*, in: Richard J. Nowakowski (ed.), *Games of no chance*, Cambridge 1996, S. 135-150.

wobei die letzte Identität bereits bei der Analyse einer Go-Position verwendet wurde und die vorletzte Identität wieder durch das Weglassen eines umkehrbaren Zuges ihre Erklärung findet.

Deutlich komplizierter und entsprechend aufwändiger in ihrer Analyse ist die Teilposition, welche die Bauern der a- und b-Linie umfasst. Sie ist gleich $\uparrow$, so dass sich für die abgebildete Position insgesamt $-\uparrow + *$ ergibt. Wegen der uns bereits aus dem Go bekannten Relation $\uparrow \parallel *$ kann der Anziehende, ob Weiß oder Schwarz, das Endspiel für sich entscheiden. Weiß zieht dazu 1. h4, um so $\uparrow - \uparrow = 0$ zu erreichen. Hingegen kann Schwarz als Anziehender nicht mit einem Zug seines h-Bauern gewinnen. Allerdings leistet der Zug 1. ... a5 das Gewünschte.

2.9   Misère-Spiele: Verlieren will gelernt sein!

Die Regeln von Conway-Spielen lassen sich dahingehend ändern, dass der Spieler, der den letzten Zug macht, nicht gewinnt, sondern verliert. Können für solche umgekehrte Versionen ebenso einfache Kriterien für Gewinnzüge gefunden werden wie das mit Hilfe der Grundy-Zahlen für die normalen Versionen der Fall ist?

Bereits in der ersten Untersuchung des Nim-Spiels analysierte Charles Bouton 1902 auch die umgekehrte Version des Standard-Nim[157]. Bei einem umgekehrten, meist **Misère**-Version genannten Nim-Spiel versucht ein Spieler so zu ziehen, dass er nach den normalen Regeln verlieren würde. Dazu muss er seinen Gegner zwingen, zu einer Endposition zu ziehen.

Boutons Ergebnis für das umgekehrte Standard-Nim ist bemerkenswert einfach: Der auf Gewinn stehende Spieler zieht wie bei der normalen Version zu einer Position mit Nim-Summe 0, außer wenn durch den Zug eine Position entstehen würde, bei der alle verbliebenen Haufen aus einem einzelnen Stein bestehen. In diesem Ausnahmefall zieht er stattdessen zu einer Position, die aus einer ungeraden Zahl von Einser-Haufen besteht. Anschließend verläuft der Rest der Partie unter beidseitigem Zugzwang – bis zum Gewinn des Spielers, der die Gewinnstrategie verwendet.

Im Hinblick auf andere Nim-Varianten, die wir im Anschluss untersuchen wollen, lässt sich Boutons Ergebnis auch anders ausdrücken. Dazu definiert man zunächst den Begriff der **Ausnahmeposition**: Bei den Ausnahmepositionen handelt es sich um alle Positionen, die den Spielern innerhalb der beiden Versionen unterschiedliche Gewinnaussichten bieten. Beim Standard-Nim sind das die bereits angeführten Positionen, deren verbliebene Haufen aus genau einem Stein bestehen. Alle anderen Positionen bieten in beiden Versionen des Standard-Nim die gleichen Gewinnaussichten. Bei den Ausnahmepositionen ist es zweckmäßig, sie danach zu unterscheiden, welche Gewinnaussichten sie bei der normalen Version bieten. Dann erhält man einerseits die Positionen der Form 1^{2k}, das heißt

- 0,
- 1, 1,

---

[157] Charles L. Bouton, *Nim, a game with a complete mathematical theory*, Annals of Mathematics, Series II., 3 (1901/02), S. 35–39.

- 1, 1, 1, 1 und so weiter,

und andererseits die Positionen der Gestalt 1^{2k+1}, nämlich

- 1,
- 1, 1, 1 und so weiter.

Auf Basis dieser Untergliederung handelt es sich bei den Verlustpositionen des umgekehrten Standard-Nim um die Positionen mit der Nim-Summe 0, ausgenommen die Ausnahmepositionen 1^{2k}, dafür aber erweitert um die Ausnahmepositionen 1^{2k+1}. Entsprechend umfassen die Gewinnpositionen des umgekehrten Standard-Nim die Positionen mit positiver Nim-Summe, ausgenommen die Ausnahmepositionen 1^{2k+1}, dafür aber erweitert um die Ausnahmepositionen 1^{2k}.

Die beim Standard-Nim gefundene Einteilung der Positionen existiert im Prinzip natürlich ebenso für jede andere Nim-Variante. Auch dort ergibt sich, wenn man die Gewinnaussichten der normalen und der Misère-Version parallel zugrunde legt, eine Einteilung der Positionen in vier Klassen. Verwendet man die Bezeichnungen G für Gewinnpositionen und V für Verlustpositionen[158], kann jede dieser vier Positionsklassen durch zwei Buchstaben gekennzeichnet werden, wobei der erste Buchstabe jeweils für die normale und der zweite für die Misère-Version steht:

- GG: Eine GG-Position ist in beiden Versionen eine Gewinnposition.
- VV: Eine VV-Position ist in beiden Versionen eine Verlustposition.
- GV: Eine GV-Position ist in der normalen Version eine Gewinnposition, andererseits aber eine Misère-Verlustposition.
- VG: Eine VG-Position ist in der normalen Version eine Verlustposition, andererseits aber eine Misère-Gewinnposition.

Die Ausnahmepositionen, also die Positionen, die in beiden Versionen unterschiedliche Gewinnaussichten bieten, setzen sich aus den GV- und den VG-Positionen zusammen. Im Fall des Standard-Nim handelt es sich bei den GV-Positionen um alle Positionen der Gestalt 1^{2k+1}, hingegen umfassen die VG-Positionen alle Positionen der Form 1^{2k}. Generell, das heißt in einer beliebigen Nim-Variante, gibt es zu jeder Ausnahmeposition einen Zug, der zu einer anderen Ausnahmeposition führt. Gibt es nämlich bei einer gegebenen Position keine solche Zugmöglichkeit, übertragen sich die zwischen normaler und Misère-Version übereinstimmenden Gewinnaussichten von den Folgepositionen auf die gegebene Position selbst.

Um eine einzelne Version einer Nim-Variante vollständig zu analysieren, muss die Zerlegung aller Positionen in Gewinn- und Verlustpositionen gefunden werden. Im Fall der normalen Versionen ist dies bekanntlich immer mit Hilfe der Grundy-Werte möglich. Allgemein müssen, falls eine vermutete Zerlegung in Gewinn- und Verlustpositionen bestätigt werden soll, die folgenden Eigenschaften erfüllt sein. Sie entsprechen dem Minimax-Prinzip im Sinne des Zermelo'schen Bestimmtheitssatzes und wurden so schon in Kapitel 2.4 für die normale Version des Standard-Nim nachgewiesen. Dem auf Gewinn stehenden Spieler muss sich stets ein Gewinnzug bieten, sein Gegner darf aber keinen Zug finden, der das Blatt wendet:

---

158 Für den hier verwendeten Sprachgebrauch von Gewinn- und Verlustpositionen sind die Bezeichnungen G und V sicherlich suggestiver als die allgemein in der Fachliteratur üblichen Abkürzungen N für *next player wins* beziehungsweise P für *previous player wins*.

- Von jeder G-Position gibt es einen Zug zu einer V-Position.
- Von einer V-Position führt jeder Zug zu einer G-Position.

Bei der Misère-Version muss bei der ersten Eigenschaft die Endposition ausgenommen werden, die man zwar als G-Position ansehen kann – schließlich hat der zuvor ziehende Spieler gerade verloren –, aber keine Zugmöglichkeit mehr bietet.

Beide Versionen einer Nim-Variante sind vollständig analysiert, wenn die Gesamtheit aller Positionen in die vier genannten Klassen zerlegt ist. Um eine vermutete Zerlegung zu bestätigen, müssen die in der folgenden Tabelle zusammengefassten Bedingungen nachgewiesen werden:

normale	VV, VG	Der Grundy-Wert von VV- und VG-Positionen ist 0
Version	GV, GG	Der Grundy-Wert von GV- und GG-Positionen ist ungleich 0
Misère- Version	VV	Von einer VV-Position gibt es keinen Zug nach GV
	GV	Von einer GV-Position gibt es keinen Zug nach VV oder GV
	GG	Zu jedem von einer GG-Position zu einer VG-Postion führenden Zug gibt es eine Alternative nach VV oder GV
	VG	Zu einer VG-Position (außer der Endposition) gibt es immer einen Zug nach GV

Nur drei der letzten vier, sich auf die Misère-Version beziehenden Bedingungen müssen zum Teil erläutert werden:

- Bei der Anforderung an VV-Positionen müssten außer den Zügen nach GV eigentlich auch Züge nach VV ausgeschlossen werden. Solche Züge sind aber aufgrund der Eigenschaften der normalen Version sowieso nicht möglich.
- Aus dem Blickwinkel der Misère-Variante ist für eine GG-Position gefordert, dass es stets einen Zug nach GV oder VV gibt. Aufgrund der Sprague-Grundy-Theorie für die normale Version ist zumindest ein Zug nach VG oder VV gesichert. Erreicht man auf diesem Weg eine VV-Position, ist alles in Ordnung. Damit ist die in der Tabelle formulierte Forderung völlig ausreichend, dass es für jeden von GG nach VG führenden Zug eine nach VV oder GV führende Alternative gibt.
- Aus alleiniger Sicht der Misère-Variante muss es für jede VG-Position einen Zug nach VV oder GV geben. Die erste Möglichkeit scheidet aber aufgrund der Sprague-Grundy-Theorie für die normale Version aus.

Wie die Bedingungen konkret zu handhaben sind, wird am besten anhand eines Beispiels klar. Am nahe liegendsten ist es natürlich, die oben aufgeführte Positions-Zerlegung des Standard-Nim nachzuprüfen. Die dazu notwendigen Überlegungen sind zwar nicht besonders schwierig, in ihrer Gesamtheit aber alles andere als übersichtlich[XXXVI].

Leider wird es bei anderen Nim-Varianten noch viel komplizierter. Ursache ist die Tatsache, dass Positionen bei der Misère-Version anders als bei den normalen Spielweise nicht mehr unbedingt zu Haufen des Standard-Nim äquivalent sind. Überhaupt sind beim Misère-Spiel viel weniger Positionen untereinander äquivalent. Das beginnt bereits damit, dass die Verdopplung einer Position G, gemeint ist die disjunktive Summe G + G, in der normalen Version immer eine Verluststellung ergibt und somit zur Endposition 0 äquivalent ist. Dagegen weisen beim Misère-Spiel bereits die Standard-Nim-Positionen 1, 1 und 2, 2 unterschiedliche Gewinnaussichten auf. Alles in allem führt das letztlich dazu, dass es schon unter den Positionen, von denen ausgehend ein Spiel höchstens sechs Züge dauert, annähernd $2^{4171780}$ untereinander nicht äquivalente Misère-Positionen gibt[159]. Es besteht daher kaum eine Chance, diese astronomisch vielen Positionen durch einfach zu berechnende Daten, wie es die Grundy-Zahlen für die normalen Versionen sind, vollständig zu charakterisieren. Trotz dieser insgesamt pessimistischen Aussicht lassen sich aber selbst für Misère-Spiele noch ein paar Lichtblicke finden. So gibt es nämlich durchaus Nim-Varianten, bei denen auch bei der Misère-Spielweise alle Positionen zu Nim-Haufen äquivalent sind. Das rekursive Kriterium lautet:

> Sind alle Zugmöglichkeiten einer Position Haufen des Standard-Nim, wovon zumindest ein Haufen höchstens einen Stein enthält, dann ist diese Position beim Misère-Spiel selbst zu einem Nim-Haufen äquivalent. Seine Größe ist gleich der kleinsten natürlichen Zahl, die nicht als Größe unter den in einem Zug erreichbaren Haufen vertreten ist.

Der von Conway stammende Satz basiert darauf, dass alle Züge, die über die Möglichkeiten beim Standard-Nim hinausgehen, rückgängig gemacht werden können[XXXVII]. Als Folgerung des Satzes können einige umgekehrte Nim-Varianten rekursiv auf das umgekehrte Standard-Nim zurückgeführt werden, das heißt, innerhalb jedes möglichen Spielverlaufs wird Position für Position durch einen äquivalenten Nim-Haufen ersetzt. Dies funktioniert beispielsweise für alle Subtraktionsspiele, die in der normalen Spielweise in Kapitel 2.5 vorgestellt wurden. Für sie entdeckte Ferguson 1974 die entscheidende Eigenschaft, dass jeder Haufen mit Grundy-Zahl 0 einen Zug zulässt, mit dem ein Haufen mit der Grundy-Zahl 1 erreicht wird[160]. Damit gibt es im Subtraktions-Nim für jeden nicht leeren Haufen einen Zug, der zu einem Haufen mit der Grundy-Zahl 0 oder 1 führt, und das ist genau die Eigenschaft, die der Satz als Voraussetzung benötigt.

Im gleichen Sinne **zahm**, wie Conway die auf das Standard-Nim reduzierbaren Misère-Versionen nennt, ist das Lasker-Nim. Als Konsequenz des Conway'schen Satzes ergibt sich diese Tatsache sofort, da es – wie wir in Kapitel 2.5 gesehen haben – beim Lasker-Nim nur einen Haufen mit der Grundy-Zahl 0 gibt, nämlich den leeren. Auf einem etwas anderen Weg wurde das Lasker-Nim in seiner Misère-Version 1974 von Ferguson zusammen mit den Subtraktionsspielen gelöst.

Aufgrund der positionsweisen Äquivalenz sind zahme Nim-Spiele in der Misère-Version letztlich genau so zu gewinnen wie das Standard-Nim. Ihre Ausnahmepositionen umfassen die Positionen, deren Nim-Haufen alle die Grundy-Werte 0 und 1 aufweisen:

- Eine GV-Position ist eine Nim-Position mit Nim-Summe 0, deren Haufen alle die Grundy-Werte 0 oder 1 besitzen.
- Eine VG-Position ist eine Nim-Position mit Nim-Summe 1, deren Haufen alle die Grundy-Werte 0 oder 1 besitzen.

Andere Nim-Spiele wie das Kegel-Nim sind alles andere als zahm, das heißt, nicht jede ihrer Positionen ist bei der Misère-Spielweise zu einem einzelnen Haufen des Standard-Nim äquivalent. Rein theoretisch kann man ein solches Misère-Spiel aber folgendermaßen untersu-

---

[159] John H. Conway, *Über Zahlen und Spiele*, Braunschweig 1983 (engl. Orig. 1976), Kapitel 12, insbesondere S. 116; E. Berlekamp, J. Conway, R. Guy, *Gewinnen*, Braunschweig 1986 (engl. Orig. 1982), Band 2, Kapitel 5, insbesondere S. 143.

[160] T. S. Ferguson, *On sums of graph games with last player losing*, International Journal of Game Theory, <u>3</u> (1974), S. 159-167. Siehe auch den Kasten *Nim-Varianten en masse* in Kapitel 2.5.

chen – oder es zumindest versuchen: Ausgehend von einer vollständigen Analyse der normalen Version, die mit Hilfe der Grundy-Werte immer relativ einfach möglich ist, sucht man alle Ausnahmepositionen, das heißt alle VG- und GV-Positionen – sind diese alle gefunden, kann man die Gewinnaussichten für die Misère-Version sofort aus denjenigen für die normale Version bestimmen. Da eine Position nur dann eine Ausnahmeposition sein kann, wenn von ihr aus in einem Zug eine andere Ausnahmeposition erreichbar ist, ist es prinzipiell möglich, ausgehend von der Endposition als erster Ausnahmeposition alle anderen rekursiv zu ermitteln. Leider gibt es meistens unendlich viele Ausnahmepositionen, so dass man versuchen muss, aufgrund empirischer Daten und Berechnungen den Gesamtumfang der Ausnahmepositionen zu „raten" und dann zu bestätigen. Speziell im Fall des Kegel-Nim erwies sich dieser Weg als gangbar; erstmals beschritten wurde er von William Sibert Mitte der 1970er Jahre. Eine Veröffentlichung der äußerst komplizierten Ergebnisse erfolgte allerdings erst 1992[161], im gleichen Jahr, in dem unabhängig davon auch Ranan Banerji und Charles Dunning eine Analyse des Kegel-Nim durchführten[162]. Ebenfalls im gleichen Jahr wurde die Technik der so genannten **Sibert-Conway-Zerlegung** von Thane Plambeck wesentlich verfeinert[163]. Plambeck gelang es, Misère-Versionen auch von anderen oktalen Spielen vollständig zu analysieren. Grundlage seiner Positionsklassifizierung ist neben den Grundy-Werten eine Gewichtsfunktion, die je nach Nim-Variante geschickt gewählt wird. Dabei besitzt jede Haufengröße ein bestimmtes Gewicht; bei einer aus mehreren Haufen bestehenden Position werden die Gewichte addiert.

n	g(n)	g(n+12)	g(n+24)	g(n+36)	g(n+48)	g(n+60)	g(n+72)
0	0	4	4	4	4	4	4
1	1	1	1	1	1	1	1
2	2	2	2	2	2	2	2
3	3	7	8	3	8	8	8
4	1	1	5	1	1	1	1
5	4	4	4	4	4	4	4
6	3	3	7	7	7	7	7
7	2	2	2	2	2	2	2
8	1	1	1	1	1	1	1
9	4	4	8	8	4	8	8
10	2	6	6	2	2	6	2
11	6	7	7	7	7	7	7

Tabelle 35   Kegel-Positionen mit einem Haufen

Sehen wir uns nun noch die von Sibert und Conway gefundenen Ergebnisse über das Kegel-Nim an. Ausgangspunkt ist die Analyse des normalen Kegel-Nims auf Basis der sich ab 72 mit der Periode 12 wiederholenden Grundy-Werte, wie sie in Tabelle 35 zusammengestellt sind.

---

[161] W. L. Sibert, J. H. Conway, *Mathematical Kayles*, International Journal of Game Theory, 20 (1992), S. 237-246.

[162] Ranan B. Banerji, Charles A. Dunning, *On misère games*, Cybernetics and Systems, 23 (1992), S. 221-228.

[163] Thane E. Plambeck, *Daisies, Kayles, and the Sibert-Conway decomposition in misère octal games*, Theoretical Computer Science, 96 (1992), S. 351-388.

Mit E(a, b, ...) bezeichnen wir die Positionen, die eine gerade (even) Anzahl von Haufen der Größe a oder b oder ... enthalten. So sind $K_2 + K_2 + K_2 + K_3$ und $K_2 + K_2 + K_3 + K_3$ Beispiele für Positionen aus E(2, 3), wobei K_n für einen Kegel-Nim-Haufen mit n Steinen steht. Mit D(a, b, ...) sind die Positionen gemeint, bei denen Haufen der Größe a oder b oder ... ungerade (odd) oft vorkommen. Beispielsweise ist $K_1 + K_2 + K_2$ eine Position aus D(1, 2). Mit den gerade vereinbarten Bezeichnungen lassen sich nun alle Ausnahmepositionen des Kegel-Nims folgendermaßen auflisten – jeweils mit einem Beispiel:

- VG-Positionen, das sind die Misère-Gewinnpositionen mit Grundy-Wert 0:

E(5)	E(4, 1) wie z.B.	$K_5 + K_5 + K_4 + K_4 + K_4 + K_1$
E(17, 12, 9)	E(20, 4, 1)	$K_{17} + K_9 + K_9 + K_9 + K_{20} + K_1$
25 E(17, 12, 9)	E(20, 4, 1)	$K_{25} + K_{17} + K_9$

- GV-Positionen, das sind die Misère-Verlustpositionen mit Grundy-Wert ungleich 0:

D(5)	D(4, 1)	$K_5 + K_4 + K_1 + K_1$
E(5)	D(4, 1)	K_4
D(9)	E(4, 1)	$K_9 + K_1 + K_1$
12	E(4, 1)	$K_{12} + K_4 + K_1$
E(17, 12, 9)	D(20, 4, 1)	$K_{17} + K_9 + K_{20} + K_4 + K_4$
25 D(9)	D(4, 1)	$K_{25} + K_9 + K_1$

Insbesondere befinden sich unter den Positionen, die mindestens einen Haufen von 26 oder mehr Steinen beinhalten, keine Ausnahmepositionen. Dies macht es auch etwas leichter, die gegebene Auflistung zu bestätigen: Dazu kann man sich zunächst auf die Positionen beschränken, deren Haufen sämtlich höchstens 53 Steine enthalten. Von einer anderen Position, das heißt einer Position mit mindestens einem Haufen von 54 oder mehr Steinen, ist nämlich kein Zug möglich, der zu einer der aufgelisteten Positionen führt; Ausnahmepositionen mit solch großen Haufen sind daher unmöglich. Im eigentlichen Nachweis werden die Positionen, der Haufen höchstens 53 Steine enthalten, nach den Häufigkeiten, mit der die einzelnen Haufengrößen vertreten sind, charakterisiert. Dabei zeigt sich, dass jede dieser Häufigkeiten abgesehen von den Anfangswerten 0 und 1 danach beurteilt werden kann, ob sie gerade oder ungerade ist. Und diese Periodizität ist dadurch nachweisbar, dass endlich viele Fälle untersucht werden, wobei keine Anzahl berücksichtigt werden muss, die größer als 4 ist!

Einen ganz anderen, eher als Grundlage für umfangreiche Computerberechnungen geeigneten Zugang zur Untersuchung solcher Periodizitäten bei den Gewinnaussichten von Positionen in Misère-Varianten veröffentlichte Dean Allemang im Jahr 2001[164]. Allemangs Verfahren basiert auf folgender Grundidee, die eigentlich dem ursprünglichen, in Kapitel 2.5 beschriebenen Ansatz Laskers entspricht: Zwar kann die Äquivalenz von Misère-Positionen aufgrund der schon erwähnten, astronomischen Vielfalt nicht äquivalenter Positionen selbst unter Positionen mit kurzer Zuganzahl praktisch keine genügende Vereinfachung bringen. Für die Analyse einer bestimmten Nim-Variante reicht es allerdings vollkommen, wenn ausschließlich die schwächere Äquivalenz im Hinblick auf die Positionen dieser einen ganz speziellen Nim-Variante untersucht wird. Beispielsweise sind die beiden aus je einem Haufen mit zwei beziehungsweise sieben Steinen bestehenden Kegel-Nim-Positionen K_2 und K_7 bei

---

[164] Dean T. Allemang, *Generalized genus sequences for misère octal games*, International Journal of Game Theory, 30 (2001), S. 539-556. Inhaltlich folgen die dort präsentierten Ergebnisse Allemangs Master-Arbeit aus dem Jahr 1984.

der Misère-Version eigentlich nicht äquivalent, da es kombinatorische Spiele G gibt, so dass $G + K_2$ und $G + K_7$ verschiedene Misère-Gewinnaussichten besitzen. Allerdings lassen sich solche Positionen G nicht innerhalb des Kegel-Nims finden. Folglich kann innerhalb einer beliebigen Kegel-Nim-Position stets ein Haufen mit sieben Steinen durch einen Haufen mit zwei Steinen ersetzt werden, ohne dass sich dadurch die Misère-Gewinnaussichten der Gesamtpostition ändern.

Basis der von Allemang gefundenen vollständigen Lösungen von oktalen Spielen wie beispielsweise $0{\cdot}53$, $0{\cdot}54$ und $0{\cdot}72$ sind zwei von ihm bewiesene Sätze. Mit diesen beiden Sätzen können (unendliche) Periodizitäten von Gewinnaussichten, die ausgehend von einer Position einerseits bei wiederholter Addition einer anderen Position und andererseits bei wiederholter Vergrößerung eines Haufens um einen bestimmten Wert möglich sind, durch das Prüfen von endlich vielen Periodizitätsbedingungen nachgewiesen werden – und zwar ohne jeglichen Rückgriff auf die normale Regelversion der betrachteten Nim-Variante. Dabei bezieht sich Allemangs erster Periodizitätssatz auf die Anzahl, mit der ein Haufen einer bestimmten Größe innerhalb einer Position vorkommt, während sich sein zweiter Periodizitätssatz auf die Größe eines einzelnen Haufens innerhalb einer Position bezieht.

Die Anzahl der zu prüfenden Bedingungen kann allerdings bei Allemangs Verfahren derart groß werden, dass eine vollständige Analyse auf diesem Weg praktisch unmöglich wird. So gibt Allemang beispielsweise für das Kegel-Nim eine Anzahl von 3^{143}, in Dezimalform ist das eine 69-stellige Zahl, zu prüfenden Bedingungen an.

Eine Formalisierung und Weiterentwicklung von Allemangs Ideen erfolgte 2005 durch Thane Plambeck[165]. Auch Plambecks Ansatz liegen Äquivalenzen von Positionen innerhalb der zu untersuchenden Nim-Variante zugrunde, wie sie schon Lasker und Allemang verwendeten. Konkret führte Plambeck die Lösung einer gegebenen Nim-Variante auf die Bestimmung eines abstrakten algebraischen Objektes zurück, bei dem es sich um eine so genannte kommutative Halbgruppe handelt. Formal definiert wird diese Halbgruppe als der Quotient in Bezug auf die innerhalb der zu untersuchenden Nim-Variante definierte Positionen-Äquivalenz. Die Elemente der Halbgruppe sind damit die Äquivalenzklassen von Positionen.

In etwas weniger abstrakter Deutung steckt dahinter die folgende Idee: Man finde eine Auswahl von möglichst vielen Positionen der zu untersuchenden Nim-Variante, die allesamt untereinander nicht äquivalent sind. Dabei ist die gemachte Maximalitätsanforderung so zu verstehen, dass eine bereits erreichte Auswahl von Positionen so lange vergrößert wird, wie man außerhalb dieser Auswahl noch mindestens eine Position finden kann, die zu keiner Position der bisherigen Auswahl äquivalent ist. Auf diese Weise wird sichergestellt, dass zu jeder Position der gegebenen Nim-Variante ein äquivalenter Positions-„Repräsentant" innerhalb der Auswahl gefunden werden kann – andernfalls könnte man die Auswahl direkt nochmals vergrößern:

- Beim Standard-Nim, bei dem der zuletzt ziehende Spieler gewinnt, können als Positionsrepräsentanten zum Beispiel diejenigen Positionen ausgewählt werden, die aus nur einem Haufen bestehen. Diese Form der Auswahl ist aufgrund der Sprague-Grundy-Theorie möglich, denn jede Standard-Nim-Position ist äquivalent zu einer Position, deren einziger Haufen eine dem Grundy-Wert entsprechende Größe aufweist.

---

165 Thane E. Plambeck, *Taming the wild in impartial combinatorial games*, Integers: Electronic Journal of Combinatorial Number Theory, 5 (2005). Siehe auch: Thane E. Plambeck, Aaron N. Siegel, *Misère quotients for impartial games*, Journal of Combinatorial Theory, A 115 (2008), S. 593–622.

- Gibt es bei einer oktalen Nim-Variante, bei der der zuletzt ziehende Spieler gewinnt, wie beim Kegel-Nim nur Grundy-Werte bis zu einer bestimmten Maximalgröße, dann reichen sogar endlich viele Positions-Repräsentanten aus.

- Auch für viele oktale Nim-Spiele, die mit der Misère-Regel gespielt werden, reichen endliche viele Positions-Repräsentanten.

Nachdem man zu einer beliebigen Nim-Variante die entsprechende Auswahl von „repräsentativen" Positionen gefunden hat, addiert man nun zwei beliebige Positionen dieser Positions-Repräsentanten. Zwar wird die Summe im Allgemeinen selbst nicht unbedingt gleich einem Positions-Repräsentanten sein, wohl aber ist sie auf jeden Fall äquivalent zu einem dieser Positions-Repräsentanten. Daher kann man mit den Positions-Repräsentanten in einer modifizierten Weise rechnen, wie wir es schon ganz ähnlich bei der modulo-Rechenweise von ganzen Zahlen kennen gelernt haben (siehe Kasten *Die Erzeugung von Zufallszahlen*, Seite 65). Formal entspricht diese Rechenweise der Halbgruppen-Verknüpfung, bei der Äquivalenz-Klassen addiert werden.

Insgesamt erhält man auf diese Weise „Rechenregeln", mit denen gegebene Positionen vereinfacht werden können, ohne dabei die Gewinnaussichten zu verändern – und zwar auch dann, wenn die Position als Bestandteil innerhalb einer disjunktiven Summe auftritt.

Für das Beispiel der Misère-Version des Kegel-Nim fand Plambeck eine Auswahl von 40 Positions-Repräsentanten, das heißt: Jede Kegel-Nim-Position ist äquivalent zu genau einer dieser 40 Positionen, die in Tabelle 36 aufgeführt sind, wobei die Verlustpositionen fett gedruckt sind.

0	K_1	K_2	K_5	$\mathbf{K_9}$	$\mathbf{K_{12}}$	K_{25}	K_{27}
K_1+K_2	K_1+K_5	K_1+K_9	K_1+K_{12}	K_1+K_{25}	K_1+K_{27}	$\mathbf{K_2+K_2}$	K_2+K_5
K_2+K_{27}	K_5+K_5	K_5+K_9	K_5+K_{25}	K_9+K_9	K_9+K_{12}	K_9+K_{25}	$K_{12}+K_{25}$
$K_1+K_2+K_2$	$K_1+K_2+K_5$	$K_1+K_2+K_{27}$	$\mathbf{K_1+K_5+K_5}$	$K_1+K_5+K_{25}$	$K_1+K_5+K_{27}$	$\mathbf{K_1+K_9+K_9}$	$\mathbf{K_1+K_9+K_{12}}$
$\mathbf{K_1+K_9+K_{25}}$	$\mathbf{K_1+K_{12}+K_{25}}$	$\mathbf{K_2+K_5+K_{27}}$	$\mathbf{K_9+K_9+K_{12}}$	$\mathbf{K_9+K_{12}+K_{25}}$	$\mathbf{K_1+K_2+K_5+K_{27}}$	$\mathbf{K_1+K_9+K_9+K_{12}}$	$\mathbf{K_1+K_9+K_{12}+K_{25}}$

Tabelle 36 Repräsentanten der 40 Äquivalenzklassen im Misère-Kegel-Nim

Die dazugehörigen Rechenregeln lassen sich in unterschiedlichen Formen dokumentieren. In der einfachsten Formulierung, die allerdings weder kurz noch mathematisch elegant ist, wird dazu eine Additionstabelle im Format 40×40 aufgestellt[166]. Um die Misère-Version des Kegel-Nim vollständig zu lösen, muss man darüber hinaus nur noch wissen, wie sich aus einem Haufen bestehende Positionen in Bezug auf Äquivalenzen zu den gefundenen Positions-Repräsentanten verhalten. Dabei handelt es sich um eine unendliche Liste, die ab dem 71. Eintrag eine Periode der Länge 12 aufweist: $K_3 = K_1 + K_2$, $K_4 = K_1$, $K_6 = K_1 + K_2$, $K_7 = K_2$, $K_8 = K_1 + K_2 + K_2$, ...

---

[166] Plambeck konstruierte statt dessen Listen von Relationen für die Erzeugenden der Halbgruppe mittels des Computer-Algebra-Systems GAP. Für die Misère-Version des Kegel-Nim-Spiels erhielt er insgesamt 21 Relationen, nämlich $K_1 + K_1 = 0$, $K_2 + K_9 = K_2 + K_5$, $K_2 + K_{12} = K_2 + K_5$, $K_5 + K_{12} = K_2 + K_2$ und siebzehn weitere Identitäten.

Nimbi

Eine Nim-Variante, die immer mit der gleichen Ausgangskonfiguration begonnen wird, ist Nimbi. Das Spiel wurde vom Dänen Piet Hein, dem Miterfinder des Hex, etwa 1950 erdacht und einige Jahre komerziell vermarktet. Gespielt wird Nimbi mit zwölf Steinen, die zu Spielbeginn auf den Schnittpunkten von ebenso vielen Geraden positioniert werden:

Wie gewohnt, ziehen die beiden Spieler immer abwechselnd. Pro Zug muss ein Spieler mindestens einen Stein entfernen. Wenn er will, darf er aber auch mehr nehmen, vorausgesetzt, die betreffenden Steine liegen in ununterbrochener Reihenfolge auf einer der zwölf Geraden. Es verliert der Spieler, der den letzten Stein nehmen muss, das heißt, es wird nach der Misère-Regel gespielt. Ganz nach Wunsch kann man stattdessen natürlich die „normale" Regel vereinbaren, bei welcher der zuletzt ziehende Spieler gewinnt.

Da Nimbi immer mit der gleichen Ausgangsposition begonnen wird und es daher insgesamt nur $2^{12} = 4096$ mögliche Positionen gibt, ist eine Computer-Analyse nicht allzu aufwändig. Die Gewinnaussichten aller Positionen werden dazu in einer zum Spielverlauf umgekehrten Reihenfolge durch einen Minimax-Prozess bestimmt und für die weitere Berechnung gespeichert[XXXVIII]. Die erste, von Aviezri Fraenkel und Hans Herda 1980 veröffentlichte Analyse erbrachte das Ergebnis, dass die Anfangsposition eine VV-Position ist, das heißt, sie ist in beiden Versionen eine Verlustposition[167]. Das ist insofern bemerkenswert, da Verlustpositionen bei Nim-Spielen mit zunehmender Spiellänge immer seltener werden – einerseits hat nämlich der Anziehende im Vergleich zu seinem Gegner einen stärkeren Einfluss auf das Spielgeschehen; andererseits ist eine Position nur dann eine Verlustposition, wenn *alle* in einem Zug erreichbaren Positionen Gewinnpositionen sind[168].

---

[167] Avierzi S. Fraenkel, Hans Herda, *Never rush to be the first in playing Nimbi*, Mathematics Magazine, 53 (1980), S. 21-26.

[168] David Singmaster, *Almost all games are first person games*, Eureka, 41 (1981), S. 33-37; David Singmaster, *Almost all partizan games are first person and almost all impartial games are maximal*, Journal of Combinatorics, Information and System Sciences, 7 (1992), S. 270-274.

2.10 Der Computer als Spielpartner

Wie denkt ein Schachcomputer?

Obwohl eine Informatik-Disziplin den Namen „künstliche Intelligenz" trägt, dürfte kein Zweifel daran bestehen, dass ein Computer im menschlichen Sinne nicht denkt. Allerdings kann ein Computer durchaus so agieren, als würde er denken. Ein gutes Beispiel sind Schachcomputer und -programme. Wie aber lassen sich Computer so programmieren, dass sie selbst bei kurzer Bedenkzeit erfolgreich Schach spielen? Die zu überwindenden Schwierigkeiten sind im Wesentlichen quantitativer Natur, da das Minimax-Prinzip zumindest eine theoretische Möglichkeit bietet, Gewinnaussichten algorithmisch zu berechnen. Aufgrund der unermesslich vielen Zugvarianten, die aus einer zu untersuchenden Position entstehen können, bleibt der Weg aber auf die Theorie beschränkt, sieht man einmal von einzelnen Endspielsituationen ab. Natürlich wird damit das Minimax-Prinzip keineswegs überflüssig. Schließlich entspricht es der von einem Spieler verfolgten Absicht, auf Nummer sicher zu gehen, das heißt risikoscheu so zu ziehen, dass ihm der Gegner möglichst wenig schaden kann. Wie aber können Minimax-Techniken praxisgerecht verkürzt und rechentechnisch umgesetzt werden, so dass selbst bei beschränkter Rechenzeit akzeptable Ergebnisse erzielbar sind?

Im Herbst 1977 wurde auf der Berliner Funkausstellung der „Chess Challenger 3", der erste in Serie hergestellte Schachcomputer, präsentiert. Ausgestattet mit einem 8-Bit-Mikroprozessor und nur wenigen Kilobyte Programm- und noch weniger Arbeitsspeicher war er imstande, mehr schlecht als recht Schach zu spielen. Es folgten Jahre, in denen jeweils rechtzeitig zur Weihnachtszeit regelrechte Wellen von Schachcomputern mit immer neuen Ausstattungen – Sensor-Brett, Drucker, Sprachmodul – in die Spielwarenabteilungen der Kaufhäuser schwappten. So wurde 1979 das Modell „Champion Super System III" allein in Deutschland 200000-mal verkauft. Dank immer besserer Hardware konnte die Spielstärke erheblich gesteigert werden, besonders seit der Verlagerung auf PC-Programme. Nicht nur das Spielen gegen einen Computer ist daher heute alles andere als ungewöhnlich, selbst an das Verlieren hat man sich inzwischen gewöhnt. Denn gute Programme spielen so stark, dass selbst Turnierspieler kaum noch eine Gewinnchance haben. Und selbst der amtierende Schachweltmeister Garri Kasparow musste sich 1997 in einem Turnier gegen den Computer Deep Blue geschlagen geben. Immerhin endete ein 2002 veranstaltetes Turnier zwischen Kasparows Nachfolger Kramnik und dem Schachprogramm Deep Fritz unentschieden.

Sieht man einmal von dem schon in Kapitel 2.1 erwähnten, auf einer Täuschung beruhenden schachspielenden Türken ab, dann wurde die erste Schachmaschine 1890 von dem Spanier Torres y Quevedo (1852-1936) gebaut. Sie war imstande, Endspiele mit König und Turm gegen König zu spielen. Die elektromechanische Konstruktion war ganz auf die spezielle Situation ausgerichtet, enthielt also anders als die von Babbage etwa sechzig Jahre zuvor geplanten Rechenmaschinen keine universellen Elemente. Eine zweite, aus dem Jahre 1920 stammende Version von Torres kunstvoller Maschine ist noch heute in der Universität von Madrid zu besichtigen[169].

---

[169] Eine Abbildung findet man in Dieter Steinwender, Frederic A. Friedel, *Schach am PC*, Haar 1995, S. 32.

Die beiden eigentlichen Pioniere des Computerschachs sind der Amerikaner Claude Shannon (1916-2001) und der Engländer Alan Turing (1912-1954). Mitte des zwanzigsten Jahrhunderts überlegten sie unabhängig voneinander und noch auf einem rein theoretischen Niveau, wie eine Rechenmaschine im Prinzip Schach spielen kann. Angesichts der zu dieser Zeit beginnenden Entwicklungen universell progammierbarer Rechner war die Zeit dafür einfach reif: In Deutschland experimentierte seit 1936 Konrad Zuse (1910-1995), der sogar ausdrücklich auch Anwendungen auf das Schach erwog[170], in den USA entstand zwischen 1939 und 1944 der mit Relais arbeitende MARK I und zwischen 1943 und 1945 der erste elektronische, mit 17000 Röhren arbeitende Rechner ENIAC. Die erste von-Neumann-Maschine, das heißt der erste Rechner mit dem noch heute üblichen einheitlichen Speicher für Daten und Programm, war der 1949 in England fertig gestellte EDSAC-Rechner.

Computer – was sie können und wie man sie dazu bringt

Um zu erläutern, wie ein Spielprogramm arbeitet, ist es sicherlich nicht sinnvoll, die Funktionsweise eines Computers von „Adam und Eva" an zu beschreiben. Deshalb gehen wir von einem mehrere Systemebenen unter sich lassenden Niveau aus, wie es moderne Programmiersprachen wie etwa PASCAL, C, C++, FORTRAN und BASIC bieten[171]. Diese Sprachen erlauben es, mathematische Algorithmen Schritt für Schritt, das heißt zerlegt in elementare arithmetische und logische Operationen, in einer Formelähnlichen Weise so zu beschreiben, dass sie von einem Computer mit Hilfe von universellen Übersetzungs- und Systemprogrammen durchgeführt werden können.

Erzielte Zwischenergebnisse werden bis zur weiteren Verwendung zwischengespeichert, was organisatorisch mit Hilfe so genannter Variablen geschieht, bei denen es sich um frei wählbare Benennungen von Speicherbereichen handelt – weit komfortabler als die hardwaremäßig realisierte Durchnummerierung der Speicherzellen. Standardmäßig kann jede Variable eine ganze, betragsmäßig nicht zu große Zahl speichern. Will man beispielsweise das Ergebnis der Berechnung $234 \cdot 123 - 34 \cdot 91$ unter dem Namen Alpha zwischenspeichern, so geschieht das im Programm – abhängig von der verwendeten Programmiersprache – etwa in der folgenden Weise:

```
Alpha = 234 * 123 - 34 * 91
```

Mit Anweisungen wie

```
Beta = 2 * Alpha + 15
Alpha = Alpha - 1
```

kann nun der unter dem Namen Alpha gespeicherte Zwischenwert gelesen und weiterverarbeitet werden, wobei sich im zweiten Fall der Alpha-Wert ändert. Die letzte Anweisung verdeutlicht auch sehr gut, dass Variablen einen anderen Charakter als mathe-

---

[170] In seiner 1945 erstellten Schrift *Das Plankalkül*, so bezeichnete Zuse seine Symbolsprache zur Beschreibung einer auszuführenden Berechnung, ist der „Schachtheorie" das letzte Kapitel gewidmet. Dort sind Züge und die Prüfungen auf einige positionelle Eigenschaften mit dem Plankalkül dargestellt. Einem breiteren Kreis wurde Zuses Schrift erst durch den 1972 erschienenen Nachdruck bekannt. Wie Zuse darin anmerkt, lernte er für seine Untersuchungen sogar eigens das Schachspiel: Konrad Zuse, *Das Plankalkül*, Kommentierter Nachdruck der Fassung von 1945, Gesellschaft für Mathematik und Datenverarbeitung, Sankt Augustin 1972, S. 35 f., 235-285.

[171] Obwohl inzwischen schon etwas betagt, ist immer noch das Buch Niklaus Wirth, *Algorithmen und Datenstrukturen*, Stuttgart 1975 eine sehr zu empfehlende Referenz.

matische Symbole besitzen, deren Wert innerhalb einer mathematischen Aussage immer fest ist.

Mit Variablen können außer ganzen Zahlen ebenso Gleitkommazahlen, Wahrheitswerte und Schriftzeichen gespeichert werden. Zusätzlichen Komfort erhält die Speicherverwaltung dadurch, dass logisch zusammengehörende Daten gemeinsam bearbeitet werden können. Beispielsweise kann eine Variable namens `Brett` alle in Zahlen umgesetzte Informationen über die Figurenkonstellation einer Schachposition enthalten. Mit

```
NeuBrett = Brett
```

wird dann die gesamte Figurenkonstellation kopiert, etwa um anschließend einzelne, durch einen Zug bedingte Änderungen zu vollziehen. Dazu lassen sich Namen solcher Variablen mit Koordinaten ergänzen, und zwar sowohl mit Zahlen-Indizes als auch mit Namens-Suffixen. So wird ein weißer Turm durch die folgenden beiden Befehle auf das Feld a4 gestellt:

```
NeuBrett(1, 4).Figur = Turm
NeuBrett(1, 4).Farbe = Weiss
```

Voraussetzung ist, dass die Variablen `Turm` und `Weiss` bereits einen charakteristischen Wert besitzen, der sie von anderen Figuren beziehungsweise anderen „Farben", nämlich `Schwarz` und `Leer`, unterscheidet und den sie sinnvollerweise während der gesamten Berechnung nicht ändern – für diesen „nur" der Übersichtlichkeit dienenden Einsatz gibt es in den meisten Programmiersprachen sogar spezielle Konstanten-Konstrukte.

Normalerweise werden die Anweisungen eines Programmes nacheinander abgearbeitet. Die Reihenfolge kann aber auch von den erreichten Zwischenergebnissen abhängig gemacht werden. Als Beispiel testen wir die mögliche Schrittweite s eines auf dem Feld (2, 3), das heißt b3, stehenden weißen Turmes nach vorne:

```
FOR s = 1 TO 7
   IF 3 + s > 8 THEN EXIT FOR
   AufZielFeld = Brett(2, 3 + s)
   IF AufZielFeld.Farbe = Weiss THEN EXIT FOR
   (steht der weiße König nicht im Schach, ist der Zug legal ...
   ... und wird entsprechend bearbeitet)
   IF AufZielFeld.Farbe = Schwarz THEN EXIT FOR
NEXT s
```

In einem wirklichen Spielprogramm wäre es natürlich kaum sinnvoll, einen nur so speziellen Fall zu untersuchen. Deutlich wird aber, wie die Zugweite eines weißen Turmes beschränkt ist. Gezogen werden kann so weit, bis der Rand, das Feld *vor* einer eigenen Figur oder eine zu schlagende gegnerische Figur erreicht wird – jede der drei Bedingungen verursacht mittels `EXIT FOR` einen Abbruch der Schleife.

Shannon war Forscher in den Bell Telephone Laboratories. Bekannt ist er vor allem als Begründer der Informationstheorie, die auf eine Arbeit Shannons aus dem Jahre 1948 zurückgeht[172]. Ein Jahr später präsentierte er in einem Vortrag seine Gedanken zum Computer-

---

[172] Verständlicherweise weit weniger bekannt sind Shannons spätere Bemühungen, zusammen mit dem Black-Jack-Spezialisten Edward Thorp Unregelmäßigkeiten beim Roulette aufzuspüren. Anekdoten dazu enthält der „Tatsachenroman" Thomas A. Bass, *Der Las Vegas Coup*, Frankfurt/M. 1993 (amerikan. Original 1990), S. 122 f.; siehe auch: *Chips im Schuh*, Der Spiegel,

schach, die er anschließend in zwei Artikeln veröffentlichte[173]. Bezogen auf die Technik skizziert Shannon darin kurz das Prinzip eines Computers und seines Programmes; anschließend macht er einen Vorschlag, wie eine Schachposition in einem Rechner gespeichert werden kann. Jede Figur erhält eine eindeutige Identifikationsnummer: bei Weiß erhält ein Bauer die 1, ein Springer die 2, ein Läufer die 3, ein Turm die 4, die Dame die 5 und der König die 6. Für Schwarz werden die entsprechenden negativen Zahlen verwendet, und 0 entspricht dem leeren Feld. Steht für jedes Brettfeld eine Zelle des Computerspeichers zur Verfügung, lässt sich so die Figurenkonstellation einer Position speichern. Das heißt, abgesehen von den Zusatzdaten, die das Zugrecht, die Rochade, das en-passant-Schlagen und die 50-Zug-Regel betreffen, reichen 64 Speicherzellen aus, um eine Position zu speichern.

Als grundlegendes Prinzip eines Schachprogrammes beschreibt Shannon das Minimax-Verfahren. Das heißt, sind erst mal die Zugmöglichkeiten der beiden Spieler in Form von Zuglisten generiert, wird der beste Zug unter der Annahme ausgewählt, dass der Gegner anschließend mit dem aus seiner Sicht günstigsten Zug kontert. Einschränkend bemerkt Shannon, dass eine vollständige Analyse von einem Computer keinesfalls bewältigt werden kann. Als Ausweg schlägt er daher vor, nur die ersten Züge der denkbaren Varianten zu untersuchen und die Gewinnaussichten der dann erreichten Positionen zu schätzen. Dazu verwendet Shannon eine fiktiven Bauerneinheit, wobei er beim Material mit den Werten 9-5-3-3-1 für Dame, Turm, Läufer, Springer und Bauer auf unter Schachspielern gebräuchliche Schätzwerte zurückgreift. Da der König unverzichtbar ist, erhält er einen Wert von 200, so dass er nicht mit anderen Vorteilen aufgewogen werden kann. Verfeinert wird die Bewertung dadurch, dass positionelle Eigenschaften zusätzliche Bonus- beziehungsweise Malus-Punkte bewirken. So zieht Shannon in seiner beispielhaften Bewertung 0,5 Punkte für jeden isolierten Bauer, zurückgebliebenen Bauer oder Doppelbauer ab, während er die Mobilität dadurch berücksichtigt, dass jeder erlaubte Zug 0,1 Bonuspunkte bringt. Als Schätzung der Gewinnaussichten wird schließlich die Differenz der auf diesem Weg erhaltenen Punktzahlen von Weiß und Schwarz verwendet.

Um eine Variante realistisch zu bewerten, muss sie nach Shannon „zur Ruhe" kommen. So wäre es völlig unsinnig, Positionen mitten in einem Schlagabtausch abzuschätzen, da dann selbst das dümmste Schlagen eines gedeckten Bauern mit der Dame allein deshalb als günstig erscheint, weil es einen vermeintlichen Materialgewinn bringt. Vermieden werden solche Missstände, wenn die Gewinnaussichten nur bei „ruhigen" Positionen geschätzt werden, womit Positionen gemeint sind, bei denen der Gegner mit seinem nächsten Zug keine zu starke Änderung des Schätzwertes bewirken kann. Diese so genannte **Ruhesuche** ist noch heute ein wesentlicher Bestandteil jedes Schachprogrammes.

Bezogen auf die zu untersuchenden Zugvarianten beschreibt Shannon zwei verschiedene Ansätze, denen er die noch heute gebräuchlichen Bezeichnungen A- und B-Strategie gibt. Der Unterschied besteht darin, dass entweder alle Zugvarianten abgesehen von der Ruhesuche bis zu einer bestimmten Tiefe oder aber nur ausgewählte Varianten, diese dafür aber um-

---

1990/30, S. 152-154.

[173] C. E. Shannon, *Programming a computer for playing chess*, Philosophical Magazine, <u>41</u> (1950), 256-275, nachgedruckt in David N. L. Levy, *Compendium of computer chess*, London 1988, S. 2-13; C. E. Shannon, *A chess-playing machine*, Scientific American, <u>182</u> (Feb. 1950), S. 48-51, nachgedruckt in David N. L. Levy, *Computer games I*, New York 1988, S. 81-88. Beide Artikel sind ebenfalls nachgedruckt in Claude Elwood Shannon, *Collected Papers*, New York 1993, S. 637-656, S. 657-666.

so genauer untersucht werden. Der **A-Strategie** sind aufgrund der enormen Vielfalt von Zugmöglichkeiten enge Grenzen gesetzt – als grober Anhaltspunkt dienen kann die Zahl der im ersten Zug erlaubten Züge, nämlich 20. Schon nach nur zwei Doppelzügen entspricht das bereits etwa $20^4 = 160000$ Zugvarianten. Eine Vorauswahl von plausiblen Zügen, so wie sie ein erfahrener Schachspieler schnell und zielsicher trifft, wäre daher ungemein nützlich. Nur so lässt sich nämlich verhindern, dass der Computer die meiste Zeit mit absurden Varianten vergeudet. Gemeint sind damit Varianten, die zumindest einen Zug enthalten, der für den betreffenden Spieler offenkundig nicht der erfolgversprechendste ist. Zum Beispiel macht es eigentlich keinen Sinn, für Weiß den Eröffnungszug a2 - a3 zu untersuchen. Andererseits kann – wie man es von Schlüsselzügen in Problemstellungen her kennt – ein ungewöhnlicher Zug durchaus eine überraschende Wendung einleiten.

Einem guten Schachspieler wird die selektive **B-Strategie** durch seine Erfahrung ermöglicht. Sie gestattet es ihm, schnell typische Muster einer Position zu erkennen, von denen einige sogar eigene Bezeichnungen besitzen: Doppelbauern, Freibauer, isolierter Bauer, rückständiger Bauer, verbundene Bauern, offene Linie, Fesselung, Deckung, Opfer, Tempo, Gabel, Abtausch, Qualität, Decken, Zugzwang, Abzugsschach, Doppelschach, ersticktes Schach und Zwischenschach. Mit jedem Begriff verbindet der Spieler eine Bibliothek von Erfahrungen: Welche Felder und Figuren sind bedroht, welche Figuren sind maßgebend und was ist zu tun? Und selbst wenn er in einer von ihm als unbedeutend erachteten Variante eine Falle übersieht, so mag das für ihn in der konkreten Partie verhängnisvoll sein. Andererseits wird er persönlich um eine Erfahrung reicher. Ohne dass sein „Programm" geändert werden muss, lernt ein Schachspieler hinzu. Mit immenser Übung und praktischer Erfahrung kann es ihm auf diese Weise schließlich gelingen, sein Spiel zur Meisterschaft zu perfektionieren.

Das menschliche Vorgehen auf ein statisches, höchstens in wenigen Bewertungsparametern anpassbares Programm zu übertragen, ist bis heute nicht einmal im Ansatz gelungen. Die meisten Schachprogramme verfolgen daher im Prinzip eine A-Strategie, das heißt, es werden a priori keine vermeintlich absurden Züge aussortiert. Die so erzielten Ergebnisse sind vor allem dank der Fortschritte auf dem Gebiet der Hardware – selbst ein heutiger PC ist einem Großrechner der 1960er Jahre deutlich an Geschwindigkeit und Speicherplatz überlegen – beeindruckend. So wurde 1995 die Marke von 100000 pro Sekunde untersuchten Positionen mit handelsüblicher Hard- und Software erreicht. Vom rein pragmatischen Standpunkt kann daher bei der A-Strategie die mangelnde Eleganz der brutalen Holzhammer-Methode – bereits Shannon sprach von **brute force** – ohne weiteres hingenommen werden.

Alan Turing, der zweite Pionier des Computerschachs, hatte 1936 ein theoretisches, heute Turing-Maschine genanntes Rechnermodell ersonnen, um Grenzen algorithmischer Berechnungen nachzuweisen – wir werden darauf noch im nächsten Kapitel zurückkommen. Seit Ausbruch des Zweiten Weltkrieges arbeitete Turing in einer Dienststelle des britischen Geheimdienstes an der Entschlüsselung der von der deutschen Wehrmacht verwendeten ENIGMA-Chiffriermaschine. Der Erfolg der wissenschaftlichen Sonderabteilung, der auch zwei bekannte Schachspieler angehörten, wird oft als eins der kriegsentscheidenden Ereignisse angesehen, wohl ein Grund dafür, dass wesentliche Teile der Ergebnisse noch heute geheim sind. Turing, der selbst kein guter Schachspieler gewesen sein soll, hat wahrscheinlich in dieser Zeit damit begonnen, einen Algorithmus zu suchen, mit dem zu einer beliebigen Schachposition ein einigermaßen akzeptabler Zug gefunden werden kann. Dazu suchte Turing einen Weg, Positionen und Zugfolgen möglichst einfach und trotzdem meist korrekt zu bewerten.

Turings Ansatz ist dem von Shannon sehr ähnlich, wobei Turings Überlegungen vielleicht nicht so umfassend, dafür aber etwas konkreter sind. Fast wie Shannon bewertet er das Material, nämlich 1000-10-5-3½-3-1 für König, Dame, Turm, Läufer, Springer und Bauer. Wie Shannon verfeinert er diesen Grundwert auf der Basis von positionellen Eigenschaften, wozu die Mobilität der Positionen gemessen wird. Für jede Figur wird dazu die Anzahl der erlaubten Züge gezählt und nach einem bestimmten Schema, das Schlagzüge und Schachgebote besonders berücksichtigt, gewertet. Um schließlich zu einer Position den Gesamtwert eines Spielers zu erhalten, addiert man Material- und Mobilitätswert. Zum Vergleich der Werte von Weiß und Schwarz verwendet Turing abweichend von Shannon den Quotienten beider Werte.

Turings Algorithmus geht standardmäßig von einer Suchtiefe von zwei Zügen aus. Das heißt, in der Rolle von Weiß werden Züge von Weiß einschließlich aller Erwiderungen durch Schwarz untersucht. Weiter gehend analysiert man im Rahmen einer Ruhesuche nur solche Zugfolgen, in denen bei jedem Zug

- eine im Zug zuvor schlagende Figur zurückgeschlagen wird,
- eine Figur eine höherwertige Figur schlägt,
- eine ungedeckte Figur geschlagen wird oder
- der gegnerische König schachmatt gesetzt wird.

Auch wenn Turings Algorithmus nicht wirklich programmiert wurde, so erlaubt er doch ein formales, rein mechanisches Spiel. In einer 1952 gespielten Partie gab der nach seinem Algorithmus spielende Turing gegen Alick Glennie, einem Hobbyspieler, nach 29 Doppelzügen auf[174]. Ursache war eine drohende, vom Algorithmus aber „übersehene" Fesselung, als Turings Algorithmus mit der Dame einen nur indirekt gedeckten Bauer schlug. Der anderthalb Doppelzüge später erfolgende Verlust der Dame liegt außerhalb der Suchtiefe – eine Ruhesuche ist für solche Situationen nicht vorgesehen. Das Diagramm in Bild 30 zeigt die Partie vor dem fehlerhaften Zug.

Weiß: Turings Algorithmus

Schwarz: Alick Glennie

Manchester 1952

Weiß zieht Dd3×d6, worauf Schwarz mit Tc8-d8

die weiße Dame gewinnt, so dass Weiß aufgibt.

Bild 30   Vor dem fehlerhaften Zug von Turings Algorithmus

Obwohl Turings Algorithmus schon vorher Fehler machte, etwa als er einen Läufer nicht mit Bauern einschloss, und auch der Gegner keineswegs alle Chancen nutzte, so ist es doch bemerkenswert, mit welch einfachen Mitteln Turing eine Spielweise erzeugen konnte, wie sie einem Gelegenheitsspieler entspricht. Auch das eigentlich unrühmliche Ende der Partie offenbarte ein prinzipielles, heute als Horizonteffekt bekanntes Problem. Egal wie ausgefeilt eine Ruhesuche ist, immer wird ein Programm am Ende der Suchtiefe für gewisse Ent-

---

[174] Alan Turing, *Digital computers applied to games*, in: B. V. Bowden, *Faster than thought*, London 1953, S. 286-295; nachgedruckt in David N. L. Levy, *Compendium of computer chess*, London 1988, S. 14-19; die Partie ist auch in dem in Fußnote 169 genannten Buch abgedruckt.

wicklungen zu „kurzsichtig" sein, etwa dann, wenn ein menschlicher Gegner Material zugunsten positioneller Vorteile und Angriffschancen opfert, ohne dass zu diesem Zeitpunkt – für Mensch wie Maschine – bereits ein direktes Matt absehbar wäre.

Wenn heutige Schachprogramme nach der A-Strategie verfahren, so tun sie es nicht ganz in dem von Shannon ursprünglich gedachten Sinn. Es werden nämlich keineswegs alle Zugvarianten gleichberechtigt untersucht, und Ausnahmen beziehen sich nicht nur auf die von Shannon bereits vorgeschlagene Ruhesuche. Bei der Analyse unberücksichtigt bleiben solche Varianten, die nachweislich das Ergebnis nicht beeinflussen. Welche aber sind das und wie können sie erkannt werden? Versetzen wir uns dazu in die Lage eines am Zug befindlichen Schachspielers, der gerade einen konkreten Zug darauf prüft, ob er ihm vorteilhaft erscheint. Finden wir bei unserer Analyse eine für uns selbst ungünstige Erwiderung des Gegners, werden wir unseren Plan als „widerlegt" einstufen und sofort verwerfen. Insbesondere wäre es völlig sinnlos, weitere Erwiderungen des Gegners zu untersuchen. Ob der Gegner noch effektivere Widerlegungen besitzt und wie schlecht der geplante Zug tatsächlich für uns ist, hat keine praktische Bedeutung.

Was zeigt das Denkmodell? Züge, die aufgrund einer gefundenen Widerlegung keinen genügenden Gewinn bringen, brauchen nicht weiter untersucht werden. Was „genügend" im konkreten Fall bedeutet, kann durchaus unterschiedlich sein. Am häufigsten ist der Fall, dass die Gewinnaussichten eines anderen Zuges bereits ausreichend genau untersucht wurden und daher eine Mindestforderung an weitere Züge bewirken. Züge, die diesen Anforderungen nicht entsprechen, sind im relativen Sinn widerlegt und werden nicht weiter untersucht. Denkbar ist aber auch der Fall, dass die Mindestanforderungen schon zu Anfang als reiner Anspruch formuliert werden, ohne dass zunächst ein Zug bekannt ist, der diese Forderungen erfüllt. Auch bei diesem Ansatz brauchen widerlegte Züge nicht mehr weiter untersucht zu werden. Im Unterschied zum ersten Fall kann es aber passieren, dass alle Züge widerlegt werden, etwa deshalb, weil es überhaupt keinen genügend guten Zug gibt. In diesem Ausnahmefall muss dann die Analyse, nun mit abgesenkten Anforderungen, wiederholt werden.

Die Technik, widerlegte Züge nicht mehr weiter zu untersuchen, kann innerhalb von Zugvarianten auch an späterer Stelle praktiziert werden. Dabei können beide Spieler ihre Ansprüche erheben, und zwar jeweils bezogen auf die Ergebnisse zuvor abgezweigter und bereits untersuchter Zugvarianten. Zweckmäßig und übersichtlich organisieren lassen sich die Mindestanforderungen an Zugvarianten durch zwei Parameter, deren Werte mit dem Voranschreiten einer Variante ständig aktualisiert werden. Da die Werte meist mit den griechischen Buchstaben α und β bezeichnet werden, hat sich für das Verfahren der Name **Alpha-Beta-Algorithmus** eingebürgert. Der α-Wert beschreibt die Mindestanforderung von Weiß an eine Position. Immer dann, wenn die Position seiner Mindestanforderung nicht gerecht wird, sucht Weiß seinen Erfolg auf anderen Wegen, das heißt, die betreffende Position wird gar nicht erreicht. Umgekehrt beinhaltet der β-Wert die Mindestanforderung des Gegners Schwarz. Das heißt, sollte die Position einen Zug ermöglichen, mit dem sich Weiß mehr als den β-Wert sichern kann, dann wird Schwarz das Entstehen dieser Position verhindern. Zusammen ergeben die Parameter einen Akzeptanzbereich, der alle Zahlen von mindestens α und höchstens β umfasst. Alle Varianten, die zu Positionen führen, deren Werte außerhalb liegen, können von einem der beiden Spieler verhindert werden. Da jede abzweigende und schon untersuchte Variante weitere Einschränkungen bringen kann, kann sich der Akzeptanzbereich mit dem Voranschreiten einer Variante nie vergrößern, sondern nur verkleinern oder gleich bleiben.

Wie der Alpha-Beta-Algorithmus konkret funktioniert, wird am besten anhand von Beispielen deutlich. Die beiden einfachen Spiele, die wir untersuchen wollen, sind als Baumgraphen dargestellt, wie wir sie schon in Kapitel 2.1 kennen gelernt haben, wobei die Zugvarianten in der Reihenfolge von links nach rechts untersucht werden. Im ersten Beispiel, das in Bild 31 dargestellt ist, sind für die Ermittlung des Minimax-Wertes diejenigen Positionen unerheblich, die mit einem Fragezeichen anstatt einer Gewinnhöhe markiert sind.

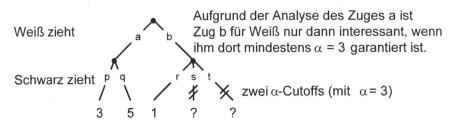

Bild 31   Zwei α-Cutoffs

Hat Weiß den linken Zug a untersucht und dabei erkannt, dass dieser ihm einen Gewinn von 3 garantiert, dann wird er eine andere Variante nur dann anstreben, wenn er dort ebenfalls mindestens α = 3 als Gewinn garantiert bekommt. Beim Zug b zeigt aber bereits die erste Erwiderung r, dass Weiß auf diesem Weg keine solche Garantie erwarten kann. Weitere Fortsetzungen wie die Züge s und t brauchen deshalb nicht untersucht zu werden – es kommt zu so genannten α-Cutoffs.

Sind umgekehrt die von Schwarz gestellten Mindestanforderungen nicht erfüllt, kommt es zu einem so genannten ß-**Cutoff**. Um ein Beispiel zu erhalten, modifizieren wir das gerade untersuchte Spiel dahingehend, dass mit dem Zug q noch keine Endposition erreicht wird. Die so entstehende Position ist in Bild 32 dargestellt.

Auch in Bild 32 ist die durch das Fragezeichen ersetzte Gewinnhöhe völlig unerheblich, da der Zug q für Schwarz in jedem Fall ungünstig ist. Dadurch, dass Schwarz mit dem Zug p den Gewinn von Weiß auf 3 begrenzen kann, muss Schwarz innerhalb der mit dem Zug a beginnenden Variante seinem Kontrahenten keinen höheren Gewinn als β = 3 zugestehen. Die Zugalternative q scheidet daher allein aufgrund der Erwiderung y bereits aus.

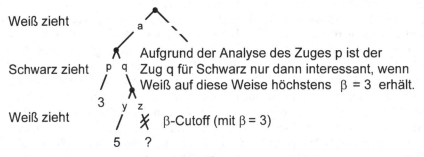

Bild 32   Ein β-Cutoff

Obwohl das Prinzip der α- und β-Cutoffs sehr plausibel ist und von jedem guten Schachspieler implizit angewandt wird, hat es beginnend von Shannons und Turings Anfängen annähernd ein Jahrzehnt gedauert, bis es für die Schachprogrammierung erkannt wurde. Erste Ansätze enthält die Beschreibung eines 1958 konzipierten Programmes von Allen Newell, J. C. Shaw und H. A. Simon[175], die ihre Minimax-Suche auf der Basis einer einseitigen Akzeptanz-Schwelle organisierten. Ausgewählt wurde jeweils der erste Zug, der diese Schwelle übertraf, wobei Cutoffs in späteren Zügen explizit noch nicht erwähnt wurden. Bis das α-β-Verfahren in voller Form entwickelt war, dauerte es nochmals mehrere Jahre[176]. Dies ist insofern sehr bemerkenswert, da der α-β-Algorithmus gegenüber dem normalen Minimax-Verfahren erheblich schneller ist, so dass bei gleicher Rechenzeit die Suchtiefe immerhin annähernd verdoppelt werden kann[XXXIX]! Anders als bei der normalen Minimax-Suche hängt der für den α-β-Algorithmus erforderliche Aufwand aber davon ab, in welcher Reihenfolge die Züge untersucht werden. Untersucht man nämlich gute Züge zuerst – sei es aufgrund einer geschickten Vorauswahl oder aber rein zufällig –, kommt es zu vielen Cutoffs, was die Rechenzeit stark verkürzt. Wie aber lassen sich viel versprechende, das heißt mutmaßlich gute Züge erkennen? In der Praxis haben sich dafür verschiedene Ansätze bewährt. Da ihre Effizienz nicht in jedem Einzelfall gesichert ist, wohl aber im Rahmen praktischer Erfahrung bestätigt wurde, spricht man von **heuristischen Methoden**:

- Zugvarianten, die bei einer Analyse mit eingeschränkter Suchtiefe, etwa bei der Untersuchung für den vorhergehenden Zug, für gut befunden wurden, sind sicherlich aussichtsreich.
- Schlagzüge, insbesondere wenn es sich um ein Zurückschlagen handelt, sind oft vorteilhaft.
- Viel versprechend sind ebenso Züge, die bereits in parallelen Zugvarianten als gut erkannt wurden. Die entsprechende Technik wird **Killer-Heuristik** genannt. Dazu werden die jeweils besten Züge statistisch erfasst, um für andere Varianten Vorauswahlen treffen zu können.
- Intuitiv erscheint es plausibel, dass ein Zug nur dann gut sein kann, wenn er Aussichten dergestalt eröffnet, dass ein unmittelbar anschließender Zug *desselben* Spielers eine spürbare Verbesserung der Position ermöglicht. Das dabei fiktiv gestrichene Zugrecht des Gegners hat diesem Ansatz seinen Namen gegeben, nämlich **Nullzug** oder **Null-Move**. Die Nullzug-Technik wird von einigen erfolgreichen Schachprogrammen wie dem PC-Programm Fritz sogar oft zum **Forward Pruning** im Sinne einer B-Strategie verwendet. Allerdings kann diese Art des Einsatzes unter Umständen, vor allem im Endspiel, recht heikle Konsequenzen haben, da das Zugrecht nämlich keineswegs immer – etwa in Zugzwang-Situationen – von Vorteil ist.

Außerdem lässt sich die Anzahl der Cutoffs durch ein Hoffnungsprinzip erhöhen, wenn a-priori-Ansprüche formuliert werden. Dazu wird auf der Basis einer Analyse mit eingeschränkter Suchtiefe ein Alpha-Beta-Suchfenster vorgegeben, zu dem dann mindestens eine Zugvariante gefunden werden muss, die darin liegt.

---

[175] Allen Newell, J. C. Shaw, H. A. Simon, *Chess-playing programs and the problem of complexity*, IBM Journal for Research and Development, 2 (1958), S. 320-335, Nachdrucke: David N. L. Levy, *Computer games I*, New York 1988, S. 89-115; David N. L. Levy, *Compendium of computer chess*, London 1988, S. 29-42.

[176] Eine Standardreferenz zum α-β-Algorithmus, die auch die geschichtliche Entwicklung berücksichtigt, ist Donald E. Knuth, Ronald W. Moore, *An analysis of Alpha-Beta-pruning*, Artificial Intelligence, 6 (1975), S. 293-326. Siehe auch Alexander Reinefeld, *Spielbaum-Suchverfahren*, Informatik Fachberichte 200, Berlin 1989, S. 21 ff.

Nullfenster-Suche

Meist werden die Schätzwerte, mit denen die Gewinnaussichten der Positionen am Such-horizont abgeschätzt werden, größenmäßig so normiert, dass sie stets ganze Zahlen sind. In diesem Fall sind auch die daraus berechneten Minimax-Werte allesamt ganze Zahlen. Ein Alpha-Beta-Suchfenster, das in der Lücke zwischen zwei ganzen Zahlen liegt, kann damit keinen Minimax-Wert enthalten – man spricht daher von einer **Nullfenster-Suche**. Eine Berechnung des Minimax-Wertes ist bei einem solchen Ansatz natürlich *keinesfalls* zu erwarten. Allerdings wird – wie wir noch sehen werden – der Alpha-Beta-Algorith-mus in der Regel so programmiert, dass bei vollständigem Cutoff zumindest die Infor-mation ermittelt wird, ob der Minimax-Wert oberhalb des Suchfensters liegt oder ob er darunter liegt. Damit erlaubt die Nullfenster-Suche eine relativ effiziente Beantwortung der Frage, ob der Minimax-Wert eine vorgegebene Schranke übertrifft.

Die Nullfenster-Suche wird in unterschiedlicher Weise angewendet: Neben heuristischer Verwendung zur Vorsortierung möglicher Züge sind die so genannte L-Verbesserung des Alpha-Beta-Algorithmus sowie vor allem das Negascout-Verfahren zu nennen:

Bei der **L-Verbesserung** des Alpha-Beta-Algorithmus, genannt auch **last move impro-vement**, wird für jede Position der zuletzt untersuchte Zug in einem Nullfenster unter-sucht. Somit ergibt sich als Resultat für diesen zuletzt untersuchten Zug „nur" die – zu-mindest im obersten Zuglevel völlig ausreichende – Aussage, ob dieser Zug besser ist als die zuvor untersuchten Züge.

Dem **Negascout-Verfahren** liegt die Hoffnung zugrunde, dass die für eine Position zu-erst untersuchte Zugmöglichkeit bereits die beste ist – bei geschickt heuristisch vorge-nommener Vorsortierung der Züge ist diese Hoffnung übrigens keineswegs abwegig. Nach der Untersuchung der ersten Zugmöglichkeit wird daher jeder weitere Zug mittels Nullfenster-Ansatz daraufhin überprüft, ob er tatsächlich nicht besser ist als der erste Zug. Bestätigt sich die Hoffnung, so hat man dank vieler Cutoffs einen effizienten Nachweis dafür erhalten, dass der erste Zug tatsächlich der beste ist. Im gegenteiligen Fall wird das Prozedere beim Auffinden einer besseren Zugmöglichkeit sofort abgebro-chen, um es dann für die aktuell untersuchte Position – nun aber mit verkürzter Zugliste und einem neuen Kanditaten als hoffentlich bestem Zug – direkt nochmals zu starten.

Die Suche lässt sich noch mehr beschleunigen, wenn Zugumstellungen berücksichtigt wer-den, das heißt, wenn Positionen, die in zwei oder mehreren Varianten vorkommen, nur noch einmal untersucht werden. Dazu muss ein Teil der Zwischenergebnisse, wie sie bei der Ana-lyse einer Zugvariante anfallen, für die anschließend zu untersuchenden Zugvarianten ge-speichert werden. Das setzt selbstverständlich viel Speicherplatz voraus, weswegen solche Konzepte erst in den 1970er Jahren realisiert wurden. Zwischenergebnisse nur zu speichern, reicht aber nicht. Vielmehr müssen gespeicherte Ergebnisse auch schnell wiedergefunden werden können. Bestens dafür bewährt hat sich die erstmals 1980 von Joe Condon und dem UNIX-Mitbegründer Ken Thompson in ihrem Spezialrechner Belle verwendete **Hash-Tabelle**, bei der jede Position eine Index-Nummer, beispielsweise zwischen 0 und $2^{32} - 1$, erhält. Dabei können unterschiedliche Positionen durchaus gleiche Indizes haben, obwohl solche Kollisionen relativ selten sind. Ist die innerhalb einer Zugvariante entstehende Positi-on vollständig untersucht, wird das Ergebnis, gegebenenfalls zusammen mit den Daten der Position, unter dem zugehörigen Hash-Index gespeichert, womit das Ergebnis für die Analyse weiterer Varianten unmittelbar verfügbar wird. Um das Verfahren so praktikabel wie möglich zu machen, konzipiert man die Formel für den Hash-Index derart, dass Kollisionen extrem selten sind und ein Hash-Index fortschreibend berechnet werden kann, das heißt, bei jedem Zug wird der neue Hash-Index aus dem alten berechnet. Gebräuchlich sind mit XOR für „exclusive or", also „entweder oder", bezeichnete, binäre „Summationen" ohne Übertrag, die wir schon als Nim-Addition kennen gelernt haben. Für jede Kombination von Figur und Feld wird dazu beim Start des Programmes eine binäre Zufallszahl ermittelt, beispielsweise

♔	a1:	1101001010011101
♔	a2:	0011101011101011
♔	a3:	1011110100100101
...		
♖	c4:	1011001010011010
...		
♚	b7:	0011001110011010
...		

Der Hash-Index einer Position ergibt sich nun als XOR-Summe der betreffenden Einzelwerte:

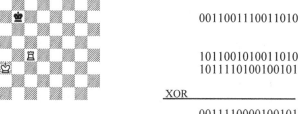

```
                                        0011001110011010

                                        1011001010011010
                                        1011110100100101
                                XOR  _____
                                        0011110000100101
```

Um den Hash-Index nach einem Zug fortzuschreiben, müssen die Daten der vom Zug betroffenen Figuren und Felder aktualisiert werden. Da die XOR-„Summe" einer Zahl mit sich selbst immer 0 ergibt, erhält man den neuen Hash-Index aus dem alten dadurch, dass alle vom Zug veränderten Figurendaten, wie sie bei Ausgangs- und Zielfeld vorkommen, mittels XOR „addiert" werden. Besonders bei Positionen mit vielen Figuren kann ein solches Update wesentlich schneller erfolgen als eine komplette Neuberechnung. Zieht beispielsweise der weiße König von a3 nach a2, so erhält man

alter Wert:		0011110000100101
♔	a2:	0011101011101011
♔	a3:	1011110100100101
	XOR	_____
neuer Wert:		1011101011101011

Übrigens werden Hashing-Kollisionen bei Schachprogrammen meistens ignoriert, so dass Positionen mit übereinstimmendem Hash-Index immer auch gleich bewertet werden, selbst dann, wenn dies eigentlich nicht erwünscht ist. Der dadurch entstehende Fehler wird einfach hingenommen, da er nur selten gravierende Auswirkungen hat. Der Vorteil ist, dass durch den Verzicht auf aufwendige Kollisions-Überwachungen nur die interessierenden Bewertungs-Daten, nicht aber die zur vollständigen Positionscharakterisierung notwendigen Daten in der Hash-Tabelle gespeichert werden müssen.

Mit Hilfe von Hash-Tabellen können auch einige Endspiel-Situationen untersucht werden, deren Untersuchung mit dem normalen Alpha-Beta-Verfahren völlig aussichtslos wäre. Um spezielle Endspiele wie zum Beispiel König mit Läufer und Springer gegen König vollständig zu analysieren, ist es allerdings günstiger, Ablauf und Speicherverwaltung an die besonderen Gegebenheiten anzupassen (siehe Kasten).

Endspieldatenbanken

Endspiele gehören zur klassischen Schachtheorie. Angefangen vom einfach zu gewinnenden Endspiel König mit Turm gegen König, über das schon etwas anspruchsvollere Endspiel König mit Läufer und Springer gegen König wurden bereits im 19. Jahrhundert deutlich kompliziertere Figurenkonstellationen wie zum Beispiel König mit Läuferpaar gegen König und Springer untersucht.

Natürlich ist es reizvoll, die klassischen Endspiel-Analysen mit einem Computer überprüfen und erweitern zu können. Um eine Figurenkonstellation vollständig zu untersuchen, generiert man eine Datenbank, die zu jeder möglichen Position des untersuchten Typs die Gewinnaussichten enthält. Das entspricht im Wesentlichen der in Kapitel 2.9 beim Spiel Nimbi angewandten Technik. Im Vergleich zu Nimbi sind Schach-Endspiele allerdings komplizierter und das nicht nur aufgrund der Vielfalt. Das liegt zum einen daran, dass Schach im Gegensatz zu Nimbi nicht neutral ist. Neben der Figurenkonstellation ist also immer auch das Anzugsrecht zu berücksichtigen. Zum anderen können sich Positionen eines Endspiels nach einigen Zügen wiederholen.

Vor der eigentlichen Untersuchung eines speziellen Endspieltyps werden bis auf Symmetrie alle möglichen Positionen erzeugt, wobei mit Hilfe eines Positions-Indexes zu jeder Position für das noch unbekannte Ergebnis ein Speicherplatz reserviert wird. Für alle Positionen wird angenommen, dass Weiß am Zug ist. Aussortiert werden alle regelwidrigen Positionen, bei denen beispielsweise Schwarz im Schach steht. Gefragt ist, ob Weiß seinen Gegner mattsetzen kann und wenn ja, wie viel Züge dafür notwendig sind.

Die eigentliche Analyse kann dadurch erfolgen, dass alle Positionen nacheinander mit einer Suchtiefe von 1, 3, 5, ... Zügen untersucht werden, wobei die Positionen am Suchhorizont nur danach unterschieden werden, ob Weiß ein Matt erzielen konnte oder nicht. Werden für jede Suchtiefe die Ergebnisse der bereits untersuchten Suchtiefen berücksichtigt, müssen effektiv nur die beiden hinzugekommen (Halb-)Züge Minimax-mäßig untersucht werden.

Schneller, aber komplizierter, ist die folgende Methode: Man beginnt mit den „einzügigen" Positionen, bei denen Weiß seinen Gegner im nächsten Zug mattsetzen kann. Mit einem rückwärts ablaufenden Minimax-Prozess werden anschließend nacheinander, nämlich Doppelzug für Doppelzug, die Positionen mit dem Charakter eines „Zweizügers", „Dreizügers" und so weiter konstruiert, wobei jeweils auf die schon vorhandenen Ergebnisse zurückgegriffen wird. So ist für die Ermittlung der zweizügigen Positionen, bei denen Weiß seinen Gegner in drei (Halb)-Zügen mattsetzen kann, ausgehend von den Einzügern ein Doppelzug umzukehren: Zunächst wird jeder denkbare Zug von Schwarz umgekehrt, so dass jede Position erzeugt wird, die einer der Einzüger-Positionen unmittelbar vorausgegangen sein könnte. Eine so gefundene Vorgänger-Position, die zusätzlich die Eigenschaft hat, dass *alle* ihre schwarzen Zugmöglichkeiten zu einzügigen Positionen führen, bildet eine Zwischenposition zwischen den einzügigen und zweizügigen Positionen. Die Zweizüger-Positionen selbst erhält man, wenn man von den Zwischenpositionen ausgehend einen beliebigen Zug rückgängig macht, den Weiß zuvor gezogen haben könnte, es sei denn, für eine so entstandene Vorgänger-Position ist bereits eine schnellere, nämlich einzügige Mattführung bekannt.

Egal, wie die eigentliche Untersuchung abgewickelt wird, als Ergebnis erhält man beide Mal eine Datenbank, die zu jeder Position die Information darüber enthält, ob Weiß von dieser Position aus mattsetzen kann und wie viele Züge dafür gegebenenfalls notwendig sind. Die ersten Endspiel-Analysen mit einem Computer erfolgten 1970 von Thomas Ströhlein im Rahmen seiner Dissertation an der TH München[177]. Viele der komplizierteren Endspiele untersuchte Ken Thompson in den 1980er Jahren. Seine umfangreichen Ergebnisse wurden komprimiert auf CD-ROMs veröffentlicht[178]. In der nachfolgenden Tabelle sind die Ergebnisse von einigen der untersuchten Endspiele zusammengefasst. Tabelliert ist die maximale Zahl von Doppelzügen bis zur „Entscheidung", das heißt die Zahl der Doppelzüge, die Weiß bei bestimmten Positionen dieses Typs braucht, um Schwarz mattzusetzen, einen Bauer umzuwandeln beziehungsweise eine gegnerische Figur zu schlagen und so ein einfacheres Endspiel zu erreichen.

Weiß	Schwarz	maximale Zahl von Doppel-Zügen bis zur „Entscheidung"
KD	K	10
KT	K	16
KB	K	19
KD	KT	31
KT	KL	18
KT	KS	27
KLL	K	19
KLS	K	33
KLL	KS	66
KTL	KT	59
KTS	KT	33
KD	KSS	63
KD	KSL	42
KD	KLL	71

Abgesehen von den Positionen, die Schwarz eine schnelle Entscheidung zu seinen Gunsten – ob matt oder remis – erlauben, kann Weiß die aufgeführten Endspiele stets gewinnen. In zweierlei Hinsicht ist das bemerkenswert: Zum einen steht es im Widerspruch zur klassischen Theorie. So hielt man beispielsweise beim Endspiel König mit Läuferpaar gegen König mit Springer einige Positionen, so genannte Kling-Horowitz-Stellungen, für dauerhaft von Schwarz verteidigbar. Allerdings, und das ist der zweite

---

[177] Thomas Ströhlein, *Untersuchungen über kombinatorische Spiele*, München 1970. In §9 werden die Endspiele KT-K, KD-K, KT-KL, KT-KS, KD-KT untersucht. Mit dem damals eingesetzten Computer TR4 von AEG-Telefunken mit einem Kernspeicher von etwa 114 Kilobyte dauerte die Analyse des Turmendspiels KT-K neun Minuten. Siehe auch Gunther Schmidt, Thomas Ströhlein, *Relationen und Graphen*, Berlin 1989, S. 199-202.

[178] Siehe auch C. Posthoff, G. Reinemann, *Computerschach – Schachcomputer*, Berlin 1988, S. 123 ff. sowie in dem in Fußnote 169 genannten Buch, S. 297 ff.

Punkt, kann Weiß seinen Gewinn nur dann wirklich realisieren, wenn die 50-Zug-Regel für solche Endspiele entsprechend modifiziert wird.

Mit einem Konzept, mit dem bauernlose Endspiele hochgradig parallel analysiert werden können, gelang es Lewis Stiller zu Beginn der 1990er Jahre, noch deutlich kompliziertere Konstellationen vollständig zu klären[179]. Gegenstand seiner Untersuchung waren die verschiedenen Endspiele, bei denen außer den beiden Königen noch vier Figuren, aber keine Bauern im Spiel sind. Die bemerkenswerteste Entdeckung ist die abgebildete KTS-KSS-Endspiel-Position, bei der es Weiß erst im 243. Doppelzug erzwingen kann, einen schwarzen Springer zu schlagen.

Obwohl hier die wesentlichen Ideen und Techniken von Schachprogrammen beschrieben wurden, dürfte es noch nicht unbedingt klar geworden sein, wie diese konkret programmiert werden können. Um zumindest einen Eindruck davon zu vermitteln, soll nun noch skizziert werden, wie sich das Kernstück, nämlich das Minimax- sowie das Alpha-Beta-Verfahren, programmieren lässt. Auf andere Bestandteile eines Schachprogrammes wie Ruhesuche und Hashing wird dabei bewusst verzichtet, um das Wesentliche der beiden Algorithmen so deutlich wie möglich hervortreten zu lassen.

Unterprogramme und Rekursion

Damit selbst umfangreiche Programme übersichtlich gestaltet werden können, empfiehlt es sich, Teilaufgaben mit weitgehend eigenständigen Unterprogrammen zu bearbeiten. Solche Unterprogramme verfügen über einen eigenen Variablenvorrat und stehen mit dem Rest des Programmes nur über ausdrücklich vereinbarte Variablen – als Eingabewerte und für die Ergebnisse – in Verbindung.

Alle modernen Programmiersprachen erlauben rekursive Unterprogramme, mit denen komplizierte Algorithmen oft einfacher umsetzbar sind. So berechnet man beispielsweise die Fakultät 5! durch den Aufruf `fak5 = Fakultaet(5)` des folgenden Funktions-Unterprogrammes:

```
FUNCTION Fakultaet(n)
  IF n = 0 OR n = 1 THEN
    Fakultaet = 1
  ELSE
    Fakultaet = n * Fakultaet(n - 1)
  END IF
END FUNCTION
```

[179] Lewis Stiller, *Multilinear algebra and chess endgames*, in: R. J. Nowakowski (ed.), *Games of no chance*, Cambridge 1996, S. 151-192; *Lohn der Geduld*, Spektrum der Wiss., 1992/4, S. 22-23.

Das Unterprogramm kann nur deshalb so funktionieren, weil von der Variablen n mit jedem Aufruf ein neues Exemplar angelegt wird – der Computer hat dafür einen ganz speziellen, Stack, Keller oder Stapel genannten Speicherbereich. Konzepten folgend, wie sie Ende der 1950er Jahre entwickelt wurden, verwaltet er dort alle Variablen von bereits begonnenen, aber noch nicht beendeten Unterprogrammen, und zwar unabhängig von Namensübereinstimmungen zu Variablen außerhalb des Unterprogrammes und für jeden Aufruf eines Unterprogrammes extra. Das heißt, alle im Unterprogramm auftretenden Variablen, einschließlich der internen für Ein-, Ausgabe, Zwischenergebnisse und erreichten Bearbeitungsstand, werden mit jedem Aufruf des Unterprogrammes für dessen Dauer neu angelegt. Organisiert wird der Stack nach dem last-in-first-out-Prinzip, ganz wie bei einem Schreibtisch, auf den laufend neue Aktenvorgänge zur Bearbeitung abgelegt werden, ohne dass die vorherigen bereits beendet wurden. Wird eine Arbeit beendet – ob Aktenvorgang oder Unterprogramm –, wird die zuletzt unterbrochene Tätigkeit mit ihrem zum Zeitpunkt der Unterbrechung erreichten Bearbeitungsstand fortgeführt. Konkret bedeutet dies, dass beim originalen Aufruf Fakultaet(5) das Unterprogramm zunächst bis zur Zeile

    Fakultaet = 5 * Fakultaet(4)

abgearbeitet wird, wobei die Variable n sowie die internen Variablen für Zwischen-, Endergebnisse und erreichter Programmstelle im Stack gespeichert sind. Vor der Multiplikation wird nun die Berechnung unterbrochen. Weiter geht es mit einem erneuten Aufruf des Fakultaet-Unterprogrammes, und zwar auf der Basis eines neuen Variablen-Satzes, bestehend aus der Variablen n, diesmal mit dem Wert auf 4, und den internen Variablen für Zwischen-, Endergebnisse und erreichtem Bearbeitungsstand. Bis runter zum Wert 1 geht das so weiter. Erst am Schluss, wenn Fakultaet(1) sein Ergebnis mit Hilfe der entsprechenden internen Variablen an Fakultaet(2) abgeliefert hat, werden nacheinander die Unterprogramme Fakultaet(2), Fakultaet(3), Fakultaet(4) und schließlich Fakultaet(5) jeweils von der Unterbrechung an zu Ende geführt.

Wir beginnen nun damit, den Minimax-Algorithmus in einer an gebräuchliche Programmiersprachen angelehnte Weise zu formulieren, wie es bereits in den beiden Kästen gehandhabt wurde. Konkret wird ein Minimax-Unterprogramm realisiert, das den Minimax-Wert in Abhängigkeit der Suchtiefe n und der Ausgangsposition Position eines entsprechenden Variablentyps berechnet. Relativ einfach möglich ist das auf der Basis eines rekursiven Ansatzes (siehe dazu Kasten *Unterprogramme und Rekursion*). Die Bestimmung des eigentlich interessierenden Ergebnisses, nämlich des besten Zuges, ist nicht dargestellt, kann aber für die erste Suchtiefen-Stufe problemlos eingefügt werden.

```
FUNCTION Minimax(n, Position)
  IF n = 0 THEN
    Minimax = Schaetzwert(Position)
  ELSEIF Position.AmZug = Weiss THEN
    (bestimme Positionen P(1), ..., P(s), zu denen Weiß
    ausgehend von Position ziehen kann)
    IF s = 0 THEN
      Minimax = Gewinn(Position)
    ELSE
      MaxWert = -unendlich
```

```
      FOR j = 1 TO s
        MaxWert = max(MaxWert, Minimax(n - 1, P(j)))
      NEXT j
      Minimax = MaxWert
    END IF
  ELSE
    (bestimme Positionen P(1), ..., P(s), zu denen Schwarz
    ausgehend von Position ziehen kann)
    IF s = 0 THEN
      Minimax = Gewinn(Position)
    ELSE
      MinWert = unendlich
      FOR j = 1 TO s
        MinWert = min(MinWert, Minimax(n - 1, P(j)))
      NEXT j
      Minimax = MinWert
    END IF
  END IF
END FUNCTION
```

Das Programm ist schnell erklärt: Basis des Funktions-Unterprogrammes `Minimax` sind

- das Funktions-Unterprogramm `Gewinn`, das zu Endpositionen den Gewinn für Weiß ermittelt,
- das Funktions-Unterprogramm `Schaetzwert`, das die Gewinnaussichten von Weiß bei einer Position auf der Basis des Figurenmaterials und der positionellen Gegebenheiten schätzt,
- der nicht näher benannte Zuggenerator, der die Nachfolgepositionen `P(1)`, ..., `P(s)` einer gegebenen Position generiert, sowie
- das `Minimax`-Unterprogramm selbst, nun aber mit einer um 1 verringerten Suchtiefe und für die Nachfolge-Positionen.

Abhängig vom aktuell eingetretenen Fall, nämlich

- bei erreichtem Suchhorizont,
- bei erreichter Endposition,
- bei Weiß am Zug beziehungsweise
- bei Schwarz am Zug,

wird der Minimax-Wert berechnet, und zwar im Regelfall durch Maxi- beziehungsweise Minimierung der rekursiv bestimmten Minimax-Werte der Nachfolge-Positionen.

Für die Programmierung des Alpha-Beta-Verfahrens wird eine modifizierte Minimax-Funktion verwendet. Ist $v(P)$ der übliche Minimax-Wert einer Position P, so berechnet man statt dessen eine Funktion $u(P, \alpha, \beta)$, deren Wert innerhalb des von den beiden Parametern α und β begrenzten Akzeptanzbereichs mit dem Minimax-Wert $v(P)$ übereinstimmt und ansonsten irgendeinen Wert auf der „richtigen" Seite des Akzeptanzbereichs annimmt:

$$u(P,\alpha,\beta) \begin{cases} \leq \alpha & \text{für } v(P) \leq \alpha \\ = v(P) & \text{für } \alpha \leq v(P) \leq \beta \\ \geq \beta & \text{für } \beta \leq v(P) \end{cases}$$

```
FUNCTION AlphaBeta(n, Position, Alpha, Beta)
  IF n = 0 THEN
    AlphaBeta = Schaetzwert(Position)
  ELSEIF Position.AmZug = Weiss THEN
    (erzeuge Positionen P(1),...,P(s), zu denen Weiß von Position ziehen kann)
    IF s = 0 THEN
      AlphaBeta = Gewinn(Position)
    ELSE
      MaxWert = Alpha
      FOR j = 1 TO s
        WertAkt = AlphaBeta(n-1, P(j), MaxWert, Beta)
        MaxWert = max(MaxWert, WertAkt))
        IF MaxWert >= Beta THEN EXIT FOR
      NEXT j
      AlphaBeta = MaxWert
    END IF
  ELSE
    (erzeuge Positionen P(1),...,P(s), zu denen Schwarz von Position ziehen
    kann)
    IF s = 0 THEN
      AlphaBeta = Gewinn(Position)
    ELSE
      MinWert = Beta
      FOR j = 1 TO s
        WertAkt = AlphaBeta(n-1, P(j), Alpha, MinWert)
        MinWert = min(MinWert, WertAkt)
        IF MinWert <= Alpha THEN EXIT FOR
      NEXT j
      AlphaBeta = MinWert
    END IF
  END IF
END FUNCTION
```

Unterschiedlich zum Minimax-Programm sind die den Akzeptanzbereich begrenzenden Variablen `Alpha` und `Beta`, deren Werte ausgehend vom ursprünglichen Input während der Optimierung an das bereits Erreichte angepasst werden. Dadurch wird ein beispielsweise mit dem Zug zur Position `P(j)` gesicherter Gewinn für die noch zu untersuchenden Züge nach `P(j+1)`, ..., `P(s)` zur Mindestanforderung. Stellt sich während der Optimierung heraus, dass der aktuell ziehende Spieler ein relativ zum Akzeptanzbereich zu günstiges Ergebnis erzielen kann, wird sofort mit einem Cutoff abgebrochen. Wichtig ist noch der Beginn des Alpha-Beta-Verfahrens: Um den gewünschten Minimax-Wert zu erhalten, muss der Akzeptanzbereich zu Beginn groß genug gemacht werden – für eine beliebige Position P ist

Minimax(n, P) = AlphaBeta(n, P, -unendlich, unendlich)

Gleichermaßen unschön an beiden Unterprogrammen ist, dass die Unterscheidung des Zugrechtes in jeweils zwei fast gleichen Programmteilen behandelt wird. Mit etwas Aufwand kann dieser Nachteil allerdings behoben werden, wenn das Spiel immer aus dem Blickwinkel des gerade ziehenden, seinen eigenen Gewinn *maximierenden* Spielers gesehen wird. Die so konzipierten Varianten der beiden Algorithmen heißen **Negamax**-Versionen.

Bei der praktischen Schachprogrammierung unbedingt zu vermeiden sind die Positions-variablen P(1), ..., P(s), für deren Initialisierung viele Bytes kopiert werden müssen. Effektiver ist es, die in der Variablen Position gespeicherten Daten direkt zu ändern. Allerdings müssen in diesem Fall die Originaldaten wiederhergestellt werden, wenn ein Zug fertig analysiert ist. Konkret muss dazu der Zug zurückgenommen werden.

Maschinelles Lernen und Monte-Carlo-Spielbaumsuche

Minimax- und Alpha-Beta-Suche eignen sich universell für jedes endliche Zwei-Perso-nen-Nullsummenspiel mit perfekter Information. Die so erzielten Resultate sind exakt, sofern der Spielbaum jeweils bis zum Ende durchlaufen werden kann, was aber in der Praxis „richtiger" Spiele aufgrund der dafür notwendigen Rechenzeit de facto unerreich-bar ist. Die Kunst der Spielprogrammierung besteht daher darin, die beschränkte Res-source der Rechenzeit bestmöglich zu nutzen, indem die – nicht unbedingt konstante – Suchtiefe sowie das für die Positionen am Suchhorizont verwendete Verfahren zur Schätzung der Gewinnausschichten in Form des Minimax-Wertes möglichst gut auf die Eigenschaften des zu untersuchenden Spiels ausgerichtet werden. Dabei werden in der Schätzfunktion in der Regel einfach erkennbare Positionsmerkmale wie die Anzahlen, Standorte und Mobilitäten der diversen Spielsteintypen im Rahmen einer Summe geeig-net, das heißt in der Regel insbesondere mit gegenteiligem Vorzeichen für die beiden Spieler, gewichtet.

Wie stark spielspezifisch und damit letztlich außerhalb rein mathematischer Ansätze vorgegangen werden muss, zeigt bereits ein Vergleich zwischen Schach und Backgam-mon: Eine Position im Mittelspiel des Schachs kann unter Umständen durch das Verrü-cken eines einzelnen Bauern um nur ein Feld von einer Gewinn- in eine Verlustposition verwandelt werden. Verrückt man dagegen bei einer Backgammonposition einen Stein um ein Feld, wird dadurch der Wert der Position, bei dem es sich aufgrund des Zufall-seinflusses um einen Erwartungswert handelt, relativ wenig geändert. Außerdem ist der Spielbaum des Backgammon aufgrund des zusätzlichen Würfeleinflusses stärker ver-zweigt als der Spielbaum des Schach. Backgammon ist damit ein Spiel, bei dem es eher lohnend erscheint, nach guten Schätzfunktionen für den Wert einer Position zu suchen, während beim Schach eher der Fokus auf einer effizienten Durchsuchung des Spiel-baums liegen sollte.

Wie aber findet man eine „gute", das heißt eine sich im praktischen Einsatz bewährende, Schätzung des aktuellen Positionswertes? Wie lassen sich Wissen und Erfahrung über ein Spiel für die Konstruktion einer Schätzfunktion nutzen? Ist es sogar möglich, eine gute Schätzfunktion ohne Spielerfahrung rein auf Basis der Spielregeln mit universellen Methoden zu generieren?

Die Ansätze zu den aufgeworfenen Fragen sind so vielfältig wie die Charaktere der Brettspiele, für die Spielprogramme implementiert wurden. Wir begnügen uns daher mit einem kurzen Überblick[180].

---

[180] Für weitere Details und Referenzen wird verwiesen auf: Johannes Fürnkranz: *Machine learning in games: A survey*, in: J. Fürnkranz, M. Kubat, *Machines that learn to play games*, Huntington, 2001.

Eine Schätzfunktion für den Wert einer Position ist in der Regel eine einfache Rechen-vorschrift in Form einer gewichteten Summe[181], bei der die gewichteten Summanden leicht erkennbaren, quantitativen Eigenschaften der Position entsprechen, die aufgrund der Spielerfahrung als wesentlich für die Abschätzung der Gewinnaussichten gelten. Für das klassische Beispiel des Schachspiels handelt es sich bei diesen Positionseigenschaf-ten insbesondere um die Anzahlen der verschiedenen Figurentypen sowie um Zähler für deren Mobilität. Es wurde bereits erwähnt, dass schon die Pioniere der Schachprogram-mierung Shannon und Turing diese Parameter verwendeten.

Wie können aber die Gewichte, beim Schach etwa ausgehend von Shannons auf Basis von Spielerfahrung festgelegten Werten ±200, ±9, ±5, ±3, ±3, ±1 für die verschiedenen Figurentypen, durch einen automatisierten Lernprozess optimiert werden? Zwei prinzi-pielle Ansätze gibt es dazu:

- Einerseits können die Gewichte durch einen Test auf Basis einer Bibliothek mit Re-ferenzpositionen „kalibriert" werden. Prüfkriterien können dabei sowohl die Appro-ximation des Minimax-Wertes[182], das Auffinden des insgesamt besten Zuges als auch das Auffinden des besten Zuges aus einer vorgegebenen Liste von Zügen sein (**Comparison Training**). Alle solche Methoden, die auf bereits vorhandenem Wis-sen aufbauen, werden als **Supervised Learning** bezeichnet.

- Bereits in den 1950er Jahren beschrieb Arthur Samuel für sein Dame-Programm ei-nen Lernprozess, bei dem Programmversionen mit unterschiedlichen Gewichten ge-geneinander spielen. Möglich ist natürlich auch ein Turnier gegen andere, bereits eta-blierte Spielprogramme oder gegen gute Spieler. Dieses Vorgehen, das aufgrund seines empirischen Charakters eine gewisse Verwandtschaft mit der Monte-Carlo-Methode besitzt, zählt zu den Methoden des so genannten Verstärkungslernens, für das meist der englische Begriff **Reinforcement Learning** verwendet wird. Diese Methoden sind für Szenarien konzipiert, bei denen das lernende Computerprogramm über einen Erfolg oder Misserfolg nicht unmittelbar nach einer einzelnen (Zug-)Ent-scheidung informiert wird, sondern nur global, das heißt bei Spielen in der Regel erst am Ende einer konkret gespielten Partie. Dieses Ergebnis muss dann mit den Schätz-werten, die das zu optimierende Computerprogramm im Verlauf der Partie bei seinen Zugentscheidungen berechnet hat, verglichen werden, um so die Gewichte der zu-grunde liegenden Schätzfunktion zu verbessern.

Ein konkretes Verfahren des Reinforcement Learning ist das so genannte **Temporal Dif-ference Learning**, welches erstmals 1988 durch Sutton und Barto beschrieben wurde. Bei Spielen wird dabei zur Folge der Positionen, bei denen der Computer gezogen hat, die zugehörige Sequenz der auf Basis der aktuellen Gewichte berechneten Werte v_0, v_1, v_2, ... betrachtet – und zwar entweder die Schätzwerte selbst oder die daraus in einer be-

---

[181] Eine bemerkenswerte Ausnahme ist die Verwendung eines neuronalen Netzwerks, einem mathema-tischen Modell für mehrstufig miteinander verknüpfte Gehirnzellen. Neuronale Netze eignen sich – etwa im Rahmen einer Mustererkennung – dazu, durch das Setzen, das heißt „Erlernen", der inter-nen Parameter aus bestimmten Eingangswerten gewünschte Ausgangswerte zu generieren. Im Be-reich eines Spielprogrammes erfolgte der erste erfolgreiche Einsatz 1989 im Rahmen eines Back-gammon-Programmes.

[182] Bei Othello wurden dazu mit Brute-Force-Methoden berechnete Minimax-Werte zu Positionen mit mindestens 48 belegten Feldern verwendet. Möglich ist aber auch die Verwendung von Datenban-ken mit Partien von guten Spielern.

schränkten Baumsuche berechneten Minimax-Werte. Im Fall eines beidseitig optimalen Spiels – und gegebenenfalls eines jeweils „ausgewogen" wirkenden Zufalls – wären die richtigen Positionswerte alle gleich, wobei es plausibel ist, dass die Approximationen zum Ende der Partie tendenziell besser sind. Insofern bieten sich die temporalen Differenzen $d_t = v_{t+1} - v_t$ als Vorgaben dafür an, wie die Approximationswerte mittels einer Modifikation der Gewichte tendenziell zu verändern sind.

Für die konkrete Realisierung der Gewichte-Anpassung in Spielprogrammen wurden auf Basis einer Grundformel für das Temporal-Difference-Verfahren verschiedene Varianten vorgeschlagen und für diverse Spiele untersucht. Dabei ist innerhalb der Anpassungformel für die Gewichte sowohl die Lernrate als auch die Dämpfung bei der Wirkung auf länger zurückliegende Positionen durch Parameter steuerbar. Organisatorisch hat es sich bewährt, die Gewichte erst am Ende einer Partie – und nicht bereits nach jeder Zugentscheidung – zu verändern.

Ausgehend von den krassen Misserfolgen im Computer-Go, die sich für alle bisher beschriebenen Ansätze ergaben, wurden für Go ab 2006 gänzlich neue Techniken entwickelt[183], die in grundlegenden Ideen allerdings bereits 1990 von Abramson und 1993 von Bernd Brügmann vom Max-Planck-Institut für Physik in München skizziert worden waren: Bei der so genannten **Monte-Carlo-Baumsuche** wird der Wert einer Position am Ende einer durchsuchten Variante Monte-Carlo-mäßig dadurch abgeschätzt, dass ausgehend von dieser Position genügend viele Partien mit beidseitig zufälliger Zugauswahl gespielt werden. Im Detail lässt sich dieser algorithmische Ansatz, für den außer den Spielregeln kein Wissen über das Spiel erforderlich ist, in verschiedenster Weise variieren:

* Für den eigentlichen Minimax-Prozess reicht bereits die Suchtiefe 1. Das heißt, es werden die Monte-Carlo-Schätzwerte von denjenigen Positionen miteinander verglichen, die unmittelbar nach dem aktuell zu entscheidenden Zug entstehen. Der Zug, der zur Position mit dem höchsten Monte-Carlo-Schätzwert führt, wird schließlich ausgewählt.

* Spätere Zugentscheidungen werden meist zufällig gefällt, nämlich genau dann, wenn eine Position im Rahmen der aktuellen Monte-Carlo-Schätzung das erste Mal erreicht wird. Ab dem zweiten Erreichen einer Position findet die Zugauswahl „intelligent" statt, wobei das Ziel verfolgt wird, sowohl gute als auch vielversprechende Züge zu berücksichtigen. Dazu wird jeweils das während der Monte-Carlo-Schätzung bereits erzielte Wissen bestmöglich genutzt, wozu sich das Spielprogramm zu jeder durchlaufenen Position die Zahl der Durchläufe und die in diesen Partien erzielte Gewinnsumme merkt. Wie gerade schon erwähnt versucht das Programm auf Basis dieser Daten bei der Zugauswahl sowohl gute als auch vielversprechende Züge zu berücksichtigen, wobei mit diesen beiden Kategorien einerseits Züge gemeint sind, die in vorangegangen Partien im Durchschnitt gute Ergebnisse geliefert haben, und andererseits solche, die aufgrund ihrer bisher vergleichsweise seltenen Auswahl oder der bisherigen Gewinnsumme nicht als hoffungslos einzustufen sind. Bei der Abwägung zwischen den beiden Zugkategorien bewährt hat sich der so genannte **UCT-**

---

[183] G.M.J.-B. Chaslot, M. H. M. Winands, J.W.H.M. Uiterwijk, H. J. van den Herik, and B. Bouzy, *Progressive strategies for Monte-Carlo tree search*, New Mathematics and Natural Computation, <u>4</u>(3), 2008, S. 343-357

Algorithmus, wobei UCT für **Upper Confidence Bounds applied to Trees** steht[184]. Ausgewählt wird jeweils derjenige Zug, bei dem eine aus zwei Summanden gebildete Summe maximal wird: Der erste Summand ist gleich dem für diesen Zug bisher ermittelten Durchschnittsgewinn. Der zweite Summand entspricht einem Aufschlag, der die mit diesem Zug verbundene „Hoffnung" widerspiegelt, wie sie insbesondere bei bisher vergleichsweise selten gewählten Zügen vorhanden ist.

- Schließlich erhält man die Schätzungen für die Minimax-Werte der Positionen nach dem ersten Zug dadurch, dass jeweils von den betreffenden Spielergebnissen der Durchschnitt gebildet wird.

Der große Durchbruch im Computer-Go erfolgte 2016, als das Programm AlphaGo der 2011 gegründeten und 2014 von Google übernommenen Firma DeepMind den südkoreanischen Weltklasse-Go-Spieler Lee Sedol mehrfach besiegte. Das Programm verwendete eine Monte-Carlo-Baumsuche, wobei sowohl die Auswahl der Zugkandidaten als auch die Bewertungsfunktion durch neuronale Netzwerke[185] realisiert wurden, deren Parameter durch Reinforcement Learning verbessert wurden.[186] Anderthalb Jahre später konnte in der drastisch besser spielenden Version AlphaGo Zero sogar auf die Partien von Go-Meistern verzichtet werden, mit denen zuvor das neuronale Netzwerk zur Generierung der Zugkandidaten noch initialisiert worden war.[187]

Weiterführende Literatur zur Schachprogrammierung:

David Levy, Monty Newborn, *How computers play chess*, New York 1991.

Rainer Bartel, Hans-Joachim Kraas, Günter Schrüfer, *Das große Computerschachbuch*, Düsseldorf 1985.

Hans-Peter Ketterling, Frieder Schwenkel, Ossi Weiner, *Schach dem Computer*, München 1980.

Feng-hsiung Hsu, Thomas Anantharaman, Murray Campell, Andreas Nowatzky: *Eine Schachmaschine als Schach-Großmeister*, Spektrum der Wissenschaft, 1990/12.

Jonathan Schaeffer, *Games computers (and people) play*, in: Marvin V. Zelkowitz (ed.), *Advances in Computers*, 52, San Diego 2000, S. 189-266.

Lars Bremer, *Von MIPS zu Grips*, c't, 2007/18, S. 170-175.

---

[184] Beim „normalen" **Upper-Confidence-Bounds-Algorithmus** (UCB) handelt es sich um ein Entscheidungsverfahren, welches das folgende Problem annähernd optimal löst: Gegeben sind n Zufallsgrößen X_1, X_2, ..., X_n mit unbekannten Wahrscheinlichkeitsverteilungen, von denen der Spieler Runde für Runde jeweils eine auswählen kann, um so auf Dauer eine möglichst hohe Summe zu „erwürfeln". Konkret ist es also das Ziel des Spielers, seine Auswahlentscheidung jeweils abhängig von seinem Vorwissen, das die „Würfel"-Ergebnisse der bereits gespielten Runden umfasst, zu optimieren.
Das Szenario wird häufig mit einer Slot Machine beschrieben, die abweichend vom Standard des „Einarmigen Banditen" n Betätigungshebel zur Auswahl n verschiedener, nicht näher bekannter Gewinnspiele besitzt (**Multi Armed Bandit Problem**).

[185] Siehe auch Fußnote 181.

[186] David Silver, Aja Huang u. a.: *Mastering the game of Go with deep neural networks and tree search*, Nature, 529 (2016), S. 484–489.

[187] Michael Nielsen: *Alpha Go – Computer lernen Intuition*, Spektr. d. Wissenschaft 1/2018, S. 22–27.

2.11 Gewinnaussichten – immer berechenbar?

Zwei Mathematiker spielen das folgende Spiel: Gezogen wird abwechselnd, wobei sich eine Partie stets über fünf Züge erstreckt. Für jeden Zug denkt sich der betreffende Spieler eine beliebige, nicht negative, ganze Zahl aus und gibt sie seinem Gegner bekannt. Nach fünf Zügen mit den dabei ausgewählten Zahlen x_1, x_2, x_3, x_4, x_5 gewinnt der erste Spieler genau dann, wenn

$$x_1^2 + x_2^2 + 2x_1x_2 - x_3x_5 - 2x_3 - 2x_5 - 3 = 0$$

ist. Welcher Spieler besitzt eine Gewinnstrategie?

Dass es sich bei den beiden Spielern um Mathematiker handelt, ist für die Gewinnaussichten des Spiels sicherlich ohne Belang – wer aber sonst würde ein so eigenartiges Spiel spielen? Natürlich dient das Spiel überhaupt nicht dem Zweck, wirklich – und sei es von Mathematikern – gespielt zu werden. So nutzen wir es auch mehr zur Vorbereitung auf das nächste Kapitel, in dem es dann garantiert wieder um „richtige" Spiele geht.

Bei der etwas merkwürdigen Formel fällt zunächst auf, dass die Zahl x_4 überhaupt nicht gebraucht wird. Außerdem erkennt man, dass sich die Gleichung zu

$$(x_1 + x_2)^2 + 1 = (x_3 + 2)(x_5 + 2)$$

umformen lässt. In dieser Form wird nun ersichtlich, wie die beiden Spieler strategisch vorgehen sollten. Der erste Spieler kann genau dann gewinnen, wenn die beiden ersten Züge einen Wert $(x_1 + x_2)^2 + 1$ hervorgebracht haben, der keine Primzahl ist. Denn dann und nur dann kann der erste Spieler seine beiden Zahlen x_3 und x_5 auf der Basis einer Produkt-Zerlegung so wählen, dass die Gleichung erfüllt ist. Um sicher zu gewinnen, muss der zweite Spieler also versuchen, seine Zahl x_2 so zu wählen, dass $(x_1 + x_2)^2 + 1$ eine Primzahl ist. Unabhängig von dem Eröffnungszug x_1 seines Gegners ist ihm das aber nur dann möglich, wenn es unendlich viele Primzahlen der Form $n^2 + 1$ gibt – ob dies der Fall ist, muss aber hier offen bleiben, da es sich um ein bisher ungelöstes Problem handelt[188]. Sollte es nur endlich viele Primzahlen der genannten Form geben, braucht der erste Spieler seine erste Zahl x_1 nur entsprechend groß genug wählen, um sicher zu gewinnen.

Fassen wir das Ergebnis zusammen: Zwar hat einer der beiden Spieler eine Gewinnstrategie, allerdings wissen wir nicht, wer das ist!

Das beschriebene Spiel stammt von James Jones, der zugleich noch eine Klasse ähnlicher, weit bemerkenswerterer Spiele konstruierte[189]. Wieder wählen die beiden Spieler abwechselnd Zahlen aus, diesmal im Verlauf von 17 Zügen. Der erste Spieler gewinnt, wenn der Ausdruck

---

[188] Siehe Paulo Ribenboim, *The book of prime number records*, New York 1988, S. 322 (6. III. A. Conjecture E). Für die Anzahl solcher Primzahlen bis zu einer bestimmten Größe gibt es eine Näherungsformel, die sich experimentell und auf der Ebene von probabilistischen Plausibilitätsbetrachtungen begründen lässt. Die Formel ist zwar ein Indiz dafür, dass es unendlich viele Primzahlen der Form $n^2 + 1$ gibt, ein Beweis ist sie aber nicht.

[189] J. P. Jones, *Some undecidable determined games*, International Journal of Game Theory, <u>11</u> (1982), S. 63-70.

$$\{n + x_5 + 1 - x_4\}\{\langle\langle (x_5 + x_7)^2 + 3x_7 + x_5 - 2x_4\rangle^2 +$$

$$\langle [(x_{12} - x_7)^2 + (x_{14} - x_{11})^2][(x_{12} - x_5)^2 + (x_{14} - x_9)^2((x_4 - n)^2 + (x_{14} - x_{11} - n)^2)]$$

$$[(x_{12} - 3x_4)^2 + (x_{14} - x_9 - x_{11})^2][(x_{12} - 3x_4 - 1)^2 + (x_{14} - x_9 x_{11})^2] - x_{15} - 1\rangle^2$$

$$\langle [x_{14} + x_{15} + x_{15}x_{12}x_3 - x_1]^2 + [x_{14} + x_{17} - x_{12}x_3]^2\rangle\}$$

gleich 0 ist. Der im Ausdruck enthaltene Parameter n wird nicht durch die Spieler gewählt, sondern ist Bestandteil der Spielregel. Das heißt, zu jedem Wert n = 0, 1, 2, ... gehört ein Spiel. Die Frage lautet natürlich: Für welche der Spiele hat der erste Spieler eine Gewinnstrategie und für welche der zweite[190]? Zu überlegen ist also, wie die Gewinnaussichten des zu einem Parameter n gehörenden Spiel bestimmt werden können.

Dass ein normales Minimax-Verfahren kaum angewendet werden kann, ist nahe liegend. Schließlich gibt es für jeden Zug unendlich viele Möglichkeiten, was bereits beim eingangs diskutierten Spiel für Schwierigkeiten sorgte. Wie lange soll nach einem guten Zug gesucht werden? Kann eine erfolglos gebliebene Suche irgendwann abgebrochen werden, weil sowieso kein Gewinnzug mehr gefunden werden kann? Oder auf welche andere Weise lassen sich die beidseitig unendlich vielen Zugmöglichkeiten durch eine endliche Zahl von Rechenschritten bewerten?

Es kommt schlimmer, als man es sich vielleicht vorstellen mag: Das Problem ist nämlich unentscheidbar, das heißt, es lässt sich nachweisen, dass es keinen Algorithmus gibt, der für jedes der Spiele dieser Klasse die Gewinnaussichten bestimmt! Ein Computer wird nie so programmiert werden können, dass er zu jedem Wert n die Gewinnaussichten des zugehörigen Spiels berechnet. Kein noch so kreativer Mathematiker wird je eine allgemeine Lösung beweisen können, welche Spiele vom ersten Spieler und welche vom zweiten sicher gewinnbar sind.

Wie sind solche, im ersten Moment zweifellos erstaunliche, wenn nicht sogar unglaubliche Aussagen zu erklären? Um sie zu verstehen, bedarf es einiger Kenntnisse über die Grundlagen und Denkweisen der theoretischen Informatik und der mathematischen Logik, bei deren Studium man oft an die Grenzen der menschlichen Vorstellungskraft stößt, vielleicht auch ein Grund dafür, dass ein so umfangreiches wie anspruchsvolles Buch wie *Gödel, Escher, Bach*[191], das sich mit solchen Themen beschäftigt, zu Beginn der 1980er Jahre zum Bestseller werden konnte.

Wir beginnen unseren Exkurs zu den Grundlagen der theoretischen Informatik und der mathematischen Logik mit dem Begriff der **Berechenbarkeit**: Noch vor der technischen Realisierung universeller, das heißt frei programmierbarer, Rechenmaschinen wurden Mitte der 1930er Jahre verschiedene Ansätze gemacht, Berechenbarkeit formal zu definieren. Natürlich sollte eine solche Definition im Einklang stehen mit der bestehenden Anschauung und Erfahrung über Berechenbarkeit. Einzuschließen sind daher beispielsweise arithmetische Operationen und Rechenverfahren. Eine sehr suggestive Definition stammt von Alan Turing und basiert auf einem gedanklichen Modell eines primitiv anmutenden, aber bereits univer-

---

[190] Die Existenz von Gewinnstrategien ist gesichert, obwohl eine Voraussetzung von Zermelos Bestimmtheitssatz, nämlich die Endlichkeit der zur Auswahl stehenden Zugmöglichkeiten, nicht erfüllt ist.

[191] Doulgas R. Hofstadter, *Gödel, Escher, Bach*, Stuttgart 1985 (amerikan. Orig. 1979).

sell programmierbaren Rechners, später Turing-Maschine genannt[192]. Andere Ansätze waren rein arithmetisch, stellten sich ebenso wie noch andere Definitionsversuche allesamt als äquivalent zu Turings Definition heraus. 1936 formulierte daher Alonzo Church (1903-1995) die später nach ihm benannte These, gemäß der alles, was im intuitiven Sinne berechenbar ist, bereits mit einer Turing-Maschine berechnet werden kann. Für unsere informellen Überlegungen können wir daher die folgende Vereinbarung zugrunde legen:

> Berechenbar ist alles das, wozu ein heute üblicher, das heißt vollkommen deterministisch arbeitender Computer entsprechend programmiert werden kann. Dabei beschränken wir uns auf solche Programme, die ausgehend von einem Input einen einzigen Output liefern. Abweichend von der technischen Praxis wird der Arbeitsspeicher als unbegrenzt groß angenommen.

Auch wenn die Bezeichnung „berechenbar" einen engen Bezug zu Zahlen nahe legt, so ist der Begriff keineswegs darauf beschränkt. Gegenstand der Berechnungen können beispielsweise auch Texte und Spielpositionen sein. Bezogen auf den Komfort der Programmierung ist es, wie bereits im letzten Kapitel geschehen, auch beim Arbeiten an unserem fiktiven Modellcomputer wieder empfehlenswert, mit höheren Programmiersprachen zu arbeiten[193]. Das heißt, mit Hilfe von Systemprogrammen wie einem Interpreter oder Compiler werden die Hochsprachen-Programme in Folgen von Maschinenbefehlen übersetzt und anschließend bearbeitet, wobei es sich bei der Übersetzung um nichts anderes handelt als um eine spezielle Berechnung in Form einer Texttransformation. Insgesamt wird dadurch ein Compiler zu einem universellen Programm, das bei entsprechendem Input, nämlich einem Programm der entsprechenden Programmiersprache, jede beliebige Berechnung durchführen kann.

Verweilen wir noch etwas beim Thema Compiler: Bekanntlich findet ein Compiler während der Übersetzung syntaktische Fehler, also Verstöße des eingegebenen Programmes gegen die Regeln der verwendeten Programmiersprache. Allerdings muss, wie es wohl schon jeder Programmierer leidvoll selbst erfahren hat, ein erfolgreich compiliertes Programm keineswegs einwandfrei arbeiten. So kann das Programm aufgrund eines Konzeptionsfehlers etwas anderes berechnen als es eigentlich soll. Es kann sogar noch schlimmer kommen: Ohne je zu stoppen, verliert sich das Programm in einer Endlos-Schleife.

Äußerst praktisch wäre es daher, wenn bereits der Compiler so verbessert werden könnte, dass er Endlos-Schleifen automatisch erkennt. Für einfache Fälle wie das folgende Beispiel erscheint das nicht schwierig:

```
N = 1
WHILE N > 0
  N = N + 1
WEND
```

Wie sieht es aber beim nächsten Programm aus, dessen Programmverlauf von einer zu Beginn eingegebenen Ganzzahl N abhängt?

---

[192] Alan M. Turing, *On computable numbers, with an application to the Entscheidungsproblem*, Proceedings of the London Mathematical Societey, (2) 42 (1936), S. 230-265, (2) 43 (1937), S. 544-546.

[193] Eine Reduzierung PASCAL-ähnlicher Programmiersprachen auf einen universellen, den Programmen von Turing-Maschinen entsprechenden Minimalumfang wird in Jürgen Albert, Thomas Ottmann, *Automaten, Sprachen und Maschinen für Anwender*, Zürich 1983, S. 274 ff. beschrieben.

```
INPUT N
WHILE N <> 1
  IF (N MOD 2) = 0 THEN N = N/2 ELSE N = 3 * N + 1
WEND
```

Für welche Eingabewerte N stoppt das Programm, für welche nicht? Über diese konkrete Frage hinaus ist es natürlich viel interessanter, die allgemeine Problemstellung, das sogenannte **Halteproblem**, zu untersuchen. Kann für ein zusammen mit seinem Input vorliegendes Programm entschieden werden, und wenn ja wie, ob es irgendwann stoppt? Das heißt, kann diese Prüfung mit einem Computerprogramm erfolgen, das immer nach endlicher Zeit zu einem eindeutigen Ergebnis kommt?

Ein solches Programm wäre nicht nur für Programmierer äußerst interessant. Sogar mathematische Probleme ließen sich damit lösen. Soll beispielsweise geprüft werden, ob eine Gleichung wie

$$x^n + y^n = z^n$$

für positive ganze Zahlen n, x, y, z mit $n \geq 3$ lösbar ist, so könnte ein entsprechendes Programm erstellt werden: Mit Hilfe von Unterprogrammen, die beliebig große Zahlen addieren und multiplizieren, werden nacheinander systematisch alle Kombinationen möglicher Werte (n, x, y, z) durchsucht und darauf geprüft, ob sie die fragliche Gleichung erfüllen. Dabei wird die Suche so lange fortgesetzt, bis das Programm eine Lösung findet und dann stoppt. Könnte man nun feststellen, ob dieses Suchprogramm irgendwann stoppt, das heißt, ob es irgendwann eine Lösung findet, dann wäre auch die Lösbarkeit der Gleichung geklärt. Auch die eingangs erwähnte Frage, ob es unendlich viele Primzahlen der Form $n^2 + 1$ gibt, ließe sich analog lösen. Dazu ist im Wesentlichen das Halteverhalten eines Suchprogrammes zu testen, das beginnend ab einem erfolgten Input N aufsteigend alle Zahlen darauf prüft, ob sie prim von der Form $n^2 + 1$ sind und beim ersten Erfolg stoppt. Aufbauend darauf sind dann in aufsteigender Reihenfolge alle Inputs N so lange zu durchsuchen, bis ein Input mit festgestelltem Endlos-Lauf gefunden wird. Genau dann, wenn dieses Programm nie hält, gibt es unendlich viele Primzahlen der Form $n^2 + 1$.

Aufgrund der hohen Qualität der beiden Beispielprobleme sind ernsthafte Zweifel an der Lösbarkeit des Halteproblems unvermeidlich – wie schon erwähnt ist nämlich die richtige Antwort auf das zweite Problem nicht bekannt, während es sich bei dem ersten Problem um die berühmte Fermat'sche Vermutung handelt, bei der seit ihrer Formulierung durch Pierre de Fermat über 350 Jahre vergingen, bis eine Lösung gelang[XL]. Und in der Tat handelt es sich beim Halteproblem um ein nicht entscheidbares Problem, also eine algorithmisch unlösbare Aufgabe. Mit anderen Worten, kein Computerprogramm wird das Halteproblem je lösen können. Nachweisen lässt sich eine solche Unmöglichkeit in indirekter Weise. Man nimmt dazu an, es gäbe ein entsprechendes Testprogramm, erweitert dann dieses Programm in geeigneter Form und erhält schließlich einen Widerspruch dadurch, dass man das erweiterte Programm sich selbst testen lässt (siehe Kasten *Das Halteproblem*).

Das Halteproblem

Bei den Programmen, die wir auf eine endliche Laufzeit untersuchen wollen, gehen wir von folgenden Annahmen aus:

- Es handelt sich um Programme für unseren fiktiven, in seinem Arbeitsspeicher unbegrenzten Modellcomputer.
- Die Programme sind in einer bestimmten Programmiersprache wie PASCAL, C oder BASIC formuliert, die – so die formale Voraussetzung – mächtig genug ist, um damit einen Compiler für die Sprache selbst realisieren zu können.
- Das Programm erhält einen als Text vorliegenden Input, wobei Zahleneingaben zuvor entsprechend transformiert werden und mehrere Eingaben durch geeignete, anderweitig nicht verwendete Trennzeichen wie beispielsweise „$" kenntlich gemacht sind.

Gibt es nun, so die Fragestellung des Halteproblems, ein Programm – wir wollen es STOPTEST nennen –, das bei Eingabe eines Programmes und eines dafür bestimmten Text-Inputs feststellt, ob das Programm mit diesem Input irgendwann stoppt? Das heißt, das Programm STOPTEST selbst soll immer nach einer endlichen Rechenzeit enden und dann ein dem geprüften Input entsprechendes Ergebnis „EWIG" beziehungsweise „HÄLT" ausgeben. Außerdem erfolgt im Sonderfall, dass der erste Eingabeteil keinem syntaktisch richtigen Programm entspricht, die Ausgabe „HÄLT". Für diese Teilaufgabe kann ein normaler Compiler verwendet werden.

Der Nachweis, dass es kein Programm mit der gewünschten Eigenschaft wie STOPTEST geben kann, erfolgt indirekt. Dazu gehen wir von einer angenommenen Realisierung des Programmes STOPTEST aus, welche die beiden Inputs durch das vereinbarte Trennzeichen voneinander abgetrennt erwartet. Wir werden nun diese Annahme zu einem Widerspruch führen, wozu wir zunächst das Programm STOPTEST zu einem Programm DIAGONAL erweitern, das die folgenden drei Programmschritte umfasst:

1. Zunächst wird der Input-Text dupliziert, wobei die beiden Exemplare mit dem für STOPTEST verwendeten Trennzeichen voneinander abgeteilt werden.

2. Mit dem duplizierten Input wird nun STOPTEST gestartet, das heißt, der ursprüngliche Input der DIAGONAL-Programmes wird doppelt verwendet, nämlich sowohl als zu testendes Programm als auch als dafür bestimmter Input.

3. Der weitere Verlauf des DIAGONAL-Programmes wird abhängig davon gestaltet, zu welchem Ergebnis, nämlich „HÄLT" oder „EWIG", das gestartete Unterprogramm STOPTEST kommt:
   → Lautet das Ergebnis „HÄLT", so wird DIAGONAL in eine Endlosschleife geführt.
   → Lautet das Ergebnis „EWIG", so stoppt DIAGONAL unverzüglich.

Die Eigenschaften des so zusammengestellten Programmes DIAGONAL lassen sich sofort aus denen des STOPTEST-Programmes ableiten. Handelt es sich bei dem Input um kein syntaktisch korrektes Programm, so läuft DIAGONAL endlos. Interessanter sind selbstverständlich die anderen Fälle, bei denen die Eingabe einem syntaktisch einwandfreien Programm entspricht:

- Stoppt das eingegebene Programm irgendwann, sofern es mit sich selbst als Input gestartet wird, dann läuft DIAGONAL mit diesem Programm als Eingabe endlos.
- Läuft das eingegebene Programm endlos, wenn es sich selbst als Input erhält, so stoppt DIAGONAL bei dieser Eingabe.

Jetzt kommt der Clou. Was passiert, wenn nun auch das Programm DIAGONAL sich selbst als Input erhält? Stoppt es irgendwann oder läuft es endlos? Egal, von welcher der beiden Annahmen man ausgeht, der umgehende Widerspruch ist unvermeidlich: Bei einer Selbstanwendung stoppt DIAGONAL irgendwann, wenn es nie stoppt und umgekehrt. Gleichsam der Aussage „Dieser Satz ist falsch" liegt ein Widerspruch in sich vor. Ursache ist ein negierender Selbstbezug, den bereits in der Antike der aus Kreta stammende Gelehrte Epimenides erkannte, als er das Paradoxon „Alle Kreter sind Lügner" formulierte. Im Falle des Programmes DIAGONAL kann der Widerspruch nur aufgelöst werden, wenn die eingangs gemachte Annahme, ein Programm STOPTEST könne realisiert werden, als widerlegt angesehen wird.

Zum Widerspruch führende Selbstbezüge spielen in der Mathematik nicht nur beim Halteproblem eine Rolle. Als Erster verwendete der Begründer der Mengenlehre, Georg Cantor (1845-1918), solche Diagonalverfahren. Er bewies 1874 auf diese Weise, dass die Zahlen des Zahlenstrahls – anders als die Gesamtheit der Brüche – nie in Form einer unendlichen Liste aufgezählt werden können. Damit wurden erstmals Unterschiede zwischen unendlichen Gesamtheiten erkennbar. Weniger angenehm für Cantor war eine andere Anwendung des Diagonalverfahrens, mit der 1906 Bertrand Russell (1872-1970) einen logischen Widerspruch in Cantors Version der Mengenlehre nachwies, als er die Menge aller Mengen, die sich nicht selbst als Element enthalten, erdachte und fragte, ob sich diese Menge wohl selbst als Element enthält. Mit noch weit anspruchsvolleren Diagonal-Konstruktionen gelang 1931 Kurt Gödel (1906-1978) der Beweis des so genannten Unvollständigkeitssatzes. Nach diesem Satz kann eine mathematische Theorie wie etwa die Arithmetik oder die klassische Geometrie niemals vollständig auf der Basis einer endlichen Anzahl von als richtig vorausgesetzten Grundannahmen entschieden werden. Das heißt, egal mit welchen plausiblen, als Axiome bezeichneten und in sich widerspruchsfreien Grundannahmen man die Theorie begründet, stets wird es Aussagen geben, die zwar richtig, trotzdem aber nicht beweisbar sind. Immer sind nämlich Aussagen formulierbar, die weder selbst noch deren Negation bewiesen werden können. Eine Aussage eines solchen Paares muss aber wahr sein. Daher gibt es stets wahre Aussagen, die nicht beweisbar sind.

Gödels Unvollständigkeitssatz beendete eine Ende des 19. Jahrhunderts begonnene Periode der Mathematik, die unter anderem vom Ziel geprägt war, die Grundlagen der Mathematik ein für allemal in gesicherter Weise zu fixieren. Der Grund solcher Bestrebungen ist nahe liegend, schließlich sind mathematische Sachverhalte, anders als Theorien der exakten Naturwissenschaften, nicht durch Experimente oder Beobachtungen unserer Umgebung ableitbar. Erinnert sei nur an die bereits in Kapitel 1.8 erwähnten Schwierigkeiten, die Wahrscheinlichkeitsrechnung als mathematische Theorie zu begründen.

Gesucht wurden daher Axiome, die als unbeweisbare Grundtatsachen einerseits eine logische Herleitung aller bekannten mathematischen Gesetzmäßigkeiten erlauben und andererseits nicht im Widerspruch zueinander stehen. Mit einbezogen werden muss die Logik selbst: Welche logischen Schlüsse sind erlaubt, um aus Axiomen und bereits bewiesenen Aussagen weitere Aussagen zu beweisen?

Eine erste Axiomatisierung wurde für die klassische Geometrie bereits in der Antike, nämlich etwa um 300 v.Chr., in Euklids Büchern *Elemente* aufgestellt. Insbesondere wurden von Euklid Grundtatsachen über die Beziehungen zwischen Objekten wie „Punkt" und „Gerade" formuliert. Ein Beispiel lautet: „Zu zwei verschiedenen Punkten P und Q gibt es genau eine

Gerade g, auf der P und Q liegen". Die ebenfalls von Euklid gemachten Erklärungsversuche, um was es sich bei den Objekten konkret handelt, etwa durch „Ein Punkt ist, was keinen Teiler hat", besitzen vom Standpunkt der modernen Mathematik keinerlei Wert. Vielmehr müssen die Axiome die Eigenschaften der Beziehungen zwischen den Objekten, wie sie etwa zwischen einer Gerade und einem auf ihr liegenden Punkt besteht, so präzise beschreiben, dass die Folgerungen aus solchen Beziehungen auch dann noch klar sind, wenn auf jegliche Anschauung – und sei es nur durch der Anschauung entlehnten Bezeichnungen – verzichtet wird. In drastischen Worten, wie sie David Hilbert zugeschrieben werden: „Man muss jederzeit an Stelle von ‚Punkten, Geraden, Ebenen' ‚Tische, Stühle, Bierseidel' sagen können".

Schon in der Antike hatte vor allem Euklids für die Geometrie der Ebene formuliertes Axiom über Parallelen eine rege Diskussion entfacht. In äquivalenter Form lautet es: „Zu jeder Geraden g und jedem Punkt P, der nicht auf g liegt, gibt es genau eine Gerade h, auf der P liegt und die mit g keinen gemeinsamen Punkt hat". Lange wurde gefragt, ob das Parallelenaxiom nicht aus den anderen Axiomen Euklids ableitbar ist. Nachdem alle Beweisversuche gescheitert waren, konnten um 1830 unabhängig voneinander Johann von Bolyai (1802-1860) und Nikolai Lobatschewksi (1792-1856) tatsächlich zeigen, dass ein solcher Beweis gar nicht möglich ist. Ihre Begründung ist einfach und genial zugleich. Man gibt ein Beispiel für ein geometrisches System an, das alle Axiome Euklids erfüllt mit Ausnahme des Parallelenaxioms, welches verletzt ist. Das heißt, man konkretisiert die Begriffe wie „Punkt", „Gerade" und „liegt auf" auf eine ganz spezielle Weise – beispielsweise kann man auf einer Kugeloberfläche eine „Gerade" als Großkreis und einen Punkt in der üblichen Weise interpretieren. So selbstverständlich dieses Vorgehen rückblickend erscheint, so sehr erfordert es doch einen mutigen Bruch mit der als gottgegeben angesehenen Interpretation von Euklids Axiomen. Mit anderen Worten: Axiome beschreiben zwar unserer Anschauung entstammende Gegebenheiten, und die aus den Axiomen abgeleiteten Ergebnisse sollen in unserem Erfahrungsbereich anwendbar sein, trotzdem können Axiome völlig andere, a priori nicht unserer Vorstellung entsprechende Interpretationen zulassen wie etwa die einer nicht-euklidischen Geometrie, wie ein geometrisches System genannt wird, das mit Ausnahme des Parallelenaxioms alle Axiome Euklids erfüllt[XLI].

Um seinen Satz zu beweisen, konstruierte Gödel eine arithmetische Aussage, die in ihrer inhaltlichen Interpretation nichts anderes als ihre eigene Unbeweisbarkeit besagt. Wäre die Aussage falsch, müsste sie beweisbar sein. Damit muss die Aussage wahr sein, kann dann aber – so ihre eigene Aussage – nicht bewiesen werden. Bereits diese Andeutung dürfte einen Eindruck davon vermitteln, mit welcher formalen Präzision Gödel argumentieren musste, um sich nicht in ungewollte Widersprüche zu verwickeln. Etwas weniger abstrakt geht es zu, wenn man an die enge Verbindung anknüpft, die zum Halteproblem besteht (siehe Kasten *Der Gödel'sche Unvollständigkeitssatz*).

Der Gödel'sche Unvollständigkeitssatz

Die enge Beziehung des Unvollständigkeitssatzes zum Halteproblem beruht auf zwei Umständen:

- Ist eine arithmetische Aussage aus den Axiomen beweisbar, dann kann ein Beweis – zumindest theoretisch – durch ein Computerprogramm gefunden werden.

  Dazu werden alle Beweise, die mit den endlich vielen Axiomen und den endlich vielen logischen Schlussweisen möglich sind, nacheinander von einem Computerprogramm aufgelistet. Ist ein Beweis gefunden, stoppt das Programm. Ermöglicht wird ein solches Vorgehen dadurch, dass alle arithmetischen Aussagen einschließlich der Axiome in eine reine Formelsprache übersetzt werden, wie es beispielsweise mit den Symbolen

$$+, \times, =, (\,,), \neg, \wedge, \vee, \Rightarrow, 0, S, \forall, \exists, x, y, \dots$$

machbar ist. Die als logisch zulässig erachteten Beweisschritte entsprechen auf diesem Level Texttransformationen. Ob ein in Form einer Zeichenkette zur Prüfung vorgelegter Beweis tatsächlich korrekt ist, das heißt Schritt für Schritt zulässigen Texttransformationen entspricht, kann daher stets eindeutig und völlig formal entschieden werden. Inhaltliche Interpretationen sind dazu weder notwendig, noch erwünscht. Allerdings bedürfen sogar „offensichtlich richtig" erscheinende Aussagen wie die Symbolketten $0 = 0$ und $SSS0 = SSS0$, letztere steht für $3 = 3$, eines Beweises. Und das ist keineswegs immer einfach, erst recht für „Sätze" wie $S0 + SSS0 = SSSS0$, was für $1 + 3 = 4$ steht.

- Die Aussage, ob ein gegebenes Paar aus Programm und Input irgendwann anhält, ist arithmetischer Natur:

  Bei einem Programm kann nämlich die schrittweise Wertänderung der Variablen, einschließlich die der internen, den erreichten Bearbeitungsstand widerspiegelnden Variablen, durch arithmetische Formeln beschrieben werden. Jedem konkreten Halteproblem entspricht damit eine arithmetische Symbolkette, wobei die entsprechende Umwandlung sogar berechenbar ist.

Könnte nun jede arithmetische Aussage auf Basis der Axiome entschieden werden, das heißt, könnte man stets entweder die Aussage selbst oder ihre Negation beweisen, dann wäre auch das Halteproblem immer lösbar. Somit muss es arithmetische Aussagen geben, die nicht anhand der Axiome entscheidbar sind. Gödel gab dazu sogar ein konkretes Beispiel[XLII].

Zwar wäre es denkbar, das Axiomensystem zu erweitern. Aber wieder würden Lücken mit nicht entscheidbaren Aussagen verbleiben. Außerdem birgt jede Erweiterung der Axiome die Gefahr in sich, einen Widerspruch zwischen den Axiomen zu bewirken. Dass tatsächlich kein solcher Widerspruch vorliegt, ist übrigens für arithmetische Axiomensysteme ebenfalls nicht entscheidbar, wie Gödel ebenfalls 1931 zeigte[194].

Die Aussagen, die für den Gödel'schen Unvollständigkeitssatz konstruiert wurden, mögen gekünstelt und daher als wenig relevant für die wirklichkeitsnahen Teile der Mathematik erscheinen. Aber auch „reale" mathematische Probleme bleiben nicht davor verschont, algorithmisch unentscheidbar zu sein. Ein berühmtes Beispiel ist das zehnte Hilbert'sche Problem, das seinen Namen der Tatsache verdankt, dass es David Hilbert als zehntes von insgesamt 23 wesentlichen Problemen stellte, als er im Jahr 1900 auf dem 2. Internationalen Mathematikerkongress in Paris einen Ausblick auf die weitere Entwicklung der Mathematik gab[195].

---

[194] Da aus einem Widerspruch jede beliebige Aussage bewiesen werden kann, ist die Widerspruchslosigkeit äquivalent dazu, dass es *keinen* Beweis für die Aussage $0 = 1$ gibt. Es handelt sich um das zweite der 1900 von Hilbert vorgelegten Probleme (siehe Fußnote 195).

[195] Siehe auch Fußnoten 194 und Fußnote 35 (Kapitel 1.8).

Das zehnte Hilbert'sche Problem handelt von so genannten diophantischen Gleichungen, das sind Gleichungen auf der Basis von Polynomen mit ganzzahligen Koeffizienten wie zum Beispiel eine Fermat-Gleichung

$$x^{11} + y^{11} = z^{11}$$

oder auch

$$y^2 z = x^3 - 3x + 5.$$

Gesucht sind bei diophantischen Gleichungen ganzzahlige Lösungen. Ihre Bezeichnung erinnert an den griechischen Mathematiker Diophant, der etwa 250 nach Christus in Alexandria lebte und spezielle Typen solcher Gleichungen untersuchte. Hilbert forderte nun dazu auf, ein Verfahren anzugeben, „nach welchem sich mittels einer endlichen Zahl von Operationen entscheiden lässt, ob die Gleichung in ganzen rationalen Zahlen lösbar ist". In moderner Formulierung: Ist es entscheidbar, ob eine diophantische Gleichung lösbar ist? Das heißt, kann ein Computer so programmiert werden, dass er zu jeder Text-Eingabe wie x**11+y**11=z**11 oder y**2*z=x**3-3*x+5 nach endlicher Rechenzeit feststellt, ob die Gleichung eine ganzzahlige Lösung besitzt oder nicht? Sicherlich realisierbar ist das für lösbare Gleichungen, bei denen man – zumindest theoretisch – einfach nacheinander alle möglichen Zahlenkombinationen durchprobiert. Ist eine Lösung garantiert, muss dieses Verfahren irgendwann terminieren. Viel schwieriger kann es dagegen sein, eine diophantische Gleichung als nachweislich unlösbar zu erkennen. Zwar kann dies in speziellen Fällen wie $x^2 + y^2 = 3$ dadurch geschehen, dass man eine bestimmte Anzahl von Fällen auf der Basis von Größenabschätzungen oder Teilbarkeitsbeziehungen untersucht. Allgemeine, immer zum Ziel führende Verfahren lassen sich auf diese Weise jedoch nicht finden.

Eine abschließende Lösung von Hilberts zehntem Problem gelang 1970 dem erst 22 Jahre alten russischen Mathematiker Yuri Matijasevic. Aufbauend auf anderen Teilergebnissen bewies er, dass die Lösbarkeit diophantischer Gleichungen unentscheidbar ist. Mit anderen Worten: Wie beim Halteproblem kann es kein Rechenverfahren und damit kein Computerprogramm geben, mit dem für jede diophantische Gleichung in endlicher Rechenzeit geprüft werden kann, ob sie lösbar ist oder nicht[XLIII].

Algorithmisch nicht entscheidbare Probleme können auch dazu verwendet werden, Spiele mit unberechenbaren Gewinnaussichten zu konstruieren. Als Erster tat dies 1957 M. O. Rabin mit einem noch wenig konkreten Beispiel[196]. 1982 stellte dann James Jones das schon beschriebene Beispiel vor, bei dem es sich um eine Serie von Spielen handelt, von denen jedes auf der Basis einer diophantischen Gleichung mit 17 Variablen definiert ist. Obwohl bei jedem dieser Spiele einer der beiden Spieler eine Gewinnstrategie besitzt, gibt es kein allgemeines Rechenverfahren, mit dem der auf Gewinn stehende Spieler jeweils bestimmt werden kann.

Aber selbst für Spiele, bei denen die Gewinnaussichten theoretisch berechenbar sind, kann es praktisch sehr schwierig werden, diese zu bestimmen. Wie schwierig, das werden wir im nächsten Kapitel erörtern, und zwar anhand von „richtigen" Spielen wie Go-Moku und Hex.

Weiterführende Literatur zum Thema Berechenbarkeit

Herbert Meschowski, *Lust an der Erkenntnis: Moderne Mathematik*, München 1991. Geboten wird ein äußerst vielseitiger Überblick.

---

[196] M. O. Rabin, *Effective computability of winning strategies*, in: Kuhn, Tucker (ed.), *Contributions to the Theory of Games III*, Reihe: Annals of Mathematics Studies <u>39</u> (1957), S. 147-157.

John E. Hopcroft, *Turingmaschinen*, Spektrum der Wissenschaft, 1984/7, 34-49. Ein Überblicksartikel.

A. K. Dewdney, *Der Turing Omnibus*, Berlin 1995 (amerikan. Orig. 1993), Kapitel 31, 51, 59 und 66. Behandelt werden verschiedene Aspekte der Berechenbarkeit.

Mathematisch vollständigere Darstellungen bieten Fachbücher wie

Hans Hermes, *Aufzählbarkeit, Entscheidbarkeit, Berechenbarkeit*, Berlin 1971.

Wolfgang Paul, *Komplexitätstheorie*, Stuttgart 1978.

Uwe Schöning, *Theoretische Informatik kurz gefaßt*, Mannheim 1992.

2.12 Spiele und Komplexität: Wenn Berechnungen zu lange dauern

Gibt es für das Spiel Hex, ähnlich wie es für viele Nim-Varianten der Fall ist, eine „Formel", mit der die Gewinnaussichten schnell berechenbar sind?

Das Border-to-Border-Spiel Hex haben wir bereits in Kapitel 2.2 vorgestellt und erörtert (siehe dort u.a. Bild 12). Seine Positionen sind durch zwei Teilmengen von Feldern charakterisiert, welche die mit weißen beziehungsweise schwarzen Steinen belegten Felder enthalten. Die Gesamtheit aller Positionen ist also relativ übersichtlich strukturiert, und es erscheint daher durchaus denkbar, wie beim Nim einfache Gewinnkriterien finden zu können. Im Fall des zu Hex sehr ähnlichen Spieles Bridge-it, das wir ebenfalls im Kapitel 2.2 bereits kennen gelernt haben (siehe dort u.a. Bild 14), ist dies tatsächlich möglich, wie Alfred Lehman 1964 zeigte (siehe Kasten *Bridge-it und Shannons Switching-Game*).

Bridge-it und Shannons Switching Game

Um die Gewinnaussichten einer Bridge-it-Position mit einem einfachen Verfahren bestimmen zu können, verallgemeinerte Lehman das Spiel Bridge-it[197]. Gegenstand seiner verallgemeinerten Version mit dem Namen Shannons Switching Game ist ein Graph. Ein solcher Graph umfasst eine Menge von Knoten und eine Menge von Kanten, wobei zu jeder Kante zwei nicht unbedingt verschiedene Knoten gehören. Bildlich kann man sich die Knoten als Punkte vorstellen, die zum Teil, gegebenenfalls auch mehrfach, durch richtungslose Wege, eben durch die Kanten, miteinander verbunden sind. Eine Kante kann durchaus auch einen Knoten mit sich selbst verbinden. Im Falle der von Lehman für sein Spiel untersuchten Graphen sind zwei Knoten besonders bezeichnet, nämlich mit „+" und „-". Zum Beispiel entspricht die Ausgangsposition des 5×5-Bridge-it dem abgebildeten Graphen.

---

[197] Alfred Lehman, *A solution of the Shannon switching game*, Journal of the Society for Industrial and Applied Mathematics (SIAM Journal), 12 (1964), S. 687-735.

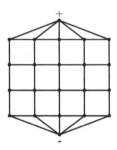

Die Spieler Weiß und Schwarz ziehen nun abwechselnd, wobei der ziehende Spieler jeweils eine Kante auswählt, die in den vorangegangenen Zügen noch nicht ausgewählt wurde. Ein Zug von Weiß besteht darin, die ausgewählte Kante „auszuradieren", das heißt aus der Kantenmenge zu entfernen. Schwarz hingegen markiert die Kante schwarz, womit sie für Weiß unauslöschbar wird. Will man die neu entstandene Position wieder durch einen Graph darstellen, fasst man die beiden Knoten der von Schwarz gewählten Kante zu einem Knoten zusammen. Die nächste Abbildung zeigt eine Bridge-it-Position nach je einem Zug von Weiß und Schwarz, wobei in der rechten Darstellung die von Schwarz gewählte Kante zu einem Knoten zusammengezogen ist.

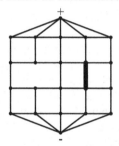 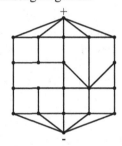

Schwarz gewinnt, wenn es ihm gelingt, die beiden Knoten „+" und „-" mit den von ihm gewählten Kanten zu verbinden, so dass die konstruierten „Leiterbahnen" den „Stromkreis" schließen. Auf der Ebene der Graphen entspricht das der Situation, dass die beiden Knoten „+" und „-" zu einem Knoten verschmelzen. Andernfalls gewinnt Weiß.

Da das Recht des ersten Zuges nie von Nachteil sein kann, gibt es drei verschiedene Klassen von Positionen:

- Weiß besitzt als Nachziehender eine Gewinnstrategie.
- Schwarz besitzt als Nachziehender eine Gewinnstrategie.
- Der Anziehende, ob Weiß oder Schwarz, besitzt eine Gewinnstrategie.

Das von Lehman gefundene Kriterium basiert auf so genannten Bäumen. Ein **Baum** ist ein Graph, bei dem zu je zwei Knoten genau ein – eventuell über mehrere Kanten führender – Verbindungsweg existiert. Äquivalent dazu ist: Ein Baum ist ein zusammenhängender Graph, dessen Kanten keinen Rundweg zulassen. Nach Lehman besitzt Schwarz als Nachziehender genau dann eine Gewinnstrategie, wenn aus den Kanten des Graphen zwei Bäume zusammengestellt werden können, die dieselben Knoten einschließlich „+" und „-" enthalten, aber keine gemeinsame Kante aufweisen. Zieht zum Beispiel Schwarz in der zuletzt abgebildeten Position direkt unterhalb seines ersten Zuges, dann kann er als nun Nachziehender einen Sieg erzwingen. Die folgende Abbildung zeigt die entstandene Position und zwei Bäume, die Lehmans Kriterium bezogen auf die gesamte Menge der verbliebenen Knoten erfüllen.

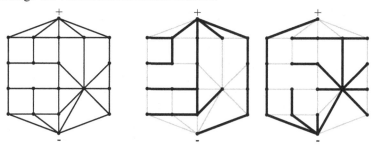

Ist wie im abgebildeten Beispiel Lehmans Kriterium erfüllt, lassen sich auf dieser Basis sogar explizit Erwiderungen auf Züge von Weiß finden: Zieht Weiß so, dass keiner der beiden Bäume in zwei Teile zerlegt wird, kann Schwarz beliebig ziehen. Radiert Weiß aber eine innere Kante von einem der beiden Bäume aus, dann muss Schwarz eine Kante des anderen Baumes auswählen, und zwar so, dass der zerstückelte Baum wieder zusammengefügt wird[198].

Gegenüber der umfangreichen Analyse langer Zugvarianten ist Lehmans Kriterium deutlich einfacher anzuwenden. Insbesondere kann die Bestätigung, dass zwei vorgelegte Bäume die geforderten Eigenschaften erfüllen, sofort erfolgen. Aber auch für die Suche nach solchen Bäumen sind relativ schnell arbeitende Algorithmen bekannt[199]. Lehmans Kriterium kann auch für die Positionen der anderen beiden Klassen modifiziert werden[XLIV].

Zum Ende seiner Untersuchung über Bridge-it und verwandte Spiele gab Lehman einen Ausblick auf das Hex, für das er seine Technik nicht verallgemeinern konnte. Dass das Misslingen einer Verallgemeinerung kein Unvermögen war, zeigte 1979 Stefan Reisch von der Universität Bielefeld in seiner äußerst bemerkenswerten Diplomarbeit *Die Komplexität der Brettspiele Gobang und Hex*[200]. Reisch bewies darin, dass jedes allgemeine Verfahren zur Bestimmung der Gewinnaussichten von Hex-Positionen bei großen Spielbrettern jeden noch praktikablen Rechenaufwand übersteigen dürfte. Die dazu verwendete Argumentation stützt sich auf eine zwar unbewiesene, aber weithin als richtig akzeptierte Vermutung.

Wie sind solche Aussagen möglich und was genau hat Reisch bewiesen? Wie im letzten Kapitel müssen wir dazu zunächst einen Exkurs in die theoretische Informatik machen, und zwar diesmal in die so genannte Komplexitätstheorie. Ging es im letzten Kapitel noch darum, die prinzipielle Grenze algorithmischer Berechnungen aufzuzeigen, wird nun versucht,

---

[198] Der umgekehrte Teil von Lehmans Beweis, der zeigt, dass jede Gewinnstrategie für Schwarz als Nachziehenden die Existenz von zwei Bäumen mit den genannten Eigenschaften impliziert, ist weit anspruchsvoller.

[199] Harold M. Gabow, Herbert H. Westermann, *Forests, frames and games: algorithms for matroid sums and applications*, Algorithmica, 7 (1992), S. 465-497.

[200] Die Ergebnisse wurden später in Fachzeitschriften publiziert: Stefan Reisch, *Gobang ist PSPACE-vollständig*, Acta Informatica, 13 (1980), S. 59-66; Stefan Reisch, *Hex ist PSPACE-vollständig*, Acta Informatica, 15 (1981), S. 167-191. Das dort Gobang genannte Spiel wird sonst meist als Go-Moku bezeichnet – der Name Gobang steht dann für die Variante, bei der Steine unter Umständen auch geschlagen werden dürfen.

den minimal notwendigen Aufwand zu charakterisieren, mit dem ein Problem garantiert gelöst werden kann.

Beginnen wir mit einfachen Beispielen: Sollen zwei ganze Zahlen in Dezimaldarstellung addiert oder multipliziert werden, dann gibt es dafür wohlbekannte Rechenverfahren. Dabei ist die Addition offensichtlich einfacher als die Multiplikation: Für die Summe von zwei n-ziffrigen Zahlen sind n Ziffernpaare zu addieren; durch die Überträge kann sich der Aufwand noch verdoppeln. Beim üblichen Multiplikationsverfahren werden bei zwei n-ziffrigen Zahlen zunächst n^2 Ziffernmultiplikationen durchgeführt, deren Resultate anschließend in geeigneter Zusammenstellung einschließlich entstehender Überträge addiert werden. Bei sehr großen Zahlen, die eine entsprechend lange Zifferndarstellung aufweisen, wächst der Aufwand bei der Addition also langsamer als bei der Multiplikation. Bezogen auf die Länge des Inputs, also die Gesamtlänge beider Zifferndarstellungen, steigt der Aufwand bei der Addition nämlich proportional, beim üblichen Multiplikationsverfahren hingegen im Wesentlichen quadratisch. Solche Tendenzen, wie der Rechenaufwand und damit die Rechenzeit eines entsprechend programmierten Computers wächst, sind ein gutes Maß dafür, wie komplex ein Algorithmus ist. Insbesondere sind solche tendenziellen Aussagen unabhängig von der gewählten Codierung. So gelten die Wachstumstendenzen ebenso für die entsprechenden Verfahren bei anderen Zahlendarstellungen, etwa beim Binärsystem oder bei 2-Byte- beziehungsweise 4-Byte-Darstellungen, wie sie Computer für ihre internen Operationen verwenden.

Der Ansatz, die **Komplexität** eines Rechenverfahrens dadurch zu beschreiben, dass man die tendenzielle Steigerung des Rechenaufwandes bei immer länger werdenden Inputs zugrunde legt, ist universell verwendbar. Insbesondere kann so die Effizienz verschiedener Algorithmen miteinander verglichen werden. So ist beispielsweise das übliche Multiplikationsverfahren für sehr große Zahlen mit hunderten oder noch mehr Dezimalstellen alles andere als optimal. Dessen Aufwand von $O(n^2)$, was für eine im Vergleich zum Gesamtinput von n Zeichen quadratisch wachsende Obergrenze von Rechenschritten steht, kann nämlich mit einer einfachen Idee auf $O(n^{1,585})$ reduziert werden[XLV].

In der Praxis ist es oft völlig ausreichend, ein Verfahren zu verwenden, das im *Durchschnitt* schnell arbeitet, weil es in den meisten, aber nicht unbedingt in allen Fällen effizient arbeitet. Höhere Anforderungen ergeben sich allerdings dann, wenn Resultate unter Echtzeit-Bedingungen gefordert sind, etwa bei einer zu chiffrierenden Datenübertragung, der Steuerung einer Produktionsanlage oder der Analyse einer Spielposition unter Turnierbedingungen. In solchen Fällen ist es erforderlich, Probleme in einer vorgegebenen Zeit *garantiert* zu lösen. Im Hinblick auf derart absolute Anforderungen wird in der Komplexitätstheorie – analog zum Minimax-Ansatz der Spieltheorie – meist das worst-case-Prinzip zugrunde gelegt, das heißt, Maßstab für den Rechenaufwand ist immer der denkbar ungünstigste Eingabewert einer bestimmten Länge. Dabei folgt die Klassifizierung einem recht groben Raster: Algorithmen, deren Rechenzeiten durch Polynome $O(n)$, $O(n^2)$, $O(n^3)$, ... beschränkt werden, gelten als **effizient**, das heißt, sie werden als im Prinzip praktikabel angesehen, selbst wenn dies bei Schranken von $O(n^{1000})$ mehr als fraglich erscheinen muss. Dagegen gelten worst-case-Rechenzeiten ohne polynomiale Schranke, etwa weil sie mit der Tendenz 2^n schnell astronomische Größenordnungen erreichen, für lange Inputs als unpraktikabel[XLVI].

Das tendenzielle Wachstum des Rechenaufwands, den ein Verfahren verursacht, gestattet es insbesondere auch, die Auswirkungen des technischen Fortschritts zu prognostizieren. So konnte in der letzten Zeit die Rechengeschwindigkeit alle ein bis zwei Jahre verdoppelt werden. Die Anwendbarkeit eines Verfahrens vom Typ O(n) erweitert sich dabei jeweils auf Inputs mit doppelter Länge, während bei quadratisch wachsendem Aufwand gleichzeitig immerhin noch eine Steigerung der Inputlänge um 41%, nämlich im Verhältnis $\sqrt{2} : 1$, möglich wird. Bei exponentiell wachsendem Rechenaufwand wird dagegen nur eine Verlängerung um eine feste Anzahl von Stellen erreicht.

Statt einzelner Verfahren können auch Problemstellungen untersucht werden. Diese lassen sich komplexitätsmäßig dadurch charakterisieren, dass man von dem Verfahren ausgeht, das bei langen Inputs den schnellsten Erfolg garantiert – in der Praxis kein einfaches Unterfangen, da natürlich selbst noch nicht entdeckte Algorithmen mit einbezogen werden müssen. Überwindet man diese Hürde, erhält man ein Maß dafür, wie schwierig ein Problem zu lösen ist. Damit lassen sich beispielsweise die Schwierigkeiten von Spielen wie Nim, Bridge-it und Hex untereinander vergleichen: Welcher Rechenaufwand ist bei einem solchen Spiel im Vergleich zur Inputlänge, das heißt der Länge einer Positions-Codierung, mindestens erforderlich, um damit garantiert die Gewinnaussichten einer beliebig vorgegebenen Position zu bestimmen?

- Sehr einfach ist das Standard-Nim. Bezogen auf eine zahlenmäßige Codierung der Positionen hat es eine Komplexität von höchstens O(n). Gleiches gilt für Nim-Varianten, deren Grundy-Werte periodisch sind oder periodisch anwachsen. In diesen Fällen können nämlich die Grundy-Werte mit linearem Aufwand berechnet werden. Für die anschließende Nim-Addition gilt das ohnehin.
- Schon etwas schwieriger ist Brigde-it. Dank Lehmans Kriterium und entsprechender Algorithmen für Graphen sind die Gewinnaussichten von Brigde-it-Positionen mit einem noch nicht einmal quadratisch wachsenden Rechenaufwand berechenbar. Daher bereiten selbst relativ große Spielbretter keine großen Schwierigkeiten.
- Für Hex dagegen blieb ein einfaches Gewinnkriterium unauffindbar. Nimmt man lange Rechenzeiten in Kauf, kann man natürlich eine vollständige Minimax-Analyse durchführen. Dabei wird jede Zugvariante bestimmt durch die Reihenfolge, in der die Felder des Spielbrettes belegt werden – abwechselnd mit weißen und schwarzen Steinen. Der Aufwand, diese Varianten alle zu untersuchen, ist aber immens: Im Vergleich zur Inputlänge wächst er bei großen Spielbrettern wie die Fakultät-Operation, also exponentiell. Immerhin muss die Analyse nicht am Speicherplatz scheitern. Dessen Bedarf ist nämlich vergleichsweise moderat, sofern man die Zugvarianten stets vorrangig in der Tiefe und erst anschließend in der Breite untersucht. Dann ist nämlich zu jedem Zeitpunkt der Analyse pro Zuglevel stets nur ein Zug zu speichern. Erst wenn alle aus einem Zug entstehenden Zugfolgen untersucht sind, wird auf dem betreffenden Level der nächste Zug generiert. Mit dieser tiefenorientierten Suche, die bei der praktischen Schachprogrammierung aufgrund von Laufzeit-Erwägungen – etwa um die Züge im Hinblick auf Cutoffs umzusortieren – kaum eingesetzt wird, kann der Speicherbedarf polynomial begrenzt werden.

Komplexitätstheorie: P – NP – PSPACE – EXPTIME

Jedes der vier aufgezählten Kürzel steht in der Komplexitätstheorie für eine Klasse von Entscheidunsproblemen. Die Beschränkung auf **Entscheidungsprobleme** verhindert, dass der für eine Aufgabe erforderliche Rechenaufwand einzig auf einer reinen Fleißaufgabe statt auf einer tatsächlichen Schwierigkeit beruht: Beispielsweise benötigt man, um zu einer eingegebenen Dezimalzahl eine entsprechende Anzahl von Einsen als Output zu erzeugen, einen Aufwand, der zur Outputlänge proportional ist. Bezogen auf die Input-länge wächst dieser Aufwand also exponentiell, obwohl die Aufgabe eigentlich nicht sehr anspruchsvoll ist.

Übrigens wird der Anwendungsbereich durch die Beschränkung auf Entscheidungsprobleme nicht so stark eingeengt, wie man vielleicht zunächst meint. Insbesondere korrespondiert jede Optimierungsaufgabe mit einer Klasse von Entscheidungen, bei denen man jeweils danach fragt, ob eine bestimmte, vorgegebene Ober- oder Untergrenze erreichbar ist oder nicht.

Die vier Klassen von Entscheidungsproblemen sind folgendermaßen abgegrenzt:

- Die Klasse **P** enthält alle mit polynomial beschränktem Rechenaufwand zur Input-länge berechenbaren Entscheidungen. Bezogen auf die Bestimmung von Gewinnaus-sichten gehören Nim und Bridge-it dazu.

- Die Klasse **NP** umfasst solche Entscheidungsprobleme, zu denen es ein effizientes Verfahren gibt, mit dem jede „Ja"-Entscheidung stets mit Hilfe einer geeigneten Zu-satzinformation *bestätigt* werden kann. So lässt sich die Aussage, dass eine Zahl zu-sammengesetzt ist, schnell dadurch bestätigen, dass man einen Teiler angibt und an-schließend eine einzige Division durchführt[XLVII].

  Zur Klasse NP gehören viele kombinatorische Probleme, für die effiziente Lösungs-verfahren unbekannt sind. Das wohl bekannteste ist das Travelling-Salesman-Problem, bei dem für einen Handlungsreisenden eine möglichst kurze Route gesucht wird, die ihn durch eine vorgegebene Auswahl von Städten führt. Im zugehörigen Entscheidungsproblem wird danach gefragt, ob eine vorgegebene Maximaldistanz eingehalten werden kann. Positive Entscheidungen können dabei einfach durch die Angabe einer Route bestätigt werden. Ohne Zusatzinformation kann man bei n Städ-ten natürlich alle n! Reihenfolgen durchsuchen. Allerdings bedeutet das bei vielen Städten einen enormen, nicht polynomial beschränkten Aufwand.

- Die Klasse **PSPACE** beinhaltet sämtliche Entscheidungsprobleme, die bei unbe-schränkter Rechenzeit mit einem Speicherbedarf lösbar sind, der im Vergleich zur Inputlänge polynomial begrenzt ist. Dazu gehören unter anderem die Fragestellungen nach den Gewinnaussichten von solchen Spielen, die wie Hex nach einer festen An-zahl von Zügen enden. Dazu wird die Minimax-Suche tiefenorientiert organisiert, so dass pro Zuglevel immer nur eine einzige Position gespeichert werden muss.

- Die Klasse **EXPTIME** umfasst schließlich alle solche Entscheidungsprobleme, die in exponentiell beschränkter Rechenzeit gelöst werden können.

Die vier genannten Komplexitätsklassen bilden eine abgestufte Hierarchie:

$$P \subseteq NP \subseteq PSPACE \subseteq EXPTIME$$

Die zweite Inklusion resultiert aus der Möglichkeit, alle denkbaren Inputs für die Zusatz-information nacheinander zu prüfen. Da außerdem in der jeweils polynomial beschränk-ten Rechenzeit nur ein entsprechend begrenzter Speicher gelesen und beschrieben wer-den kann, muss die Klasse NP Teil der Klasse PSPACE sein. Die dritte Inklusion ist in der exponentiell zur Speichergröße beschränkten Anzahl von internen Speicherzuständen begründet.

Welche der Inklusionen echt sind, das heißt, welche Klassen wirklich mehr Entscheidungsprobleme enthalten als die nächst kleinere, ist ein weitgehend offenes Problem. Es wird aber vermutet, dass alle vier Klassen verschieden groß sind. Sicher ist nur, dass die Klasse EXPTIME Probleme enthält, die nicht zur Klasse P gehören.

Wie aufwändig ist es aber nun wirklich, bei Spielen wie Hex, Go-Moku, Go, Dame und Reversi die Gewinnaussichten zu berechnen? Das heißt, ausgehend von einer auf beliebige Spielbrettgrößen verallgemeinerten Variante eines dieser Spiele wird danach gefragt, welche Komplexität ein Verfahren mindestens besitzen muss, das unabhängig von der Spielbrettgröße für alle Positionen funktioniert. Lassen sich effiziente Algorithmen, also solche mit polynomial beschränkten Rechenzeiten, finden, mit denen die Gewinnaussichten einer beliebigen Position bestimmt werden können? Nein – so lautet die Antwort, selbst wenn sie bisher nicht für alle der genannten Spiele absolut lückenlos bewiesen wurde. Für die Spiele Hex, Go-Moku, Twixt[201] und Reversi[202], die mit der vollständigen Füllung des Spielbrettes stets enden, konnte der Nachweis nämlich nur relativ erbracht werden. Danach ist die Aufgabe, die Gewinnaussichten dieser Spiele zu bestimmen, mindestens so schwierig wie sämtliche Probleme einer umfangreichen Klasse, für die kaum eine Hoffnung gesehen wird, effiziente Algorithmen zu finden. Zweifellos nicht effizient berechenbar sind hingegen die Gewinnaussichten von Go und Dame[203]. Gleiches gilt für Schach und sein japanisches Pendant Shogi, deren Verallgemeinerungen auf große Bretter allerdings etwas gekünstelt wirken[204].

Die Argumente, mit denen sich solche Ergebnisse begründen lassen, sind sehr kompliziert und können deshalb hier nur angedeutet werden. Für jedes der Spiele konzipiert man einen „Baukasten" aus Teilpositionen, um damit Positionen zusammenzusetzen, die bestimmte Anforderungen erfüllen. Konkret werden die Inputs anderer Entscheidungsprobleme in zumeist riesige Positionen des betreffenden Spieles umgewandelt, so dass die ursprüngliche Entscheidung aus den Gewinnaussichten der so entstehenden Position hervorgeht. Die Positionen sind dabei so aufgebaut, dass sich im weiteren Verlauf der Partie beidseitig wohldosierte Mehrfachdrohungen längs vorgegebener Bahnen über das Spielbrett bewegen. So werden im Fall des Go-Moku offene Dreier-Ketten aneinander gereiht; beim Hex werden fast geschlossene Verbindungswege konstruiert, die nur an einigen neuralgischen Verzweigungen Lücken aufweisen.

Welche Entscheidungsprobleme kann man aber solchermaßen transformieren, das heißt, welche Entscheidungen können auf die Analyse einer Hex-Position zurückgeführt werden?

[201] Édouard Bonnet, Florian Jamain, Abdallah Saffidine, *Havannah and TwixT are PSPACE-complete*, Computers and Games, Lecture Notes in Computer Science 2014, S. 175-186.

[202] Shigeki Iwata, Takumi Kasai, *The Othello game on an n×n board is PSPACE-complete*, Theoretical Computer Science, 123 (1994), S. 329-340.

[203] J. M. Robson, *N by N checkers is EXPTIME complete*, SIAM Journal on Computing, 13 (1984), S. 252-267; J. M. Robson, *The complexity of Go*, Proceedings Information Processing 1983, S. 413-417. Die konstruierten Positionen enthalten Kos. Das entsprechende Resultat ohne Kos ist schwächer: David Lichtenstein, Michael Sipser, *Go is Pspace hard*, Proceedings 19th Annual Symposium on Foundations of Computer Science, Ann Arbor 1978, S. 48-54; auch in: Journal of the Association for Computing Machinery, 27 (1980), S. 393-401.

[204] Aviezri S. Fraenkel, David Lichtenstein, *Computing a perfect strategy for n×n Chess requires time exponential in n*, Journal of Combinatorial Theory, A 31 (1981), S. 199-214; H. Adachi, H. Kamekawa, S. Iwata, *Shogi on an n×n board is complete in exponential time*, Transactions IEICE, J70-D (1987), S. 1843-1852 (in Japanisch).

Legt man die mehrstufige Beweiskette, wie sie in der Komplexitätstheorie geführt wird (siehe dazu die beiden Kästen), insgesamt zugrunde, dann ergibt sich das folgende Bild: Transformiert werden nicht einzelne Entscheidungsprobleme, sondern auf einen Schlag die Vertreter einer ganzen Klasse. Um eine derart universelle Transformation zu erhalten, wird nicht von den Entscheidungsproblemen an sich, sondern jeweils von einem die betreffende Entscheidung vollziehenden Computerprogramm ausgegangen. Dabei stützt sich die Konstruktion der Positionen auf den Mechanismus, mit dem das Programm innerhalb des Computers die internen Zustände von Prozessor und Arbeitsspeicher ändert, und zwar ausgehend von den diversen Inputs Takt für Takt bis hin zum entscheidenden Output-Bit. Konkret wird in den zu untersuchenden Fällen die sequentielle Änderung der Bits zunächst so geschickt durch boolesche Formeln charakterisiert, dass die dazu äquivalenten Positionen in polynomial begrenzter Rechenzeit aus den ursprünglichen Inputs erzeugt werden können.

Bei Hex, aber auch den anderen genannten Spielen, kann man diese Konstruktion für jedes Entscheidungsproblem durchführen, das mit einem Programm entschieden werden kann, dessen Speicherbedarf polynomial zur Inputlänge beschränkt ist (siehe Bild 33).

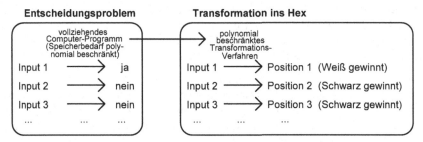

Bild 33   Transformation eines Entscheidungsproblem ins Hex

Mit der dargestellten Transformation wird zu jedem Input eines gegebenen Entscheidungsproblems eine Hex-Position erzeugt, deren Gewinnaussichten die ursprünglich gefragte Entscheidung widerspiegeln und deren Brettgröße im Vergleich zur ursprünglichen Inputlänge höchstens polynomial wächst. Das heißt, jedes mit polynomial beschränktem Speicherplatz entscheidbare Problem kann auf die Analyse von Hex-Positionen zurückgeführt werden, wobei die Spielbrettgröße nicht „wesentlich" größer ist als der ursprünglich zu untersuchende Input. Hex gehört damit zu den schwierigsten Problemen seiner Klasse, da ganz konkret die folgende Aussage gilt: Sollte es überhaupt Entscheidungsprobleme geben, die auf polynomial beschränktem Speicherplatz, aber nicht in polynomial beschränkter Zeit lösbar sind, dann ist die Analyse von Hex-Positionen ein Beispiel für ein Problem mit einer solch hohen Komplexität.

Das klingt alles nicht nur theoretisch und praxisfern, sondern ist es auch. Aber war etwas anderes überhaupt zu erwarten? Denn wie anders könnten solch weit reichende Aussagen gerechtfertigt werden, die für die betreffenden Spiele jegliche Existenz einfacher Formeln und Verfahren wie bei Nim beziehungsweise Bridge-it ausschließen?

Es gibt auch andere, direkt auf spielerischer Ebene deutbare Konsequenzen: So sind Hex, Reversi und Go-Moku untereinander polynomial transformierbar. Zumindest in der Theorie gibt es also effiziente Algorithmen, mit denen man beliebig große Hex- in gleichwertige Go-Moku-Positionen umrechnen kann und umgekehrt, das heißt, Weiß steht in der einen Position genau dann auf Gewinn, wenn er es auch in der anderen tut. Ein perfekter Hex-Spieler, der in jeder Position auf einem beliebig großen Spielbrett stets einen optimalen Zug findet, wird so zum ebenso perfekten Go-Moku-Spieler und umgekehrt.

Fassen wir zusammen: Sieht man einmal von wenigen Ausnahmen wie Nim und Bridge-it ab, dann kann die Ungewissheit, wie sie von kombinatorischen Spiele ausgeht, nur in sehr einfachen Fällen voll überwunden werden. Unsere Spielweise wird daher immer unzulänglich bleiben. So sind wir herausgefordert, diesen Mangel immer weiter zu überwinden. Genügend Raum dazu ist vorhanden, etwa bei der Suche nach zumeist perfekten Algorithmen, deren Laufzeiten oder Resultate möglichst oft sehr gut sind. Ein gutes Beispiel ist das in Kapitel 2.7 beschriebene Näherungsverfahren Thermostrat, mit dem die Komplexität spezieller Endspielsituationen des Go drastisch verringert werden kann. Schließlich darf nicht übersehen werden, dass die Komplexitätstheorie nur Aussagen über den tendenziell entstehenden Aufwand bei umfangreichen Inputs macht. Wie schwierig Go-Moku oder Hex bei den üblicherweise verwendeten Spielbrettgrößen sind, steht auf einem ganz anderen Blatt.

NP- und PSPACE-vollständige Probleme

Obwohl bis zum Beginn der 1970er Jahre effiziente Algorithmen für die verschiedensten Probleme entdeckt wurden, erwiesen sich andere Probleme als äußerst hartnäckig. Dazu gehörten unter anderen Primzahltests, Faktorisierungsverfahren, lineare Optimierungsprobleme[205] und viele kombinatorische Aufgabenstellungen wie das Travelling-Salesman-Problem.

Versuche, einige der genannten Probleme als nachweislich schwer zu erkennen, blieben zunächst erfolglos. Die Frage, ob effiziente Lösungsalgorithmen existieren, war also offen. Ein großer Schritt nach vorn gelang 1971 Stephen Arthur Cook (1939-) mit einem völlig neuen Ansatz. Cook bewies, dass jedes in der Klasse NP liegende Entscheidungsproblem dadurch gelöst werden kann, dass man es mit polynomialem Rechenaufwand auf ein ganz spezielles Entscheidungsproblem, das so genannte Erfüllbarkeitsproblem, zurückführt[XLVIII]. Das heißt, jede Aufgabenstellung des ursprünglichen Problems wird in eine gleichlautend zu beantwortende Aufgabe des Erfüllbarkeitsproblems transformiert, so dass ein effizientes Lösungsverfahren für das Erfüllbarkeitsproblem – sofern es existiert – auch zur effizienten Lösung des ursprünglichen Entscheidungsproblems verwendet werden kann. Folglich kann das Erfüllbarkeitsproblem nicht wesentlich leichter zu lösen sein als jedes andere Problem der Klasse NP; man nennt es daher auch **NP-hart**. Mit dieser Erkenntnis wurde nun eine ganze Lawine losgetreten. Denn das Erfüllbarkeitsproblem kann seinerseits, nimmt man einen polynomial begrenzten Zusatzaufwand in Kauf, auf viele andere Probleme, darunter auch das Travelling-Salesman-Entscheidungsproblem, zurückgeführt werden. Auch diese Probleme sind damit NP-hart.

Damit gibt es zwei Möglichkeiten:

- Die beiden Klassen P und NP sind gleich:

---

[205] Die Lineare Optimierung wird im dritten Teil ausführlich erörtert. Der in der Praxis weitgehend verwendete Simplex-Algorithmus führt meistens, jedoch nicht immer, schnell zum Ziel. Seit 1979 sind allerdings auch effiziente, das heißt sogar im worst case mit polynomial beschränktem Aufwand arbeitende Algorithmen bekannt (siehe Kapitel 3.4, insbesondere Anmerkung L).

In diesem Fall war man bisher einfach noch nicht gut genug, einen effizienten Algorithmus für das Erfüllbarkeitsproblem oder das Travelling-Salesman-Entscheidungsproblem zu finden, obwohl es solche Algorithmen eigentlich gibt.

- Die Klasse NP enthält Probleme, die nicht in der Klasse P liegen:

  Alle **NP-vollständigen** Probleme, wie man NP-harte und zugleich in NP liegende Probleme nennt, sind dann Beispiele für solch schwierige Probleme. Insbesondere existieren damit für das Erfüllbarkeitsproblem und das Travelling-Salesman-Problem keine effizienten Algorithmen.

Welche der beiden Möglichkeiten wirklich zutrifft, ist nach wie vor ein ungelöstes Problem. Aufgrund der ihm zugemessenen Bedeutung wurde das P = NP-Problem zum Jahrtausendwechsel in eine Liste von insgesamt sieben mathematischen Problemen aufgenommen, für deren Lösung jeweils eine Million Dollar als Preisgeld durch das Clay Mathematics Institute in Cambridge, Massachusetts ausgelobt sind.

Übertragen auf eine Klasse von mutmaßlich noch schwierigeren Problemen wurde Cooks Argumentation 1973 durch Stockmeyer und Meyer. Sie zeigten, dass es auch **PSPACE-harte** und PSPACE-vollständige Probleme gibt. So sind Hex, Go-Moku und Reversi **PSPACE-vollständig**[206]. Dame, Go, Schach und Shogi sind noch schwieriger, nämlich **EXPTIME-vollständig**, was zugleich die Existenz effizienter Lösungsverfahren ausschließt, da die Klasse P eine echte Teilmenge von EXPTIME ist.

Sehr schwierig sind selbst Summen kurzer Conway-Spiele, was zugleich die Grenzen von annähernd guten Verfahren wie Thermostrat zeigt, wie sie in Kapitel 2.7 beschrieben wurden. So bewies Morris 1981, dass relativ einfache Conway-Spiele ausreichen, um damit Summen zu konstruieren, deren Gewinnaussichten nur mit PSPACE-vollständigem Aufwand berechenbar sind[207]. Bei den von Morris verwendeten Positionen wird spätestens nach drei Zügen eine ganze Zahl erreicht. Selbst noch einfachere Positionen, nämlich solche der Form $\{a \mid \{b \mid c\}\}$ mit drei ganzen Zahl a, b und c, bergen noch genügend Schwierigkeiten in sich. Mit ihnen lassen sich Summen bilden, deren Analyse NP-hart ist[208].

Weiterführende Literatur zum Thema Komplexitätstheorie:

Edmund A. Lamagma, *Infeasible computation, NP-complete problems*, Abacus, <u>4</u> (1987), Heft 3, S. 18-33.

---

[206] Eine weitgehend geschlossene Darstellung von PSPACE-harten Problemen einschließlich der Anwendung auf Go findet man in: Christos H. Papadimitriou, *Computational complexity*, Reading 1994, Chapter 19; Karl Rüdiger Reischuk, *Einführung in die Komplexitätstheorie*, Stuttgart 1990, Kapitel 7.4.
Wie David Wolfe 2002 zeigte, reichen beim Go bereits Endspielpositionen aus, um PSPACE-harte Entscheidungsprobleme aufzustellen (David Wolfe, *Go endgames are PSPACE-hard*, in: in: R. J. Nowakowski (ed.), *More games of no chance*, Cambridge 2002, S. 125-136.)

[207] F. L. Morris, *Playing disjuncitve sums is polynomial space complete*, International Journal of Game Theory, <u>10</u> (1981), S. 195-205.

[208] Siehe Elwyn Berlekamp, David Wolfe, *Mathematical Go*, Wellesley 1994, S. 109-111. Das Ergebnis stammt von Yedwab und Moews.

Harry R. Lewis , Christos H. Papadimitriou, *The efficiency of algorithms*, Scientific American, 1978/1, S. 96-109.

John E. Hopcroft, *Turingmaschinen*, Spektrum der Wissenschaft, 1984/7, 34-49.

A. K. Dewdney, *Der Turing Omnibus*, Berlin 1995 (amerikan. Orig. 1993), Kapitel 54.

D. B. Shmoys, É. Tardis, *Computational complexity*, Handbook of Combinatorics (ed.: R. L. Graham, M. Grötschel, L. Lovász), Amsterdam 1995, vol. 1, S. 1599-1645.

Michael R. Garey, David S. Johnson, *Computers and intractabilitiy: A guide to the theory of NP-completeness*, San Francisco 1979.

Wolfgang J. Paul, *Komplexitätstheorie*, Stuttgart 1978.

Gilles Brassard, Paul Bratley, *Algorithmik: Theorie und Praxis*, Attenkirchen 1993 (amerikan. Orig. 1988).

Aviezri S. Fraenkel, *Complexity of games*, in: *Combinatorial games*, Richard K. Guy (editor), Proceedings of Symposia in Applied Mathematics (AMS Short Course Lecture Notes), <u>43</u>, 1991, S. 111-153.

2.13 Memory: Gutes Gedächtnis und Glück – sonst nichts?

Um beim Memory zu gewinnen, benötigt man ein gutes Gedächtnis und ebenso etwas Glück. Gibt es darüber hinaus noch strategische Spielfaktoren, mit denen man seine Gewinnchancen verbessern kann?

Memory gehört zu den weit verbreiteten Kinderspielen. Es ist immer wieder faszinierend, wie sich selbst Vorschulkinder gegen Erwachsene behaupten. Ihr Vorteil dürfte es sein, dass sie sich voll auf das Spiel konzentrieren – ganz anders ihre erwachsenen Mitspieler, die häufig meinen, das Spiel nebenbei bewältigen zu können.

In Deutschland erschien Memory erstmals 1959. Als Erfinder gilt Heinrich Hurter, der es in seiner Familie seit 1946 spielte. Allerdings gibt es auch andere Vorläufer, wie etwa das englische Kartenspiel Concentration, dessen Wurzeln sogar bis ins 19. Jahrhundert zurückverfolgt werden konnten[209].

Memory wird meist mit einem speziellen Kartensatz gespielt. Die Karten sind auf der Vorderseite mit unterschiedlichen Motiven bedruckt, wobei jedes Motiv genau zweimal vorkommt. Die Anzahl der Mitspieler ist beliebig. Zu Beginn werden die Karten verdeckt, das heißt mit ihrer neutralen Rückseite nach oben, auf einen Tisch gelegt. Während des Spiels ziehen die Spieler reihum: Pro Zug deckt ein Spieler zunächst eine Karte auf, dann eine zweite, wobei alle Mitspieler die Karten sehen können. Handelt es sich um ein Kartenpaar, nimmt sich der Spieler das Paar und zieht erneut. Andernfalls legt er die Karten wieder so hin, wie er sie vorgefunden hat. Am Schluss gewinnt der Spieler, der die meisten Paare sammeln konnte.

---

[209] Erwin Glonnegger, *Das Spiele-Buch*, München 1988, S. 106 f.

Wir wollen uns hier auf das Zweipersonenspiel beschränken. Zunächst stellt sich die Frage, wie Memory überhaupt mathematisch behandelt werden kann. Wie berücksichtigt man die zufälligen Spieleinflüsse? Ist Memory ein Spiel mit perfekter Information? Glücklicherweise sind beide Fragen nicht allzu schwierig zu beantworten:

- Zufällige Spielelemente werden durch ihre Erwartungswerte charakterisiert. Das heißt, deckt ein Spieler eine ihm noch unbekannte Karte auf, so werden alle derart möglichen Spielvarianten mit ihrer Wahrscheinlichkeit und dem entsprechenden Spielresultat berücksichtigt. Der Gewinn oder Verlust eines Spielers ist die Anzahl der Paare, die er mehr beziehungsweise weniger erzielt hat als sein Gegner.
- Memory ist ein Spiel mit perfekter Information, da alle Spieler stets den gleichen Informationsstand haben. Dabei nehmen wir an, dass die Erinnerung beider Spieler fehlerfrei und lückenlos ist – so wie es wäre, wenn einmal aufgedeckte Karten offen liegen bleiben würden.

Bild 34   Weiß zieht: Welche Karte deckt er als zweite auf?

Auf dieser Basis lässt sich nun der Zermelo'sche Bestimmtheitssatz anwenden, das heißt, wir können für jede Spielposition die Gewinnerwartung mittels einer Minimax-Optimierung berechnen. Was aber soll überhaupt optimiert werden? Gibt es denn überhaupt unterschiedliche Strategien? Sehen wir uns dazu zunächst ein Beispiel an, bei dem drei mit „1", „2" beziehungsweise „3" gekennzeichnete Kartenpaare auf dem Tisch liegen, wovon bisher nur eine einzige Karte, nämlich eine Eins, bekannt ist. Der ziehende Spieler, wir nennen ihn wie bei Brettspielen einfach wieder Weiß, deckt zunächst eine ihm noch unbekannte Karte auf, so dass die in Bild 34 dargestellte Situation entsteht.

Was ist zu tun, das heißt, welche Karte sollte Weiß als zweite aufdecken? Prinzipiell gibt es zwei Möglichkeiten:

1. Sicherlich ist es sehr nahe liegend, wenn Weiß eine weitere der vier noch unbekannten Karten aufdeckt:
   - Mit der Wahrscheinlichkeit von ¼ wird das Gegenstück zur bereits offenen Zwei getroffen, so dass Weiß einen Punkt erhält. Anschließend zieht er nochmals. Dabei kennt er genau eine der vier verbliebenen Karten.
   - Mit der gleichen Wahrscheinlichkeit von ¼ deckt Weiß das Gegenstück zur schon lokalisierten Einser-Karte auf. Diese neue Information gibt dem Gegner Schwarz die Gelegenheit, zu Beginn des nächsten Zuges einen sicheren Punkt zu machen. Anschließend muss nun Schwarz in der Situation ziehen, in der er genau eine der vier restlichen Karten kennt.
   - Schließlich handelt es sich mit der Wahrscheinlichkeit von ½ bei der aufgedeckten Karte um eine der beiden Dreien. In diesem Fall kann Schwarz im nächsten Zug nacheinander alle drei Paare abräumen.

   Da sich die Erwartungen in den ersten beiden Fällen aufheben, ergibt sich für Weiß bei dieser Zugvariante eine Gewinnerwartung von insgesamt

$$\tfrac{1}{2}\cdot(-3) = -\tfrac{3}{2}.$$

2. Als wenig konstruktiv muss es erscheinen, wenn Weiß die schon bekannte Einser-Karte nochmals aufdeckt. Allerdings ist dieser Zug für Weiß ein durchaus legitimes Mittel, um Schwarz keine zusätzliche Information zukommen zu lassen. Daher wollen wir uns nun ansehen, welche Spielchancen sich dabei im Detail ergeben. Ausgangspunkt für Schwarz im nachfolgenden Zug ist also die Spielsituation, bei der unter drei Kartenpaaren zwei verschiedene Einzelkarten bekannt sind:

Wir gehen zunächst davon aus, dass Schwarz seinen Zug dadurch beginnt, dass er eine der vier noch nicht bekannten Karten aufdeckt:
- Mit der Wahrscheinlichkeit von ¼ trifft Schwarz als erste Karte eine Eins, die er sofort zu einem Paar ergänzen kann. Das bringt ihm einen Punkt und das erneute Zugrecht. Mit dem Anschlusszug kann sich Schwarz auch noch die beiden restlichen Paare sichern, es sei denn, er zieht zunächst eine Drei und dann eine Zwei, so dass die beiden Restpaare an Weiß gehen – die Wahrscheinlichkeit dafür, dass der Anschlusszug so verläuft, ist 2/3·1/2 = 1/3.
- Mit der Wahrscheinlichkeit von ¼ wird eine Zwei gezogen. Bezogen auf die Spielchancen ist dieser Fall äquivalent zum ersten.
- Mit der Wahrscheinlichkeit von ½ wird als erste Karte eine Drei gezogen. Trotz des für Schwarz ungünstigen Auftakts macht es für ihn keinen Sinn, als zweite Karte eine bereits bekannte zu wählen, da dann Weiß alle drei Paare sicher gewinnen könnte. Deshalb nutzt Schwarz die kleine Chance, eine weitere Drei zu finden:
  - Mit der Gesamtwahrscheinlichkeit von 1/2·1/3 = 1/6 hat Schwarz Glück und findet die gewünschte Drei. Anschließend räumt er auch noch die beiden anderen Paare ab.
  - Mit der Gesamtwahrscheinlichkeit von 1/2·2/3 = 1/3 hat Schwarz Pech und findet eine Eins oder Zwei. Dadurch kann Weiß alle drei Paare gewinnen.

Insgesamt ergibt sich daher für Weiß bei dieser Variante eine Gewinnerwartungen von

$$\tfrac{1}{4}\cdot[\tfrac{2}{3}\cdot(-3)+\tfrac{1}{3}\cdot(-1+2)]+\tfrac{1}{4}\cdot[\tfrac{2}{3}\cdot(-3)+\tfrac{1}{3}\cdot(-1+2)]-\tfrac{1}{6}\cdot 3+\tfrac{1}{3}\cdot 3 = -\tfrac{1}{3}.$$

Das zeigt auch, dass die Chancen für Schwarz durch das Zugrecht steigen. Der Verzicht auf den gesamten Zug, was Schwarz durch das Aufdecken von zwei bereits bekannten Karten bewerkstelligen könnte, ist daher keinesfalls empfehlenswert.

Bezogen auf die Ausgangsfrage danach, welche Karte Weiß als zweite Karte aufdecken sollte, ist damit deutlich geworden, dass der zweite Zug – so destruktiv er erscheinen mag – für Weiß den zu erwartenden Verlust entscheidend reduziert. Das zeigt zugleich, dass man mit strategischem Geschick im Memory seine Gewinnaussichten durchaus steigern kann – das so einfach erscheinende Memory-Spiel birgt also durchaus Überraschungen in sich. Erstmals veröffentlicht wurden solche Erkenntnisse von Uri Zwick und Michael Paterson, die 1993 eine vollständige Analyse des Memory präsentierten[210], worin sie rekursiv die optimale Stra-

---

[210] Uri Zwick, Michael S. Paterson, *The memory game*, Theoretical Computer Science, 110 (1993), S. 169-196; siehe auch: Ian Stewart, *Mathematische Unterhaltungen*, Spektrum der Wissenschaft, 1992/6, S. 12-15; David Gale, *Mathematical Entertainments*, The Mathematical Intelligencer, 15/3

tegie für alle denkbaren Memory-Positionen bestimmten. Basis ist zunächst eine Rekursions-formel, mit der für jede bei fehlerfreier Erinnerung denkbare Memory-Position die Gewinn-erwartung berechnet werden kann. Jede solche Position wird durch zwei Zahlen charak-terisiert, nämlich die Anzahl n der noch vorhandenen Kartenpaare und die Anzahl k der bereits bekannten Einzelkarten, wobei k jeden Wert zwischen 0 und n annehmen kann (siehe Bild 35). Damit nicht abgedeckt ist der Sonderfall, dass ein Spieler komplette Paare kennt. Dies ist allerdings kein Problem, da in den entsprechenden Fällen die optimale Verhaltens-weise sowieso klar ist.

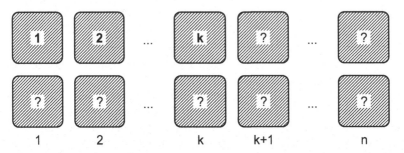

Bild 35   Die Position $P_{n,k}$: k der insgesamt 2n Karten sind bekannt

Jeder solchen Position, die wir mit $P_{n,k}$ bezeichnen, entspricht ein Minimax-Wert $v_{n,k}$, der dem zu erwartenden Paar-Überschuss des ziehenden Spielers bei beidseitig optimalem Spiel entspricht. Als Beispiele wollen wir zunächst die Positionen $P_{2,0}$ und $P_{3,1}$ untersuchen.

Bild 36   Die Position $P_{2,0}$

Bei der in Bild 36 dargestellten Position $P_{2,0}$ liegen noch zwei Paare auf dem Tisch, wobei noch keine Karte identifiziert ist. Der nun anstehende Zug erlaubt keine echte Auswahl. Ein-zig das Glück entscheidet darüber, welche zwei der vier Karten man erwischt. Zieht man mit der Wahrscheinlichkeit von jeweils 1/6 eins der Paare „1-1" und „2-2", dann gewinnt man beide Paare. In den anderen Fällen kann der Gegner beide Paar abräumen:

$$v_{2,0} = \tfrac{1}{3} \cdot 2 + \tfrac{2}{3} \cdot (-2) = -\tfrac{2}{3}$$

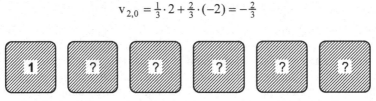

Bild 37   Die Position $P_{3,1}$

(1993), S. 56-60. Im einem Postskriptum ihrer Veröffentlichung weisen Zwick und Paterson darauf hin, dass ihnen nach Fertigstellung ihrer Studien eine holländische Memory-Analyse von S. H. Ge-rez bekannt wurde. Diese Arbeit, die 1983 an der Universität Twente entstand, enthält bereits we-sentliche Erkenntnisse über Memory-Strategien und deren Optimierung.

Bei der in Bild 37 dargestellten Position $P_{3,1}$ können wir auf unsere erste Analyse zurückgreifen. Deren Ausgangssituation wird mit einer Wahrscheinlichkeit von 4/5 erreicht, nämlich immer dann, wenn eine Zwei oder Drei als erste Karte aufgedeckt wird. Andernfalls, das heißt mit einer Wahrscheinlichkeit von 1/5, wird eine Eins getroffen, was die umgehende Komplettierung des Einser-Paares erlaubt. Der Anschlusszug findet dann von der Position $P_{2,0}$ aus statt:

$$v_{3,1} = \tfrac{4}{5} \cdot (-\tfrac{1}{3}) + \tfrac{1}{5} \cdot (1 + v_{2,0}) = -\tfrac{1}{5}$$

Die allgemeine Situation einer beliebigen Position $P_{n,k}$ kann analog untersucht werden. Dabei hat der Spieler bis zu drei prinzipiell verschiedene Zugmöglichkeiten, wenn man einmal vom offensichtlich ungünstigen Verhalten absieht, den Zug mit einer bereits bekannten Karte zu beginnen und dann das dazu passende Pendant zu suchen. Nach der Anzahl der neu aufgedeckten Karten werden die Zugtypen als 0-, 1- beziehungsweise 2-Zug bezeichnet:

- Ein 0-Zug entspricht dem Verzicht auf einen Zug. Dazu werden einfach zwei bereits bekannte Karten nochmals aufgedeckt. Möglich ist diese Vorgehensweise im Fall von $n \geq k \geq 2$. In diesen Fällen verhindert die Möglichkeit eines 0-Zuges, dass die Gewinnerwartung negativ wird, allerdings um den Preis, dass die Partie gegebenenfalls wegen beidseitiger 0-Zügen abgebrochen werden muss, obwohl noch Karten auf dem Tisch liegen.
- Bei einem 1-Zug wird zunächst eine noch unbekannte Karte aufgedeckt. Bildet sie mit keiner schon lokalisierten Karte ein Paar, wird keine weitere Karte mehr erforscht. Das heißt, als zweite Karte wird – vermeintlich destruktiv und ohne jede Chance auf einen Punktgewinn – eine bereits bekannte Karte nochmals aufgedeckt. Diese Zugweise ist im Fall von $n - 1 \geq k \geq 1$ möglich.
- Ein 2-Zug entspricht der weitgehend üblichen Spielweise. Das heißt, man sondiert erst eine unbekannte Karte und deckt dann, falls kein Paar direkt gewinnbar ist, eine weitere, bisher noch nicht identifizierte Karte auf. Ein 2-Zug ist abgesehen von den Fällen $P_{0,0}$, $P_{1,0}$ und $P_{1,1}$ immer möglich.

Die zu den letzten beiden Zugtypen gehörenden Gewinnerwartungen lassen sich rekursiv bestimmen. Es ist:

$$v_{n,k}^{(1)} = \frac{k}{2n-k}(1 + v_{n-1,k-1}) + \frac{2(n-k)}{2n-k} \cdot (-v_{n,k+1})$$

$$v_{n,k}^{(2)} = \frac{k}{2n-k}(1 + v_{n-1,k-1}) +$$

$$\frac{2(n-k)}{2n-k} \cdot \frac{(1 + v_{n-1,k}) + k(-1 - v_{n-1,k}) + 2(n-k-1) \cdot (-v_{n,k+2})}{2n-k-1}$$

$$= \frac{k}{2n-k}(1 + v_{n-1,k-1}) - \frac{2(n-k)}{2n-k} \cdot \frac{(k-1)(1 + v_{n-1,k}) + 2(n-k-1)v_{n,k+2}}{2n-k-1}$$

Relativ einfach zu begründen ist die Formel für einen 1-Zug: Zunächst wird eine der $2n - k$ unbekannten Karten aufgedeckt. In k Fällen findet der Spieler eine Karte, die er sofort zu einem Paar ergänzen kann; der Anschlusszug findet in der Position $P_{n-1,k-1}$ statt. In den restlichen $2(n - k)$ Fällen hat der Spieler kein Glück und deckt dann in seinem 1-Zug eine schon bekannte Karte auf, so dass sein Gegner in der Position $P_{n,k+1}$ zum Zug kommt.

Bei der letzten Formel ist nur noch der Fall zu erläutern, bei dem mit der ersten Karte kein Paar gebildet werden kann; die Wahrscheinlichkeit dafür beträgt $2(n-k)/(2n-k)$. Zusammen mit der gerade aufgedeckten Karte sind dann $k+1$ Karten von den n Paaren bekannt. Innerhalb des 2-Zuges wird nun auf gut Glück eine weitere der noch unbekannten $2n-k-1$ Karten aufgedeckt. Eine dieser Karten ergänzt das Paar, was einen Punkt bringt und einen Anschlusszug von der erreichten Position $P_{n-1,k}$ aus. Bei k Karten erhält der Gegner ein Paar zum sofortigen Abräumen vorgelegt; sein Anschlusszug findet in der Position $P_{n-1,k}$ statt. Bei den restlichen $2(n-k-1)$ Karten gewinnt keiner der Spieler einen Punkt und der Gegner zieht von der Position $P_{n,k+2}$ aus weiter.

Umgekehrt zur Spielchronologie können nun ausgehend von $v_{n,n}=n$ $(n\geq 0)$ und $v_{1,0}=1$ alle Gewinnerwartungen $v_{n,k}$ mit $n>k\geq 0$ rekursiv berechnet werden. Die Auswahl der optimalen Strategie wird für $n\geq 2$ durch die Formeln

$$v_{n,0} = v_{n,0}^{(2)}$$

$$v_{n,1} = \max(v_{n,1}^{(1)}, v_{n,1}^{(2)})$$

$$v_{n,k} = \max(0, v_{n,1}^{(1)}, v_{n,1}^{(2)}) \qquad \text{für } 2 \leq k \leq n$$

berücksichtigt. Die letzte Gleichung beinhaltet die Möglichkeit zu einem 0-Zug, mit dem bei den betreffenden Positionen eine negative Gewinnerwartung vermieden werden kann. Die so berechenbaren Gewinnerwartungen sowie die zugehörigen Optimalstrategien sind für $0 \leq k \leq n \leq 14$ in Tabelle 37 beziehungsweise Tabelle 38 zusammengestellt.

k \ n	0	1	2	3	4	5	6	7	8	9	10	11	12	13	14
0	0,000	1,000	-0,667	-0,200	-0,114	-0,029	0,002	0,053	-0,033	0,035	-0,038	0,014	-0,020	0,017	-0,016
1		1,000	0,667	-0,200	0,114	-0,029	0,002	0,053	0,033	0,035	0,038	0,014	0,020	0,017	0,056
2			2,000	0,333	0,267	0,143	0,095	0,026	0,111	0,024	0,097	0,033	0,067	0,023	0,056
3				3,000	0,000	0,543	0,124	0,229	0,046	0,176	0,020	0,153	0,028	0,118	0,024
4					4,000	0,000	0,771	0,095	0,367	0,058	0,246	0,024	0,207	0,025	0,167
5						5,000	0,000	0,984	0,065	0,504	0,064	0,326	0,030	0,261	0,023
6							6,000	0,000	1,190	0,035	0,642	0,057	0,412	0,034	0,318
7								7,000	0,000	1,394	0,005	0,766	0,046	0,499	0,036
8									8,000	0,000	1,596	0,000	0,883	0,034	0,586
9										9,000	0,000	1,797	0,000	0,997	0,023
10											10,000	0,000	1,998	0,000	1,109
11												11,000	0,000	2,199	0,000
12													12,000	0,000	2,399
13														13,000	0,000
14															14,000

Tabelle 37   Die Gewinnerwartungen $v_{n,k}$ bei optimalem Spiel: k Einzelkarten unter insgesamt n Kartenpaaren sind bekannt

k\n	0	1	2	3	4	5	6	7	8	9	10	11	12	13	14
0			2	2	2	2	2	2	2	2	2	2	2	2	2
1			2	1	2	1	1	1	2	1	2	1	2	1	2
2			1	2	1	2	1	2	1	2	1	2	1	2	1
3				1	0	1	2	1	2	1	2	1	2	1	2
4					1	0	1	2	1	2	1	2	1	2	1
5						1	0	1	2	1	2	1	2	1	2
6							1	0	1	2	1	2	1	2	1
7								1	0	1	2	1	2	1	2
8									1	0	1	0	1	2	1
9										1	0	1	0	1	2
10											1	0	1	0	1
11												1	0	1	0
12													1	0	1
13														1	0
14															1

Tabelle 38   Die optimalen Züge (0-, 1- bzw. 2-Zug) für die Positionen $P_{n,k}$

Anzumerken bleibt, dass im Fall der Position $P_{4,3}$ außer dem angegebenen 0-Zug der 2-Zug gleichfalls optimal ist.

Numerisch lässt sich Memory im hier dargestellten Rahmen bereits mit einem Tabellenkalkulationsprogramm untersuchen. Paterson und Zwick gingen in ihrer Veröffentlichung allerdings deutlich über dieses Niveau hinaus, um so für beliebig umfangreiche Positionen allgemeine Resultate über die optimale Strategie zu erhalten. Dazu verglichen sie die verschiedenen Strategien auf der Basis aufwändiger Abschätzungen. So konnten sie bestätigen, dass sich hinter der bereits in Tabelle 38 abzeichnenden Regelmäßigkeit, nach der sich die 1- und 2-Züge schachbrettartig abwechseln, eine allgemeine Gesetzmäßigkeit verbirgt. So ist die folgende Strategie optimal:

- Ist $n + k$ ungerade mit $k \geq 2(n + 1)/3$, dann macht man einen 0-Zug. Verhält sich der Gegner ebenso, muss die Partie vorzeitig abgebrochen werden.
- Im Fall von einem geraden Wert $n + k$ mit $k \geq 1$ sowie für die Ausnahmeposition $P_{6,1}$ entscheidet man sich für einen 1-Zug.
- In allen anderen Fällen wird ein 2-Zug gewählt.

2.14 Backgammon: Doppeln oder nicht?

Fühlt sich ein Spieler beim Backgammon genügend im Vorteil, darf er den Einsatz verdoppeln. Sein Gegner muss das entweder akzeptieren oder seinen bisherigen Einsatz verloren geben. Natürlich ist ein Spieler, der schlecht steht, kaum an einem Doppel interessiert. Gibt es deshalb überhaupt Doppel, die bei beidseitig fehlerfreiem Spiel zustande kommen?

Die Spuren des Backgammon und seiner Varianten reichen zurück bis in die Antike[211]. So spielten die Römer ein Spiel namens „ludus duodecim scriptorum", das Zwölf-Linien-Spiel.

---

[211] Näheres zu Regeln, Entwicklungsgeschichte und Varianten findet man in: David Pritchard, *Das große Familienbuch der Spiele*, München 1983, S. 22-27; Rüdiger Thiele, *Das große Spielevergnügen*, Leipzig 1984, S. 182-184; Erwin Glonnegger, *Das Spiele-Buch*, München 1988, S. 31-37; R. C. Bell, *Board and table games from many civilizations*, New York 1979, Vol. I, S. 23-46 und Vol. II, S. 12-23; L. U. Dikus, *Black Mammon*, Spielbox 1986/2, S. 14-16; *Wir sind die Clochards ohne Durst und Hunger*, Der Spiegel, 1987/49, S. 244-250. Deutlich detaillierter sind Backgam-

Spätere Hinweise auf das Backgammon verdanken wir Künstlern, die sich immer wieder dazu inspirieren ließen, das charakteristische Spielbrett des Backgammon in ihre Szenen aufzunehmen. Eine der ältesten Darstellungen ist eine Miniatur der mittelalterlichen Buchkunst und ist in der Mannessischen Handschrift von 1330 zu finden.

Anders als in den Ländern des östlichen Mittelmeers, in denen die Backgammon-Varianten Plakato und Goul immer gern gespielt wurden, verloren Backgammon und das deutsche Puff im Laufe der Zeit an Popularität. Zur Renaissance kam es erst im zwanzigsten Jahrhundert. Ein erster Schub setzte ein, als Ende der 1930er Jahre die intellektuelle Szene Londons das Backgammon für sich entdeckte. In den 1970er Jahren kam dann der richtige Durchbruch. Beginnend in den USA wurde es einfach schick, Backgammon zu spielen.

Oberflächlich betrachtet handelt es sich beim Backgammon um ein durch Würfel gesteuertes Wettrennen, dessen wesentliche Elemente man vom „Mensch ärgere dich nicht" her kennt: Beide Spieler versuchen, ihre eigenen Steine ins Ziel zu bringen. Auf dem Weg dorthin dürfen gegnerische Steine unter Umständen geschlagen werden. Dazu muss ein eigener Stein auf ein Feld gezogen werden, auf dem ein einzelner Stein des Gegners steht. Wie weit gezogen werden darf, wird in jedem Zug mit zwei Würfeln ermittelt. Dabei wird jeder Würfelwert einzeln gezogen, wobei ein Pasch zu vier Zügen der entsprechenden Weite berechtigt.

Gegenüber dem Kinderspiel „Mensch ärgere dich nicht" ist Backgammon aber weit komplexer: Da ist zunächst die größere Anzahl von Steinen, von denen pro Zug bis zu zwei gezogen werden, bei Paschs sogar bis zu vier. Damit erhält Backgammon über das Zufallsmoment hinaus einen ausgeprägt kombinatorischen Charakter, zumal die Interaktion zwischen den Spielern aufgrund der relativ wenigen Felder und der gegenläufigen Zugrichtung sehr stark ist. Wer also meint, er brauche nur genügend Glück, um im Backgammon zu gewinnen, der solle es versuchen – es wird ihm kaum gelingen.

Wie Schach wird auch Backgammon in internationalen Turnieren ausgetragen. Krönung des Turniergeschehens ist der Titel des Weltmeisters. Viel früher als beim Schach erwuchs allerdings die Konkurrenz durch Computer. So konnte bereits 1979 der damals amtierende Weltmeister Luigi Villa von einem von Hans Berliner konzipierten Computerprogramm mit 7:1 Punkten geschlagen werden[212].

Die getragene Ruhe eines Schachturniers ist beim Backgammon kaum vorstellbar. Grund dafür sind die Würfel. Sie lassen keine Stille zu, sorgen zugleich für Bewegung und ein schnelles Spiel, denn es macht überhaupt keinen Sinn, eine Position zu genau zu untersuchen. Spielerisch gefragt ist mehr die Erkennung wesentlicher Muster und das realistische Einschätzen von Risiken. Mit Erfahrung und Intuition kann beides aber sehr schnell geschehen.

---

mon-Bücher wie Oswald Jacoby, John R. Crawford, *Das Backgammon Buch*, München 1974 (engl. Orig. 1970); Tim Holland, *Backgammon*, München 1982 (amerikan. Orig. 1973); Charles H. Goren, *Backgammon*, München 1983 (amerikan. Orig.1973); Bill Robertie, *Backgammon for winners*, New York 1993.

[212] Hans Berliner, *Ein Computer spielt Backgammon*, Spektrum der Wissenschaft, 1980/8, S. 53-59; Hans Berliner, *BKG – A program that plays Backgammon*, Computer Science Department, Carnegie-Mellon University, Pittsburgh 1977; Hans Berliner, *Backgammon computer program beats world champion*, Artificial Intelligence, 14 (1980), S. 205-220. Nachdrucke der beiden zuletzt genannten Publikationen: David N. L. Levy, *Computer games I*, New York 1988, S. 3-28, S. 29-43.

Eins der schönsten Elemente im Backgammon ist die Möglichkeit, den Einsatz zu verdoppeln. Angezeigt wird ein erhöhter Einsatz mit einem speziellen Würfel, dem so genannten Verdopplungswürfel, der auf seinen sechs Seiten mit den Einsatzstufen 2, 4, 8, 16, 32 und 64 beschriftet ist. Er ist eine Erfindung der 1920er Jahre und knüpft an die verbreitete Gepflogenheit an, Backgammon um Geld zu spielen. Dann – und ebenso beim Spiel um Turnierpunkte – macht es nämlich Sinn, den Einsatz verdoppeln zu können.

Damit ein im Vorteil stehender Spieler nicht laufend den Einsatz erhöht, darf kein Spieler den Einsatz zweimal hintereinander verdoppeln. Im praktischen Spiel wird das Recht zum nächsten Redoppel mit dem Verdopplungswürfel angezeigt: Nachdem ein Spieler als Erster gedoppelt hat, erhält sein Gegner, sofern er das Doppel annimmt, den Verdopplungswürfel auf seine Spielbrett-Seite hingelegt. Dabei liegt die aktuelle Einsatzstufe „2" oben auf. In der weiteren Partie darf nun immer nur derjenige Spieler redoppeln, auf dessen Seite der Verdopplungswürfel gerade liegt. Akzeptiert der Gegner das Redoppel, erhält nun er den Verdopplungswürfel, der dabei auf die nächsthöhere Stufe gedreht wird.

Zwar kann ein Spieler, dessen Doppel oder Redoppel angenommen wird, seinen positionellen Vorteil wertmäßig besser nutzen. Er verliert aber zugleich ein Stück strategisches Potential, nämlich die Option, erst zu einem späteren und vielleicht noch besser geeigneten Zeitpunkt den Einsatz zu verdoppeln. Besonders krass ist dieser Verlust an Initiative bei einem Redoppel: Kann ein Spieler redoppeln, verzichtet aber darauf, dann kann er aufgrund dieses Verzichts in aller Ruhe eine vielleicht noch günstigere Gelegenheit abwarten, während der Gegner, sollte sich das Blatt zu seinen Gunsten wenden, die Möglichkeit zum Redoppel sicher missen wird. Im Gegensatz dazu gewährt der Verzicht auf das erste Doppel keinen Schutz davor, dass der Gegner nach einer Umkehr des Vorteils selbst doppelt. Insofern kann der Verzicht auf ein Redoppel mehr Vorteile bringen als der Verzicht auf das entsprechende Doppel. Folglich muss für ein Redoppel die aktuelle Position einen größeren Vorteil aufweisen, als es für ein Doppel erforderlich ist.

Warum selbst bei beidseitig fehlerfreiem Spiel durchaus Doppel und Redoppel angenommen werden können, sieht man sich am besten anhand eines einfachen Beispiels an. Dazu untersuchen wir die in Bild 38 abgebildete Position, bei der Weiß am Zug ist.

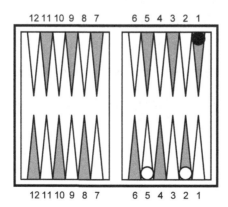

Bild 38   Reichen die Chancen von Weiß für ein Doppel?

Analysieren wir zunächst die Chancen der Spieler dafür, als Erster alle Steine ins eigene Ziel herauszuwürfeln:

- Weiß gewinnt im ersten Zug, wenn er eine der Kombinationen 2-2, 3-3, 4-4, 5-2, 5-3, 5-4, 5-5, 6-2, 6-3, 6-4, 6-5 oder 6-6 würfelt[213]. Die Wahrscheinlichkeit, dass Weiß im ersten Zug gewinnt, beträgt also 19/36.
- Schafft es Weiß nicht, seine beiden Steine im ersten Zug herauszuwürfeln, dann gewinnt Schwarz im nächsten Zug. Die Wahrscheinlichkeit dafür beträgt 17/36.

Ohne Doppel kann daher Weiß einen Gewinn von 19/36·1 + 17/36·(–1) = 1/18 erwarten. Und mit Doppel? Sehen wir uns dazu zunächst an, wie sich Schwarz verhalten sollte:

- Lehnt Schwarz das Doppel ab, gewinnt Weiß den einfachen Einsatz.
- Nimmt Schwarz dagegen an, dann gewinnt Weiß durchschnittlich 1/18·2 = 1/9.

Schwarz tut also gut daran, das Doppel trotz seines positionellen Nachteils anzunehmen. Denn selbst nach einer Verdopplung ist der zu erwartende Verlust deutlich geringer als ein ganzer Einsatz, wie er bei einer Ablehnung verloren geht.

Offensichtlich ist das letzte Argument über die spezielle Situation hinaus bei jeder Verdopplung anwendbar: Ein Spieler, der eine Gewinnchance von mindestens ¼ besitzt, sollte keine Verdopplung ablehnen. Gegenüber dem sicheren Verlust des einfaches Einsatzes bedeutet es nämlich für ihn das geringere Übel, mit einer Wahrscheinlichkeit von höchstens ¾ zwei Einsätze zu verlieren und dafür mit der Wahrscheinlichkeit von mindestens ¼ zwei Einsätze zu gewinnen. Und weiteres Ungemach durch weitere Redoppel muss er nicht befürchten, da er selbst die Kontrolle über den Verdopplungswürfel erhält.

Die prinzipielle Situation des ersten Beispiels, dass eine Partie in höchstens zwei Zügen endet, lässt sich natürlich ebenso allgemein untersuchen. Wir nehmen dazu an, Weiß sei am Zug und besitze die Wahrscheinlichkeit p, im ersten Zug zu gewinnen. Andernfalls, das heißt mit der Wahrscheinlichkeit 1 – p, gewinnt Schwarz im nächsten Zug. Wir berechnen nun den Minimax-Wert für Weiß. Auszugehen ist dabei von den Gewinnerwartungen bei den drei möglichen Verdopplungs-Verläufen:

- ohne Doppel: $p·1 + (1 – p)·(–1) = 2p – 1$
- mit angenommenem Doppel: $p·2 + (1 – p)·(–2) = 4p – 2$
- mit abgelehntem Doppel: 1

Insgesamt ergibt sich daraus ein Minimax-Wert für Weiß von

$$\max\bigl(2p – 1, \; \min(4p – 2, 1)\bigr).$$

Was sich hinter dieser Formel verbirgt, lässt sich am besten in einem Diagramm erkennen, wie es in Bild 39 zu sehen ist. Dort wird deutlich, dass Weiß bei den untersuchten Positionen bereits bei einem geringfügigen Vorteil doppeln sollte, das heißt im Fall p > ½. Schwarz sollte annehmen, falls die Gewinnwahrscheinlichkeit für Weiß ¾ nicht übersteigt.

---

[213] Beim Backgammon macht es keinen Sinn, zwischen Würfen wie 1-2 und 2-1 zu unterschieden. Es wird daher immer nur eine der beiden Kombinationen aufgeführt, die andere ist aber stets ebenfalls gemeint.

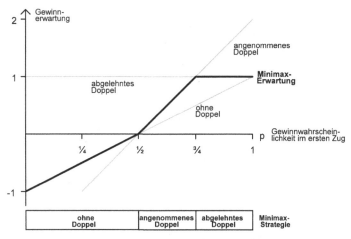

Bild 39   Zweizügige Partien: In welchen Fällen sollte Weiß doppeln?

Bei den bisher untersuchten zweizügigen Positionen hätte natürlich auch Schwarz im zweiten Zug verdoppeln können. Weiß würde dann ablehnen und damit – wie auch ohne Verdopplung – den aktuellen Einsatz verlieren. Kann die Partie allerdings mehr als zwei Züge dauern, müssen solche Spielverläufe mit mehrfachen Verdopplungen selbstverständlich berücksichtigt werden. Sehen wir uns dazu zunächst die in Bild 40 dargestellte Position an, bei der wieder Weiß am Zug ist.

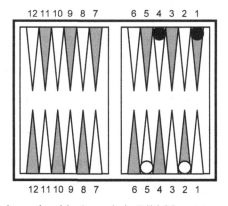

Bild 40   Schwarz steht noch schlechter als in Bild 38

Die Position unterscheidet sich nur wenig von derjenigen des ersten Beispiels – einzig ein weiterer schwarzer Stein ist hinzugekommen, so dass Weiß noch größere Gewinnchancen hat. Zunächst sehen wir uns wieder den Verlauf der Partie an, wie er sich im reinen Würfelspiel ergibt. Um den Verlauf übersichtlicher zu machen, sind in Bild 41 jeweils die Positionen, die die gleichen Spielchancen bieten, zu einem Knoten zusammen gefasst. Neben den Kanten sind die bedingten Wahrscheinlichkeiten angegeben, wie sie den Würfelergebnissen entsprechen.

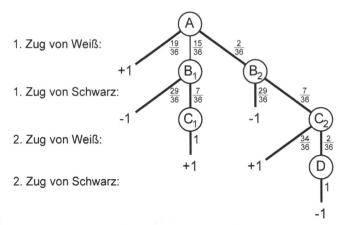

1. Zug von Weiß:

1. Zug von Schwarz:

2. Zug von Weiß:

2. Zug von Schwarz:

Bild 41

Die in Bild 41 dargestellten Spielverläufe sind schnell erläutert:

- Wie im ersten Beispiel gewinnt Weiß im ersten Zug mit einer Wahrscheinlichkeit von 19/36. Die anderen, nicht direkt zum Spielende führenden Würfelkombinationen müssen danach unterschieden werden, ob im zweiten Zug von Weiß garantiert der Rest herausgewürfelt werden kann. Mit Ausnahme der Würfelkombination 2-1 ist dies immer der Fall. Hingegen reichen Weiß zwei Würfe nicht, wenn er zweimal das Ergebnis 2-1 würfelt.
- Kommt Schwarz zum Zuge, kann er mit einer bedingten Wahrscheinlichkeit von 29/36, nämlich bei jedem Wurf außer 1-1, 1-2, 1-3 oder 2-3, seine beiden Steine herauswürfeln. Sollte ihm das nicht gelingen, kann er in seinem zweiten Zug garantiert den Rest abtragen.

Wie wirken sich nun die Verdopplungen auf die Gewinnaussichten aus? Wir beginnen mit dem in Bild 42 dargestellten Fall, bei dem Weiß in der Position A vor seinem Wurf doppelt beziehungsweise redoppelt. Wir gehen von einem anfänglichen Einsatz von 1 aus, das heißt, alle Einsatzangaben sind als Vielfache der anfänglich bereits erreichten Einsatzstufe zu verstehen. Schwarz wird die Verdopplung auf jeden Fall annehmen, da seine Gewinnwahrscheinlichkeit ¼ übertrifft. Sollte Weiß die Partie nicht im ersten Zug für sich entscheiden können, wird Schwarz anschließend redoppeln, wobei dann Weiß ablehnen muss, da seine Chancen in den beiden B-Positionen zu klein sind: In der Position B_1, bei der es sich um eine zweizügige Position der schon untersuchten Art handelt, liegt die Gewinnwahrscheinlichkeit von 7/36 unterhalb von ¼, bei der Position B_2 ist sie sogar noch schlechter, könnte allerdings durch ein weiteres Redoppel auf ebenfalls 7/36 gesteigert werden. Insgesamt ergibt sich daher bei einem Doppel oder Redoppel der in Bild 42 abgebildete Minimax-Spielverlauf – die Gewinnerwartung beträgt $19/36 \cdot 2 + 17/36 \cdot (-2) = 1/9$.

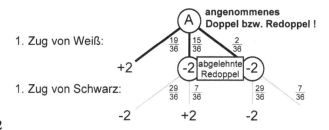

Bild 42

Weiß kann aber, selbst wenn er in der Position A den Verdopplungswürfel besitzt, bewusst darauf verzichten zu redoppeln. Dann ergibt sich der in Bild 43 dargestellte Minimax-Spielverlauf, bei dem Weiß einen Gewinn von $19/36 \cdot 1 + 17/36 \cdot (29/36 \cdot (-1) + 7/36 \cdot 1) = 155/648$ erwarten kann.

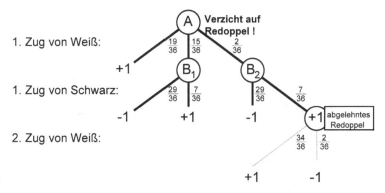

Bild 43

Weiß tut also gut daran, *nicht* zu redoppeln. Das scheint paradox, wenn man die Position mit dem ersten Beispiel vergleicht. Dort fehlte der schwarze Stein auf dem 4er-Punkt, und trotz der somit schlechteren Chancen war es für Weiß vorteilhaft zu redoppeln. Wie ist das – auch unter dem Namen Jacoby-Paradoxon bekannte – Phänomen zu erklären? Eigentlich müssen wir nur an das bereits Gesagte erinnern. Redoppeln erlaubt zwar eine bessere Verwertung eines vorhandenen Vorsprungs, gibt aber zugleich einen Teil der weiteren Initiative an den Gegner, und die hat im zweiten Beispiel einfach einen höheren Wert als im ersten Beispiel, wo diese Initiative von Schwarz nicht wertmäßig umgesetzt werden kann. Für diese Erklärung spricht auch die Tatsache, dass ein Doppel anders als ein Redoppel durchaus empfehlenswert ist – mit einem Verzicht auf ein Doppel kann Weiß nämlich spätere Verdopplungen seines Gegners nicht blockieren. Aber schauen wir uns den in Bild 44 dargestellten Spielverlauf wieder im Detail an: Die Gewinnerwartung beträgt für Weiß $19/36 \cdot 1 + 17/36 \cdot (-1) = 1/18$, was weniger ist als bei einem Doppel.

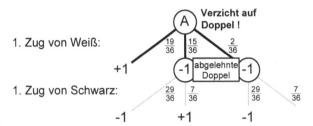

Bild 44

Insgesamt bietet die untersuchte Position die in Tabelle 39 zusammengestellten Gewinnaussichten.

Der Vedopplungs-würfel liegt ...	Weiß ...	Schwarz ...	Gewinn-erwartung
... bei Weiß	... redoppelt	... nimmt an	0,11111
	... redoppelt	... lehnt ab	1,00000
	... redoppelt nicht	-	0,23920
... bei noch keinem	**... doppelt**	**... nimmt an**	0,11111
	... doppelt	... lehnt ab	1,00000
	... doppelt nicht	-	0,05556
... bei Schwarz	-	-	0,05556
zum Vergleich: Spiel ohne Verdopplung			0,23800

Tabelle 39   Gewinnerwartung von Weiß für die Position von Bild 40 (W: 5-2, S: 4-1)

Will man umfangreichere Positionen untersuchen, lässt sich der im Beispiel eingeschlagene Weg, Spielverläufe graphisch darzustellen und daran anknüpfend zu untersuchen, kaum noch bewältigen. Aber selbst eine rechnergestützte Berechnung stößt angesichts der großen Zahl von Positionen schnell an ihre Grenze. Notwendig werden daher vereinfachende Annahmen. Dazu wurden in den letzten Jahrzehnten verschiedene mathematische Ansätze untersucht. Sie beziehen sich fast ausschließlich auf das so genannte Running Game, bei dem die gegnerischen Steine bereits vollständig aneinander vorbeigezogen sind, und deshalb keine Steine mehr geschlagen werden können. Auch mehrfache Gewinne aufgrund eines Gammons bleiben dabei unberücksichtigt:

- Ähnlich wie in Kapitel 1.14 kann man ein Modell untersuchen, bei dem jeder Spieler nur einen Stein besitzt, der noch eine Entfernung von beispielsweise 60, 80 oder gar 100 Feldern zurücklegen muss. Dieses Zwei-Steine-Modell hat bezogen auf die beim Abräumen verloren gehenden Würfelpunkte deutliche Lücken.
- Ein noch einfacheres Modell erhält man, wenn man einzig die Gewinnwahrscheinlichkeiten heranzieht, wie sie sich im reinen Würfelspiel ergeben. Statt der konkreten Würfelereignisse und ihrer Wahrscheinlichkeiten geht man von einem kontinuierlichen Prozess aus, während dessen sich die Gewinnwahrscheinlichkeiten zufällig ändern. Dabei bleibt unberücksichtigt, wie sich der zufällige Einfluss im Detail gestaltet. Vorausgesetzt wird einzig, dass die Änderungen stetig, das heißt ohne Sprünge, erfolgen. Diese Annahme reicht völlig aus, um sehr grundsätzliche Resultate zu erzielen.
- Positionen mit nur wenigen Steinen lassen sich natürlich sogar explizit untersuchen. Das geschieht am besten rekursiv, wobei die Zwischenergebnisse in einer genügend großen

Datenbank gespeichert werden. In der Spielpraxis sind solche Ergebnisse aufgrund ihres Umfangs nur eingeschränkt verwendbar, wohl aber in der Theorie, etwa dann, wenn ein als Näherung erstelltes Modell stichprobenartig auf seine Tauglichkeit geprüft werden soll.

• Nur für grundsätzliche Erwägungen geeignet sind Untersuchungen von parametrisch charakterisierten Positionen. So kann man etwa alle Positionen untersuchen, die in garantiert drei Würfen zum Spielende führen. Solche Positionen werden durch zwei Parameter charakterisiert, nämlich den Erfolgswahrscheinlichkeiten für die beiden ersten Würfe[214].

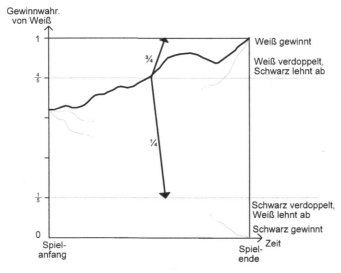

Bild 45   Doppeln oder nicht? Annehmen oder nicht? Spielverläufe bei kontinuierlicher Veränderung der Gewinnwahrscheinlichkeit

Wir wenden uns zunächst solchen Positionen zu, bei denen die Partie noch mehrere Züge dauert. Dabei lenken wir unser Augenmerk auf die Gewinnwahrscheinlichkeit, wie sie Weiß im reinen Würfelspiel besitzt. Im Verlauf einer Partie ändert diese Wahrscheinlichkeit Zug für Zug ihren Wert. Wie sich die zufälligen Änderungen im Detail gestalten, ist zunächst völlig offen. Allerdings müssen die Wahrscheinlichkeiten für die diversen Entwicklungen mit dem Ausgangswert verträglich sein, das heißt, bezogen auf irgendeinen späteren Zeitpunkt haben sich die durchschnittlichen Verbesserungen und Verschlechterungen die Waage zu halten, so dass insgesamt die zu erwartende Änderung gleich 0 ist. Man kann nun den Spielverlauf zu einem kontinuierlichen Vorgang idealisieren, bei dem sich die Gewinnwahr-

---

[214] E. O. Tuck, *Doubling strategies for Backgammon-like games*, Journal of the Australian Mathematical Society, 21 (Ser. B) (1980), S. 440-451. Tuck untersucht in dieser Arbeit unter anderem alle höchstens noch drei Züge dauernden Spiele, bei denen eine Verdopplung nach den Backgammon-Regeln erlaubt ist. So kann insbesondere auch das beschriebene Jacoby-Paradoxon in einer systematischen Weise gefunden werden: Weiß kann nämlich offensiver verdoppeln, wenn seine Wahrscheinlichkeit steigt, bereits im ersten Zug zu gewinnen. Bei den bedingten Wahrscheinlichkeiten, dass Schwarz im zweiten Zug gewinnt, ist es umgekehrt – dort ist es bei hohen Werten für Weiß ratsam, eher weniger offensiv zu verdoppeln. Auf Redoppel bezogen kann die zweite Monotonie allerdings verletzt sein, wenn Weiß mit einer Wahrscheinlichkeit von 0,5 bis 0,6 im ersten Zug und Schwarz mit einer bedingten Wahrscheinlichkeit von mindestens 0,75 im zweiten Zug gewinnt.

scheinlichkeit stetig ändert. Erstmals untersucht wurde dieses Backgammon-Modell 1975 von Emmett Keeler und Joel Spencer[215]. In Bild 45 ist eine typische Partie zu sehen, während der sich die Gewinnwahrscheinlichkeit stetig auf einen der beiden möglichen Endwerte 0 und 1 bewegt. Grau sind in Teilstücken noch zwei weitere Verläufe angedeutet.

Es wurde schon erläutert, dass von einem Zeitpunkt auf einen späteren die zu erwartende Änderung der Gewinnwahrscheinlichkeit stets gleich 0 ist. Änderungen, nach deren Wahrscheinlichkeit man fragt, müssen sich aber nicht unbedingt auf zwei feste Zeitpunkte beziehen. Wie wahrscheinlich ist es beispielsweise, dass Weiß ausgehend vom 4/5-Level das 1-Level erreicht, ohne dass zuvor das 1/5-Level passiert wird? Da eines der beiden Level auf jeden Fall durchlaufen wird, erfüllt die gesuchte Wahrscheinlichkeit p die Gleichung

$$4/5 = p \cdot 1 + (1 - p) \cdot 1/5,$$

das heißt, es ist p = ¾, was bereits in Bild 45 durch die beiden Pfeile angedeutet ist.

Noch nicht kommentiert haben wir die Bedeutung der beiden in Bild 45 grau dargestellten Level, bei denen Weiß mit der Wahrscheinlichkeit 1/5 beziehungsweise 4/5 gewinnt. Wir wissen bereits, dass ein Spieler eine Verdopplung auf jeden Fall annehmen sollte, wenn seine Gewinnchance mindestens 1/4 beträgt. Sollte Schwarz nun so spielen, dass er genau dann eine Verdopplung ablehnt, wenn Weiß eine Gewinnwahrscheinlichkeit von mindestens 4/5 besitzt, dann tut Weiß gut daran, nicht schon vorher, das heißt bei einer Gewinnwahrscheinlichkeit von unter 4/5 zu verdoppeln. Warum das so ist, wird schnell klar: Da es sich um ein Spiel mit perfekter Information handelt, kann man ohne Einschränkung annehmen, dass Weiß das schwarze Ablehn-Level kennt. Unterhalb dieses Levels zu verdoppeln, stellt für Weiß deshalb ein unnötiges Risiko dar. Denn in jeder Partie, die er gewinnt, wird das 4/5-Level sicherlich passiert, und bei verlorenen Partien ist eine Verdopplung für ihn sowieso schlecht.

Anders als im wirklichen Backgammon, bei dem sich die Gewinnwahrscheinlichkeit unstetig entwickelt, gibt es im betrachteten Modell also keine Position, bei der die Spieler bei beidseitig optimalem Spiel sowohl zur Verdopplung als auch zur Annahme gezwungen sind. Welches Level ist aber für eine Verdopplung einerseits und seine Ablehnung andererseits optimal? Ist es wirklich das in der Abbildung eingezeichnete 4/5-Level und symmetrisch dazu auf der anderen Seite das 1/5-Level? Welches Level das beste ist, kann man daran erkennen, dass Weiß, egal ob Schwarz das Doppel annimmt oder nicht, den gleichen Gewinn erwarten kann. Und dies ist tatsächlich für das 4/5-Level und – wie sich analog zeigen lässt – für kein anderes Level der Fall:

- Lehnt Schwarz das Doppel ab, gewinnt Weiß einen Einsatz.
- Nimmt Schwarz das Doppel an, entwickelt sich die weitere Partie mit den oben bestimmten Wahrscheinlichkeiten 3/4 und 1/4 irgendwann hin zu den Leveln 1 beziehungsweise 1/5. Im ersten Fall gewinnt Weiß den verdoppelten Einsatz, im zweiten Fall sichert sich Schwarz mit einem Redoppel einen ebenso hohen Gewinn. Auf diesem Weg kann Weiß daher insgesamt einen Gewinn in der Höhe

$$¾ \cdot 2 + ¼ \cdot (-2) = 1$$

erwarten.

---

[215] Emmett B. Keeler, Joel Spencer, *Optimal doubling in Backgammon*, Operations Research, <u>23</u> (1975), S. 1063-1071; siehe auch <u>24</u> (1976), S. 1179. Nachdruck: David N. L. Levy, *Computer games I*, New York 1988, S. 62-70.

Fassen wir zusammen: Entwickelt sich die Gewinnwahrscheinlichkeit während eines kontinuierlich fortschreitenden Spielverlaufs stetig, so sollte man immer genau dann doppeln und redoppeln, wenn die eigenen Gewinnchancen 80 % erreichen. Das ist zugleich die Grenze, oberhalb welcher der Gegner eine Verdopplung ablehnen sollte. Wie sich diese Minimax-Strategien auf die Gewinnerwartung auswirken, zeigt Bild 46. Dort sind abhängig von der aktuellen Gewinnwahrscheinlichkeit drei Gewinnerwartungen dargestellt. Die graue Linie entspricht der Gewinnerwartung, wenn überhaupt keine Verdopplung erlaubt ist. Darf Weiß als Nächster redoppeln, erhöht sich seine Gewinnerwartung entsprechend der oberen, fett eingezeichneten Gerade. Im umgekehrten Fall verschlechtert sie sich analog. Wie man sieht, entspricht dem Besitz des Verdopplungswürfels ein konstanter Wert in Höhe eines halben Einsatzes, es sei denn, ein Spieler ist zu stark im Vorteil. Übrigens kann der Verdopplungswürfel in einem beliebigen Backgammon-artigen Spiel nie mehr wert sein als die Hälfte des aktuellen Einsatzes, da der Vorteil für einen Spieler durch zwei Faktoren beschränkt wird: Einerseits kann der Spieler seine Gewinnerwartung maximal verdoppeln, andererseits kann die so erzielbare Gewinnerwartung durch den Gegner auf 1 begrenzt werden.

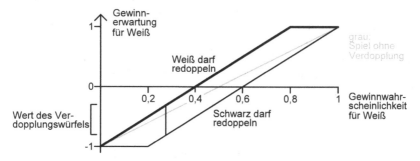

Bild 46   Gewinnerwartung bei stetigem Spielverlauf

Am Schluss einer Backgammon-Partie kann ein einziger Wurf die Chancen im eigentlichen Wettrennen stark verändern. Mit Stetigkeit haben solch plötzliche Änderungen sicherlich nur wenig gemein, und so sind die gerade erzielten Resultate zwar prinzipiell interessant, zugleich aber für Endspiele etwas praxisfremd. So erreicht der Verdopplungswürfel im wirklichen Spiel nur selten seinen theoretischen Maximalwert von ½. Deutlich realistischer ist das Modell, bei dem jeder der beiden Spieler einen Stein über eine unter Umständen lange Wegstrecke ins Ziel würfeln muss. Solche Modell-Positionen sind für das normale Backgammon insofern repräsentativ, wenn man bei den Original-Positionen die noch zu bewältigenden Punkte der einzelnen Steine addiert und darüber hinaus noch abschätzt, wie viele Würfelpunkte beim Abtragen ungefähr verloren gehen werden.

Im Vergleich zum richtigen Backgammon ist das Zwei-Steine-Modell in seinen kombinatorischen Spielelementen deutlich einfacher. Grund ist die reduzierte Zahl von möglichen Positionen, so dass das eigentliche Wettrennen völlig den Einflüssen der Spieler entzogen ist. Übrig bleiben allein die zufälligen Einwirkungen und die Entscheidungen zur Einsatzverdopplung.

Jede Modell-Position wird durch zwei Punktzahlen und den aktuellen Zustand im Verdopplungsspiel charakterisiert. Aus Symmetriegründen reicht es, alle Positionen unter der Bedingung zu untersuchen, dass Weiß am Zug ist. Bestimmen lassen sich die Gewinnerwartungen am einfachsten rekursiv, wobei man die berechneten Ergebnisse in einer Datenbank[216] speichert, um auf sie bei der Analyse anderer Positionen zurückgreifen zu können. Beschränkt man sich auf das reine Wettrennen, erlaubt also keinem Spieler ein Doppel, so ergibt sich die Gewinnerwartung für Weiß bei einer Position G mit Hilfe der Formel

$$E_K(G) = -\sum_d P(d)\, E_K(\overline{G^d})\,.$$

Dabei ist für jeden möglichen Wurf d, wie er mit der Wahrscheinlichkeit P(d) eintritt, die mit dem Zug erreichbare Position mit G^d bezeichnet. Um wieder eine Position zu erhalten, bei der Weiß am Zug ist, werden die Farben der so entstehenden Positionen vertauscht, was in der Formel durch einen Querstrich symbolisiert ist. Mit dem Farbaustausch müssen außerdem die Vorzeichen der Erwartungen geändert werden. Interessiert man sich für die Gewinnwahrscheinlichkeiten im Würfelrennen, so erhält man diese mittels der Formel

$$P(G) = \tfrac{1}{2}\cdot(1 + E_K(G)).$$

Um die Verdopplungstrategien zu optimieren, muss jede Position dreifach analysiert werden, nämlich abhängig vom Besitz des Verdopplungswürfels. Dabei wird jeweils eine Gewinnerwartung berechnet, die auf die aktuelle Einsatzhöhe bezogen ist. Bei Erwartungen E_W und E_S wird davon ausgegangen, dass das exklusive Recht zum nächsten Redoppel bei Weiß beziehungsweise Schwarz liegt. Bei der Erwartung E_B steht das erste Doppel noch bevor, und beide Spieler sind dazu berechtigt. Darf Weiß weder doppeln noch redoppeln, ergibt sich seine Erwartung wie eben, wobei bei der Vertauschung der Farben auch das Recht zum nächsten Redoppel zu berücksichtigen ist:

$$E_S(G) = -\sum_d P(d)\, E_W(\overline{G^d})\,.$$

In den anderen Fällen gelten die entsprechenden Formeln nur für den Fall, dass Weiß darauf verzichtet, im aktuellen Wurf zu verdoppeln, oder für den Zeitpunkt des Wurfes, wenn die Gelegenheit verstrichen ist, den Einsatz zu verdoppeln:

$$E_W(G^{Wurf}) = -\sum_d P(d)\, E_S(\overline{G^d})$$

$$E_B(G^{Wurf}) = -\sum_d P(d)\, E_B(\overline{G^d})$$

Außerdem müssen zu Beginn des Zuges noch die Spielerentscheidungen, welche die Verdopplung betreffen, Minimax-mäßig berücksichtigt werden:

$$E_W(G) = \max(E_W(G^{Wurf}),\ \min(1,\ 2\cdot E_S(G))$$

$$E_B(G) = \max(E_B(G^{Wurf}),\ \min(1,\ 2\cdot E_S(G))$$

Beide Fälle beruhen auf der gleichen Abfolge von Entscheidungen, innerhalb der Weiß entweder direkt würfelt oder aber zunächst den Einsatz verdoppelt. Im Fall einer Verdopplung darf Schwarz die Gewinnerwartung unter zwei Angeboten minimal auswählen. Dabei lehnt

---

[216] Bei den Modell-Positionen lassen sich die Zwischenergebnisse natürlich noch einfach in Arrays oder Sätzen von Random-Access-Dateien speichern. Spätestens dann, wenn richtige Backgammon-Positionen untersucht werden, empfiehlt sich der Einsatz von indizierten Tabellen innerhalb von relationalen Datenbanken. Dabei werden die codierten Positionen als Schlüssel verwendet.

Schwarz entweder ab, so dass Weiß den Wert 1 gewinnt, oder Weiß erhält eine doppelt so hohe Erwartung, wie er sie ohne Zugriff auf den Verdopplungswürfel gehabt hätte.

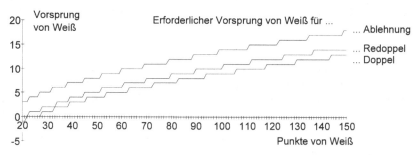

Bild 47 Zwei-Steine-Modell des Backgammon: Ein Stein pro Spieler

Bild 47 zeigt, wie groß der Vorsprung von Weiß sein muss, damit sich Doppeln und Redoppeln für ihn lohnt. Außerdem ist zu sehen, ab welchem Vorsprung es für Schwarz besser ist, Doppel und Redoppel abzulehnen.

Bemerkenswert ist der etwa gleich bleibende Abstand zwischen den drei Kurven. Obwohl das Wachstum nach rechts abnimmt, kann man die durchschnittliche Steigung der Kurven im dargestellten Bereich mit ungefähr 1/10 annehmen, wobei Grundwerte von −1, 0 und 3 zu addieren sind. Für das Doppeln im Backgammon-Modell ergeben sich daher die folgenden, nahezu optimalen Empfehlungen:

- Bei einem Vorsprung von mindestens 10 %, das heißt, wenn der Nachziehende noch 10 % mehr Punkte zu bewältigen hat, sollte man doppeln und redoppeln.
- Zum Doppeln reicht bereits ein Vorsprung, der ein Feld geringer ausfällt als die 10-Prozent-Marke.
- Übersteigt der Vorsprung 10 % und 3 zusätzliche Felder, sollte Schwarz ablehnen.

Erstmals erkannt wurden diese Gesetzmäßigkeiten Mitte der 1970er Jahre in Simulationen und Berechnungen[217]. Backgammon-Experten wie Crawford und Jacoby hatten zuvor für die Punktzahlen von Backgammon-Positionen noch Vorsprünge von 7½, 10 und 15 Prozent als maßgebliche Kriterien angegeben[218]. Inzwischen haben die auf richtige Backgammon-Positionen übertragenen Ergebnisse Eingang in die Backgammon-Literatur gefunden[219]. Wie aber lässt sich die „richtige" Punktzahl einer gegebenen Backgammon-Position ermitteln? Das heißt, welche Position des Zwei-Steine-Modells spiegelt eine gegebene Backgammon-

---

[217] Neben der in Fußnote 215 genannten Arbeit handelt es sich um Norman Zadeh, Gary Kobliska, *On optimal doubling in Backgammon*, Management Science, 23 (1977), S. 853-858, nachgedruckt in David N. L. Levy, *Computer games I*, New York 1988, S. 71-77. Weitere Untersuchungen werden im zugehörigen Review-Artikel von Edward O. Thorp zusammengefasst: Mathematical Reviews, 57 (1979), #2594; siehe auch den ergänzten Nachdruck einer Veröffentlichung aus dem Jahr 1975: Edward O. Thorp, *The optimal strategy for the pure running game*, in: Stewart N. Ethier, William R. Eadington (ed.), *Optimal play: Mathematical studies of games and gambling*, Reno 2007, S. 239-267.

[218] Auf den Seiten 139 f. des in Fußnote 211 genannten Buches.

[219] Jeff Ward, *Der Verdopplungswürfel im Backgammon*, Hamburg 1989 (amerikan. Original 1982), S. 75-103; Bill Robertie, *Advanced Backgammon*, Hamburg 1987 (deutsche Übersetzung des amerikan. Originals von 1983), S. 2.

Position derart wider, dass sich die Wahrscheinlichkeitsverteilungen bei den weiteren Zügen weitestmöglich entsprechen? Ein Ansatz, zumindest annähernd geeignete Modell-Positionen zu finden, besteht darin, den Anteil der beim Abtragen der Steine verlorengehenden Würfelpunkte zu schätzen. Der durch seine Black-Jack-Untersuchungen bekannte Edward Thorp erhielt so die Schätzformel

$$p + 2a + a_1 - b,$$

wobei p die eigentliche Punktzahl, a die Anzahl der Steine, a_1 die Anzahl der Steine auf dem 1er-Feld und b die Zahl der bedeckten Felder 1 bis 6 angibt. Generiert man die Modell-Position für beide Spieler mittels dieser Schätzung, ergeben die innerhalb des Modells hergeleiteten Kriterien gute strategische Empfehlungen.

Anzumerken bleibt, dass sich die oben aufgeführten Mindest-Vorsprünge weit regelmäßiger verhalten als die entsprechenden Gewinnwahrscheinlichkeiten, wie sie sich im reinen Würfelspiel ergeben. Abhängig vom Abstand zum Ziel sind für ein günstiges Redoppel mindestens die folgenden Gewinnwahrscheinlichkeiten notwendig: 0,69 bei 30 Feldern, 0,73 bei 60 Feldern, 0,74 bei 100 Feldern und 0,75 bei 150 Feldern.

Ähnlich wie die Positionen des Zwei-Steine-Modells lassen sich im begrenzten Rahmen auch richtige Backgammon-Positionen untersuchen. Zusätzliche Schwierigkeiten bereiten die unterschiedlichen Zugmöglichkeiten, bei denen der Spieler entscheiden kann, welchen Stein er mit den erzielten Wurfwerten setzt[220]. Weiß versucht natürlich, zu einer solchen Position G^d zu ziehen, die ihm eine maximale Gewinnerwartung beschert. Das entspricht den folgenden Formeln, wobei hinsichtlich der Verdopplung die nicht ausgeführte Minimax-Optimierung wie im Zwei-Steine-Modell erfolgt:

$$E_S(G) = \sum_d P(d) \cdot \max_{\text{ziehe Wurf } d} (-E_W(\overline{G^d}))$$

$$E_W(G^{\text{Wurf}}) = \sum_d P(d) \cdot \max_{\text{ziehe Wurf } d} (-E_S(\overline{G^d}))$$

$$E_B(G^{\text{Wurf}}) = \sum_d P(d) \cdot \max_{\text{ziehe Wurf } d} (-E_B(\overline{G^d}))$$

Um die Rekursion zu beschleunigen, empfiehlt es sich, über die Positionen G^{Wurf} hinaus noch weitere Zwischenstände zu analysieren. Dabei wird das Würfelergebnis in seine Einzelwerte zerlegt, die dann nacheinander gezogen werden. Formal geschieht das durch die Untersuchung von Positionen, bei denen Weiß innerhalb des aktuellen Spielzuges noch ein „Restguthaben" von ein bis vier Würfelwerten besitzt.

Bild 48 beinhaltet die Analyse von 207·207 = 42849 Endspiel-Positionen. Berücksichtigt sind alle Positionen, bei denen die zu erwartende Anzahl der noch notwendigen Würfe bis zum Ziel bei Weiß und Schwarz – jeweils ohne Berücksichtigung des Gegners – höchstens 2,8 beträgt, wie es für einen Spieler beispielsweise bei fünf Steinen auf den Feldern

---

[220] Nach den Regeln muss beim Abräumen mit jedem der zwei beziehungsweise vier Wurfwerte ein solcher Stein gezogen werden, bei dem möglichst wenige Punkte verloren gehen. Dabei ist die Reihenfolge der Züge beliebig. Daher kann ein Spieler, dessen drei Steine auf den Feldern 1-3-5 stehen, beim Wurf 2-4 erst die Zwei nach 1-3-3 und dann die Vier nach 1-3 setzen. Das eröffnet ihm für den nächsten Zug bessere Chancen, als erst die Vier und dann die Zwei zu setzen, wobei er zwangsweise die Position 1-1-1 erreicht.

1-2-3-3-4 mit einer Wurfzahlerwartung von 2,7979 der Fall ist. Solche Wurfzahlerwartungen sind rekursiv relativ einfach berechenbar.

Abhängig von der Wurfzahlerwartung für Weiß, die auf der horizontalen Achse – allerdings nicht linear – aufgetragen ist, sind im Diagramm vier relative Wurfzahlerwartungen für Schwarz verzeichnet:

- Bis zu welchem Verhältnis der Verzicht auf ein Redoppel vorteilhaft sein kann,
- ab welchem Verhältnis ein Redoppel vorteilhaft sein kann,
- bis zu welchem Verhältnis die Annahme eines Redoppels vorteilhaft sein kann,
- ab welchem Verhältnis die Annahme eines Redoppels vorteilhaft sein kann.

Aus Gründen der Übersichtlichkeit sind zu den beiden erstgenannten Punkten die entsprechenden Ergebnisse für das erste Doppel nicht eingetragen.

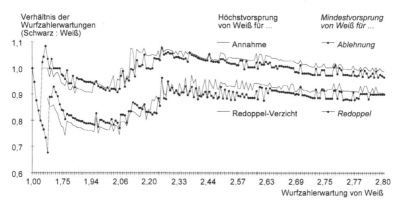

Bild 48 Optimale Redoppel: Höchst- und Mindestvorsprung von Weiß in Abhängigkeit der für ihn zu erwartenden Wurfzahl

Könnte das optimale Verdopplungsverhalten allein aus den beiden Wurfzahlerwartungen erkannt werden, so ließen sich die beiden unteren Kurven einerseits und die beiden oberen Kurven andererseits durch jeweils eine Kurve ersetzen. Dass sich solch einfache Kriterien nicht realisieren lassen, sieht man im rechten Bereich des Diagramms. Dort nämlich verläuft die mit Punkten markierte Kurve oft unterhalb ihrer Partnerkurve, wobei zu jeder Stelle ein Paar von Positionen existiert, bei denen die optimale Verdopplungsstrategie und das Verhältnis der Wurfzahlerwartungen nicht in der meist üblichen Relation zueinander stehen, das heißt, wie beim Jacoby-Paradoxon kann die Vergrößerung der schwarzen Zugzahlerwartung ein defensiveres Redoppel-Verhalten optimal werden lassen[221]. Da solche Erscheinungen aber die Ausnahme sind, kann man mit den beiden relativ einfach berechenbaren oder durch Simulation approximierbaren Wurfzahlerwartungen jede Position im Wesentlichen charakterisieren[222]. Insofern steht das letzte Diagramm in direkter Analogie zum vorletzten Dia-

---

[221] Allerdings können sich anders als beim Jacoby-Paradoxon die beiden Positionen bezogen auf die Platzierung der weißen Steine unterscheiden; nur die Zugzahlerwartung muss übereinstimmen.

[222] Jim Gillogly fand mittels statistischer Analysen die folgende Näherungsformel für die Zugzahlerwartung:

$$0{,}603 + 0{,}1014 \cdot (p + 2a + a_1 - b)$$

Siehe dazu den in Fußnote 217 genannten Review-Artikel.

gramm, wo entsprechende Aussagen für das Zwei-Steine-Modell auf Basis der beiden An-zahlen der noch zurückzulegenden Felder getroffen wurden.

Weitere mathematische Untersuchungen des Backgammon:

Norman Zadeh, *On doubling in tournament Backgammon*, Management Science, <u>23</u> (1977), S. 986-993.

E. O. Tuck, *Simulation of bearing off and doubling in backgammon*, The Mathematical Scientist, <u>6</u> (1981), S. 43-61.

Edward O. Thorp, *End positions in backgammon*, Gambling Times, 1978/October, November, December, Nachdruck: David N. L. Levy, *Computer games I*, New York 1988, S. 44-61.

Edward Thorp, *The mathematics of gambling*, Hollywood 1984, S. 83-109.

Adrew M. Ross, Arthur T. Benjamin, Michael Munson, *Estimating winning probabilities in backgammon races*, in: Stewart N. Ethier, William R. Eadington (ed.), *Optimal play: Mathematical studies of games and gambling*, Reno 2007, S. 269-291.

2.15 Mastermind: Auf Nummer sicher

Wie lässt sich beim Mastermind der gesuchte Code am schnellsten knacken? Wie viele Züge reichen aus, um jeden beliebigen vierstelligen Sechs-Farben-Code sicher entschlüsseln zu können?

Das auch unter den Namen Superhirn vermarktete Spiel Mastermind gehört zu den erfolgreichsten Spielen der 1970er Jahre. In Anlehnung an ein in England verbreitetes Schreibspiel mit dem Namen „Bulls and Cows" wurde Mastermind 1973 von dem in Paris lebenden Israeli Marco Meirovitz erfunden. Damals konnten in nur wenigen Jahren über zehn Millionen Exemplare verkauft werden[223].

Mastermind ist ein Logikspiel für zwei Personen. Ein Spieler wählt zu Beginn einen Farbcode – es ist zugleich seine einzige aktive Entscheidung während der gesamten Partie. Konkret setzt er eine vorgegebene Zahl von n Farbstiften hinter eine dafür vorgesehene Sichtblende. Zur Auswahl stehen k Farben, die durchaus mehrfach verwendet werden dürfen, so dass es insgesamt k^n zulässige Codes gibt. Bei den üblichen Varianten ist k = 6 und n = 4 beziehungsweise k = 8 und n = 5.

Der aktiv spielende Herausforderer versucht, mit möglichst wenigen Rateversuchen, bei denen er jeweils einen Code tippt, den verborgenen Code zu knacken. Dabei berücksichtigen kann er die Hinweise, die er vom passiven Codierer bei den vorherigen Versuchen erhalten hat. Zu jedem geratenen Code muss nämlich der Codierer zwei Daten über die Zahl der Treffer bekannt geben:

---

[223] David Pritchard, *Das große Familienbuch der Spiele*, München 1983, S. 190 f..; Rüdiger Thiele, *Das große Spielevergnügen*, Leipzig 1984, S. 210; Erwin Glonnegger, *Das Spiele-Buch*, München 1988, S. 228. Praktische Spieltipps vermittelt Leslie H. Ault, *Das Mastermind-Handbuch*, Ravensburg 1978 (amerikan. Orig. 1976).

- Da ist zunächst die Anzahl der echten Treffer, das heißt die Zahl der Farbstifte, deren Farbe und Position korrekt ist. Für jeden echten Treffer setzt der Codierer eine schwarzen Antwortstift, wobei nicht ersichtlich wird, auf welche Farbstifte sich die bekannt gegebenen Trefferkennungen beziehen.
- Die zweite Zahl ist die Anzahl der Farbstifte, die erst nach einer geeigneten Permutation zusätzliche Treffer ergeben würden. Der Codierer zeigt diese Zahl dadurch an, dass er eine entsprechende Anzahl von weißen Antwortstiften setzt.

Auch in diesem Fall sagt ein Beispiel wie das in Bild 49 mehr als tausend Worte.

Beim Mastermind müssen logische Schlüsse mit höchster Präzision gezogen werden: Welche Farben kommen im unbekannten Code gesichert vor? Welche sogar mehrmals? Welche Farben können definitiv ausgeschlossen werden? Kann ein Farbstift bereits mit Gewissheit lokalisiert werden? Wie sollte im nächsten Versuch geraten werden, um möglichst viele neue Informationen zu erhalten? Nur mit Antworten auf solche Fragen kann die große Zahl der möglichen Codes überblickt werden, um ausgehend von einer Gesamtheit von $6^4 = 1296$ oder gar $8^5 = 32768$ Codes den gesuchten Code in nur wenigen Zügen zu entschlüsseln.

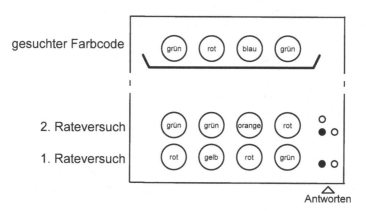

Bild 49   Die ersten zwei Rateversuche in einer Mastermind-Partie

Wir wollen nun versuchen, die Spielweise im Mastermind zu perfektionieren. Zuvor müssen wir jedoch sowohl die Randbedingungen als auch die zu optimierenden Kriterien festlegen. Sie sind eng damit verbunden, welcher Kategorie von Spielen man das Mastermind zuordnet: Handelt es sich spieltheoretisch um ein Ein- oder Zweipersonenspiel, und lässt sich Mastermind als ein Spiel mit perfekter Information auffassen? Drei völlig unterschiedliche Ansätze sind denkbar. Übereinstimmend in allen drei Modellen ist die Gewinnfestlegung, bei der der Decodierer für jeden Zug eine Einheit an seinen Gegner entrichten muss:

- Im Sinne eines worst-case-Ansatzes kann man nach einer Strategie suchen, die in möglichst wenigen Zügen jeden beliebigen Code garantiert entschlüsselt. Dazu kann man sich etwa vorstellen, der Codierer dürfe mogeln und seinen Code während der Partie noch ändern, allerdings immer nur in Übereinstimmung mit bereits gegebenen Antworten. Das bedeutet, dass der Codierer jede Antwort frei wählen kann, so weit sie nicht zu den zuvor bereits gegebenen Antworten im Widerspruch steht. In dieser Interpretation erscheint Mastermind als zufallsfreies Zweipersonenspiel mit perfekter Information, dessen Minimax-Wert berechnet werden kann.

- Man kann Mastermind aber auch als Einpersonenspiel ansehen, bei dem der einzige Zug des Codierers durch eine Zufallsentscheidung ersetzt wird. Dabei ist es nahe liegend aber nicht zwingend, von gleichwahrscheinlichen Codes auszugehen. In Kenntnis der verwendeten Wahrscheinlichkeitsverteilung sucht anschließend der Herausforderer eine Strategie, bei der die zu erwartende Zuganzahl minimal ist. Es handelt sich um eine average-case-Optimierung, die mit Methoden der Wahrscheinlichkeitsrechnung gelöst werden kann. Minimax-Techniken spielen keine Rolle.
- Eine realistische Mastermind-Analyse darf – anders als die ersten beiden Ansätze – nicht die Rolle des Codierers und dessen strategischen Einfluss übersehen. Dazu fasst man Mastermind als Zweipersonenspiel auf, natürlich ohne perfekte Information. Gefragt sind strategische Erwägungen, wie man sie vom Pokern kennt: Wie ist mein Gegner einzuschätzen? Welche Entscheidung traut er mir am wenigsten zu?

Allen theoretischen Mastermind-Analysen gemein ist, dass bei ihnen die spielerische wie deduktive Eleganz des Spiels aufgegeben wird. Statt zwischen den einzelnen Antworten kunstvoll logische Verbindungen zu knüpfen, operiert man mit einem simplen, aber universellen Aussortier-Mechanismus. Das heißt, gemäß dem Motto „Quantität statt Qualität" wird genau das gemacht, was ein Spieler tunlichst vermeidet: Man prüft alle denkbaren Codes darauf, ob sie im Einklang mit den bisherigen Erkenntnissen stehen. Zukünftige Schritte werden ebenfalls in dieser Weise geplant, indem man die Menge der noch in Frage kommenden Codes darauf testet, wie sie sich bei den ins Auge gefassten Rateversuchen und den darauf denkbaren Antworten verkleinert.

Fasst man die Menge aller k^n Codes zu einer Menge C_0 zusammen, lässt sich jeder Zwischenstand, das heißt jede Position, formal durch eine Teilmenge $C \subseteq C_0$ charakterisieren, die jeweils alle Codes enthält, die mit den bisherigen Erkenntnissen im Einklang stehen. Im Prinzip könnte Mastermind nun auf die Weise untersucht werden, dass man „einfach" alle Teilmengen von Codes untersucht. Davon gibt es aber viel zu viele – so existieren selbst beim relativ einfachen 6^4-Mastermind immerhin 2^{1296} Teilmengen. Man schränkt daher die Untersuchungen auf wirklich einer Position entsprechende Teilmengen ein. Dazu definiert man die Mengen der Form $C(q, a)$, wobei eine solche Menge alle Codes beinhaltet, die auf den Rateversuch q die Antwort a liefern. Jede Mastermind-Position entspricht nun einer Teilmenge der Form

$$C = \bigcap_{t=1}^{s} C(q_t, a_t).$$

Die angegebene Menge repräsentiert die Situation, wenn s Rateversuche q_1, ..., q_s die Antworten a_1, ..., a_s hervorgebracht haben. Spätestens dann, wenn der Durchschnitt aller noch zulässigen Codes auf ein Element zusammengeschrumpft ist, kann der Herausforderer zu seinem letzten Zug ansetzen, bei dem ihm dann lauter schwarze Antwortstifte garantiert sind.

Für den Herausforderer ist es sicher nahe liegend wenn auch nicht unbedingt optimal, einen Rateversuch jeweils so zu gestalten, dass der Umfang der entstehenden Code-Teilmenge im worst case möglichst gering ausfällt. Für das 6^4-Mastermind wurde diese Technik 1976 erstmals von Donald Knuth untersucht[224]. Bevor wir uns seine Ergebnisse näher ansehen, vereinbaren wir dazu eine einfachere Schreibweise – auch wenn damit die visuelle Ästhetik des

---

[224] Donald E. Knuth, *The computer as master mind*, Journal of Recreational Mathematics, 9 (1976/77), S. 1-6.

Spiels geopfert wird: Man bezeichnet die Farben mit den Zahlen 1, 2, ..., k, so dass zum Beispiel „3221" ein Code der Länge 4 ist. Die Antworten bestehen aus zwei Zahlen „sw", die den Anzahlen von schwarzen und weißen Antwortstiften entsprechen. Beim 6^4-Mastermind gibt es die folgenden vierzehn Antworten:

$$04, 03, 02, 01, 00; \ 13, 12, 11, 10; \ 22, 21, 20; \ 30; \ 40.$$

Es bleibt anzumerken, dass die Antwort „31", also drei schwarze und ein weißer Antwortstift, nicht vorkommen kann.

Sehen wir uns zunächst den ersten Rateversuch des 6^4-Mastermind an. Bis auf Symmetrie gibt es insgesamt fünf Eröffnungen, nämlich 1111, 1112, 1122, 1123 und 1234. Der linke Teil von Tabelle 40 gibt an, wie viele Codes nach dem ersten Zug je nach Antwort übrig bleiben[225].

Antwort	1. Rateversuch					2. Rateversuch	
	1111	1112	**1122**	1123	1234	**nach 1122**	
04			1	2	9	2211	fertig
03			16	44	136	1213	4
02		61	96	222	312	2344	18
01		308	256	276	152	2344	44
00	625	256	256	81	16	3345	46
13				4	8		
12		27	36	84	132	1213	7
11		156	208	230	252	1134	38
10	500	317	256	182	108	1344	44
22		3	4	5	6	1213	1
21		24	32	40	48	1223	6
20	150	123	114	105	96	1234	20
30	20	20	20	20	20	1223	5
40	1	1	1	1	1	fertig	

Tabelle 40   Nach den ersten beiden Zügen übrig bleibende Codes

Wie man anhand von Tabelle 40 sieht, garantiert der Tipp 1122 im worst case die stärkste Reduzierung der Code-Menge. Maximal 256 Codes bleiben nämlich übrig. „Glücklicherweise" – so Knuth – kann man diese Eröffnung so fortsetzen, dass jeder Code spätestens im fünften Zug geknackt ist, das heißt mit vier schwarzen Antwortstiften bestätigt wird. Welcher Code dazu als Zweiter zu tippen ist, geht aus dem rechten Teil der Tabelle hervor. Dort ist sowohl der jeweilige Tipp als auch die sich daraus ergebende Reduktion der Codes angegeben, und zwar in Form der Anzahl von Codes, die höchstens nach dem zweiten Zug noch möglich sein kann. Die Beschreibung der gesamten Strategie nimmt in Knuths Veröffentlichung zwei Seiten ein. Eine Programmierung dürfte allerdings auch auf Basis der obigen Tabelle nicht allzu schwierig sein. Übrigens merkt Knuth an, dass seine Strategie im Hinblick auf die durchschnittliche Zuganzahl zwar nicht optimal, wohl aber nahezu optimal sei.

---

[225] Der linke Teil der Tabelle ist zu finden in Robert W. Irving, *Towards an optimum Mastermind strategy*, Journal of Recreational Mathematics, <u>11</u> (1978/79), S. 81-87.

Der Nachweis, dass fünf Rateversuche beim 6^4-Mastermind immer ausreichen, ist umfangreich, aber durch den konstruktiven Charakter leicht prüfbar. Wie sieht es aber mit der umgekehrten Aussage aus? Gibt es vielleicht eine noch bessere Strategie, die stets mit vier Tipps auskommt? Dass dies nicht möglich ist, lässt sich ganz einfach einsehen. Wir greifen dabei auf eine relativ allgemeine Untersuchung von sequentiellen Suchspielen zurück, wie sie Viaud 1979 vorlegte[226]. Viaud geht in seinen Abschätzungen von der Zahl α der unterschiedlichen Antworten aus, wie sie auf einen Rateversuch erfolgen können. Im Fall des 6^4-Mastermind ist $\alpha = 14$. Jeder weitere Rateversuch zerlegt die Menge C der noch in Frage kommenden Codes in α elementefremde Teilmengen. Eine davon, nämlich die zum Volltreffer gehörende Menge, enthält nur ein Element. Deshalb muss zumindest eine der $\alpha - 1$ anderen Mengen wenigstens

$$\frac{|C| - 1}{\alpha - 1}$$

Elemente enthalten. Wendet man dieses Ergebnis mehrfach an, erkennt man, dass man bei mehr als

$$(\alpha - 1)^m + \ldots + (\alpha - 1)^2 + (\alpha - 1) + 1 = \frac{(\alpha - 1)^{m+1} - 1}{\alpha - 2}$$

Codes zur sicheren Decodierung mindestens m + 2 Rateversuche benötigt. Bei 184 oder mehr Codes sind daher im 6^4-Mastermind wegen $\alpha = 14$ für eine sichere Decodierung wenigstens vier Rateversuche notwendig. Außerdem lässt sich aus Tabelle 40 ersehen, dass mit dem ersten Zug des 6^4-Mastermind keine Reduktion auf weniger als 256 Codes erzwungen werden kann. Daher benötigt eine sichere Erkennung im 6^4-Mastermind über den ersten Zug hinaus mindestens weitere vier, insgesamt also fünf Züge. Knuths Strategie ist also optimal im worst-case-Sinn.

Knuths worst-case-optimale Strategie ist auch dann sehr gut, wenn es darum geht, mit *durchschnittlich* sehr wenigen Zügen den Code zu knacken – natürlich vorausgesetzt, dass der Codierer seinen Code zufällig unter allen $6^4 = 1296$ erlaubten Codes auswählt. Mit Knuths Strategie benötigt der Herausforderer durchschnittlich 5804/1296 = 4,478 Rateversuche. Dass dies nicht optimal ist, zeigte Irving 1978, als er eine Strategie berechnete, bei der die zu erwartende Anzahl von Rateversuchen nur 5662/1296 = 4,369 beträgt[227]. Bereits der erste Rateversuch vom Typ 1123 weicht von Knuths Strategie ab. Anhand von Tabelle 40 kann man sich den Effekt durchaus plausibel machen: Obwohl nach der 1123-Eröffnung schlimmstenfalls 276 Codes „im Rennen" bleiben, so werden die Codes doch in 14 und nicht wie bei der 1122-Eröffnung in nur 13 Teile zerlegt. Die Mengen der verbleibenden Codes werden dadurch im Durchschnitt kleiner. Wie schon Knuth orientierte auch Irving seine Strategie an plausibel erscheinenden Kriterien. Als Maßstab nahm er die zu erwartende Anzahl der übrig bleibenden Codes. Zum Beispiel beträgt dieser Durchschnitt nach der 1111-Eröffnung

$$\frac{625}{1296} 625 + \frac{500}{1296} 500 + \frac{150}{1296} 150 + \frac{20}{1296} 20 + \frac{1}{1296} 1 = 511,98.$$

---

[226] D. Viaud, *Une formalisation du jeu de Mastermind*, R.A.I.R.O. Recherche opérationnelle/Operations Research, <u>13</u> (1979), S. 307-321.

[227] Siehe Fußnote 225.

Weit weniger, nämlich 185,27 ergeben sich, wenn man zunächst nach dem Code 1123 fragt. Auch den zweiten Zug optimierte Irving auf diese Weise. Die weiteren Fortsetzungen sind dann so übersichtlich, dass er sie explizit untersuchen und dabei direkt optimieren konnte.

Wenige Jahre nach Irving untersuchte der Wiener Statistiker Neuwirth unter anderem solche Strategien, bei denen ein Spieler immer nur solche Codes tippt, die noch nicht ausgeschlossen sind, das heißt, bei denen realistisch gehofft werden darf, sofort lauter schwarze Antwortstifte zu erhalten[228]. Aufgrund dieser Beschränkung läuft man zwar Gefahr, auch gute Strategien auszugrenzen. Auf der anderen Seite lässt sich die verbliebene Menge der Strategien wesentlich einfacher bearbeiten. Trotz dieser Einschränkung erwies sich in Anbetracht der verfügbaren Rechnerleistung das 6^4-Mastermind als noch zu schwierig, und Neuwirth musste sich daher auf die 5^4-Variante beschränken. Durch eine Kombination verschiedener Ansätze gelang es ihm aber trotzdem, Irvings Ergebnis leicht zu verbessern, nämlich auf durchschnittlich $5656/1296 = 4,364$ Rateversuche bis zum Ziel.

Endgültig zum Abschluss gebracht wurde die Suche nach einer average-case-optimalen Strategie 1993 durch Kenji Koyama und Tony Lai[229]. Mit ihrer Strategie, die auf der Basis einer vollständigen Optimierung gefunden wurde, kommt der Herausforderer mit durchschnittlich $5625/1296 = 4,340$ Rateversuchen zum Ziel. Im schlimmsten Fall sind dazu allerdings sechs Rateversuche notwendig. Eine kleine Modifikation der Strategie begrenzt die Anzahl der Fragen auf höchstens fünf, der Durchschnitt wächst dabei aber auf $5626/1296 = 4,341$.

Aber was passiert eigentlich, wenn der Codierer sich nicht so verhält, wie wir es hier unterstellt haben? Dadurch, dass er seinen Code gleichwahrscheinlich aus der Gesamtheit aller 6^4 Codes auswählt, verzichtet er immerhin darauf, aktiv den Spielverlauf zu beeinflussen, auch wenn er abgesehen von Symmetrien nur zwischen fünf verschiedenen Codes wählen kann. Ist er aber nicht darauf angewiesen, seinen Herausforderer in größtmöglicher Ungewissheit starten zu lassen? Für diese Art von strategischer Ungewissheit, wie man sie von Spielen wie Pokern her kennt, besitzen wir allerdings noch kein mathematisches Konzept. Wir werden daher an späterer Stelle nochmals auf Mastermind zurückkommen[230].

Black Box – Mastermind der Moleküle

Große Verkaufserfolge wie Mastermind werden gerne zum Anlass genommen, ähnliche Spiele als „Nachfolger" zu anzubieten. In Deutschland wenig Erfolg beschieden war dem englischen Spiel Black Box, das auch unter den Namen Ordo und Logo vermarktet wurde[231]. Das von Eric Solomon erfundene Spiel enthält Elemente der Spiele Mastermind und „Schiffe versenken", ist aber trotzdem ein völlig eigenständiges und interessantes Spiel.

Zu Beginn „versteckt" ein Spieler auf einem 8×8-Spielbrett ein aus vier oder fünf „Atomen" bestehendes „Molekül". Er kreuzt dazu auf einem seinem Gegner verborgenen Spielblock einfach die entsprechenden Felder an. Wie bei Mastermind kommt danach

---

[228] Erich Neuwirth, *Some strategies for Mastermind*, Zeitschrift für Operations Research, 26 (1982), S. B257-B278.

[229] Kenji Koyama, Tony W. Lai, *An optimal Mastermind strategy*, Journal of Recreational Mathematics, 25 (1993), S. 251-256.

[230] Siehe Kapitel 3.12

[231] Werner Fuchs, *Spieleführer 1*, Herford 1980, S. 101; David Pritchard, *Das große Familienbuch der Spiele*, München 1983, S. 195.

aktiv nur noch der andere Spieler zum Zug. Er erhält seine Informationen dadurch, dass er mit „Röntgenstrahlen" vom Rand aus in das Spielbrett hineinschießt. Dabei kann ein Strahl absorbiert oder reflektiert werden, oder er tritt an einer anderen Stelle des Spielfeldes wieder aus. Diese und nur diese Information gibt ihm der Molekülbauer bekannt. Die folgende Graphik zeigt im linken Teil einige Strahlengänge und im rechten Teil die daraus ableitbaren Schlussfolgerungen – insbesondere ist es gesichert, dass auf den mit „×" markierten Feldern kein Atom positioniert ist:

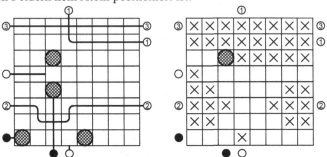

Allgemein wird ein Strahl immer dann absorbiert, wenn er im nächsten Feld direkt auf ein Atom treffen würde. Andernfalls bewegt sich der Strahl gerade weiter oder wird, falls er schräg vor sich auf ein oder zwei Atome trifft, abgelenkt. Die Ablenkrichtung wird durch das konzentrische „Kraftfeld", das jedes Atom umgibt, bestimmt – Einfallswinkel ist gleich Ausfallswinkel. Durch zwei Atome oder ein einzelnes Atom am Rand kann dabei der Strahl auch zurückgeworfen werden.

Der Herausforderer sieht die Atome und den genauen Strahlenverlauf natürlich nicht. Informiert wird er einzig über den Austritt – ob und wo er stattfindet. Dies geschieht in Form von entsprechenden Kennungen am Spielfeldrand. Dabei zeigen schwarze Steine Absorptionen, weiße Steine Reflektionen und andere Steine Paare von Ein- und Austritt an.

Man kann Black Box gut auf einem Schachbrett spielen. Noch besser ist ein Reversi-Spiel geeignet, da man die beiden Seiten der Spielsteine dazu verwenden kann, nachgewiesene beziehungsweise ausgeschlossene Positionen von Atomen zu kennzeichnen.

Mathematisch lässt sich Black Box wie Mastermind behandeln, das heißt, man sortiert gedanklich sukzessive widerlegte Moleküle aus. Im Vergleich zu Mastermind ist Black Box aber vielseitiger, da dem Molekülbauer weit mehr Konstruktionen möglich sind, die untereinander nicht symmetrisch sind. Dabei gibt es raffinierte Konstruktionen, die einen unbedachten Herausforderer leicht zu einem Fehlschluss verleiten – ein Beispiel ist der in der Abbildung mit ② gekennzeichnete Strahl, der mehrfach abgelenkt wird. Ein weiterer Unterschied zu Mastermind besteht darin, dass einige Moleküle nicht eindeutig erkennbar sind. Die Angabe eines äquivalenten Moleküls reicht dann aus.

Weitere mathematische Veröffentlichungen über Mastermind:

V. Chvátal, *Mastermind*, Combinatorica, 3 (1983), S. 325-329.

D. Viaud, *Une stratégie générale pour jouer au Master-mind*, R.A.I.R.O. Recherche opérationnelle/Operations Research, 21 (1987), S. 87-100.

Merill M. Flood, *Sequential search strategies with Mastermind variants*, Journal of Recreational Mathematics, <u>20</u> (1988). S. 105-126, 168-181.

H. P. Wynn, A. A. Zhigljavsky, J. H. O'Geran, *Search methods and observer logics*, Fifth Purdue International Symposium on Statistical Decision Theory and Related Topics, 1992, S. 533-535.

J. H. O'Geran, H. P. Wynn, A. A. Zhigljavsky, *Mastermind as a test-bed for search algorithms*, Chance, <u>6</u> (1993), S. 31-37.

In den Arbeiten von Chvátal und Viaud werden allgemeine Strategien für das k^n-Mastermind untersucht. Flood analysiert spezielle k^n-Varianten des Mastermind einschließlich der Versionen ohne Farbwiederholung. In den beiden Arbeiten von Wynn u.a. werden allgemeine Suchstrategien am Beispiel des Mastermind erörtert.

3 Strategische Spiele

3.1 Papier-Stein-Schere: Die unbekannten Pläne des Gegners

Wollen zwei Personen darum knobeln, wer eine angefallene Zeche zu bezahlen hat, so bietet sich dafür das Spiel Papier-Stein-Schere an. Darin haben beide Spieler übereinstimmende Zug- und Gewinnmöglichkeiten. Anders als bei symmetrischen Zweipersonen-Spielen mit perfekter Information ist aber kein Zug erkennbar, mit dem ein Spieler seinen Verlust verhindern kann. Was ist zu tun?

Von den drei in der Einführung erkannten Ursachen für die Ungewissheit der Spieler über den weiteren Verlauf einer Partie, nämlich Zufall, Kombinationsvielfalt und unterschiedliche Informationsstände, haben wir die ersten beiden bereits analysiert. Ausgeklammert wurde bisher die Ungewissheit, der ein Spieler ausgesetzt ist, wenn er nicht alles weiß, wovon sein Gegner Kenntnis hat. Wir wollen daher jetzt Spiele ohne perfekte Information untersuchen, bei denen man auch von **imperfekter Information** spricht.

Papier-Stein-Schere ist ein Spiel ohne Zufallseinfluss, dessen kombinatorische Komponente recht übersichtlich ist. Die gesamte Ungewissheit des Spiels beruht damit auf dem Fehlen einer perfekten Information, das heißt auf der Tatsache, dass die beiden Spieler gleichzeitig ziehen müssen, ohne dabei die gegnerische Entscheidung zu kennen. Jede der drei möglichen Züge kann zum Verlust führen: der „Stein" wird vom „Papier" geschlagen, die „Schere" vom „Stein" und das „Papier" von der „Schere". Sicher zu verhindern wäre ein Verlust nur dann, wenn die gleichzeitig erfolgende Entscheidung des Gegners erahnt werden könnte. Dann ließe sich sogar immer ein Gewinnzug finden.

Psychologische Einschätzungen des Gegners sind im praktischen Spiel sicherlich sehr wichtig, man denke nur an eine Poker-Runde, wie man sie zumindest aus Spielfilmen her kennt: Hat der Gegner wirklich ein so gutes Blatt wie es scheint? Oder blufft er nur? Das heißt, kann man es dem Gegner zutrauen, die bisherigen Gebote mit einem schlechteren Blatt gemacht zu haben als man es selbst besitzt? Eine wesentliche Rolle spielt dabei das Vorgeschehen: Wie risikofreudig und kaltblütig schätzt man die Persönlichkeit des Gegners ein? Wie hat sich der Spieler in den vorangegangenen Partien verhalten? Welche Ketten taktischer Überlegungen bereits ein ganz einfaches Spiel eröffnet, dafür findet man in Edgar Allan Poes *Der entwendete Brief* aus dem Jahr 1845 eine Kostprobe. Dort wird ein Schuljunge beschrieben, der bei einem zu Papier-Stein-Schere sehr ähnlichen Spiel „Gerade oder ungerade" großen Erfolg erzielte:

> Dieses Spiel ist einfach und wird mit Murmeln gespielt. Ein Spieler hält eine Anzahl dieser Kugeln in der Hand und fragt einen anderen, ob es eine gerade oder ungerade Summe ist. Wenn der Betreffende richtig rät, hat er eine gewonnen; wenn falsch, eine verloren. Der Junge, den ich meine, gewann alle Murmeln in der Schule. Natürlich hatte er ein

© Springer Fachmedien Wiesbaden GmbH, ein Teil von Springer Nature 2018
J. Bewersdorff, *Glück, Logik und Bluff*, https://doi.org/10.1007/978-3-658-21765-5_3

Prinzip beim Raten; und es beruhte auf der bloßen Beobachtung und dem Abschätzen der Schläue seiner Gegner. Zum Beispiel ist der Gegner ein ausgemachter Dummkopf: er hält seine geschlossene Faust hoch und fragt: ‚Gerade oder ungerade?'. Unser Schuljunge antwortet ‚ungerade' und verliert. Aber beim nächsten Versuch gewinnt er, denn er sagt sich: ‚Der Dummkopf hatte beim ersten Mal gerade, aber beim zweiten Versuch reicht seine Überlegung nur so weit, dass er jetzt ungerade macht; deshalb rate ich auf ungerade.' – Er rät auf ungerade und gewinnt. Bei einem Dummkopf von nächsthöherem Grad hätte er so kombiniert: ‚Dieser Bursche merkt, dass ich beim ersten Mal ungerade geraten habe, und beim zweiten Mal wird er zunächst Lust zu einer simplen Abwechslung von gerade zu ungerade haben wie der erste Dummkopf. Aber dann wird ihm ein zweiter Gedanke kommen, dass dies nämlich eine zu simple Veränderung sei, und schließlich wird er sich wieder wie vorher zu gerade entscheiden. Deshalb rate ich auf gerade.' – Er rät auf gerade und gewinnt. Nun, welcher Art ist diese Kombination des Schuljungen, den seine Kameraden ‚vom Glück begünstigt' nannten – wenn man sie letztlich analysiert?

Das Verfahren, mit dem der erfolgreiche Schuljunge seine Mitspieler zielsicher in Dummköpfe der verschiedenen Kategorien einteilt, um so zu gewinnen, muss – geradezu typisch für Poe – ein Mysterium bleiben. Für ein mathematisch präzise formulierbares Vorgehen scheint zunächst kein Raum vorhanden zu sein. Oder etwa doch? Sehen wir uns zunächst das Spiel als solches an: Bei „Gerade oder ungerade" besteht – wie beim Spiel Papier-Stein-Schere – eine gewisse Symmetrie zwischen den verschiedenen Zügen, das heißt, es gibt keine besseren oder schlechteren Züge. Im Unterschied zu Papier-Stein-Schere ist das Spiel selbst allerdings nicht symmetrisch, weil es kein Remis beim Aufeinandertreffen gleicher Strategien gibt.

Weit wichtiger als der Zug, für den man sich entscheidet, ist das Verfahren, wie man ihn wählt. Poes Schuljunge schätzt dazu seinen Gegner ein und berücksichtigt außerdem die Spielweisen in vorangegangenen Partien. Aber gibt es gegen dieses erfolgreich praktizierte Verfahren keine Gegenwehr? Oder ist man einem solchermaßen genialen Spieler wehrlos ausgesetzt und hat nur die Wahl zwischen Ruin und Beendigung des Spiels?

In der Tat gibt es eine ganz einfache Methode, dem psychologischen Genie zu trotzen. Statt sich den Kopf zu zerbrechen, welche eigenen Gedanken der Gegenspieler nachvollziehen kann und welche nicht, überlässt man die konkrete Entscheidungsfindung dem unvorhersehbaren Zufall. Bei „Gerade oder ungerade" nimmt man zum Beispiel, nachdem man verdeckt eine Karte aus einem gemischtem Kartenspiel gezogen hat, bei einer roten Karte eine Murmel und bei einer schwarzen Karte zwei Murmeln in die Hand. Vor dem Gegner geheim gehalten werden muss dabei nur die gezogene Karte, nicht aber die Absicht, den Zug auf diese Weise zu bestimmen.

Was wird mit diesem Kunstgriff, bei dem ein Spieler seine Entscheidung an den Zufall delegiert, erreicht? Der Gegner kann so lange und psychologisch so raffiniert überlegen, wie er will. Nützen tut ihm das nicht, denn letztlich spielt er ein reines Glücksspiel. Wie und auf welcher Grundlage er sich auch entscheidet, er verliert beziehungsweise gewinnt eine Murmel mit jeweils der Wahrscheinlichkeit von ½ und erzielt somit ein im Durchschnitt ausgeglichenes Ergebnis. Defensive Ansprüche sind damit vollends erfüllt, allerdings um den Preis, dass selbst gegen einen offensichtlich durchschaubaren Gegner kein Vorteil errungen wird, da keine Informationen und Eindrücke über den Gegner berücksichtigt werden.

Um die beschriebene Technik auch auf andere Spiele übertragen zu können, wollen wir sie nochmals in formaler Weise beschreiben. Wir verwenden dazu die Normalform, wie wir sie in Kapitel 2.1 kennen gelernt haben. Dort haben wir uns bereits überlegt, dass jedes Zwei-Personen-Nullsummenspiel durch eine unter Umständen gigantische Gewinntabelle repräsentiert werden kann. Legt nämlich jeder Spieler seine gesamte Verhaltensweise während einer Partie im Voraus fest, dann reduziert sich das Spiel auf einen simultanen Doppelzug, sodass ein Ablauf wie bei „Gerade oder ungerade" und Papier-Stein-Schere entsteht. Konkret muss dazu ein Spieler für jede Situation, in der ihm während einer Partie gegebenenfalls ein Zug abverlangt wird, bereits zu Anfang der Partie eine definitive Zugentscheidung treffen. Das mag in der Spielpraxis völlig unrealistisch sein. Für die Theorie ist es hingegen ausschließlich von Bedeutung, dass das Spiel bei einer solchen Modifikation substantiell unverändert bleibt. Von Neumann und Morgenstern (1902-1977), die Begründer der Spieltheorie, bemerkten dazu[232]:

> Wir wollen uns jetzt vorstellen, daß jeder Spieler ... die Entscheidung über jeden Zug nicht erst dann trifft, wenn die Notwendigkeit dafür vorliegt, sondern daß er sich über sein Vorgehen bei allen möglichen Situationen vorher schlüssig wird; d.h. daß der Spieler ... mit einem vollständigen Plan zu spielen beginnt: einem Plan, der angibt, welche Wahl er zu treffen hat in allen möglichen Situationen, für jede nur mögliche wirkliche Information, die er in diesem Augenblick ... besitzen kann. Einen derartigen Plan nennen wir eine *Strategie*.
>
> Man beachte, dass wir die Handlungsfreiheit des Spielers nicht einschränken, wenn wir fordern, dass jeder Spieler mit einem derartigen Plan, also einer Strategie, das Spiel beginnen soll. Wir zwingen ihn also dadurch nicht, Entscheidungen auf der Basis geringerer Information zu treffen, als ihm sonst bei jeder wirklichen Partie zur Verfügung steht. Das rührt daher, dass die Strategie jede spezielle Entscheidung nur ... (in Abhängigkeit) derjenigen aktualen Information angeben soll, die dem Spieler für diesen Zweck in einer aktualen Partie zur Verfügung stehen würde. Die zusätzliche Last, die unsere Annahme dem Spieler auferlegt, ist eine gedankliche: er soll mit einer Verhaltensregel für alle Eventualitäten ausgerüstet sein, obwohl er nur an einer Partie teilnimmt. Das ist jedoch eine zulässige Annahme, die in den Grenzen mathematischer Untersuchungen liegt.

Im Unterschied zu den meisten anderen Spielen, bei denen die Normalform aufgrund ihrer unermesslichen Größe nur von einem rein theoretischen Interesse ist, ergeben sich bei „Gerade oder ungerade" und Papier-Stein-Schere sehr übersichtliche Normalformen. Nimmt der ratende Spieler die Position von „Schwarz" ein, dann entsprechen die Einträge der in Tabelle 41 zusammengestellten Normalform den Gewinnen seines Gegners „Weiß", der die zu ratende Wahl trifft.

Schwarz rät ...		„ungerade"	„gerade"
Weiß wählt ...		1	2
„ungerade"	1	-1	1
„gerade"	2	1	-1

Tabelle 41   Die Normalform von „Gerade oder ungerade": Weiß wählt, Schwarz rät

Das Spiel besitzt keinen Sattelpunkt, wie er aufgrund Zermelos Bestimmtheitssatz für Spiele mit perfekter Information immer existiert. So muss jeder der beiden Spieler bestrebt sein, sei-

---

[232] John von Neumann, Oskar Morgenstern, *Spieltheorie und wirtschaftliches Verhalten*, Würzburg 1961 (amerikan. Orig. 1944); S. 79 f.

ne beabsichtigte Strategie geheim zu halten. Ein Spieler, der die gegnerische Strategie kennt, kann nämlich immer gewinnen. In der Terminologie der auf den Gewinn von Weiß bezogenen Maximin- und Minimax-Werte, wie sie in Kapitel 2.1 erörtert wurden, hat das die folgende Bedeutung:

- Der Maximin-Wert, das ist der höchste Wert, den Weiß aus eigener Kraft sicher erreichen kann, beträgt -1.
- Der Minimax-Wert, das ist der niedrigste Wert, auf den Schwarz den Gewinn von Weiß aus eigener Kraft sicher begrenzen kann, beträgt 1.

Da jeder der beiden Spieler „seinen" Wert unabhängig von der gegnerischen Strategie erzwingen kann, wird dieser Wert auch dann nicht gefährdet, wenn der Kontrahent seine Strategien zufällig wählt. Andererseits ist es durchaus möglich, den eigenen Wert mit diesem Trick zu verbessern: Sehen wir uns dazu an, was passiert, wenn Weiß keine feste Strategie wählt, sondern sich dazu entscheidet, seine Wahl im Verhältnis 1:1 zufällig zu treffen. Abhängig von der gegnerischen Strategie verläuft die Partie dann zufällig. Das heißt, wie bei einem Glücksspiel ergibt sich kein fester Gewinn, sondern nur eine Wahrscheinlichkeitsverteilung für den Gewinn, wobei wir dessen Erwartungswert bei der mathematischen Analyse wie einen festen Gewinn in gleicher Höhe behandeln. Man kann damit die zufällige Auswahl der tatsächlich verwendeten Strategie als eine weitere, so genannte **gemischte Strategie** auffassen, und so bietet es sich an, die Normalform um die entsprechenden Gewinnwerte für Weiß zu erweitern:

Schwarz rät ...		„ungerade"	„gerade"
Weiß wählt ...		1	2
„ungerade"	1	-1	1
„gerade"	2	1	-1
1:1-Zufallswahl	3	0	0

Natürlich hätte sich Weiß auch für eine andere Gewichtung der beiden Grundstrategien, die man meist als **reine Strategien** bezeichnet, entscheiden können. Wird die Strategie „ungerade" mit einer Wahrscheinlichkeit p und die Strategie „gerade" mit der komplementären Wahrscheinlichkeit $q = 1 - p$ gewählt, so ergibt sich die folgende Normalform:

Schwarz rät ...		„ungerade"	„gerade"
Weiß wählt ...		1	2
„ungerade"	1	-1	1
„gerade"	2	1	-1
p:q-Zufallswahl	3	1-2p	2p-1

Auch bei dieser Normalform handelt es bei den hinzugekommenen Gewinnwerten um Erwartungswerte, die wieder wie feste Gewinne behandelt werden. Entscheidet sich Weiß für eine Mischung seiner Strategien im Verhältnis p:q, dann erhält er Gewinnerwartungen von $1 - 2p$ oder $2p - 1$, abhängig davon, wie Schwarz zieht. Außer im Fall $p = \frac{1}{2}$ ist stets einer der beiden Werte negativ, so dass Weiß eine negative Gewinnerwartung fürchten muss, falls Schwarz entsprechend kontert. Damit wird deutlich, dass sich Weiß nur mit der im Verhältnis 1:1 gemischten Strategie vor nachteiligen Gewinnaussichten schützen kann.

Selbstverständlich kann auch Schwarz gemischte Strategien verwenden, indem er seine Strategie nach einer von ihm festgelegten Wahrscheinlichkeitsverteilung zufällig mischt. Allerdings wird es Schwarz trotzdem nicht gelingen, gegen die 1:1-Strategie-Mischung von Weiß eine vorteilhafte Gewinnchance zu erzielen. Nimmt man keine Strategie von Weiß als fest vorgegeben an, so ist auch für Schwarz die 1:1-Mischung die einzige Möglichkeit, jegliches Risiko auf einen zu erwartenden Verlust zu vermeiden.

Die im Verhältnis 1:1 gemischten Strategien bilden damit in dem auf gemischte Strategien erweiterten Spiel einen **Sattelpunkt**, wie er für jedes Zwei-Personen-Nullsummenspiel mit perfekter Information sogar als Kombination von zwei reinen Strategien garantiert ist. Minimax- und Maximin-Wert stimmen also im erweiterten Spiel überein und sind gleich 0. Die Strategien selbst werden wieder als Minimax-Strategien oder einfach als optimale Strategien bezeichnet. Dabei bezieht sich die Benennung „optimal" wie gewohnt auf den „worst case", das heißt die bestmögliche Verteidigung, bei der das eingegangene Risiko minimiert wird:

Schwarz rät ...		„ungerade"	„gerade"	1:1-Zuf.wahl
Weiß wählt ...		1	2	3
„ungerade"	1	-1	1	0
„gerade"	2	1	-1	0
1:1-Zufallswahl	3	0	0	0

Wie schon angemerkt, wird der Wert eines gefundenen Sattelpunktes auch durch weitere gemischte Strategien nicht mehr gefährdet. Insofern hat das um jeweils eine gemischte Strategie erweiterte Spiel „Gerade oder Ungerade" eine Stabilität erreicht, wie wir sie von Spielen mit perfekter Information her kennen. Jeder der beiden Spieler kann sogar seine gemischte Strategie, das heißt sein Mischungsverhältnis, dem Gegner vorab bekannt machen, ohne dass er einen Nachteil befürchten muss. In prinzipieller Sicht liegt ein Unterschied zum Schach nur aufgrund des zufälligen Einflusses vor, das heißt, wie beim Backgammon oder Memory gelten alle Aussagen immer nur für die Gewinnerwartungen, nicht aber für das konkrete Resultat einer einzelnen Partie.

Im vorliegenden Spiel ist der Sattelpunkt übrigens eindeutig. Wie wir für Weiß bereits ausgeführt haben, stellt nämlich jedes andere Mischungsverhältnis ungleich 1:1 für den betreffenden Spieler ein Risiko dar, das zum Tragen kommt, falls der Gegner entsprechend kontert. Ein vorsichtiger Spieler wird demgemäß bei seinen strategischen Überlegungen nicht auf gegnerische Fehler vertrauen, sondern wie beim Schach von einer bestmöglichen Abwehr ausgehen.

Auch beim Spiel Papier-Stein-Schere kann sich ein Spieler mittels einer gemischten Strategie jeglicher psychologischen Ausspähung entziehen. Wie zu erwarten, schlägt sich die doppelte Symmetrie des Spiels, nämlich einerseits zwischen den beiden Spielern und andererseits zwischen den drei möglichen Zügen, im Ergebnis nieder:

- Im ursprünglichen Spiel, in dem nur die reinen Strategien verwendet werden dürfen, ist für Weiß der Maximin-Wert gleich −1 und der Minimax-Wert gleich 1.
- Im um die gemischten Strategien erweiterten Spiel sind Maximin- und Minimax-Wert beide gleich 0.
- Die optimalen Strategien berücksichtigen alle drei Züge mit gleicher Wahrscheinlichkeit von jeweils 1/3.

Alle drei Aussagen lassen sich sofort anhand der als Tabelle 42 zusammengestellten Normalform bestätigen.

| Schwarz wählt ... | | „Papier" | „Stein" | „Schere" |
Weiß wählt ...		1	2	3
„Papier"	1	0	1	-1
„Stein"	2	-1	0	1
„Schere"	3	1	-1	0

Tabelle 42 Normalform des Spiels Papier-Stein-Schere

Erstmals in diesem Sinne formal untersucht wurde Papier-Stein-Schere 1924 von Émile Borel[233], einem der Mitbegründer der modernen Wahrscheinlichkeitsrechnung[234], der zu jener
Zeit übrigens Mitglied der französischen Abgeordnetenkammer war und ein Jahr später sogar
kurzzeitig Marineminister im Kabinett seines Mathematiker-Kollegen Paul Painlevé (1863-
1933) wurde. Borel hatte 1921 bereits als Erster den spielerischen Vorteil von gemischten
Strategien entdeckt und dabei – ebenfalls als erster – Normalformen als eine universelle Beschreibung von Spielen erkannt[235]. Mischen Weiß und Schwarz ihre Strategien mit den
Wahrscheinlichkeiten p, q, r beziehungsweise u, v, w, so ergibt sich für Weiß bei Papier-
Stein-Schere eine Gewinnerwartung von

$$(r - q)u + (p - r)v + (q - p)w.$$

Wie schon Borel es tat, lässt sich anhand dieser Formel sofort erkennen, dass Weiß vor einer
negativen Gewinnerwartung nur dann geschützt ist, wenn die drei Zahlen $r - q$, $p - r$ und
$q - p$ alle gleich 0 sind. Andernfalls befindet sich nämlich unter den drei Zahlen, deren Summe gleich 0 ist, zumindest eine negative, so dass Schwarz mit einer darauf abgestimmten
reinen Strategie Weiß eine negative Gewinnerwartung beibringen könnte.

Selbstverständlich galt Borels eigentliches Interesse nicht dem Spiel Papier-Stein-Schere. So
erinnerte er unter anderem an die Frage, ob es beim Baccarat günstig ist, beim Wert 5 eine
weitere Karte zu ziehen[236]. Allgemein suchte er nach einem Weg, wie ein Spieler in einem
symmetrischen Zwei-Personen-Nullsummenspiel einen Nachteil in Form einer negativen
Gewinnerwartung verhindern kann[237]:

Wir betrachten ein Spiel, bei dem der Gewinn vom Zufall und Geschick der Spieler ab-

---

[233] Émile Borel, *Sur les jeux où interviennent le hasard et l'habileté des jouers*, in: *Théorie des Probabilités*, Paris 1924; englische Übersetzung: *On games that involve chance and the skill of the play-
ers*, Econometrica, 21 (1953), S. 101-127.

[234] Siehe auch Kapitel 1.5.

[235] Émile Borel, *La théorie du jeu et les équations intégrales à noyau symétrique,* Comptes Rendus de
l'Académie des Sciences, 173 (1921), S. 1304-1308. Als englische Übersetzung: *The theory of play
and integral equations with skew symmetric kernels*, Econometrica, 21 (1953), S. 97-100.

[236] Im zweiten Abschnitt der in Fußnote 233 genannten Untersuchung verweist Borel auf Joseph Bertrand, der diese Frage in seinem Lehrbuch der Wahrscheinlichkeitsrechnung *Calcul des probabilités* erwähnt. Bertrands Buch erschien erstmals 1889. Die Untersuchung des Baccarat wird dort
in Chap. II, 33, Problème XIX beschrieben (2. Auflage, Paris 1907, nachgedruckt New York 1972).
Sowohl für den Spieler als auch für die Bank vergleicht Bertrand die Entscheidungsmöglichkeiten
untereinander, wobei er die Strategie der Gegenseite jeweils als bekannt voraussetzt. Wir werden
Baccarat in Kapitel 3.10 untersuchen.

[237] Siehe Fußnote 235. In dieser Arbeit von 1921 beschränkt sich Borel noch auf Spiele, die nur in
einfacher Höhe gewonnen oder verloren werden können. Insofern werden darin nur Gewinnwahrscheinlichkeiten untersucht.

hängt. Wir beschränken uns auf den Fall von zwei Spielern, A und B, und den Fall eines Spiels, das in dem Sinne symmetrisch ist, dass die Spieler bei gleicher Spielweise gleiche Chancen besitzen. Man kann nun untersuchen, ob eine Spielweise bestimmt werden kann, die besser ist als alle anderen, das heißt, die dem Spieler, der sie verwendet, einen Vorteil gibt gegenüber einem Spieler, der sie nicht verwendet. Wir definieren zunächst, was wir unter einer Spielweise verstehen wollen. Sie ist ein Code, die für alle möglichen Umstände (deren Anzahl als endlich angenommen wird) exakt angibt, was die Person zu tun hat.

Die Einschränkung auf **symmetrische Spiele** ist dabei äußerst praktisch:

- Einerseits weiß man, dass sich kein Spieler eine positive Gewinnerwartung sichern kann. Sollte man also eine gemischte Strategie finden, die einem Spieler eine Gewinnerwartung von mindestens 0 garantiert, dann ist diese Strategie zwangsläufig optimal. Verwendet auch der Gegner die gleiche Strategie, kombinieren sich beide Strategien zu einem Sattelpunkt, bei dem beide Spieler die Gewinnerwartung 0 besitzen.
- Andererseits entsteht durch die Einschränkung keine prinzipielle Lücke. Zwar sind die meisten Spiele unsymmetrisch – und sei es nur aufgrund des Anzugrechts. Jedoch kann jedes Spiel als Teil eines symmetrischen Spiels gesehen werden. Dazu spielt man, wie Borel bereits anmerkte[238], einfach zwei Partien mit wechselnden Rollen. Noch einfacher ist es, nur eine Partie zu spielen und dabei die Rollen auszulosen.

Erfolgreich war Borel zunächst bei symmetrischen Spielen, in denen jeder Spieler drei Strategien besitzt, und 1924 dann bei Spielen mit je fünf Strategien. Konkret ging er von einem beliebigen symmetrischen 3×3-Spiel aus, welches stets eine Normalform der Gestalt

Schwarz wählt ...	1	2	3
Weiß wählt ...			
1	0	a	-b
2	-a	0	c
3	b	-c	0

besitzt. Abhängig von den beliebigen Werten a, b und c konstruierte Borel nun eine Wahrscheinlichkeitsverteilung, mit der Weiß seine reinen Strategien so mischen kann, dass er vor einer negativen Gewinnerwartung geschützt ist. Das heißt, mischt Weiß seine drei Strategien mit den Wahrscheinlichkeiten p, q und r, so müssen die Gewinnerwartungen gegen die Strategien von Schwarz mindestens gleich 0 sein. Das entspricht den Bedingungen

$$- aq + br \geq 0$$
$$ap \quad - cr \geq 0$$
$$- bp + cq \quad \geq 0$$

Ebenfalls erfüllt sein müssen natürlich noch $p \geq 0$, $q \geq 0$, $r \geq 0$ und $p + q + r = 1$.

Um zu den gesuchten Wahrscheinlichkeiten zu kommen, müssen abhängig von den Vorzeichen der Zahlen a, b und c verschiedene Fälle unterschieden werden. Ist keine der Zahlen a,

---

[238] In einer Fußnote von Émile Borel, *Sur les systèmes de formes linéaires à déterminant symétrique gauche et la théorie générale du jeu*, Comptes Rendus de l'Académie des Sciences, <u>184</u> (1927), S. 52-53. Als englische Übersetzung: *On systems of linear forms of skew symmetric determinant and the general theory of play*, Econometrica, <u>21</u> (1953), S. 116-117. Im Detail werden wir die Konstruktion symmetrischer Versionen zu vorgegebenen Spielen in Anmerkung XLIX zu Kapitel 3.4 erörtern.

b und c negativ und mindestens eine davon ungleich 0, kann Weiß die folgenden Wahrscheinlichkeiten verwenden:

$$p = \frac{c}{a+b+c} \;,\; q = \frac{b}{a+b+c} \;,\; r = \frac{a}{a+b+c}$$

Für das auf die spezielle Situation von 3×3-Spielen ausgerichtete Verfahren ist eine Verallgemeinerungen nicht erkennbar, und Borel kommt zur Überzeugung, dass nicht für jedes symmetrische Spiel eine solche gemischte Strategie existiert. Allerdings weist ein Spiel, bei dem sich kein Spieler eine nicht negative Gewinnerwartung sichern kann, einen ganz besonderen Charakter auf. Denn dort wäre es – anders als bei einem Spiel mit perfekter Information oder den soeben untersuchten symmetrischen 3×3-Spielen wie Papier-Stein-Schere – für ein erfolgreiches Spiel unvermeidbar, den Gegner psychologisch einzuschätzen. Borel formuliert die Konsequenzen 1921 folgendermaßen:

> Daher reicht es, egal welche Möglichkeit Spieler A in seinem Spiel auch gewählt hat, für Spieler B, diese Möglichkeit, sobald sie einmal festliegt, zu kennen, um seinerseits seine Spielstrategie so zu wählen, dass er über A den Sieg erzielen kann. Das Umgekehrte ist auch richtig, und daraus müssen wir schließen, dass die Wahrscheinlichkeitsrechnung nur dazu dienen kann, das Ausschließen schlechter Spielweisen zu erleichtern; darüber hinaus hängt die Kunst des Spielens von der Psychologie und nicht von der Mathematik ab.

Ist die Mathematik also bereits bei simplen Zwei-Personen-Nullsummenspielen mit ihrem Latein am Ende? Oder kann für jedes Zwei-Personen-Nullsummenspiel doch immer ein Sattelpunkt aus gemischten Strategien gefunden werden? Wenn nein, wieweit kann die Differenz zwischen Minimax- und Maximin-Wert mit Hilfe gemischter Strategien reduziert werden? Dazu mehr im nächsten Kapitel.

3.2 Minimax kontra Psychologie: Selbst beim Pokern?

Zwei Spieler pokern eine Runde von zwei Partien, bei denen das Eröffnungsrecht abwechselt. Kann ein Spieler seine Strategie zufallsabhängig so variieren, dass er einen durchschnittlichen Gesamtverlust verhindern kann?

Mit der Frage wird der zum Ende des letzten Kapitels formulierte Problemkreis anhand eines plakativen Beispiels konkretisiert. Dabei kommt es uns hier nicht auf die Details des Poker-Spiels an, und folglich suchen wir auch keine explizite Strategie, sondern es geht uns zunächst nur darum, die prinzipielle Tauglichkeit von gemischten Strategien zu untersuchen. Kann in der Poker-Runde unabhängig von psychologischen Momenten eine negative Gewinnerwartung verhindert werden, so wie ein Spieler bei zwei Partien Schach mit wechselnden Farben rein theoretisch stets zumindest ein Remis erzwingen kann? Das heißt, kann man abhängig vom eigenen Informationsstand, der insbesondere das eigene Blatt und die bisherigen Gebote umfasst, seine Handlungsweise im Prinzip in einer solchen Weise zufällig variieren, dass eine Gewinnerwartung von mindestens 0 garantiert ist?

Pokern bietet sich insofern als ein typisches Beispiel an, da die Eigenschaft der imperfekten Information ganz wesentlich den Charakter des Poker-Spiels bestimmt. Jeder Spieler kennt nur die eigenen Karten und versucht, aus den gegnerischen Handlungsweisen Schlüsse zu ziehen: Ist das gegnerische Blatt wirklich so gut, wie es aufgrund der bisherigen Gebote scheint? Oder reicht das eigene Blatt dazu aus, einen noch höheren Betrag darauf zu setzen, dass es das beste ist?

Nur wenig später als Borel, aber ohne dessen Arbeiten und deren pessimistisches Resümée zu kennen, beschäftigte sich ein weiterer Mathematiker mit solchen Problemen. Es war das Jahr 1926, und der junge ungarische Mathematiker John von Neumann war gerade nach Göttingen – damals eine der weltweit bedeutendsten Stätten mathematischer Forschung – gekommen, nachdem er in jenem Jahr sowohl in Budapest in Mathematik promoviert als auch in Zürich sein Chemie-Diplom erlangt hatte. Ein Interesse von Neumanns, wenn auch sicherlich nicht das primäre, galt den mathematischen Eigenschaften von Spielen und das mit ernstem Hintergrund: Hatte Borel bereits 1921 auf gewisse Analogien zwischen Spielen einerseits sowie Ökonomie und Kriegskunst andererseits aufmerksam gemacht, so sah von Neumann Spiele als ein universelles Modell für Entscheidungsprozesse[239]:

> Und letzten Endes kann auch irgendein Ereignis, mit gegebenen äußeren Bedingungen und gegebenen Handelnden (den absolut freien Willen der letzteren vorausgesetzt), als Gesellschaftsspiel angesehen werden, wenn man seine Rückwirkungen auf die in ihm handelnden Personen betrachtet.

Die von ihm gestellte Frage nach günstigen Spielweisen innerhalb von Gesellschaftsspielen erhält daher ein hohes Gewicht, denn

> ... es gibt wohl kaum eine Frage des täglichen Lebens, in die dieses Problem nicht hineinspielte; ...

Von Neumanns Untersuchungen, die auch stark vereinfachte Poker-Modelle umfassten[240], mündeten in einem am 7. Dezember 1926 vor der Göttinger Mathematischen Gesellschaft gehaltenen Vortrag, dessen Inhalt knapp zwei Jahre später in einer Fachzeitschrift veröffentlicht wurde[241]. Darin grenzt er zunächst die von ihm untersuchten Objekte mit einer formalen Definition eines (Gesellschafts-)Spiels ein. Wie schon Borel begründet er dann, dass sich Spiele stets in eine Form transformieren lassen, bei der jeder Spieler nur eine Zugentscheidung zu treffen hat, und zwar gleichzeitig mit allen anderen Mitspielern. Diese Form des Spiels – eben die Normalform – ist dann der Ausgangspunkt seiner weiteren Betrachtungen.

Die Zahl der Mitspieler ist bei von Neumann beliebig, allerdings setzt er bei den Gewinnen die Nullsummen-Eigenschaft voraus. Er beginnt damit, Zweipersonenspiele daraufhin zu untersuchen, wie sich die Gewinnaussichten der beiden mit S_1 und S_2 bezeichneten Spieler in den

---

[239] John von Neumann, *Zur Theorie der Gesellschaftsspiele*, Mathematische Annalen, <u>100</u> (1928), S. 295-320; Werke: Band IV, S. 1-26.

[240] Siehe dazu die Fußnote auf S. 190 von John von Neumann, Oskar Morgenstern, *Spieltheorie und wirtschaftliches Verhalten*, Würzburg 1961 (amerikan. Orig. 1944) sowie die in Fußnote 239 genannte Arbeit. Am Schluss der letztgenannten Arbeit kündigt John von Neumann Untersuchungen zu Baccarat und vereinfachten Poker-Modellen an, welche die Notwendigkeit des Bluffens mathematisch beweisen würden. Weniger systematisch und vollständig versuchte dies 1929 auch Emanuel Lasker in seinem Buch *Das verständige Kartenspiel*, Berlin 1929, S. 161–193.

[241] Siehe Fußnote 239 sowie in Anknüpfung an die ihm nachträglich bekannt gewordenen Arbeiten von Borel: J. v. Neumann, *Sur la théorie des jeux*, Comptes Rendus de l'Académie des Sciences, <u>186</u> (1928), S. 1689-1691.

Daten der Normalform widerspiegeln, und erkennt so die Bedeutung des Maximin- und des Minimax-Wertes. Der Maximin-Wert ist laut von Neumann

das beste Resultat, das S_1 erzielen kann, wenn ihn S_2 vollkommen durchschaut ... (Auf Grund der Spielregeln durfte S_2 nicht wissen, was S_1 spielen wird, er mußte es also aus anderen Gründen wissen, wie S_1 spielt, das ist es, was wir mit „durchschauen" andeuten wollen).

Analog steht der Minimax-Wert für

das beste Resultat, das S_2 erzielen kann, wenn ihn S_1 durchschaut hat. Wenn die beiden Zahlen gleich sind, so bedeutet dies: es ist gleichgültig, welcher von beiden Spielern der bessere Psychologe ist, das Spiel ist so unempfindlich, daß immer dasselbe herauskommt ...

Die Verschiedenheit der zwei Größen ... bedeutet eben, daß von zwei Spielern S_1 und S_2 nicht jeder gleichzeitig der klügere sein kann.

Bereits im nächsten Satz kündigt von Neumann seine entscheidende Erkenntnis an:

Es gelingt aber trotzdem mittels eines Kunstgriffes, die Gleichheit der zwei oben erwähnten Ausdrücke zu erzwingen.

Mit dem „Kunstgriff" meint von Neumann, dass die Spieler ihre Verhaltensregeln in einer konkreten Partie zufällig auswählen. Von Neumann hat damit dieselbe Idee wie Borel, nur dass er den Ansatz der gemischten Strategie bis zur Vollendung führt, indem er zeigt, dass bei jedem dermaßen in seinen Zugmöglichkeiten erweiterten Spiel Maximin- und Minimax-Wert übereinstimmen[242]. Dank diesem so genannten **Minimax-Satz**, der für jedes endliche Zwei-Personen-Nullsummenspiel gilt, braucht sich kein Spieler davor zu fürchten, dass der Gegner seine strategischen Erwägungen und Pläne durchschaut – vorausgesetzt, der Spieler hat seine Strategien Minimax-mäßig gemischt, wie es immer möglich ist. Bezogen auf die symmetrische Poker-Runde existiert also eine gemischte Strategie, die – wie immer sie im Detail auch aussehen mag – eine negative Gewinnerwartung verhindert.

Von Neumanns Untersuchung wurde zunächst nur wenig beachtet[243]. Eine breitere Resonanz erhielten die Resulate erst, als John von Neumann 1944 zusammen mit dem Ökonomen Oskar Morgenstern, übrigens (in unehelicher Abstammung) ein Enkel des deutschen 99-Tage-Kaisers Friedrich III, eine umfangreiche Monographie *Theory of games and economic*

---

[242] Welchen Stellenwert die Borel'schen Arbeiten bei der Entwicklung der Spieltheorie einnehmen, war Gegenstand einer 1953 von dem französischen Mathematiker Fréchet initiierten Kontroverse: Maurice Fréchet, *Emile Borel, initiator of the theory of psychological games and its applications*, Econometrica 21 (1953), S. 95-96; Maurice Fréchet, *Commentary on the three notes of Emile Borel*, ebenda, S. 118-124; J. von Neumann, *Communications on the Borel notes*, ebenda, S. 124-125.

[243] Eine bemerkenswerte Ausnahme ist die kurze Schrift René de Possel, *Sur la théorie mathématique des jeux de hasard et de réflexion*, Paris 1936, Reprint in: Hevre Moulin, *Fondation de la théorie des jeux*, Paris 1979, in der auf knapp vierzig Seiten die unterschiedliche Natur von Spielen in populärer Weise erläutert wird. Bezugnehmend auf Borel unterscheidet Possel nach Spielen des Zufalls, des Nachdenkens und der List. Dabei ist „ein Spiel empfänglich für List, wenn ein Spieler einen Vorteil daraus ziehen kann, wenn er die Gedanken seiner Gegner kennt". Alle drei Typen von Spielen und Spieleinflüssen werden mathematisch erörtert. Für Spiele der List wird von Neumanns Minimax-Satz erläutert.

behavior veröffentlichte[244]. Es war dies die Geburtsstunde der mathematischen **Spieltheorie**, obwohl wesentliche Aspekte bereits 18 Jahre bekannt waren.

Von Neumanns ursprünglicher Beweis des Minimax-Satzes ist ein reiner Existenzbeweis und weist keinen Weg, wie man entsprechende Strategien berechnen kann. Außerdem ist der Beweis in seiner Argumentation zwar einigermaßen elementar, dafür aber vergleichsweise umfangreich. Entscheidend verkürzt werden kann der Beweis, wenn der so genannte Brouwer'sche Fixpunktsatz[245] verwendet wird. Dabei war der mathematische Inhalt, was aber von Neumann genauso wenig wusste wie Borel, in anderem Zusammenhang bereits mehrfach bewiesen worden, und zwar erstmals 1902 von Farkas (1847-1930) in Gestalt eines abstrakten Satzes über Ungleichungen[246]. Diese rein algebraische Formulierung mit Ungleichungen erlaubt zugleich eine geometrische Deutung, bei der sogenannte konvexe Mengen eine Rolle spielen[247] – eine Punktmenge heißt konvex, wenn zu je zwei ihrer Punkte immer auch die gerade Verbindungslinie zur Menge gehört (siehe auch den Kasten *Die Beweisidee des Minimax-Satzes*). Erst viel später, nämlich Ende der 1940er Jahre, wurde der Blickwinkel des Minimax-Satzes nochmals erweitert, nun als Aussage über Lösungen von Optimierungsproblemen – wir werden darauf noch zurückkommen.

Bei unseren weiteren mathematischen Analysen von Zwei-Personen-Nullsummenspielen bildet der Minimax-Satz die Grundlage, ganz analog dem Zermelo'schen Bestimmtheitssatz bei Spielen mit perfekter Information. Wir werden sowohl solche Spiele untersuchen, in denen sich explizite Resultate berechnen lassen, als auch Spielsituationen, für die zumindest qualitative Aussagen gemacht werden können. Wir beginnen mit einigen prinzipiellen Feststellungen zum Charakter von Zwei-Personen-Nullsummenspielen, die sich unmittelbar auf Basis der beiden genannten Sätze formulieren lassen:

- Zufallsfreie Spiele mit perfekter Information sind rein kombinatorisch. Wie Schach und Go sind sie vollkommen determiniert. Jeder der beiden Spieler kann aus eigener Kraft in jeder einzelnen Partie ein Resultat erzwingen, das dem Wert des Spiels entspricht.
- Zufallsabhängige Spiele mit perfekter Information sind nur bezogen auf ihren Erwartungswert determiniert. Jeder Spieler kann sein Handeln derart optimieren, dass ihm unabhängig von der gegnerischen Strategie im Durchschnitt ein Ergebnis garantiert ist, das dem Wert des Spiels entspricht. Über das Gewinnresultat einer einzelnen Partie wird keine Aussage gemacht.

---

[244] Zur Entstehungsgeschichte der Monographie und Werdegang der Autoren: H. W. Kuhn, *John von Neumann's work in the theory of games and mathematical economics*, Bulletin of the American Mathematical Society, 64 (1958), S. 100-122 des Sonderhefts zum Tode von John von Neumann; William Poundstone, *Prisoner's dilemma*, New York 1992; Urs Rellstab, *Ökonomie und Spiele: Die Entstehungsgeschichte der Spieltheorie aus dem Blickwinkel des Ökonomen Oskar Morgenstern*, Chur 1992.

[245] Siehe Anmerkung XVIII in Kapitel 2.2 sowie Tinne Hoff Kjeldsen, *John von Neumann's conception ot the minimax theorem: A journey through different mathematical contexts*, Archive for History of Exact Sciences, 56 (2001), S. 39-68.

[246] Siehe Tinne Hoff Kjeldsen, *Different motivations and goals in the historical development of the theory of systems of linear inequalities*, Archive for History of Exact Sciences, 56 (2002), S. 469-538.

[247] Den ersten Beweis des Minimax-Satzes auf Basis konvexer Mengen fand Jean Ville Mitte der 1930er Jahre. Erstmals veröffentlicht wurde er in É. Borel, *Traité du calcul des probabilités et de ses applications*, Tome IV, Fascicule II, *Applications aux jeux de hasard*, Paris 1938, S. 105-113.

- Ohne perfekte Information sind die Spieler oft gezwungen, ihre Strategien zufällig zu variieren. Auch wenn die Spielregeln keine zufälligen Elemente beinhalten, verläuft das Spiel damit nicht unbedingt deterministisch. Wie bei Glücksspielen ist einem Spieler ein dem Wert des Spiels entsprechendes Resultat nur als Erwartungswert garantiert – bei einer einzelnen Partie kann das Resultat deutlich ungünstiger sein. In den Worten von Neumanns[248]:

> Trotzdem ... der Zufall (durch die Einführung der Erwartungswerte ...) ... aus den betrachteten Gesellschaftsspielen eliminiert wurde, ist er wieder von selbst aufgetreten: selbst wenn die Spielregel keinerlei „hazarde" Elemente enthält ..., ist es doch unumgänglich notwendig, das „hazarde" Element, bei der Angabe der Verhaltungsmaßregeln für die Spieler, wieder in Betracht zu ziehen. Das Zufallsabhänige („hazarde", „statistische") liegt so tief im Wesen des Spieles (wenn nicht im Wesen der Welt) begründet, daß es gar nicht erforderlich ist, es durch die Spielregel künstlich einzuführen: auch wenn in der formalen Spielregel davon keine Spur ist, bricht es sich von selbst die Bahn.

Die Beweisidee des Minimax-Satzes

Wir beschränken uns im folgenden Überblick im Wesentlichen auf den Fall, dass Weiß genau zwei Strategien hat, weil dann der dem Minimax-Satz zugrunde liegende Sachverhalt geometrisch in der Ebene veranschaulicht werden kann. Die durchgeführte Konstruktion ist allerdings universell und funktioniert genauso, wenn Weiß mehr als zwei Strategien besitzt – jedoch ist dann eine höherdimensionale Darstellung notwendig. Exakt nachprüfen lässt sich die hier geometrisch veranschaulichte Argumentation mit Standardmethoden der analytischen Geometrie, und zwar in voller Allgemeinheit.

Wir beweisen zunächst die folgende Alternative:

Entweder,
- Schwarz kann mit einer gemischten Strategie die Gewinnerwartung von Weiß auf höchstens 0 beschränken,

oder
- Weiß besitzt eine Strategie, mit der er sich eine positive Gewinnerwartung sichern kann.

Die notwendige Konstruktion verdeutlichen wir an zwei Beispielen mit den folgenden Normalformen:

		Schwarz:			
		1	2	3	4
Weiß:	1	1	-1	1	2
	2	-2	1	0	1

		Schwarz:			
		1	2	3	4
Weiß:	1	2	-1	1	2
	2	-1	1	0	1

Zunächst werden die Gewinne, wie sie Weiß bei den verschiedenen Strategien von Schwarz erhalten kann, in ein ebenes Koordinatensystem eingetragen: Jede reine Strategie von Schwarz ergibt einen Punkt, dessen erste Koordinate gleich dem Gewinn von Weiß ist, wenn dieser seine erste Strategie wählt, und dessen zweite Koordinate analog dem Gewinn von Weiß entspricht, falls der sich für seine zweite Strategie entscheidet.

---

[248] In der in Fußnote 239 genannten Arbeit am Ende von Abschnitt II.

Auch die gemischten Strategien von Schwarz lassen sich so darstellen. Sie „mitteln" die reinen Strategien, und zwar in geometrischer Hinsicht genauso wie im Hinblick auf das quantitative Spielresultat. Beispielsweise liegt eine im Verhältnis 1:1 gemischte Strategie geometrisch genau in der Mitte zwischen den beiden reinen Strategien, aus denen sie gemixt wurde. Für die beiden Beispiele ist die Gesamtheit aller gemischten Strategien in der nächsten Abbildung schraffiert dargestellt. Wie man sieht, wird der Bereich von den Punkten, die durch die reinen Strategien vorgegeben sind, „aufgespannt". Auch allgemein ist zu je zwei Punkten immer ebenso die komplette Verbindungslinie enthalten. Ausgehend von den Punkten, die den reinen Strategien entsprechen, ergibt sich so sukzessive der gesamte, den gemischten Strategien entsprechende Bereich:

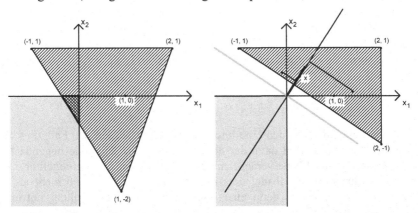

Bezogen auf den gerastert dargestellten Quadranten des Koordinatensystems, innerhalb dem keine Koordinate positiv ist, gibt es nun zwei Fälle, wie sie in der Abbildung zu den beiden Beispielen bereits dargestellt sind. Wir werden sehen, dass diese Einteilung den beiden Alternativen entspricht:

- Im links dargestellten Fall kann Schwarz eine gemischte Strategie finden, bei der Weiß für sich keine positive Gewinnerwartung erreichen kann. Dazu geeignet sind alle gemischten Strategien, die dem Überlappungs-Bereich entsprechen.

- Im rechts abgebildeten Fall, bei dem es keine Überlappung gibt, sucht man die kürzeste Verbindungslinie zwischen den beiden markierten Bereichen. Eine solche existiert tatsächlich immer, da asymptotische Situationen, wie man sie von Hyperbeln und ihren Achsen kennt, aufgrund der beschränkten Größe des schraffierten Strategie-Bereichs ausgeschlossen sind. Ist eine Linie mit minimaler Distanz gefunden – sie muss übrigens keineswegs zwangsläufig im Nullpunkt beginnen –, dann liefert deren Richtung die gesuchte Strategie für Weiß:
  - Zunächst kann keine Koordinate des gefundenen Richtungsvektors negativ sein, da sich sonst durch eine Verschiebung des im Quadranten liegenden Fußpunktes eine kürzere Verbindung finden ließe. Darüber hinaus besitzt der gefundene Vektor mindestens eine positive Koordinate.
  - Damit lässt sich das Verhältnis der Koordinaten untereinander als Verhältnis interpretieren, mit dem Weiß seine reinen Strategien mischen kann. Der auf die Länge 1 normierte Vektor der Wahrscheinlichkeiten ist in der Abbildung dick dargestellt und mit „x" bezeichnet.

- Auch der Gewinn, den Weiß mit der so gefundenen Strategie x erzielen kann, besitzt eine geometrische Interpretation: So wie bei reinen Strategien von Weiß der Gewinn gleich der entsprechenden Koordinate der geometrisch dargestellten Strategie von Schwarz ist, so ist im allgemeinen Fall ein Skalarprodukt zu bilden. Und dieses Produkt ist gleich der Länge, die sich bei der Projektion auf die gefundene Gerade ergibt, wie es beispielhaft für zwei Punkte, die einer Strategie von Schwarz entsprechen, in der Abbildung angedeutet ist. Jenseits der grauen Linie, also insbesondere für den gesamten schraffierten Bereich, ist das Ergebnis immer positiv.

Mit dem Beweis der Alternative ist der Minimax-Satz für symmetrische Spiele bereits klar: Da für symmetrische Spiele die zweite Alternative nie zum Tragen kommen kann, muss für sie immer die erste gelten. Das heißt, Schwarz kann mit einer gemischten Strategie die Gewinnerwartung von Weiß auf höchstens 0 beschränken. Entsprechendes gilt natürlich ebenso für Weiß.

Um den Minimax-Satz auch für nicht-symmetrische Spiele beweisen zu können, wird ein Handikap in Form eines zu entrichteten Einsatzes eingeführt, dessen Höhe variiert wird. Lässt man auch negative Einsatzhöhen zu, so kann man stets davon ausgehen, dass Weiß den Einsatz an Schwarz zahlt. Für jede Einsatzhöhe wird nun das Spiel unter dem Blickwinkel der bewiesenen Alternative untersucht: Wann gilt die eine und wann die andere? Dabei teilen die beiden Alternativen, die ja grob nichts anderes aussagen, als dass Weiß im Vorteil ist beziehungsweise dass es gerade umgekehrt ist, den gesamten Zahlenstrahl in zwei Hälften. Die Zahl, die beide Hälften trennt, ist der Minimax-Wert des Spiels. Als Gewinnerwartung kann Weiß sich jeden Betrag sichern, der kleiner ist als dieser Wert. Zugleich kann Schwarz die Gewinnerwartung von Weiß auf jeden Betrag begrenzen, der größer ist. Mit einem Grenzübergang folgt schließlich der Minimax-Satz.

Weiterführende Literatur zum Minimax-Satz und zur Spieltheorie:

R. Duncan Luce, Howard Raiffa, *Games and decision*, New York 1957.

Samuel Karlin, *Mathematical methods and theory in games, programming and economics*, Reading 1959, 2 Bände.

Melvin Dresher, *Strategische Spiele, Theorie und Praxis*, Zürich 1961 (amerikan. Orig. 1961).

Informationen zur historischen Entwicklung der Spieltheorie findet man in:

N. N. Worobjow, *Die Entwicklung der Spieltheorie*, Berlin (-Ost) 1975 (russ. Orig. 1973).

E. Roy Weintraub (ed.), *Toward a history of game theory*, Durham 1992.

Norfleet W. Rives, *On the history of the mathematical theory of games*, History of Political Economy, 7 (1975), S. 549-656.

Robert W. Dimand, Mary Ann Dimand, *The history of game theory*, Volume 1: *From the beginnings to 1945*, London 1996.

Mary Ann Dimand, Robert W. Dimand, *The foundations of game theory*, Cheltenham 1997, 3 Bände. Sammlung mit Quellen.

Robert Leonard, *Von Neumann, Morgenstern, and the creation of game theory. From chess to social science, 1900–1960*, New York 2010.

3.3   Poker-Bluff: Auch ohne Psychologie?

Der Erfolg eines guten Pokerspielers beruht zum Teil auf seinen Bluffs. Auf welcher Basis entscheidet man sich aber zu einem solchen Bluff? Setzen Bluffs eine treffende psychologische Einschätzung des Gegners voraus? Oder sind sie Ausdruck einer objektiven Optimalität im mathematischen Sinn, mit der die strategischen Möglichkeiten des Gegners Minimaxmäßig pariert werden?

Von Neumanns Minimax-Satz garantiert jedem Spieler eines Zwei-Personen-Nullsummenspiels optimale Strategien. Damit kann man – zumindest in der Theorie – selbst einem gewieften Taktiker wie dem sprichwörtlichen „Pokerface" widerstehen. Allerdings hat die defensive Basis der optimalen Strategie auch ihre Nachteile, da aus Schwächen eines erkennbar ungeschickt agierenden Spielers kein gezielter Vorteil gezogen wird. Solche Vorteile bleiben den Spielern vorbehalten, die ihr Gegenüber realistisch einschätzen können.

Welche Gestalt eine Minimax-Optimalität im konkreten Einzelfall aufweist und wie sie mit der empirischen Erfahrung der Spielpraxis im Einklang steht, ist zunächst völlig offen. Mit der eingangs gestellten Frage wird das Problem auf das Pokern und die dort verwendete Technik des Bluffens konkretisiert: Soll man nur dann bluffen, wenn man davon ausgehen kann, damit einen unerfahrenen und daher un- oder übervorsichtigen Gegner übertölpeln zu können? Oder ist der Bluff selbst dann ab und zu angebracht, wenn keinerlei Informationen über die Verhaltensweise des Gegners bekannt sind?

Poker wird in vielfältigen Varianten gespielt[249]. Der gemeinsame Kern aller Varianten ist es, dass jeder Spieler Beträge darauf setzt, dass er das beste Blatt hält. Nur wer bis zum Schuss der mehrstufigen Bietphase mithält, ist beim so genannten Showdown dabei, bei dem die Kartenblätter der übrig gebliebenen Spieler verglichen werden – steigen alle Spieler bis auf einen aus, gewinnt dieser sogar ohne Showdown. Es liegt nahe, dass gute Blätter eher hohe Gebote erlauben als niedrige. Aber natürlich wäre es wenig sinnvoll, die Höhe seines Gebotes in einer solchen Weise starr an der Stärke des eigenen Blattes auszurichten, die vom Gegner durchschaut werden kann. John von Neumann und Oskar Morgenstern bemerkten dazu[250]:

> Das wesentliche Moment bei all diesem ist, daß ein Spieler mit starkem Blatt wahrscheinlich hoch bieten – und oft überbieten wird. Wenn folglich ein Spieler hoch bietet oder überbietet, so kann sein Gegenspieler – *a posteriori* – annehmen, daß der andere ein starkes Blatt hat. Unter Umständen kann das den Gegner zum „Passen" veranlassen. Da aber beim „Passen" die Karten nicht verglichen werden, kann gelegentlich auch ein Spieler mit schwachem Blatt einen Gewinn gegen einen stärkeren Gegner erzielen, indem er durch hohes Bieten oder Überbieten einen (falschen) Eindruck von Stärke hervorruft und so seinen Gegner begreiflicherweise zum Passen veranlaßt.

---

[249] Claus D. Group, *Alles über Pokern*, Niederhausen 1987; Kay Uwe Katira, *Poker und andere Kartenspiele*, Ravensburg 1979; John Scarne, *Complete guide to gambling*, New York 1974, S. 670-701. Spielerische, historische und mathematische Aspekte des Pokern werden erörtert in: John Mc Donald, *Poker: an american game*, Fortune, 37, March 1948, S. 128-131, 181-187. Ergänzungen zu diesem Artikel findet man in John Mc Donald, *A theory of strategy*, Fortune, 39, June 1949, S. 100-110; John Mc Donald, *Strategy in poker, business and war*, New York 1950.

[250] John von Neumann, Oskar Morgenstern, *Spieltheorie und wirtschaftliches Verhalten*, Würzburg 1961 (amerikan. Orig. 1944). Die hier zitierten Passagen sind den Seiten 190-192 entnommen.

Dieses Manöver ist als „Bluffen" bekannt. Es wird zweifellos von allen erfahrenen Spielern angewandt. Ob das aber wirklich aus dem oben geschilderten Motiv geschieht, kann man bezweifeln; tatsächlich ist eine andere Erklärung vorstellbar. Wenn nämlich von einem Spieler bekannt ist, daß er nur bei starkem Blatt hoch bietet, so wird sein Gegner in solchen Fällen passen. Der Spieler wird daher gerade in den Fällen, wo seine wirkliche Stärke die Möglichkeit dazu bietet, nicht in der Lage sein, durch hohes Bieten oder häufiges Überbieten große Gewinne zu erzielen. Daher ist es für ihn ratsam, bei seinem Gegner in dieser Beziehung Ungewißheit zu erzeugen – d.h. durchblicken zu lassen, daß er mitunter auch bei schwachem Blatt hoch bietet.

Zusammengefasst: Von den beiden möglichen Motiven für das Bluffen ist das erste der Wunsch, bei (wirklicher) Schwäche den (falschen) Eindruck von Stärke zu erwecken; der zweite der Wunsch, bei (wirklicher) Stärke den (falschen) Eindruck von Schwäche zu erwecken. Beides sind Beispiele für ... Irreführung des Gegners.

Typische Eigenschaften der Poker-Varianten lassen sich in einfache Modelle übertragen, die im Gegensatz zu den realen Spielvarianten mathematisch mit vertretbarem Aufwand analysiert werden können. Wie physikalische Modelle bieten sie zugleich den Vorteil, dass die charakteristischen Eigenschaften deutlich erkennbar sind. Dazu wieder von Neumann und Morgenstern:

Jedoch ist das wirkliche Pokern ein viel zu komplizierter Gegenstand für eine erschöpfende Diskussion, und so müssen wir es einigen vereinfachenden Modifikationen unterwerfen, von denen einige wirklich sehr radikal sind. Trotzdem scheint uns, daß die Grundidee des Pokerns und seine entscheidende Eigenschaften in unserer vereinfachten Form erhalten bleiben. Daher wird es uns möglich sein, allgemeine Schlußfolgerungen und Interpretationen auf den Ergebnissen zu gründen, die wir nun mit Hilfe der früher aufgestellten Theorie herleiten wollen.

Wir gehen von einem denkbar einfachen Spiel aus, das die für Pokern typischen Spielelemente beinhaltet:

- Jeder der beiden Spieler erhält, nachdem er seinen Einsatz von 8 Einheiten getätigt hat, zufällig eine hohe oder niedrige Karte. Die beiden Kartenwerte sind gleichwahrscheinlich. Außerdem werden die Karten beider Spieler als unabhängig voneinander vorausgesetzt, das heißt, jeder Spieler erhält die Karte von einem individuellen Kartenstapel.
- Der beginnende Spieler kann passen oder seinen Einsatz von 8 auf 12 erhöhen. Passt er, findet sofort ein Showdown statt, wobei der Spieler mit der höheren Karte die Einsätze beider Spieler gewinnt – bei gleich hohen Karten erhält jeder seinen Einsatz zurück.
- Hat der erste Spieler erhöht, kann der zweite Spieler entscheiden, ob er passen oder mitziehen möchte. Im ersten Fall verliert er seinen Einsatz. Im zweiten Einsatz erhöht auch er seinen Einsatz um 4 zum „Sehen", das heißt zum sofortigen Showdown. Dabei wird wieder der Gewinner auf der Basis der höheren Karte ermittelt.

In Form eines Ablaufschemas sind die Spielregeln in Bild 50 dargestellt.

Bild 50   Die im Poker-Modell möglichen Entscheidungen

Jeder der beiden Spieler kann sich zwischen vier reinen Strategien entscheiden:

- Die Strategie des ersten Spielers muss Handlungsanweisungen für die beiden Fälle einer hohen beziehungsweise niedrigen Karte beinhalten, wobei es jeweils zwei Zugmöglichkeiten, nämlich „passen" oder „erhöhen", gibt. Die Strategien werden mit „PP", „PE", „EP" und „EE" bezeichnet. Dabei steht zum Beispiel die Abkürzung „PE" für „passen bei niedriger Karte und erhöhen bei hoher Karte".
- Die Strategie des zweiten Spielers regelt die Reaktion auf solche Eröffnungen, bei denen der erste Spieler den Einsatz erhöht hat. Dabei wird in Abhängigkeit der eigenen Karte der zu tätigende Zug, nämlich „passen" oder „sehen" festgelegt. Insgesamt gibt es daher vier reine Strategien, nämlich „PP", „PS", „SP" und „SS".

Um die Normalform zu erhalten, muss für jede der 4×4 = 16 Strategie-Kombinationen der entstehende Spielverlauf untersucht werden. Dazu sind jeweils vier verschiedene Kartenverteilungen zu berücksichtigen. Tabelle 43 umfasst die Normalform einschließlich zwei exemplarisch ausgewählter Strategie-Paare, bei denen die vier gleichwahrscheinlichen Gewinne des ersten Spielers abhängig von den ausgeteilten Karten – „N" steht für eine niedrige Karte und „H" für eine hohe – verzeichnet sind:

		Spieler 2			
		PP	PS	SP	SS
	PP	0	0	0	0
Spie-	PE	2	0	3	1
ler 1	EP	6	1	4	-1
	EE	8	1	7	0

	N:S	H:S
N:P	0	-8
H:E	12	0

	N:S	H:P
N:E	0	8
H:E	12	8

Tabelle 43   Normalform des Poker-Modells

In Tabelle 43 deutlich erkennbar ist der Vorteil, den Spieler 1 besitzt. Er kann sich nämlich einfach vor einem rechnerischen Verlust dadurch schützen, indem er immer die Strategie „PP" wählt, das heißt immer passt. Keinesfalls schlechter ist die Strategie „PE", die ein Passen nur bei niedriger Karte vorsieht, für hohe Karten hingegen eine Einsatzerhöhung. Und das ist nicht nur intuitiv klar, da die Einsatzerhöhung bei hoher Karte völlig risikolos ist, sondern auch gut anhand der Normalform zu sehen: Egal, wie sich der zweite Spieler entscheidet, immer ist die Gewinnerwartung zur Strategie „PE" mindestens so hoch wie die bei „PP". Eine solche Situation wird begrifflich dadurch charakterisiert, dass man davon spricht, dass die Strategie „PE" die Strategie „PP" **dominiert**. Zwar können dominierte Strategien durchaus auch in optimalen Strategien eine Verwendung finden, immer aber kann ihr Anteil durch die dominierende Strategie ersetzt werden. Folglich können dominierte Strategien unberücksichtigt bleiben, wenn nur eine Optimalstrategie pro Spieler gesucht wird.

In der in Tabelle 43 aufgeführten Normalform unseres primitiven Poker-Modells werden noch weitere Strategien dominiert. So dominiert die Strategie „EE" des ersten Spielers die Strategie „EP". Beim zweiten Spieler liegt eine ganz ähnlich Situation vor, bei der einerseits die Strategie „PP" durch „PS" und anderseits „SP" durch „SS" dominiert wird. Da in der Normalform stets die Gewinne des ersten Spielers verzeichnet sind, ist das Dominanz-Kriterium für den minimierenden Spieler größenordnungsmäßig umzudrehen. Das heißt, besteht zwischen zwei Spalten die Beziehung, dass jeder Eintrag der einen Spalte mindestens so groß ist wie der entsprechende Eintrag der anderen Spalte, dann wird die Strategie, die der erstgenannten Spalte entspricht, dominiert.

Im vorliegenden Beispiel sind die vier gefundenen Dominanz-Eigenschaften übrigens alles andere als verwunderlich. Inhaltlich besagen sie nichts anderes, dass der erste Spieler bei hohem Blatt auf jeden Fall erhöhen sollte und dass der zweite Spieler bei hohem Blatt stets zum „Sehen" bereit sein sollte. Beide Entscheidungen sind unter den gegebenen Umständen völlig gefahrlos und damit offensichtlich optimal. Die Dominanz-Beziehungen bestätigen somit formal ein in spielerischer Hinsicht selbstverständliches Prinzip. Wichtiger ist, dass aufgrund der gefundenen Dominanzen die Normalform entscheidend vereinfacht werden kann. Streicht man nämlich die den dominierten Strategien entsprechenden Zeilen und Spalten heraus, dann ergibt sich der in Tabelle 44 zusammengestellte 2×2-Rest.

		Spieler 2	
		PS	SS
Spie-	PE	0	1
ler 1	EE	1	0

Tabelle 44   Poker-Modell: Normalform ohne dominierte Strategien

Aufgrund der Erfahrung bei „Gerade oder Ungerade" ahnt man sofort, dass beide Spieler ihre beiden verbliebenen Strategien im Verhältnis 1:1 zufällig mischen sollten. Der Wert des Spieles beträgt ½. Bezogen auf die zu treffenden Einzelentscheidungen lässt sich das gefundene Resultat folgendermaßen interpretieren:

- Hält ein Spieler eine hohe Karte, kann er stets den erhöhten Einsatz wagen, das heißt, er erhöht als erster Spieler und zieht als zweiter Spieler den Einsatz nach.
- Bei niedriger Karte passt ein Spieler mit der Wahrscheinlichkeit ½. Mit gleicher Wahrscheinlichkeit spielt er auf Risiko, das heißt, er erhöht beziehungsweise zieht den Einsatz nach.

Bluffen in Form einer Einsatzerhöhung, die trotz einer niedrigen Karte vorgenommen wird, lässt sich also bereits auf der objektiv untersuchbaren Ebene der mathematischen Spieltheorie als strategisch notwendig erkennen. Die konkrete Entscheidung darüber, ob gebluft wird oder nicht, erfolgt rein zufällig, ohne dass es dazu psychologischer Erwägungen bedarf. Dabei ist der zugrunde liegende quantitative Rahmen, das heißt die Wahrscheinlichkeiten, mit denen die verschiedenen Strategien ausgewählt werden, maßgebend für den Erfolg, den ein Spieler im Mittel erwarten kann.

Da das untersuchte Modell an Einfachheit kaum zu übertreffen ist, bleiben uns weitergehende Erkenntnisse noch verschlossen. Daher ist es verlockend, über das primitive Poker-Modell hinaus noch andere Varianten zu untersuchen, deren Konstruktion etwas mehr Gemeinsamkeiten mit dem richtigen Pokerspiel aufweist. Benötigt dafür werden universelle Algorithmen, mit den Minimax-Strategien berechnet werden können. Solche wollen wir in den nächsten Kapiteln erörtern.

3.4 Symmetrische Spiele: Nachteile sind vermeidbar, aber wie?

Bei symmetrischen Zwei-Personen-Nullsummenspielen ist beiden Spielern die Existenz einer gemischten Strategie garantiert, mit der eine negative Gewinnerwartung verhindert werden kann. Wie lässt sich eine solche Strategie berechnen?

Symmetrische Spiele wurden bereits von Borel bevorzugt betrachtet. Wie in Kapitel 3.1 erörtert, kann man sich bei der Untersuchung von Spielen auf symmetrische Spiele beschränken, da jedes Spiel als Teil eines symmetrischen Spiels gesehen werden kann. Dabei kann ein Spiel, dessen Normalform n Zeilen und m Spalten umfasst, in ein symmetrisches Spiel „eingebettet" werden, bei dem jeder der beiden Spieler über m + n + 1 Strategien verfügt[XLIX]. Außerdem ist der Minimax-Wert eines symmetrischen Spiels a priori bekannt, er ist nämlich gleich 0. Damit kann eine gegebene Strategie relativ einfach darauf getestet werden, ob sie tatsächlich optimal ist; auch dies wurde bereits in Kapitel 3.1 dargelegt: Es ist nämlich zu prüfen, wie sich die gegebene Strategie gegen jede mögliche reine Strategie des Gegners verhält, das heißt, es sind die entsprechenden Gewinnerwartungen zu berechnen. Dabei ist eine Strategie für Weiß genau dann optimal, wenn keine dieser Gewinnerwartungen negativ ist, und das kann, wie schon Borel erkannte, durch das Lösen eines Ungleichungssystems festgestellt werden.

Wird etwa zu dem Spiel mit der Normalform

Schwarz wählt ... Weiß wählt ...	1	2	3	4
1	0	1	-3	2
2	-1	0	1	-4
3	3	-1	0	3
4	-2	4	-3	0

eine Minimax-Strategie für Weiß gesucht, so ist das lineare Ungleichungssystem

$$
\begin{aligned}
-x_2 + 3x_3 - 2x_4 &\geq 0 \\
x_1 \qquad\quad - x_3 + 4x_4 &\geq 0 \\
-3x_1 + x_2 \qquad\quad - 3x_4 &\geq 0 \\
2x_1 - 4x_2 + 3x_3 \qquad\quad &\geq 0
\end{aligned}
$$

zu lösen, wobei zusätzlich noch die Bedingungen

$$x_1 \geq 0,\ x_2 \geq 0,\ x_3 \geq 0,\ x_4 \geq 0 \ \text{ und } \ x_1 + x_2 + x_3 + x_4 = 1$$

erfüllt sein müssen.

Solche Ungleichungssysteme können als eine Verallgemeinerung linearer Gleichungssysteme gesehen werden, wie sie in der Mathematik vielfältig untersucht werden. Neben Größer-oder-Gleich-Beziehungen können sowohl Gleichungen als auch Kleiner-Gleich-Beziehungen enthalten sein. Auch diese lassen sich, sollte es erforderlich werden, in Größer-oder-Gleich-Beziehungen transformieren – eine Gleichung ergibt dabei zwei Ungleichungen. Im Vergleich zu den linearen Gleichungssystemen besitzt die Theorie der Ungleichungssysteme eine deutlich kürzere Tradition. George Dantzig (1914-2005) bemerkt dazu[251]:

> So ist es ziemlich merkwürdig, daß bis 1947 die lineare Ungleichungstheorie nur vereinzelte Spezialarbeiten herausbrachte, während die linearen Gleichungen und verwandte Gebiete der linearen Algebra und Approximationstheorie eine umfangreiche Literatur entwickelt hatten. Vielleicht war dieses unverhältnismäßig starke Interesse an linearer Gleichungstheorie mehr, als Mathematiker zugeben mögen, durch ihre Benutzung als wichtiges Hilfsmittel für Theorien motiviert, die sich mit dem Verstehen der physikalischen Welt befassen.

In dieses Bild passt auch, dass Borel die zu symmetrischen Spielen gehörenden Ungleichungssysteme nicht als generell lösbar erkannte, obwohl andere Mathematiker solche Probleme in isolierten Untersuchungen bereits einige Jahre zuvor gelöst hatten. Einen Umschwung brachte erst 1947 die maßgeblich von Dantzig, damals ziviler Mitarbeiter der US Air Force, durchgeführte Entwicklung der Linearen Optimierung, einer Disziplin, die zunächst für Anwendungen im Bereich der militärischen Logistik begründet wurde. Gegenstand der Linearen Optimierung sind Methoden, mit denen zum Beispiel Kosten minimiert oder Erträge maximiert werden können, sofern die beeinflussenden Parameter, deren mögliche Werte und deren Wirkung auf die zu optimierende Größe vollständig bekannt sind und dieses Gesamtsystem eine bestimmte, eben lineare Form aufweist. Als Dantzig wiederholt auf solche Probleme stieß und dabei eine typische, oft wiederkehrende Form erkannte, wandte er sich zunächst an den Ökonomen und späteren Nobelpreisträger Tjalling Koopmans (1910-1985). Seine Hoffnung, auf längst bekannte Lösungsmethoden aufmerksam gemacht zu werden, erfüllte sich aber nicht[252]. So machte sich Dantzig selbst auf die Suche nach einem praktikablen Lösungsverfahren. Dabei entstand 1947 der sogenannte Simplex-Algorithmus (siehe Kästen *Lineare Optimierung* und *Der Simplex-Algorithmus*).

---

[251] G. B. Dantzig, *Lineare Programmierung und Erweiterungen*, Berlin 1966 (amerikan. Orig. 1963), S. I.

[252] Erst später wurde bekannt, dass der russische Mathematiker Leonid Vital'evich Kantorowicz (1912-1986) sich bereits ein Jahrzehnt früher mit solchen Optimierungsfragen beschäftigt hatte. Durch verschiedene Hemmnisse und erforderliche Rücksichtnahmen blieb ihm der Durchbruch allerdings versagt, auch wenn in seinen Arbeiten viele der wesentlichen Ideen schon vorhanden sind. 1975 erhielt Kantorowicz zusammen mit Koopmans den Nobelpreis für Wirtschaftswissenschaften. Siehe dazu S. 26-28 des in Fußnote 251 genannten Buches von Dantzig sowie L. V. Kantorovich, *My journey in science*, Russian Mathematical Surveys, 42:2 (1987), S. 233-270; L. V. Kantorovich, *Mathematical methods of organizing and planning production*, Management Science, 6 (1960), S. 366-422 (russ. Orig. 1939).

Lineare Optimierung

Ein typisches Problem der linearen Optimierung behandelt ein einfaches Modell eines Produktionsprozesses und dessen optimale Steuerung. Entschieden werden soll, in welcher Menge die verschiedenen Produkte, die im Prinzip herstellbar sind, tatsächlich produziert werden. Zu berücksichtigen sind dabei sowohl die Kapazitätsgrenzen der benötigten Ressourcen – etwa Arbeitskräfte, Maschinen und Rohstoffe – als auch die Überschüsse, die bei den Produkten über die entstehenden Kosten hinaus erlöst werden können. Sehen wir uns ein ganz einfaches Beispiel an:

Mit Hilfe der Ressourcen A, B, C und D werden zwei Produkte X und Y hergestellt, deren Einheiten mit den Zahlen x und y gemessen werden. Bekannt sind

- die mit den Produkten X und Y erzielbaren Überschüsse, nämlich 2 Geldeinheiten pro Wareneinheit des Produktes X und 3 Geldeinheiten pro Wareneinheit Y, das heißt, man erhält insgesamt einen Überschuss in Höhe von

$$\text{Gesamtüberschuss} = 2x + 3y,$$

  sowie
- der Bedarf an den Ressourcen und deren Kapazitätsgrenzen. Diese werden mit Hilfe von Ungleichungen formuliert:
  - Benötigt man von der Ressource A eine Einheit zur Herstellung einer Einheit des Produktes X und vier Einheiten zur Produktion einer Y-Einheit, und
  - stehen 24 Einheiten der Ressource A zur Verfügung,

  dann ergibt sich daraus die Ungleichung

$$x + 4y \leq 24.$$

  Für die anderen Ressourcen gehen wir von analogen Beschränkungen aus:

  bei B: $x + 2y \leq 14,$

  bei C: $x + y \leq 10,$

  bei D: $2x + y \leq 17.$

- Schließlich müssen noch die in praktischen Anwendungen, nicht aber im Modell selbstverständlichen Bedingungen

$$x \geq 0 \text{ und } y \geq 0$$

  berücksichtigt werden.

Einfache Situationen wie die unseres Beispiels lassen sich am besten graphisch verdeutlichen. Dazu trägt man die möglichen Produktionspläne, die durch die Produktionsmengen x und y charakterisiert werden, in ein Koordinatensystem ein. Zulässig und damit bei der Optimierung zu erwägen sind alle Zahlenpaare (x, y), die sämtliche sechs Ungleichungen, **Nebenbedingungen** genannt, erfüllen. Jede dieser Ungleichungen entspricht einer Halbebene, das heißt einem durch eine Gerade abgegrenzten Bereich der Ebene; die Lage dieser Gerade ergibt sich jeweils dadurch, dass man das Größer-oder-Gleich-Zeichen der betreffenden Ungleichung durch ein Gleichheitszeichen ersetzt. Bildet man den mengentheoretischen Durchschnitt aller sechs Halbebenen, erhält man so das geometrische Äquivalent zu allen zulässigen Produktionsplänen.

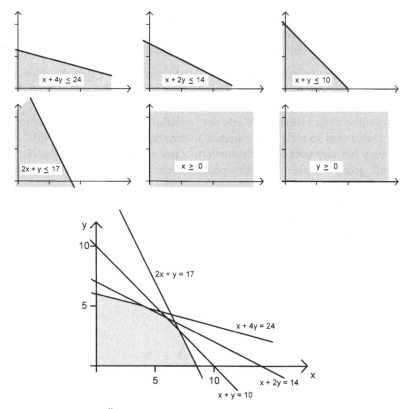

Wie verhält sich nun der Überschuss innerhalb des so veranschaulichten Bereichs aller möglichen Produktionspläne? Wo erreicht er seinen größten Wert? Um dies zu erkennen, stellt man am besten auch den Überschuss graphisch dar. Man erhält dann eine Schar von Niveau-Geraden, die jeweils einem bestimmten Überschusswert entsprechen. In der folgenden Graphik sind die fünf Geraden zu den Überschüssen von 6, 12, 18, 24 und 30 grau eingezeichnet.

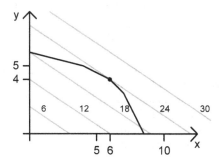

Anhand der Graphik erkennt man sofort, dass der maximal erreichbare Wert 24 beträgt und dass der zugehörige Produktionsplan, der geometrisch einer Ecke des zulässigen Bereichs entspricht, daraus besteht, $x = 6$ und $y = 4$ Einheiten der beiden Produkte X beziehungsweise Y herzustellen.

So einfach das Beispiel ist, so offenbart es doch bereits die typischen Eigenschaften von linearen Optimierungsproblemen, bei denen – im Allgemeinen allerdings für mehr als zwei Parameter x und y – optimale Werte zu bestimmen sind:

- Gesucht wird – gegebenenfalls nach einer Umformulierung – stets das Maximum einer linearen Funktion, wobei lineare Ungleichungen in Größer-oder-Gleich-Form als Nebenbedingungen erfüllt sein müssen.
- Es ist vorteilhaft, die zulässigen Werte der beeinflussenden Parameter geometrisch zu deuten. Dabei sind so viele Dimensionen notwendig, wie es Parameter gibt. Sinnvoll ist das auch bei vier oder mehr Parametern. Zwar versagt dann die visuelle Vorstellungskraft, jedoch bleiben die prinzipiellen Techniken der analytischen Geometrie weiterhin anwendbar.
- Jede der linearen Nebenbedingungen schränkt – einzeln für sich betrachtet – den zulässigen Bereich auf einen Halbraum ein. Der mengentheoretische Durchschnitt dieser Halbräume ergibt den Bereich der zulässigen, für die Optimierung zugrunde zu legenden Parameterwerte. Die folgende Abbildung zeigt ein einfaches dreidimensionales Beispiel.

- Der zulässige Bereich ist stets konvex, das heißt, zu beliebigen zwei seiner Punkte liegt auch immer die Verbindungsstrecke im Bereich.
- Da der zu optimierende Zielwert linear von den Parametern abhängt, definieren die erreichbaren Zielwerte eine Schar von parallelen Hyperebenen – so nennt man Unterräume mit einer gegenüber dem Gesamtraum um eins verkleinerten Dimension; speziell im dreidimensionalen Raum ist eine Hyperebene eine normale Ebene. Jede Hyperebene innerhalb der genannten Schar entspricht genau einem bestimmten Zielwert.
- Gibt es überhaupt optimale Parameterwerte, dann lassen sich immer solche finden, die in einer Ecke des zulässigen Bereiches liegen.
- Allerdings müssen optimale Ecken weder existieren, noch müssen sie eindeutig bestimmt sein:
  - Alle Punkte einer Seite können optimalen Parametern entsprechen. Bei solchen Seiten ist dann insbesondere jede Ecke optimal.
  - Der zulässige Bereich braucht überhaupt keinen Punkt zu enthalten. Solche linearen Optimierungsprobleme sind unlösbar.
  - Unlösbar können auch solche Optimierungsaufgaben sein, deren zulässiger Bereich unbegrenzt ist. Dann ist es nämlich möglich, dass das zu optimierende Ziel beliebig groß werden kann.

Zur Lösung linearer Optimierungsaufgaben gibt es verschiedene Verfahren. Am häufigsten verwendet wird Dantzigs Simplex-Algorithmus (siehe dazu den anderen Kasten). Für hartnäckige Fälle, die in der Praxis allerdings sehr selten sind, ist ein 1984 von Karmarkar stammender Algorithmus besser geeignet[L].

Nicht direkt, aber doch sehr schnell wurden die engen Beziehungen zwischen Linearer Optimierung und Spieltheorie erkannt. Wie Danzig später berichtete[253], vermutete John von Neumann bereits 1947, dass die Spieltheorie für Zwei-Personen-Nullsummenspiele und die Lineare Optimierung äquivalent seien. Und genau dies bestätigte sich wenig später. Insbesondere wurde dabei auch das Äquivalent des Minimax-Satzes innerhalb der Linearen Optimierung entdeckt[LI]. Wir wollen uns aber hier nicht mit der theoretischen Äquivalenz beschäftigen, sondern damit, wie mit Hilfe der Algorithmen der Linearen Optimierung Minimax-Strategien berechnet werden können. Wir beschränken uns dabei zunächst auf symmetrische Spiele und verwenden zur Demonstration das schon angeführte Beispiel. Ausgehend von dem bereits formulierten Ungleichungssystem beginnen wir mit einem kleinen Trick, indem wir die Nebenbedingung

$$x_1 + x_2 + x_3 + x_4 = 1$$

zur Ungleichung

$$x_1 + x_2 + x_3 + x_4 \leq 1$$

abschwächen, um dann in dem so vergrößerten Bereich von zulässigen Werten x_1, ..., x_4 das Maximum der Funktion

$$x_1 + x_2 + x_3 + x_4$$

zu suchen. Natürlich wissen wir bereits, dass das Maximum 1 beträgt. Aber wir interessieren uns auch gar nicht für das Maximum selbst, sondern für die Parameterwerte x_1, ..., x_4, bei denen das Maximum erreicht wird, denn diese ergeben die gesuchte Strategie. Die eigentliche Berechnung kann mit Hilfe des Simplex-Algorithmus erfolgen. Ausgehend von den im vergrößerten Bereich zulässigen Werten

$$x_1 = x_2 = x_3 = x_4 = 0$$

wird Schritt für Schritt das Maximum bis zum Wert 1 erhöht.

Der Simplex-Algorithmus

Die Idee von Dantzigs Simplex-Algorithmus basiert auf der geometrischen Deutung einer linearen Optimierungsaufgabe. Allerdings werden die geometrischen Eigenschaften, soweit sie innerhalb des Algorithmus eine Rolle spielen, stets rein algebraisch charakterisiert: So haben wir bereits gesehen, dass man für lösbare Probleme stets ein Maximum finden kann, bei dem es sich um eine Ecke handelt. Was ist aber eine Ecke? Das heißt, wie wird eine Ecke algebraisch charakterisiert und wie kann sie berechnet werden?

Sehen wir uns zunächst den Rand des zulässigen Bereichs an, das heißt die Punkte, die noch ganz „knapp" dazu gehören. Ein solcher Randpunkt wird algebraisch dadurch charakterisiert, dass bei zumindest einer Größer-oder-gleich-Nebenbedingung die Gleichheit gilt. Bei Ecken und anderen „besonderen" Randpunkten müssen bei den Nebenbedingungen entsprechend mehr Identitäten gelten. Die nächste Graphik verdeutlicht dies für zwei einfache Beispiele, bei denen der zulässige Bereich zwei- beziehungsweise dreidimensional ist.

---

[253] Interview in Donald J. Albers, Gerald J. Albers, Constance Reid (ed.), *More mathematical people*, San Diego 1990, S. 73-77.

Seiten: mind. eine Gleichheitsbeziehung
Ecken: mind. zwei Gleichheitsbeziehungen

Seitenflächen: mind. eine Gleichheitsbeziehung
Kanten: mind. zwei Gleichheitsbeziehungen
Ecken: mind. drei Gleichheitsbeziehungen

Man könnte nun versuchen, auf der Suche nach dem Optimum alle Ecken des zulässigen Bereiches durchzuprobieren: Dabei lassen sich die Ecken dadurch bestimmen, dass man jeweils in genügend vielen Nebenbedingungen eine Gleichheit vorschreibt, um dann das so entstehende Gleichungssystem zu lösen. Ist ein solches Gleichungssystem lösbar und sind alle Nicht-Negativitätsbedingungen erfüllt, liegt eine Ecke vor. Hat man alle Ecken auf diesem Weg bestimmt, sucht man schließlich unter den zugehörigen Zielwerten den größten heraus. Da bei größeren Optimierungsaufgaben die Zahl der Ecken sehr schnell anwächst, ist eine solche Vorgehensweise kaum praktikabel. Deutlich besser geeignet ist das folgende, schrittweise arbeitende Verfahren:

Ausgehend von einer bereits zuvor erreichten Ecke werden die von dort ausgehenden Kanten darauf untersucht, wie sich die Zielfunktion längs dieser Richtungen ändert. Verläuft keine Kante in eine Richtung, bei der sich die Zielfunktion erhöht, liegt das Maximum bereits vor. Ansonsten wählt man eine Kante mit einer Steigerung und bewegt sich darauf bis zur gegenüberliegenden Ecke. Rechnerisch geschieht das dadurch, dass bei den Nebenbedingungen eine Gleichheitsbeziehung aufgegeben und dafür eine andere zusätzlich gefordert wird. Der Schritt wird daher auch **Austausch-Schritt** genannt.

Bei der rechnerischen Umsetzung der geometrisch erläuterten Idee ist allerdings zu beachten, dass Größer-oder-Gleich-Beziehungen algebraisch schwer zu handhaben sind. Daher werden die Ungleichungen mit Hilfe von zusätzlichen Variablen, so genannten **Schlupfvariablen**, zu Gleichungen umgeformt, und diese werden Schritt für Schritt nach jeweils einer Auswahl von Variablen aufgelöst. Jede solche Auflösung entspricht einer Ecke, und zwar insofern, dass die Eigenschaften der Optimierungsaufgabe im Nahbereich um diese Ecke besonders deutlich werden. Wir schauen uns dies anhand des Beispiels an, welches im ersten Kasten erörtert wurde:

$$Z \ = \qquad 2x \ +3y$$
$$u_1 = 24 \ -x \ -4y$$
$$u_2 = 14 \ -x \ -2y$$
$$u_3 = 10 \ -x \ \ -y$$
$$u_4 = 17 -2x \ -y$$

Die Bezeichnung Z steht für das zu optimierende Ziel, das heißt den zu maximierenden Überschuss. Über die vier aufgeführten Nebenbedingungen hinaus müssen alle Variablen einschließlich der hinzugekommenen Schlupfvariablen u_1, u_2, u_3 und u_4 mindestens gleich 0 sein:

$$x \geq 0, \ y \geq 0, \ u_1 \geq 0, \ u_2 \geq 0, \ u_3 \geq 0, \ u_4 \geq 0$$

Diese Ausgangsform der Nebenbedingungen entspricht der Ecke $(x, y) = (0, 0)$. Deutlich sichtbar ist, dass das Ziel Z gegenüber dem erreichten Wert noch verbessert werden kann. Dazu kann sowohl die Variable x als auch y im bestimmten Rahmen vergrößert werden, ohne dass dabei eine Nebenbedingung verletzt wird. Beim Simplex-Algorithmus wird allerdings pro Schritt immer nur eine einzige Variable dafür ausgewählt, ausgehend vom Wert 0 vergrößert zu werden. Da bei gleicher Vergrößerung die Variable y eine größere Steigerung des Ziels bringt, entscheiden wir uns dafür, die Variable y zu vergrößern. Wie weit ist dies aber möglich? Ein Blick auf die vier Gleichungen zeigt, dass bei $y = 6$ Schluss ist, da dann die Variable u_1 den Wert 0 erreicht, während die anderen Variablen u_2, u_3, u_4 noch positiv sind. Um bei der so berechneten Ecke mit $x = 0$ und $y = 6$ wie zuvor bei der ersten Ecke das Verhalten des Ziels analysieren zu können, wird die zweite, das ist die die Vergrößerung von y begrenzende, Gleichung nach y aufgelöst und das Ergebnis in die anderen vier Gleichungen eingesetzt:

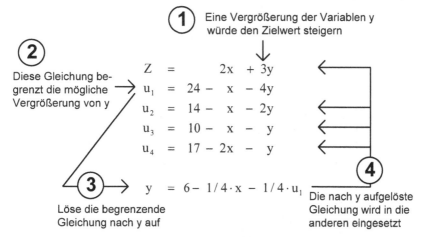

Geometrisch entspricht die so entstehende Form des Gleichungssystems einem Koordinatensystem mit dem Punkt $(x, y) = (0, 6)$ als Ursprung und den Achsen x und u_1. Rein algebraisch handelt es sich einfach um eine Äquivalenzumformung des Gleichungssystems, um so Zielwert und Nebenbedingungen relativ zu einem anderen Basispunkt studieren zu können. Als Ergebnis erhält man:

$$Z = 18 + 5/4 \cdot x - 3/4 \cdot u_1$$
$$y = 6 - 1/4 \cdot x - 1/4 \cdot u_1$$
$$u_2 = 2 - 1/2 \cdot x + 1/2 \cdot u_1$$
$$u_3 = 4 - 3/4 \cdot x + 1/4 \cdot u_1$$
$$u_4 = 11 - 7/4 \cdot x + 1/4 \cdot u_1$$

Aus der ersten Gleichung erkennt man sofort, dass eine weitere Vergrößerung des Ziels nur dann erreicht wird, wenn die Variable x über 0 hinaus wächst. Wie weit dies höchstens möglich ist, ohne dass eine Variable negativ wird, das gibt die dritte Gleichung vor, nämlich bis zum Wert $x = 4$. Wieder wird die diese Grenze vorgebende Gleichung nach der zu vergrößernden Variablen x aufgelöst und dann in die anderen Gleichungen eingesetzt. Man erhält:

$$Z = 23 \;-5/2 \cdot u_2 \;+1/2 \cdot u_1$$
$$y = 5 \;+1/2 \cdot u_2 \;-1/2 \cdot u_1$$
$$x = 4 \qquad -2u_2 \qquad +u_1$$
$$u_3 = 1 \;+3/2 \cdot u_2 \;-1/2 \cdot u_1$$
$$u_4 = 4 \;+7/2 \cdot u_2 \;-3/2 \cdot u_1$$

Um eine weitere Erhöhung des Zielwertes Z zu erreichen, muss der Wert der Variablen u_1 über 0 hinaus vergrößert werden. Dies ist, wenn keine Nebenbedingung verletzt werden soll, bis zur Grenze $u_1 = 2$ möglich – darüber hinaus würde nämlich die Variable u_3 negativ. Wie in den vorangegangenen Schritten wird die die Begrenzung vorgebende Gleichung nach der zu vergrößernden Variable u_1 aufgelöst und in die anderen eingesetzt:

$$Z = 24 \;-u_2 \;-u_3$$
$$y = 4 \;-u_2 \;+u_3$$
$$x = 6 \;+u_2 \;-2u_3$$
$$u_1 = 2 \;+3u_2 \;-2u_3$$
$$u_4 = 1 \;-u_2 \;+3u_3$$

Wie man aus der ersten Gleichung ersieht, kann der Wert von Z nicht über 24 hinaus steigen. Die Optimierung ist damit abgeschlossen. Den bis dahin zurückgelegten Weg über die Ecken wollen wir uns noch einmal graphisch veranschaulichen. In der nächsten Abbildung sind die betreffenden Ecken mit „a" bis „d" gekennzeichnet.

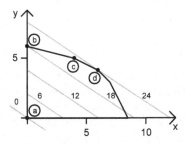

Wesentlich an den beispielhaft durchgeführten Rechenschritten ist die Auflösung der Gleichungen nach einer wechselnden Auswahl von Variablen. Schritt für Schritt wird dabei jeweils eine geschickt gewählte Gleichung nach einer geeigneten Variablen aufgelöst und dieses Ergebnis dann in die anderen Gleichungen eingesetzt. Welche Gleichung und welche Variable jeweils auszuwählen waren, wurde jeweils anhand der aktuell erreichten Form von Zielfunktion und Nebenbedingungen erörtert.

In der Literatur wird der Simplex-Algorithmus meist auf der Basis von Tabellen, sogenannten Simplex-Tableaus, beschrieben. Auf diese Weise lassen sich die in einem Rechenschritt vollzogenen Auswahlen von Spalte und Zeile sowie die nachfolgende Transformation der Koeffizienten vollkommen schematisieren. Die eigentlichen Rechnungen bleiben aber unverändert. Simplex-Tableaus werden im nächsten Kapitel näher erläutert.

Geht man wie im Kasten *Die Simplex-Methode* vor, so kann man bei dem zu untersuchenden symmetrischen Spiel die Suche nach einer Minimax-Strategie mit dem Gleichungssystem

$$
\begin{aligned}
Z &= & x_1 & +x_2 & +x_3 & +x_4 \\
u_1 &= & & -x_2 & +3x_3 & -2x_4 \\
u_2 &= & x_1 & & -x_3 & +4x_4 \\
u_3 &= & -3x_1 & +x_2 & & -3x_4 \\
u_4 &= & 2x_1 & -4x_2 & +3x_3 & \\
u_5 &= 1 & -x_1 & -x_2 & -x_3 & -x_4
\end{aligned}
$$

starten, wobei keine der Variablen $x_1, ..., x_4$ und keine der Schlupfvariablen $u_1, ..., u_5$ negativ werden darf. Schritt für Schritt wird wieder das Gleichungssystem umgeformt:

$$
\begin{aligned}
Z &= & -1/3 \cdot u_3 & +4/3 \cdot x_2 & +x_3 & \\
u_1 &= & & -x_2 & +3x_3 & -2x_4 \\
u_2 &= & -1/3 \cdot u_3 & +1/3 \cdot x_2 & -x_3 & +3x_4 \\
x_1 &= & -1/3 \cdot u_3 & +1/3 \cdot x_2 & & -x_4 \\
u_4 &= & -2/3 \cdot u_3 & -10/3 \cdot x_2 & +3x_3 & -2x_4 \\
u_5 &= 1 & +1/3 \cdot u_3 & -4/3 \cdot x_2 & -x_3 &
\end{aligned}
$$

Bemerkenswert an diesem Ergebnis des ersten Transformationsschrittes ist, dass mit ihm keine Verbesserung erzielt wird. Trotz des Tauschs der Variablen x_1 und u_3 wird nämlich keine neue Ecke erreicht. Geometrisch kann man sich ein solches Phänomen als eine „mehrfache" Ecke vorstellen, in der mehr Kanten, Seitenflächen und so weiter zusammenlaufen als mindestens erforderlich und „normalerweise" üblich[254]. Auch bei den weiteren Schritten des Simplex-Algorithmus, die wir hier übergehen, wird zunächst keine andere Ecke erreicht. Schließlich gelangt man dann aber doch noch zu einer anderen Ecke mit optimalem Zielwert $Z = 1$. Die Koordinaten sind

$$x_1 = 0, x_2 = 3/8, x_3 = 1/2, x_4 = 1/8,$$

womit die Minimax-Strategie für das symmetrische Spiel gefunden ist.

Weit wichtiger als das spezielle Resultat ist die Tatsache, dass die beschriebene Methode immer funktioniert und das sogar für unsymmetrische Spiele, sofern diese zunächst symmetrisiert werden. Die Berechnung von Minimax-Strategien kann in der Praxis daher nur an der Komplexität des gegebenen Spiels scheitern.

Weiterführende Literatur zum Thema Lineare Optimierung:

Lothar Collatz, Wolfgang Wetterling, *Optimierungsaufgaben*, Berlin 1971.

Peter Kall, *Mathematische Methoden des Operations Research*, Stuttgart 1976.

David Gale, *The theory of linear economic models*, Chicago 1960.

Robert Dorfman, Paul A. Samuelson, Robert M. Solow, *Linear programming and economic analysis*, New York 1958.

---

[254] Man kann den mehrfachen Charakter der Ecken auch rechnerisch demonstrieren, indem man die Daten des Optimierungsproblems geringfügig verändert. Mehrfache Ecken trennen sich dann. Mehrfache Ecken können beim Simplex-Algorithmus zu Problemen führen, wenn es zu einem Ringtausch von Variablen kommt.

Außerdem findet man Überblicke in praktisch jedem mathematischen Nachschlagwerk. Populäre Darstellungen sind:

Mathematik in der Praxis, Heidelberg 1989 (amerikan. Orig. 1987), S. 54-65.

John Casti, *Die großen Fünf: mathematische Theorien, die unser Jahrhundert prägten*, Basel 1996 (amerikan. Orig. 1996), S. 171-184.

Robert G. Bland, *Wirtschaftsfaktor lineare Programmierung*, Spektrum der Wissenschaft, 1981/8, S. 119-130.

3.5 Minimax und Lineare Optimierung: So einfach wie möglich

Gesucht ist eine möglichst einfache Methode, mit der Minimax-Strategien für beide Spieler eines als Normalform gegebenen Zwei-Personen-Nullsummenspiels berechnet werden können.

Der im letzten Kapitel erwähnte Weg, zur Berechnung von Minimax-Strategien ein gegebenes Spiel zunächst zu symmetrisieren, führt bei einer Normalform mit n Zeilen und m Spalten zu einer linearen Optimierungsaufgabe mit $m + n + 1$ Variablen und $m + n + 2$ weiteren Schlupfvariablen. Da die Größe des Optimierungsproblems wesentlich den zur Lösung notwendigen Aufwand bestimmt, stellt sich natürlich die Frage, ob man die Minimax-Strategien auch mit Hilfe einer weniger umfangreichen Optimierungsaufgabe berechnen kann. Dies ist in der Tat so. Am einfachsten ist ein Verfahren, das 1960 von Albert W. Tucker (1905-1995), einem der Pioniere der Linearen Optimierung und Spieltheorie, vorgestellt wurde[255]. Tuckers Ansatz kommt mit nur m Variablen und n weiteren Schlupfvariablen aus. Wir wollen ihn an Hand eines Beispiels demonstrieren. Wir greifen dabei auf ein bereits in Kapitel 3.2 diskutiertes Spiel zurück:

Schwarz wählt ... Weiß wählt ...	1	2	3	4
1	2	-1	1	2
2	-1	1	0	1

Auf der Suche nach Minimax-Strategien für Weiß und Schwarz stellen wir zunächst zwei lineare Optimierungsaufgaben auf, deren Lösungen die gewünschten Minimax-Strategien beinhalten. Wir beginnen mit dem maximierenden Spieler Weiß, der seine beiden Strategien zufällig mit zwei Wahrscheinlichkeiten x_1 und x_2 mischt, um sich so eine möglichst hohe Gewinnerwartung zu sichern. Rein formal sind also zwei Zahlen x_1 und x_2 gesucht, für die unter den Bedingungen

---

[255] A. W. Tucker, *Solving a matrix game by linear programming*, IBM Journal of Research and Development, 4 (1960), S. 507-517.

$$2x_1 \ -x_2 \ \geq \ v$$
$$-x_1 \ +x_2 \ \geq \ v$$
$$x_1 \qquad \geq \ v$$
$$2x_1 \ +x_2 \ \geq \ v$$
$$x_1 \ +x_2 \ = \ 1$$
$$x_1 \geq 0, \ x_2 \geq 0$$

ein maximaler Wert v erzielt wird:

$$v = \text{Max !}$$

Entsprechend versucht Schwarz, vier Zahlen y_1, y_2, y_3 und y_4 zu bestimmen, die unter den Bedingungen

$$2y_1 \ -y_2 \ +y_3 \ +2y_4 \ \leq \ v$$
$$-y_1 \ +y_2 \qquad +y_4 \ \leq \ v$$
$$y_1 \ +y_2 \ +y_3 \ +y_4 \ = \ 1$$
$$y_1 \geq 0, \ y_2 \geq 0, \ y_3 \geq 0, \ y_4 \geq 0$$

einen möglichst kleinen Wert v ermöglichen:

$$v = \text{Min !}$$

Es gibt nun verschiedene Möglichkeiten, die beiden formulierten Problemstellungen in die Standardform einer linearen Optimierungsaufgabe zu transformieren. Der direkteste Weg besteht darin, den jeweils zu optimierenden Wert v als Variable aufzufassen. Der von Tucker vorgeschlagene Weg kommt allerdings mit einer Variablen und einer Nebenbedingung weniger aus. Dabei wird davon ausgegangen, dass der Wert des Spiels, das heißt das in den beiden Optimierungsaufgaben erreichbare Maximum beziehungsweise Minimum, positiv ist. Für das hier betrachtete Spiel ist das aufgrund der Untersuchungen in Kapitel 3.2 gesichert[256], ansonsten wird einfach ein genügend hoher Bonus für Weiß festgesetzt, so dass alle Einträge der Normalform positive Werte annehmen. In Folge können die Variablen nur dann nahezu optimale Werte erbringen, wenn v positiv ist. Für diese Werte ist es daher erlaubt, einzelne Ungleichungen durch v zu dividieren, wovon bei denjenigen Ungleichungen Gebrauch gemacht wird, bei denen v auf der rechten Seite steht. Anschließend werden die Variablen durch andere ersetzt:

$$X_1 = \frac{x_1}{v}, \ X_2 = \frac{x_2}{v}, \ Y_1 = \frac{y_1}{v}, \ Y_2 = \frac{y_2}{v}, \ Y_3 = \frac{y_3}{v}, \ Y_4 = \frac{y_4}{v}$$

Zusammen mit den zusätzlichen Schlupfvariablen X_3, ..., X_6, Y_5 und Y_6, mit deren Hilfe die Ungleichungen zu Gleichungen werden, erhält man die folgenden Optimierungsaufgaben:

- Unter den Nebenbedingungen

$$X_3 = -1 \ +2X_1 \ -X_2$$
$$X_4 = -1 \ -X_1 \ +X_2$$
$$X_5 = -1 \ +X_1$$
$$X_6 = -1 +2X_1 \ +X_2$$

---

[256] Von einem positiven Wert kann man sich auch direkt überzeugen, wenn Weiß seine beiden Strategien im Verhältnis 2 zu 3 zufällig mischt.

sowie den Nicht-Negativitäts-Bedingungen

$$X_1, ..., X_6 \geq 0$$

maximiert Weiß den Wert von $-1/v$, das ist

$$-X_1 - X_2 = \text{Max} !$$

- Analog minimiert Schwarz unter den Nebenbedingungen

$$Y_5 = 1 + 2(-Y_1) - (-Y_2) + (-Y_3) + 2(-Y_4)$$
$$Y_6 = 1 - (-Y_1) + (-Y_2) \qquad\qquad + (-Y_4)$$

sowie den Nicht-Negativitäts-Bedingungen

$$Y_1, ..., Y_6 \geq 0$$

den Wert von $-1/v$, das ist

$$(-Y_1) + (-Y_2) + (-Y_3) + (-Y_4) = \text{Min} !$$

Der Grund dafür, dass die zweite Optimierungsaufgabe auf Basis der negativen Variablen formuliert ist, wird umgehend deutlich werden. Diese Schreibweise erlaubt es nämlich, beide Probleme, deren Nebenbedingungen ja die gleichen Koeffizienten, wenn auch in unterschiedlicher Anordnung enthalten, mit Hilfe eines einzigen Zahlenschemas darzustellen. Zu lesen ist ein solches Simplex-Tableau genanntes Zahlenschema sowohl horizontal wie vertikal (siehe Kasten *Simplex-Tableaus und Rechteckregel*). Nicht im Simplex-Tableau berücksichtigt sind die Nicht-Negativitäts-Bedingungen:

	$-Z_{max} =$	$X_3 =$	$X_4 =$	$X_5 =$	$X_6 =$	
$Z_{min} =$	0	1	1	1	1	$\cdot(-1)$
$Y_5 =$	1	2	-1	1	2	$\cdot X_1$
$Y_6 =$	1	-1	1	0	1	$\cdot X_2$
	$\cdot 1$	$\cdot(-Y_1)$	$\cdot(-Y_2)$	$\cdot(-Y_3)$	$\cdot(-Y_4)$	

Simplex-Tableaus und Rechteckregel

Beim Simplex-Algorithmus hat es sich aus verschiedenen Gründen bewährt, Simplex-Tableaus zu verwenden: Was beim manuellen Rechnen die Schreibarbeit verringert, ermöglicht bei einer Programmierung die direkte Umsetzung von Datenorganisation und -manipulation. Last not least können aber zwei Sachverhalte gleichzeitig dargestellt werden. Sehen wir uns dazu zunächst ein **Simplex-Tableau** an, das allgemein die folgende Form aufweist.

	$\alpha =$	$...$	$\beta =$		
	$\vdots$		$\vdots$		
$A =$	$...$	p	$...$	z	$...$	$\cdot\gamma$
$\vdots$		$\vdots$		$\vdots$		$\vdots$
$B =$	$...$	s	$...$	r	$...$	$\cdot\delta$
	$\vdots$		$\vdots$		
	$\cdot(-C)$	$...$	$\cdot(-D)$		

Ohne einen Verlust an Allgemeinheit können wir uns auf 2×2-Tableaus beschränken, womit sich die vielen Auslassungs-Pünktchen „..." erübrigen. Das Tableau steht dann für die *beiden* Gleichungssysteme

$$A = p \cdot (-C) + z \cdot (-D) \qquad\qquad \alpha = p\gamma + s\delta$$
$$B = s \cdot (-C) + r \cdot (-D) \qquad \text{und} \qquad \beta = z\gamma + r\delta$$

Mit dieser Interpretation wird klar, wie ein Simplex-Tableau umgeformt werden darf. So dürfen Zeilen untereinander und Spalten untereinander beliebig vertauscht werden, wenn dabei auch die am Rand aufgeführten Variablen mitgetauscht werden. Wichtiger aber ist der Austausch einer Spalte gegen eine Zeile. Dieser Austausch entspricht der Umformung, wie sie in jedem Schritt des Simplex-Algorithmus stattfindet. Für $p \neq 0$ werden dazu die jeweils ersten Gleichungen beider Systeme nach C beziehungsweise γ aufgelöst. Das Ergebnis wird anschließend in die andere Gleichung eingesetzt:

$$C = 1/p \cdot (-A) \qquad + z/p \cdot (-D) \qquad \gamma = 1/p \cdot \alpha \qquad - s/p \cdot \delta$$
$$B = -s/p \cdot (-A) + (r - sz/p) \cdot (-D) \quad \text{und} \quad \beta = z/p \cdot \alpha + (r - sz/p) \cdot \delta$$

Man sieht, dass die umgeformten Gleichungssysteme wieder *ein gemeinsames* Simplex-Tableau ergeben:

$$
\begin{array}{cc|cc|c}
 & & \gamma = & \beta = & \\
\hline
C = & & 1/p & z/p & \cdot \alpha \\
B = & & -s/p & r - sz/p & \cdot \delta \\
\hline
 & & \cdot(-A) & \cdot(-D) & \\
\end{array}
$$

Statt Gleichungssysteme umzuformen, kann man also immer mit Simplex-Tableaus rechnen. Die allgemeinen Regeln dazu sind:

- Die im Schnittpunkt der getauschten Zeile und Spalte stehende Zahl, das so genannte **Pivotelement** („p"), wird durch seinen reziproken Wert ersetzt.
- Die anderen Zahlen der Pivotzeile („z") werden durch das Pivotelement dividiert.
- Die anderen Zahlen der Pivotspalte („s") werden mit umgekehrten Vorzeichen durch das Pivotelement dividiert.
- Bei den restlichen Zahlen („r") folgt man der so genannten **Rechteckregel**, wozu man das Rechteck bildet, welches durch das Pivotelement und die aktuell zu transformierende Zahl festgelegt wird: Auf Basis der vier an den Ecken dieses Rechtecks stehenden Zahlen berechnet man mittels der Formel $r - sz/p$ den neuen Wert.
- Die am Rande stehenden Variablen werden zwischen Pivotzeile und -spalte getauscht. Dabei ist beim Tausch vom linken zum unteren Rand und umgekehrt das Vorzeichen zu ändern.

Im Simplex-Tableau nicht berücksichtigt sind die Nicht-Negativitäts-Bedingungen. Beim Simplex-Algorithmus wird diesen Bedingungen indirekt Rechnung getragen, nämlich sowohl durch das Start-Tableau als auch die Pivotwahl, das heißt bei der Auswahl der miteinander zu tauschenden Zeile und Spalte.

Bevor wir mit dem eigentlichen Simplex-Algorithmus beginnen, wollen wir noch das Anfangstableau inhaltlich interpretieren: Die dem Tableau entsprechenden Parameterwerte ergeben sich, wenn alle unten und rechts stehenden Variablen gleich 0 sind. Dabei erfüllen nur die Y-Variablen mit $Y_5 = Y_6 = 1$ und $Y_1 = Y_2 = Y_3 = Y_4 = 0$ die Nicht-Negativitäts-Bedingungen. Bei den X-Variablen liegen hingegen für das diesbezügliche Optimierungsproblem mit $X_3 = X_4 = X_5 = X_6 = -1$ und $X_1 = X_2 = 0$ keine zulässigen Parameterwerte vor – solche werden sogar erst mit dem letzten Austausch-Schritt erreicht werden.

Da nur die Y-Werte zulässig sind, müssen wir die Austausch-Schritte an der zugehörigen Minimierungsaufgabe orientieren, wie wir es im letzten Kapitel begründet haben: Als Spalte für den Austausch kann außer der ganz linken Spalte jede beliebige gewählt werden, sofern in der ersten Zeile eine positive Zahl steht. Eine Y-Variable, die einer solchen Spalte zugeordnet ist, verringert nämlich den Zielwert Z_{min}, wenn sie über 0 hinaus wächst. Ist eine derartige Pivotspalte gewählt, geht es daran, die richtige Pivotzeile zu finden. Kriterium ist, dass diese Zeile im Hinblick auf die Nicht-Negativitäts-Bedingungen die schärfste Begrenzung für die betreffende Y-Variable vorgibt. Unter den Zeilen mit positiver Zahl innerhalb der Pivotspalte ist dazu eine solche zu suchen, bei der der Quotient aus den Zahlen der ersten Spalte und der Pivotspalte minimal wird.

Hält man sich an diese beiden allgemeinen Kriterien – nämlich positiver Wert in der obersten Zeile und minimaler Quotient bei positivem Nenner – dann ist die restliche Pivotwahl beliebig. Etwas willkürlich – nämlich im Hinblick auf eine 1 als Pivotelement, womit aufs erste Brüche vermieden werden – beginnen wir damit, die Variable Y_5 gegen Y_3 zu tauschen. Automatisch werden damit auch die Variablen X_5 und X_1 getauscht:

	$-Z_{max} =$	$X_3 =$	$X_4 =$	$X_1 =$	$X_6 =$	
$Z_{min} =$	-1	-1	2	-1	-1	$\cdot(-1)$
$Y_3 =$	1	2	-1	1	2	$\cdot X_5$
$Y_6 =$	1	-1	1	0	1	$\cdot X_2$
	$\cdot 1$	$\cdot(-Y_1)$	$\cdot(-Y_2)$	$\cdot(-Y_5)$	$\cdot(-Y_4)$	

Im nächsten Schritt muss die Variable Y_2 getauscht werden, da nur so eine weitere Verkleinerung des Zielwertes Z_{min} erreicht werden kann. Getauscht werden kann nur mit der Variablen Y_6:

	$-Z_{max} =$	$X_3 =$	$X_2 =$	$X_1 =$	$X_6 =$	
$Z_{min} =$	-3	1	-2	-1	-6	$\cdot(-1)$
$Y_3 =$	2	1	1	1	3	$\cdot X_5$
$Y_2 =$	1	-1	1	0	1	$\cdot X_4$
	$\cdot 1$	$\cdot(-Y_1)$	$\cdot(-Y_6)$	$\cdot(-Y_5)$	$\cdot(-Y_4)$	

Nun muss die Variable Y_1 getauscht werden, da anders keine weitere Verkleinerung des Zielwertes Z_{min} erreichbar ist. Getauscht werden kann nur mit der Variablen Y_3:

	$-Z_{max} =$	$X_5 =$	$X_2 =$	$X_1 =$	$X_6 =$	
$Z_{min} =$	-5	-1	-3	-2	-6	$\cdot(-1)$
$Y_1 =$	2	1	1	1	3	$\cdot X_3$
$Y_2 =$	3	1	2	1	4	$\cdot X_4$
	$\cdot 1$	$\cdot(-Y_3)$	$\cdot(-Y_6)$	$\cdot(-Y_5)$	$\cdot(-Y_4)$	

Im Teilrechteck oben-rechts ist kein Wert positiv. Das hat zwei Konsequenzen: Zum einen hat der Zielwert Z_{min} sein Minimum erreicht, wenn die unten stehenden Variablen Y_3, Y_6, Y_5

und Y_4 alle gleich 0 sind. Zum anderen handelt es sich um das erste Tableau, dem nicht nur zulässige Y-Werte, sondern auch zulässige X-Werte zugrunde liegen, die alle Nicht-Negativitäts-Bedingungen erfüllen. Und diese X-Werte sind nicht nur zulässig, sondern für den Zielwert

$$Z_{max} = -5 - 2X_3 - 3X_4$$

sogar optimal, wenn die rechts stehenden Variablen X_3 und X_4 beide gleich 0 sind. Und dies ist keineswegs nur eine spezielle Eigenheit des untersuchten Beispiels, sondern es handelt sich, da das Teilrechteck links-unten niemals negative Einträge enthält, um eine allgemeine Eigenschaft „dualer" Optimierungsaufgaben.

Aus den erreichten Optimalwerten $Z_{max} = Z_{max} = -5$ erhält man zunächst den Wert des Spiels $v = 1/5$. Zusammen mit den optimalen Parameterwerten

$$X_1 = 2, X_2 = 3 \text{ und } Y_1 = 2, Y_2 = 3, Y_3 = 0, Y_4 = 0$$

ergeben sich die Wahrscheinlichkeiten für die gesuchten Minimax-Strategien:

$$x_1 = 2/5, x_2 = 3/5 \text{ und } y_1 = 2/5, y_2 = 3/5, y_3 = 0, y_4 = 0.$$

Aber auch die optimalen Werte der Schlupfvariablen

$$X_3 = 0, X_4 = 0, X_5 = 1, X_6 = 6 \text{ und } Y_5 = 0, Y_6 = 0$$

erlauben höchst interessante Aussagen. Positive Werte kennzeichnen nämlich die reinen Strategien, welche der Gegner tunlichst gegen die gefundenen Minimax-Strategien vermeiden sollte. So sollte Schwarz im vorliegenden Fall auf keinen Fall seine den Schlupf-variablen $X_5 = 1$ und $X_6 = 6$ entsprechenden Strategien, das sind die Strategien „3" und „4", wählen. Die Werte der Variablen beziffern, sofern sie mit dem Wert $v = 1/5$ multipliziert werden, die „Kosten" der betreffenden Entscheidung: Weiß darf dann über den Minimax-Wert hinaus mit einer zusätzlichen Gewinnerwartung in Höhe von 1/5 beziehungsweise 6/5 rechnen.

Fassen wir zusammen: Sollen zu einem Spiel, dessen Normalform als Matrix A gegeben ist, Minimax-Strategien bestimmt werden, so kann das im Fall eines positiven Minimax-Wertes v ausgehend vom folgenden Tableau geschehen:

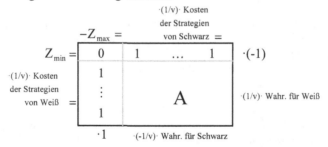

Im anschließenden Simplex-Algorithmus müssen die angegebenen Interpretationen der Variablen bei den Austausch-Schritten nachgehalten werden, damit die im Schluss-Tableau oben und links stehenden Resultate den richtigen Variablen zugeordnet werden können. Variable, die am Ende unten oder rechts stehen, sind alle gleich 0. Um die Wahrscheinlichkeiten der Minimax-Strategien sowie die Kosten von Fehlentscheidungen zu erhalten, muss man die Variablenwerte schließlich noch durch den Wert v des Spiels dividieren. Dieser ist im Schluss-Tableau in der Ecke oben-links ersichtlich: $v = -1/Z_{max} = -1/Z_{min}$.

3.6   Play it again: Aus Erfahrung klug?

Reicht allein Erfahrung im Spiel dazu aus, gute Spielstrategien zu finden? Konkret: Lässt sich zu jedem gegebenen Zwei-Personen-Nullsummenspiel eine Serie von Partien organisieren, mit der Minimax-Strategien empirisch bestimmt werden können?

Wohl nur wenige Spieler dürften ihre Strategie mit Hilfe des Simplex-Algorithmus optimieren. Schließlich sind die meisten gebräuchlichen Spiele auch viel zu komplex, um solche Berechnungen wirklich durchführen zu können. Lassen sich gute Strategien aber auch ohne solche Berechnungen finden? Reicht eine gewachsene Spieltradition dazu aus, gute Strategien allein auf Basis eines trial-and-error-Prinzips evolutionär entstehen zu lassen?

Gemischte Strategien sind, das muss zunächst gesagt werden, vielen Spielern genauso fremd, wie sie es den Mathematikern Jahrhunderte lang waren. Von Skatspielern nach dem Motto „Du hättest auf jeden Fall zuerst das Ass ausspielen müssen" geführte Debatten entspringen nicht nur der Hitze des Gefechts, sondern sind zugleich ein Indiz dafür, dass Verhaltensweisen für eindeutig vergleichbar gehalten werden – gemischte Strategien wären dann überflüssig. Der Grund für solche Einschätzungen ist weniger darin zu suchen, dass Minimax-Strategien nicht unbedingt die höchste Schule des Spiels darstellen, weil damit auf erkennbar schlechte Spielweisen des Gegners meist nur unzureichend reagiert wird. Vielmehr gibt es in der Spielpraxis oft weit wichtigere Dinge, als optimale Wahrscheinlichkeiten für die Zugmöglichkeiten zu finden. Wer jemals gegen einen ausgefuchsten Skatspieler gespielt hat, wird das bestätigen: Im Gedächtnis nachgehalten werden nicht nur die erreichten Punkte und die ausgespielten Trümpfe, sondern der gesamte bisherige Spielverlauf vom Reizen bis zu jedem einzelnen Stich – von hilfreichen Beobachtungen am Rande, wie ein Anfänger seine Karten immer in der gleichen Weise sortiert, einmal ganz abgesehen. Für den durchschnittlichen Spieler gibt es also genug Möglichkeiten, seine Spielweise dadurch zu perfektionieren, dass er die prinzipiell zugängliche Information vollständig auswertet. Bevor diese Stufe nicht erreicht ist, macht es wenig Sinn, dem unüberwindbaren Unwissen mit einer gemischten Strategie zu trotzen.

Dagegen gehören gemischte Strategien bei anderen Spielen, insbesondere bei deutlich strategisch geprägten wie Pokern, ganz selbstverständlich zur Spielpraxis. Auf der Basis empirischer Erfahrung können also durchaus gemischte Strategiekonzepte hervorgebracht werden. Sind dabei Simulationsreihen von Partien denkbar, mit denen sogar Minimax-Strategien empirisch bestimmt werden können?

In unseren Betrachtungen gehen wir wieder von einem in Normalform vorliegenden Zwei-Personen-Nullsummenspiel aus. Wir veranstalten nun eine Serie von Partien, innerhalb der beide Spieler danach streben, ihre Strategien sukzessive zu verbessern. Dabei wird jede einzelne Partie nach den normalen Regeln gespielt. Insbesondere werden deshalb in den Einzelpartien nur reine Strategien verwendet. Gemischte Strategien treten nur indirekt, nämlich als relative Häufigkeiten auf, mit der die reinen Strategien innerhalb der bisherigen Partien gewählt wurden. Um möglichst gut zu spielen, gehen die beiden Spieler – so unsere Annahme – folgendermaßen vor: Zu Beginn einer Partie wertet jeder Spieler die bisherige Verhaltensweise seines Gegners aus und interpretiert sie als gemischte Strategie, die dieser auch weiterhin verwenden wird und die daher bestmöglich zu kontern ist. Das heißt, jeder Spieler sucht eine reine Strategie, die gegen die bisherige Durchschnittsstrategie des Gegners das beste Resultat bringt. George J. Brown, der dieses Verfahren einer fiktiven Partieserie 1949 entwickelte, bemerkte dazu[257]:

> Das iterative Verfahren kann ungefähr dadurch charakterisiert werden, dass es auf der traditionellen Philosophie der Statistik beruht, zukünftige Entscheidungen auf der Basis der dafür relevanten Vergangenheit zu treffen. Stellen Sie sich zwei Statistiker vor, die vielleicht ohne Kenntnis der Minimax-Theorie mehrere Partien austragen. Man darf natürlich erwarten, dass sich ein Statistiker an der Spielweise seines Gegners in den vorangegangenen Partien orientiert und sich bei Verzicht auf kompliziertere Berechnungen vielleicht dazu entscheidet, in jeder Partie diejenige reine Strategie zu wählen, die optimal ist gegen das der bisherigen gegnerischen Spielweise entsprechende Strategie-Mix.

Wir wollen uns die Vorgehensweise zunächst anhand eines Beispiels anschauen. Als Beispiel greifen wir auf das in Kapitel 3.3 untersuchte Poker-Modell zurück:

Schwarz wählt ... Weiß wählt ...	1	2	3	4
1	0	0	0	0
2	2	0	3	1
3	6	1	4	-1
4	8	1	7	0

Sehen wir uns nun an, wie die Partien konkret verlaufen:

1. Bei der ersten Partie besitzen beide Spieler noch keine Anhaltspunkte über die Spielweise des Gegners. Da wir generell annehmen wollen, dass sich die Spieler bei Strategien mit gleich guten Aussichten immer für diejenige mit der kleinsten Nummer entscheiden, wählen sie in der ersten Partie beide ihre erste Strategie.
2. Bei der zweiten Partie geht jeder der beiden Spieler davon aus, dass der Gegner seine in der ersten Partie verwendete Strategie beibehält. Für Weiß ist damit die Sache klar, dass er sich für seine vierte Strategie entscheiden muss. Dagegen ergeben bei Schwarz alle vier Strategien den gleichen Erfolg und Schwarz entscheidet sich daher nochmals für seine erste Strategie.
3. Bei der dritten Partie wird das Bild bereits etwas abwechslungsreicher. Zwar muss sich Weiß wieder für seine vierte Strategie entscheiden, da Schwarz bisher nur die Strategie „1" gewählt hat. Schwarz dagegen vermutet bei Weiß eine gemischte Strategie, bei der die reinen Strategien „1" und „4" im Verhältnis 1:1 zufällig gemischt sind. Die Gewinnerwartung von Weiß beträgt demnach, je nachdem wie Schwarz kontert, 4, ½, 3½ beziehungsweise 0. Schwarz wählt daher seine Strategie „4".
4. Zu Beginn der vierten Partie planen die Spieler unter den folgenden Annahmen: Weiß geht davon aus, dass Schwarz seine Strategie „1" und „4" zufällig im Verhältnis 2:1 mischt, während Schwarz seinem Gegner eine zufällige Mischung der Strategien „1" und „4" im Verhältnis 1:2 unterstellt. Auf dieser Basis entscheiden sich beide Spieler für ihre vierte Strategie.

---

[257] G. W. Brown, *Iterative solutions of games by fictitious play*, in: T. C. Koopmanns (ed.), *Activity analysis of production and allocation*, Cowles Commission Conference Monograph 13, New York 1951, S. 374-376.

| Nr. der Partie | Strategie von | | bisherige Häufigkeiten d. Strategien | | | | | | | | Gew.erw. bei akt. | Wert des Spiels | |
| | Weiß | Schw. | Weiß | | | | Schwarz | | | | Wahr.vert. | min. | max. |
			1	2	3	4	1	2	3	4			
0			0	0	0	0	0	0	0	0			
1	1	1	1	0	0	0	1	0	0	0	0,000	0,000	8,000
2	4	1	1	0	0	1	2	0	0	0	4,000	0,000	8,000
3	4	4	1	0	0	2	2	0	0	1	3,556	0,000	5,333
4	4	4	1	0	0	3	2	0	0	2	3,000	0,000	4,000
5	4	4	1	0	0	4	2	0	0	3	2,560	0,000	3,200
6	4	4	1	0	0	5	2	0	0	4	2,222	0,000	2,667
7	4	4	1	0	0	6	2	0	0	5	1,959	0,000	2,286
8	4	4	1	0	0	7	2	0	0	6	1,750	0,000	2,000
9	4	4	1	0	0	8	2	0	0	7	1,580	0,000	1,778
10	4	4	1	0	0	9	2	0	0	8	1,440	0,000	1,600
11	4	4	1	0	0	10	2	0	0	9	1,322	0,000	1,455
12	4	4	1	0	0	11	2	0	0	10	1,222	0,000	1,333
13	4	4	1	0	0	12	2	0	0	11	1,136	0,000	1,231
14	4	4	1	0	0	13	2	0	0	12	1,061	0,000	1,143
15	2	4	1	1	0	13	2	0	0	13	1,000	0,067	1,133
16	2	4	1	2	0	13	2	0	0	14	0,953	0,125	1,125
17	2	4	1	3	0	13	2	0	0	15	0,917	0,176	1,118
18	2	4	1	4	0	13	2	0	0	16	0,889	0,222	1,111
19	2	4	1	5	0	13	2	0	0	17	0,867	0,263	1,105
20	2	4	1	6	0	13	2	0	0	18	0,850	0,300	1,100
21	2	4	1	7	0	13	2	0	0	19	0,837	0,333	1,095
22	2	4	1	8	0	13	2	0	0	20	0,826	0,364	1,091
23	2	4	1	9	0	13	2	0	0	21	0,819	0,391	1,087
24	2	4	1	10	0	13	2	0	0	22	0,813	0,417	1,083
25	2	4	1	11	0	13	2	0	0	23	0,808	0,440	1,080
26	2	4	1	12	0	13	2	0	0	24	0,805	0,462	1,077
27	2	4	1	13	0	13	2	0	0	25	0,802	0,481	1,074
28	2	2	1	14	0	13	2	1	0	25	0,800	0,464	1,036
29	2	2	1	15	0	13	2	2	0	25	0,795	0,448	1,000
30	2	2	1	16	0	13	2	3	0	25	0,790	0,433	0,967
31	2	2	1	17	0	13	2	4	0	25	0,784	0,419	0,935
32	2	2	1	18	0	13	2	5	0	25	0,776	0,406	0,906
33	2	2	1	19	0	13	2	6	0	25	0,769	0,394	0,879
34	2	2	1	20	0	13	2	7	0	25	0,760	0,382	0,853
35	2	2	1	21	0	13	2	8	0	25	0,752	0,371	0,829
36	2	2	1	22	0	13	2	9	0	25	0,743	0,361	0,806
37	2	2	1	23	0	13	2	10	0	25	0,734	0,351	0,784
38	2	2	1	24	0	13	2	11	0	25	0,725	0,342	0,763
39	2	2	1	25	0	13	2	12	0	25	0,716	0,333	0,744
40	2	2	1	26	0	13	2	13	0	25	0,707	0,325	0,725
41	2	2	1	27	0	13	2	14	0	25	0,698	0,317	0,732
42	4	2	1	27	0	14	2	15	0	25	0,690	0,333	0,738
43	4	2	1	27	0	15	2	16	0	25	0,683	0,349	0,744
44	4	2	1	27	0	16	2	17	0	25	0,677	0,364	0,750
45	4	2	1	27	0	17	2	18	0	25	0,672	0,378	0,756
46	4	2	1	27	0	18	2	19	0	25	0,668	0,391	0,761
47	4	2	1	27	0	19	2	20	0	25	0,664	0,404	0,766
48	4	2	1	27	0	20	2	21	0	25	0,661	0,417	0,771
49	4	2	1	27	0	21	2	22	0	25	0,658	0,429	0,776
50	4	2	1	27	0	22	2	23	0	25	0,656	0,440	0,780

Tabelle 45   Die ersten 50 Partien

Wir ersparen uns, die weiteren Partien mühsam in dieser Ausführlichkeit zu schildern. Zudem wird man im konkreten Fall für diese stupide Arbeit sowieso ein Computerprogramm schreiben. Für Demonstrationszwecke reicht bei einem einfachen Spiel und nicht zu vielen Partien sogar ein Tabellenkalkulations-Programm[258]. In Tabelle 45 sind die Verläufe der

---

[258] Tabelle 45 mit den Ergebnissen der ersten 50 Partien wurde mit einer Tabellenkalkulation erstellt. Nicht dargestellt sind die Hilfsspalten, die die Mini- und Maximierung sowie die daraus resultie-

ersten 50 Partien verzeichnet. Die Gesamtergebnisse nach 100, 1000, 10000 und 100000 Partien können aus Tabelle 46 ersehen werden. Jeweils angegeben sind

- die Häufigkeiten der Strategien in den vorangegangen Partien,
- die sich aus der entsprechenden Mischung ergebenden Gewinnerwartungen sowie
- die sich aus den beiden aktuellen Strategien-Mixen ergebende Eingrenzung des Spielwertes – jeweils berechnet auf der Basis der denkbar besten Gegenstrategie, wie sie jeder Spieler in der nachfolgenden Partie verwendet.

Man erkennt, dass die dominierten Strategien „1" und „3" sowohl von Weiß wie Schwarz höchstens in der Anfangsphase gewählt werden. Danach konzentriert sich das Spiel nur noch auf jene Strategien, die auch in den beiden Minimax-Strategien vorkommen. Insgesamt scheinen beim vorliegenden Spiel sowohl die relativen Häufigkeiten als auch die Gewinnerwartungen zu konvergieren. Das heißt, die empirische Spielsimulation liefert sowohl den Wert des Spiels als auch die Minimax-Strategien.

Browns iteratives Verfahren, die Strategien beider Spieler in einer Art Lernprozess simultan zu verbessern, funktioniert weitgehend auch allgemein. 1951 zeigte die Mathematikerin Julia Robinson[259] (1919-1985), dass der Wert des Spiels beliebig eng eingegrenzt wird, wobei dieser Prozess allerdings sehr langwierig sein kann[260]. Hingegen müssen die Durchschnittsstrategien beider Spieler nicht konvergieren. Dies ist allerdings nicht allzu schlimm, da in jedem Schritt die ermittelten Strategien stets so gut sind, dass sie die aktuelle Eingrenzung des Spielwerts erlauben. Mit der Konvergenz der eingrenzenden Werte werden damit die beiden Strategien beliebig gut.

In der Praxis weit negativer wirkt sich die geringe Konvergenzgeschwindigkeit aus, wie sie gerade bei einem Spiel mit großer Normalform zum Tragen kommen kann. Soll etwa bei einem Spiel mit n und m Strategien der nach einer bestimmten Zahl von Partien noch mögliche Fehler halbiert werden, so muss dazu die Zahl der Partien auf das bis zu 2^{n+m-1}-fache erhöht werden. Das ist deutlich langsamer als eine Monte-Carlo-Simulation, wie wir sie in Kapitel 1.15 als empirische Methode zur Bestimmung von Erwartungswerten kennen gelernt haben. Dort halbiert sich der durchschnittliche Fehler bereits bei einer Vervierfachung der Schrittanzahl.

---

rende Strategieauswahl für die jeweils nächste Partie widerspiegeln.

[259] Julia Robinson wurde vor allem durch ihre Beiträge bei der Untersuchung des in Kapitel 2.11 erwähnten zehnten Hilbert'schen Problems bekannt. So stammen die wesentlichen Vorbereitungen, auf deren Basis Yuri Matijawevic die endgültige Lösung gelang, von ihr.

[260] Julia Robinson, *An iterative method for solving a game*, Annals of Mathematics, 54 (1951), S. 296-301, Nachdruck: Harold W. Kuhn (ed.), *Classics in game theory*, Princeton 1997, S. 27-35; H. M. Shapiro, *Note on a computation method in the theory of games*, Communications on Pure and Applied Mathematics, 11 (1958), S. 588-593.

Anzahl der Partien	bisherige Häufigkeiten der Strategien								Gew.erw. bei akt. Wahr.vert.	Wert des Spiels	
	Weiß				Schwarz					min.	max.
	1	2	3	4	1	2	3	4			
100	1	55	0	44	2	40	0	58	0,5874	0,4400	0,6200
1000	1	514	0	485	2	485	0	513	0,5087	0,4850	0,5170
10000	1	5026	0	4973	2	4949	0	5049	0,5009	0,4973	0,5053
100000	1	50031	0	49968	2	50185	0	49813	0,5001	0,5001	0,5020

Tabelle 46   Die Gesamtergebnisse nach bis zu 100000 Partien

Auch in anderer Hinsicht bietet sich ein Vergleich zu Monte-Carlo-Verfahren an: Im Unterschied zu diesen ist das hier beschriebene Verfahren absolut deterministisch. Zwar kann es in einzelnen Schritten Mehrdeutigkeiten geben, wenn für einen Spieler zwei oder mehr Strategien gleich gut sind. Aber so etwas kann genauso gut bei einem Schritt im Simplex-Algorithmus passieren. Das heißt, es handelt sich trotz des empirischen Charakters der Grundidee um ein reines Rechenverfahren. Insbesondere muss bei Spielen mit zufälligen Elementen immer von den Erwartungswerten ausgegangen werden – so wie es im Beispiel des primitiven Poker-Modells bereits praktiziert wurde. Einzelne Partien werden damit nur in den strategischen, nicht aber in den zufälligen Komponenten nach den richtigen Regeln gespielt.

3.7   Le Her: Tauschen oder nicht?

Weiß und Schwarz spielen darum, wer die höhere Karte erlangt. Gespielt wird mit einem normalen 52er-Blatt, für das die Rangfolge König, Dame, Bube, 10, 9, ... 3, 2, Ass gilt. Bei gleich hohen Kartenwerten gewinnt Schwarz.

Zu Beginn erhält jeder Spieler eine Karte, und eine weitere wird verdeckt auf den Tisch gelegt. Anschließend bekommt jeder Spieler eine Chance, seinen Kartenwert zu verbessern. Weiß beginnt und darf dabei den Austausch seiner Karte mit Schwarz verlangen. Sofern Schwarz keinen König auf der Hand hält, muss er sich einem gewünschten Tausch fügen. Unabhängig davon, wie die erste Tauschmöglichkeit verlaufen ist, erhält nun Schwarz seine Chance: Dabei darf er seine Karte mit der verdeckt auf dem Tisch liegenden Karte tauschen, wobei auch er einen König zurücklegen muss. Anschließend legen die beiden Spieler ihre Karten auf den Tisch und rechnen ab.

Welche Karten sollten die Spieler tauschen und welche nicht?

Das beschriebene Spiel wurde unter dem französischen Namen „Le Her" im 18. Jahrhundert gespielt. Im Vergleich zu den bisher auf gemischte Minimax-Strategien untersuchten Spielen weist es eine deutlich höhere Komplexität auf: So umfasst eine Strategie von Weiß 13 beliebig miteinander kombinierbare Einzelentscheidungen. Für jeden Kartenwert ist nämlich zu planen, ob bei diesem Wert getauscht werden soll oder nicht. Insgesamt besitzt Weiß daher 2^{13} reine Strategien. Die Planungen von Schwarz sind sogar noch etwas vielfältiger, da bei der Entscheidungsfindung nicht nur die eigene Karte, sondern auch der Verlauf des ersten Zuges zu berücksichtigten ist.

Trotz der hohen Komplexität des Spiels Le Her lassen sich relativ einfach Minimax-Strategien angeben. Sie bringen Weiß eine Gewinnerwartung von 0,0251, was einer Gewinnwahrscheinlichkeit von 0,5125 entspricht:

- Weiß
  - tauscht alle Karten bis einschließlich Sechs,
  - tauscht eine Sieben mit der Wahrscheinlichkeit von 3/8 und
  - hält alle Karten ab Acht aufwärts.
- Schwarz:
  - Im Fall, dass Weiß zuvor auf einen Tausch verzichtet hat, tauscht Schwarz
    - alle Karten bis einschließlich Sieben,
    - eine Acht mit der Wahrscheinlichkeit von 5/8 und
    - höhere Karten nie.
  - Hat sich Weiß zuvor zu einem Tausch entschieden, dann tauscht Schwarz genau dann, wenn seine Karte schlechter ist als die ihm bekannte Karte von Weiß.

Was gerade das Spiel Le Her so interessant macht, ist die Tatsache, dass die gerade beschriebenen Minimax-Strategien bereits 1713 entdeckt wurden, also mehr als zweihundert Jahre vor den systematischen Untersuchungen von Borel und von Neumann! Über den Entdecker ist nur wenig bekannt. Es handelt sich um einen Engländer mit Namen Waldegrave, der wahrscheinlich damals in Paris lebte. Auf Le Her aufmerksam wurde Waldegrave durch Pierre Rémond de Montmort (1678-1719). Dieser hatte 1708 sein Buch *Essay d'analyse sur les jeux de hasard* über Glücksspiel-Probleme veröffentlicht und darin auch die Frage nach der besten Spielweise bei Le Her gestellt. Welche Schwierigkeiten dieses Problem bereitete, geht aus einem Briefwechsel hervor, den Montmort in den folgenden Jahren mit Niklaus Bernoulli (1687-1759) führte, einem Neffen von Jakob Bernoulli, dem Entdecker des Gesetzes der großen Zahlen. Immerhin 16 zwischen 1711 und 1715 datierte Briefen enthalten Überlegungen zum Spiel Le Her[261]. In dem Briefwechsel dokumentiert sind auch die Vorschläge, die Waldegrave Montmort unterbreitete. Die zentrale Idee Waldegraves geht aus einem Brief Montmorts an den sehr skeptischen Niklaus Bernoulli vom 15. November 1713 hervor, den Montmort als Anhang in die zweite Auflage seines Glücksspiel-Buches aufnahm[262]. Darin zitiert Montmort einen zwei Tage älteren Brief Waldegraves zum Thema Le Her[263].

---

[261] Siehe Julian Henny, *Niklaus und Johann Bernoullis Forschungen auf dem Gebiet der Wahrscheinlichkeitsrechnung in ihrem Briefwechsel mit Pierre Rémond de Montmort*, Dissertation, Basel 1973, in: *Die Werke von Jakob Bernoulli*, Band 3, Basel 1975, S. 457-507; Robert W. Dimand, Mary Ann Dimand, *The early history of the theory of strategic games from Waldegrave to Borel*, in: E. Roy Weintraub (ed.), *Toward a history of game theory*, Durham 1992, S. 15-28; Robert W. Dimand, Mary Ann Dimand, *The history of game theory*, Volume 1, *From the beginnings to 1945*, London 1996, S. 120-123; Anders Hald, *A history of probability and statistics and their applications before 1750*, New York 1990, Chapter 18, insbes. 18.6.

[262] Pierre Rémond de Montmort, *Essay d'analyse sur les jeux de hasard*, 2. Auflage, Paris 1713, Reprint New York 1980, S. 403-413; ferner: S. 321, 334, 338, 348, 361, 376.

[263] Montmorts Brief liegt in Teilen auch in englischer Übersetzung vor: Harold Kuhn, *James Waldegrave: Excerpt from a letter*, in: William J. Baumol, Stephen M. Goldfeld (ed.), *Precursors in mathematical economics: An anthology*, Series of Reprints of Source Works in Political Economics, 19, London 1968, S. 3-9, Nachdruck: Mary Ann Dimand, Robert W. Dimand, *The foundations of game theory*, Cheltenham 1997, vol. I., S. 3-9.

Bernoulli, Montmort und Waldegrave waren sich für die meisten Spielsituationen völlig einig, wie am besten zu verfahren ist. Kontrovers blieb nur, was Weiß bei einer Sieben und Schwarz bei einer Acht – wenn Weiß zuvor auf einen Tausch verzichtet hat – am besten tut. Diese beiden Einzelentscheidungen haben nämlich Eigenschaften, wie wir sie vom Spiel „Gerade oder ungerade" her kennen: Es gibt keinen absolut besten Zug. Welcher Zug gut oder schlecht ist, hängt ganz davon ab, wie sich der Gegner in der anderen Situation entscheidet. Waldegrave schlägt daher vor, die Entscheidungen zufällig zu treffen. Konkret stellt er sich vor, dass für jede Entscheidung ein Jeton aus einem zweifarbigen Vorrat gezogen wird. Je nach Farbe des gezogenen Jetons wird dann getauscht oder nicht. Waldegrave geht bei Weiß von einem Vorrat von a Jetons für „tauschen" und b Jetons für „nicht tauschen" und bei Schwarz von einem Vorrat von c Jetons für „tauschen" und d Jetons für „nicht tauschen" aus. Mit umfangreichen kombinatorischen Überlegungen lässt sich dann die dazugehörige Gewinnwahrscheinlichkeit für Weiß berechnen. Sie beträgt:

$$\frac{2828ac + 2834bc + 2838ad + 2828bd}{13 \cdot 17 \cdot 25(a+b)(c+d)}$$

Diese Formel, die in den ersten Abschnitten von Montmorts Brief steht[264], dient Waldegrave als Ausgangspunkt für seine Überlegungen. Er erkennt, dass es bei einem Strategie-Mix von Weiß mit den Werten a = 3 und b = 5 nicht darauf ankommt, ob Schwarz seine Siebenen tauscht. Weiß gewinnt dann stets mit einer Wahrscheinlichkeit von

$$\frac{2831}{5525} + \frac{3}{5525 \cdot 4}$$

Fixierbar ist diese Wahrscheinlichkeit, dass Weiß gewinnt, ebenso durch Schwarz, der dazu nach Waldegrave die Werte c = 5 und d = 3 verwenden kann. Dann ist es ohne Bedeutung, wie sich Weiß bei einer Sieben entscheidet. Andere Verhältnisse hält Waldegrave für riskant. Bezogen auf den Spieler Weiß, den er Paul nennt, bemerkt er:

> Es ist wahr, dass für alle von a = 3 und b = 5 abweichenden Werte von a und b Paul (Weiß) seinen Anteil vergrößern kann, wenn Peter (Schwarz) die falsche Wahl trifft. Aber er wird sich auch verschlechtern, wenn Peter (Schwarz) die richtige Wahl trifft ...

Am einfachsten lässt sich Waldegraves Ergebnis nachvollziehen, wenn man die Gewinnwahrscheinlichkeit für Weiß in Abhängigkeit der beiden Wahrscheinlichkeiten p = a/(a + b) und u = c/(c + d) ausdrückt:

$$\frac{11327 - (8p - 3)(8u - 5)}{22100}$$

Sofort wird ersichtlich, dass Weiß das sich aus der gegnerischen Entscheidung ergebende Risiko nur mit dem Wert p = 3/8 unterbinden kann. Gleiches ist auch Schwarz möglich, und zwar einzig mit der Wahrscheinlichkeit u = 5/8.

Waldegraves Erkenntnisse fanden bei seinen Zeitgenossen angefangen mit Bernoulli wenig positive Resonanz[265]. Immerhin fielen sie dank Montmorts Buch nicht in Vergessenheit. So

---

[264] Montmort (Fußnote 262), S. 404, wobei der Nenner in die heute übliche Notation übertragen wurde.

[265] Immerhin hat Bernoulli Waldegraves Ideen später mit Vorbehalt aufgenommen und auf dieser Basis sogar selbst ein einfaches Spiel gelöst. Es handelt sich um eine Variante des Spiels „Gerade oder Ungerade":

referiert Todhunter 1865 in einer entwicklungsgeschichtlichen Darstellung der Wahrscheinlichkeitsrechnung Montmorts Darlegungen zu Le Her. Erwähnt wird sogar Waldegraves Vorschlag, die Spielweise zu variieren, nicht aber, dass dies zufällig geschehen sollte und welche Wahrscheinlichkeiten dazu am besten sind[266]. Todhunters Buch wiederum inspiriert 1934 Roland Aylmer Fisher (1890-1962) dazu, sich mit Le Her zu beschäftigen. Fisher, einer der Begründer der modernen Statistik, erkennt dabei von neuem, dass es am besten ist, die fraglichen Züge im Verhältnis 3:5 zufällig zu mischen[267]. Damit ist Fisher, der anscheinend weder Waldegraves, noch Borels und von Neumanns Arbeiten kannte, der Vierte, der unabhängig von seinen Vorgängern eine Minimax-Situation mit gemischten Strategien löst. Waldegraves Überlegungen wurden übrigens erst weitere 25 Jahre später wiederentdeckt[268].

Wir sind hier auf die kombinatorischen Überlegungen, wie sie der zitierten Formel zugrunde liegen, nicht näher eingegangen. Gleiches gilt für die Spielsituationen, in denen es eine eindeutig beste Entscheidung gibt. Unser Augenmerk gilt nämlich weniger dem konkreten Spiel Le Her. Gesucht ist vielmehr ein prinzipiell programmierbarer Lösungsweg, dessen Speicherbedarf und Rechenzeit nicht dadurch vorgegeben wird, dass eine Normalform mit mehreren tausend Zeilen und Spalten berechnet und weiterverarbeitet werden muss. Wie aber kann die vollständige Berechnung einer Normalform vermieden werden? Die Idee dazu ist eigentlich sehr nahe liegend. Man besinnt sich auf den chronologischen Verlauf des Spiels in seiner Abfolge von Entscheidungen. Auf dieser Basis ist es nämlich relativ einfach möglich, gegnerische Strategien optimal zu kontern: Nehmen wir an, ein Spieler kenne die gemischte Strategie seines Gegners. Verzichtet er darauf, zwischen dessen zufälligen Zugentscheidungen und den sowieso im Spiel vorhandenen Zufallseinflüssen zu unterscheiden, so entsteht im Prinzip ein Einpersonen-Glücksspiel, innerhalb dessen der Spieler bestrebt sein muss, möglichst günstig zu agieren. Optimale Züge lassen sich dadurch berechnen, dass die Situationen des Spiels in umgekehrter Richtung zum Spielverlauf untersucht werden und dabei jeweils ein Zug gesucht wird, der die bestmögliche Gewinnerwartung liefert – so wie wir es im ersten Teil für Spiele wie Black Jack getan haben. Sukzessive entsteht so eine reine Strategie, mit der die gegnerische Strategie optimal erwidert wird.

Da beim Le Her jeder Spieler nur einmal zieht, ist die Chronologie des Spielverlaufs sehr leicht zu handhaben. Ist die reine oder gemischte Strategie des Gegners bekannt, kann man für jede Entscheidungssituation einzeln berechnen, ob getauscht werden sollte oder nicht. Um die gesamte Strategie zu finden, sind sowohl bei Weiß als auch bei Schwarz 13 Situationen zu untersuchen. Für jeden Kartenwert wird dabei festgestellt, ob ein Tausch die gegnerische Strategie vorteilhaft kontert oder nicht. Ohne detaillierte Untersuchung offensicht-

---

Schwarz rät ...		"ungerade"	"gerade"
Weiß wählt ...		1	2
"ungerade"	1	-1	0
"gerade"	2	0	-4

Ohne seinen Lösungsweg zu beschreiben, gibt Bernoulli in einem Brief vom 20.2.1714 für dieses Spiel die gemischte Strategie (4/5, 1/5) an, die für beide Spieler optimal ist. Siehe Henny (Fußnote 261), S. 502.

[266] I. Todhunter, *A history of the mathematical theory of probability from the time of Pascal to that of Laplace*, Cambridge 1865, Reprint New York 1965, S. 106-110.

[267] R. A. Fisher, *Randomisation, and an old enigma of card play*, Mathematical Gazette, 18 (1934), S. 294-297.

[268] G. Th. Guilbaud, *Faut-il jouer au plus fin*, in: *La Décision*, Colloques Internationaux du Centre National de la Recherche Scientifique, Paris 1961, S. 171-182.

lich sind diejenigen Entscheidungen, die Schwarz zu treffen hat, wenn sich Weiß zuvor zum Tausch entschlossen hat. Schwarz, der in diesem Fall die gegnerische Karte kennt, entscheidet sich genau dann zum Tausch, wenn er die schlechtere Karte besitzt.

Optimale Erwiderungen beziehen sich immer auf eine fest gegebene Strategie des Gegners. Minimax-Strategien optimieren hingegen das sicher Erreichbare unabhängig vom gegnerischen Verhalten. Wie aber lassen sich die Minimax-Strategien auf der Basis optimaler Erwiderungen berechnen? Da das im letzten Kapitel vorgestellte Verfahren einer fiktiven Partieserie wesentlich darauf beruht, optimale Gegenstrategien zu bestimmen, ist es sicher nahe liegend, die soeben beschriebene Technik darin anzuwenden. Damit kann insbesondere darauf verzichtet werden, die Normalform zu berechnen. Ansonsten bleibt das eigentliche Verfahren völlig unverändert, das heißt, während der Iteration werden ständig die Angaben darüber aktualisiert, welche Strategie wie oft bisher verwendet wurde. Auf dieser Basis wird Schritt für Schritt – mangels Normalform nun mit der eben skizzierten Technik – für jeden Spieler jeweils eine reine Strategie bestimmt, die die bisherige Durchschnittsstrategie des Gegners optimal kontert. Da die meisten reinen Strategien viel zu schlecht sind, als dass sie jemals als bestmögliche Gegenstrategie in Frage kommen, bleibt die Zahl der innerhalb der fiktiven Partien tatsächlich verwendeten Strategien begrenzt. Insofern ergibt sich zu Beginn des Verfahrens eine Vereinfachung gegenüber der üblichen Version. Aufgrund des pro Schritt entstehenden Mehraufwandes wird dieser Vorteil aber schnell aufgezehrt und schließlich sogar umgekehrt.

Optimale Erwiderungen lassen sich aber nicht nur innerhalb der fiktiven Partieserie einsetzen. Ein Verwendung ist ebenso möglich, wenn Minimax-Strategien mit Hilfe des Simplex-Algorithmus berechnet werden sollen. Dazu wird wie bei der fiktiven Partieserie schrittweise verfahren, wobei jedem Schritt eine nach Möglichkeit kleine Auswahl von reinen Strategien zugrunde liegt. Schritt für Schritt wird dann ein auf die aktuelle Auswahl von Strategien bezogenes Paar von Minimax-Strategien mit Hilfe des Simplex-Algorithmus berechnet. Wie gut diese Strategien im eigentlichen Spiel sind, bei dem beidseitig alle reinen Strategien zur Auswahl stehen, lässt sich dadurch erkennen, dass man zu ihnen optimale Gegenstrategien bestimmt. Solange zumindest ein Spieler mit einem gezielten Konter seine Aussichten verbessern kann, wird die Iteration fortgesetzt, wobei die betreffende Gegenstrategie für die noch folgenden Schritte in die Strategie-Auswahl aufgenommen wird. So wird sukzessive die Minimax-Optimierung auf alle relevanten reinen Strategien ausgedehnt.

Wie schnell eine solche Optimierung zum Ziel führen kann, wollen wir uns anhand von Le Her anschauen. Tabelle 47 dokumentiert den Verlauf, der bereits nach fünf Schritten endet.

Schritt	hinzugekommene Strategie ...		Umfang der Strategie-Auswahl bei		Minimax-Wert der Strategie-Auswahl	Gewinnerw. für Weiß, wenn die Minimax-Strategie optimal gekontert wird durch ...	
	... bei Weiß	... bei Schwarz	Weiß	Schw.		... Schwarz	... Weiß
1	„tausche nie"	„tausche nie"	1	1	-0,0588235	-0,2586425	0,1523379
2	„tausche bis 5"	„tausche bis 6"	2	2	0,0104374	0,0063348	0,0406033
3	„tausche bis 7"	„tausche bis 7"	3	3	0,0273303	0,0237104	0,0273303
4	-	„tausche bis 8"	3	4	0,0237104	0,0237104	0,0258824
5	„tausche bis 6"	-	4	4	0,0250679	0,0250679	0,0250679

Tabelle 47   Iterative Suche nach einer Minimax-Strategie für Le Her

Obwohl beide Spieler mit der ziemlich dümmlichen Strategie beginnen, bei der keine Karte getauscht wird, treten die taktisch interessanten Strategien direkt in Erscheinung. In Tabelle 47 nicht enthalten sind die gemischten Minimax-Strategien, wie sie in jedem Schritt für die aktuelle Strategie-Auswahl mit Hilfe des Simplex-Algorithmus berechnet wurden. Diese „relativen" Minimax-Strategien dienen einzig dazu, optimale Gegenstrategien zu finden. So kann festgestellt werden, wie gut die gefundenen Minimax-Strategien tatsächlich sind – in der Tabelle ablesbar an den beiden letzten Spalten –, und wie gegebenenfalls die Strategie-Auswahl zu erweitern ist – erkennbar an der zweiten und dritten Spalte des nächsten Schrittes.

Im letzten Schritt erhält man die beiden gesuchten Minimax-Strategien:

- Weiß tauscht mit der Wahrscheinlichkeit 5/8 alle Karten bis 6 und mit der Wahrscheinlichkeit von 3/8 alle Karten bis 7,
- Schwarz tauscht mit der Wahrscheinlichkeit 3/8 alle Karten bis 7 und mit der Wahrscheinlichkeit von 5/8 alle Karten bis 8.

Das sind genau die schon von Waldegrave gefundenen Strategien, nun aber berechnet mit einem Konzept, das im Prinzip für jedes Spiel praktisch umsetzbar ist, sofern das Spiel nicht zu viele Entscheidungssituationen beinhaltet.

Weitere mathematische Veröffentlichungen über Le Her:

Régis Deloche, Fabienne Oguer, *What game is going on beneath Baccarat? A game-theoretic analysis of the card game Le Her*, in: Stewart N. Ethier, William R. Eadington (ed.), *Optimal play: Mathematical studies of games and gambling*, Reno 2007, S. 175-193.

3.8 Zufällig entscheiden – aber wie?

Ein Spieler realisiert eine gemischte Strategie, indem er zu Beginn einer Partie eine einzige Zufallsentscheidung darüber herbeiführt, die sein gesamtes Verhalten innerhalb der nachfolgenden Partie festlegt. Kann das zufällige Spielerverhalten einer Minimax-Strategie auch Zug für Zug organisiert werden? Das heißt, lässt sich jeder anstehende Zug durch eine separate Zufallsentscheidung ermitteln?

Die Frage ist keineswegs so akademisch, wie sie vielleicht scheint. Erinnern wir uns nochmals an das im letzten Kapitel untersuchte Spiel Le Her. Aus praktischer Sicht hat ein Spieler bei seiner Planung 13 verschiedene, durch den eigenen Kartenwert bestimmte Situationen abzuwägen und dafür Ja-Nein-Entscheidungen zu fällen. Um vom Gegner nicht durchschaut werden zu können, tut ein Spieler gut daran, sein strategisches Konzept zufällig zu variieren. Statt eine gemischte Strategie „global" dadurch zu planen, dass er für die $2^{13} = 8192$ reinen Strategien eine Wahrscheinlichkeitsverteilung wählt, ist es für den Spieler einfacher, sich 13 „lokale" Wahrscheinlichkeiten vorzugeben, nämlich für jede Entscheidungssituation eine. Sobald er an der Reihe ist, „würfelt" er seinen Zug auf der Basis der betreffenden Wahrscheinlichkeit aus. Das heißt konkret: Ob der Spieler bei einer bestimmten Karte tauscht oder nicht, entscheidet er zufällig, und zwar auf Grundlage der speziell dafür vorgesehenen Wahrscheinlichkeit. Eine solche Art von Handlungsplan, der für jede Einzelentscheidung eine ganz bestimmte Zufallsentscheidung vorsieht, wird **Verhaltensstrategie** genannt. A priori überhaupt nicht selbstverständlich ist allerdings, ob das Konzept der Verhaltensstrategie umfassend genug ist, dass sich auf seiner Basis immer Minimax-Strategien finden lassen.

Erstmals angewendet wurden Verhaltensstrategien 1944 durch von Neumann und Morgenstern in ihrem Buch *Theory of games and economic behavior*[269] bei einem Poker-Modell. Dort hat jeder der beiden Spieler auf der Basis seines eigenen Blattes darüber zu entscheiden, wie er im weiteren Verlauf bieten will. Wieder sind starre Handlungskonzepte in Form reiner Strategien wenig empfehlenswert, da sie dem Gegner gezielte Gegenmaßnahmen erlauben. Wie aber lassen sich gemischte Strategien praxisgerecht realisieren? Kann das wie beim Spiel Le Her mit einer Verhaltensstrategie geschehen, das heißt, ist es dem Spieler möglich, sein Bietverhalten für jedes einzelne Blatt zufällig zu entscheiden? Am Beispiel des denkbar einfachsten Falles von nur zwei möglichen Blättern, nämlich einem starken und einem schwachen Blatt, sowie zwei erlaubten Geboten „hoch" und „tief" erläutern von Neumann und Morgenstern die typischen Erscheinungen:

> Dann gibt es vier mögliche (reine) Strategien, denen wir Namen geben wollen:
> „Gewagt": „Hoch" bieten bei jedem Blatt.
> „Ängstlich": „Niedrig" bieten bei jedem Blatt.
> „Normal": Hoch bieten bei starkem Blatt, „niedrig" bieten bei schwachem Blatt.
> „Bluffen" : Hoch bieten bei schwachem Blatt, „niedrig" bieten bei starkem Blatt.
> Dann ist eine 50-50-Mischung von „Gewagt" und „Ängstlich" im Effekt dasselbe wie eine 50-50-Mischung von „Normal" und „Bluffen"; beide bedeuten, daß der Spieler – dem Zufall folgend – bei jedem Blatt im Verhältnis 50-50 „hoch" oder „niedrig" bieten wird. Trotzdem sind das in unserer jetzigen Bezeichnung zwei verschiedene „gemischte" Strategien ...

Gemischte Strategien erlauben nämlich den „Luxus", nicht nur die Wahrscheinlichkeiten der einzelnen Entscheidungen, sondern auch die statistischen Abhängigkeiten zwischen diesen Einzelentscheidungen festlegen zu können. Natürlich ist zu fragen, ob solches in der Praxis überhaupt notwendig ist. Sicher nicht der Fall ist das bei Spielen wie dem untersuchten Poker-Modell, wo ein Spieler in einer einzelnen Partie höchstens eine der fraglichen Entscheidung zu fällen hat. Von Neumann und Morgenstern erläutern weiter:

> Das heißt natürlich, daß unsere Bezeichnungen, die dem allgemeinen Fall vollkommen angepaßt sind, für viele spezielle Spiele zu weitschweifig sind. Das ist eine häufige Erscheinung bei mathematischen Untersuchungen mit allgemeinen Zielen.
> Solange wir die allgemeine Theorie herausarbeiten, bestand kein Grund, dieser Weitschweifigkeit Rechnung zu tragen. Jedoch werden wir sie jetzt bei diesem Spiel beseitigen.

Tatsächlich gelingt es von Neumann und Morgenstern, optimale Verhaltensstrategien für ihr Poker-Modell zu finden. Gegenüber der Verwendung von gemischten Strategien bringt ihre Optimierung auf der Basis von Einzelentscheidungen eine wesentliche Vereinfachung: Bei der im Modell als beliebig angenommenen Zahl S von gleichwahrscheinlichen Kartenblättern, für die jeweils drei Möglichkeiten des Bietens offen stehen, sind statt für 3^S nur noch für 3S Wahrscheinlichkeiten optimale Werte zu suchen[270].

[269] John von Neumann, Oskar Morgenstern, *Spieltheorie und wirtschaftliches Verhalten*, Würzburg 1961 (amerikan. Orig. 1944), S. 194-198. Zitat: Fußnote zu Seite 197.

[270] Berücksichtigt man außerdem, dass die Wahrscheinlichkeiten einer Zufallsentscheidung die Sum-

Wenn ein Spieler zieht, so muss er dies allgemein auf der Grundlage der für ihn aktuell verfügbaren Information tun. Dabei handelt es sich im Vergleich zu der Information, welche die Spieler insgesamt besitzen, um einen je nach Spiel mehr oder minder großen Ausschnitt. Stimmen bei einem Spiel die Informationsstände der Spieler nicht ausnahmslos überein, spricht man von einem Spiel mit imperfekter Information. Bezogen auf einzelne Spielabläufe kann es dafür zwei Ursachen geben:

- Oft werden die Ergebnisse von Zufallseinflüssen direkt nur einem Teil der Spieler bekannt:
  So kennt ein Spieler bei einem Kartenspiel meist nur seine eigenen Karten, nicht aber die der Gegner.

- Ebenso ist es keineswegs selbstverständlich, dass für einen Spieler die Handlungen seiner Kontrahenten ersichtlich sind:
  Welche zwei Karten ein Alleinspieler beim Skat zu Beginn „drückt", das heißt verdeckt ablegt, wie viel Streichhölzer ein Spieler beim Knobeln in seine Hand nimmt oder wie ein Spieler bei einem Brettspiel wie Stratego oder Geister[271] seine Spielfiguren, deren Typ aufgrund der neutralen Rückseiten nur ihm ersichtlich sind, zu Beginn aufstellt, alle diese Handlungen bleiben den Gegnern zunächst verdeckt.

Beide Ursachen lassen sich zusammenfassen, wenn man zufällige Spieleinflüsse als Züge eines fiktiven Spielers auffasst – dabei zieht der fiktive Spieler gemäß einer festen, den realen Spielern bekannten Verhaltensstrategie, die genau den Zufallsentscheidungen entspricht: Dann beruhen die eben angeführten Fälle von imperfekter Information alle darauf, dass ein Spieler bei seinem Zug nur zum Teil darüber informiert ist, wie die Spieler – sowohl die realen wie der fiktive – in den vorangegangenen Zügen gehandelt haben. Bedenkt man, dass der Verlauf einer Partie vollständig durch die Abfolge der Handlungen der Spieler einschließlich des fiktiven bestimmt wird, so wird ersichtlich, dass es keine weitere Ursache für die imperfekte Information gibt.

Der Charakter eines Spiels wird also maßgeblich dadurch bestimmt, wie umfassend ein zum Zug aufgeforderter Spieler darüber informiert ist, wie in der laufenden Partie bisher gezogen wurde. Dabei gibt es Informationsbestandteile, bei denen es eigentlich sehr plausibel ist, dass der Spieler sie kennt: Einerseits handelt es sich um die Informationen, von denen der Spieler bereits bei vorangegangen Zügen Kenntnis hatte, und andererseits um die Entscheidungen, die er selbst in diesen Zügen schließlich getroffen hat. Verfügt jeder Spieler stets über diese Informationen, das heißt, weiß jeder Spieler immer, was er zuvor tat und wusste, spricht man von einem Spiel mit **perfektem Erinnerungsvermögen**. Dass nicht jedes Spiel diese Eigenschaft besitzt, liegt weniger an der in der Praxis vorkommenden Vergesslichkeit von Spielern – diese bleibt hier aufgrund ihres nicht objektivierbaren Charakters unberücksichtigt –, sondern daran, dass ein „Spieler" im Sinne der hier angestellten Betrachtungen nicht unbedingt eine einzelne Person sein muss. Vorstellbar ist vielmehr auch, dass es sich bei einem „Spieler" um ein Team miteinander kooperierender Personen handelt, die zusammen versuchen, ihren gemeinsamen Gewinn zu maximieren. In diesem Fall steht, sofern die kooperierenden Partner ihr Wissen nicht austauschen dürfen, eine einmal vorhandene Information keineswegs bei allen späteren Zügen zur Verfügung. Als Beispiel kann wieder auf das Skatspiel verwiesen werden, bei dem sich der Alleinspieler gegen die beiden zusammenspielenden

---

me 1 ergeben, dann reduziert sich die Parameteranzahl beim Übergang von gemischten Strategien zu Verhaltensstrategien noch deutlicher, nämlich von $3^S - 1$ auf $2S$.

[271] Siehe Einführung, Fußnote 2.

Gegner behaupten muss[272]. Da diese beiden ihre Karten gegenseitig nicht kennen, werden ihre Entscheidungen auf der Basis von Informationsständen getroffen, bei denen ständig einige Tatsachen „vergessen" werden, um bei späteren Zügen wieder in Erinnerung zu kommen: Als Grundlage der Entscheidungen sind mal nur die Karten des einen Teammitgliedes und mal nur die des anderen bekannt.

Damit ein Spieler überhaupt ziehen kann, muss er zunächst einmal wissen, dass er am Zug ist und wie er ziehen kann. Und er muss das Spiel „an sich", das heißt seine Regeln kennen, denn nur so kann er die Wirkung seiner Züge abwägen. Unabhängig von der konkreten Ausgestaltung des Spiels lassen sich die Regeln im Prinzip immer durch einen graphisch darstellbaren Ablaufplan beschreiben, den so genannten Spielbaum. Für Spiele mit perfekter Information haben wir solche Spielbäume bereits kennen gelernt. Das in Bild 51 dargestellte, einfache Beispiel eines Spielbaums enthält die Elemente, wie sie für ein Zwei-Personen-Nullsummenspiel mit Zufallsentscheidungen und perfekter Information typisch sind. Jeder Knoten steht dort für eine Position, die im Fall eines Spiels mit perfekter Information jeweils einem bestimmten, für alle Spieler offen zugänglichen Informationsstand entspricht. Neben den Knoten ist vermerkt, wer am Zug ist oder ob es sich um eine Zufallsentscheidung handelt. Jede Kante symbolisiert einen Zug oder eine Zufallsentscheidung, wobei im zweiten Fall die betreffende Wahrscheinlichkeit mit angegeben ist. Das Pendant zu einer Partie ist im Spielbaum ein Weg, der am oben dargestellten Knoten der Anfangsposition beginnt und an einem Knoten endet, von dem keine weitere Kante mehr nach unten führt. Solche, eine Endposition darstellende Knoten sind immer mit dem dazugehörenden Endresultat gekennzeichnet; bei Zwei-Personen-Nullsummenspielen reicht es, den Gewinn eines Spielers anzugeben.

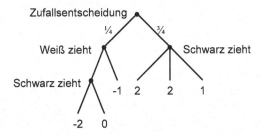

Bild 51   Der Spielbaum eines Spiels mit perfekter Information

Die Angaben darüber, welcher Spieler abhängig vom erreichten Spielstand wie ziehen kann, lassen sich auch bei Spielen ohne perfekte Information als Spielbaum darstellen. Als Beispiel greifen wir auf das bereits in Kapitel 3.3 erörterte Poker-Modell zurück. Seine Zugmöglichkeiten sind in Bild 52 als Spielbaum dargestellt. Wie man dort allein anhand des Spielbaums erkennen kann, beginnt das Spiel mit einem Zufallszug, bei dem jedes der vier Ergebnisse mit der Wahrscheinlichkeit ¼ erreicht wird. Konkret handelt es sich darum, dass jeder der beiden Spieler ein Blatt erhält, nämlich entweder ein hohes „H" oder ein niedriges „N". Anschließend entscheidet Spieler 1 darüber, ob er den Grundeinsatz von 8 auf 12 erhöht oder nicht. Passt er, kommt es zu einem Showdown, das heißt zu einem Vergleich der beiden Blätter, wobei der Spieler mit dem besseren Blatt 8 Einheiten gewinnt. Erhöht Spieler 1 sei-

---

[272] Streng genommen gilt diese Aussage natürlich nicht für das Spiel als solches, sondern nur für die Teilspiele, die nach der Ansage-Phase des Reizens beginnen.

nen Einsatz auf 12, hat Spieler 2 anschließend die Wahl, ob er passt oder seinen Einsatz zum Sehen nachzieht.

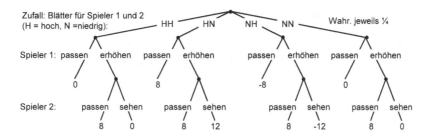

Bild 52   Zugmöglichkeiten im Poker-Modell in Form eines Spielbaums

Anders als bei Spielen mit perfekter Information charakterisiert ein Spielbaum, wie er in Bild 52 zu sehen ist, das zugrunde liegende Spiel nur zum Teil. Ersichtlich sind zwar sämtliche Zugmöglichkeiten, wie sie sich den Spielern im Verlauf einer Partie bieten, nicht aber die Informationsstände, auf deren Basis die Spieler jeweils entscheiden müssen. Zwar stellt der abgebildete Spielbaum durchaus ein Spiel dar, aber eben ein anderes, das sich als offene Version des Poker-Modells interpretieren lässt, bei der jeder Spieler auch das Blatt seines Gegners einsehen kann.

Die noch fehlenden Angaben über das Spiel lassen sich glücklicherweise leicht im Spielbaum ergänzen. Dazu überlegt man sich, dass sich das partielle Unwissen des Spielers über die aktuelle Spielsituation formal darin äußert, dass für ihn zum Zeitpunkt seiner Entscheidung mehrere Positionen subjektiv nicht unterscheidbar sind. Beispielsweise kann Spieler 1, wenn er selbst ein hohes Blatt auf seiner Hand hält, bei seiner Entscheidung zwischen „passen" und „erhöhen" nicht erkennen, ob die aktuelle Position „HH" oder „HN" lautet. Eine solche Differenzierung wäre nur einem allseits informierten Beobachter möglich. Hingegen bilden die beiden Positionen aus der Perspektive des ziehenden Spielers 1 eine untrennbare Einheit, die seinem aktuellen Wissensstand entspricht. In formaler Hinsicht fasst man daher die von einem aktuell ziehenden Spieler nicht voneinander unterscheidbaren Positionen zu einer so genannten **Informationsmenge** zusammen. Jedem individuellen Wissensstand entspricht damit genau eine Informationsmenge. Für das Poker-Modell sind die Informationsmengen, von denen es pro Spieler jeweils zwei gibt, im Spielbaum von Bild 53 als graue Linien eingezeichnet.

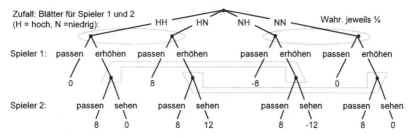

Bild 53   Poker-Modell: Um Informationsmengen ergänzter Spielbaum

Die Positionen einer Informationsmenge können für den ziehenden Spieler nur dann nicht unterscheidbar sein, wenn ihre Zugmöglichkeiten untereinander analog sind: Offensichtlich muss dazu die Anzahl der Züge übereinstimmen. Darüber hinaus muss es aber auch eine eindeutige Entsprechung zwischen den Zugmöglichkeiten geben. Nur so kann nämlich die Entscheidung eines Spielers unabhängig von der tatsächlich erreichten Position im Spiel umgesetzt werden. Im Spielbaum des Poker-Modells liegt die Zuordnung in Form einer Benennung der die Züge repräsentierenden Kanten vor, nämlich „passen" und „erhöhen" für die beiden Informationsmengen von Spieler 1 und „passen" und „sehen" für die beiden Informationsmengen von Spieler 2.

Die Beschreibung eines Spiels auf Basis seines chronologischen Ablaufs wird **extensive Form** eines Spiels genannt. Im Vergleich zur Normalform spiegelt die extensive Form den Charakter eines Spiels wesentlich detaillierter wider. In prinzipieller Hinsicht dienen beide Beschreibungen demselben Zweck, nämlich als mathematisch exakt definierbares Modell für Gesellschaftsspiele und vor allem für interaktive Entscheidungsprozesse in der Ökonomie. Beide sind damit unter alleiniger Verwendung mathematischer Objekte wie Mengen und Zahlen in einer einheitlichen Weise darstellbar und können so innerhalb der Spieltheorie mit mathematischen Methoden exakt untersucht werden. Im Fall der Eigenschaften der perfekten Information und des perfekten Erinnerungsvermögens beginnt die Analyse mit der Formulierung von Definitionen, die ebenfalls rein formal auf Basis mathematischer Objekte möglich sind[LII].

Anders als die Normalform, die Borel und von Neumann bereits in den 1920er Jahren eingeführt hatten, wurden extensive Spiel-Modelle erst mit der Begründung der eigentlichen Spieltheorie untersucht. Eine erste Version beschrieben 1944 von Neumann und Morgenstern[273]. Die hier skizzierte Version wurde 1953 von Kuhn aufgestellt[274]. Auf der Basis seines Spielmodells bewies Kuhn, dass bei einem Spiel mit perfektem Erinnerungsvermögen zu jeder gemischten Strategie eine äquivalente Verhaltensstrategie existiert, die stets dieselben Gewinnaussichten bewirkt, das heißt, die Wahrscheinlichkeiten der Spielresultate, wie sie bei einer als fest, aber beliebig angenommenen Gegenstrategie möglich sind, ändern sich beim Übergang von einer gemischten Strategie zur zugehörigen Verhaltensstrategie nicht[LIII]. Insbesondere lassen sich damit für Zwei-Personen-Nullsummenspiele mit perfektem Erinnerungsvermögen immer optimale Verhaltensstrategien finden. Jeder der beiden Spieler kann damit sein Minimax-Ergebnis mit Hilfe einer Verhaltensstrategie sichern.

Für viele relativ einfache Spiele stellt Kuhns Ergebnis sicher, dass Minimax-Strategien mit vertretbarem Aufwand beschrieben werden können. Sehen wir uns als Beispiel das folgende symmetrische Modell eines Zwei-Personen-Pokers an: Jeder der beiden Spieler erhält zufällig eines der sechs Kartenblätter 1, ..., 6, wobei die beiden Ziehungen gleichwahrscheinlich und unabhängig voneinander erfolgen. Anschließend legen die beiden Spieler gleichzeitig ihr Gebot fest. Hierbei sind die sechs Stufen 1, 2, 3, 5, 10 und 15 erlaubt. Der Spieler mit dem höheren Gebot gewinnt; bei gleich hohen Geboten kommt es zum Showdown der Karten, wobei der Spieler mit der höheren Karte gewinnt.

---

[273] Siehe John von Neumann, Oskar Morgenstern (Fußnote 269), S. 73-84.

[274] H. W. Kuhn, *Extensive games and the problem of information*, in: Kuhn, Tucker (ed.), *Contributions to the Theory of Games II*, ed: Kuhn, Tucker, Reihe: Annals of Mathematics Studies, <u>28</u> (1953), S. 193-216, Nachdruck: Harold W. Kuhn (ed.), *Classics in game theory*, Princeton 1997, S. 46-68.

Wie kann nun ein Spieler seinen Minimax-Wert von 0 als Gewinnerwartung sichern? Da es insgesamt $6^6 = 46656$ reine Strategien gibt, erscheint es für ihn wenig ratsam, seine taktischen Erwägungen auf der Basis einer gemischten Strategie zu planen, selbst wenn darin viele der reinen Strategien mit der Wahrscheinlichkeit 0 vorkommen. Dagegen kann eine optimale Verhaltensstrategie mit wenig Aufwand angegeben werden, wie es in Tabelle 48 zu sehen ist. Deutlich erkennbar sind wieder die in der Strategie vorgesehenen Bluffs. Insbesondere wird das höchste Gebot nicht nur bei den beiden besten Blättern, sondern auch beim schlechtesten Blatt gewählt, bemerkenswerterweise aber nicht bei den mittelstarken Blättern.

Blatt Gebot	1	2	3	4	5	6
1	0,35857	0,56071	0,50643	0,46857		
2	0,33786	0,12179	0,41179			
3	0,14143	0,16500		0,51571	0,00429	
5	0,05629	0,12757			0,59286	
10	0,06700	0,02493	0,08179	0,01571	0,14029	
15	0,03886				0,26257	1,00000

Tabelle 48   Symmetrisches Poker-Modell: Optimale Verhaltensstrategie

Übrigens ist das Poker-Modell auch zu experimentellen Studien geeignet, ohne dass dazu ein Mitspieler notwendig wäre: Gespielt wird mit zwei normalen Würfeln und drei farblich verschiedenen Zehnerwürfeln, wie sie für Fantasy-Spiele verwendet werden. Zunächst würfelt man für sich selbst ein „Blatt" aus, gibt dann sein Gebot ab und würfelt schließlich für den nicht vorhandenen Gegner mit den vier verbliebenen Würfeln. Dabei bestimmt der normale Würfel das gegnerische Blatt und die drei Zehner-Würfel das Gebot, wobei die Auswahl gemäß der tabellierten Verhaltensstrategie vorgenommen wird.

Berechnen lässt sich die Minimax-Strategie ähnlich wie bei Le Her, das heißt in einem iterativen Verfahren, bei dem für jeden Spieler eine Auswahl reiner Strategien sukzessive erweitert wird. Pro Schritt wird dabei ein auf die aktuelle Strategie-Auswahl bezogenes Paar von Minimax-Strategien berechnet. Kann sich ein Spieler ausgehend von diesem Strategie-Paar mit einer gezielten Gegenstrategie verbessern, so wird seine Strategie-Auswahl um diese Gegenstrategie erweitert. Erbringen die gezielten Konter keinem Spieler eine Verbesserung, ist man fertig. Beim Poker-Modell bricht das Verfahren glücklicherweise bereits mit einem Bruchteil aller reinen Strategien ab – mit einer willkürlich gewählten Anfangsstrategie beispielsweise mit 2×44 reinen Strategien.

Die pro Iterationsschritt zweimal erforderliche Berechnung einer optimalen Gegenstrategie ist beim hier untersuchten Poker-Modell genauso einfach wie bei Le Her. Auch für andere, sich über mehrere Züge erstreckende Spiele ist die extensive Form gut dazu geeignet, optimale Gegenstrategien Zug für Zug rekursiv zu berechnen. Sind gemischte Minimax-Strategien gefunden, werden diese auf der Basis von Kuhns Satz in eine Verhaltensstrategie umgewandelt. Dazu muss nur untersucht werden, welche Wahrscheinlichkeitsverteilungen eine gemischte Strategie bei den verschiedenen Informationsmengen bewirkt.

Wie kostspielig einzelne Fehlentscheidungen sind, zeigt Tabelle 49. Meint ein Spieler beispielsweise, unbedingt mit einem Blatt „4" für einen Bluff den Höchsteinsatz wagen zu müssen, so büßt er von seiner Erwartung 0,39643 ein. Da diese Werte im Vergleich zu der in einer Partie zu erwartenden Gewinnhöhe relativ klein sind, machen sich ungünstige Züge gegenüber der zufälligen Streuung nur wenig bemerkbar. Daher hat Glück bei dieser Art von „Pokern" ein höheres Gewicht als strategisch korrektes Verhalten, zumindest dann, wenn nicht zu viele Partien gespielt werden. Das entwertet das Resultat keineswegs, sondern rückt höchstens zu hohe Erwartungen zurecht. Denn schließlich besitzt eine Minimax-Strategie zunächst einmal einen rein defensiven Charakter, und diese Funktion wird im Durchschnitt selbstverständlich erfüllt.

Blatt Gebot	1	2	3	4	5	6
1					-0,18190	-3,33833
2				-0,02524	-0,28524	-3,44167
3			-0,09536			-3,15429
5			-0,07155	-0,23405		-2,66238
10						-2,92262
15		-0,05607	-0,23393	-0,39643		

Tabelle 49   Kosten einer Fehlentscheidung gegen die Minimax-Strategie

3.9   Optimal handeln – effizient geplant

Bei Zwei-Personen-Nullsummenspielen mit perfektem Erinnerungsvermögen lassen sich Minimax-Strategien in Form von Verhaltensstrategien zumindest dann einfach beschreiben, wenn die Anzahl der möglichen Informationsmengen nicht zu groß ist. Der zur Berechnung notwendige Aufwand kann aber erheblich sein. In welchem Maße ist er begrenzbar?

Die zweifellos sehr allgemeine Fragestellung nehmen wir zunächst zum Anlass, die in den vorangegangenen Kapiteln erörterten Begriffe und Techniken nochmals zusammenzustellen, um danach einen Ausblick auf weitere Ergebnisse zu geben. Dabei werden wir unser Augenmerk insbesondere auf den Aufwand richten, der für die verschiedenen Verfahren notwendig ist.

Mit dem Simplex-Algorithmus haben wir zunächst eine Methode kennen gelernt, mit der sich Minimax-Strategien berechnen lassen. Allerdings ist in der Praxis die Anwendbarkeit auf solche Spiele beschränkt, deren Normalformen nicht zu umfangreich sind. So lässt sich selbst ein einfaches Spiel wie Le Her mit seinen etwa 8000 reinen Strategien kaum direkt untersuchen.

Vereinfachungen – zunächst ausschließlich bei der Beschreibung von Strategien – lassen sich erreichen, wenn man Verhaltensstrategien statt gemischter Strategien verwendet[275]. Bei ei-

---

[275] Für *Berechnungen* sind Verhaltensstrategien allerdings denkbar schlecht geeignet, da die Gewinnerwartung in keiner linearen Abhängigkeit zu den Wahrscheinlichkeiten steht, welche die Verhaltensstrategien charakterisieren. Daher ist eine Verhaltensstrategie in formaler Hinsicht wesentlich schwerer zu handhaben als eine gemischte Strategie, deren Wahrscheinlichkeiten die Gewinnerwartung in linearer Weise beeinflussen. Die im weiteren Verlauf dieses Kapitels vorgestellten Realisie-

ner Verhaltensstrategie entscheidet ein Spieler über seine zufälligen Handlungen „lokal", das heißt für jeden subjektiven Informationsstand einzeln. Daher kann eine Verhaltensstrategie zumeist durch weit weniger Wahrscheinlichkeiten charakterisiert werden als dies bei einer gemischten Strategie der Fall ist.

Obwohl Verhaltensstrategien in ihrer Gesamtheit weit weniger vielfältig sind als gemischte Strategien, ist ihr Konzept sehr universell: Zunächst gehört zu jeder gemischten Strategie eine Verhaltensstrategie. Um sie zu erhalten, wertet man für jede Informationsmenge, in welcher der betreffende Spieler zieht, einzeln aus, mit welcher Wahrscheinlichkeit der Spieler die verschiedenen Züge wählt. Gemäß dem Satz von Kuhn ist bei Spielen mit perfektem Erinnerungsvermögen die so konstruierte Verhaltensstrategie strategisch äquivalent zur gemischten Ausgangsstrategie, das heißt, man kann die Strategien austauschen, ohne dass sich dabei die Spielchancen ändern – die diversen Spielresultate, wie sie bei einer als fest, aber beliebig angenommenen Gegenstrategie möglich sind, ändern ihre Wahrscheinlichkeit nämlich nicht. Dabei ist die vorausgesetzte Eigenschaft eines perfekten Erinnerungsvermögens bei Einzelspielern – anders als bei Teams – im Idealfall stets vorhanden.

Die eigentliche Berechnung von optimalen Verhaltensstrategien geschah in den beiden letzten Kapiteln stets auf dem Umweg über gemischte Strategien. Der Rechen- und Speicheraufwand ließ sich dadurch begrenzen, dass Normalform und Minimax-Strategien jeweils nur auf der Basis einer überschaubaren Auswahl reiner Strategien berechnet wurden. Inwieweit die Gewinnaussichten eines Spielers durch diese strategische Einschränkung verschlechtert werden, ist zunächst völlig offen, kann aber nachträglich ermittelt werden, wenn man zu einer solchen Minimax-Strategie eine optimale Gegenstrategie bestimmt. Kann nämlich keiner der beiden Spieler mit einem gezielten Konter seine Aussichten verbessern, sind beide auf das eingeschränkte Spiel bezogenen Minimax-Strategien sogar insgesamt optimal.

Hauptbestandteil des gerade skizzierten Kriteriums ist die Berechnung optimaler Gegenstrategien. Relativ einfach ist sie möglich auf der Basis der extensiven Form, also der Beschreibung des chronologischen Spielverlaufs einschließlich aller möglichen Züge, der dabei erreichbaren Positionen und der Angaben darüber, welche Informationen jeweils dem aktuell ziehenden Spieler zugänglich sind: Dazu analysiert der Spieler, der die gemischte Strategie seines Gegners kennt und optimal kontern will, nach und nach jede Entscheidungssituation, und zwar in umgekehrter Richtung zur Spielchronologie. Konkret sucht er jeweils den Zug aus, der ihm die größte Gewinnerwartung bringt, wobei er bei den nachfolgenden Zügen von den Ergebnissen der zuvor bereits vorgenommenen Optimierungen ausgeht. Zug für Zug findet er so eine reine Strategie, mit der die gegnerische Strategie am besten gekontert wird.

Die rekursive Methode, eine optimale Gegenstrategie zu einer gemischten Strategie des Gegners zu bestimmen, ist vergleichbar einer Optimierung, wie wir sie bei Ein-Personen-Glücksspielen wie Black Jack kennen gelernt haben: Zwar ist der optimierende Spieler während einer real gespielten Partie keineswegs immer auf dem Laufenden darüber, welcher Spielstand aktuell erreicht ist, wohl aber kennt er stets die Wahrscheinlichkeiten aller möglichen Spielstände, die sich deshalb formal zu einer Position zusammenfassen lassen, bei der die aufteilende Zufallsentscheidung erst später getroffen wird – wie es bei einer ausgeteilten, aber noch verdeckt liegenden Karte der Fall ist. Insofern agiert ein Spieler, der die gemischte

_____

rungsgewichte haben den Vorteil, beide Eigenschaften zu besitzen, nämlich lineare Wirkung der Parameter bei gleichzeitiger Reduktion der Parameteranzahl.

Strategie seines Gegners kennt, im Prinzip innerhalb eines Ein-Personen-Spiels mit einelementigen Informationsmengen.

Aufbauend auf den gerade nochmals zusammengestellten Fakten lassen sich Minimax-Strategien iterativ bestimmen. Ausgegangen wird von einem in extensiver Form vorliegenden Zwei-Personen-Nullsummenspiel mit perfektem Erinnerungsvermögen:

- *Zu Beginn* wird für jeden der beiden Spieler eine beliebige reine Strategie ausgewählt.
- *Ein Iterationsschritt* geht davon aus, dass für jeden der beiden Spieler eine Auswahl reiner Strategien vorliegt:
  - Für die ausgewählten Strategien wird zunächst die Normalform aufgestellt.
  - Anschließend wird mit dem Simplex-Algorithmus ein Paar von Minimax-Strategien und der dazu zugehörige Wert berechnet.
  - Für jede dieser beiden Minimax-Strategien wird nun eine optimale Gegenstrategie ermittelt. Alle Entscheidungssituationen, in denen der betreffende Spieler zieht, werden dazu in umgekehrter Richtung zur Spielchronologie optimiert; die so optimierten Einzelentscheidungen kombinieren sich zu einer reinen Strategie.
  - Schließlich wird geprüft, ob einer der beiden Spieler mit seiner spezifischen Gegenstrategie sein Ergebnis gegenüber dem Minimax-Wert verbessern kann, wie er sich für die aktuelle Strategie-Auswahl ergeben hat:
    - Hat sich keiner der beiden Spieler verbessert, sind die beiden gefundenen Minimax-Strategien auch im vollständigen Spiel optimal.
    - Andernfalls wird die Strategie-Auswahl von zumindest einem Spieler mit der gefundenen Gegenstrategie erweitert. Die Erweiterung erfolgt genau dann, wenn der betreffende Spieler damit sein Ergebnis verbessern kann[276].

Nach einer Beobachtung, wie sie wohl erstmals von Robert Wilson 1971 anlässlich der Beschreibung eines ähnlichen iterativen Verfahrens ausgesprochen wurde[277], sind im Mix von Minimax-Strategien meist nur relativ wenige reine Strategien enthalten. Insofern kann man hoffen, dass die beschriebene Iteration die gewünschte Vereinfachung bringt. Bestätigt werden konnte diese Vermutung zu Beginn der 1990er Jahre auf Grundlage von Untersuchungen darüber, welche Eigenschaften einer gemischten Strategie den Ausgang einer Partie wirklich beeinflussen und welche nicht. Auf Basis der gleichen Methoden wurde auch ein Verfahren kreiert, mit dem optimale Verhaltensstrategien direkt berechnet werden können. Dazu werden konkret zu jeder Endposition zunächst die Entscheidungen ergründet, die notwendig sind, damit eine Partie überhaupt auf diese Weise enden kann. Sowohl für jeden der beiden Spieler als auch für den Zufall ergibt sich so je eine Sequenz von Einzelentscheidungen. Und umgekehrt bestimmen die drei Sequenzen zusammen den Endknoten. Wir wollen dies an einem Beispiel verdeutlichen, bei dem es sich um ein weiteres Poker-Modell handelt:

---

[276] Reine Strategien, die nicht Bestandteil der aktuellen Minimax-Strategie sind, können unter Umständen sogar wieder aus der Auswahl entfernt werden, um so die nächste Minimax-Berechnung zu vereinfachen. Allerdings müssen bei einer solchen Verfahrensweise zyklische Iterationsverläufe verhindert werden. Möglich ist es beispielsweise, die Strategie-„Entrümpelung" nur in solchen Schritten zu vollziehen, in denen die bisher engste Eingrenzung des Minimax-Wertes verfeinert wurde.

[277] Robert Wilson, *Computing equilibria of two-person games from the extensive form*, Management Science, 18 (1972), S. 448-459. Wilson stützt seine Aussage mit der Formulierung „verified in computational experience on pracitical problems" (S. 449).

Beide Spieler tätigen zunächst ihren Mindesteinsatz von je 4 Einheiten. Anschließend erhält jeder von ihnen ein Kartenblatt, nämlich mit gleicher Wahrscheinlichkeit entweder ein hohes Blatt „H" oder eine niedriges „N". Die Ziehungen beider Spieler werden als unabhängig voneinander angenommen. Das Bieten der Spieler erfolgt in bis zu drei Phasen, wobei der Mindesteinsatz auf 6 oder 9 Einheiten erhöht werden darf. Spieler 1 beginnt: Entweder er passt und verliert so seinen Einsatz, oder aber er erhöht sein Gebot auf 6 oder 9 Einheiten. Falls Spieler 1 erhöht hat, muss Spieler 2 entscheiden, ob er passen, sehen oder erhöhen möchte – letzteres ist nur bei der Gebotshöhe 6 möglich. Bei „sehen" ergänzt Spieler 2 sein Gebot auf die von Spieler 1 erhöhte Stufe, um dann in einem Showdown der Blätter den Gewinner anhand des besseren Blattes zu ermitteln. Im Fall, dass Spieler 2 sein Gebot von 6 auf 9 erhöht, kommt Spieler 1 nochmals zum Zuge. Für ihn stellt sich dann nämlich die Frage, ob er passt oder zum Showdown nachlegt.

Sehen wir uns dazu den Spielbaum an. Zur Vereinfachung sind zunächst in Bild 54 nur die anstehenden Entscheidungen und die sich schließlich für Spieler 1 ergebenden Gewinne aufgeführt. Hingegen sind die Informationsmengen zunächst dort nicht dargestellt.

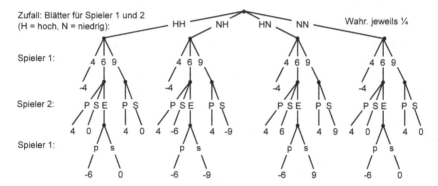

Bild 54   Dreistufiges Poker-Modell: Bieten-erhöhen-sehen

Ist ein Spieler am Zug, kann er seine Entscheidung auf Basis seines eigenen Blattes und der gegebenenfalls vorhergehenden, stets öffentlich abgegebenen Gebote treffen. Unbekannt ist ihm nur das gegnerische Blatt. Fasst man die Knoten, die vom ziehenden Spieler zum Zeitpunkt seiner Entscheidung subjektiv nicht unterscheidbar sind, zu Informationsmengen zusammen, so entsteht ein erweiterter Spielbaum, wie er in Bild 55 zu sehen ist. Dabei wurden auch die Benennungen der Züge den Informationsmengen angepasst, so dass die Informationsmengen eigentlich allein anhand der Zug-Benennungen erkennbar sind.

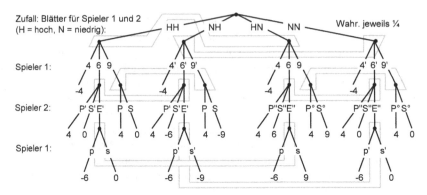

Bild 55   Poker-Modell: Spielbaum inklusive Informationsmengen

Wie man im Spielbaum von Bild 55 erkennen kann, muss jeder Spieler bei seinen strategischen Überlegungen Entscheidungen für vier verschiedene Situationen planen. Bei Spieler 1 handelt es sich um:

- Die Entscheidung, bei hohem Blatt zu passen oder mit einer Einsatzerhöhung auf 6 oder 9 zu eröffnen. In Bild 55 sind diese Züge mit 4, 6 und 9 bezeichnet.
- Die Entscheidung, bei niedrigem Blatt zu passen oder mit einer Einsatzerhöhung auf 6 oder 9 zu eröffnen – bezeichnet mit 4', 6' und 9'.
- Die Entscheidung zwischen passen und sehen bei hohem Blatt nach einem Eröffnungsgebot von 6, das vom Gegner auf 9 erhöht wurde – bezeichnet mit p und s.
- Die Entscheidung zwischen passen und sehen bei niedrigem Blatt nach einem Eröffnungsgebot von 6, das vom Gegner auf 9 erhöht wurde – bezeichnet mit p' und s'.

Aufgrund der möglichen Kombinationen gibt es damit für Spieler 1 insgesamt 36 reine Strategien. Allerdings sind nur 16 reine Strategien in ihrer Wirkung voneinander verschieden, da die beiden letzten Entscheidungen nur nach einem Eröffnungsgebot von 6 relevant werden[278]. Eine Verhaltensstrategie von Spieler 1 wird durch 6 Parameter bestimmt.

Spieler 2 hat die folgenden vier Entscheidungen abzuwägen:

- Bei hohem Blatt und einem gegnerischen Eröffnungsgebot von 6 muss er sich zwischen passen, sehen und erhöhen entscheiden. In Bild 55 sind diese Züge mit P', S' und E' bezeichnet.
- Bei niedrigem Blatt und einem gegnerischen Eröffnungsgebot von 6 muss er sich zwischen passen, sehen und erhöhen entscheiden. Die Bezeichnungen sind P", S" und E".
- Bei hohem Blatt und einem gegnerischen Eröffnungsgebot von 9 muss er sich zwischen passen und sehen entscheiden. Die Bezeichnungen sind P und S.
- Bei niedrigem Blatt und einem gegnerischen Eröffnungsgebot von 9 muss er sich zwischen passen und sehen entscheiden. Die Bezeichnungen sind P° und S°.

Insgesamt kombinieren sich die Entscheidungen bei Spieler 2 zu 36 verschiedenen reinen Strategien. Eine Verhaltensstrategie von Spieler 2 kann durch 6 Parameter charakterisiert werden.

---

[278] Für das Resultat eines Spiels irrelevante Einzelentscheidungen erlauben es insbesondere, die Normalform zu reduzieren.

Auf der Basis der erfolgten Spielbeschreibung können wir nun erläutern, wie das Konzept der Entscheidungs-Sequenzen beim Poker-Modell „Bieten-erhöhen-sehen" zu verstehen ist. In Tabelle 50 sind dazu die 28 Endknoten des Spiels aufgeführt. Angegeben sind jeweils die drei zugeordneten **Entscheidungs-Sequenzen**, die bei Zufall, Spieler 1 und Spieler 2 erforderlich sind, damit das Spiel an dem betreffenden Knoten endet. Zu jeder Dreier-Kombination von Entscheidungs-Sequenzen gehört dabei höchstens ein Endknoten, das heißt, gibt es überhaupt einen zugehörigen Endknoten, dann ist dieser eindeutig bestimmt.

Nr. des Knotens (von links)	Gewinn	Entscheidungs-Sequenzen		
		Zufall	Spieler 1	Spieler 2
1	-4	HH	4	
2	4	HH	6	P'
3	0	HH	6	S'
4	-6	HH	6, p	E'
5	0	HH	6, s	E'
6	4	HH	9	P
7	0	HH	9	S
8	-4	NH	4'	
9	4	NH	6'	P'
10	-6	NH	6'	S'
11	-6	NH	6', p'	E'
12	-9	NH	6', s'	E'
13	4	NH	9'	P
14	-9	NH	9'	S
15	-4	HN	4	
16	4	HN	6	P"
17	6	HN	6	S"
18	-6	HN	6, p	E"
19	9	HN	6, s	E"
20	4	HN	9	P°
21	9	HN	9	S°
22	-4	NN	4'	
23	4	NN	6'	P"
24	0	NN	6'	S"
25	-6	NN	6', p'	E"
26	0	NN	6', s'	E"
27	4	NN	9'	P°
28	0	NN	9'	S°

Tabelle 50   Poker-Modell: Endknoten mit ihren Entscheidungs-Sequenzen

Abhängig von den gegebenenfalls gemischten Strategien der beiden Spieler ergibt sich für jeden Endknoten eine Wahrscheinlichkeit, die angibt, wie wahrscheinlich es ist, dass eine Partie in diesem Knoten endet. Allgemein ist jede solche Wahrscheinlichkeit gleich dem Produkt von drei Einzelwahrscheinlichkeiten, die sich auf die Entscheidungs-Sequenzen der beiden Spieler einerseits und der Zufallselemente andererseits beziehen. Berechnen lassen sich diese drei Wahrscheinlichkeiten, wie sie *jedem Knoten* – nicht nur den Endknoten – zugeordnet werden können, folgendermaßen:

- Beim Zufallseinfluss sind die Wahrscheinlichkeiten aller Zufallsergebnisse, die auf dem Weg im Spielbaum vom Anfangsknoten zum betreffenden Knoten erzielt werden müssen, zu multiplizieren.
- Bei einem Spieler gibt die **Realisierungsgewicht** genannte Wahrscheinlichkeit an, wie wahrscheinlich es ist, dass er seine Entscheidungen so trifft, wie es zur Erreichung des betreffenden Knotens erforderlich ist[279]. Unberücksichtigt bleiben Entscheidungen, die anderweitig, das heißt vom Zufall oder vom Gegner, getroffen werden, obwohl auch sie in einer konkreten Partie den tatsächlich erreichten Endzustand maßgeblich beeinflussen.

Wir kommen nun zur wesentlichen Eigenschaft von Entscheidungs-Sequenzen und Realisierungsgewichten: Sind die Realisierungsgewichte zu allen Entscheidungs-Sequenzen der beiden Spieler bekannt, dann kann die Gewinnerwartung ohne Kenntnis weiterer Einzelheiten über die beiden Strategien berechnet werden. Dies geschieht einfach dadurch, dass man zunächst die Wahrscheinlichkeit für jeden einzelnen Endknoten als Produkt der drei genannten Wahrscheinlichkeiten bestimmt. Insgesamt erhält man so die Wahrscheinlichkeitsverteilung für die Gewinnhöhe, so dass die Gewinnerwartung sofort im Anschluss berechnet werden kann. Auf Basis dieses Ansatzes wird zugleich offensichtlich, dass die Wahrscheinlichkeiten einer gemischten Strategie die Gewinnerwartung nur insoweit beeinflussen, wie sie die Realisierungsgewichte verändern.

Für unser Beispiel des Poker-Modells können wir die auftretenden Realisierungsgewichte aus Tabelle 50 ablesen. Zunächst gehört zu jeder dort aufgeführten Entscheidungs-Sequenz ein entsprechendes Realisierungsgewicht. Hinzu kommen die Entscheidungs-Sequenzen, bei denen es sich um den Beginn einer dort aufgeführten Entscheidungs-Sequenz handelt – angefangen jeweils mit der leeren Entscheidungs-Sequenz Ø. Insgesamt werden die Strategien der beiden Spieler durch die folgenden Realisierungsgewichte charakterisiert:

- Spieler 1:
  $x(Ø), x(4), x(6), x(6, p), x(6, s), x(9), x(4'), x(6'), x(6', p'), x(6', s'), x(9');$
- Spieler 2:
  $y(Ø), y(P'), y(S'), y(E'), y(P), y(S), y(P''), y(S''), y(E''), y(P°), y(S°).$

Als Wahrscheinlichkeiten liegen die Realisierungsgewichte größenmäßig sämtlich im Bereich zwischen 0 und 1. Der maximale Wert 1 wird von den Realisierungsgewichten $x(Ø)$ und $y(Ø)$ erreicht. Die anderen Realisierungsgewichte sind stets dem Additionsgesetz unterworfen, wie es für die Ergebnisse jeder Spielerentscheidung gelten muss. Insgesamt müssen daher die folgenden Identitäten erfüllt sein:

$$x(Ø) = 1$$
$$x(4) + x(6) + x(9) = x(Ø)$$
$$x(6, p) + x(6, s) = x(6)$$
$$x(4') + x(6') + x(9') = x(Ø)$$
$$x(6', p') + x(6', s') = x(6')$$

$$y(Ø) = 1$$
$$y(P') + y(S') + y(E') = y(Ø)$$
$$y(P) + y(S) = y(Ø)$$

---

[279] Geht man von einer Verhaltensstrategie aus, ergeben sich die Realisierungsgewichte wie bei den Sequenzen von Zufallsentscheidungen als Produkt der Einzelwahrscheinlichkeiten.

$$y(P'') + y(S'') + y(E'') = y(\emptyset)$$
$$y(P°) + y(S°) = y(\emptyset)$$

Derartig abgeleitete Bedingungen sind für Spiele mit perfektem Erinnerungsvermögen sogar hinreichend. Das heißt, sind für einen Spieler nicht-negative Werte gegeben, die diese Gleichungen erfüllen, dann gibt es zu ihnen eine gemischte Strategie. Die entsprechende Verhaltensstrategie lässt sich sogar einfach konstruieren, da jede Informationsmenge einzeln für sich untersucht werden kann.

Wird eine Strategie solchermaßen durch Werte der Realisierungsgewichte beschrieben, spricht man von einem **Realisierungsplan**. Die Wirkung von Realisierungsplänen lässt sich am besten anhand einer Normalform-ähnlichen Tabelle untersuchen, der so genannten **sequentiellen Form** eines Spiels. Für das hier betrachtete Poker-Modell ist sie in Tabelle 51 zusammengestellt. Deren Einträge erhält man mit einer Analyse der Endknoten, wozu die Daten aus Tabelle 50 herangezogen werden können: Für jeden Eintrag sind die Endpositionen zu ermitteln, die mit den entsprechenden Entscheidungs-Sequenzen erreichbar sind. Aufgrund von Zufallsentscheidungen kann es sich dabei durchaus um mehrere Knoten handeln, wie hier im Beispiel für Entscheidungs-Sequenz-Paar 4; Ø – in solchen Fällen ist der Erwartungswert zu bilden. Dort, wo es keinen erreichbaren Endknoten gibt, steht eine hier als Lücke dargestellte 0.

Spieler 2: Spieler 1	Ø	P'	S'	E'	P"	S"	E"	P	S	P°	S°
Ø											
4	-2										
6		1	0		1	1½					
6, p				-1½			-1½				
6, s				0			2¼				
9								1	0	1	2¼
4'	-2										
6'		1	-1½		1	0					
6', p'				-1½			-1½				
6', s'				-2¼			0				
9'								1	-2¼	1	0

Tabelle 51 Poker-Modell „Bieten-erhöhen-sehen": Sequentielle Form

Ähnlich wie die im Allgemeinen deutlich größere Normalform erlaubt es die sequentielle Form, die Gewinnerwartung des ersten Spielers abhängig von zwei vorliegenden Realisierungsplänen zu berechnen. Jeder Tabelleneintrag wird dabei mit einer Wahrscheinlichkeit akut, wie er sich als Produkt der beiden zugehörigen Realisierungsgewichte ergibt[280].

Realisierungsgewichte wurden von Daphne Koller, Nimrod Megiddo und Bernhard von Stengel zu Beginn der 1990er Jahre untersucht. Erst nachträglich stellte sich heraus, dass der Russe Joseph Romanovsky bereits 1962 einige der wesentlichen Ideen publiziert hatte, die 1969 von der Mathematikerin Yanovskaja 1969 nochmals ergänzt worden waren. Koller und

---

[280] Das entspricht dem Produkt $x^t Ay$, wenn x und y die als Spaltenvektoren vorliegenden Realisierungspläne der beiden Spieler sind und A die Matrix der sequentiellen Form des Spiels ist.

Megiddo verwendeten Realisierungsgewichte zum Nachweis, dass jede gemischte Strategie durch eine völlig gleichwertige, eben strategisch äquivalente Strategie ersetzt werden kann, die aus einem Mix von höchstens so vielen reinen Strategien besteht, wie der Spielbaum Endknoten besitzt[281, LIV]. Das erklärt auch Wilsons Beobachtung, dass optimale Strategien meist nur vergleichsweise wenig reine Strategien beinhalten. Zuvor hatten Koller und Megiddo bereits gezeigt, dass eine optimale Strategie eines Zwei-Personen-Nullsummenspiels mit perfektem Erinnerungsvermögen stets mit einem Aufwand berechenbar ist, der polynomial zur Größe des Spielbaums beschränkt ist[282]. Allerdings ist ihr Verfahren wenig praktikabel[283]. Einfacher ist ein auf Romanovsky und von Stengel zurückgehendes Verfahren, bei dem optimale Verhaltensstrategien mittels einer linearen Optimierungsaufgabe berechnet werden, deren Größe proportional zur Zahl der Endknoten ist[284]. Die Variablen der linearen Optimierungsaufgabe umfassen unter anderem die Realisierungsgewichte eines Spielers und ergeben im Optimum dessen gesuchte Minimax-Strategie. Zusätzlich enthält die Optimierungsaufgabe noch weitere Variablen, von denen eine dem Spielanfang und die anderen den gegnerischen Informationsmengen zugeordnet sind. Sie geben an, welche Möglichkeiten der Gegner gegen die betreffende Minimax-Strategie bestenfalls hat. Konkret lässt sich jede dieser Variablen als anteilige Gewinnerwartung interpretieren, wobei nur solche Partien gewertet werden, welche die betreffende Informationsmenge des Gegners durchlaufen. Um einen Eindruck von diesem Ansatz zu erhalten, wollen wir uns für das Poker-Modell die Optimierungsaufgabe zur Berechnung der Minimax-Strategie des zweiten Spielers anschauen:

Minimiere u_0 unter den Bedingungen

$$u_0 \geq u(4{:}6{:}9) + u(4'{:}6'{:}9')$$

$$u(4{:}6{:}9) \geq -2y(\emptyset)$$

$$u(4{:}6{:}9) \geq y(P') + y(P'') + 3/2{\cdot}y(S'') + u(p{:}s)$$

$$u(p{:}s) \geq -3/2{\cdot}y(E') - 3/2{\cdot}y(E'')$$

$$u(p{:}s) \geq 9/4{\cdot}y(E'')$$

$$u(4{:}6{:}9) \geq y(P) + y(P^\circ) + 9/4{\cdot} y(S^\circ)$$

$$u(4'{:}6'{:}9') \geq -2y(\emptyset)$$

$$u(4'{:}6'{:}9') \geq y(P') + y(P'') - 3/2{\cdot}y(S') + u(p'{:}s')$$

[281] Daphne Koller, Nimrod Megiddo, *Finding mixed strategies with small supports in extensive games*, International Journal of Game Theory, 25 (1996), S. 73-92, Theorem 2.6.

[282] Daphne Koller, Nimrod Megiddo, *The complexity of two-person-zero-sum games in extensive form*, Games and Behavior, 4 (1992), S. 528-552.

[283] Koller und Megiddo charakterisieren jeweils nur die Strategie eines Spielers mit Realisierungsgewichten. Mögliche Gegenstrategien werden in Form reiner Strategien untersucht. Dabei wird die Qualität einer Gegenstrategie mit einer speziellen Eigenschaft der Ellipsoid-Methode, die wir in Anmerkung L zu Kapitel 3.4 kurz vorgestellt haben, beurteilt.

[284] J. V. Romanovsky, *Reduction of a game with perfect recall to a constrained matrix game* (in Russisch), Doklady Akademii Nauk SSSR, 114 (1962), S. 62-64, engl. Übersetzung: Soviet Mathematics, 3 (1962), S. 678-681, siehe auch: Mathematical Reviews, 25 (1963), #1958; Bernhard von Stengel, *Efficient computation of behavior strategies*, Games and Behavior, 14 (1996), S. 220-246; Daphne Koller, Nimrod Megiddo, Bernhard von Stengel, *Fast algorithms for finding randomized strategies in game trees*, Proceedings of the 26th ACM Symposium of the Theory of Computing, Montreal 1994, S. 750-759; Bernhard von Stengel, *Computing equilibria for two-person games*, in: R. J. Aumann, S. Hart (ed.), *Handbook of game theory with economic applications*, vol. 3, Amsterdam 2002, S. 1723–1759.

$$u(p':s') \geq -3/2 \cdot y(E') - 3/2 \cdot y(E'')$$
$$u(p':s') \geq -9/4 \cdot y(E')$$
$$u(4':6':9') \geq y(P) - 9/4 \cdot y(S) + y(P^\circ)$$
$$y(\emptyset) = 1$$
$$y(P') + y(S') + y(E') = y(\emptyset)$$
$$y(P) + y(S) = y(\emptyset)$$
$$y(P'') + y(S'') + y(E'') = y(\emptyset)$$
$$y(P^\circ) + y(S^\circ) = y(\emptyset)$$
$$y(\emptyset), y(P'), y(S'), y(E'), y(P), y(S), y(P''), y(S''), y(E''), y(P^\circ), y(S^\circ) \geq 0$$

Wie kommt diese Optimierungsaufgabe zustande? Wir beschränken uns hier auf eine Plausibilitätsbetrachtung[LV]: Zu den bereits bekannten Nebenbedingungen für die Realisierungsgewichte $y(\emptyset)$, ..., $y(S^\circ)$ ist die erste Gruppe von Nebenbedingungen hinzugekommen. Sie charakterisieren, was Spieler 1 gegen einen beliebigen Realisierungsplan, wie er durch die y-Werte festgelegt wird, bestenfalls erreichen kann. Konkret ist die Variable u_0 die Gewinnerwartung von Spieler 1. Ihr Minimum gibt an, wie viel Spieler 1 gegen die durch die Realisierungsgewichte $y(\emptyset)$, ..., $y(S^\circ)$ bestimmte Strategie von Spieler 2 höchstens erzielen kann. Jede der restlichen u-Variablen bezieht sich auf eine Informationsmenge von Spieler 1 und ist gekennzeichnet mit den Benennungen der möglichen Züge wie zum Beispiel „4:6:9" beim Eröffnungsgebot von Spieler 1 bei hohem Blatt. Der Wert einer solchen Variablen gibt an, welche Gewinnerwartung Spieler 1 bestenfalls gegen die durch y bestimmte Strategie seines Gegners erzielen kann, wobei nur solche Partien berücksichtigt werden, welche die betreffende Informationsmenge durchlaufen. Damit ergibt sich zu jeder Zugmöglichkeit eine Ungleichung, deren konkrete Gestalt vom weiteren Verlauf der Partie abhängt. Beispielsweise kann Spieler 1 in der durch „4:6:9" gekennzeichneten Informationsmenge zwischen den Zügen 4, 6 und 9 wählen. Die danach möglichen Fortsetzungen spiegeln sich in den folgenden Ungleichungen wider:

„4" (passen bei hohem Blatt): $u(4:6:9) \geq -2\,y(\emptyset)$

„6" (erhöhen auf 6 bei hohem Blatt): $u(4:6:9) \geq y(P') + y(P'') + 3/2 \cdot y(S'') + u(p:s)$

„9" (erhöhen auf 9 bei hohem Blatt): $u(4:6:9) \geq y(P) + y(P^\circ) + 9/4 \cdot y(S^\circ)$

Wir werden noch sehen, dass die rechte Seite jeder dieser Ungleichungen angibt, welche anteilige Gewinnerwartung Spieler 1 mit dem jeweiligen Zug maximal erzielen kann. Daher ist $u(4:6:9)$ insgesamt gleich dem Maximum der drei Werte, was durch die drei Ungleichungen rechnerisch sichergestellt wird: Dass $u(4:6:9)$ mindestens gleich dem Maximum der drei Werte ist, ist dabei offensichtlich. Die umgekehrte Aussage, nämlich dass $u(4:6:9)$ höchstens gleich dem Maximum ist, ergibt sich durch den Minimierungsprozess.

Um die Terme auf der rechten Seite einer solchen Zug-Ungleichung zu finden, muss die Wirkung des betreffenden Zuges in jedem Knoten seiner Informationsmenge einkalkuliert werden. Das geschieht dadurch, dass die Beiträge zur Gewinnerwartung addiert werden, die den möglichen Fortsetzungen entsprechen, und zwar unter Umständen über mehrere Züge hinweg. Erst wenn ein Endknoten erreicht wird oder ein weiterer Zug von Spieler 1 ansteht, wird der betreffende Gewinnerwartungsteil nicht weiter aufgesplittet:

• Wird ein Endknoten erreicht, ist die anteilige Gewinnerwartung gleich dem Produkt aus
  • der zugehörigen Gewinnhöhe,

- dem betreffenden Realisierungsgewicht von Spieler 2, das durch die entsprechende y-Variable vorgegeben wird, sowie
- den Wahrscheinlichkeiten, die den vorangegangenen Zufallszügen zugeordnet sind.

Beispielsweise führt der Zug „4" von der mit „4:6:9" bezeichneten Informationsmenge zu zwei Endknoten. Beide besitzen die Gewinnhöhe –4 und für Spieler 2 das Realisierungsgewicht $y(\emptyset) = 1$. Die Wahrscheinlichkeit der notwendigen Zufallszüge beträgt jeweils ¼. Daher ist die anteilige Gewinnerwartung im Fall des Zuges „4" gleich $-2\,y(\emptyset) = -2$.

- Gelangt man zu einem Knoten, bei dem Spieler 1 erneut ziehen muss, dann werden aufgrund des perfekten Erinnerungsvermögens alle Knoten, die zur gleichen Informationsmenge gehören, durch gleichfalls zu berücksichtigende Fortsetzungen erreicht. Deshalb ist die Summe der entsprechenden Gewinnerwartungs-Anteile gleich der betreffenden u-Variablen.

Beispielsweise führt der Zug „6" von der mit „4:6:9" bezeichneten Informationsmenge nach einer gegnerischen Zugentscheidung zu vier Endknoten sowie den zwei Knoten der mit „p:s" bezeichneten Informationsmenge – die betreffenden Pfade sind in Bild 56 fett eingezeichnet. Die anteilige Gewinnerwartung im Fall des Zuges „6" enthält damit die Variable u(p:s) als Summanden. Insgesamt ist sie gleich

$$y(P') + y(P'') + 3/2\cdot y(S'') + u(p:s).$$

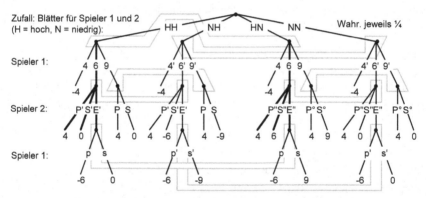

Bild 56   Spieler 1 zieht „6": $u(4:6:9) \geq y(P') + y(P'') + 3/2\cdot y(S'') + u(p:s)$

Eine Lösung der linearen Optimierungsaufgabe ist

$$y(\emptyset) = 1,$$
$$y(P') = 0,\ y(S') = 2/9,\ y(E') = 7/9,$$
$$y(P) = 0,\ y(S) = 1,$$
$$y(P'') = 1/3,\ y(S'') = 5/18,\ y(E'') = 7/18$$
$$y(P°) = 1/2,\ y(S°) = 1/2,$$
$$u(p:s) = 7/8,\ u(p':s') = -7/4,$$
$$u(4:6:9) = 13/8,\ u(4':6':9') = -7/4,$$
$$u_0 = -1/8.$$

Damit hat Spieler 2 die folgende Minimax-Strategie, welche die Gewinnerwartung von Spieler 1 auf –1/8 begrenzt:

- Eröffnet Spieler 1 mit einem Gebot von 6, dann setzt Spieler 2 bei hohem Blatt mit der Wahrscheinlichkeit 2/9 zum Sehen nach und erhöht mit der Wahrscheinlichkeit 7/9. Bei niedrigem Blatt passt Spieler 2 mit der Wahrscheinlichkeit 1/3 auf das Eröffnungsgebot 6, legt mit der Wahrscheinlichkeit von 5/18 zum Sehen nach und erhöht mit der Wahrscheinlichkeit von 7/18.
- Eröffnet Spieler 1 mit einem Gebot von 9, dann passt Spieler 2 bei niedrigem Blatt und setzt bei hohem Blatt zum Sehen nach.

Analog lässt sich auch für Spieler 1 eine Minimax-Strategie berechnen:

- Bei hohem Blatt wird mit der Wahrscheinlichkeit von 1/3 mit dem Gebot 6 eröffnet, ansonsten mit 9.
- Bei niedrigem Blatt wird mit der Wahrscheinlichkeit von 1/6 mit dem Gebot 6 eröffnet, ansonsten mit 9.
- Nach einem Eröffnungsgebot von 6, das von Spieler 2 auf 9 erhöht wurde, wird bei hohem Blatt immer zum Sehen nachgelegt. Hingegen wird bei niedrigem Blatt immer gepasst.

Als prinzipielles Resümee bleibt festzuhalten, dass Verhaltensstrategien nicht nur bei der Beschreibung von Minimax-Strategien eine Vereinfachung bringen. Vielmehr können bei einem Zwei-Personen-Nullsummenspiel mit perfektem Erinnerungsvermögen Minimax-Verhaltensstrategien auch direkt aus der Lösung einer linearen Optimierungsaufgabe bestimmt werden. Dabei ist der Umfang der Optimierungsaufgabe relativ moderat. Konkret kann sowohl die Anzahl der Variablen als auch die Anzahl der Ungleichungen durch die Zahl der Parameter begrenzt werden, die zur Charakterisierung eines Paars von Verhaltensstrategien notwendig sind. Die Klasse von Spielen, bei denen die Berechnung von Minimax-Strategien tatsächlich realisierbar ist, erfährt so eine erhebliche Erweiterung[LVI]. Die bisher wohl komplexesten Minimax-Berechnungen gelangen Daphne Koller und Avi Pfeffer[285]. Mittels einer eigens kreierten Beschreibungssprache für Spiele namens GALA und linearen Optimierungen von Realisierungsgewichten analysierten sie Poker-Modelle mit bis zu 140000 Positionen. Bei den Parametern des Poker-Modells entspricht das konkret den folgenden Grenzen:

- Blatt mit 127 Karten, 1 Karte für jeden Spieler, 1 Runde
- Blatt mit 3 Karten, 1 Karte für jeden Spieler, 11 Runden,
- Blatt mit 11 Karten, 5 Karten für jeden Spieler, 3 Runden.

Fehlt bei einem Zwei-Personen-Nullsummenspiel die perfekte Erinnerung, kann die Berechnung von Minimax-Strategien erheblich schwieriger sein, da die Suche über die Verhaltensstrategien hinaus ausgedehnt werden muss. Koller und Megiddo konnten sogar zeigen, dass im allgemeinen Fall die Berechnung von Minimax-Strategien bezogen auf die Größe des Spielbaums NP-hart ist[286]. Daher kann davon ausgegangen werden, dass es keine allgemei-

---

[285] Daphne Koller, Avi Pfeffer, *Generating and solving imperfect information games*, Proceedings of the 14th International Joint Conference on Artificial Intelligence, Montreal 1995, Vol. 2, S. 1185-1192; Daphne Koller, Avi Pfeffer, *Representations and solutions for game-theoretic problems*, Artificial Intelligence, 94 (1997), S. 167-215.

[286] In der in Fußnote 282 genannten Arbeit konstruieren Koller und Megiddo spezielle Zwei-Personen-Nullsummenspiele, bei denen einer der beiden Spieler keine perfekte Erinnerung besitzt. Bei dieser Klasse von Spielen ist die Entscheidung darüber, ob ein Spieler eine vorgegebene Gewinnhöhe mittels einer gemischten Strategie sicher erzielen kann, NP-hart.

nen Algorithmen gibt, mit denen aus den Daten des Spielbaums eine Minimax-Strategie effizient berechnet werden kann.

3.10 Baccarat: Ziehen bei Fünf?

Sollte ein Baccarat-Spieler, der mit seinen ersten beiden Karten den Wert Fünf erzielt, eine weitere Karte verlangen?

Das über 500 Jahre alte Baccarat – oft auch Chemin-de-fer genannt – ist neben Black Jack das am meisten in Spielkasinos veranstaltete Kartenspiel[287]. Wie beim Black Jack wird mit mehreren 52er-Kartendecks gespielt, und ein Spieler muss, um zu gewinnen, durch Ziehen von Karten eine höhere Summe von Kartenwerten erzielen als die Bank – bei Gleichstand endet das Spiel unentschieden. Eine einzelne Karte besitzt den gleichen Wert wie beim Black Jack, jedoch wird bei der Summe nur die Einerstelle gewertet, während die Zehnerstelle grundsätzlich unberücksichtigt bleibt, so dass 9 das bestmögliche Resultat darstellt. Zum Beispiel ergibt eine Acht und eine Sechs zusammen den Wert 4; ein Bube und ein Ass ergeben den Wert 1.

Zu Beginn erhält beim Baccarat sowohl der Spieler als auch der Bankhalter zwei Karten verdeckt ausgeteilt. Hat einer von beiden ein Blatt mit dem Wert 8 oder 9, decken beide ihre Blätter zum Vergleich auf und es wird sofort abgerechnet. Andernfalls entscheidet zunächst der Spieler anhand seiner Karten, ob er eine dritte Karte haben möchte oder nicht. Falls er sich zu einer dritten Karte entscheidet, erhält er diese offen ausgeteilt. Anschließend ist der Bankhalter am Zug. Auch er darf eine dritte Karte nehmen, wobei er seine Entscheidung in Kenntnis seines eigenen Blattes, der Entscheidung des Spielers sowie der gegebenenfalls offen liegenden dritten Karte des Spielers treffen kann. Damit ist das Spiel zu Ende: Bank und Spieler decken ihre Blätter auf, und es wird abgerechnet.

Sehen wir uns die Spielchancen zunächst auf einem rein intuitiven Niveau an: Spieler und Bank haben nur dann Entscheidungen zu treffen, wenn beide Ausgangsblätter einen Wert von 0 bis 7 ergeben. Um ein möglichst günstiges Blatt zu erhalten, tun Spieler und Bank gut daran, bei niedrigen Werten eine dritte Karte zu ziehen; dagegen kann bei Werten von 7 oder knapp darunter meist auf eine dritte Karte verzichtet werden. Speziell der Spieler muss allerdings bedenken, dass er mit seiner Entscheidung der Bank einen Hinweis auf die mutmaßliche Qualität seines Ausgangsblattes gibt. Da eine dritte Karte offen ausgeteilt wird, lassen sich diese Hinweise, wenn auch in Grenzen, gegebenenfalls sogar auf das Gesamtblatt übertragen. Insgesamt kann die Bank damit ihre Strategie immer dann erfolgreich anpassen, wenn die Handlungen des Spielers Rückschlüsse auf dessen Ausgangsblatt zulassen.

Da beim Baccarat, so wie es im Spielkasino gespielt wird, auch andere Spieler auf den Sieg des Spielers setzen dürfen, sind die Entscheidungen zum Ziehen sowohl beim Spieler, aber auch beim Bankhalter, weitgehend vorgeschrieben, und zwar in einer für den betreffenden günstigen Weise. So muss der Spieler bei Werten 0 bis 4 eine weitere Karte ziehen, hingegen darf er es bei den Werten 6 und 7 nicht. Nur beim Wert 5 ist er in seiner Entscheidung frei. Die Strategie der Bank ist komplizierter, da sie außer dem eigenen Wert auch das Verhalten

---

[287] John Scarne, *Complete guide to gambling*, New York 1974, S. 459–479.

Wert der Bank	Dritte Karte des Spielers: Werte, bei denen die Bank ...	
	... zieht	... nicht zieht
0-2	N, 0-9	-
3	N, 0-7, 9	8
4	N, 2-7	0, 1, 8, 9
5	N, 4-7	0-3, 8, 9
6	6-7	N, 0-5, 8, 9
7	-	N, 0-9
8-9	-	Bank deckt auf!

Tabelle 52 Ziehstrategie der Bank, wie sie meist vorgegeben ist („N" steht für den Fall, dass der Spieler keine dritte Karte gezogen hat)

des Spielers sowie gegebenenfalls dessen offen liegende Karte in Betracht ziehen muss (siehe Tabelle 52).

Wie Black Jack ist Baccarat fast symmetrisch, so dass der Vorteil der Bank nicht sofort offensichtlich wird. Beruht der Vorteil beim Black Jack darauf, dass der Spieler zunächst ziehen muss und daher zunächst allein das Risiko eingeht, mit einem Wert von mehr als 21 zu verlieren, resultiert der Vorteil der Bank beim Baccarat allein auf ihrem Informationsvorsprung: Die Bank kennt nämlich sowohl die Entscheidung des Spielers, die einen indirekten Schluss auf das Blatt zulässt, als auch die gegebenenfalls gezogene dritte Karte des Spielers. Dadurch ist es der Bank möglich, vielschichtiger auf die erreichte Spielsituation zu reagieren.

Anders als beim Black Jack wird beim Baccarat die Bank meist nicht durch einen Angestellten des Spielkasinos gehalten. Üblich ist, dass sich die Spieler bei dieser Funktion abwechseln – daher auch der Name Chemin-de-fer. Für die Veranstaltung und Überwachung des Spiels erhält das Kasino 5 Prozent der Gewinne, die der Bankhalter erzielt.

Die Grundregeln des Baccarat lassen verschiedene Varianten zu:

- Es können zwei Spieler, die beide ein eigenes Blatt erhalten, gleichzeitig gegen die Bank spielen. Demgemäß muss die Bank versuchen, ihre Entscheidung über eine dritte Karte möglichst gut auf die Entscheidungen, offene Karten und Einsatzhöhen beider Spieler auszurichten[288].
- Prinzipiell können die Entscheidungen des Spielers und vor allem der Bank auch völlig freigegeben werden, zumindest dann, wenn jeder nur auf seine eigene Rechnung spielt. Bank und Spieler tragen dann ein Zwei-Personen-Nullsummenspiel ohne perfekte Information aus, bei dem optimale Strategien unter Umständen gemischt zu sein haben.

Eine frühe Untersuchung des Baccarat ist in einem 1889 erschienenen Buch von Bertrand enthalten. Auch wenn diese Untersuchung letztlich unbefriedigend war, so diente sie doch Borel als plastisches Einführungsbeispiel in einer seiner Darlegungen[289]. Die spieltheoreti-

---

[288] Untersucht wird diese Baccarat-en-Banque oder Baccarat à Deux Tableaux genannte Variante in: Sherry Judah, William T. Ziemba, *Three person Baccarat*, Operations Research Letters, 2 (1983), S. 187-192. Zum Spiel siehe John Scarne (Fußnote 287), S. 478-479; *Das große Buch der Spiele*, Freiburg (Schweiz) 1974, S. 130-134.

[289] Siehe Kapitel 3.1, insbesondere Fußnote 236. Mit spieltheoretischen Erwägungen zum Baccarat

sche Aufgabe, die der zweitgenannten Baccarat-Variante zugrunde liegt, wurde 1957 von John Kemeny und Laurie Snell gelöst[290]. Ausgegangen wird von zwei Strategien des Spielers, die durch das Verhalten beim Wert 5 bestimmt sind, und insgesamt 2^{88} Strategien der Bank, die durch das Verhalten der Bank bei ihren insgesamt 8×11 Informationsmengen charakterisiert werden. Die hohe Zahl der Informationsmengen ergibt sich als Kombination der 8 möglichen Werte, welche die Bank mit ihren ersten beiden Karten – ohne dass direkt aufgedeckt wird – erzielen kann, und der 10 möglichen Karten, die der Spieler als dritte Karte offen erhält – die elfte Möglichkeit entspricht dem Fall, dass der Spieler keine Karte wünscht. Der Einfachheit halber wird der Kartenstapel als unendlich groß angenommen, so dass bereits gezogene Karten ohne Einfluss auf die Wahrscheinlichkeiten für weitere Karten bleiben[291].

Bei der Methode der iterativ erweiterten Strategie-Auswahl, wie wir sie in den beiden letzten Kapiteln erörtert haben, kommt die astronomische Anzahl von Bankstrategien glücklicherweise nicht zum Tragen. Nach nur wenigen Schritten, abhängig von den Start-Strategien beispielsweise mit 2×5 Strategien, terminiert das Verfahren bereits und liefert die folgenden Minimax-Strategien:

- Der Spieler nimmt beim Wert 5 mit der Wahrscheinlichkeit von 9/11 eine dritte Karte; mit einer Wahrscheinlichkeit von 2/11 verzichtet er darauf.
- Die Strategie der Bank entspricht fast vollständig der oben tabellierten Fixstrategie der Bank. Einzige Ausnahme ist die Situation, in der der Spieler keine dritte Karte genommen hat und die Bank den Wert 6 hält: Dann zieht die Bank mit der Wahrscheinlichkeit 0,3754 eine weitere Karte.

Der Wert des Spiels spiegelt den leichten Vorteil der Bank wieder. Er beträgt –0,0128.

Weitere mathematische Veröffentlichungen über Baccarat:

Edward O. Thorp, William E. Walden, *A favorable bet in Nevada Baccarat*, Journal of the American Statistical Association, 61 (1966), S. 313-328.

Edward Thorp, William Walden, *The fundamental theorem of card counting with applications to trente-et-quarante and baccarat*, International Journal of Game Theory, 2 (1973), S. 109-119.

Edward Thorp, *The mathematics of gambling*, Hollywood 1984, S. 29-39.

---

befasst haben sich zum Ende der 1920er-Jahre auch John von Neumann (siehe Fußnote 240) und Emanuel Lasker in seinem Buch *Das verständige Kartenspiel*, Berlin 1929, S. 37–42. Letzterer zieht für den Spieler sogar eine gemischte Strategie beim Wert 5 in Betracht.

[290] John G. Kemeny, J. Laurie Snell, *Game-theoretic solution of Baccarat*, American Mathematical Monthly, 64 (1957), S. 465-469. Siehe auch: Richard A. Epstein, *The theory of gambling and statistical logic* New York 1977, S. 193-196.

[291] Auf diese Annahme verzichtet wird in F. G. Foster, *A computer technique for game-theoretic problems I: Chemin-de-fer analysed*, The Computer Journal 7 (1964), S. 124-130; nachgedruckt in: David N. L. Levy, *Computer games II*, New York 1988, S. 39-52. Siehe auch: M. G. Kendall, J. D. Murchland, *Statistical aspects of the legality of gambling*, Journal of the Royal Statistical Society, Ser. A, 127 (1964), S. 359-391. Weitere Modelle untersuchen Stewart N. Ethier, Carlos Gámez, *Game-theoretic analysis of Baccara Chemin de Fer*, Games, 4 (2013), S. 711-737. Die so erhaltenen Minimax-Werte liegen im Bereich von –0,01376 für eine 52-Karten-Variante bis –0,01282.

Régis Deloche, Fabienne Oguer, *Baccara and perfect bayesian equilibrium*, in: Stewart N. Ethier, William R. Eadington (ed.), *Optimal play: Mathematical studies of games and gambling*, Reno 2007, S. 195-210.

3.11 Pokern zu dritt: Vertrauenssache?

Drei Spieler pokern gegeneinander. Können zwei Spieler ihre Spielweise zum Schaden des dritten aufeinander abstimmen, ohne dabei zu mogeln?

Bei allen bisher analysierten Spielen ohne perfekte Information handelte es sich um Zwei-Personen-Nullsummenspiele. Auch die im zweiten Teil untersuchten Spiele mit perfekter Information waren fast ausschließlich Zwei-Personen-Nullsummenspiele. Die einzige Ausnahme bildete ein Drei-Personen-Nim-Spiel, das in Kapitel 2.3 erörtert wurde, um die prinzipiellen Unterschiede zwischen Zwei- und Mehrpersonenspielen deutlich zu machen. Ausgehend von einer beliebigen Position dieser Nim-Variante konnte dabei für jeden der drei Spieler eine Strategie gefunden werden, die zusammen ein Gleichgewicht bildeten.

Ein solches Gleichgewicht ist allgemein dadurch charakterisiert, dass von ihm ausgehend kein einzelner Spieler sich verbessert, wenn er seine Strategie einseitig verändert. Die Strategie jedes Spielers ist damit insofern optimal, als sie eine beste Antwort darstellt, mit der die als bekannt vorausgesetzten Strategien der Gegner gekontert werden. Geht man also davon aus, dass jedem Spieler diese Tatsache bewusst ist und dass jeder Spieler danach trachtet, seinen eigenen Vorteil zu maximieren, dann kann einem Gleichgewicht eine gewisse Stabilität unterstellt werden. Umgekehrt sind Situationen, in denen die aufeinandertreffenden Strategien kein Gleichgewicht bilden, dadurch gekennzeichnet, dass nachträglich zumindest ein Spieler guten Grund dazu hat, mit seiner Strategie unzufrieden zu sein. Aus spielerischer Sicht ergibt sich daher insgesamt die folgende Konsequenz: Gibt es zu einem Spiel eine unter erfahrenen Spielern gängige Spielweise, dann spricht einiges dafür, dass diese einem Gleichgewicht entspricht.

Macht allerdings ein Spieler einen „Fehler", dann geht die vermeintliche Stabilität eines Gleichgewichts verloren. Dabei ist der fehlerhaft agierende Spieler nicht unbedingt der einzige, der Einbußen gegenüber dem Spielresultat erleidet, wie es mit dem Gleichgewicht verbunden ist. Insofern muss dem vom Gleichgewicht abweichenden Spieler keineswegs ein wirklicher Fehler unterlaufen sein, bei dem der Spieler in Verkennung seiner eigenen Interessen unzweckmäßig gehandelt hat. Ebenso ist es denkbar, dass er ganz bewusst seinen eigenen Interessen entgegen agiert hat, um so zusammen mit einem anderen Spieler einen höheren Gesamtgewinn und davon im Rahmen einer Vereinbarung einen attraktiven Anteil zu erzielen.

Anders als bei Zwei-Personen-Nullsummenspielen stellt damit der Gewinn, wie er einem Gleichgewicht entspricht, für den betreffenden Spieler keine sicher erzielbare Gewinnerwartung dar. Darüber hinaus erfährt die von Zwei-Personen-Nullsummenspielen her gewohnte Bestimmtheit noch eine zweite Einschränkung: Ein Spiel kann nämlich im Allgemeinen mehrere Gleichgewichte mit verschiedenen Spielresultaten besitzen. Damit ist das Erreichen des Spielresultats, wie es einem bestimmten Gleichgewicht zugeordnet ist, alles andere als selbstverständlich.

Ist man allerdings bereit, die beiden genannten Einschränkungen in Kauf zu nehmen, lässt sich in einer dementsprechend schwachen Form sowohl Zermelos Bestimmtheitssatz als auch von Neumanns Minimax-Theorem auf beliebige endliche Mehrpersonenspiele, inklusive der ohne Nullsummen-Charakter, verallgemeinern. Beide Sätze wurden übrigens 1950 gefunden:

- Bei einem Spiel mit perfekter Information besitzt jeder Spieler eine reine Strategie, die sich zusammen zu einem Gleichgewicht kombinieren.
- Bei einem Spiel ohne perfekte Information existiert für jeden Spieler eine gemischte Strategie, die zusammen ein Gleichgewicht bilden.

Beim ersten Satz handelt es sich um den bereits in Kapitel 2.3 erörterten Satz, der auf Kuhn zurückgeht. Ausgehend von der extensiven Form eines Spiels lassen sich solche Strategien rekursiv konstruieren, und zwar Zug für Zug umgekehrt zur Spielchronologie.

Der zweite Satz ist der Gleichgewichtssatz von Nash, den dieser 21-jährig in seiner Dissertation beweis, eine Leistung, für die er über 40 Jahre später mit dem Nobelpreis für Wirtschaftswissenschaften ausgezeichnet wurde[292]. Zusammen mit John Nash wurden John Harsanyi (1920-2000) und Reinhard Selten (1930-2016) geehrt, die sein Konzept eines strategischen Gleichgewichts weiterentwickeln konnten[293]. Nashs Satz ist ein reiner Existenzsatz, der keine Aussage darüber macht, wie man ein solches **Nash-Gleichgewicht**, wie es meist genannt wird, berechnet und ob es davon mehrere gibt[LVII]. Nashs Satz und sein Konzept eines Gleichgewichts bilden die Basis der so genannten nicht-kooperativen Spieltheorie, innerhalb der rationales Verhalten von Spielern unter der Annahme untersucht wird, dass die Spieler keine bindenden Vereinbarungen über ihr Verhalten und eine Gewinnaufteilung treffen können. In der Ökonomie sind solche Modelle bei der theoretischen Untersuchung von Märkten und den sich darin bildenden Preisen hilfreich – welche Erkenntnisse aber bringen sie für reale Gesellschaftsspiele?

Nash selbst hat im Anschluss an seine Beweisführung ein einfaches Beispiel für eine Anwendung auf ein Gesellschaftsspiel gegeben[294]. Da er die Anwendungen seines Konzepts

---

[292] John Nash, *Equilibrium points in N-person games*, Proceedings of the National Academy of Sciences of the USA, 36 (1950), S. 48-49; John Nash, *Non-cooperative games*, Annals of Mathematics, 54 (1951), S. 286-295; beide Artikel sind nachgedruckt in: Harold W. Kuhn (ed.), *Classics in game theory*, Princeton 1997, S. 3-4, 14-26. Die eigentliche Dissertation ist fast identisch mit der zweitgenannten Publikation. Ein Faksimile der Dissertation findet man in Harold W. Kuhn, Sylvia Nasar (ed.), *The essential Nash*, Princeton 2002, S. 53-84. Hintergründe zur Dissertation gibt Harold W. Kuhn u.a., *The work of John F. Nash jr. in game theory, Nobel Seminar 8 December 1994*, Duke Mathematical Journal, 81 (1995/96), S. i-v, 1-29; Sylvia Nasar, *Genie und Wahnsinn: Das Leben des genialen Mathematikers John Nash*, München 2002 (amer. Orig. 1998), Kapitel 10. Das zuletzt genannte Buch diente auch als Vorlage für den Kinofilm *A Beautiful Mind*, der 2002 mit vier Oscars prämiert wurde (u.a. als „bester Film des Jahres 2001").

[293] Eric van Damme, *On the contributions of John C. Harsanyi*, John F. Nash and Reinhard Selten, International Journal of Game Theory, 24 (1995), S. 3-11; Joachim Rosenmüller, *Nobelpreis für Wirtschaftswissenschaften – die Spieltheorie wird hoffähig*, Spektrum der Wissenschaft, 1994/12, S. 25-33; *Bluffen und drohen*, Der Spiegel, 1994/42, S. 134-136.

[294] Siehe dazu Nashs in Fußnote 292 angeführte Arbeit von 1951. Eine ausführlichere und hinsichtlich der Gebotshöhe verallgemeinerte Version des Poker-Modells untersuchten J. F. Nash, L. S. Shapley, *A simple three-person poker game*, in: Kuhn, Tucker (ed.), *Contributions to the Theory of Games I*, Reihe: Annals of Mathematics Studies, 24 (1950), S. 105-116. Für eine spezielle Gebotshöhe wird dieses Modell auch in Ken Binmore, *Fun and games*, Lexington 1992, S. 593-601 erörtert.

vor allem bei Spielen sieht, bei denen „die allgemein akzeptierten Sitten eines fairen Spiels eine nicht-kooperative Spielweise beinhalten", untersucht Nash ein Pokerspiel für drei Personen. Wegen der sonst zu hohen Komplexität ist Nash dazu genötigt, sich auf ein sehr einfaches Modell zu beschränken:

- Jeder der drei Spieler erhält zu Beginn zufällig ein Kartenblatt, nämlich entweder ein hohes oder ein niedriges. Beide Blätter sind gleichwahrscheinlich. Außerdem erfolgt die Ziehung der drei Blätter unabhängig voneinander. Jeder Spieler kennt nur sein eigenes Blatt.

- Für die öffentlich abgegebenen Gebote gibt es zwei verschiedene Höhen: Wer mehr als den Mindesteinsatz 1, der zu Beginn von jedem Spieler zu entrichten ist, wagen will, kann den Einsatz auf 2 erhöhen.

- In der ersten Bietrunde erhalten die drei Spieler nacheinander Gelegenheit, das Spiel mit einem auf 2 erhöhten Gebot zu eröffnen. Tut dies kein Spieler, erhält jeder seinen Einsatz zurück.

- Nachdem ein Spieler eröffnet hat, erhalten die beiden anderen Spieler reihum die Gelegenheit, ihren Einsatz auf die erhöhte Stufe nachzulegen oder zu passen. Anschließend ist das Spiel zu Ende, und es wird abgerechnet: Dabei wird der insgesamt eingesetzte Betrag unter den Spielern gleichmäßig geteilt, die den hohen Einsatz getätigt haben und darunter das im Vergleich höchste Kartenblatt auf der Hand halten.

Abgesehen vom anfänglichen Zufallszug kann sich eine Partie über bis zu fünf Züge erstrecken, wobei jeder der beiden ersten Spieler bis zu zweimal zieht. Offensichtlich werden einige Zugmöglichkeiten von anderen dominiert und sollten daher nicht gewählt werden. So würde ein Spieler mit hohem Blatt eine unweigerliche Einbuße gegenüber dem maximal Erreichbaren erleiden, wenn er passt, nachdem ein anderer Spieler eröffnet hat. Abgesehen von diesen Situationen bleiben in den beiden Runden die folgenden Einzelentscheidungen übrig, die es gilt, strategisch zu untersuchen. Angegeben sind jeweils die vom ziehenden Spieler zu treffenden Ja-Nein-Entscheidungen sowie die Informationen, die der Spieler dabei über die Vorgeschichte der Partie besitzt:

erste Runde:

Spieler 1: • Eröffnen mit niedrigem Blatt?
- Eröffnen mit hohem Blatt?

Spieler 2: • Eröffnen mit niedrigem Blatt, wenn Spieler 1 nicht eröffnet hat?
- Eröffnen mit hohem Blatt, wenn Spieler 1 nicht eröffnet hat?
- Nachlegen mit niedrigem Blatt, wenn Spieler 1 eröffnet hat?

Spieler 3: • Eröffnen mit niedrigem Blatt, wenn Spieler 1 und 2 nicht eröffnet haben?
- Nachlegen mit niedrigem Blatt, wenn Spieler 2 eröffnet hat?
- Nachlegen mit niedrigem Blatt, wenn Spieler 1 eröffnet und Spieler 2 gepasst hat?
- Nachlegen mit niedrigem Blatt, wenn Spieler 1 eröffnet und Spieler 2 nachgelegt hat?

zweite Runde:

Spieler 1: • Nachlegen mit niedrigem Blatt, wenn Spieler 3 eröffnet hat?
- Nachlegen mit niedrigem Blatt, wenn Spieler 2 eröffnet und Spieler 3 gepasst hat?
- Nachlegen mit niedrigem Blatt, wenn Spieler 2 eröffnet und Spieler 3 nachgelegt hat?

Spieler 2: • Nachlegen mit niedrigem Blatt, wenn Spieler 3 eröffnet und Spieler 1 gepasst hat?

• Nachlegen mit niedrigem Blatt, wenn Spieler 3 eröffnet und Spieler 1 nachgelegt hat?

Wie sollten sich die Spieler am besten verhalten? Konkret: Wie sieht ein Nash-Gleichgewicht aus? Da es sich bei dem Poker-Modell um ein Spiel mit perfektem Erinnerungsvermögen handelt und Kuhns Satz über Verhaltensstrategien auch für Mehrpersonenspiele gilt, gibt es zu jeder Gleichgewichtsstrategie eine strategisch äquivalente Verhaltensstrategie. Bei ihrer Beschreibung sind gleichlautende Handlungen bei voneinander verschiedenen Informationsmengen soweit wie möglich zusammengefasst:

Spieler 1: • eröffnet nicht mit niedrigem Blatt;

• eröffnet mit hohem Blatt mit der Wahrscheinlichkeit 0,3084;

• passt in der zweiten Runde mit niedrigem Blatt.

Spieler 2: • eröffnet mit niedrigem Blatt, wenn Spieler 1 nicht eröffnet hat, mit der Wahrscheinlichkeit 0,0441;

• eröffnet mit hohem Blatt, wenn Spieler 1 nicht eröffnet hat, mit der Wahrscheinlichkeit 0,8257;

• passt mit niedrigem Blatt, wenn Spieler 1 eröffnet hat;

• passt in der zweiten Runde mit niedrigem Blatt.

Spieler 3: • eröffnet mit niedrigem Blatt, wenn kein anderer Spieler eröffnet hat, mit der Wahrscheinlichkeit 0,6354;

• passt mit niedrigem Blatt, wenn ein anderer Spieler eröffnet hat.

Die drei Verhaltensstrategien bilden sogar das einzige Nash-Gleichgewicht. Die zugehörigen Gewinnerwartungen der drei Spieler betragen –0,0735, –0,0479 und 0,1214 [295]. Spielerisch bemerkenswert ist die Tatsache, dass Spieler 1 und 2 bei hohem Blatt keineswegs immer eröffnen, obwohl sie damit in dieser Situation kein Risiko eines echten Verlusts eingehen würden: Es handelt sich um einen umgekehrten Bluff, bei dem sich ein Spieler trotz eines hohen Blattes so verhält, wie er es standardmäßig mit einem schlechten tut. Wie ein Bluff dient das dem Zweck, mit den öffentlichen Handlungen so wenig verwertbare Informationen wie möglich über das eigene Blatt preiszugeben.

Wie man solche Nash-Gleichgewichte bestimmen kann, wollen wir hier nicht näher erörtern. Für die Spielpraxis besitzen sie aus den schon erläuterten Gründen ohnehin nur eine beschränkte Aussagekraft. Welche Schlüsse lassen sich aber aus den drei Gewinnerwartungen ziehen? Da Nash-Gleichgewichte von einem allseits rationalen Verhalten und dem Fehlen jeglicher Absprache zwischen den Spielern ausgehen, können die drei Werte, zumal sie im vorliegenden Poker-Modell eindeutig bestimmt sind, sehr wohl als typische Kenndaten des Spiels angesehen werden, in denen die Gewinnaussichten der Spieler ihren Ausdruck finden. Insbesondere ist ein Vorteil des dritten Spielers erkennbar. Ob er seine positive Gewinnerwartung tatsächlich realisieren kann, hängt aber auch davon ab, wie rational seine Gegner spielen. Oder begeht womöglich einer seiner beiden Gegner einen Fehler?

---

[295] Die genannten Werte sind übrigens irrationale Zahlen, so dass diese – anders als bei Zwei-Personen-Nullsummenspielen – nicht mittels eines linearen Gleichungssystems aus den Parametern des Spiels berechenbar sein können. Beispielsweise ist der Wert des zweiten Spielers gleich $\frac{16-\sqrt{321}}{40}$.

Weniger spekulativ, nämlich ohne Annahme eines rationalen Verhaltens bei den Gegenspielern, ist der worst-case-Ansatz. Dazu versucht man, die Gewinnerwartung des Spielers zu maximieren, die ihm unabhängig von den Strategien der beiden Gegner garantiert ist. Das entspricht einer Analyse, wie wir sie von Zwei-Personen-Nullsummenspielen her kennen, nun aber im Wettkampf gegen eine Zweier-Koalition.

Wir beginnen mit dem dritten Spieler, für den wir bereits anhand des Nash-Gleichgewichts einen Vorteil vermuten konnten. Tatsächlich kann er sich mit eigener Kraft gegen eine Koalition aus Spieler 1 und 2, die ihre Strategien untereinander abstimmen, eine Gewinnerwartung von mindestens 1/64 sichern:

Spieler 3: • eröffnet mit niedrigem Blatt, wenn kein anderer Spieler eröffnet hat, mit der Wahrscheinlichkeit 3/16;
- legt mit niedrigem Blatt, wenn Spieler 2 eröffnet hat, mit der Wahrscheinlichkeit von ¼ nach.
- passt mit niedrigem Blatt, wenn Spieler 1 eröffnet hat.

Die Minimax-Verhaltensstrategie der beiden miteinander kooperierenden Gegner lautet:

Spieler 1: • eröffnet nicht mit niedrigem Blatt;
- eröffnet mit hohem Blatt mit der Wahrscheinlichkeit ¾;
- passt in der zweiten Runde mit niedrigem Blatt.
Spieler 2: • eröffnet unabhängig von seinem Blatt, wenn Spieler 1 nicht eröffnet hat;
- passt mit niedrigem Blatt, wenn Spieler 1 eröffnet hat;
- passt in der zweiten Runde mit niedrigem Blatt.

Mit einer Kooperation, innerhalb der die Verhaltenspläne für das eigentliche Spiel abgestimmt werden, können Spieler 1 und 2 also ihren Gesamtverlust gegenüber dem Wert, wie er mit dem Nash-Gleichgewicht verbunden ist, stark reduzieren. Mogeln sie dabei? Wie auch Nash schon anmerkte, widersprechen Kooperationen den guten Sitten beim Pokern und sind sicher unüblich. Streng genommen gibt es aber keine Regel, die solche koordinierten Handlungspläne verbietet. Denn jeder einzelne Spieler agiert bei dieser Kooperation in einer Art und Weise, wie er es auch allein tun könnte. Insbesondere findet kein regelwidriger Austausch von Informationen, etwa über gehaltene Karten, statt.

Im Vergleich zum dritten Spieler ist der Minimax-Wert des einzeln agierenden Spielers 1 schlechter, er beträgt −1/12. Gesichert werden kann diese Gewinnerwartung mit der folgenden Minimax-Strategie:

Spieler 1: • eröffnet nicht mit niedrigem Blatt;
- eröffnet mit hohem Blatt mit der Wahrscheinlichkeit 19/27;
- legt in der zweiten Runde mit niedrigem Blatt, wenn Spieler 3 eröffnet hat, mit der Wahrscheinlichkeit 2/27 nach;
- passt in der zweiten Runde mit niedrigem Blatt, wenn Spieler 2 eröffnet hat.

Die Minimax-Verhaltensstrategie der beiden miteinander kooperierenden Gegner lautet:

Spieler 2: • verhält sich mit niedrigem Blatt defensiv, das heißt, er passt beziehungsweise eröffnet nicht, je nachdem, ob Spieler 1 eröffnet hat oder nicht;
- eröffnet mit hohem Blatt, wenn Spieler 1 nicht eröffnet hat;
- passt in der zweiten Runde mit niedrigem Blatt.
Spieler 3: • eröffnet mit niedrigem Blatt, wenn kein anderer Spieler eröffnet hat, mit der Wahrscheinlichkeit 2/3;

- passt mit niedrigem Blatt, wenn ein anderer Spieler eröffnet hat.

Spieler 2 hat als Einzelkämpfer etwas bessere Gewinnaussichten als der erste Spieler. Die Gewinnerwartung, die sich der zweite Spieler aus eigener Kraft mindestens sichern kann, beträgt $-5/88$. Die Minimax-Strategie dazu sieht folgendermaßen aus:

Spieler 2:
- eröffnet mit niedrigem Blatt, wenn Spieler 1 nicht eröffnet hat, mit der Wahrscheinlichkeit $3/11$;
- eröffnet mit hohem Blatt, wenn Spieler 1 nicht eröffnet hat, mit der Wahrscheinlichkeit $7/11$;
- passt in der zweiten Runde mit niedrigem Blatt.

Wie schon bei den beiden zuerst untersuchten Koalitions-Konstellationen wollen wir uns auch im letzten Fall ansehen, wie es den miteinander kooperierenden Spielern möglich ist, die Gewinnerwartung des einzeln agierenden Spielers 2 auf dessen Minimax-Wert zu begrenzen. Dabei zeigt sich, dass es keine Verhaltensstrategie gibt, die dies bewerkstelligt. Vielmehr müssen sich die Partner auf eine geeignete Mischung ihrer Gesamtstrategie verständigen. Das heißt, um ihren Minimax-Wert zu sichern, benötigen die Partner eine Kooperation, die in ihrer Qualität über das Maß hinausgeht, bei der sie zwar ihre Entscheidungswahrscheinlichkeiten abstimmen, die Züge aber einzeln und unabhängig voneinander auslosen. Im vorliegenden Fall notwendig ist vielmehr eine vor der Partie herbeigeführte Zufallsentscheidung, mit deren Ergebnis die Handlungspläne beider Partner *gemeinsam* festgelegt werden. Dazu strategisch äquivalente Verhaltensstrategien gibt es nicht – Kuhns Satz über Verhaltensstrategien ist nicht anwendbar, weil dessen Voraussetzung des perfekten Erinnerungsvermögens für die beiden miteinander kooperierenden Partner verletzt ist.

Eine gemischte Minimax-Strategie für die kooperierenden Spieler 1 und 3 sieht folgendermaßen aus[296]:

Spieler 1:
- eröffnet nicht mit niedrigem Blatt;
- eröffnet mit hohem Blatt mit der Wahrscheinlichkeit $3/11$;
- passt in der zweiten Runde mit niedrigem Blatt.

Spieler 3:
- eröffnet mit niedrigem Blatt, wenn kein anderer Spieler eröffnet hat, mit der Wahrscheinlichkeit $13/22$, und zwar mit der bedingten Wahrscheinlichkeit von $13/16$ in dem Fall, dass die aktuell für Spieler 1 „ausgewürfelte" Strategie keine Eröffnung bei hohem Blatt vorsieht[LVIII].
- passt mit niedrigem Blatt, wenn ein anderer Spieler eröffnet hat.

Der Rahmen, den eine Verhaltensstrategie bietet, wird von der beschriebenen Strategie bei einer Informationsmenge gesprengt: Haben Spieler 1 und 2 nicht eröffnet, sollte Spieler 3 bei einem niedrigen Blatt seine Reaktion auf die in der Partie nicht öffentlich gewordene Strategie seines Partners ausrichten. Zwar weiß Spieler 3, dass sein Partner Spieler 1 nicht eröffnet hat. Er weiß aber nicht, ob Spieler 1 seine Entscheidung aufgrund seines niedrigen Blattes oder aufgrund einer 3:8-Zufallsentscheidung bei hohem Blatt getroffen hat. Insofern kann Spieler 3 ohne Zusatzinformation seine Strategie nicht so mixen, wie es in Abstimmung auf die gemischte Strategie des Partners eigentlich erforderlich wäre. Notwendig ist vielmehr,

---

[296] Da eine Berechnung aufgrund des imperfekten Erinnerungsvermögens über den Bereich der Verhaltensstrategien hinausgeht, führen die vereinfachten Algorithmen, die wir in den letzten Kapiteln verwendet haben, bei Koalitionen im hier untersuchten Poker-Modell nur teilweise zum Ziel. Mit entsprechend hohem Aufwand kann direkt von der Normalform ausgegangen werden – dabei können dominierte Strategien weggelassen werden.

dass beide Spieler eine Zufallszahl gemeinsam verwenden können, um ihre Strategie danach auszurichten.

Die gemischte Minimax-Strategie der aus Spieler 1 und 3 bestehenden Koalition macht nochmals deutlich, was für eine zentrale Bedeutung die Information in einem Spiel besitzt und welche strategischen Einbußen sich aus einer Beschränkung des Informationsflusses ergeben. Da es einem Spieler meist nicht erlaubt ist, den Mitspielern Angaben über den eigenen Informationsstand zu machen, kann er seine Information höchstens indirekt übermitteln: Beim so genannten **Signalisieren** wird dazu die zu übermittelnde Information einer den Spielregeln entsprechenden Handlung, also einem Zug, zugeordnet, wobei das derart geschieht, dass der Informationsstand des empfangenden Spielers beeinflusst wird. In dieser abstrakten Formulierung klingt der Sachverhalt komplizierter als er in der Praxis ist. So darf beim untersuchten Poker-Modell Spieler 1 seinem Partner nicht explizit mitteilen, welches Blatt er auf seiner Hand hält, aber er kann einen indirekten Hinweis auf sein Blatt geben, indem er dazu die seinen Mitspielern bekannt werdende Entscheidung verwendet, ob er mit einem Gebot eröffnet oder nicht. Natürlich ist eine solche Informationsübertragung mit Einschränkungen verbunden:

- Mit jeder übertragenen Information wird auch der Verlauf des Spiels beeinflusst. Daher sind solche Zugalternativen zum Signalisieren ungeeignet, die die Gewinnaussichten des betreffenden Spielers zu stark verschlechtern.
- Die Information kann nicht unbedingt gezielt übertragen werden. Beispielsweise wird das offen abgegebene Gebot beim Pokern jedem Spieler bekannt. Züge müssen daher immer auch in der Hinsicht abgewägt werden, dass ein Gegner daraus möglichst wenig verwertbare Informationen schöpfen kann. Folglich kann sich ein Zug, der einem Gegner eine Information signalisiert, als nachteilig erweisen. Davon betroffen sein kann sowohl ein Zug, mit dem einem Partner signalisiert werden könnte, als auch ein Zug, der die Gewinnaussichten des Ziehenden positiv beeinflussen würde.

Schon von Neumann und Morgenstern haben in ihrer Monographie das Phänomen des Signalisierens erörtert und dabei an die beim Bridge[297] üblichen Biet-Konventionen erinnert, für die es verschiedene Systeme gibt. Ihre sehr formale Definition des Signalisierens erläutern von Neumann und Morgenstern als „Kunstgriff, der indirekt Informationen vermittelt". Sie unterscheiden dabei zwei Fälle. Einmal wird die Information zwischen dem gleichen „Spieler", das heißt den Mitgliedern ein und derselben Koalition, ausgetauscht, im anderen Fall zwischen zwei verschiedenen Spielern[298]:

> Im ersten Fall, der, wie wir sahen, beim Bridge eintritt, liegt es im Interesse des Spielers ... zu signalisieren, d.h. innerhalb seiner eigenen Organisation Informationen zu geben. Diesem Wunsch wird durch das System des üblichen Signalisierens beim Bridge Rechnung getragen. Das sind Teile der Strategie und nicht der Spielregeln ..., und daher können sie variieren, während das Bridgespiel dasselbe bleibt.
> Im zweiten Fall, der beim Poker auftritt, liegt das Interesse des Spielers ... darin, ein Sig-

---

[297] Bridge ist ein Kartenspiel, das von vier Personen gespielt wird. Die jeweils gegenübersitzenden Spieler spielen zusammen. In der ersten Spielphase wird reihum geboten, wie viele Stiche eine Partei zu machen gedenkt. Die Gebote erlauben damit gewisse Rückschlüsse auf die Qualität des Kartenblatts und das ist auch notwendig, damit der Partner unter Würdigung seines eigenen Blattes das Gebot gegebenenfalls erhöhen kann.

[298] John von Neumann, Oskar Morgenstern, *Spieltheorie und wirtschaftliches Verhalten*, Würzburg 1961 (amerikan. Orig. 1944), S. 53. f.

nalisieren zu verhindern, also zu unterbinden, daß dem Gegenspieler ... Informationen gegeben werden. Das wird gewöhnlich durch irreguläres und scheinbar unlogisches Verhalten ... erreicht. Das erschwert dem Gegenspieler Rückschlüsse ...

Welche Formen des Signalisierens sind mit dem Geist einer Spielregel vereinbar und welche nicht? Obwohl diese Frage natürlich nicht mit mathematischen Methoden beantwortet werden kann, so liefert die mathematische Spieltheorie immerhin Hinweise darauf, wie im konkreten Fall die Konsequenzen entsprechender Regelungen ausfallen.

Wir fassen unsere Ergebnisse über das Poker-Modell zusammen. Im Fall, dass Spieler miteinander kooperieren können und dass sie dabei sogar ihre Strategien in einem gemeinsamen Prozess mixen können, bietet das Poker-Modell die folgenden Gewinnaussichten: Die Gewinnerwartungen, die jeder Spieler aus eigener Kraft sicher erzielen kann, betragen $-1/12$ $= -0,0833$, $-5/88 = -0,0568$ beziehungsweise $1/64 = 0,0156$. Damit bleibt bei der Gewinnerwartung ein Rest von $263/2112 = 0,1245$ offen, den sich eine Zweier-Koalition, so sie zustande kommt, als „Bonus" vereinnahmen und untereinander teilen kann. Wird keine Koalition gebildet, und gibt jeder Spieler für sich sein „Bestes" im Sinne einer allseits vernünftigen Spielweise, so wie es das Nash-Gleichgewicht unterstellt, dann kann jeder der drei Spieler gegenüber den genannten Wert steigern. Die größte Steigerung erzielt Spieler 3, der 85 % des Bonusgewinns einheimsen kann.

Mit der Diskussion des Drei-Personen-Poker-Modells sind wir mit einigen Begriffen und Denkansätzen in Berührung gekommen, die der Spieltheorie für Mehrpersonenspiele entstammen. Dabei wurde erkennbar, dass die solchermaßen erzielten Resultate nicht die von Zwei-Personen-Nullsummenspielen her gewohnte Eindeutigkeit aufweisen. Für die Spielpraxis üblicher Gesellschaftsspiele erhält man daher meist nur eingeschränkt verwertbare Aussagen. Demgemäß erscheint eine tiefergehende Auseinandersetzung mit den betreffenden Konzepten der Spieltheorie im hier gesteckten Rahmen nur wenig sinnvoll. Ein kurzer Ausblick wird im Kasten *Die Theorie der Mehrpersonenspiele* gegeben.

Die Theorie der Mehrpersonenspiele

Die Wirkung von Koalitionen in Spielen wurde erstmals 1928 von John von Neumann untersucht. Von Neumann sah in Koalitionen zugleich einen Ansatz, die Stabilität, wie er sie für Zwei-Personen-Nullsummenspielen entdeckt hatte, zumindest eingeschränkt auf Mehrpersonenspiele übertragen zu können. So analysierte er bei Drei-Personen-Nullsummenspielen die drei denkbaren Koalitionen, die zwei Spieler gegen den dritten bilden können. Agieren beide Partner wie ein einziger Spieler, dann gilt der Minimax-Satz. Insgesamt ergeben sich daher drei Minimax-Werte, so wie wir es beim Poker-Modell bereits gesehen haben. Von Neumann resümiert[299]:

> ... das 3-Personen-Spiel ist etwas wesentlich anderes als das von zwei Personen. Die eigentliche Spielmethode der einzelnen Spieler tritt zurück: sie bietet nichts Neues, da die (unbedingt eintretende) Bildung von Koalitionen das Spiel zu einem 2-Personen-Spiele macht. Aber der Wert der Partie für einen Spieler hängt nicht nur von der Spielregel ab, er wird vielmehr ganz entscheidend dadurch beeinflußt ..., welche der drei an sich gleichmöglichen Koalitionen ... zustande gekommen

---

[299] John von Neumann, *Zur Theorie der Gesellschaftsspiele*, Mathematische Annalen, 100 (1928), S. 295-320; Werke: Band IV, S. 1-26.

ist. Es macht sich geltend, was dem schablonenmäßigen und ganz ausgeglichenen 2-Personen-Spiele noch völlig fremd ist: der Kampf.

Aus von Neumanns Idee, Mehrpersonen-Nullsummenspiele ausschließlich aus Sicht der denkbaren Koalitions-Szenarien zu untersuchen, entstand später ein eigener Zweig der Spieltheorie, die so genannte **kooperative Spieltheorie**. Darin wird jedes Spiel auf die Daten reduziert, welche jeden Minimax-Wert umfasst, den eine beliebige Koalition von Spielern gegen den Rest erzielen kann[300]. Ausschließlich auf Basis dieser Daten, welche die „Macht" der einzelnen Spieler widerspiegeln, werden dann die denkbaren Koalitionen untersucht, um so Bedingungen zu finden, unter denen jeder beteiligte Spieler wohl bereit sein wird, einer bestimmten Koalition beizutreten, statt sein „Glück" in einem anderen Bündnis zu suchen. Im Detail geschieht dies mit verschiedenen Konzepten, die bezogen auf die Verhandlungsziele der Spieler auf mehr oder minder plausiblen Grundannahmen beruhen. Das erste solche Konzept wurde 1944 in von Neumanns und Morgensterns Monographie vorgestellt.

Damit die Mitglieder einer ins Auge gefassten Koalition darüber verhandeln können, wie der gemeinsam erzielte Gewinn gegebenenfalls aufgeteilt wird, muss das Spiel und sein Umfeld gewisse Eigenschaften besitzen. So müssen die Spieler miteinander kommunizieren können, und der Gesamtgewinn muss sowohl aufteilbar als auch transferierbar sein. Außerdem muss sichergestellt sein, dass getroffene Vereinbarungen eingehalten werden. Nicht nur bei üblichen Gesellschaftsspielen, sondern auch bei ökonomischen Anwendungen sind solche Annahmen über exogene, das heißt von den Spielregeln nicht abgedeckte Entscheidungsprozesse oft problematisch. Je nachdem, wie diese Annahmen gestaltet werden, erhält man voneinander abweichende Ergebnisse, was eigentlich nicht verwundern kann[301].

Im Gegensatz zur kooperativen Spieltheorie kennen die nicht-kooperativen Ansätze keine Spielabläufe, die über die eigentlichen Spielregeln hinausgehen. Anders als es die Benennung vielleicht vermuten lässt, sind Koalitionen in der **nicht-kooperativen Spieltheorie** nicht völlig ausgeschlossen. Allerdings kann eine Koalition nur dann geschlossen werden, wenn die Aushandlung im Rahmen von erlaubten Spielzügen geschieht.

Nash-Gleichgewichte besitzen in der nicht-kooperativen Spieltheorie eine fundamentale Bedeutung. Problematisch ist, dass es mehrere, untereinander nicht gleichwertige Nash-Gleichgewichte geben kann. Obwohl sich diese Mehrdeutigkeit nicht vollkommen abstellen lässt, sind doch gravierende Reduzierungen möglich, indem man spezielle Gleichgewichte als besonders plausibel heraushebt. Kriterien dafür ergeben sich aus einer Nahezu-Stabilität gegenüber leichten Veränderungen der gegnerischen Strategien einerseits sowie der in den Spielregeln fixierten Gewinnhöhen andererseits. Bei in extensiver Form vorliegenden Spielen bietet es sich außerdem an, alle im Spiel zu treffenden

---

[300] Formal führt dieser Ansatz zur so genannten charakteristischen Funktion, die jeder Koalition K von Spielern einen Minimax-Wert v(K) zuordnet, den diese Koalition gegen den Rest der Spieler erzielen kann. Dass die strategischen Möglichkeiten bei größeren Koalitionen anwachsen, findet seinen Ausdruck in der so genannten Super-Additivität der charakteristischen Funktion: Enthalten zwei Teilmengen K und L von Spielern kein gemeinsames Element, dann gilt $v(K \cup L) \geq v(K) + v(L)$.

[301] Einen Überblick über die verschiedenen Ansätze der kooperativen Spieltheorie findet man zum Beispiel in Kapitel 6 von Manfred J. Holler, Gerhard Illing, *Einführung in die Spieltheorie*, Berlin 1991.

Entscheidungen einzeln daraufhin zu untersuchen, ob eine Gleichgewichtsstrategie für den betreffenden Spieler wirklich einen günstigen Zug vorsieht – für Positionen, die bei den Strategien eines Gleichgewichts eigentlich gar nicht durchlaufen werden können, ist das nämlich keineswegs selbstverständlich. Die maßgeblichen Konzepte einer solchen Verfeinerung des Nash-Gleichgewichts stammen von John Harsanyi und Reinhard Selten, für die sie – wie schon erwähnt – zusammen mit John Nash mit dem Nobelpreis geehrt wurden. Trotz aller Verfeinerungen bleibt das Problem bestehen, dass das aus einem Nash-Gleichgewicht abgeleitete Verhalten für einen Spieler nur dann optimal ist, wenn auch seine Mitspieler „vernünftig" und kompetent handeln[302].

3.12 „QUAAK!" – (k)ein Kinderspiel

Zwei Spieler knobeln nach den folgenden Regeln: Zu Beginn erhalten beide Spieler je 15 Chips, mit denen sie mehrere Runden austragen. Pro Runde nimmt jeder Spieler eine bestimmte Zahl seiner ihm noch verbliebenen Chips – zulässig ist jede Zahl zwischen 0 und 3 – in seine geschlossene Hand. Nachdem beide Spieler ihre Wahl geheim getroffen haben, öffnen sie ihre Hand und vergleichen. Hat ein Spieler mehr Chips in seiner Hand als sein Gegner, erhält er einen Punkt. Nach der Runde werden die gesetzten Chips beider Spieler weggelegt. Ein Spieler gewinnt, wenn es ihm gelingt, drei Punkte mehr als sein Gegner zu erlangen; ansonsten endet das Spiel unentschieden. Wie verhält man sich am besten?

Unter dem Namen „QUAAK!" erschien das beschriebene Spiel 1994 als Kinderspiel[303]. Der jeweils aktuelle Spielstand wird mit einem als Frosch gestalteten Spielstein angezeigt, der über sieben, den möglichen Punkte-Salden entsprechenden Feldern vor- und zurückgezogen wird. Auch wer die obere Altersangabe von 12 Jahren überschritten hat, kann durchaus seine kurzweilige Unterhaltung darin finden, sein strategisches Geschick in ein paar schnellen Runden zu messen. Und wer am Spielprinzip Freude gefunden hat, gleichzeitig aber nach einem deutlich abwechslungsreicheren Spiel sucht, der kann zum Spiel „Hol's der Geier" von Alex Randolph greifen[304].

---

[302] Verfeinerungen des Nash-Gleichgewichts werden in den Kapiteln 3.7 und 4.1 des in Fußnote 301 genannten Buches behandelt. Weitere Darstellungen findet man in Christian Rieck, *Spieltheorie, Einführung für Wirtschafts- und Sozialwissenschaftler*, Wiesbaden 1993, Kapitel 5; Roger B. Myerson, *Game theory*, Cambridge 1991, Kapitel 4 und 5.

[303] Als „Mitbring-Spiel" des Otto Meier Verlags Ravensburg. Autor ist Dirk Hanneforth.

[304] Eine Partie des Spiels „Hol's der Geier" verläuft immer über 15 Runden. Statt Chips erhält jeder Spieler einen Vorrat von 15 Karten mit den Werten von 1 bis 15. Außerdem ist der Punktwert, den es in einer Runde zu gewinnen gibt, nicht fest, sondern er wird jeweils zu Rundenbeginn durch Ziehung einer entsprechenden Karte ermittelt. Insgesamt gibt es 15 solche Karten, so dass die ausgespielten Werte in ihrer Gesamtheit immer gleich sind, aber in zufälliger Reihenfolge erscheinen. Weitere Sonderregeln machen das Spiel noch abwechslungsreicher. Vom Ansatz her kann die Zweipersonen-Version mathematisch genauso analysiert werden wie „QUAAK!", jedoch sind die zu berücksichtigenden Zwischenstände so zahlreich, dass eine Analyse vollständig kaum zu realisieren sein dürfte.

Aus spieltheoretischer Sicht handelt es sich bei „QUAAK!" um ein zufallsfreies Zwei-Personen-Nullsummenspiel mit perfektem Erinnerungsvermögen, aber ohne perfekte Information: Eine perfekte Information ist deshalb nicht gegeben, weil die Spieler gleichzeitig ziehen. Ein Spieler kann daher die Wirkung seines anstehenden Zuges zum Zeitpunkt der Entscheidung nicht eindeutig einschätzen. Da sein Gegner derselben Ungewissheit ausgesetzt ist, hat der Spieler auch umgekehrt zumeist ein Interesse daran, dass seine Entscheidung nicht vorhersehbar ist. Der Spieler tut deshalb gut daran, seine Entscheidung zufällig zu treffen. Konkret werden wir zur Beantwortung der gestellten Frage nach einer Minimax-Strategie suchen. Mit ihr kann sich ein Spieler aufgrund der bestehenden Symmetrie im Spiel vor einer negativen Gewinnerwartung schützen. Infolge des perfekten Erinnerungsvermögens ist eine solche Minimax-Strategie in Form einer Verhaltensstrategie konstruierbar. Diese umfasst für jeden Informationsstand, der sich für einen Spieler im Verlauf einer Partie ergeben kann, eine Wahrscheinlichkeitsverteilung für die möglichen Züge. Dabei können offensichtlich solche Informationsstände zusammengefasst werden, die trotz unterschiedlicher Vorgeschichte im Hinblick auf die weiteren Spielmöglichkeiten vollkommen äquivalent sind. Das heißt, die bestimmenden Parameter eines Informationsstandes sind einzig die drei folgenden Werte:

- die Anzahl der Spieler 1 noch verbliebenen Chips: 0, 1, ..., 15;
- die Anzahl der Spieler 2 noch verbliebenen Chips: 0, 1, ..., 15;
- der aktuelle Punkte-Saldo aus der Sicht des ersten Spielers: –2, –1, 0, 1 oder 2.

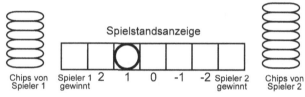

Bild 57   „QUAAK!"-Position 6-7-1

Liegt ein solcher Zwischenstand vor, ist diese Tatsache beiden Spielern bekannt – nicht informiert ist ein Spieler lediglich über die parallel erfolgende Entscheidung seines Gegners. Daher lässt sich ein Zwischenstand, wie er zum Beispiel in Bild 57 zu sehen ist, auch als Beginn eines abgeschlossenen Teilspiels auffassen, zu dem es einen eindeutig bestimmten Minimax-Wert gibt. Auf Basis dieses gedanklichen Ansatzes können wir die zugehörigen Minimax-Werte und die dafür erforderlichen Strategien Zug für Zug ermitteln – wie immer umgekehrt zur Spielchronologie. Dabei muss die Minimax-Analyse jeweils nur einen Doppel-Zug weit durchgeführt werden. Das heißt, der gesuchte Minimax-Wert einer gegebenen Position wird als Lösung einer linearen Optimierungsaufgabe aus den Minimax-Werten derjenigen Positionen berechnet, die in einem Doppel-Zug entstehen können. Notwendig ist das insgesamt für alle Positionen, die aus der Anfangsposition im Verlauf des Spiels entstehen können.

Ein kleine Besonderheit stellt die Tatsache dar, dass das Spiel in Ausnahmefällen nie endet, nämlich dann, wenn beide Spieler fortgesetzt keinen Chip setzen, obwohl einer der Spieler mit einer anderen Entscheidung durchaus noch gewinnen könnte. Indem man mehrfache Zugwiederholungen als remis wertet, zwingt man den im Vorteil stehenden Spieler dazu, von einem solchen defensiven und völlig unergiebigen Verhalten abzusehen. Bei der Beschreibung der durchzuführenden Berechnungen wird dieses Problem gleich näher erörtert.

Beginnen wir mit einer einfachen Situation, bei der beide Spieler noch zwei Chips besitzen und der erste Spieler mit einem Punkte-Saldo von 2 bereits fast gewonnen hat:

Beide Spieler besitzen drei Zugmöglichkeiten, bei denen sie 0, 1 beziehungsweise 2 Chips auswählen. Hat der erste Spieler mehr Chips gewählt als der zweite, gewinnt er sofort. Wählen beide Spieler zwei Chips, ist alles „Pulver verschossen" und das Spiel endet unentschieden. Bei je einem Chip kommt es ebenfalls zu einem Remis, da der zweite Spieler im nächsten Zug mit dem Setzen eines Chips seinen Verlust verhindern kann. Setzt der erste Spieler keinen Chip, sein Gegner aber zwei, dann kann der erste Spieler in zwei weiteren Zügen sicher gewinnen. Dagegen kommt es im Fall, dass der zweite Spieler genau einen Chip mehr setzt als der erste Spieler, zu einem Remis. Insgesamt ergeben die nicht gerade übersichtlichen, aber keineswegs schweren Überlegungen die in Tabelle 53 zusammengestellte Normalform.

Spieler 2 wählt ... Spieler 1 wählt ...	0	1	2
0		0	1
1	1	0	0
2	1	1	0

Tabelle 53   Normalform eines Doppel-Zuges: Jeder Spieler hat noch 2 Chips; der Punkte-Saldo ist 2

Der in Tabelle 53 fehlende Eintrag bezieht sich auf das Ereignis, wenn keiner der beiden Spieler einen Chip setzt und die Position daher erhalten bleibt. Um nicht endende Zugwiederholungen zu vermeiden, könnte man das Spiel als unentschieden werten, wenn mehrfach hintereinander kein Chip gesetzt wird. Für den Zug unmittelbar vor einem solchen Abbruch-Remis ist dann die Normalform

Spieler 2 wählt ... Spieler 1 wählt ...	0	1	2
0	0	0	1
1	1	0	0
2	1	1	0

maßgebend, die den Minimax-Wert von ½ besitzt. Dazu nimmt der erste Spieler jeweils mit der Wahrscheinlichkeit von ½ entweder keinen oder zwei Chips. Analog entscheidet sich der zweite Spieler gleichwahrscheinlich zwischen einem und zwei Chips. Sind noch zwei Züge bis zum Abbruch-Remis möglich, entspricht das unter Berücksichtigung des gerade bestimmten Wertes ½ der Normalform

Spieler 2 wählt ... Spieler 1 wählt ...	0	1	2
0	½	0	1
1	1	0	0
2	1	1	0

Wieder beträgt der Minimax-Wert ½, und die Spieler können dafür die gleichen gemischten Strategien verwenden wie beim zuvor untersuchten Zug. Mit der so beim Wert ½ erreichten Stabilität müssen weitere Züge mit einem größeren Abstand zum „Horizont" des Abbruch-Remis nicht mehr untersucht werden, und ½ ist damit der Minimax-Wert des Spiels mit unveränderten Regeln: Damit kann in der Praxis sogar auf das Abbruch-Remis verzichtet werden, da zumindest der im Vorteil stehende Spieler 1 keinesfalls ein Interesse daran hat, sich mit absoluter Bestimmtheit für den 0-Chip-Zug zu entscheiden[305].

Als zweites Beispiel wollen wir die Position untersuchen, bei der beide Spieler noch drei Chips besitzen und der erste Spieler wieder mit einem Punkte-Saldo von 2 fast gewonnen hat:

Spielstandsanzeige

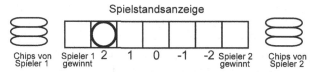

Chips von Spieler 1 — Spieler 1 gewinnt — 2 1 0 -1 -2 — Spieler 2 gewinnt — Chips von Spieler 2

Wieder gewinnt der erste Spieler sofort, wenn er mehr Chips setzt als sein Gegner. Einen Verlust vermeiden kann der zweite Spieler nur dann, wenn er gleich viele Chips oder einen Chip mehr setzt als der erste Spieler. Dabei entsteht im Fall, dass beide Spieler einen Chip setzen, die soeben untersuchte Position, so dass dann als Gewinnerwartung der bereits dafür berechnete Minimax-Wert von ½ zu nehmen ist. Insgesamt ergibt sich das folgende Bild:

Spieler 2 wählt ... Spieler 1 wählt ...	0	1	2	3
0		0	1	1
1	1	½	0	1
2	1	1	0	0
3	1	1	1	0

Der in der Normalform wieder offen gelassene Spezialfall, dass beide Spieler keinen Chip setzen, lässt sich wie im ersten Beispiel lösen. Das heißt, man startet beim Normalform-Eintrag oben-links mit der Zahl 0, berechnet dann deren Minimax-Wert, um dann diesen Wert oben-links in die Normalform einzutragen und so weiter. Wieder wird diese Iteration ab der zweiten Minimax-Berechnung bei einem Wert von 3/5 stabil. Dazu mischt der erste Spieler seine Züge zufällig im Verhältnis 1:2:0:2 und der zweite im Verhältnis 0:2:1:2. Vollständig lautet die den anstehenden Zug widerspiegelnde Normalform daher folgendermaßen:

---

[305] In allgemeiner Weise hat Everett solche rekursiven Spiele untersucht: H. Everett, *Recursive games*, in: Kuhn, Tucker (ed.), *Contributions to the Theory of Games III*, Reihe: Annals of Mathematics Studies, <u>39</u> (1957), S. 47-78, Nachdruck: Harold W. Kuhn (ed.), *Classics in game theory*, Princeton 1997, S. 87-118; R. Duncan Luce, Howard Raiffa, *Games and decision*, New York 1957, S. 461-467.

Spieler 2 wählt ... \ Spieler 1 wählt ...	0	1	2	3
0	3/5	0	1	1
1	1	½	0	1
2	1	1	0	0
3	1	1	1	0

Aus prinzipieller Hinsicht ist eigentlich nichts mehr hinzuzufügen, da die Berechnungen für weitere Positionen vollkommen analog verlaufen. Die sich dabei ergebenden Ergebnisse sind so umfangreich, dass sie in ihrer Gänze hier nicht wiedergegeben werden können. Wir beschränken uns daher auf zwei Teilaspekte, für die wir das Minimax-mäßige Verhalten des ersten Spielers angeben[306]:

In Tabelle 54 sind alle Positionen aufgeführt, in denen der erste Spieler für eine Minimax-Strategie seinen Zug nicht mischen muss. Um die vielen Daten in einer Tabelle zusammenfassen zu können, sind die Positionen in einer ganz speziellen Weise charakterisiert. Neben der Anzahl der Chips, die Spieler 1 noch verblieben sind, ist jeweils eine Größe zugrunde gelegt, die als grobes Maß für den Vorteil des ersten Spielers interpretiert werden kann. Darin wird der Chip-Überschuss von Spieler 1 fünffach und der Punkte-Saldo sechsfach gezählt, so dass jede Position eindeutig durch die beiden Parameter charakterisiert wird. Die Einträge in der Tabelle entsprechen den Positionen, in denen der erste Spieler einen festen Zug als sein Minimax-mäßiges Verhalten wählen kann. Dort, wo dies nicht möglich ist, steht der Buchstabe „m" dafür, dass der erste Spieler für eine Minimax-Strategie seine Zugmöglichkeiten mischen muss. Die leeren Einträge gehören zu keiner Position, die bei einem Minimax-mäßigen Verhalten des ersten Spielers aus der Anfangsposition mit 2×15 Chips entstehen kann.

Chips von Spieler 1	Vorteil-Maßzahl von Spieler 1 (5*Chip-Vorsprung + 6*Punkte-Saldo)
	-40 -35 -30 -25 -20 -15 -10 -5 0 5 10 15 20 25 30 35 40
1	11111111111111111111111111111111111111111_1111___111___11____1
2	2222222222222222222222222222222mm111222222_2222__222___2m___2
3	33333333333333333333333333333m3333mmm1132222323333_233m__23m__13____2
4	33333333333333333333m3333m33mmmmm13m22233333m2333m_23mm__113___23____2
5	3_3333333333333333333333m3333mmmmmm3m22233333m3333m233mm_1113__223___2
6	_3333_333333333m3333m333mm33mmmmmm3mm22mm333m333mm33mmmm11113_2223__233___23____2
7	__333__3333_3333m333m333mm33mmmmmmmmmm2mm3mm333mm33mmmm111322223_2333__233___23___2__
8	__33___333__333m_333mm33mmm3mmmmmmmmmmmmmm3mm33mmm3mmmmmm1132222323333_2333__233___23__
9	_3___33__333__333m_33mmm3mmmmmmmmmmmmmmmmmmm3mm3mmmmmmmm13m22233333323333_2333__233__
10	____3___33__33m_33mm_3mmmmmmmmmmmmmmmmmmmmmm3mmmmmmmmm3m22233333333333323333_2333__
11	_____3___33__3mm_3mmm_mmmmmmmmmmmmmmmmmmmmmmmmmm3mm2m3m33333333333323333_2
12	_____3___3m__3mm_mmmm_mmmmmmmmmmmmmmmmmmmmmmm3mmmm3mm33333333333333323
13	_____3___3m__mmm_mmmm_mmmmmmmmmmmmmmmmmm3mmmm3mm3333333333333333
14	_____3___mm__mmm_mmmm_mmmmmmmmmmmm3mm3mm33m3333333333333
15	_____m__mm__mmm_mmmm_mmmmmmmmmmm3mmmm3mmm33mm333333333333333

Tabelle 54   Minimax-Strategie: Züge für Spieler 1, soweit ohne Mix

---

[306] Selbstverständlich können aus den Ergebnissen auch für den zweiten Spieler optimale Züge abgeleitet werden. Aufgrund der Symmetrie im Spiel sind dazu die Chip-Anzahlen der beiden Spieler zu vertauschen und das Vorzeichen des Punkte-Saldos umzukehren.

Wie Tabelle 54 zeigt, kann der erste Spieler vor allem dann auf eine zufällige Mischung seiner Züge verzichten, wenn eine Partie fast schon entschieden ist. Nehmen wir zum Beispiel die Position, bei der bei einem Punkte-Saldo von -2 der erste Spieler noch 6 und sein Gegner noch einen Chip übrig hat. Für die Werte 6 und $5\cdot(6-1)+6\cdot(-2)=13$ als Vorteil-Maßzahl ersieht man aus der Tabelle den Eintrag 1, und tatsächlich ist die Wahl von einem Chip der optimale Zug für den ersten Spieler: Setzt er keinen Chip, kann ihm der sofortige Verlust drohen. Dagegen ist jede Wahl von mehr als einem Chip reine Verschwendung, die den ansonsten sicheren Sieg kostet.

Chips von Spieler ...		Punkte-Saldo	Mini-max-Wert	Spieler 1 Wahrscheinl. für die Züge ...				Spieler 2 zu erw. Einbuße bei Zug ...			
1	2			0	1	2	3	0	1	2	3
2	2	-2	-0,5000		0,5000	0,5000			0,5000		
2	2	2	0,5000	0,5000		0,5000		0,2500			
3	3	-2	-0,6000		0,4000	0,2000	0,4000			0,2000	
3	3	2	0,6000	0,2000	0,4000		0,4000	0,3200			
3	4	-1	-0,2338	0,3897	0,4676	0,1427					0,2338
3	4	2	0,5000	0,5000		0,5000		0,2500			
4	3	-2	-0,5000		0,5000	0,5000			0,5000		
4	3	1	0,2338	0,2338	0,2986	0,4676					0,2986
4	4	-2	-0,6407		0,4690	0,1717	0,3593			0,0859	
4	4	2	0,6407	0,2814	0,3593		0,3593	0,2582			
2	7	2	-0,3333	0,6667		0,3333		0,4444			
4	5	-1	-0,3750		0,6250	0,3750			0,2289		0,1875
4	5	2	0,5000	0,5000		0,1169	0,3831	0,2500			
5	4	-2	-0,5000		0,5000	0,5000			0,2500		
5	4	1	0,3750	0,3750		0,6250		0,0781			
7	2	-2	0,3333		0,3333	0,6667			0,6667		
4	6	0	-0,1317	0,3512	0,5633	0,0855					0,1317
4	6	2	0,1895	0,8105			0,1895	0,1536			
5	5	-2	-0,7593		0,3851	0,1335	0,4814			0,2941	
5	5	2	0,7593	0,2045	0,3141		0,4814	0,1915			
6	4	-2	-0,1895		0,1895		0,8105	0,1895			
6	4	0	0,1317	0,1317	0,3050	0,5633					0,3050
3	8	2	-0,2308	0,3077	0,4615		0,2308	0,8521			
5	6	-1	-0,4455		0,6386	0,1554	0,2060				0,0330
5	6	2	0,5000	0,5000		0,3750	0,1250	0,2500			
6	5	-2	-0,5000		0,5000		0,5000	0,1331			
6	5	1	0,4455	0,3158	0,1297	0,5545		0,0709			
8	3	-2	0,2308		0,2308	0,1538	0,6154			0,3077	
3	9	2	-0,3333	0,6667			0,3333	0,4444			
4	8	1	-0,7165	0,3265	0,2482	0,4253					0,2912
5	7	0	-0,2074	0,3021	0,5531	0,1448					0,1736
5	7	2	0,2727	0,7273			0,2727	0,1983			
6	6	-2	-0,8080		0,3462	0,1738	0,4799			0,2382	
6	6	-1	-0,1778	0,3557	0,2209	0,3557	0,0677				
6	6	1	0,1778	0,1778	0,1576	0,3557	0,3088				
6	6	2	0,8080	0,2129	0,3072		0,4799	0,1511			
7	5	-2	-0,2727		0,2727		0,7273	0,2210			
7	5	0	0,2074	0,2074	0,3690	0,4235					0,3690
8	4	-1	0,7165	0,3686	0,4253	0,2062					0,2835
9	3	-2	0,3333		0,3333		0,6667	0,6667			
4	9	2	-0,1943	0,4172	0,3886		0,1943	0,6961			
5	8	1	-0,0650	0,3133	0,4934	0,1934					0,0650
6	7	-1	-0,5210		0,6043	0,1657	0,2300				0,0589
6	7	2	0,6891	0,3782			0,6218	0,1933		0,1012	
7	6	-2	-0,6891		0,3782		0,6218	0,2668	0,3109		
7	6	1	0,5210	0,3142	0,2069	0,4790		0,0493			
8	5	-1	0,0650	0,2816	0,2251	0,4934					0,2916
9	4	-2	0,1943		0,2712	0,1317	0,5971		0,1756		

Tabelle 55 Minimax-Strategie für Spieler 1, soweit Züge bei bis zu insgesamt 13 Chips gemischt werden müssen

Tabelle 55 umfasst einen Teil der in Tabelle 54 mit „m" gekennzeichneten Positionen, also diejenigen Positionen, wo der erste Spieler für eine Minimax-Strategie seine Zugmöglichkeiten mischen muss. In Tabelle 55 aufgeführt sind alle Positionen, bei denen die beiden Spieler zusammen bis zu 13 Chips besitzen und die bei einer entsprechenden Strategie des ersten Spielers aus der Anfangsposition mit 2×15 Chips entstehen können. Zu jeder dieser Positionen sind der Minimax-Wert, die Wahrscheinlichkeiten für die Züge und die für den Gegner entstehenden Kosten angegeben, die dieser bei einer Fehlentscheidung für den betreffenden Zug im Durchschnitt zu erwarten hat.

Wie man anhand von Tabelle 55 sehen kann, bieten die bei fehlerhaftem Spiel zu erwartenden Einbußen genügend „Fallstricke" im Spiel. Eine vergleichsweise hohe Einbuße von durchschnittlich 0,3690 gegenüber dem Minimax-Wert von 0,2074 erleidet der zweite Spieler, wenn er bei einem noch vorhandenen Chip-Vorrat von 7 beziehungsweise 5 und einem ausgeglichenen Punkte-Saldo 3 Chips wählt:

Warum der von Spieler 2 in der Abbildung angedeutete Zug tatsächlich so schlecht ist, lässt sich anhand der Normalform erkennen. Um bei ihr den Wert oben-links zu bestimmen, muss wieder iteriert werden, und zwar diesmal sogar mehrfach:

| Spieler 2 wählt ... | 0 | 1 | 2 | 3 |
Spieler 1 wählt ...				
0	0,2074	0,0000	1,0000	1,0000
1	0,4455	0,1317	0,0000	1,0000
2	0,0000	0,3750	0,0000	0,0000
3	0,0000	0,0000	0,2338	0,0000

Die Normalform macht deutlich, dass sich die in einem Zug erreichbaren Minimax-Werte zwischen einem Remis und einem Gewinn für den ersten Spieler bewegen. Die beiden Extreme werden genau dann erreicht, wenn ein Spieler mindestens zwei Chips mehr als sein Gegner wählt und damit seinen Punktgewinn zu teuer „erkauft". Das macht es auch spielerisch plausibel, dass die Wahl von 3 Chips für beide Spieler sehr gewagt und gegen eine Minimax-Strategie des Gegners sogar eine extrem nachteilige Entscheidung ist: Die zu erwartende Einbuße beträgt 0,1736 beziehungsweise 0,3690, und die Wahrscheinlichkeiten für den optimalen Zug-Mix sind

- für Spieler 1: 0,2074; 0,3690; 0,4235; 0,000;
- für Spieler 2: 0,3021; 0,5531; 0,1448; 0,000.

Einen deutlichen Fehler kann man bereits im ersten Zug machen, wenn beide Spieler noch über je 15 Chips verfügen. Die den ersten Zug beschreibende Normalform sieht folgendermaßen aus:

Spieler 2 wählt ... Spieler 1 wählt ...	0	1	2	3
0	0,0000	-0,2474	-0,0570	0,0863
1	0,2474	0,0000	-0,2340	-0,0460
2	0,0570	0,2340	0,0000	-0,2230
3	-0,0863	0,0460	0,2230	0,0000

In Folge sollten die Spieler zu Beginn ihre Zugmöglichkeiten mit den Wahrscheinlichkeiten

$$0,1212;\ 0,2272;\ 0,0000\ \text{und}\ 0,6515$$

zufällig mischen. Bemerkenswert ist, dass die Wahl von zwei Chips bereits einen Fehler darstellt, der gegen die genannte Minimax-Strategie die Gewinnerwartung um 0,0852 verringert, wobei die Gewinnwahrscheinlichkeit von 0,5 auf 0,4574 fällt.

3.13 Mastermind: Farbcodes und Minimax

Wie stark kann beim Mastermind der den Farbcode vorgebende „Codierer" die Gewinnaussichten des Spiels beeinflussen?

In Kapitel 2.15 haben wir Suchstrategien für das Spiel Mastermind unter zwei verschiedenen Blickwinkeln optimiert. Zum einen wurde untersucht, wie viele Züge wenigstens dazu notwendig sind, jeden beliebigen Code *sicher* zu „knacken" – beim 6^4-Mastermind, also bei Codes der Länge vier mit einer Auswahl aus sechs Farben, sind es fünf Züge. Zum anderen wurde unter der Annahme, dass der zu suchende Code zufällig und gleichwahrscheinlich unter allen Möglichkeiten gewählt wird, die zu *erwartende* Zugzahl minimiert – beim 6^4-Mastermind beträgt dieses Minimum 4,340 Züge.

In den beiden Ansätzen kommt der Charakter von Mastermind als Zweipersonenspiel gar nicht beziehungsweise nur wenig zum Tragen, was mit der relativ passiven Rolle des Codierers auch durchaus zu rechtfertigen ist. Daher eröffnet die eingangs gestellte Frage eine nahe liegende Erweiterung der bisherigen Untersuchungen. Dazu beschreiben wir zunächst Mastermind im Sinne des spieltheoretischen Spielmodells:

Mastermind ist ein zufallsfreies Zwei-Personen-Nullsummenspiel ohne perfekte Information, aber mit perfektem Erinnerungsvermögen. Der Codierer hat nur am Spielanfang eine echte Entscheidung zu treffen, der eine einzige, einelementige Informationsmenge zugrunde liegt. In ihrer Struktur weitaus komplexer sind die Entscheidungssituationen des Decodierers. Jede von seinen Informationsmengen spiegelt den ihm bekannten Anteil des vorangegangenen Spielverlaufs wider, das sind die gestellten Fragen und die darauf erhaltenen Antworten. Wirklich maßgebend sind aber nicht die gesamten Details der Fragen und Antworten, sondern nur die daraus möglichen Schlussfolgerungen. Konkret werden beim Decodierer die Informationsstände durch die Menge der Codes charakterisiert, die mit den bisherigen Fragen und Antworten im Einklang stehen und daher noch möglich sind.

Die gemischten Minimax-Strategien können aufgrund des perfekten Erinnerungsvermögens in Form von Verhaltensstrategien gefunden werden. Eine weitere Vereinfachung der Minimax-Analyse lässt sich aus den Symmetrien ableiten, die das Mastermind-Spiel aufgrund der möglichen Farb- und Positionspermutationen aufweist: Sollte man zunächst nur eine Minimax-Strategie finden, die diese Symmetrien nicht alle respektiert, so lässt sich daraus eine symmetrische Minimax-Strategie finden, indem man die unsymmetrische Strategie mit allen zu ihr symmetrischen Pendants, wie sie unter den Farb- und Positionspermutationen entstehen können, gleichwahrscheinlich mixt. Deshalb kann man einen der beiden Spieler auf solche symmetrische Strategien beschränken, ohne dass er dadurch einen Nachteil erleidet. Mit dieser Beschränkung ergeben sich zugleich beim Gegner entscheidende Vereinfachungen: Hat etwa der Codierer seinen Code mit symmetrisch verteilten Wahrscheinlichkeiten ausgewählt, dann ändert sich die zur Decodierung notwendige Zugzahl nicht, wenn der Gegner seine Suchstrategie mittels Farb- und Positionspermutationen modifiziert. Das heißt, derart ineinander transformierbare Decodier-Strategien dominieren sich gegenseitig und können jeweils bis auf eine weggelassen werden, was das Spiel zum zweiten Mal erheblich vereinfacht.

Hat man im solchermaßen zweifach reduzierten Spiel Minimax-Strategien gefunden, können daraus sofort Minimax-Strategien für das originale Spiel konstruiert werden: Dazu kann die symmetrische Strategie des Codierers unverändert übernommen werden. Hingegen ist die Decodier-Strategie zu symmetrisieren, das heißt sie wird mit sämtlichen ihrer „Spiegelbilder" gleichwahrscheinlich gemixt[307]. Dass dies alles komplizierter klingt, als es in Wahrheit ist, wird am besten anhand einer einfachen Mastermind-Variante deutlich:

Das 3^2-Mastermind mit seinen neun Codes

11, 12, 13, 21, 22, 23, 31, 32, 33

lässt $3! = 6$ Vertauschungen der Farben und weitere $2! = 2$ Vertauschungen der Positionen zu. Insgesamt gibt es also $3! \cdot 2! = 12$ Symmetrien. Eine symmetrische Strategie des Codierers kann durch eine der beiden Codes 11 und 12 repräsentiert werden. Dabei werden einerseits die Codes

11, 22, 33

und andererseits die Codes

12, 13, 21, 23, 31, 32

jeweils gleichwahrscheinlich als zu knackender Code ausgewählt. Beschränkt man den Codierer auf symmetrische Strategien, dann kann sich der Decodierer in seinem ersten Zug auf die beiden Tipps 11 und 12 beschränken.

Zur Berechnung von Minimax-Strategien für das 3^2-Mastermind bieten sich die Techniken an, die wir schon bei den Spielen Le Her und Baccarat verwendet haben, wobei der Aufwand in einem dazu vergleichbaren Rahmen bleibt[308]. Als Ergebnis erhält man für das reduzierte Spiel die folgenden Minimax-Strategien:

- Der Codierer entscheidet sich gleichwahrscheinlich zwischen den beiden Repräsentanten 11 und 12. Damit werden die Codes 11, 22 und 33 jeweils mit der Wahrscheinlichkeit von 1/6 gewählt, während die anderen Codes 12, 21, 13, 31, 23 und 32 jeweils mit der Wahrscheinlichkeit von 1/12 zur Auswahl kommen.
- Der Decodierer tippt zunächst den Code 12.
  - Besteht die Anwort aus zwei schwarzen Stiften, hat der Decodierer sein Ziel bereits erreicht.

---

[307] Eine formale Darlegung dieser Überlegungen findet man in K. R. Pearson, *Reducing two person, zero sum games with underlying symmetry*, Journal of the Australian Mathematical Society, Ser. A, 33 (1982), S. 152-161.

[308] In der in Fußnote 307 genannten Arbeit wird das 3^2-Mastermind auf eine 2×5-Matrix reduziert.

- Bei keinem Antwortstift oder zwei weißen Antwortstiften kann der Decodierer den von seinem Gegner gewählten Code sofort sicher erkennen, nämlich 33 beziehungsweise 21. Der Decodierer erreicht damit sein Ziel im zweiten Zug.
- Bei einem weißen Antwortstift verbleiben noch 31 und 23 als mögliche Codes. Wird im zweiten Zug nach einem von ihnen, etwa dem Code 23, gefragt, dann wird das Ziel im ungünstigsten Fall im dritten Zug erreicht.
- Antwortet der Codierer mit einem schwarzen Stift, dann kommen als gesuchter Code noch die vier Möglichkeiten 11, 13, 32 und 22 in Frage. Im zweiten Zug fragt der Decodierer mit der Wahrscheinlichkeit ¾ nach dem Code 11 und mit der Wahrscheinlichkeit ¼ nach dem Code 13. Abgesehen von einem Fall, nämlich keinem Antwortstift auf die Frage 11, ist die Partie damit mit dem zweiten oder dritten Zug zu Ende. In dem genannten Ausnahmefall bleiben nach dem zweiten Zug noch zwei mögliche Codes übrig, nämlich 22 und 32, wobei der Decodierer im dritten Zug auf den Code 22 tippt.

Der Wert des Spiels, das heißt die beim Aufeinandertreffen eines Paars von Minimax-Strategien zu erwartende Zugzahl, lässt sich sogar relativ einfach direkt berechnen. Dazu geht man die neun existierenden Codes reihum durch und bestimmt jeweils die zu ihrer Entdeckung zu erwartende Zugzahl:

11:	$3/4 \cdot 2 + 1/4 \cdot 3 = 9/4$
22:	$3/4 \cdot 3 + 1/4 \cdot 3 = 3$
33:	2
12:	1
21:	2
13:	$3/4 \cdot 3 + 1/4 \cdot 2 = 11/4$
31:	$1/2 \cdot 2 + 1/2 \cdot 3 = 5/2$
23:	$1/2 \cdot 2 + 1/2 \cdot 3 = 5/2$
32:	$3/4 \cdot 4 + 1/4 \cdot 3 = 15/4$

Damit beträgt die zu erwartende Zugzahl, die zur Decodierung notwendig ist,

$$\frac{1}{6} \cdot \frac{29}{4} + \frac{1}{12} \cdot \frac{29}{2} = \frac{29}{12} = 2,417.$$

Und wie sieht eine Minimax-Strategie beim 6^4-Mastermind aus? In prinzipieller Hinsicht ist zunächst offensichtlich, dass die Minimax-Strategie des Codierers durch fünf Wahrscheinlichkeiten beschrieben wird, die das Mischungsverhältnis für die Klassen äquivalenter Codes wiedergeben, wie sie durch die Codes 1111, 1112, 1122, 1123, 1234 repräsentiert werden können. Diese fünf Codes repräsentieren zugleich die Möglichkeiten, die der Decodierer für seinen ersten Zug besitzt.

Wie man sogar mit einem im Vergleich zu einer vollständigen Minimax-Analyse deutlich geringerem Aufwand Aussagen über den Minimax-Wert des 6^4-Masterminds erhalten kann, demonstrierte 1986 Merrill Flood[309]. Flood ging von Suchstrategien aus, die im Zuge ande-

---

[309] Merrill M. Flood, *Mastermind strategy*, Journal of Recreational Mathematics, 18 (1985-86), S. 194-202.

Flood gehört übrigens zu den Pionieren der Spieltheorie. So erdachte er 1950 zusammen mit Melvin Dresher ein sehr lehrreiches 2×2-Zweipersonenspiel ohne Nullsummencharakter, das von Albert Tucker später den Namen „prisoner's dilemma", also Gefangenendilemma, erhielt. 1980 veranstaltete Robert Axelrod ein Computerturnier für dieses Spiel. Dazu wurden Spieltheoretiker aufgerufen, Strategien für Serien dieses Spiels einzureichen, wobei die Entscheidungen jeweils

rer Untersuchungen gefunden worden waren, deren Autoren versucht hatten, die zu erwartende Zugzahl bei einem gleichwahrscheinlich verteilten Code zu minimieren[310]. Eine solche Strategie kann in verschiedener Hinsicht leicht modifiziert werden, ohne dass sich die zu erwartende Zugzahl ändert. Am einfachsten geht das beispielsweise dadurch, dass in den Situationen, in denen nur noch zwei Codes möglich sind, entweder der eine oder der andere Code zuerst getippt wird. Bezieht sich eine solche Strategie-Modifikation auf Codes, die nicht zueinander symmetrisch sind, dann unterscheiden sich die beiden Suchstrategien in ihren auf die fünf Code-Klassen bezogenen bedingten Zugerwartungen. Das heißt, abhängig davon, welche Code-Klasse der Decodierer gewählt hat, ist entweder die eine oder die andere Suchstrategie geringfügig besser zur Decodierung geeignet. Der Decodierer erhält somit ein Mittel, mit dem er im eingeschränkten Rahmen dem strategischen Einfluss des Codierers entgegentreten kann.

Im Detail bestimmte Flood für insgesamt vier Varianten einer Suchstrategie, wie hoch die bedingten Erwartungen der Zuganzahl bei den fünf Klassen äquivalenter Codes sind. In Tabelle 56 sind diese Erwartungswerte zusammengestellt – zum Vergleich ergänzt um die entsprechenden Werte für die Strategien von zwei weiteren Autoren[311].

Zu erwartende Zuganzahl bei der Strategie von ...						
Code-Klasse z.B.	Anzahl	Flood (Nr. 1)	Flood (Nr. 2)	Flood (Nr. 3)	Flood (Nr. 4)	Knuth	Irving
1111	6	3,8333	3,8333	3,8333	3,8333	4,1667	3,6667
1112	120	4,3667	4,3667	4,3667	4,3750	4,4500	4,3667
1122	90	4,3667	4,3778	4,3667	4,3667	4,4444	4,3667
1123	720	4,3681	4,3667	4,3667	4,3667	4,4833	4,3764
1234	360	4,3667	4,3667	4,3694	4,3667	4,4833	4,3667
	1296	4,3650	4,3650	4,3650	4,3650	4,4761	4,3688

Tabelle 56   Die Auswirkungen der von Flood modifizierten Suchstrategie

Tabelle 56 macht deutlich, dass vier der fünf Code-Klassen durch die vier Flood-Strategien annähernd gleich effizient erkannt werden. Eine Minimax-mäßige Verbesserung erreicht Flood dadurch, dass er seine vier Decodier-Strategien im Verhältnis 24:3:12:4 zufällig mixt, wie es im Fall, dass der Decodierer nur diese vier Strategien verwenden darf, der Minimax-Strategie entspricht – die zugehörige Minimax-Strategie des Codierers sieht einen zufälligen Mix der Code-Klassen im Verhältnis 0:4:3:24:12 vor.

Die so gefundene Suchstrategie für das 6^4-Mastermind ist übrigens nicht optimal. Trotzdem ist Floods Ansatz unter dem Blickwinkel einer praktikablen Spielweise höchst interessant, da sich für den Decodierer eine relativ einfach zu realisierende Strategie ergibt, die den Mini-

---

vom Verlauf der vorangegangenen Partien abhängen durften. Allerdings darf nicht verkannt werden, dass eine solche Spielserie, meist als Superspiel bezeichnet wird, einen gänzlich anderen Charakter aufweist als das Einzelspiel. Insofern lassen sich derart gewonnene Erkenntnisse nicht unbedingt auf das Einzelspiel übertragen.

[310] Es handelt sich um die Arbeiten von Knuth, Irving und Neuwirth, die in Kapitel 2.13 vorgestellt wurden. Die dort ebenfalls angeführte Veröffentlichung von Koyama und Lai, deren Ergebnisse deutlich besser sind, entstand erst später.

[311] Da die Strategien von Knuth und Irving im Hinblick auf ihren ursprünglichen Zweck in einigen Details nicht näher spezifiziert sind, wurde dies von Flood nachgeholt.

max-Wert des 6^4-Masterminds auf maximal 4,3674 begrenzt. Um auf analogem Weg die Obergrenze für den Minimax-Wert noch stärker zu verringern, müsste die Analyse auf einer noch breiteren Basis mit weiteren guten Suchstrategien wiederholt werden, etwa unter Einbeziehung der von Koyama und Lai gefundenen Strategie, die optimal im Hinblick auf die zu erwartende Zuganzahl ist – sie beträgt 5625/1296 = 4,340 [312].

Gemäß einer Newsgroup-Mitteilung von Michael Wiener aus dem Jahr 1995 beträgt der Minimax-Wert des 6^4-Masterminds 5600/1290 = 4,341. Mit einer mehrmonatigen Computerberechnung erhielt Wiener für den Codierer als Minimax-Strategie diejenige Strategie, bei der jeder der 1290 Codes mit mindestens zwei Farben gleichwahrscheinlich ausgewählt wird. Die Minimax-Strategie des Decodierers ist nicht so einfach zu beschreiben. Allerdings ist die von Koyama und Lai berechnete (reine) Suchstrategie eine optimale Erwiderung des Decodierers auf die Minimax-Strategie des Codierers.

Für die von Koyama und Lai berechnete Strategie lässt sich zeigen, dass einfarbige Codes in durchschnittlich 25/6 Zügen erkannt werden. Da der Minimax-Wert v dem bedingten Erwartungswert entspricht, der sich für Codes mit mindestens zwei Farben ergibt, erfüllt dieser Minimax-Wert die Gleichung

$$\frac{6}{1296} \cdot \frac{25}{6} + \frac{1290}{1296} \cdot v = \frac{5625}{1296} \, .$$

Eine Umformung liefert sofort den Wert v = 5600/1290. Übrigens berichtet Donald Knuth in einem 2011 erschienenen Buch, dass Tom Nestor ihm bereits 1985 ein Manuskript mit der Minimax-Berechnung des 6^4-Mastermind-Spiels zugesendet habe[313].

Knuth berichtet auch von einer weiteren Minimax-Strategie Nestors. Diese bezieht sich auf diejenige Spielvariante, bei der beide Spieler simultan zwei Mastermind-Partien mit vertauschten Rollen spielen, wobei derjenige Spieler gewinnt, der als erster den gegnerischen Code rät.

In der Praxis wird eine Doppel-Partie mit vertauschten Rollen eher nacheinander gespielt. In diesem Fall hat der Spieler, der in der zweiten Partie als Decodierer fungiert, einen Vorteil, weil er gezielter als sein Gegner das Resultat der ersten Partie berücksichtigen kann. Zur Optimierung der Strategien für die zweite Partie sind je 6 gemischte Codier- und Decodierstrategien zu bestimmen, die das Ziel verfolgen, die Länge der Decodierung in der ersten Partie – diese Länge a kann die Werte a = 1, 2, 3, 4, 5, 6 annehmen – zu unterbieten beziehungsweise eben dies zu verhindern. Dabei sind die Fälle a = 1 und a = 6 trivial: Bei a = 1 treffen beide Spieler eine einzelne, gleichverteilte Zufallsauswahl. Bei a = 6 kann der Spieler, der in der zweiten Partie decodiert, sicher gewinnen.

[312] Siehe Kapitel 2.15.

[313] Donald Knuth, *Selected papers on fun and games*, Center for the Study of Language and Information, Stanford 2011, S. 226.

3.14 Ein Auto, zwei Ziegen – und ein Moderator

In Kapitel 1.9 haben wir das Ziegenproblem erörtert und dabei am Schluss darauf hingewiesen, dass das Moderatorverhalten unter Umständen die Gewinnchancen beim Wechsel der Tür beeinflussen könnte. Tut es das wirklich – und wenn ja, wie?

Mathematische Probleme werden selten so emotional diskutiert, wie das beim Ziegenproblem der Fall ist. Wer eine Kostprobe davon sucht, findet sie am schnellsten auf den Diskussionsseiten in der deutsch- und englischsprachigen Wikipedia.[314] Enthusiastischen Zuspruch Einzelner finden insbesondere immer wieder Spielregel- und Analysevarianten, die generell oder unter bestimmten Umständen zum Ergebnis ½ führen, das heißt zur Aussage, dass ein Wechseln der Türe die gleichen Gewinnchancen bietet wie das Verbleiben.

Im Vergleich zu Kapitel 1.9 haben wir inzwischen die Methoden der Spieltheorie kennen gelernt, die ja gerade dafür konzipiert wurde, interaktive Entscheidungsprozesse zu beschreiben und zu analysieren. Dabei können zunächst auch die Unklarheiten, die von der verbalen Formulierung der Spielregel ausgehen, durch Festlegungen überwunden werden.

Seine Popularität verdankt das Ziegenproblem, wie bereits erwähnt, einer Leseranfrage an die Zeitschrift *Skeptical Inquirer*. Dort erschien die Anfrage 1990 in einer Kolumne von Marilyn vos Savant.[315] Übersetzt lautete sie:

> Nehmen Sie an, Sie wären in einer Spielshow und hätten die Wahl zwischen drei Türen. Hinter einer der Türen ist ein Auto, hinter den anderen sind Ziegen. Sie wählen eine Tür, sagen wir, Tür Nummer 1, und der Showmaster, der weiß, was hinter den Türen ist, öffnet eine andere Tür, sagen wir, Nummer 3, hinter der eine Ziege steht. Er fragt Sie nun: „Möchten Sie die Tür Nummer 2?" Ist es von Vorteil, die Wahl der Türe zu ändern?

Die Formulierung weist natürlich einen Spielraum für Interpretationen auf. Handelt es sich um einen Vorgang, der einer vorher präzise festgelegten Spielregel folgt? Und wenn ja: Muss der Showmaster auf jeden Fall eine Türe öffnen, um dann dem Kandidaten das Angebot zu machen, die Tür zu wechseln? Kann es sogar passieren, dass der Showmaster die Tür mit dem Auto dahinter öffnet? Steht das Auto gleichwahrscheinlich hinter einer der drei Türen? Welches Wissen über die Antworten auf die gerade gestellten Fragen hat der Kandidat?

Auch wenn sich die Leserfrage an Frau Marilyn vos Savant auf die Fernsehshow mit dem Moderator Monty Hall bezog, so ist das Verhalten Monty Halls und damit der Verlauf seiner Show anscheinend nicht so stark durch Regeln determiniert, wie es in einigen Publikationen suggeriert wurde.[316] In einem Punkt ist die Fragestellung aber eindeutig: Es wird eigentlich

---

[314] Unabhängig davon ermöglicht insbesondere der englischsprachige Wikipedia-Artikel einen schnellen Zugriff auf die maßgebliche Literatur, was bei der Erstellung dieses Kapitels sehr hilfreich war.

[315] Bereits im November 1959 hatte Martin Gardner in seiner mathematischen Kolumne von *Scientific American* ein äquivalentes Problem über drei Strafgefangene formuliert (siehe Martin Gardner, *Mathematische Rätsel und Probleme*, Brauschweig 1964, S. 147 ff.). Bestandteil dieser Variante ist allerdings eine präzise Beschreibung, wie sich der Wärter („Moderator") zu verhalten hat.
1975 wurde in zwei Leserbriefen erstmals die Problemstellung unter Verweis auf die Fernsehshow von Monty Hall formuliert: Steve Selvin, *A problem in probability*, On the Monty Hall problem, American Statistician, 29 (1975), S. 67, 134.

[316] Siehe John Tierney, *Behind Monty Hall's Doors: Puzzle, Debate and Answer?* The New York Times, July 21, 1991. Als Monty Hall während einer eigens arrangierten „Versuchsreihe" bei ei-

nur eine qualitative Frage gestellt, nämlich danach, ob der Kandidat wechseln sollte oder nicht. Aber natürlich ist man über die eigentliche Fragestellung hinaus auch an quantitativen Ergebnissen interessiert, die einen Chancenvergleich erlauben.

In den mathematischen Untersuchungen des Ziegen- beziehungsweise Monty-Hall-Problems wird in der Regel von den folgenden Spielregeln ausgegangen, die beiden Mitspielern – Kandidat und Moderator – bekannt sind. Demnach umfasst eine Partie, die beide Spieler austragen, jeweils vier Züge:

- Das Spiel beginnt mit einem Zufallszug, in dem die Position des Autos gleichwahrscheinlich ausgelost wird. Das Ergebnis wird nur dem Moderator mitgeteilt. Alternativ ist auch die Spielregelvariante denkbar, dass der Moderator das Auto hinter einer von ihm gewählten Türe versteckt.
- Im zweiten Zug erfolgt die initiale Auswahl einer Tür durch den Kandidaten.
- Im dritten Zug öffnet der Moderator eine der beiden verbliebenen Türen, und zwar derart, dass eine dahinter stehende Ziege zum Vorschein kommt. Genau in dem Fall, bei dem der Kandidat bei seiner initialen Wahl die Tür mit dem Auto dahinter gewählt hat, besitzt der Moderator zwei Zugmöglichkeiten.
- Im vierten Zug erhält der Kandidat die Gelegenheit, die ursprüngliche Wahl zu ändern.

Natürlich lässt sich die Spielregel völlig formalisieren. Dazu werden die Türen mit den Nummern 1, 2, 3 gekennzeichnet:

- Im ersten Zug wird eine der Zahlen 1, 2, 3 ausgewählt, und zwar je nach Spielregelvariante vom Moderator beziehungsweise zufällig mit gleichen Wahrscheinlichkeiten.
  Wir bezeichnen die gewählte Zahl mit A. Die Zahl entspricht der Nummer der Türe, hinter der das Auto steht.
- Im zweiten Zug wählt der Kandidat unter den Zahlen 1, 2, 3 eine Zahl aus.
  Die gewählte Zahl, die wir mit K bezeichnen, entspricht der Nummer der Türe, die der Kandidat initial auswählt.
- Im dritten Zug wählt der Moderator eine Zahl M unter den Zahlen 1, 2, 3 aus, die von den zuvor gewählten Zahlen A und K verschieden ist. Im Fall $A \neq K$ steht der Moderator unter Zugzwang, das heißt, er hat nur eine Zugmöglichkeit. Im Fall $A = K$ hat der Moderator zwei Zugmöglichkeiten.
  Die Zahl M entspricht der Nummer der Türe, die der Moderator öffnet.
- Im vierten Zug entscheidet der Kandidat, ob er für sein Ziel, die Zahl A zu erraten, bei seiner ursprünglichen Wahl K bleibt oder ob er zur Zahl $6 - M - K$ wechselt.
  Er muss dazu die Chancen zwischen den beiden Ereignissen $K = A$ und $K \neq A$ einschätzen: Im ersten Fall gewinnt der Kandidat bei einem Wechsel kein Auto, im zweiten Fall gewinnt er das Auto bei einem Wechsel.

Wir wollen uns zunächst die Spielregelvariante ansehen, bei der im ersten Zug der Moderator das Auto versteckt. Im Sinne eines Zweipersonenspiels können wir von einem Nullsummenspiel ausgehen, dessen extensive Form perfektes Erinnerungsvermögen aufweist und in Bild 58 in prinzipieller Weise dargestellt ist.

---

nem Durchlauf vom vermeintlichen „Normalverhalten" abwich, indem er die initial gewählte Tür öffnete und dabei eine Ziege zum Vorschein kam, erwiderte er auf die erstaunte Nachfrage des Kandidaten, warum er diesmal keine *andere* Türe mit Ziege mit der Chance zum Wechseln geöffnet habe: „Wo steht, dass ich Sie immer wechseln lassen muss? Ich bin der Showmaster."

Bevor wir mit der genauen Analyse beginnen, erinnern wir einerseits daran, dass jeder der beiden Spieler aufgrund des in Kapitel 3.13 erörterten Ergebnisses[317] eine Minimax-Strategie besitzt, die symmetrisch ist in Bezug auf die sechs Permutationen der Türen. Außerdem muss der Minimax-Wert des Spiels gleich 2/3 sein: Einerseits kann nämlich der Kandidat seine anfängliche Wahl gleichverteilt zufällig wählen und später immer wechseln. Nach den Ausführungen in Kapitel 1.9 erzielt er damit eine Gewinnwahrscheinlichkeit von 2/3. Umgekehrt kann der Moderator die Tür, hinter der das Auto steht, gleichverteilt zufällig auslosen. Auch damit wird die in Kapitel 1.9 untersuchte Situation hergestellt, so dass der Kandidat höchstens mit einer Wahrscheinlichkeit von 2/3 gewinnt, wobei er diesen Wert erreicht, wenn er immer wechselt.

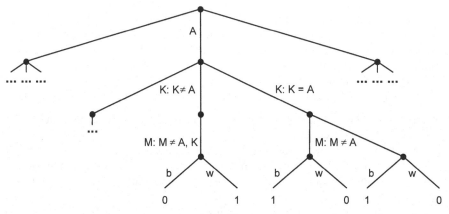

Bild 58   Exemplarischer Teil des Spielbaums

Obwohl wir das Hauptergebnis damit schon kennen, macht es Sinn, das Zwei-Personen-Nullsummenspiel im Detail zu analysieren. Wir überlegen uns zuerst, durch welche Daten die reinen Strategien charakterisiert werden:

Der Moderator hat im ersten Zug drei Optionen und muss sich für den Fall – und nur dafür –, dass der Kandidat die gleiche Wahl trifft, die Nummer der dann zu öffnenden Ziegentüre festlegen. Insgesamt ergeben sich auf diese Weise sechs reine Strategien, die jeweils durch ein Zahlenpaar charakterisiert werden. Die erste Nummer A kennzeichnet die Türe mit Auto, die zweite – im Fall des Bestehens einer echten Wahlmöglichkeit – die zu öffnende Ziegentür M:

(A, M für den Fall A = K) = (1, 2), (1, 3), (2, 1), (2, 3), (3, 1), (3, 2)

Beim Kandidaten werden die reinen Strategien durch die Nummer K der anfänglich gewählten Tür sowie die Verhaltensregeln – Wechseln oder nicht – für jede der beiden anderen Türen charakterisiert, wobei in einer Partie jeweils genau eine dieser beiden Verhaltensregeln zur Anwendung kommt. Die Strategien lassen sich somit als Dreierkombination notieren, beginnend mit dem Wert K und gefolgt von zwei Angaben, wie sich der Kandidat bei den beiden verbleibenden Türnummern in aufsteigender Reihenfolge verhalten wird. Dabei steht „b" für Bleiben und „w" für Wechseln. Insgesamt ergeben sich die zwölf folgenden reinen Strategien:

---

[317] Siehe Fußnote 307.

1bb, 1bw, 1wb, 1ww, 2bb, 2bw, 2wb, 2ww, 3bb, 3bw, 3wb, 3ww.

Beispielsweise beschreibt das Kürzel 2bw die Strategie des Kandidaten, bei der er zunächst die zweite Türe wählt und dann bei seiner Wahl bleibt, sofern der Moderator die erste Tür wählt, und wechselt, sofern der Moderator die dritte Tür öffnet.

Die nun mögliche formale Definition des Spiels erlaubt dessen Analyse ohne weiteren Rückgriff auf die ursprüngliche, verbale Spielbeschreibung. Die Gewinne des Kandidaten, die in der extensiven Form des Spiels an den 24 Endknoten des Spielbaums stehen, resultieren allein daraus, ob die Bedingung K = A erfüllt ist (siehe Bild 58): Falls ja, gewinnt der Kandidat genau dann, wenn er bei seiner Wahl bleibt (b). Andernfalls gewinnt er, falls er wechselt (w). Um die Strategien untereinander vergleichen zu können, bietet sich die Normalform an, die 12×6 Einträge enthält. Natürlich ist die Normalform symmetrisch in Bezug auf Permutationen der Türnummern. In den Zeilen stehen die Strategien des Kandidaten, in den Spalten die des Moderators:

	(1,2)	(1,3)	(2,1)	(2,3)	(3,1)	(3,2)
1bb	1	1	0	0	0	0
1bw	1	0	1	1	0	0
1wb	0	1	0	0	1	1
1ww	0	0	1	1	1	1
2bb	0	0	1	1	0	0
2bw	1	1	1	0	0	0
2wb	0	0	0	1	1	1
2ww	1	1	0	0	1	1
3bb	0	0	0	0	1	1
3bw	1	1	0	0	1	0
3wb	0	0	1	1	0	1
3ww	1	1	1	1	0	0

Schauen wir uns beispielhaft die Bestimmung von zwei Tabelleneinträgen an:
- Verwendet der Kandidat die Strategie 1bw gegen die Strategie (1,3) des Moderators, dann steht das Auto hinter Tür 1, die der Kandidat anfänglich wählt. Der Moderator öffnet nun gemäß seiner Strategie Tür 3, bei welcher der Kandidat zu Tür 2 wechselt und daher kein Auto gewinnt.
- Treffen die beiden Strategien 2wb und (3,2) aufeinander, dann steht das Auto hinter Tür 3, und der Kandidat wählt zunächst Tür 2. Der Moderator öffnet unter Zugzwang Tür 1, bei welcher der Kandidat zu Tür 3 wechselt und gewinnt.

Wir wollen nun eine Minimax-Strategie suchen. In der 12×6-Matrix der Normalform können dazu einige Strategien gestrichen werden, da sie dominiert werden: Beispielsweise dominiert die Strategie 1ww des Kandidaten die Strategien 2bb, 2wb, 3bb und 3wb. Symmetrisch dazu können zusätzlich die Strategien 2ww und 3ww des Kandidaten dazu verwendet werden, dass insgesamt alle Strategien des Kandidaten, die kein absolutes Wechseln vorsehen, dominiert werden. Dabei halten wir fest, dass die gerade festgestellten Dominanzbeziehungen ihre Grundlage darin haben, dass wir hier auch die erste Entscheidungsmöglichkeit des Kandidaten berücksichtigt haben. Nur deshalb können wir Strategien ohne steten Türwechsel wie 2bb und 2wb als verzichtbar für den Kandidaten erkennen, weil sie keinesfalls besser sind als die jeweils dominierende Strategie, bei der der Kandidat allerdings initial eine andere Tür wählt.

Insgesamt vereinfacht sich die Normalform zu einer 3×6-Matrix:

	(1,2)	(1,3)	(2,1)	(2,3)	(3,1)	(3,2)
1ww	0	0	1	1	1	1
2ww	1	1	0	0	1	1
3ww	1	1	1	1	0	0

Aufgrund der spaltenweisen Dominanz können auf der Suche nach einer Minimax-Strategie nochmals drei Spalten, das heißt Strategien des Moderators, gestrichen werden:

	(1,2)	(2,1)	(3,1)
1ww	0	1	1
2ww	1	0	1
3ww	1	1	0

Für diese reduzierte Normalform gibt es im Bereich der gemischten Strategien genau einen Sattelpunkt. Er ist dadurch charakterisiert, dass beide Spieler ihre verbliebenen Strategien gleichwahrscheinlich mixen. Der Minimax-Wert ist damit, wie wir uns bereits auf direkte Weise klargemacht haben, gleich 2/3. Gesichert werden kann der Minimax-Wert durch den Kandidaten mittels einer gemischten Strategie, wobei sich eine zufällig variierte Verhaltensweise einzig für die anfänglich gewählte Türe ergibt – nachher findet stets ein Türwechsel statt. Dabei folgt die Tatsache, dass der Kandidat auf jeden Fall wechseln sollte, aufgrund der eben dargelegten Dominanz von Strategien.

Ein analoges Resultat würde man ebenfalls für die Spielvariante erhalten, bei welcher der erste Zug, das heißt die Nummer der Türe mit dem Auto dahinter, als Zufallszug mit gleichen Wahrscheinlichkeiten gestaltet ist. Grund ist, dass diese Variante einer Einschränkung der Moderator-Strategien entspricht, wobei dem Moderator aber die Minimax-Strategie erhalten bleibt, die für die ursprüngliche Spielvariante gefunden wurde.

Das Ergebnis der vollständigen spieltheoretischen Analyse wurde erstmals 2011 von Sasha Gnedin veröffentlicht.[318] Gnedin bestimmte auch für beide Spieler die Mengen der Minimax-Strategien: Während der Kandidat nur eine einzige Minimax-Strategie besitzt, erhält der Moderator eine Minimax-Strategie, wenn er anfangs das Auto mit gleichen Wahrscheinlichkeiten versteckt – anschließend kann er sich beliebig verhalten. Dass der Kandidat nur eine einzige Minimax-Strategie besitzt, hat zur Folge, dass jegliche Abweichung von seiner Minimax-Strategie des Immer-Wechselns seine Gewinnchancen von 2/3 gefährdet!

Beide bisher präsentierten Analysen des Ziegenproblems sind überzeugende Argumente dafür, dass jeder von uns als Kandidat ohne Zögern seine ursprüngliche Wahl revidieren würde. Trotzdem werden Vorbehalte gegen die Lösungen vorgebracht. Sie beziehen sich auf zwei Punkte:

- Erstens sei nur die isolierte Spielsituation zu analysieren, die entsteht, wenn der Kandidat die Tür mit der Nummer K = 1 wählt und der Moderator die Tür mit der Nummer M = 2 öffnet. Auch wenn die konkreten Nummern aufgrund der Symmetrie des Spiels selbstverständlich keine Rolle spielen, so muss natürlich eingeräumt werden, dass sich die beiden

---

[318] Sasha Gnedin, *The Mondee Gills game*, The Mathematical Intelligencer, 34, Heft 1, S. 34–41.

bisher präsentierten Analysen auf das *gesamte* Spiel bezogen. Insofern ist es a priori trotz der Symmetrie des Spiels nicht auszuschließen, dass man bei isolierter Betrachtung einer einzelnen Entscheidungssituation ein abweichendes Ergebnis erhält.

- Außerdem habe zum Zeitpunkt, zu dem sich der Kandidat entscheiden müsse, der Moderator bereits seine Tür geöffnet. Daher müsse das Verhalten des Moderators, und sei es in Form einer hypothetischen Annahme, berücksichtigt werden. Auf dieses Argument haben wir bereits am Ende von Kapitel 1.9 kurz hingewiesen.

Zutreffend sind die Vorbehalte eigentlich nur in Bezug auf die Darlegungen in Kapitel 1.9, da die spieltheoretische Analyse natürlich das Verhalten des Moderators berücksichtigt und außerdem für jede Situation, in der dem Kandidaten ein Türwechsel angeboten wird, eine individuell getroffene Entscheidung beinhaltet, die unabhängig von den Entscheidungen in Bezug auf andere Wertepaare K, M optimiert werden kann.

Wie sehen aber nun die alternativen Lösungsansätze aus? Zunächst kann angemerkt werden, dass die eben dargelegte spieltheoretische Modellierung auch beim Verstehen dieser alternativen Argumentationsweisen sehr hilfreich ist, da sie es uns erleichtert, den Sachverhalt klar zu beschreiben. Dabei legen wir, anknüpfend an de facto alle wahrscheinlichkeitstheoretischen Untersuchungen des Ziegenproblems, die Spielregelvariante zugrunde, bei der das Auto im ersten Zug gleichwahrscheinlich platziert wird. Wir schauen uns dazu den in Bild 59 dargestellten Teil des Spielbaums an, der alle Situationen widerspiegelt, in denen der Kandidat zunächst die erste Tür auswählt. Anders als beim ersten Teilbild des Spielbaums sind diesmal auch die Informationsmengen eingezeichnet: Abgesehen von der schraffiert dargestellten Informationsmenge, die der initialen Auswahlentscheidung des Kandidaten entspricht, enthalten die Informationsmengen des Kandidaten jeweils zwei Knoten. Dabei stehen die zwei Knoten der vollflächig dargestellten Informationsmenge für diejenigen beiden Positionen, bei denen der Kandidat konform zur verbalen Originalformulierung des Ziegenproblems zunächst die Tür mit der Nummer K = 1 wählt und dann der Moderator die Tür mit der Nummer M = 2 öffnet. Ebenfalls zu erkennen ist die nicht vollflächig dargestellte Informationsmenge zu den beiden Positionen mit K = 1 und M = 3, auch wenn sie eigentlich nicht Gegenstand der Fragestellung ist.

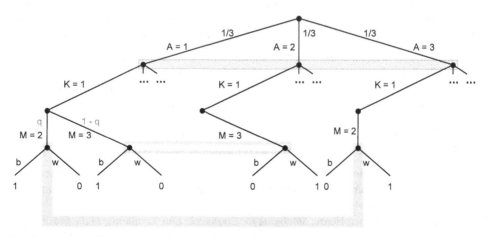

Bild 59   Spielbaum zum Ziegenproblem mit Informationsmengen

Verwendet der Moderator eine Verhaltensstrategie, so beeinflusst die von ihm für die Position $A = K = 1$ gewählte Wahrscheinlichkeitsverteilung $(q, 1 - q)$ die bedingten Wahrscheinlichkeiten, mit denen die beiden Positionen innerhalb der durch $K = 1$ und $M = 2$ charakterisierten Informationsmenge erreicht werden. In der Spieltheorie spricht man auch von **Beliefs**. Mit diesem Begriff wird zum Ausdruck gebracht, dass der Kandidat seinem Gegenspieler, dem Moderator, eine gemischte Strategie unterstellt und auf dieser Basis zu einer Vorstellung darüber gelangt, mit welcher Wahrscheinlichkeit sich eine Partie aktuell in einer bestimmten Position befindet. Da ein Spieler, der am Zug ist, stets die aktuelle Informationsmenge kennt, handelt es sich formal um bedingte Wahrscheinlichkeiten, mit der die einzelnen Positionen innerhalb der aktuellen Informationsmenge erreicht werden.

Leider ist der Übergang von der Theorie zur Praxis etwas holprig, da der Moderator in der Regel für die Situation $A = K = 1$ sein Verhalten, das durch den Parameter q charakterisiert wird, nicht dem Kandidaten mitteilen wird. Allerdings ist es für den Kandidaten naheliegend, aus Symmetriegründen beim Moderatorverhalten die Annahme $q = \frac{1}{2}$ zu machen. Zur Rechtfertigung könnte der Kandidat wie folgt argumentieren:

> „Ich weiß nicht, wie der Moderator sich zwischen den beiden aus seiner Sicht symmetrischen Optionen entscheidet. Daher gehe ich davon aus, dass die beiden Optionen gleichmöglich sind. Außerdem konnte meine initiale Entscheidung $K = 1$ zu zwei Informationsmengen führen, die symmetrisch zueinander sind, da ihr Austausch einer Vertauschung der beiden Moderator-Entscheidungen $M = 2$ und $M = 3$ bei gleichzeitiger Ersetzung des Wertes q durch $1 - q$ entspricht."

Man verwendet also das Laplace-Modell, allerdings nicht wohlbegründet aufgrund einer gesicherten Symmetrie, sondern nur aus Basis einer Plausibilität, die man als **Indifferenzprinzip** bezeichnet: Es gibt keinen erkennbaren Grund, dass die Entscheidung, die eine oder die andere Türe zu öffnen, wahrscheinlicher ist als die andere. So suggestiv diese Argumentation sein mag, so muss doch angefügt werden, dass Unwissenheit allein eigentlich keine Grundlage für Erkenntnis sein sollte. Trotzdem wird die mehr oder minder explizit gemachte Annahme $q = \frac{1}{2}$ sehr oft als Basis einer Analyse des Ziegenproblems verwendet.[319]

Im Fall $q = \frac{1}{2}$ erhält man innerhalb der durch $K = 1$ und $M = 3$ charakterisierten Informationsmenge für die beiden Positionen die Beliefs, das heißt bedingten Wahrscheinlichkeiten, $1/3$ und $2/3$. Entsprechend ergibt sich $2/3$ als Erfolgswahrscheinlichkeit eines Türwechsels.

Dass sich auf diese Weise für die Erfolgswahrscheinlichkeit bei einem Türwechsel der gleiche Wert $2/3$ ergibt, den wir bereits in Kapitel 1.9 für den Ansatz, der das Moderatorverhalten ignoriert, gefunden haben, erklärt sich auch ohne explizite Berechnung aufgrund der Symmetrie: Einerseits ist aus Symmetriegründen die Erfolgswahrscheinlichkeit beim Türwechsel für jedes der sechs Paare von zwei verschiedenen Werten K und M gleich. Andererseits erhält man die in Kapitel 1.9 berechnete Erfolgswahrscheinlichkeit $2/3$, die sich bei der Immer-Wechseln-Strategie ergibt, dadurch, dass man diese sechs Werte mittelt.

Sicher gibt es gute Gründe für die Annahme, dem Moderator ein durch den Parameterwert $q = \frac{1}{2}$ charakterisiertes Verhalten zu unterstellen – zwingend ist dies allerdings nicht. Aber

---

[319] Siehe zum Beispiel Norbert Henze, *Stochastik für Einsteiger: Eine Einführung in die faszinierende Welt des Zufalls*, Wiesbaden 2010, S. 104-105. Ehrhard Behrends, *Fünf Minuten Mathematik: 100 Beiträge der Mathematik-Kolumne der Zeitung DIE WELT*, Wiesbaden 2010, S. 34–40. In beiden Büchern wird auch die hier in Kapitel 1.9 dargelegte Argumentation wiedergegeben: S. 51–52 bei Henze und S. 40-41 bei Behrends.

wie gelangt man zu einer realistischen Einschätzung für den Parameterwert q? Man findet sich in einer ähnlichen Situation wieder, wie man sie von einem Spiel wie Papier-Stein-Schere her kennt, wenn wir dort fragen würden: „Ihr Gegner hat bereits seine Entscheidung getroffen. Was machen Sie?" Auch in diesem Fall müssten wir streng genommen von einem Belief über die aktuelle – und einzige – Informationsmenge ausgehen, die das Spiel uns bietet. Beispielsweise würden wir uns bei einem Belief, der für das „Papier" eine höhere Wahrscheinlichkeit als für den „Stein" beinhaltet, am besten für die „Schere" entscheiden. Aber ist eine solche Antwort wirklich die, die wir bei der zitierten Fragestellung erwarten würden? Ist sie wirklich hilfreich? Streng genommen ist nicht der Zeitpunkt, zu dem sich unser Gegner beziehungsweise wir entscheiden, dafür maßgebend ist, welches Modell mit welchen Annahmen verwendet werden muss. Schließlich machen wir unsere Analyse ja sogar, ohne überhaupt das Spiel konkret zu spielen. Das heißt, wir bewegen uns auf einem für die Spieltheorie typischen Level, auf dem davon ausgegangen wird, dass ein Spieler – zumindest in der Theorie – für alle Entscheidungssituationen vor dem Beginn der Partie eine Wahl trifft.

Der kurze Exkurs zu Papier-Stein-Schere zeigt, dass der Interpretationsspielraum, den eine verbale Beschreibung bietet, sich nicht nur auf die Spielregeln beschränkt, sondern auch die Fragestellung „Ist es von Vorteil …?" betreffen kann. Bereits im Beispiel des Mastermind-Spiels haben wir darauf hingewiesen, wie unterschiedlich der Begriff „optimal" interpretiert werden kann. Dabei ist es beim Ziegenproblem selbstverständlich völlig legitim, das eigene Verhalten auf Basis eines einzelnen Beliefs über die aktuell erreichte Informationsmenge zu optimieren, am besten mit der Perspektive, abschließend ein Gesamtresultat auf Basis aller möglichen Beliefs anzustreben. Diesbezüglich hatten schon die Autoren der ersten Belief-basierten Untersuchung[320] angemerkt, dass diese „Lösung wohl einige Studenten enttäuschen würde, die nach einer einzigen Antwort suchen, die nicht abhängt von einer unbekannten Wahrscheinlichkeit" q.

Wird die zu analysierende Entscheidungssituation als einmaliger Vorgang gesehen, dann lassen sich die bedingten Wahrscheinlichkeiten eines Beliefs im subjektiven Sinn als Quantifizierung der persönlichen Überzeugung interpretieren. Diese Deutung steht im Kontrast zur klassischen, das heißt frequentistischen Interpretation einer bedingten Wahrscheinlichkeit, die als Sonderfall einer absoluten Wahrscheinlichkeit im Rahmen eines wiederholbaren Zufallsexperiments empirisch im Rahmen einer Monte-Carlo-Versuchsreihe durch relative Häufigkeiten approximiert werden kann. Bei solchen Versuchsreihen werden aber selbst bei einer Beschränkung auf die initiale Entscheidung K = 1 mal die eine und mal die andere der beiden Informationsmengen, die in Bild 59 eingezeichnet sind, durchlaufen.

Die Untersuchung des Ziegenproblems auf Basis eines subjektiv angenommenen Beliefs wurde erstmals 1991 von Morgan et al. und wenige Monate später unabhängig davon von Gillman veröffentlicht.[321] Konkret wird dazu eine Wahrscheinlichkeit q dafür angenommen, dass der Moderator in der Position A = K = 1 die Tür M = 2 öffnet. Mit diesem Parameter ändern sich dann die Beliefs für die beiden Informationsmengen, die durch K = 1, M = 2 einerseits und K = 1, M = 3 andererseits bestimmt werden. Bezogen auf das Ereignis, dass eine zur Informationsmenge der Original-Fragestellung (K = 1, M = 2) gehörende Position in ei-

---

[320] J. P. Morgan, N. R. Chaganty, R. C. Dahiya, M. J. Doviak, *Let's make a meal: The player's dilemma*, The American Statistician, 45 (1991), S. 284–287.

[321] Leonard Gillman, *The car and the goats*, American Mathematical Monthly, 99 (1992), S. 3–7. Zu Morgan et al. siehe Fußnote 320.

ner Partie erreicht wird, ist die bedingte Wahrscheinlichkeit für das Unterereignis, bei dem ein Türwechseln zum Gewinn des Autos führt (K = 1, M = 2, A = 3), gleich 1/(1 + q). Der Grund dafür ist, dass die absoluten Wahrscheinlichkeiten für das Erreichen der beiden Positionen im Fall des initialen Kandidatentipps K = 1 gleich q/3 (für die Position K = 1, M = 2, A = 1) beziehungsweise 1/3 (für die Position K = 1, M = 2, A = 3) sind.

Statt einer einzelnen Erfolgswahrscheinlichkeit für den Türwechsel erhält man also ein Kontinuum von Erfolgswahrscheinlichkeiten, die von einem unbekannten Parameter q abhängen: Demnach ergibt sich für die durch K = 1, M = 2 charakterisierte Informationsmenge der Original-Fragestellung beim Türwechsel eine Erfolgswahrscheinlichkeit, deren Spektrum vom Wert 1 für q = 0 bis ½ für q = 1 reicht. Denn speziellen Wert 2/3, der sich beim Parameter q = ½ ergibt, kennen wir bereits. Vier Anmerkungen zu diesen Belief-basierten Ergebnissen:

- Da die Erfolgswahrscheinlichkeit beim Türwechsel nie kleiner als ½ ist, lautet die Antwort auf die wörtlich genommene Original-Fragestellung auch bei dieser Beliefbezogenen Betrachtungsweise schlicht: „Ja, ich wechsle, weil sich dann meine Erfolgswahrscheinlichkeit unter keinen Umständen verschlechtert." Merke: Wer glaubt, die Fragestellung in Bezug auf die genannten Türnummern wortwörtlich nehmen zu müssen, der sollte die Fragestellung auch insgesamt wörtlich nehmen, und zwar insbesondere im Hinblick auf ihren Charakter, der eindeutig qualitativ ist.
- Entscheidet sich der Kandidat zu Beginn einer Partie, ob er später wechselt oder nicht, dann wird das Resultat einer einzelnen Partie nicht durch den vom Moderator gewählten Parameter q beeinflusst. Eine Änderung des Parameters q ändert also nicht das Endresultat, verschiebt aber Ereignisse, bei denen ein Türwechsel zum Verlust führt, zwischen den beiden Informationsmengen. In Bezug auf die Erfolgswahrscheinlichkeit nach einem Türwechsel ist die Verschlechterung bei der einen Informationsmenge mit einer Verbesserung bei der anderen Informationsmenge verbunden. Für die Antwort auf die Fragestellung des Ziegenproblems, die sich ja nur auf eine der beiden Informationsmengen bezieht, bleibt diese Kompensation aber belanglos.
- Im Sinne einer frequentistischen Interpretation von Wahrscheinlichkeiten ist eine empirische Prüfung des Ergebnisses im Rahmen einer Versuchsreihe nur indirekt möglich. Dazu dürfen nur diejenigen Spielverläufe berücksichtigt werden, welche die durch K = 1 und M = 2 charakterisierte Informationsmenge durchlaufen.
- Das Phänomen, dass man für die Wahrscheinlichkeit eines Gewinns beziehungsweise allgemeiner für den Erwartungswert einer Gewinnhöhe abhängig von der gegnerischen Strategie ein ganzes Kontinuum von Werten erhält, ist in der Spieltheorie nicht ungewöhnlich. In der Spieltheorie besteht allerdings das Ziel, diese Vieldeutigkeit möglichst zu verringern oder gar durch Erreichen einer eindeutigen Lösung völlig zu überwinden. Dies ist natürlich auch für den Belief-basierten Lösungsansatz möglich und wird nachfolgend dargestellt.

Um, wie im letzten Punkt der Aufzählung gerade angekündigt, vom Kontinuum der Belief-basierten Analysen zu einem einzigen Ergebnis zu gelangen, ist es naheliegend, die Symmetrie des Spiels geeignet zu berücksichtigen. Der einfachste Ansatz, dies zu tun, besteht darin, dem Moderator – wie bereits dargelegt – ein symmetrisches Verhalten zu unterstellen. Das heißt, für die Wahrscheinlichkeit q, die das Moderatorverhalten beschreibt, wird der Wert q = ½ angenommen. Die in diesem Fall gültige Erfolgswahrscheinlichkeit bei einem Türwechsel haben wir bereits angeführt: 2/3.

Da wir den Ansatz q = ½ wie dargelegt nur unzureichend rechtfertigen können, bleibt das Problem bestehen, die Gesamtheit der Belief-basierten Analysen in irgendeiner Weise zu resümieren. Wir haben bereits in Kapitel 1.8 auf den zufälligen Charakter hingewiesen, der von einem subjektiven Unwissen ausgehen kann. Insofern liegt der Versuch nahe, umgekehrt das subjektive Unwissen über den Wert des Parameters q durch eine Zufallsgröße zu modellieren – ein Ansatz, der für die Methoden der sogenannten **Bayes-Statistik** eine fundamentale Bedeutung besitzt. Wir tun also so, als würde die Wahrscheinlichkeit q für uns zufällig bestimmt. Aber welche Wahrscheinlichkeitsverteilung sollen wir dafür annehmen? Ohne jegliches Vorwissen ist es sicher naheliegend, den Wert q gleichwahrscheinlich aus dem Intervall von 0 bis 1 auszuwählen. Noch allgemeiner können wir sogar von einer beliebigen Zufallsgröße ausgehen, deren Werte stets zwischen 0 und 1 liegen und deren Erwartungswert $E(q) = \frac{1}{2}$ ist – letztere Eigenschaft spiegelt die Symmetrie des Spiels in Bezug auf seine Türen und in Folge auch in Bezug auf die beiden Informationsmengen wider.

Wird in der Position $A = K = 1$ zunächst die Wahrscheinlichkeit q zufällig ausgewählt und dann auf deren Basis vom Moderator eine zufällige Entscheidung getroffen, dann ergibt sich für den Kandidaten in seiner Informationsmenge $K = 1$, $M = 1$ ein Belief, der durch das Verhältnis von $E(q)/3$ für die Position $K = 1$, $M = 2$, $A = 1$ und $1/3$ für die Position $K = 1$, $M = 2$, $A = 3$ bestimmt wird. Daraus resultiert bei einem Türwechsel eine bedingte Erfolgswahrscheinlichkeit von $1/(1 + E(q))$. Unter der gemachten Annahme $E(q) = \frac{1}{2}$ bleibt also alles mal wieder beim alten Wert von 2/3. Dieses Resultat begründet sich im Detail dadurch, dass im Spielbaum, wie er in Bild 59 dargestellt ist, die Positionen bei einer Zufallswahl auf Basis einer zuvor zufällig bestimmten Wahrscheinlichkeit q mit den gleichen Wahrscheinlichkeiten durchlaufen werden, wie es auch bei einer Wahrscheinlichkeit mit dem konstanten Wert $E(q)$ der Fall gewesen wäre.

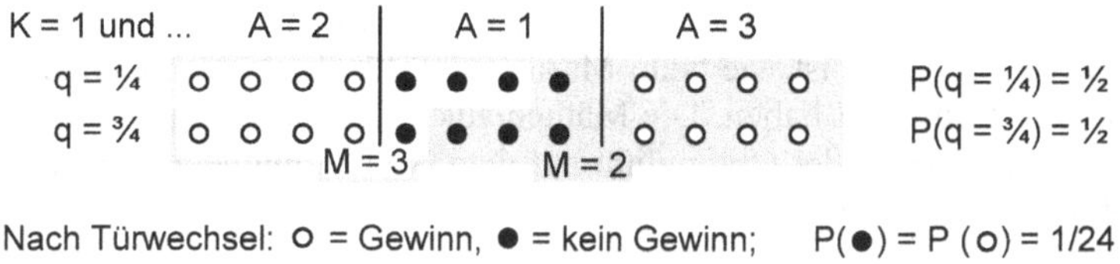

Nach Türwechsel: $\circ$ = Gewinn, $\bullet$ = kein Gewinn; $P(\bullet) = P(\circ) = 1/24$

Bild 60   Wahrscheinlichkeiten für den Erfolg beim Türwechsel, wenn der Parameter q, der das Moderator-Verhalten in der Position $A = K = 1$ bestimmt, gleichwahrscheinlich zwischen den beiden Werten ¼ (oben) und ¾ (unten) ausgelost wird: Jeder Kreis entspricht einer Wahrscheinlichkeit von 1/24. Das Ereignis, die durch $K = 1$ und $M = 2$ charakterisierte Informationsmenge der Fragestellung zu erreichen, entspricht dem grauen Bereich. Dort beträgt die bedingte Gewinnwahrscheinlichkeit 8/12 = 2/3. Die durch $K = 1$ und $M = 3$ charakterisierte Informationsmenge ist wie in Bild 59 grau umrandet dargestellt.

Was so klar und selbstverständlich aussieht, ist es aber keineswegs. Schauen wir uns dazu ein einfaches, in Bild 60 dargestelltes Beispiel an, bei dem der Parameter q, der das Moderator-Verhalten in der Position $A = K = 1$ bestimmt, gleichwahrscheinlich unter den beiden Werten ¼ und ¾ ausgelost wird. Die Erfolgswahrscheinlichkeit beim Türwechsel ist dann, so ist es zumindest naheliegend, gleich dem Mittelwert der beiden Erfolgswahrscheinlichkeiten $1/(1 + q)$, die sich für die zwei Werte $q = \frac{1}{4}$ und $q = \frac{3}{4}$ ergeben – das ist $(4/5 + 4/7)/2 = 24/35$, also etwas mehr als 2/3. Da sich für die andere Informationsmenge beim Türwechsel abhängig vom fest gewählten Parameter q die Erfolgswahrscheinlichkeit $1/(2 - q)$ ergibt, erhält man auch dort ebenfalls die Erfolgswahrscheinlichkeit 24/35 und damit auch insgesamt diese Erfolgswahrscheinlichkeit für die Strategie des Immer-Wechselns – im Widerspruch zu den bisherigen Überlegungen. Aber was haben wir falsch gemacht? Immerhin sind wir nicht allein, denn auch Morgan et al. ist ein entsprechender Fehler unterlaufen, der erst 18 Jahre später durch Martin Hogbin und W. Nijdam im Zuge einer Erörterung auf der Diskussionsseite der englischsprachigen Wikipedia aufgedeckt wurde.[322] Demnach sind es für das Auftreten der Ereignisse q = ¼ und q = ¾ nicht die A-Priori-Wahrscheinlichkeiten von jeweils ½ maßgebend, sondern die bedingten Wahrscheinlichkeiten, die auf das Ereignis des Erreichens der Informationsmenge bezogen sind. Diese Wahrscheinlichkeiten sind 5/12 bedingt zum Ereignis q = ¼ und 7/12 bedingt zum Ereignis q = ¾, was man entweder mit den Rechengesetzen für bedingte Wahrscheinlichkeiten herleiten kann oder auch aus Bild 60 ersehen kann. Auf Basis dieser bedingten Wahrscheinlichkeiten erhält man dann wie zu erwarten die absolute Erfolgswahrscheinlichkeit von

$$\frac{5}{12} \cdot \frac{4}{5} + \frac{7}{12} \cdot \frac{4}{7} = \frac{2}{3},$$

sofern der Kandidat die Türe wechselt.

Nach der nun erfolgten Aufklärung über die zuvor selbst gestiftete Verwirrung sind wir also wieder da, wo wir bereits in Kapitel 1.9 waren: Wenn man nichts über das Moderatorverhalten weiß, gelangt man zum gleichen Wert 2/3, den man erreicht, wenn man die Möglichkeit, dass das Moderatorverhalten eine Rolle spielen könnte, schlicht ignoriert: Einen auf Basis eines unbekannten Parameters q nur in formaler Hinsicht „bekannten" Belief anzunehmen, bringt eben nichts.

Die wie erwähnt oft emotional geführte Diskussion darüber, welches mathematische Modell für „das" Ziegenproblem „das richtige" ist, sollte man übrigens keinesfalls als Gegenstand der Mathematik verstehen. Es ist wie beim Mastermind, für das wir in Kapitel 2.15 drei Arten von Optimalität formuliert haben. Die Mathematik gibt Antworten, wenn zuvor die Annahmen und der Blickwinkel der Optimalität auf dem Niveau mathematischer Exaktheit geklärt worden sind – mehr nicht.

Da alle Analysen direkt oder auf Umwegen zum Wert 2/3 geführt haben, wollen wir abschließend noch kurz ein leicht modifiziertes Spiel analysieren, bei dem die Ergebnisse weniger eindeutig zu interpretieren sind. Die Modifikation betrifft die Gewinnhöhe. Dabei gewinnt der Kandidat einen Bonus, wenn er seine initial gewählte Tür beibehält und auf diese Weise das Auto gewinnt. Den Wert des Autos normieren wir auf 1. Der Wert des Gewinns mit Bonus wird mit G bezeichnet; es gilt G > 1.

Die Zugmöglichkeiten und Wahrscheinlichkeiten für einen Gewinn bleiben natürlich unverändert. Für die in den beiden letzten Abbildungen grau dargestellte Informationsmenge, die der Original-Fragestellung des Ziegenproblems entspricht, umfasst der Belief zwei bedingte

---

[322] Siehe die Diskussionsseite zum Artikel *Monty Hall problem* in der englischsprachigen Wikipedia beginnend mit dem Eintrag 17:26, 26 May 2010 und dem dortigen Verweis auf die zugehörige Argumente-Seite aus dem Jahr 2009. Die Veröffentlichung erfolgte ein Jahr später in *Morgan, J. P., Chaganty, N. R., Dahiya, R. C., and Doviak, M. J. (1991), "Let's Make a Deal: The Player's Dilemma," The American Statistician, 45 (4), 284–287: Comment by Hogbin and Nijdam and Response*, The American Statistician, <u>64</u> (2010), S. 193-194.
Morgan et al. hatten für den Fall, dass der Parameter q einer Gleichverteilung im Intervall [0,1] folgt, fälschlicherweise eine Erfolgswahrscheinlichkeit beim Türwechsel von ln 2 ≈ 0,693 angegeben. Dazu berechneten sie das Integral der Funktion 1/(1 + q) im Intervall [0,1].

Wahrscheinlichkeiten, die im Verhältnis q : 1 zueinander stehen. Daher muss der Kandidat die beiden Erwartungswerte, deren Verhältnis qG : 1 beträgt, miteinander vergleichen. Analog ergeben sich für die korrespondierende Informationsmenge, die in den beiden letzten Abbildungen grau umrandet eingezeichnet ist, zwei Gewinnerwartungen, deren Verhältnis gleich $(1 - q)G : 1$ ist.

- Bei der spieltheoretischen Analyse können, anders als bei der Standardspielregel, im Allgemeinen keine Vereinfachungen aufgrund dominierter Strategien vorgenommen werden. Allerdings muss jeder Spieler eine in Bezug auf die Symmetrien des Spiels symmetrische Minimax-Strategie besitzen:

  Für den Kandidaten besteht die symmetrische Minimax-Strategie darin, dass er – unverändert gegenüber der Standardspielregel – die initiale Türwahl gleichwahrscheinlich trifft. Anschließend wechselt er im Fall $G \leq 2$ immer und im Fall $G > 2$ nie, womit er sich den Erwartungswert max(2/3, G/3) sichert.

  Der Moderator versteckt bei seiner symmetrischen Minimax-Strategie das Auto gleichwahrscheinlich und wählt anschließend die durch $q = \frac{1}{2}$ charakterisierte Verhaltensstrategie. Dadurch stehen die Gewinnerwartungen des Kandidaten im Verhältnis $\frac{1}{2}G : 1$ zueinander, so dass der Kandidat bei $G > 2$ nicht wechseln sollte und im Fall $G \leq 2$ immer. Daher wird die Gewinnerwartung des Kandidaten durch die symmetrische Minimax-Strategie des Moderators auf den Wert max(2/3, G) begrenzt.

- In Bayes'scher Sichtweise ergibt sich, sofern man einen einzelnen Belief zugrunde legt, für Gewinnhöhen G mit $1 < G \leq 2$ keine eindeutige Empfehlung. Ob der Kandidat die initial gewählte Tür wechseln sollte, hängt nämlich vom zum Belief gehörenden Parameterwert q ab. Dabei sollte der Kandidat gemäß den im Verhältnis qG : 1 stehenden Erwartungswerten im Fall von $q > 1/G$ die Tür *nicht* wechseln, während er es im Fall von $q < 1/G$ tun sollte.

Natürlich könnte man bei der zuletzt angeführten, Belief-basierten Analyse wieder versuchen, eine resümierende Antwort unter Annahme einer A-Priori-Wahrscheinlichkeitsverteilung für den Parameter q zu erhalten. Leider reicht die Annahme $E(q) = \frac{1}{2}$ diesmal nicht dazu aus, eine einheitliche Antwort zu erhalten. Spätestens mit solchen Überlegungen wird klar, dass der spieltheoretische Ansatz besser geeignet ist, die Interaktion zwischen Moderator und Kandidat zu berücksichtigen.

Weiterführende Literatur zum Ziegenproblem:

Jason Rosenhouse, *The Monty Hall problem*, New York 2009.

Richard D. Gill: *Monty Hall problem: solution*, International Encyclopedia of Statistical Science, S. 858–863, Springer, 2011.

4 Epilog: Zufall, Geschick und Symmetrie

4.1 Der Einfluss eines Spielers und seine Grenzen

Wie lässt sich ein guter Spieler erkennen?

In den drei Hauptteilen des Buches wurden die verschiedenen Ursachen für die Ungewissheit über den weiteren Spielverlauf und die mit ihnen korrespondierenden Methoden zur Spielanalyse beschrieben. Diese Methoden gestatten es mehr oder minder, die verschiedenen Einflussmöglichkeiten eines Spielers untereinander abzuwägen. Darauf aufbauend wollen wir nun abschätzen, mit welcher prinzipiellen Erfolgswirksamkeit diese Einflussnahmen der Spieler möglich sind, um auf dieser Grundlage zum Beispiel empirisch prüfbare Kriterien für die Qualität einer Spielsoftware aufstellen zu können.

Mit welchem Erfolg gezielte Einflussnahmen eines Spielers möglich sind, lässt sich am besten an Hand symmetrischer Spiele erkennen. Viele Spiele sind bereits aufgrund ihrer Regeln annähernd symmetrisch. In diesem Kontext ist auch eine weitere Bemerkung des schon zu Beginn des Buchs zitierten Spielautors Alex Randolph zu sehen, gemäß der sich Spiele von allen anderen Erfahrungswelten durch zwei Elemente unterscheiden, nämlich Ungewissheit und Gerechtigkeit. Dass Randolph der Ungewissheit, die wir bereits in der Einführung ausgiebig erörtert haben, die Gerechtigkeit zur Seite stellte, dürfte schlicht der Überlegung entspringen, dass ein Spiel für alle Teilnehmer attraktiv sein muss, was bei erkennbar ungerechten Chancen sicher nicht für alle gegeben ist.

Meist basiert die für Gerechtigkeit sorgende Symmetrie eines Spiels darauf, dass gemäß den Spielregeln alle Spieler einerseits identische Handlungsoptionen besitzen und andererseits von der gleichen Ausgangsbasis starten. Ihre Grenzen findet die Symmetrie dagegen häufig im Recht auf den ersten Zug. In welcher Weise diese Asymmetrie überwunden werden kann, haben wir bereits in den Kapiteln 2.2, 3.1 und 3.4 erörtert. Dabei müssen die unterschiedlichen Rollen, die eine asymmetrische Spielregel den verschiedenen Mitspielern – etwa in Bezug auf das Recht des ersten Zuges – vorgibt, den Spielern in symmetrischer Weise zugewiesen werden. Dies geschieht meist auf einem der beiden folgenden Wege:
- Eine gleichwahrscheinliche Auslosung der Rollen stellt Symmetrie und damit Gerechtigkeit her, allerdings zum Preis, dass eine Zufallskomponente diesen Ausgleich herstellt.
- Es werden mehrere Partien mit allen denkbaren Zugreihenfolgen veranstaltet, deren Spielresultate anschließend addiert werden. Sollte die Reihenfolge der Partien eine Rolle spielen, können die Partien simultan gespielt werden, wobei Zug für Zug die einzelnen Zugentscheidungen zeitlich parallel zu treffen sind.

Welchen Erfolg kann aber nun ein einzelner Spieler in einem symmetrischen, das heißt gegebenenfalls symmetrisierten, Spiel erzwingen, also eigener Kraft sicher erreichen? Bei einem Nullsummenspiel ist es selbstverständlich keinem Spieler möglich, mehr als ein ausgeglichenes Ergebnis, das heißt den Gewinn 0, zu erzwingen. Andernfalls könnte nämlich der positive Gewinn aus Symmetriegründen ebenso von jedem der anderen Spieler erzwungen

© Springer Fachmedien Wiesbaden GmbH, ein Teil von Springer Nature 2018
J. Bewersdorff, *Glück, Logik und Bluff*, https://doi.org/10.1007/978-3-658-21765-5_4

werden, was aber im Widerspruch zur Nullsummeneigenschaft stünde. Damit verbleibt die Frage, deren Antwort bei entsprechenden Spielen insbesondere auch für Spielprogramme die anzulegenden Bewertungskriterien liefert: Unter welchen Umständen und in welchem Sinne ist das Spielergebnis 0, das heißt das bestmöglich sicher erreichbare Spielergebnis, für einen einzelnen Spieler tatsächlich *erzwingbar*? Die Antwort auf diese Frage hängt stark von der Natur des Spiels ab, wobei wir den Nullsummencharakter ohne weitere Erwähnung auch weiterhin stets voraussetzen:

- In einem rein kombinatorischen Zweipersonenspiel wie Schach kann ein einzelner, optimal agierender Spieler bei einer Hin- und Rückrunde – übrigens auch bei einer sequentiellen Veranstaltung der beiden Partien – das Ergebnis 0 erzwingen. Erzielt ein Spieler in einer konkreten Doppelpartie ein negatives Gesamtresultat, dann hat er objektiv schlecht gespielt.
- Bei einem Zweipersonenspiel mit Zufallseinfluss und perfekter Information wie Backgammon kann das ausgeglichene Spielergebnis 0 nur in Form eines Erwartungswertes erzwungen werden. Einzelne Doppelpartien bilden damit beispielsweise für die Bewertung eines Spielprogramms keine ausreichende Grundlage. Für eine empirische Prüfung eines Spielprogrammes wäre eine genügend lange Sequenz von Doppelpartien notwendig, um dann das durchschnittlich erzielte Spielresultat statistisch auszuwerten.
- Selbst bei einem zufallslosen Zweipersonenspiel ohne perfekte Information wie Papier-Stein-Schere ist die gesicherte Erzielung eines ausgeglichenen Spielresultats nur auf Basis der Gewinnerwartung möglich. Grund ist, dass dieser Ausgleich nur mit zufällig gewählten Strategien erzwungen werden kann. Das gilt erst recht für Spiele ohne perfekte Information, die zusätzlich noch einen Zufallseinfluss aufweisen wie Kartenspiele. Spielprogramme können für diese Klasse von Spielen ebenfalls empirisch nur auf Grundlage einer genügend langen Sequenz von Doppelpartien und einer anschließenden statistischen Analyse des durchschnittlich erzielten Spielresultats bewertet werden.
- Bei einem Mehrpersonenspiel ohne Zufallseinfluss und perfekter Information wie zum Beispiel Halma ist es einem einzelnen Spieler in der Regel in einer Serie von Partien, in der alle möglichen Rollen permutiert wurden, *nicht* möglich, ein ausgeglichenes Resultat zu erzwingen. Grund ist der schwache Einfluss, den ein einzelner Spieler auf das Spielgeschehen besitzt. Zwar wäre bei einem voll parallelen Ablauf der Partieserie, wie in Kapitel 2.3 dargelegt, die Existenz eines symmetrischen Gleichgewichts in reinen Strategien gesichert.[323] Trotzdem ist es einem einzelnen Spieler aber nicht möglich, mindestens ein dem Gleichgewicht entsprechendes Spielergebnis zu erzwingen. Es wurde bereits darauf hingewiesen, dass sich deshalb solche Spiele nicht als Grundlage von intellektuellen Wettkämpfen etablieren konnten, wie man es vom Schach her kennt.
  Anders verhält es sich bei Mehrpersonenspielen, bei denen die Spieler selbst mit einer Kooperation die Summe ihrer Gewinne *nicht* vergrößern können. Solche sogenannten unwesentlichen Spiele, die wir bereits in Kapitel 2.3 kennen gelernt haben, ergeben sich insbesondere dann, wenn das Mehrpersonenspiel in einer Form gespielt wird, wie man es von Schachturnieren her kennt. Dabei müssen die Wertungen der jeweils von nur zwei Kontrahenten gespielten Einzelpartien so organisiert werden, dass Kooperationen, die innerhalb der Einzelpartien natürlich möglich sind, keinen Einfluss auf die wesentlichen Teile der Gesamtwertung, insbesondere den Sieger, haben.

---

[323] Dazu wird aus einem Gleichgewicht in reinen Strategien, das für das einzelne Spiel existieren muss, durch Permutation ein symmetrisches Gleichgewicht für das symmetrisierte Spiel konstruiert. Dieses Gleichgewicht bringt den Spielern identische Auszahlungen, also 0.

- Die Tatsache, dass die Möglichkeiten einzelner Spieler, den Ausgang eines Spiels gezielt zu beeinflussen, stark begrenzt ist, gilt natürlich auch für alle anderen Mehrpersonenspiele, die neben der kombinatorischen Ungewissheit auch einen Zufallseinfluss oder imperfekte Information aufweisen. Das heißt, dass in diesen Fällen noch nicht einmal der Erwartungswert eines Gewinns in der Mindesthöhe 0 von einem einzelnen Spieler erzwungen werden kann. Das dürfte auch die Erklärung dafür sein, dass das erste erfolgreiche Poker-Programm auf eine Zwei-Personen-Variante beschränkt war.[324]

Fassen wir zusammen: Bei symmetrischen Mehrpersonenspielen, selbst solchen mit perfekter Information und ohne Zufallseinfluss, kann die Qualität eines Spielprogrammes nicht objektiv dadurch empirisch getestet werden, ob in einer Spielsequenz im Durchschnitt ein zumindest annähernd ausgeglichenes Ergebnis 0 gesichert wird. Zwar kann mit einer Partiesequenz die Qualität einer Spielweise stets kontext-bezogen auf Basis gegnerischer Strategien bewertet werden. Daraus ergibt sich aber in der Regel kein objektiver Qualitätsbegriff für die Spielweise eines Spielers in einer absoluten, das heißt vom Verhalten der Mitspieler unabhängigen, Weise.

Tritt ein Computerprogramm gegen einen Menschen an, so kommt dem Programm immerhin zugute, dass es problemlos den bisherigen Spielverlauf nachhält, beispielsweise in Bezug auf die bereits ausgespielten Karten und den Wert der gemachten Stiche. Im Vergleich dazu agieren Menschen oft weniger optimal. Allerdings ist diese bei Menschen gegebenenfalls vorhandene Unzulänglichkeit kein Gegenstand des mathematischen Modells, das von idealen Bedingungen ausgeht.

4.2   Glücks- und Geschicklichkeitsspiele

In rechtlicher Sicht werden Glücks- und Geschicklichkeitsspiele unterschieden. In welchem Zusammenhang steht diese Unterscheidung zu der in der Einführung vorgenommenen Glück-Logik-Bluff-Klassifizierung?[325]

Es mag zunächst überraschen, dass ein Buch über Mathematik eine rechtliche Fragestellung aufgreift. Allerdings ist dies kein Novum.[326] Außerdem wurden die bisherigen Auflagen dieses Buches bereits mehrfach in verschiedenen Urteilen des Unabhängigen Finanzsenats Wien zitiert, beispielsweise in der Berufungsentscheidung vom 5. April 2007 zum Geschäftszeichen RV/1662-W/06. In der Berufungsentscheidung vom 7. Oktober 2011 zum Geschäftszeichen RV/0743-W/11 wird sogar ausdrücklich auf die in der Einführung gegebene Klassifikation von Spielen Bezug genommen.

Was rechtlich unter einem Glücksspiel zu verstehen ist, wurde in Deutschland nie gesetzlich definiert, obwohl das Strafgesetzbuch (StGB) seit über 140 Jahren in § 284 ein unter Straf-

---

[324] Matej Moravčík et al., *DeepStack: Expert-level artificial intelligence in heads-up no-limit poker*, Science, 356 (2017), Heft 6337 (5. Mai 2017), S. 508–513.

[325] Die Kapitel 4.2 bis 4.5 sind eine ausführliche Version von: Jörg Bewersdorff, *Spiele zwischen Glück und Geschick*, Zeitschrift für Wett- und Glücksspielrecht, 12 (2017), S. 228–234.

[326] Frank Höpfel, *Zum Beweisthema der Abhängigkeit eines Spiels vom Zufall*, Jahrbuch Überblicke der Mathematik 1978, S. 185–198.

androhung stehendes Verbot enthält, ein Glücksspiel öffentlich ohne behördliche Genehmigung zu veranstalten. Immerhin beinhaltet der Glücksspielstaatsvertrag, den die deutschen Bundesländer insbesondere zur Reglementierung des staatlichen Glücksspielmonopols Ende 2011 untereinander abgeschlossen haben, in § 3 die folgende Begriffsbestimmung: „Ein Glücksspiel liegt vor, wenn im Rahmen eines Spiels für den Erwerb einer Gewinnchance ein Entgelt verlangt wird und die Entscheidung über den Gewinn ganz oder überwiegend vom Zufall abhängt. Die Entscheidung über den Gewinn hängt in jedem Fall vom Zufall ab, wenn dafür der ungewisse Eintritt oder Ausgang zukünftiger Ereignisse maßgeblich ist. Wetten gegen Entgelt auf den Eintritt oder Ausgang eines zukünftigen Ereignisses sind Glücksspiele."

Im österreichischen Glücksspielgesetz von 2010[327] wird in § 1 definiert: „Ein Glücksspiel im Sinne dieses Bundesgesetzes ist ein Spiel, bei dem die Entscheidung über das Spielergebnis ausschließlich oder vorwiegend vom Zufall abhängt. Glücksspiele im Sinne dieses Bundesgesetzes sind insbesondere die Spiele Roulette, Beobachtungsroulette, Poker, Black Jack, Two Aces, Bingo, Keno, Baccarat und Baccarat chemin de fer und deren Spielvarianten."

Im Schweizer Bundesgesetz über Glücksspiele und Spielbanken von 1998 wird in Artikel 3 formuliert: „Glücksspiele sind Spiele, bei denen gegen Leistung eines Einsatzes ein Geldgewinn oder ein anderer geldwerter Vorteil in Aussicht steht, der ganz oder überwiegend vom Zufall abhängt."

Artikel 3 des Liechtensteinischen Geldspielgesetzes vom 30. Juni 2010 definiert ein Glücksspiel als „ein Spiel, bei dem gegen Leistung eines Einsatzes ein Gewinn in Aussicht steht" und „bei dem der Gewinn für den **Durchschnittsspieler** ganz oder überwiegend vom Zufall abhängt". Diese Festlegung erfolgt in Abgrenzung zu einem **Geschicklichkeitsspiel**, das dadurch charakterisiert wird, dass „der Gewinn für den Durchschnittsspieler ganz oder überwiegend von der Geschicklichkeit des Spielers abhängt", wobei „die typischerweise in Spielbanken durchgeführten Geldspiele wie Poker, Black Jack und dergleichen sowie die typischerweise von Lotteriegesellschaften durchgeführten Lotterien und Sportwetten" explizit ausgeschlossen sind. Präzisiert wird die Abgrenzung durch die Verordnung über Geschicklichkeits-Geldspiele vom 21. Dezember 2010. Ein Geschicklichkeitsspiel liegt demnach „insbesondere dann nicht vor, wenn

a) der Spieler bei Durchführung einer Mehrzahl von Spielen einen Gewinn erzielen kann, ohne dass er Einfluss auf den Spielverlauf nimmt;

b) der überdurchschnittlich fähige Spieler bei Durchführung einer Mehrzahl von Spielen keinen angemessen höheren Gewinn erzielen kann als der durchschnittlich fähige Spieler;

c) die Auszahlquote bei Durchführung einer sehr grossen Anzahl Spiele vorgegeben ist und unter 100 % liegt. Dabei bleiben im Falle von Spielturnieren ‚Spieler gegen Spieler' die vom Veranstalter erhobenen Kommissionen für die Organisation oder Durchführung des Spiels (‚rake') für die Berechnung der Einsätze unbeachtlich; ..."

Die maltesische Verordnung über Geschicklichkeitsspiele von 2016 definiert in Teil II, Begriffsbestimmungen, ein Geschicklichkeitsspiel als ein Spiel, „dessen Ergebnis allein durch den Einsatz von Geschicklichkeit oder hauptsächlich durch den Einsatz von Geschicklichkeit bestimmt wird ..., aber kein Sportereignis umfasst." Dabei ist Geschicklichkeit charakteri-

---

[327] Siehe auch Carmen Simon, *Das Glücksspielrecht nach 2010*, Wirtschaftsrechtliche Blätter, 25 (2011), S. 414–422. Günther Winkler, *Poker und Pokerspielsalons in der Glücksspielgesetzgebung*, Wien 2011.

siert als „das Wissen, die Fingerfertigkeit, Stärke, Geschwindigkeit, Genauigkeit, Reaktions-
zeit, Koordinierung und/oder Kompetenz in Bezug auf sonstige körperliche oder geistige
Leistungen …, die durch Praxis, Erfahrung oder Studium erworben, entwickelt oder erlernt
werden."

Die Reglementierungen, denen Glücksspiele unterworfen sind, wurden zum Zweck getroffen, Spieler vor der übermäßigen Ausnutzung ihres Spieltriebs zu schützen. Daher liegt ein
gesetzlich reglementiertes Glücksspiel, in Österreich *Ausspielung* genannt, nur dann vor,
wenn als Einsatz ein Vermögenswert geleistet wird und außerdem Gewinne mit Vermögenswert ausgelobt sind. Nicht betroffen sind sowohl gegen Geld angebotene Unterhaltungs-
spiele ohne Gewinnmöglichkeit als auch Preisausschreiben, in denen man ohne geldwerten
Einsatz gewinnen kann.

In Bezug auf die Anforderungen an den Spielablauf eines Glücksspiels, nämlich in Form
einer ganz oder überwiegend durch den Zufall herbeigeführten Spielentscheidung, scheinen
die zitierten rechtlichen Definitionen zunächst mit der in der Einführung beschriebenen Klassifikation von Spielen übereinzustimmen. Allerdings lassen bereits die zitierten Ergänzungen
in Bezug auf Wetten und spezielle Kartenspiele vermuten, dass dies nicht ohne Einschränkung der Fall ist. Der Grund dafür ist, dass der rechtliche Reglementierungsrahmen nicht nur
den objektiven Zufall umfasst,[328] der zum Beispiel für die Ungewissheit der Spieler über ein
zukünftiges Würfelergebnis ursächlich ist, sondern auch subjektiv ähnlich wirkende Kausalitäten, die – obwohl ohne objektiven Zufall – einzelne Spieler analog dem Unwissen ausset-
zen.[329] Konkret gilt in Deutschland, auf dessen Rechtstradition wir uns jetzt fokussieren, der
Zufall im rechtlichen Sinne, wie schon der I. Strafsenat des Reichsgerichts in einem Urteil
vom 17. Oktober 1901 formuliert hat, als „das Wirken unberechenbarer, der Einwirkung des
Interessenten entzogener Kausalitäten".[330] Diese Sichtweise ist nicht nur dadurch zu erklären, dass eine wissenschaftlich fundierte Charakterisierung des objektiven Zufalls zu dieser
Zeit noch ausstand. Vielmehr lässt sich die Interpretation auch rein positiv dadurch rechtfertigen, dass die Spiele aus der Perspektive des durch die Regelung zu schützenden Spielteil-
nehmers gesehen werden.

Noch etwas deutlicher wurden die Abgrenzungskriterien für Glücks- und Geschicklichkeitsspiele in einem Urteil des I. Strafsenats des Reichsgerichts vom 18. Mai 1928 formuliert.
Demnach liegt ein Glücksspiel vor, wenn nach den Spielbedingungen „die Entscheidung
über Gewinn oder Verlust eines Vermögenswertes nicht wesentlich von den Fähigkeiten und
Kenntnissen sowie vom Grade der Aufmerksamkeit der Spieler, sondern allein oder hauptsächlich vom Zufall, d. h. vom Wirken unberechenbarer, dem Einfluß der Beteiligten entzo-
genen Ursachen abhängt."[331] Dieses Urteil fasste die Rechtsauslegungen diverser Vorentscheidungen wie die bereits zitierte zusammen, auch wenn es selbstverständlich „nur" darum

---

[328] Siehe Kapitel 1.8.

[329] Ein frühes Beispiel behandelt das Urteil des IV. Strafsenats des Reichsgerichts vom 25.3.1895,
RGSt <u>27</u>, S. 94–95. Darin wird eine Ausspielung, bei der gemäß den Spielregeln der Gewinner
nicht zufällig ausgewählt, sondern vom Veranstalter bestimmt wird, als Glücksspiel eingestuft.

[330] Urteil des Reichsgerichts in Strafsachen vom 17. 10.1901, RGSt <u>34</u>, S. 403–407, hier zitiert S. 405.
Gegenstand des Urteils war ein damals *Hydrasystem* genanntes Schneeballsystem, auch als Pyra-
midensystem bezeichnet, zu denen auch Kettenbriefe gehören. Es handelt sich um Geschäfte, deren
Gewinne davon abhängen, dass Teilnehmer eine bestimmte Zahl von weiteren Teilnehmern wer-
ben, die wiederum – und zwar über mehrere Ebenen – ebenso verfahren.

[331] RGSt <u>62</u>, S. 163–172, hier zitiert S. 165.

ging, den dem Strafprozess zugrunde liegenden Sachverhalt zu bewerten. Gegenstand war ein mechanischer Automat des Typs *Bajazzo*, bei dem eine hinter einer senkrechten Glasplatte in ein Spielfeld abgeschossene Kugel mit einem beweglichen Fangkorb einzufangen war. Das heißt, es sollten „nicht etwa mehrere Spieler aus dem Publikum gegeneinander ihre Geschicklichkeit messen; vielmehr vollzog sich das Spiel zwischen dem Angeklagten, der den Automaten aufgestellt hatte, und denjenigen, denen gegen ihren ... Einsatz jeweils für den Fall eines ihnen günstigen Ausgangs des Spiels ein Geldgewinn in Aussicht gestellt war. Bei einer solchen Gestaltung des Spiels scheidet von vornherein die Geschicklichkeit des Gegners im Spiel als Gradmesser für die Wahrscheinlichkeit eines nach dem regelmäßigen Verlauf der Dinge zu erwartenden Erfolgs völlig aus." Das Gericht ging damit von zwei Spielern aus, die in einer stark asymmetrischen Weise gegeneinander spielen, nämlich insbesondere dadurch bedingt, dass der Veranstalter für seine Gewinntreffer keine Geschicklichkeit aufbringen muss.[332] Dies unterscheidet das Spiel gegen einen Automaten von anderen Spielen wie Schach, bei dem in einer Partiesequenz beide Spieler Partien durch jeweils eigenes Geschick gewinnen. Für solche Spiele mit lauter „richtigen" Mitspielern impliziert die Bewertung, gemäß der bei Spielen gegen den Automaten das Fehlen von Geschick beim Automaten als maßgeblich eingestuft wird, allerdings, dass man bei einer Partiesequenz das Geschick nicht ausschließlich bei den Erfolgen eines isoliert fokussierten Spielers suchen darf. Die Gültigkeit dieses Gebots wird selbst dadurch nicht in Frage gestellt, dass die Wirkungen des Geschicks eines einzeln fokussierten Spielers empirisch einfacher erkannt werden können, und zwar insbesondere dann, wenn seine Spielkompetenz die seiner Gegner deutlich übersteigt.

Außer auf die objektiven Eigenschaften des Spiels nimmt das Urteil Bezug auf die zu erwartenden „Fähigkeiten und Kenntnisse des Durchschnitts der als Spieler in Betracht kommenden Personen". Ein Geschicklichkeitsspiel ist nur dann gegeben, wenn „der Durchschnitt der Personen, denen das Spiel eröffnet ist, es mit hoher Wahrscheinlichkeit in der Hand hat, durch Geschicklichkeit den Ausgang des Spiels zu bestimmen, mag auch die Geschicklichkeit nicht bei allen Spielern vorhanden sein. Dagegen ist ein Glücksspiel anzunehmen, wenn die Wahrscheinlichkeit, auf den Ausgang durch Geschicklichkeit einzuwirken, für den Durchschnitt der in Betracht kommenden Spieler so gering ist, daß bei der Mehrzahl der Einzelspiele hiermit nicht zu rechnen ist, mögen auch einzelne Spieler die hierfür erforderliche besondere Geschicklichkeit besitzen."

---

[332] Deshalb gelten Geschicklichkeitsspiele, bei denen ein Spieler gegen den Automaten spielt, in Deutschland inzwischen als Widerspruch in sich (siehe Peter Marcks, *Geschicklichkeitsautomaten mit Geldgewinn – Ein Widerspruch in sich?* In: Friedhelm Schilling, Dieter Meurer, *Automatenspiel und Recht*, Marburg 1998, S. 25–30). Da mit Geschick gemäß dem Urteil des Bundesverwaltungsgerichts vom 24.10.2001 (6 C 1.01) eine mindestens 50-prozentige Trefferquote für nicht als Turnier veranstaltete Spiele erzielbar sein muss, würde, falls der im Trefferfall erzielte Zugewinn die Höhe des Einsatzes erreicht, kein Spiel vorliegen, das wirtschaftlich betrieben werden könnte. Anzumerken ist allerdings, dass die Verordnung über Spielgeräte und andere Spiele mit Gewinnmöglichkeit in der Fassung vom 6.2.1962 (Bundesgesetzblatt I, 9.3.1962, S. 153) in § 11 Abs. 2 SpielV eine Ausnahmebestimmung für „Spielgeräte, bei denen der Spielausgang überwiegend von der Geschicklichkeit des Spielers abhängt", vorsah. Auch wurde 1990 vom Bundeskriminalamt eine Unbedenklichkeitsbescheinigung für eine solche Spieleinrichtung als anderes Spiel im Sinne von § 33 d der Gewerbeordnung erteilt („Sekt oder Selter", 19.2.1990, 20.110–1/90; siehe auch den Beschluss des Hessischen Verwaltungsgerichtshofs vom 3.1.1995, Aktenzeichen 8 TG 2939/94, Randnr. 29). Ein Teil der erzielbaren Gewinne war dabei gleich hoch wie der Einsatz.

Hohe Geschicklichkeitslevel, die nur von besonders geübten Spielern erreicht werden oder sogar nur im Bereich des hypothetisch Denkbaren existieren, bleiben damit außerhalb der Betrachtung. Ebenso wird „nach unten" eine Grenze der Relevanz eingezogen, indem das Niveau von Anfängern bei der Bewertung eines Spiels unberücksichtigt bleibt. Dazu wird in einem Urteil des Bundesverwaltungsgerichts vom 9.10.1984 (Aktenzeichen C 20.82) formuliert: „Entscheidend ist, ob die zufallsüberwindende Geschicklichkeit von einem spielinteressierten Menschen mit durchschnittlichem Standard in einer so kurzen Zeit erworben werden kann, daß sich die Herrschaft des Zufalls allenfalls auf eine Einspielzeit beschränkt, deren Länge sich nach der erfahrungsgemäßen durchschnittlichen Dauer der Spielteilnahme bestimmt. Die Zufallsabhängigkeit des Glücksspiels muß auf Umständen beruhen, deren Überwindung unter Zugrundelegung normaler menschlicher Lernfähigkeit nicht in verhältnismäßig kurzer Zeit möglich ist. Wenn man nicht in dieser Weise die Erlernbarkeit der typischen Fähigkeiten maßgebend sein ließe, hätten viele der als Geschicklichkeitsspiele anerkannten gemischten Spiele Glücksspielcharakter, weil die der Geschicklichkeit zugrundeliegenden Fähigkeiten nur sehr selten von vornherein vom Durchschnittskönnen der möglichen Spielteilnehmer umfaßt werden." Je nach Spiel kann die Geschicklichkeit von körperlicher oder geistiger Geschicklichkeit abhängen, „wozu bei Kartenspielen vor allem Kombinationsgabe, Merkfähigkeit, Übung und Beherrschung der Spielregeln gehören".[333]

Zum Bajazzo-Urteil aus dem Jahr 1928 bleibt noch nachzutragen, dass dessen konkrete Entscheidung auf empirischen Messreihen beruhte, die verschiedene Sachverständige ermittelt hatten. Einerseits wurden mit diversen Standardstrategien, die keiner Beobachtung und keiner darauf ausgerichteten Beeinflussung bedurften, Erfolgsquoten von 9 % bis 24 % ermittelt. Andererseits erreichten gezielt agierende Spieler Erfolgsquoten zwischen 31 % und 36 %. Die maximale Differenz zwischen den beiden Bereichen, nämlich 27 %, wertete das Gericht als eine obere Abschätzung für den Anteil der Spiele, in denen „die Möglichkeit [besteht], den Ausgang durch Geschicklichkeit zu beeinflussen."[334] Dem Spiel wurde daher der Charakter eines gemischten Spiels attestiert, bei dem der Einfluss des Zufalls den Einfluss der beiden Spieler übertrifft, von denen nur ein Spieler überhaupt aktiv agiert.

In diversen Entscheidungen der deutschen Rechtsprechung wurden weitere Grundsätze aufgestellt, wie Glücksspiele von Geschicklichkeitsspielen abzugrenzen sind:

---

[333] Hofmann, *Die Bekämpfung des regelwidrigen Ecartéspiels aus der Sicht der Strafverfolgungsbehörde*, in: Bundeskriminalamt (Hrsg.), *Bekämpfung von Glücks- und Falschspiel*, Wiesbaden 1955, S. 71–81, dort S. 71. Ähnlich fasst das Urteil des Bundesverwaltungsgerichts vom 9.12.1975, Aktenzeichen I C 14.74, Rn 22, die einhellige Auffassung in Rechtsprechung und Schrifttum zusammen.

[334] Die Differenz 36 % – 9 % = 27 % entspricht allerdings nicht zwangsläufig dem Anteil der durch Geschicklichkeit verursachten Treffer, da die in der ersten Versuchsreihe zufällig erzielten Treffer selbstverständlich auch ganz oder zumindest teilweise mit Geschick erreicht werden können. Dazu ein Beispiel eines zweiphasigen Spiels, dessen erste Phase der geschickte Spieler mit 30 % und der ungeschickte Spieler mit 0 % gewinnen kann. In Spielen, in denen in der ersten Phase noch kein Gewinn erzielt wird, findet eine zweite Phase statt, die per Zufallsentscheid in 10 % der Fälle zum Gewinn führt. Der ungeschickte Spieler gewinnt damit 10 % der Spiele. Der geschickte Spieler gewinnt bereits 30 % der Spiele in der ersten Phase und von den 70 % Spielen, welche die zweite Spielphase erreichen, nochmals ein Zehntel, also insgesamt 37 %. Darin enthalten sind die 30 % der Spiele, die aufgrund der gemachten Annahmen durch Geschick gewonnen werden, was ungleich dem Wert ist, der sich bei der simplen Bildung der Differenz 37 % – 10 % = 27 % ergibt. Allerdings bleibt anzumerken, dass die letztliche Bewertung des Bajazzo-Urteils durch diese quantitative Korrektur nicht in Frage gestellt wird.

- Zunächst ist eine einheitliche Betrachtungsweise anzulegen, bei der ein Spiel bereits dann als Glücksspiel einzustufen ist, wenn eine Variante existiert, bei der es sich um ein Glücksspiel handelt. Dies wäre zum Beispiel der Fall, wenn in einem Beobachtungsspiel die Spielregel eine Variante zulässt, bei der Spieler die Informationen, die er für seine mit Geschick zu treffende Entscheidungen benötigt, „nicht kennt oder nicht einsehen kann."[335]

- Einheitlich ist auch die Einstufung eines Spiels in Bezug auf einen bestimmten Kreis des Publikums vorzunehmen: „So wenig ein Glücksspiel diese Eigenschaft verliert, weil die bloße abstrakte Möglichkeit besteht, den Zufall durch besondere Geschicklichkeit oder Umsicht auszuscheiden und diese Geschicklichkeit vielleicht bei einzelnen in der großen Masse des Publikums, dem die Spielgelegenheit dargeboten ist, verschwindenden Spielern vorhanden ist, so wenig kann ein Geschicklichkeitsspiel deshalb als Zufallsspiel bezeichnet werden, weil ein nennenswerter Teil der Spieler die erforderliche, für ihn recht wohl erwerbbare Geschicklichkeit nicht oder noch nicht besitzt."[336]

- „Mathematische Kalkulationen und verwickelte Wahrscheinlichkeitsberechnungen", deren Verwendung die „durchschnittliche Fähigkeit der beteiligten Personen" übersteigen würde, sind bei der Bewertung eines Spiels unerheblich.[337] Allerdings bleibt davon „[d]ie Notwendigkeit, den Charakter des Spieles mit wissenschaftlichen Methoden zu bestimmen", unberührt,[338] was genau den Weg beschreibt, den wir hier beschreiten wollen.

---

[335] Urteil des Bundesverwaltungsgerichts vom 28.9.1982, Aktenzeichen G 1 C 139.80.

[336] Urteil des IV. Strafsenats des Reichsgerichts vom 3.4.1908, Aktenzeichen IV 155/08. RGSt. 41, S. 218–223, hier zitiert S. 221 f.

[337] Urteil des Bundesverwaltungsgerichts vom 17.5.1955, Aktenzeichen 1 C 133.53. Übrigens handelte es sich bei den dort in Frage stehenden Kalkulationen um das Buch *Das verständige Kartenspiel* des Mathematikers und Schachweltmeisters Emanuel Lasker.

[338] Urteil des Bundesverwaltungsgerichts vom 9.10.1984, Aktenzeichen C 20.82.
Diese Präzisierung stellt klar, dass verwickelte mathematischer Berechnung nur insofern irrelevant sind, wenn mit ihnen eine vermeintliche Fähigkeit des Durchschnittsspielers belegt werden soll. Eine weitergehende Interpretation, die mathematische Überlegungen generell als irrelevant einstufen würde, ist jedoch nicht gemeint. Ein Beispiel für die Notwendigkeit dieser Differenzierung sind Bluff-Strategien beim Poker, die sich zunächst in der Spielpraxis herausgebildet haben und erst nachträglich ihre mathematische Begründung im Rahmen spieltheoretischer Berechnungen von hoher Komplexität erhalten haben. Ähnlich argumentierte das Finanzgericht Münster in einem Urteil vom 18.7.2016 (Aktenzeichen 14 K 1370/12 E,G), als es den Gewinn eines Pokerspielers als einkommensteuerpflichtig einstufte.
Nicht verkannt werden darf auch der konkrete Kontext des zuvor zitierten Urteils aus dem Jahr 1955 (Fn 337). Bei dem Spiel handelte es sich um eine Variante des Stichspiels Ecarté, bei dem jede Spielerhand anfänglich nur fünf Karten umfasste und relativ starr vorgegebene Bedienregeln der Nachhand meist keinerlei oder andernfalls nur wenig Raum für eine Entscheidung ließen. Da ein Spiel zwischen zwei und sechs Spielrunden umfasste, bei denen am Anfang Karten wie beim Poker getauscht werden konnten, gab es nur relativ wenige Möglichkeiten eines gezielten Einflusses. Dieser Sachverhalt ist angesichts des damaligen Veranstaltungsmodus nicht verwunderlich. Einen Eindruck davon vermitteln die drastischen, auch den Zeitgeist der 1950er-Jahre widerspiegelnden Worte eines Staatsanwalts: „Bemerkenswert ist allerdings, dass ihm [gemeint: dem Spiel] nichts mehr von der Vornehmheit vergangener Zeiten anhaftet, daß es nicht mehr in exklusiven Zirkeln und seriösen Klubs, sondern in der Hauptsache in öffentlichen Lokalen gespielt wird, die zwar noch den wohlklingenden Namen irgend eines Klubs tragen, in Wirklichkeit aber, wie die Ecarteprozesse der letzten Jahre gezeigt haben, oft Obdachlosenasyle und Treffpunkte asozialer Elemente sind." (Hofmann, Fn 333).

In welchem Zusammenhang steht aber nun die rechtliche Differenzierung zwischen Glücks- und Geschicklichkeitsspielen, wie sie gerade referiert wurde, zu der auf Basis der Spieltheorie vorgenommenen Klassifizierung? Letztere differenziert Gesellschaftsspiele, in denen manuelle Geschicklichkeit und Reaktionsschnelligkeit keine Rolle spielen, nach den drei Ursachen der Ungewissheit, nämlich Zufall, kombinatorische Vielfalt und unterschiedliche Information. Ohne Zweifel ist dabei eine hohe kombinatorische Vielfalt, die für Verstandesspiele wie Schach das prägende Element darstellt, in der Regel ein Indiz für einen hohen Geschicklichkeitsanteil, der vom Spieler in Form geistiger Betätigung ins Spiel einzubringen ist. Offen ist aber, wie stark dazu im Vergleich vorhandene Zufallseinflüsse, wie etwa beim Backgammon, und unterschiedliche Information, wie bei Stratego oder bei Kartenspielen – bei Letzteren zusammen mit einem Zufallseinfluss –, zu bewerten sind. Offen ist ebenfalls, ob und wie bei Mehrpersonenspielen der geringe Einfluss, den ein einzelner Spieler in der Regel hat, rechtlich zu bewerten ist.

Die bisher referierten Rechtsgrundsätze wurden meist Rahmen von Urteilen entwickelt, die Spiele zum Gegenstand hatten, die speziell für das Spiel um Geld konzipiert wurden. Neben dem bereits angeführten Bajazzo-Automaten zählen dazu Beobachtungsspiele, die auf Karten- oder Roulette-ähnlichen Kugelspielen basieren, und spezielle Spielvarianten zu Kartenspielen. Abgesehen von Poker, das in den letzten Jahrzehnten eine zunehmende Popularität erlangt hat, werden bekannte Spiele in den Urteilen meist nur am Rande erwähnt, fungieren allerdings gelegentlich in der Rechtsliteratur als Beispiele. Wenig überraschend werden dabei Brettspiele wie Schach, Mühle, Dame und Halma als reine Geschicklichkeitsspiele eingestuft und „Würfelspiele um Geld und das Roulette"[339] als reine Glücksspiele – bei den Würfelspielen gemeint sein dürften Wettspiele wie Chuck-a-Luck und Craps. In seiner Darlegung deutlich expliziter ist der Physiker Thomas Bronder, der viele Jahre zusammen mit dem „Spielausschuss" in Deutschland die rechtliche Einordung von Spielen nach § 33 d der Gewerbeordnung (GewO) mitverantwortete, wobei eine Unbedenklichkeitsbescheinigung nur für überwiegende Geschicklichkeitsspiele erlangt werden kann.[340] Bronders beispielhafte Aufzählung reiner Glücksspiele umfasst Würfelspiele, Lotterien und Roulette, während „Schach, Dame, Go, Mühle, Halma, Nim-Spiele" als Beispiele für reine Geschicklichkeitsspiele angeführt werden, wobei auch die Mehrpersonenvariante des Halma explizit erwähnt wird.[341] Der Verweis auf das Mehrpersonen-Halma ist auf den ersten Blick zwar wenig überraschend, weil es offensichtlich keine Zufallseinflüsse gibt und weil mangels verdeckter Spielelemente eine perfekte Information gegeben ist. Insofern wirken abseits der Entschei-

---

[339] In dieser Aufzählung ganz konkret in Rudolf Sieverts (Hrsg.), *Handbuch der Kriminologie*, Berlin 1966, Stichwort *Glücks- und Falschspiel*, S. 351. Inhaltlich unter starkem Rückgriff auf Hofmann (Fn 333), S. 72.

[340] Zur Benennung dieses Ausschusses siehe Bundesratsdrucksache 104/95 vom 15.2.1995, Begründung zu Nummer 2, Buchstabe a (S. 7). Rechtsgrundlage dieses Ausschusses ist die Verordnung über das Verfahren bei der Erteilung von Unbedenklichkeitsbescheinigungen für andere Spiele im Sinne des § 33 d Abs. 1 der Gewerbeordnung, auch Verordnung zur Erteilung von Unbedenklichkeitsbescheinigungen, „kurz" Unbedenklichkeitsbescheinigungsverordnung (UnbBeschErtV). Deren § 1 beginnt mit der Regelung:
„Über den Antrag auf Erteilung einer Unbedenklichkeitsbescheinigung für ein anderes Spiel im Sinne des § 33 d Abs. 1 der Gewerbeordnung entscheidet das Bundeskriminalamt im Benehmen mit der Physikalisch-Technischen Bundesanstalt und einem Ausschuß von vier auf dem Gebiete des Spielwesens erfahrenen Kriminalbeamten der Länder."

[341] Thomas Bronder, *Spiel, Zufall und Kommerz : Theorie und Praxis des Spiels um Geld zwischen Mathematik, Recht und Realität*, Berlin 2016. Zitat S. 28, außerdem Tabelle auf S. 74.

dungen der Spieler keinesfalls nicht erkennbare und daher unberechenbare Kausalitäten.[342]
Andererseits besitzt aber in einer symmetrisierten Version eines solchen Spiels kein Spieler
eine erfolgswirksame Strategie, mit der er allein aus eigener Kraft für sich einen Verlust verhindern könnte. Positionen des Spiels und Züge zwischen solchen Positionen sind daher anders als bei Zwei-Personen-Brettspielen wie Schach und Mühle untereinander nicht in absoluter Weise vergleichbar. Eine theoretische Erfolgswirksamkeit, wie sie das symmetrisierte
Schach in Bezug auf ein Remis bietet, wäre nur dann gegeben, wenn die Spieler in zwei
Koalitionen gegeneinander antreten – mit gegenüber dem normalen Halma unveränderten
Kausalitäten im Spielablauf. Erst dann wären bei einem Turnier Spielresultate zu erwarten,
wie man sie vom Schach her kennt, wo ein konkretes Turnierergebnis mit dem allgemeinen
Spieler-Ranking stark korreliert.

In diesem Kontext der reinen Geschicklichkeitsspiele erscheint eine Nebenbemerkung in
einem erstinstanzlichen Urteil etwas ungewöhnlich, das einen Automaten auf Basis eines
manuelle Geschicklichkeit bedürfenden Krangreifer-Spiels zum Gegenstand hatte.[343] Um zu
begründen, dass die niedrige Gewinnchance von unter 50 % die Einstufung als gemischtes
Spiel mit dem überwiegenden Charakter eines Geschicklichkeitsspieles nicht erlaube, erläuterte das Gericht: „... es [kann] nicht darauf ankommen, ob ein Spiel nach mathematisch-
naturwissenschaftlicher Beurteilung Glück- oder Geschicklichkeitsspiel ist. Vielmehr kann
auch ein im mathematischen Sinne als reines Geschicklichkeitsspiel einzuordnendes Spiel
Glücksspiel im Rechtssinne sein." Erläuternd führt das Urteil wenig später eine Analogie an:
„Schach gegen einen Computer wird – trotz der ausschließlich von der Logik beherrschten
Spielregeln – zum Glücksspiel, wenn die Bedingungen so gesetzt werden, daß der Computer
seine im Programm angelegte Überlegenheit ausspielen kann und der Durchschnittsspieler
deshalb auch unter Aufbietung höchster Anspannung chancenlos ist."

Zwar wurde das Urteil letztinstanzlich bestätigt, nachdem die zweite Instanz zunächst gegen-
teilig entschieden hatte. Der Verweis auf das Schachspiel blieb aber eine Episode, sicher
nicht zu unrecht. Denn wie ist ein Spiel zu werten, das ohne jede Gewinnchance sicher verloren wird? Dabei ist es eigentlich egal, ob man als durchschnittlicher Schachspieler gegen den
Schachweltmeister oder ein Computerprogramm gewinnen soll. Genauso chancenlos wäre
man, wenn man ein Tic-Toe-Spiel *gewinnen* müsste, was praktisch jeder Gegenspieler zu
verhindern weiß. Oder man könnte den Gewinn daran knüpfen, mit drei Würfeln die Summe
20 zu erzielen. Zweifelsohne sind solche Spiele in ihrer Konzeption mehr als unfair und ihre
Veranstaltung mag in rechtlicher Hinsicht unlauter sein – unberechenbare Kausalitäten weisen sie aber nicht auf, ebenso wenig wie sie überhaupt eine Gewinnmöglichkeit bieten. Es
fehlen damit sogar zwei bestimmende Merkmale eines Glücksspiels im rechtlichen Sinne.
Man kann sogar in Frage stellen, ob es sich überhaupt um ein Spiel handelt, da von dessen
zwei wesentlichen Merkmalen, nämlich ungewisser Verlauf und ungewisses Resultat, nur
das erstgenannte vorhanden ist.

Schwieriger einzuordnen als Brettspiele, die ohne Würfel gespielt werden, sind Kartenspiele.
Dazu drei Zitate aus der rechtswissenschaftlichen Literatur:

---

[342] Das Urteil des Bundesverwaltungsgerichts vom 9.12.1975 (I C 14.74) charakterisiert den Zufall in
einem Spiel dahingehend, „daß der dem Spielergebnis zugrunde liegende Kausalverlauf nicht im
voraus erkennbar und berechenbar ist, der Spieler daher seine Gewinnaussichten durch Geschicklichkeit nicht hinreichend verbessern kann."

[343] Urteil des Verwaltungsgerichts Wiesbaden vom 10.10.1995, Aktenzeichen 5/3E 32/94, Gewerbearchiv, 1996, S. 68–69.

- „Bei dem gemischten Glücksspiel entscheidet überwiegend der Zufall; daneben kann je nach den Spielregeln eine gewisse Geschicklichkeit entfaltet werden (Poker). Bei dem gemischten Geschicklichkeitsspiel ist es umgekehrt. Durch die Spielregeln, die schwierige Spielkombinationen und damit den Einsatz besonderer Kenntnisse, Fähigkeiten und Erfahrungen ermöglichen, kann der Spieler in der Mehrzahl der Fälle die Entscheidung maßgeblich zu seinen Gunsten beeinflussen und damit dem Zufall, der sich z. B. beim Kartenspiel schon in jeder Kartenverteilung auswirkt, die entscheidende Wirkung nehmen (Skat, Bridge, Canasta)."[344]
- „Zu den Geschicklichkeitsspielen … gehören zahlreiche Karten- und Wurfspiele, zB Skat …, nicht aber Black Jack und Poker einschl. des Turnierpoker …"."[345]
- „Die erwähnten Kartenspiele [unter anderem Bridge, Skat, Doppelkopf] erfordern ohnedies eine gewisse Zeitdauer, um als Geschicklichkeitsspiel gewertet werden zu können. Sie werden zu Glücksspielen, wenn die vom Zufall bestimmte Zusammensetzung der Karten nicht durch eine längere Spieldauer neutralisiert und damit jedem Spieler in etwa eine gleiche Ausgangsbasis gegeben wird, auf der er seine Geschicklichkeit entfalten kann."[346]

Der Komplexität der Sachverhalte angemessen dürfte allein das dritte Zitat sein. Die Geschicklichkeit kann nämlich, egal wie sie quantitativ bewertet wird, nur auf Basis des kompletten Reglements bewertet werden, und dazu zählen selbstverständlich

- die konkret gespielte Variante, von denen es insbesondere bei Poker diverse gibt,
- die Zahl der Mitspieler und gegebenenfalls, nämlich
- bei Turnieren, die Anzahl der Partien, die gespielt werden, inklusive den schließlich verwendeten Modus der Gesamtwertung. Dabei dürfte, sofern nur eine einzige Partie gespielt wird, das Spielresultat bei allen genannten Kartenspielen sehr stark von den zufällig verteilten Karten abhängen.

Die nicht an Detailfestlegungen geknüpfte Einstufung irgendeines der in den Zitaten erwähnten Kartenspiele als ein überwiegend vom Geschick oder Zufall beeinflusstes Spiel erscheint daher mehr als kühn.

Die zuletzt zitierte Einschätzung über Kartenturniere orientiert sich übrigens inhaltlich an der Anlage 1 der vormals diese Thematik regelnden „Verordnung über die gewerbsmäßige Veranstaltung unbedenklicher Spiele" vom 26.11.1963, die vorgab, dass „[d]ie Spiele … nach den allgemein üblichen Spielregeln im Rahmen einer Preisveranstaltung gespielt" werden mussten.[347] Beim Skat wird der Charakter eines überwiegend durch Geschicklichkeit bestimmten Spieles ab einer Dauer von 12 Runden gesehen, das heißt nach 36 Einzelspielen.[348]

---

[344] Sieverts (Fn 339), S. 351 f., wieder unter Rückgriff auf Hofmann (Fn 333), S. 72.

[345] J. Dietlein, M. Hecker, M. Ruttig, *Glücksspielrecht*, 2. Auflage, München 2013, § 3 GlüStV, Rn 4. Anzumerken ist, dass diese Aussage im Sinne des § 33 d der Gewerbeordnung getroffen wird, bei der die Anerkennung als unbedenkliches Geschicklichkeitsspiel noch an zusätzliche Eigenschaften gebunden ist. Die Auslassungen betreffen eingeklammerte Anmerkungen, insbesondere auf Literaturverweise, darunter auch solchen mit gegenläufiger Meinung.

[346] Peter Marcks, in: Landmann/Rohmer, *Gewerbeordnung und ergänzende Vorschriften*, Juni 2015, Anlage zu § 5 a SpielV, Rn 8.

[347] Bundesgesetzblatt Teil I, 1963, S. 850–860, 30.11.1963.

[348] Gemäß einer Unbedenklichkeitsbescheinigung nach § 33 d GewO, die vom Bundeskriminalamt im Jahr 2000 unter der Nummer 20.200-01/00 erteilt wurde. Gemäß einer Einschätzung des VG Berlin, das als Erstinstanz in einem Urteil des Bundesverwaltungsgerichts vom 28.11.1963 (I C 69.60) zitiert wird, wird Skat nach 20 bis 30 Spielen zum Geschicklichkeitsspiel. Bereits 1951 hatte der

Präzise Auslegungen, nach denen die Mindestlänge eines solchen Turniers bestimmt werden kann, damit sein Ergebnis als überwiegend durch Geschicklichkeit beeinflusst einzustufen ist, gibt es übrigens nicht – wie überhaupt exakte, allseits akzeptierte Messverfahren für den Geschicklichkeitsanteil in einem Spiel fehlen. Der zitierte Verweis auf „allgemein übliche Spielregeln" dürfte mehr als Versuch zu interpretieren sein, für populäre Spiele die langjährig praktizierte und letztlich als unkritisch gewertete Tradition solcher Turnierveranstaltungen klar vom Bereich des illegalen Glücksspiels abzugrenzen.

Dass es bei gemischten Spielen eine Mindestlänge eines Turniers gibt, ab der das Ranking der Turnierteilnehmer nicht primär durch zufällige Einflüsse bestimmt wird, ist schlicht eine Folge des Gesetzes der großen Zahlen. Im Detail ergibt sich nämlich das Ranking durch einen Vergleich zwischen Summen von Zufallsgrößen, welche die Ergebnisse der Spieler in den einzelnen Partien widerspiegeln. Für einen Spieler sind die Summanden stochastisch voneinander unabhängig und gleichverteilt – sofern die Strategie, von der sie abhängen, beibehalten wird. Der zufällige Anteil innerhalb der Summe wächst damit aufgrund des zentralen Grenzwertsatzes proportional mit der Quadratwurzel der Turnierlänge, der strategisch beeinflussbare Anteil sogar mindestens, nämlich bei zeitlich konstanter Strategie, proportional mit der Turnierlänge,[349] so dass der letztgenannte Anteil mit wachsender Turnierlänge immer dominanter wird.[350] Diese prinzipielle Gesetzmäßigkeit gilt selbst dann, wenn der Bereich der ins Kalkül gezogenen Strategien beschränkt wird, beispielsweise auf diejenigen Strategien, die einem Durchschnittsspieler realistisch zugänglich sind.

Trotz dieser im Prinzip unstrittigen Gesetzmäßigkeit, gemäß der ein um ein Ranking gespieltes Turnier den Geschicklichkeitsanteil eines Spieles mit zunehmender Länge tendenziell immer weiter steigert,[351] ist damit noch keineswegs klar, wie der Geschicklichkeitsanteil konkret gemessen werden könnte. Insbesondere im Zuge der Popularität des Pokerns, vor allem in seiner auch online angebotenen Variante des Texas Hold'em, hat es diverse Vorschläge von Mathematikern und anderen Mathematik-affinen Gutachtern gegeben, den Geschicklichkeitsanteil eines gemischten Spiels messbar zu machen. Wir werden einige dieser Ideen und Ansätze in den nächsten Kapiteln vorstellen, merken aber bereits jetzt an, dass sie kein eindeutiges Bild liefern. Diese Unklarheit ist aber nicht zwangsläufig und beruht insbesondere nicht darauf, dass mathematische Ansätze nicht die gewünschte Klarheit liefern

---

Bundesfinanzhof in einer Entscheidung (4.5.1951, II 2/51 U) ausgeführt, dass „[d]as Risiko der schlechten Karten desto mehr ausgeglichen [werde], je länger gespielt wird. Ein Vorherrschen des Zufalls könnte man aber nur bei ganz geringer Spieldauer annehmen. So kurze Zeit wird auch beim Preisskat nicht gespielt." Zu einem ähnlichen Vorgang siehe *Skat-Steuer: Kann Lehmanns Kutscher auch*, Der Spiegel, 46/1953, 11.11.1953, S. 17.

[349] Variiert ein Spieler seine Strategie, was ausgefuchste Turnierspieler zum Ende auf Basis des bisherigen Gesamtstandes sicher tun werden, vergrößert sich der Geschicklichkeitsanteil gegenüber dem Einzelspiel mit steigender Turnierlänge sogar noch stärker.

[350] Siehe Kapitel 4.4, insbesondere Fn 374.

[351] Dies gilt aber nicht in gleich Weise für solche Turniere, die im sogenannten Cashgame-Modus gespielt werden. Bei diesen Turnieren erfolgt die Wertung schlicht in Form einer Summation der Einzelgewinne. Insbesondere durch die Möglichkeit des vorzeitigen Ausstiegs wird es einem Spieler ermöglicht, isoliert über die Teilnahme an einer einzelnen Partie zu entscheiden. Rechtlich ergibt sich daher keine andere Bewertung wie für das Einzelspiel. Siehe dazu: Bernhard Kretschmer, *Poker – ein Glücksspiel?* Zeitschrift für Wett- und Glücksspielrecht, 2 (2007), S. 93–101; Bernd Holznagel, *Poker – Glücks- oder Geschicklichkeitsspiel?* MultiMedia und Recht, 2008, S. 438–444.

könnten.[352] Denn es ist gerade die Stärke der Mathematik als Metawissenschaft, beliebige widerspruchsfreie Systematiken modellieren zu können, und zwar ergebnisoffen ohne implizite Vorausannahmen über Existenz und Eindeutigkeit. Dabei ermöglicht es die Terminologie der Spieltheorie, komplexe Sachverhalte über interaktive Entscheidungsprozesse präzise zu beschreiben und davon ausgehend logische Implikationen zu vollziehen. Da die Wortbedeutung als Bestandteil der grammatischen Methode nur einen Teil der Rechtsauslegung bildet, machen es die im Detail bestehenden Unterschiede zwischen den verschiedenen Rechtsordnungen unvermeidbar, eine bestimmte Rechtsordnung, eben hier die deutsche, zu fixieren. So wünschenswert es aus der Perspektive der reinen Wissenschaft sein mag, ein universell für alle Rechtstraditionen geltendes Kriterium einer überwiegenden Geschicklichkeit zu formulieren, so unrealistisch ist es zugleich. Immerhin sind die methodischen Ansätze weitgehend auch auf andere Rechtstraditionen übertragbar.

Ein wesentliches Detail von Spielen, das zu beachten ist, bezieht sich auf unterschiedliche Informationsstände, deren rechtliche Bewertung sehr ambivalent ausfallen kann. Einerseits sorgen unterschiedliche Informationsstände bei einem Spiel wie Poker überhaupt erst dafür, dass innerhalb der kombinatorischen Vielfalt Entscheidungssituationen entstehen, deren Abwägungen nicht trivial sind, wie es bei offenen Karten und ansonsten unveränderten Pokerregeln der Fall wäre. Andererseits sind solche Entscheidungen im einfachsten Fall in ihrer subjektiven Wirkung äquivalent zu einem reinen Zufallseinfluss. Beispielsweise ist die „Stein"-Entscheidung eines Spielers im Spiel Papier-Stein-Schere äquivalent zu zwei Wetten, bei welcher der Spieler seinen halben Einsatz darauf wettet, dass sein Gegner sich zeitgleich für „Schere" entscheidet,[353] und die andere Hälfte seines Einsatzes darauf wettet, dass sich der Gegner sich *nicht* für „Papier" entscheidet. Je nachdem, wie die gegnerische Entscheidung fällt, gewinnt damit der Wettende entweder beide Wetten oder keine Wette oder er gewinnt und verliert je eine Wette.

Für den Charakter eines Glücksspiels spricht bei Papier-Stein-Schere ebenfalls, dass mit geistigen Fähigkeiten wie guter Merkfähigkeit, schneller Kombinationsgabe oder Aufmerksamkeit, mit denen die Rechtsprechung spielerisches Geschick konkretisiert,[354] der Erfolg kaum zu verbessern ist.

Es ist übrigens bemerkenswert, dass dem Sachverhalt der imperfekten Information in rechtlichen Erörterungen über die Abgrenzung von Glück- und Geschicklichkeitsspielen kaum Augenmerk gewidmet wird.[355]

---

[352] Allerdings ist den zitierten Gerichtsurteilen, die von einem Geschicklichkeitsspiel im mathematischen Sinne oder verwickelten Wahrscheinlichkeitsberechnungen sprechen, eine gute Portion Skepsis gegenüber mathematischen Erkenntnissen zu entnehmen – möglicherweise motiviert durch im Rahmen der Verfahren als wenig überzeugend empfundene Parteigutachten.

[353] Die zeitgleiche Entscheidung ist, wie in Teil 3 dargelegt, äquivalent dazu, dass einer der beiden Spieler seine Entscheidung zunächst verdeckt trifft.

[354] Bundesverwaltungsgericht, 9.12.1975, Aktenzeichen I C 14.74 (siehe auch Fn 333).

[355] Eine diesbezügliche Ausnahme sind kurze Erörterungen des Informationsstandes in Kartenspielen in: Clemens Weidemann, Hans Schlarmann, *Die Prüfung überwiegender Zufallsabhängigkeit im Glücksspielrecht – dargestellt am Beispiel von Hold'em-Poker und anderen Kartenspielen*, Neue Zeitschrift für Verwaltungsrecht, 2014, Heft 20, Extra, S. 1–8 (dort S. 5). Bernhard Wolf, *Zur strafrechtlichen Problematik des Glücksspiels*, Hamburg 1972, S. 68 f. Wolf spricht von einem „subjektiven Zufall".

Fassen wir zusammen: Von den Spielelementen der Glück-Logik-Bluff-Klassifizierung bewirken einzig die kombinatorischen Elemente eine mittels Geschick beeinflussbare Kausalität. Dabei müssen die entsprechenden Zugmöglichkeiten nicht notwendigerweise eine perfekte Information aufweisen, wie das Beispiel des Skat-Spiels zeigt, dessen Turnierform ein überwiegender Geschicklichkeitseinfluss attestiert wird. Allerdings sind die reinen Geschicklichkeitsspiele ausnahmslos reine kombinatorische Spiele.

Zu ergänzen bleibt, dass über die genannte Klassifizierung hinaus ebenfalls solche Phänomene eine Bedeutung für die Spielpraxis besitzen, die unter den idealisierten Bedingungen der Spieltheorie keine Rolle spielen. Gemeint ist damit zum Beispiel die Reaktionsschnelligkeit wie im Blitzschach, aber auch die Merkfähigkeit der Spieler in Bezug auf den bisherigen Spielverlauf, die in der Praxis eben meist nicht fehlerfrei ist.

4.3 Auf der Suche nach einem Maß

Wie lässt sich eine Maßskala für den Geschicklichkeitseinfluss in einem Spiel definieren?

Messen heißt vergleichen, und zwar mit Objekten, deren Messwerte bekannt sind, zum Beispiel einfach deshalb, weil sie einer Skalenfestlegung zugrunde liegen. Bei der Suche nach einem Maß für Geschicklichkeit stehen wir damit vor einem ähnlichen Problem wie zu Beginn von Kapitel 1.1, als es darum ging, Wahrscheinlichkeiten zunächst als Maß zu erkennen und die gemessenen Objekte zu charakterisieren, dann eine Maßskala festzulegen, um schließlich Messmethoden zu finden.

Wir beginnen die Untersuchung mit einfachen, speziell zu diesem Zweck konstruierten Spielen, die als **„Prüfsteine"** fungieren. Solche einfachen Szenarien stehen in Analogie zum Wurf eines symmetrischen Würfels, an Hand dessen wir eingangs die Grundzüge der Wahrscheinlichkeitsrechnung erläutert haben, aber auch zu einfachen Versuchsaufbauten in der klassischen Mechanik oder zu Gedankenexperimenten zur Relativitätstheorie.

Auch methodisch bieten sich Parallelen zum Würfelexperiment an, dessen Wahrscheinlichkeiten einerseits aufgrund von Symmetrien und andererseits auf Basis von empirischen Versuchen gedeutet werden konnten. Analog dazu sind Vergleiche zwischen verschiedenen Spielen auf zwei verschiedene Weisen möglich. Einerseits kann man auf empirischer Ebene die Resultate einer Partieserie dadurch auswerten, dass man sie mit analogen Daten vergleicht, die für Spiele mit bekanntem Charakter ermittelt wurden. Andererseits kann man die Spielregeln in Bezug auf die Glück-Logik-Bluff-Klassifizierung bewerten, wie wir es im letzten Kapitel getan haben. Eine Kombination von beiden Ansätzen ermöglicht es, die statistische Phänomenologie überwiegender Geschicklichkeitsspiele zu ergründen.

Die Rechtsliteratur geht von Kontinuum von Spielen aus, das zwischen reinen Glücks- und Geschicklichkeitsspielen liegt.[356] Innerhalb dieses Kontinuums wird die Lage eines gemischten Spiels durch eine Kenngröße charakterisiert, für die es nahe liegt, sie als A-Priori-

---

[356] Jan-Philipp Rock, Ingo Fiedler, *Die Empirie des Online-Pokers – Bestimmung des Geschicklichkeitsanteils anhand der kritischen Wiederholungshäufigkeit*, Zeitschrift für Wett- und Glücksspielrecht, 3 (2008), S. 412–422. Christian Laustetter, *Die Abgrenzung des strafbaren Glücksspiels vom straflosen Geschicklichkeitsspiel*, Juristische Rundschau, 2012, S. 507–513.

Wahrscheinlichkeit dafür zu interpretieren, dass das Resultat einer Partie überwiegend zufällig entschieden wird: „Entscheidend ist, mit welchem Grad von Wahrscheinlichkeit die beiden Verursachungsbeiträge zur Herbeiführung des Erfolges geeignet waren; vorwiegend verursachen bedeutet soviel wie im höheren Grade wahrscheinlich machen."[357] Allerdings ist diese Interpretation nur in einfachen Fällen schlüssig, da bei einem komplexen Spiel wie Backgammon a posteriori kaum feststellbar ist, ob eine bestimmte Partie überwiegend zufällig entschieden wurde.[358] Unabhängig von dieser formalen Fundierung sind aber implizite Aussagen über die quantitativen Gewichte von Zufall und Geschick in Partieserien empirisch ermittelbar, wenn die Erfolgshäufigkeiten für geschickt und ungeschickt agierende Spieler miteinander verglichen werden, wie es bereits das Reichsgericht im zitierten Bajazzo-Urteil tat.

1. Schach mit Zufallszügen: Wir beginnen die Serie der als „Prüfsteine" verwendbaren Spiele mit einer Schachvariante, bei der zu Beginn eines jeden Zuges mit einer fest vorgegebenen Wahrscheinlichkeit p entschieden wird, ob der Zug normal gezogen oder zufällig ausgelost wird, und zwar mit gleichen Wahrscheinlichkeiten für alle aktuell bestehenden Zugoptionen. Offensichtlich entspricht der Fall p = 0 dem normalen Schachspiel, während der andere extremale Parameter p = 1 ein reines Glücksspiel generiert. Damit bestätigen die erzeugten Spielregeln die bereits referierte Vorstellung eines Kontinuums von Spielen, bei denen die reinen Glücks- und die reinen Geschicklichkeitsspiele die Extreme bilden. Allerdings ist es kaum zu erwarten, dass sich gerade beim Wert p = ½ Zufall und Geschick in ihrem Einfluss die die Waage halten.

2. Messbare Spiele: Einfacher wird die Analyse der kausalen Einflüsse, wenn gemäß der Spielregel nur ein einziger Zug durch die parametrisierende Wahrscheinlichkeit beeinflusst wird. Konkret wollen wir ein Go-Spiel betrachten, bei dem mit einem Komi-Wert von beispielsweise 6½ sowohl der Vorteil des ersten Zuges annähernd ausgeglichen wird als auch ein Unentschieden unmöglich wird. Ergänzend wird in der Spielregel festgelegt, dass vor dem Beginn des Go-Spiels mit einer Wahrscheinlichkeit p ausgelost wird, ob statt des Go-Spiels der Gewinner der Partie einfach zufällig ausgespielt wird, und zwar mit gleichen Gewinnwahrscheinlichkeiten für beide Spieler. Wieder erhalten wir ein Kontinuum von Spielregeln, bei welchem der Parameterwert p = 0 zu einem reinen Geschicklichkeitsspiel führt und der Parameterwert p = 1 zu einem reinen Glücksspiel. Diesmal bildet allerdings der Parameterwert p = ½ offenkundig die Schwelle, bei welcher sich die Einflüsse durch Geschick und Zufall die Waage halten. Bei diesem Wert werden nämlich im Mittel 50 % der Spielverläufe rein zufällig entschieden, während in den anderen 50 % der Partien in der Regel unab-

---

[357] Alfred Dickersbach, *Der Geschicklichkeitsautomat als Problem des gewerblichen Spielrechts*, Zeitschrift für Gewerbe- und Wirtschaftsverwaltungsrecht, 44 (1998), S. 265–271, zitiert S. 267. Eine analoge Erwartungshaltung von Gerichten in Form einer Aussage, dass zum Beispiel ein Spiel zu 30 % zufällig und zu 70 % durch Geschick entschieden werde, sieht auch Joseph B. Kadane, *Does Electronic Draw Poker Require Skill to Play?* In: Morris H. DeGroot, Stephen E. Feinberg, Joseph B. Kadane (Hrsg.), *Statistics and the Law*, 1986, S. 333–343, zitiert S. 337. Nachdruck mit einer Erwiderung, Rückerwiderung und Ergänzung, bei der Video Poker mit Genugtens Ansatz (siehe Fn 367) untersucht wird, in: Joseph B. Kadane, *Statistics in the law*, Oxford 2008, S. 290–308.

[358] Rein theoretisch könnten, zumindest für Zwei-Personen-Nullsummenspiele mit perfekter Information wie Backgammon, bei einer konkreten Partie a posteriori zumindest die in deren Verlauf eingetretenen Veränderungen des Minimax-Wertes verglichen werden, die einerseits durch suboptimale Entscheidungen der beiden Spieler und andererseits durch Zufallsentscheidungen verursacht wurden.

hängig vom Anzugsrecht der erfahrenere Go-Spieler gewinnen wird, und zwar ungeachtet der Tatsache, dass gemäß Zermelos Bestimmtheitssatz entweder Schwarz oder Weiß eine sichere Gewinnstrategie besitzt. Ein seinem Gegner deutlich überlegener Spieler wird daher im Mittel 75 % der Partien gewinnen.

3. Auslosung des Anzugsrechts: Anhand eines dritten Denkmodells, in dem wir zwei Varianten eines Spiels untersuchen, wollen, werden wir nun noch demonstrieren, wie wichtig die Komplexität eines Spieles für seine Bewertung sein kann. Wir gehen dazu von einem Spiel aus, bei dem zwei Spieler ein rein kombinatorisches Spiel austragen, das damit ein reines Geschicklichkeitsspiel ist. Wir denken dabei einerseits an eine Partie Go, bei der ein Unentschieden wieder mit einem Komi-Wert von 6½ ausgeschlossen ist. Alternativ wollen wir ein Schachendspiel in Betracht ziehen, bei dem Weiß mit König und Dame gegen den schwarzen König spielt, wobei Weiß den ersten Zug machen darf. Was passiert nun, wenn wir, wie in der Praxis nicht unüblich, die Spielfarbe und damit das Recht auf den ersten Zug mit gleichen Wahrscheinlichkeiten auslosen? Überwiegt dann immer noch die Geschicklichkeit oder reicht dieser eine Zufallseinfluss, um aus dem Spiel ein überwiegendes Glücksspiel zu machen?

Aus dem Blickwinkel der Spieltheorie besteht kein Unterschied zwischen den beiden Spielen. Beide Spiele sind symmetrisch und nur der anfängliche Zufallszug entscheidet, welcher der beiden Spieler eine im Prinzip sichere Gewinnstrategie erhält. Der Unterschied zwischen beiden Spielen besteht „nur" in der Komplexität: Wer beim Schachendspiel Weiß spielt und damit den ersten Zug macht, kann, wenn er etwas Spielerfahrung besitzt, seine sichere Gewinnaussicht wahren. Wer dagegen beim Go mit dem vereinbarten Komi-Wert eine sichere Gewinnaussicht besitzt, ist völlig unbekannt – von dem Weg, wie diese sichere Gewinnaussicht gewahrt werden kann, einmal ganz zu schweigen.

Leider lässt sich die Komplexität eines Spieles nicht so einfach per Spielregel parametrisieren wie das beim Zufallseinfluss in den beiden zuvor erörterten Denkmodellen möglich war. Dies ist aber auch gar nicht notwendig, denn bereits ohne Zwischenstufen machen die Varianten des Go-Spiels und des Schachendspieles deutlich, dass eine rein spieltheoretische Analyse bei der Bewertung eines Spiels nicht ausreicht, aber sehr wohl im Stande ist, wesentliche Erkenntnisse herauszuarbeiten. Denn welche Beobachtungsergebnisse würde wohl eine empirische Prüfung der beiden Spiele in Form einer Serie von Partien ergeben? Im zweiten Fall des Schachendspiels würde das Resultat einer einzelnen Partie eine hohe Korrelation, das heißt eine hohe durchschnittliche Übereinstimmung, mit der initialen Zufallsentscheidung aufweisen. Dabei würde unabhängig davon, welche zwei Spieler man aus der Menge der Durchschnittsspieler auswählt, eine Testreihe des Schachendspiels stets etwa 50 % Gewinne für jeden Spieler enthalten. Dagegen würde beim Go-Spiel, sofern unterschiedlich starke Spieler ausgewählt werden, die initiale Zufallsentscheidung über das Anzugsrecht keine maßgebliche Rolle spielen. Testreihen mit 100 % Gewinnen eines Spielers wären daher sehr wohl möglich.

Übrigens hat die Rechtsprechung bereits mehrfach Spiele zum Gegenstand gehabt, die sich wie die gerade erörterten Spiele in Abschnitte einteilen lassen, die jeweils rein durch Geschicklichkeit beziehungsweise rein zufällig beeinflusst sind.[359] Geleitet vom Grundsatz der

---

[359] Beschluss des Verwaltungsgerichts München vom 9.2.2009 (Aktenzeichen M 22 S 09.300). Entschieden wurde über ein Quiz-Spiel mit nachgelagerter Zufallsentscheidung. Im Urteil des Oberlandesgerichts Düsseldorf (Az. I-20 U 39/03) vom 23.9.2003 ging es um eine Verlosung mit nach-

Ganzheitlichkeit[360] konnten in den zur Entscheidung anstehenden Fällen die durch Geschicklichkeit beeinflussten Spielabschnitte als nachrangig für die Gesamtentscheidung erkannt werden.

4. Ein symmetrisches Spiel, bei dem sich Glück und Geschick die Waage halten: Ein solches Spiel lässt sich auf Basis der Erkenntnisse konstruieren, die uns die beiden letzten beiden Beispiele gebracht haben. Dabei wird mit der Wahrscheinlichkeit p = ½ zunächst entschieden, ob der Gewinner rein zufällig mit gleichen Wahrscheinlichkeiten ausgelost wird. Andernfalls wird eine Partie Go mit einem Komi-Wert von 6½ gespielt, wobei die Spielfarbe mit gleichen Wahrscheinlichkeiten ausgelost wird. Das Spiel ist symmetrisch, und wie gewünscht halten sich Zufall und Geschick beim Einfluss auf das Spiel die Waage. Resultierend wird ein Spieler gegen einen deutlich überlegenen Kontrahenten gerade 25 % der Partien gewinnen – nämlich die Hälfte der zufällig ausgelosten Partien.

5. Turniere: Auch im Bereich der Mehrpersonenspiele, bei denen die kausalen Einflüsse meist noch schwieriger zu beurteilen sind als bei Zweipersonenspielen, lassen sich Spiele konstruieren, die sich zu prinzipiellen Untersuchungen eignen. Ein Testfeld elementar bewertbarer Spiele sind Turniere unterschiedlicher Modi, bei denen immer nur jeweils zwei Spieler gegeneinander spielen – beispielsweise eines der hier gerade untersuchten Spiele. Möglich sind auch Turniere, bei denen wie beim Golf nur ein interaktionsloser Wettbewerb um eine optimale Punktzahl stattfindet.

In Anlehnung an das vorherige Spiel würde beispielsweise ein Spieler, der gegen jeden anderen der 63 Turniermitspieler ein Einzelspiel mit der Wahrscheinlichkeit von 0,75 gewinnt, ein über sechs KO-Runden verlaufendes Turnier mit der Wahrscheinlichkeit von nur $0,75^6 = 0,178$ gewinnen. Das zeigt, dass bei einem Mehrpersonenspiel mit überwiegendem Geschicklichkeitseinfluss keine Erfolgswirksamkeit in dem Sinne gesichert ist, dass der beste Spieler mit hoher Wahrscheinlichkeit gewinnt.

Die Voraussetzung, dass das Turnier im KO-Modus veranstaltet wird, ist dabei nicht unerheblich. Bei anderen Turniermodi ist es nämlich nicht ausgeschlossen, dass sich mehrere Spieler zusammenschließen und gegenseitig begünstigen, wie es früher sogar bei internationalen Schachturnieren vereinzelt vorgekommen ist.[361]

Neben der theoretischen Untersuchung von Turnieren mit konstruierten Spielen wollen wir nun noch empirische Daten von Turnieren mit populären Spielen auswerten, die als reine Geschicklichkeitsspiele gelten oder deren Charakter eines überwiegenden Geschicklichkeitsspiels unstrittig ist.

6. Schachweltmeisterschaften: Wir beginnen mit einer Auswertung der Partien, die im Rahmen von Schachweltmeisterschaften gespielt wurden. In den betreffenden Jahren musste sich der Titelverteidiger einem Herausforderer stellen, der sich zuvor in einem Kandidatenturnier

---

gelagertem Quiz-Spiel: „… es kann keinen Unterschied machen, ob man ein reines Glücksspiel veranstaltet oder ob man auf ein Glücksspiel (mit der geringen Chance der Teilnahme an einem Geschicklichkeitsspiel als Gewinn) noch ein Geschicklichkeitsspiel ‚aufsattelt‘".

[360] Bronder (Fn 341), S. 41.

[361] Aus diesem Grund wurden nach dem Kandidatenturnier 1962 in Curaçao, bei dem es zu Kollusionsvorwürfen gegenüber den sowjetischen Spielern gekommen war, die Regeln durch die FIDE modifiziert. Siehe: Bobby Fischer, *Schacher im Schach. Das abgekartete Spiel der Russen*, Der Spiegel, 41/1962, S. 94–97.

qualifiziert hatte. In Tabelle 57 sind die Ergebnisse der Schachweltmeisterschaften von 2008 bis 2016 zusammengestellt, wobei die jeweils gespielten Farben berücksichtigt sind.

Zwar ist die Datenbasis nicht besonders groß, und die Spieler sind alles andere als eine repräsentative Auswahl der Gesamtheit aller Schachspieler. Allerdings sind die tabellierten Resultate für Spieler, die ungefähr gleich stark spielen, keineswegs ungewöhnlich, was ja gerade Denkspiele wie Schach interessant und spannend macht, wenn sie von einigermaßen gleichstarken Kontrahenten gespielt werden. Insofern ist es interessant, die Resultate aus rein statistischer Sicht zu betrachten. Dazu fasst man für jedes Szenario, charakterisiert durch die spielenden Personen und die Farbzuweisung, das Spielresultat als Wert einer Zufallsgröße auf. Der für die Stichprobe berechnete Mittelwert ergibt dann einen Schätzer für den Erwartungswert. Ebenso kann man einen Schätzwert für die Standardabweichung berechnen, die als Maß der Streuung zu interpretieren ist. Bildet man die Differenz der beiden Erwartungswerte, die zu einem Turnier gehören, erhält man ein Maß dafür, wie unterschiedlich stark beide Spieler gespielt haben.

Schach-WM	Weiß	Schwarz	Spielezahl mit Resultat			Erwartungswert	Standard-abweichung
			1	0	-1		
2008, Bonn	Anand	Kramnik	5	1	0	0,8333	0,4082
	Kramnik	Anand	1	2	2	-0,2000	0,8367
2010, Sofia	Anand	Topalow	2	4	0	0,3333	0,5164
	Topalow	Anand	2	3	1	0,1667	0,7528
2012, Moskau	Anand	Geldfand	1	5	0	0,1667	0,4082
	Gelfand	Anand	1	5	0	0,1667	0,4082
2013, Chennai	Anand	Carlsen	0	3	2	-0,4000	0,5477
	Carlsen	Anand	1	4	0	0,2000	0,4472
2014, Sotschi	Carslen	Anand	3	3	0	0,5000	0,5477
	Anand	Carlsen	1	4	0	0,2000	0,4472
2016, New York	Carslen	Karjakin	1	4	1	0,0000	0,6325
	Karjakin	Carlsen	0	6	0	0,0000	0,0000

Tabelle 57 Resultate der Schachweltmeisterschaften von 2008 bis 2016 (ohne Tie-Break-Spiele).[362]

Betrachtet man die Ergebnisse stets aus dem Blickwinkel des Spielers, der im entsprechenden Szenario den Gesamtsieg errungen hat, dann ergibt sich insgesamt ein Erwartungswert von 0,264 pro Partie bei einer Standardabweichung von 0,496 – die Streuung übersteigt also das Übergewicht des Spielstärkeren.

Obwohl Schach zweifellos keinen Zufallseinfluss beinhaltet, haben die Resultate der Partien ein Verhalten, das rein empirisch kaum von einem zufallsbestimmten Prozess mit hoher Volatilität zu unterscheiden ist. Verwundern kann dies aber nur diejenigen, die abseits der Realität die Streuung von Spielresultaten einzig dem Zufall zuschreiben und damit die Ungewissheit des Spielausgangs als Kernelement des Spiels verkennen. Ungewissheit entsteht aber auch bei rein kombinatorischen Spielen, die rechtlich unstrittig als reine Geschicklichkeitsspiele eingestuft werden, und zwar insbesondere bei gleich starken Kontrahenten. Dieses Verhalten der Spielresultate ist selbstverständlich auch der Grund dafür, dass in den angeführten Weltmeisterschaften in der Regel sechs Partien pro Farbzuweisung gespielt wurden – das reduziert die Standardabweichung auf 41 % des für eine Einzelpartie geltenden Wertes, so dass der Erwartungswert an Bedeutung gewinnt.

---

[362] Siehe z.B. Wikipedia

7. Turnierskat: Noch volatiler als die Resultate einer Partie Schach fallen die Ergebnisse von Skatturnieren aus. In Kapitel 4.2 wurde bereits erläutert, unter welchen Umständen solche Turniere in Deutschland als Geschicklichkeitsspiele eingestuft werden.[363] Als Datenbasis greifen wir auf den jährlich veranstalteten Deutschlandpokal zurück.[364] An diesem Turnier haben in 2011 und 2016 jeweils zwischen 489 und 763 Spieler teilgenommen. In Tabelle 58 sind für diese Turniere sämtliche Platzierungen von denjenigen Spielern aufgeführt, die in diesen Jahren mindestens einmal einen der drei ersten Plätze erreicht haben. Die betreffenden Topplatzierungen sind grau dargestellt. Um die variierende Anzahl der Turnierteilnehmer auszugleichen, sind in der Tabelle die Rankings von 0 bis 1 skaliert.

Wie gut schneiden nun aber Topplatzierte in anderen Jahren ab? Angesichts der geringen Datenbasis, die ohnehin nur trendmäßige Aussagen erlaubt, beschränken wir uns auf eine kurze Wertung, die keine Statistikkenntnisse voraussetzt: Obwohl es stets gut spielende Teilnehmer gibt wie H und L, ist ein solcher Trend bei anderen Spielern wie C und K kaum erkennbar. Immerhin erreichten diejenigen Spieler, die aufgrund einer Topplatzierung ausgewählt wurden, in Turnieren anderer Jahre ein Ranking von 0,386, was für ein anerkanntes Geschicklichkeitsspiel nur bemerkenswert wenig besser ist als das Ranking von 0,5, das für ein reines Glücksspiel zu erwarten wäre.

Natürlich ist es wenig überraschend, dass bei einem Skatturnier die Resultate volatiler ausfallen als bei einem Schachwettkampf. Das liegt nur zum Teil am vorhandenen Zufallseinfluss, der aus rechtlicher Sicht die durch imperfekte Information entstehenden Unwägbarkeiten einschließt und insgesamt nach herrschender Rechtsmeinung nachrangig gegenüber dem Einfluss ist, den die Spieler durch ihr Geschick ausüben können. Grund für die trotzdem ausgeprägte Volatilität ist die große Zahl von Mitspielern, die allein dafür sorgt, dass der Einzelne nur einen geringen Einfluss auf das Spielgeschehen hat. Ein solch geringer Einfluss Einzelner ist aber für sich allein keinesfalls ein Indiz für ein zufällig bestimmtes Spielergebnis.

Gute Spieler	Jahr					
	2011	2012	2013	2014	2015	2016
A		0,314			0,936	0,002
B					0,229	0,003
C	0,267	0,707	0,166	0,667	0,777	0,005
D		0,944	0,018		0,001	
E	0,526	0,053	0,303	0,521	0,004	0,497
E				0,001	0,177	
F	0,708			0,003		
G		0,306		0,004		0,676
H			0,002	0,036	0,022	0,039
I		0,579	0,004		0,604	
J	0,149		0,006	0,278		
K		0,001	0,033	0,976	0,804	0,045
L	0,003		0,022	0,192	0,166	0,197
M	0,004		0,184	0,738		

Tabelle 58   Skat-Deutschlandpokal: Mehrfachteilnehmer mit Topplatzierung 2011–2016.

---

[363] Siehe Fn 348.

[364] www.deutscherskatverband.de

8. Mehrpersonen-Halma: Die zuletzt getroffene Aussage, dass ein geringer Einfluss eines einzelnen Spielers kein Nachweis für die Glücksspiel-Eigenschaft eines Spiels ist, lässt sich durch reine Geschicklichkeitsspiele für mehrere Personen wie Halma bestätigen. Andernfalls wären nämlich das Drei- oder gar Sechs-Personen-Halma Glücksspiele. Selbst das Ergebnis einer Bundestagswahl, bei der die einzelne Stimme meistens keine Wirkung entfaltet, würde als zufallsbestimmt erscheinen.[365]

Interessant wäre eine Untersuchung der phänomenologischen Effekte, wie sie speziell bei Mehrpersonenspielen auftreten, an Hand von Halma. Leider hat aber Mehrpersonen-Halma, nicht zuletzt aufgrund der Darlegungen in Kapitel 4.1, keine Tradition in Bezug auf Turniere oder gar Weltmeisterschaften, so dass diesbezügliche Statistiken fehlen.

4.4   Die Messung des Geschicklichkeitsanteils

Welche Vorschläge wurden bisher gemacht, den Einfluss von Geschicklichkeit auf ein Spiel zu messen?

Wie bereits zu Beginn des letzten Kapitels erläutert gibt es unabhängig davon, wie die letztlich entscheidenden Details einer rechtlichen Auslegung vorgenommen werden, zwei prinzipielle Möglichkeiten, sich systematisch einer Quantifizierung des Geschicklichkeitsanteiles in einem Spiel zu nähern. In Frage kommt sowohl

* der direkte Ansatz einer theoretischen Analyse der kausalen Einflüsse auf das Spiel, wie auch
* die indirekte, empirische Analyse auf Basis einer Partiesequenz, die statistisch ausgewertet wird.

Die zweitgenannte Methode vermeidet nicht nur Berechnungen, die bei üblichen Spielen komplexitätsmäßig kaum beherrschbar sind, sondern ermöglicht auch eine praktikable Konkretisierung der Rechtsfigur des Durchschnittsspielers. Dazu wird von einer beliebig ausgewählten Gruppe von Versuchspersonen ausgegangen, denen zunächst eine Einspielphase ermöglicht wird. Anschließend wird die Gruppe gegebenenfalls um solche Spieler vermindert, die das Spiel höchst professionell beherrschen. Konkreter ist „der" Durchschnittsspieler a priori, das heißt vor Kenntnis des konkreten Szenarios, innerhalb dessen das Spiel veranstaltet werden soll, sowieso nicht eingrenzbar.[366] Nur a posteriori, was aber zweifelsohne

---

[365] Zufällige Kausalitäten hat das Bundesverfassungsgericht in der Vergangenheit im Fall sogenannter negativer Stimmgewichte erkannt, worauf es entsprechende Wahlgesetze für unzulässig erklärte (BVerfGE **121**, S. 266–317, insbes. S. 299): „Ob dieser Effekt des negativen Stimmgewichts bei einer bestimmten Wahl eintritt, hängt von unterschiedlichen Zusammenhängen ab, die ... nicht vorhersehbar oder planbar sind und von dem einzelnen Wähler kaum beeinflusst werden können. Damit handelt es sich in aller Regel um eine zufällige Folge des Wählerverhaltens."

[366] Im Kontrast zur strafrechtlichen Rechtsprechung, die einen Sachverhalt inklusive der Gegebenheiten der konkreten Veranstaltung a posteriori bewertet, verweist Dickersbach in Bezug auf Bauartzulassungen für Spieleinrichtungen darauf hin, dass „ein Spiel je nach Gegebenheiten der Spielveranstaltung entgegen einer vielfach vertretenen Auffassung nicht zugleich Glücksspiel und Geschicklichkeitsspiel sein [kann], weil die Identität des Spiels nicht durch die konkrete Veranstaltung konditioniert wird." Der Durchschnittsspieler stehe daher für „die Eigenschaften eines im Mittelbereich aller spielberechtigten Personen liegenden Spielers." Alfred Dickersbach, *Der Geschick-*

unbefriedigend ist, ließen sich auch Protokollierungen tatsächlich gespielter Partien eines bestimmten Veranstaltungsszenarios auswerten. Die Grenzen einer solchen, rein empirischen Vorgehensweise wurden bereits im letzten Kapitel an Hand der Beispiele Schach und Turnierskat deutlich. Möglich scheint es aber immerhin, gebräuchliche Spielweisen empirisch einzugrenzen.

Einen weitgehend spieltheoretisch orientierten Vorschlag, den Geschicklichkeitsanteil eines Spieles zu messen, wurde Ende der 1990er-Jahre von Ben van der Genugten, einem niederländischen Professor für Statistik, entwickelt und später zusammen mit seinen Mitarbeitern verfeinert.[367] Darin werden die Erwartungswerte der unter Berücksichtigung der Einsätze erzielten Gewinne verglichen, die drei verschiedene Typen von Spielern erzielen: Ausgehend von einem absoluten Anfänger, der nur die Regeln kennt und daher seine Zugentscheidungen rein zufällig trifft, wird demgegenüber zunächst die Verbesserung ermittelt, die ein gemäß den Gewinnerwartungen optimal agierender Spieler erzielen kann. Diese Differenz wird in Relation gesetzt zur Verbesserung, die gegenüber dem Anfänger ein hypothetisch optimal agierender Spieler erzielen würde, der im Voraus die Ergebnisse zufälliger Ereignisse kennt. Da die erste Differenz höchstens so groß sein kann wie die zweite, liegt der Quotient zwischen 0 und 1.[368] Außerdem gilt:

- Tendenziell wird der Zähler vergrößert durch Entscheidungsoptionen, mit denen die Gewinnerwartungen verbessert werden können. Gegenläufig führt der Fall, wenn die Gewinnerwartung wie in einem reinen Glücksspiel durch Entscheidungen nicht verbessert werden kann, zum Zähler 0, womit auch der Quotient gleich 0 ist.
- Analog wird der Unterschied von Nenner und Zähler vergrößert durch Möglichkeiten, mit Glück richtige Entscheidungen treffen zu können und auf diese Weise hohe Gewinne zu erzielen, was in Folge zu tendenziell kleinen Quotienten nahe 0 führt. Nützt dagegen selbst die Vorauskenntnis aller Zufallsergebnisse nichts, etwa weil es wie beim Schach gar keine gibt, dann stimmen Zähler und Nenner überein, und als Quotient ergibt sich 1.

Für den Fall des Roulette führt Genugtens Formel zu einem Zähler $-1/74 - (-1/37) = 1/74$. Grund ist die Option, auf einfache Chancen wie Rot und Schwarz mit einer etwas besseren Gewinnerwartung setzen zu können. Im Nenner erhält man $35 - (-1/37) = 35 + 1/37$, weil der hypothetisch optimal agierende Spieler dadurch, dass er seinen Einsatz auf die ihm im Voraus bekannte Zahl setzt, zu seinem Einsatz das 35-fache hinzugewinnt. Als Quotient ergibt sich 0,000386, was dem Wert 0 für ein reines Glücksspiel sehr nahe kommt.

Bei Mehrpersonenspielen sieht Genugtens sehr plausible Formel für seine Maßzahl vor, dass die für jeden einzelnen Spieler berechneten Differenzen sowohl im Zähler wie im Nenner

---

lichkeitsautomat als Problem des gewerblichen Spielrechts, Gewerbearchiv 1998, S. 265–272, hier zitiert S. 267.

[367] Peter Borm, Ben van der Genugten, *On a relative measure of skill for games with chance elements*, TOP, 9 (2001), S. 91–114. Marcel Dreef, Peter Borm, Ben van der Genugten: *A new relative skill measure for games with chance elements*, Managerial and Decision Economics, 25 (2004), S. 255–264. Ruud Hendrickx, Peter Borm, Ben van der Genugten and Pim Hilbers, *Measuring skill in more-person games with applications to poker*, CentER Discussion Paper, 2008–106. Siehe dazu auch Steven Heubeck, *Measuring skill in games: A critical review of methodologies*, Gaming Law Review and Economics, 12 (2008), S. 231–238.

[368] Trotz der von 0 bis 1 reichenden Skala handelt es sich aber nicht um die „Wahrscheinlichkeit", dass ein Spiel durch Geschick entschieden wird (siehe S. 358).

gemittelt werden.[369] Allerdings sind, damit überhaupt für einen bestimmten Spieler die beiden Differenzen berechnet werden können, Annahmen über die Strategien seiner Gegner notwendig. Übrigens sind es diese Annahmen, auf die sich die bereits erwähnten Verfeinerungen des Verfahrens beziehen, wobei nur Spiele mit imperfekter Information betroffen sind. Deren Geschicklichkeitsanteil wurde in Genugtens erstem Ansatz deutlich höher bewertet, weil dort der hypothetisch optimal agierende Spieler im Voraus nicht die Zugentscheidungen kennt, die die gegnerische Koalition im Rahmen gemischter Strategien zufällig herbeiführt. So hätte Genugtens erste Version Papier-Stein-Schere als reines Geschicklichkeitsspiel gewertet, die zweite bereits – im Einklang mit den hier am Ende von Kapitel 4.2 angestellten Überlegungen – als reines Glücksspiel. Da die Berechnungen für komplexe Spiele vollständig nicht bewältigt werden können, untersuchten van der Genugten et al. zum Teil vereinfachte Modelle.

Auf Basis des Berechnungsansatzes von van der Genugten erfolgte 2010 ein Freispruch in einem niederländischen Strafprozess, bei dem es um die Veranstaltung eines Glücksspiels in Form des Spiels Texas Hold'em ging, da das Gericht das vom Angeklagten veranstaltete Texas Hold'em nicht als Glücksspiel wertete.[370] Gegenläufig entschied der Unabhängige Finanzsenat Wien, der über die Pflicht zur Entrichtung einer Rechtsgebühr für Glücksverträge – quasi einer Glücksspielsteuer – zu befinden hatte und dazu entscheiden musste, ob das von der Berufungswerberin (Berufungsklägerin) veranstaltete Poker-Spiel als Glücksspiel einzustufen sei. Dabei folgte das Gericht in seiner Entscheidung nicht dem Tenor von zwei Gutachten, die ihm von van der Genugten und seinen Kollegen vorlagen.[371]

In Deutschland sind Genugtens Ergebnisse zwar in Gerichtsverfahren, aber bisher nicht in deren Urteile eingeflossen.[372] Das mag daran darin begründet sein, dass in Genugtens Ansatz die in der deutschen Rechtsprechung zu Geschicklichkeitsspielen im Mittelpunkt stehende Rechtsfigur des Durchschnittsspielers nicht explizit berücksichtigt wird und in einem rein theoretischen Ansatz auch kaum berücksichtigt werden kann.[373] Außerdem konnten für komplizierte Spiele bisher nur Schätzungen auf Basis vereinfachter Modelle vorgenommen werden. Daher müssen insbesondere die a priori nicht selbstverständlichen Annahmen über die Gegenstrategien konkretisiert werden, welche die Ergebnisse dieses an sich suggestiven Ansatzes maßgeblich beeinflussen. Schließlich ist anzumerken, dass Genugtens Formel nicht die Komplexität eines Spieles berücksichtigt, was im letzten Kapitel bei den beiden Varianten des dritten Beispiels, bei dem das Anzugsrecht ausgelost wurde, als notwendig erkannt wurde.

Der letzte Einwand, der sich im Rahmen einer rein theoretischen Analyse kaum überwinden lässt, muss als weiteres Indiz dafür gewertet werden, auch empirische Daten zu berücksichtigen. Ansätze dafür wurden von verschiedenen Autoren vorgestellt.

---

[369] Für den Sonderfall eines Spielers gegen den Automaten bedeutet dies, dass der fehlende Geschicklichkeitseinfluss des völlig passiven Veranstalters unberücksichtigt bleibt. Insofern ist Genugtens Formel in diesem Fall nicht vereinbar mit der deutschen, in Kapitel 4.2 dargelegten Rechtsprechung, gemäß der sich der Geschicklichkeitsanteil aufgrund des passiven Veranstalters halbiert.

[370] RBSGR:2010:BN0013.

[371] Berufungsentscheidung des UFS vom 5.4.2007, Geschäftszeichen RV/1667-W/06.

[372] Urteil des VG Wiesbaden vom 10. 12. 2007 (AZ: 5 E 770/06).

[373] Diese Thematik wird allerdings durchaus erläutert. Siehe Peter Borm, Ben van der Genugten (2001, Fn 367), S. 94–96.

Ein universeller Ansatz, der sich fundamental von Genugtens spieltheoretischen Analysen unterscheidet, stammt von Fiedler und Rock. Sie definieren „als zufällig alles das, was sich auf lange Sicht ausgleicht, gleich verteilt ist zwischen den Spielern und für niemanden diskriminierend ist. Aus empirischer Sicht entspricht der Einfluss des Zufalls dann der Varianz, oder mehr intuitiv, der Standardabweichung. Geschick … [ist] alles, was nicht zufällig ist. Das Ergebnis, das nach unendlichen Wiederholungen eines Spiels bleibt, ist somit durch Geschick verursacht."[374] Grundlage der Berechnungen sind empirische Daten, wobei für die Salden aus Gewinnen und Einsätzen, die sich für einen einzelnen Spieler innerhalb einer Spielsequenz ergeben, die Relation von Erwartungswert und Standardabweichung berechnet wird. Aufgrund des zentralen Grenzwertsatzes verändert sich diese Relation, wie bereits bei der Erörterung von Turnieren in Kapitel 4.2 dargelegt, mit der Quadratwurzel der Partiesequenzlänge.

Im Unterschied zu anderen Autoren quantifizieren die Autoren die Anteile, mit denen Geschicklichkeit und Zufall das Spielresultat beeinflussen, nur indirekt über eine kritische Wiederholungshäufigkeit,[375] die angibt, wie viele Partien gespielt werden müssen, damit sich die Einflüsse durch Geschick und Zufall die Waage halten, wozu der Betrag des Erwartungswertes mindestens gleich der Standardabweichung sein muss – bei höheren Signifikanzleveln[376] sogar ein Mehrfaches davon. Trotz oder gerade wegen der Verwendung empirischer Daten geht dieser Ansatz allerdings vollkommen an der Realität vorbei, denn die verwendete Formel müsste wegen ihrer Stetigkeit auch für reine Glücks- und Geschicklichkeitsspiele korrekte Einstufungen liefern. Wie die Beispiele im letzten Kapitel zeigen, würde der Ansatz aber bereits im Fall des Schachspiels nicht funktionieren, von Spielresultaten eines Drei-Personen-Halmas ganz zu schweigen. Konkret: Spielen zwei Personen Schach über eine Sequenz von Hin- und Rückspielen,[377] dann werden die Einzelresultate bei einigermaßen gleich guten Spielern in der Regel variieren, was Schach nach dem Ansatz von Fiedler und Rock fälschlicherweise als gemischtes Spiel mit deutlichem Zufallseinfluss erscheinen lässt.

Ein weiterer Einwand gegen die rechtliche Bedeutung der kritischen Wiederholungshäufigkeit soll hier nur am Rande erwähnt werden, weil seine Natur nicht mathematisch-spieltheoretisch, sondern rein rechtlich ist. So schreiben die Autoren an anderer Stelle:[378] „Wie schon angeführt, muss nun die normative Frage beantwortet werden, ob eine Wiederholungshäufigkeit von 1.000 Spielen ausreicht, um (Online-)Poker als Geschicklichkeitsspiel einzuordnen. Interessant ist hierfür, ob der Durchschnittsspieler diese Handanzahl erreicht oder nicht. Diese Frage muss zu einem guten Teil subjektiv beantwortet und abgewogen werden." Diese normative Frage stellt sich allerdings zumindest in Deutschland nicht, da sie völlig unstrittig in Rechtsprechung und Literatur beantwortet wurde: Jedes einzelne Spiel, bei dem sich ein Spieler isoliert für oder gegen eine Teilnahme entscheiden kann, zählt ein-

---

[374] Ingo C. Fiedler, Jan-Philipp Rock, 2009, *Quantifying skill in games – Theory and empirical evidence for poker*, Gaming Law Review and Economics, 13 (2009), S. 50–57. Eigene Übersetzung von S. 52. Siehe auch Jan-Philipp Rock, Ingo Fiedler, *Die Empirie des Online-Pokers – Bestimmung des Geschicklichkeitsanteils anhand der kritischen Wiederholungshäufigkeit*, Zeitschrift für Wett- und Glücksspielrecht, 3 (2008), S. 412–422.

[375] Von den Autoren als CRF-Wert abgekürzt (*critical repitition frequency*).

[376] Um das angestrebte Level einer statistischen Sicherheit zu erhalten, müssen zufällige Schwankungen in genügender Breite ausgeschlossen werden.

[377] Zur Herstellung der Symmetrie, die bei Fiedler und Rock implizit vorausgesetzt wird.

[378] Siehe Fn 356, zitiert S. 420.

zeln für sich. In den plakativen Worten von Alfred Dickersbach: „Das Einzelspiel ist der Beurteilungsgegenstand, aber die Spielsequenz ist das Werkzeug für die Ermittlung der Wahrscheinlichkeit."[379] In Bezug auf den hier zitierten Kontext könnte vielleicht ergänzt werden, dass die Spielsequenz *nur* ein Werkzeug ist, mehr nicht.

Zwar stellt die die deutsche Rechtsprechung die Rechtsfigur des Durchschnittsspielers in das Zentrum ihrer Bewertung, ob ein Spiel überwiegend durch Geschicklichkeit beeinflusst wird. Allerdings sind, da den Urteilen oft Spiele gegen einen Automaten zugrunde lagen, die Darlegungen über die Natur des Gegenspielers weniger umfangreich. Gegen wen aber spielt ein Durchschnittsspieler, wenn er sein Geschick unter Beweis stellen muss?

Zur gerade aufgeworfenen Frage, gegen wen ein Durchschnittsspieler sein Geschick zur Geltung bringen können muss, stellte 2009 der Münchener Rechtsanwalt Wulf Hambach zusammen mit zwei Kollegen ein Messkonzept vor, bei dem in Versuchsreihen Durchschnittsspieler gegen zufällig agierende Gegner antreten.[380] Dem Ansatz zugrunde liegt im Wesentlichen das bereits zweimal zitierte Gerichtsurteil des Bundesverwaltungsgerichts vom 9.10.1984. Dieses hatte ausgeführt: „[S]chließlich war die Beweisaufnahme ebenso falsch angelegt wie die vom Bundeskriminalamt im Verwaltungsverfahren durchgeführte Spielprüfung, weil in beiden Fällen alle Teilnehmer unter Einsatz der ihnen zur Verfügung stehenden Geschicklichkeit um den Erfolg bemüht waren und nicht – wie es erforderlich gewesen wäre – bei den Einzelspielen jeweils ein Teilnehmer den Zufall walten ließ."[381]

Angewendet wurde das Verfahren von der TÜV Rheinland Secure iT GmbH, die einen Test mit Durchschnittsspielern durchführte, bei dem jeweils 300 Einzelspiele umfassende Turniere mit sechs Personen an einem Tisch gespielt wurden. Dabei war die Möglichkeit eines Rebuys von Chips, die zum Spiel verwendet werden, stark eingeschränkt. Im Ergebnis, das nur in kleinen Teilen veröffentlicht wurde, schnitten die Durchschnittsspieler signifikant besser ab als die zufällig agierenden Spieler. Beispielsweise nahm im Fall, bei dem an einem Tisch jeweils ein Durchschnittsspieler und fünf zufällig agierende Spieler platziert wurden, in 19 von 20 Fällen der Durchschnittsspieler den ersten Platz und einmal den zweiten Platz ein.[382] Damit wird das Kriterium, das Hambach et al. in ihrer Publikation formulieren, deutlich erfüllt „Im Rahmen dieses Tests müssen Durchschnittsspieler gegen Spieler antreten, die nach dem reinen Zufallsprinzip spielen. Gewinnen die Durchschnittsspieler überwiegend – also in mehr als 50 % der Fälle – so liegt ein Geschicklichkeitsspiel vor."[383]

Die erwähnte Studie der Rheinland Secure iT GmbH wurde übrigens in zwei Verwaltungsgerichtsverfahren vorgelegt, die allerdings Einzelspiele und keine Turniere zum Gegenstand

---

[379] Siehe Fn 357, zitiert S. 268.

[380] Wulf Hambach, Michael Hettich, Tobias Kruis: *Verabschiedet sich Poker aus dem Glücksspielrecht?* Medien und Recht – International Edition, 6 (2009), S. 41–50.

[381] Aktenzeichen: C 20.82. Ähnlich urteilte der Hessische Verwaltungsgerichtshof Kassel am 10.4.1979 (Aktenzeichen II OE 41/77) zu einem Mehrpersonenspiel mit der Einschätzung, „daß es dem einzelnen Spieler grundsätzlich möglich ist, das Spiel durch taktisch kluges Vorgehen, durch Erinnerungsvermögen [...] planend zu steuern. Die vor dem Senat durchgeführte Demonstration des Spiels hat die [...] in zahlreichen Prüftests (375 Spiele mit sieben Personen) gewonnenen Erkenntnisse, daß durch bloße Zufallsentscheidung [...] gegenüber dem nach den Spielregeln gespielten Spiel schlechtere Ergebnisse erzielt wurden, bestätigt."

[382] Siehe Fn 380, S. 46 (dort insbesondere Fußnote 66).

[383] Siehe Hambach, Hettich (Fn 380), S. 46.

hatten. Insofern bilden die Urteile, welche die betreffenden Spiele als Glücksspiele einstuften, keine rechtliche Wertung der Studie.[384]

Einen berechtigten Einwand gegen die quantitativen Details des Kriteriums hat allerdings Christian Laustetter in seiner rechtswissenschaftlichen Dissertation[385] und einem in einer Zeitschrift erschienenem Auszug[386] formuliert. Bei einem symmetrischen Zweipersonenspiel[387] würde nämlich bereits ein minimaler Geschicklichkeitseinfluss in einem ansonsten vom Zufall entschiedenen Spiel ausreichen, die Fifty-Fifty-Chancen zugunsten des Durchschnittsspielers leicht zu verschieben, so dass das Kriterium dann erfüllt sei.

Trotz dieses Einwands befürwortet Laustetter den Ansatz von Hambach et al., die Ergebnisse von Partien eines Durchschnittsspielers gegen einen Zufallsspieler auszuwerten, aus rechtlicher Sicht immerhin in qualitativer Weise. Grund sei, dass ein Durchschnittsspieler gegen einen anderen, etwas besser agierenden Durchschnittsspieler seine Geschicklichkeit kaum erfolgreich zur Geltung bringen könne. Allerdings muss kritisch angemerkt werden, dass bei Zugrundelegung einer Partiesequenz eines Durchschnittsspielers gegen einen Zufallsspieler der gemessene Geschicklichkeitseinfluss eines Spiels steigt, wenn offenkundig unattraktive Zugmöglichkeiten ergänzt werden. Solche „aufgesetzten" Alibi-Erweiterungen müssten daher separat erkannt und ausgeblendet werden.

Laustetter führt seine Überlegungen weiter bis zu einem Kriterium für symmetrische Zweipersonenspiele.[388] Das Kriterium ist, obwohl Laustetters Formulierung des Kriteriums und noch mehr die von ihm mit Formeln gegebenen Begründungen schwerfällig sind, im Prinzip folgerichtig. Bei einem symmetrischen Zweipersonenspiel, das überwiegend durch Geschick entschieden wird, muss der Durchschnittsspieler im Mittel 75 % der Partien gewinnen. Grund ist, dass der Zufallsspieler keine der durch Geschick entschiedenen Partien gewinnt. Gewinnen kann er lediglich einen Teil der zufällig entschiedenen Partien, nämlich aufgrund der Symmetrie durchschnittlich die Hälfte und damit im Mittel insgesamt – bei nachrangigem Zufallseinfluss – höchstens 25 % aller Partien.

Schwieriger ist das Problem des Umgangs mit Mehrpersonenspielen. Laustetter weist diesbezüglich darauf hin, dass „je nach Spieleranzahl die hier vorgeschlagene Formel entsprechend den obigen Ausführungen zu modifizieren" sei. Ausgegangen wird entsprechend der referierten Rechtsprechung von dem Szenario, bei dem in einem symmetrischen Spiel für n Personen ein Durchschnittsspieler gegen n−1 Zufallsspieler antritt. Als Kriterium für ein überwiegendes Geschicklichkeitsspiel schlägt Laustetter vor, dass der Durchschnittsspieler in einer Spielsequenz einen Anteil der Partien gewinnt, der $(n + 1)/(2n)$ übersteigt.[389] Die Mo-

---

[384] Urteil des Verwaltungsgerichts Düsseldorf vom 21.6.2011 (Aktenzeichen 27 K 6586/08, insbesondere Randnummer 95) sowie des Verwaltungsgerichts Karlsruhe 12.2.2015 (Aktenzeichen 3 K 3872/13, insbesondere Randnummer 38, kritisch zum Ansatz der Studie allerdings Randnummer 36).

[385] Christian Laustetter, *Grenzen des Glücksspielstrafrechts*, Baden-Baden 2011.

[386] Laustetter (Fn 356).

[387] Laustetter spricht von einem „Spiel, welches für beide Spieler die gleichen Zufallswahrscheinlichkeiten aufweist" (Fn 356, S. 510).

[388] Siehe auch Laustetter (Fn 385), S. 151 ff. und den Hinweis in Fn 387.

[389] Laustetter behandelt in seiner Dissertation exemplarisch den Fall n = 6 (Fn 388, S. 154 f.). Allerdings erörtert er nicht, ob die Bedingung des Kriteriums womöglich nur hinreichend oder nur notwendig ist.

tivation für diesen Wert ergibt sich dadurch, dass der Durchschnittsspieler alle durch Geschick entschiedenen Partien zu gewinnen habe – also mindestens die Hälfte – und vom Rest den n-ten Teil, also insgesamt mindestens von $\frac{1}{2} + \frac{1}{2} \cdot n$. Kritisch muss, zusätzlich zur bereits für den Fall n = 2 gemachten Anmerkung, darauf hingewiesen werden, dass nicht alle Turniere, die aufgrund der Überlegungen in Kapitel 4.3, Beispiel 5 überwiegend durch Geschick entschieden werden, das Kriterium erfüllen.

Einen gänzlich anderen Vorschlag, Geschicklichkeit in Spielen zu messen, hat Jakob Erdmann in seiner Dissertation vorgelegt.[390] Ausgangspunkt von Erdmanns Ansatz ist der Sachverhalt, dass jede Position, die in einem Spiel durchlaufen werden kann, zumindest im Fall von Zwei-Personen-Nullsummenspielen mit perfekter Information einen eindeutig bestimmten Minimax-Wert besitzt. Daher kann man immerhin theoretisch die in einer Partie durch suboptimale Spielerentscheidungen verursachten Verschlechterungen summarisch erfassen und ebenso die Veränderungen des Minimax-Wertes, die durch konkrete Ergebnisse von Zufallsentscheidungen verursacht werden. Da allerdings die Minimax-Werte für reale Spiele wie Schach oder Backgammon aufgrund der Komplexität nicht exakt bestimmt werden können, ermittelt man stattdessen Schätzungen für die Minimax-Werte auf Basis angenommener Spielstrategien. Idealerweise werden die Strategien durch Computerprogramme realisiert, wobei zufällige Spielerentscheidungen – obwohl bei perfekter Information eigentlich entbehrlich – dazu dienen, typisches, in der Regel uneinheitliches Spielerverhalten zu modellieren, wie es zum Beispiel im Hinblick auf gebräuchliche Schacheröffnungen sehr gut dokumentiert ist. Auf diese Weise kann man den Minimax-Wert einer Position im Rahmen einer Monte-Carlo-Simulation dadurch schätzen, dass man den Durchschnitt aller Spielresultate bildet, die ausgehend von der zu untersuchenden Position zustande kommen. Darauf aufbauend lassen sich dann, wie bereits für die exakten Minimax-Werte erläutert, die Veränderungen erfassen, die sich im Verlauf einer Partie pro Spielerzug beziehungsweise pro Zufallsentscheidung ergeben.[391] Resultierend erhält man auf diese Weise pro simulierter Partie zwei Summen I_P und I_C von einerseits spielerbedingten und andererseits zufallsbedingten Änderungen der Minimax-Schätzwerte. Die Absolutbeträge $|I_P|$ und $|I_C|$ dieser beiden Summen, die man als Werte einer Zufallsgröße auffassen kann, charakterisieren den Gesamteinfluss, den in der Partie die beiden Spieler (*influence by players*) sowie der Zufall (*influence by chance*)

---

[390] Jakob Erdmann, *The characterization of chance and skill in games*, Dissertation, Jena 2010. Jakob Erdmann, *Chanciness: Towards a characterization of chance in games*, International Computer Games Association Journal, <u>32</u> (2009), S. 187–205.

[391] Erdmann legt in seiner Dissertation dar, dass dieser approximative Ansatz, anders als die exakte Berechnung auf Basis von Minimax-Werten, sogar für Mehrpersonenspiele möglich ist. Allerdings muss zur approximativen Bewertung der Positionen jeweils ein Spieler fixiert werden, um dann den Durchschnitt seiner Gewinne, die sich in Partien ausgehend von einer zu bewertenden Position ergeben, als deren Bewertung zu verwenden. Anschließend geht man unter Beibehaltung des fixierten Spielers wie bei Zwei-Personen-Nullsummenspielen vor. Das heißt, ausgehend von dessen Positionsbewertungen addiert man die im Verlauf einer Partie erfolgenden Änderungen, und zwar getrennt für jeden Verursacher. Auf diese Weise ergibt sich für jede Partie eine Aufteilung der Positionswert-Veränderungen, die durch den Zufall sowie durch die einzelnen Spieler verursacht werden. Damit erhält man bei insgesamt n Mitspielern für jeden Mitspieler, dessen Gewinne zugrunde gelegt werden, n + 1 Zufallsgrößen. Wenn man deren Erwartungswerte empirisch im Rahmen einer Sequenz von Partien bestimmt und dann noch den anfangs fixierten Spieler variiert, dann erhält man insgesamt n(n + 1) Einflusswerte. Die Vielfalt der Werte hat zur Folge, dass dieses Vorgehen bei Mehrpersonenspielen nicht zwangsläufig zu einer einheitlichen Tendenz in Bezug auf die Gewichtungen von Zufall und Geschick führt.

ausgeübt haben. Das Verhältnis der zugehörigen Erwartungswerte $E(|I_P|)$ und $E(|I_C|)$, die man beide empirisch innerhalb einer genügend langen Partiesequenz in Form eines Durchschnitts messen kann, bietet sich als Maß für den Geschicklichkeitsanteil im Spiel an. Erdmann selbst berücksichtigt zusätzlich noch den Minimax-Wert des Spiels beziehungsweise dessen Schätzwert als weiteren Vergleichsfaktor. Bei symmetrischen Spielen ist dieser Wert aber ohnehin gleich 0. In diesem Fall vereinfacht sich das von Erdmann definierte **Chanciness**-Maß zum Quotienten $E(|I_P|)/(E(|I_P|) + E(|I_C|))$.

Es muss allerdings angemerkt werden, dass Erdmanns Ansatz bei komplexen Spielen wie Backgammon trotz der vorgenommenen Approximationen rechtentechnisch kaum bewältigt werden kann. Außerdem hängt das Chanciness-Maß erheblich von den unterstellten Spielweisen ab.

Weitere Ansätze zur Messung des Geschicklichkeitsanteils eines Spiels:

Shane Jensen, Abraham Wyner, *A statistician reads the sports pages: Can the skill level of a game of chance be measured?* Chance, <u>25</u>:3 (Sept. 2012), S. 50–53.

Roman V. Yampolskiy, *Game skill measure for mixed games*, 21st International Conference on Computer, Electrical, and Systems Science, and Engineering, 2007, S. 308–312.

4.5   Poker: Die heiß diskutierte Streitfrage

Ist Poker ein Glücksspiel?

Die letzte Fragestellung des vorliegenden Buchs ist, wie viele zuvor formulierte Eingangsfragen, nochmals rhetorischer Natur. Insbesondere bedarf die Frage nach der Natur von „Poker", wie bereits in Kapitel 4.2 erläutert, einer präzisen Zugrundelegung einer Spielregel, die Variante, Teilnehmeranzahl, Limits und gegebenenfalls den Turniermodus umfasst. Bei einem Turnier, bei dem nur zu Beginn ein Einsatz geleistet wird (ohne sogenanntes *Rebuy*), gehört zur Spielregel der gesamte Turniermodus, das heißt die Angaben darüber, wie viele Personen in welchen Untergruppierungen wie viele Durchgänge (Einzel„spiele") mit welcher Gesamtwertung und Gewinnaufteilung spielen. Dabei kann der Turniersieger einen festen Betrag gewinnen, so dass die Einsätze und Gewinne der Einzel„spiele" nur als Spielpunkte fungieren, die das Ranking bestimmen. Möglich ist aber auch, dass der Saldo der gewonnenen abzüglich der eingesetzten Punkte am Ende des Turniers zu einem betragsgleichen Gewinn führt. Die letztgenannte Turnierform wird auch als *Cashgame*-Turnier bezeichnet.[392]

In den letzten Kapiteln dürfte bereits am Rande deutlich geworden sein, dass die große Popularität des Poker, insbesondere in seiner auch online angebotenen Variante des Texas Hold'em, stark dazu beigetragen hat, die rechtliche Einordnung dieses Spiels in seinen verschiedenen Veranstaltungsformen zu untersuchen.[393] So ergab eine Analyse von 103 Millio-

---

[392] Siehe auch Fn 351.

[393] Rechtliche Erörterungen, soweit nicht bereits in den Fußnoten 351, 355 und 380 referiert: Christian Koenig, Simon Ciszewski, *Texas Hold'em Poker – Glücksspiel oder Geschicklichkeitsspiel?* Gewerbearchiv, 2007, S. 402 ff.; Jörg Ennuschat, *Poker – ein Glücksspiel*, Zeitschrift für Wett- und Glücksspielrecht, <u>9</u> (2014), S. 177–180; Felix Hüsken, *Zur Zulässigkeit von Turnierpokerveranstal-*

nen Online-Pokerspielen, dass 75,7 % der Spiele allein aufgrund der Gebote entschieden wurden, ohne das es zum Vergleich der Karten, dem Showdown, kam. Bei immerhin 49,7 % dieser Showdowns wäre sogar das Blatt eines Spielers, der bereits ausgestiegen war, besser gewesen.[394] In einer weiteren Studie auf Basis einer Stichprobe von 660 Spielen wurden ähnliche Werte ermittelt, allerdings ergänzt um das Ergebnis, dass der ohne Showdown Gewinnende in 72,8 % der Spiele auch das beste Blatt gehabt hätte.[395] Diese einzeln suggestiven und doch ambivalenten Aussagen[396] machen deutlich, wie wichtig fundierte und universelle Ansätze sind, welche die in den diversen Rechtsordnungen entstandenen Auslegungen in objektiv messbare Kriterien umzusetzen.[397] Bei allen Unwägbarkeiten erlauben die bisherigen Erörterungen deutliche Aussagen dahingehend, wie vorgegangen werden kann. Anknüpfend an die in Kapitel 4.3 untersuchten Beispielszenarien erscheint es sinnvoll, mit einfachen Fällen zu beginnen. Wir werden sowohl allgemeine Verfahrensweisen als auch deren Implikationen für „Poker", das heißt Poker-Varianten und -Turniere, erläutern. Wieder, nämlich wie schon zum Ende des letzten Kapitels, werden wir dabei statt der quantitativen Frage nach dem Grad des Geschicklichkeitseinflusses in einem Spiel nur die qualitative Frage untersuchen, ob dieser Geschicklichkeitseinfluss überwiegt.

---

tungen nach dem Glücksspielstaatsvertrag und dem gewerblichen Spielrecht, Zeitschrift für Wett- und Glücksspielrecht, 4 (2009), S. 77–80; Robert Wagner, *Die Praktikabilität des Österreichischen Glücksspielbegriffs am Beispiel des Kartenspiels Poker*, Dissertation, Wien, 2010. Einen internationalen Überblick geben Joseph M. Kelly, Zeeshan Dhar, Thibault Verbiest, *Poker and the law: Is it a game of skill or chance and legally does it matter?* Gaming Law Review, 11 (2007), S. 190–202.

[394] Paco Hope, Sean McCulloch, *Statistical analysis of Texas Hold'em*, Cigital Inc., Dulles 2009.

[395] Vincent Berthet, *Best hand wins: How poker is governed by chance*, Chance 23/3 (2010), S. 34–38.

[396] Nur am Rande sei ein Beispiel einer besonders fragwürdigen Argumentation erwähnt, die von einer Auflistung der jeweils 22 *amtierenden* Weltmeister im Poker und Schach in den Jahren von 1990 bis 2011 ausgeht, wobei es sich um vier Personen beim Schach und 22 Personen beim Poker handelt: „Wenn das Kompetenzniveau oder die Erfahrenheit keine größeren Unterschiede aufweisen, entscheidet auf Dauer vorwiegend der Zufall über den Spielausgang. So ist zu erklären, dass es fast jährlich neue Pokerweltmeister, während einige Schachweltmeister aufgrund ihrer Kompetenzen viele Jahre ihren Titel verteidigen können" (Deutsche Hauptstelle für Suchtgefahren [Hrsg.], *Pathologisches Glücksspielen*, Suchtmedizinische Reihe, Band 6, 2013, S. 13 f.). Wie in Kapitel 4.1 dargelegt reicht allein der Charakter eines Mehrpersonenspiels, die offenkundige Nichtexistenz stets überragend agierender Spieler zu erklären – das wäre selbst beim zufallslosen Mehrpersonenbrettspiel Halma nicht anders. Hinzu kommt, dass sich der amtierende Weltmeister bei einer Schachweltmeisterschaft anders als bei einer Pokerweltmeisterschaft nur *einem* aus Vorentscheidungen hervorgegangenen Herausforderer stellen muss, womit selbst im Extremfall eines reinen, aber fairen Glücksspiels der Herausforderer durchschnittlich jedes zweite Mal scheitern würde. Da im zugrunde gelegten Zeitraum im Durchschnitt nur alle 2,3 Jahre eine Schachweltmeisterschaft stattfand, würde sogar bei einer mit einem Herausforderer ausgetragenen Weltmeisterschaft in einem reinen Glücksspiel die durchschnittliche Amtsdauer 4,7 Jahre betragen, was einem jährlich gegen viele Herausforderer spielenden Pokerweltmeister kaum gelingen wird.

[397] Weitere Beispiele von Untersuchungen, die abseits universeller Ansätze isoliert Pokern zum Gegenstand haben, sind: Marc von Meduna, Gerhard Meyer, *Poker. Glücksspiel oder Geschicklichkeitsspiel? Aktuelle Forschungsbefunde und offene Fragestellungen*, in: Sven Buth, Jens Kalke, Jens Reimer (Hrsg.): *Glücksspielsuchtforschung in Deutschland*, Freiburg 2013, S. 161–175; Michael A. DeDonno, Douglas K. Detterman, *Poker is a skill*, Gaming Law Review, 12 (2008), S. 31–36; Rachel Croson, Peter Fishman, Devin G. Pope, *Poker Superstars: Skill or luck? Similarities between golf—thought to be a game of skill—and poker*, Chance, 21 (2008), S. 25–28; Robert C. Hannum, Anthony N. Cabot, *Toward legalization of poker: The skill vs. chance debate*, UNLV Gaming Research & Review, 13/1 (2009), S. 1–20.

1. Symmetrische Zweipersonenspiele: Die im letzten Kapitel referierten Überlegungen von Laustetter bezogen sich, wie die hier in Kapitel 4.1 erfolgten Darlegungen, auf symmetrische Spiele. Unabhängig von den rechtlichen Erwägungen, mit denen Laustetter sein von ihm als notwendig und hinreichend eingestuftes Kriterium für einen überwiegenden Geschicklichkeitseinfluss begründete, lässt sich mit ähnlichen Überlegungen ein *hinreichendes* Kriterium für ein überwiegendes Geschicklichkeitsspiel aufstellen: Findet man zu einem symmetrischen Zweipersonenspiel in der Gesamtheit der Durchschnittsspieler zwei Kontrahenten, bei denen sich im Rahmen einer Partiesequenz für den überlegenen Spieler eine Gewinnwahrscheinlichkeit von über 0,75 durch Verwerfen der gegenteiligen Hypothese statistisch nachweisen lässt,[398] dann kann dieses Spiel kein überwiegendes Glücksspiel sein. Grund ist, dass andernfalls, nämlich bei einem überwiegend zufällig bestimmten Spiel, jeder der beiden Spieler aufgrund der Symmetrie eine Gewinnwahrscheinlichkeit von mindestens 0,25 besitzen müsste[399] – im Widerspruch zum unterstellten Ergebnis der Partiesequenz.

Die bereits im zweiten Beispiel von Kapitel 4.3 erkannte Schwelle von 75 % besitzt damit sogar eine allgemeine Bedeutung.

Natürlich ist es selbst bei einem reinen Geschicklichkeitsspiel wie Schach möglich, dass von zwei Spielern keiner drastisch deutlich besser spielt als der andere. Unter solchen Umständen ist es kaum zu erwarten, dass es selbst bei einer langen Partieserie zu einem klaren Übergewicht von mindestens 75:25 kommt. Beim 75:25-Kriterium handelt sich eben um ein hinreichendes, aber eben nicht um ein notwendiges Kriterium dafür, dass ein Spiel überwiegend durch Geschick beeinflusst wird.

Mit den letzten Überlegungen wird deutlich, dass die 75-Prozent-Grenze des gerade formulierten Kriteriums gänzlich anders zu interpretieren ist als bei Laustetter, auch wenn es argumentative Überschneidungen gibt:[400] Nun liegt keine spezielle, nämlich zufällige Spielweise zugrunde, gegen die sich ein Durchschnittsspieler mittels Geschick mit einer Erfolgswahrscheinlichkeit von 75 % durchsetzen können *muss*. Dafür hat das Spiel unterschiedliche Kompetenzlevel für Spieler zu ermöglichen, wie sie beim Schach durch **Elo-Zahlen**[401] und beim Go durch **Dan**-Ränge quantifiziert sind. Möglich ist dies, wie wir an Hand des dritten Beispiels von Kapitel 4.3 gesehen haben, nur für Spiele mit einer bestimmten Mindest-Komplexität, da nur dann die Symmetrie des Spiels durch eine Asymmetrie bei den Spielerkompetenzen gebrochen werden kann.

2. Symmetrische Zweipersonenspiele mit unterschiedlichen Gewinnhöhen: Auch für Spiele, die wie Backgammon oder im Cashgame-Modus gespielte Poker-Turniere nicht nur einfach gewonnen oder verloren werden können, lässt sich ein analoges Kriterium finden. Gesucht

---

[398] Aufgrund eines statistisch signifikanten Versuchsergebnisses, siehe Kapitel 1.12.

[399] Zur Problematik einer A-Priori-Wahrscheinlichkeit dafür, dass das Resultat einer Partie überwiegend zufällig entschieden wird, wird auf den Anfang von Kapitel 4.3 verwiesen (S. 358).

[400] Überlegungen zur 75-Prozent-Grenze finden sich auch als Teil der Argumentation eines von Randal D. Heeb erstellten Gerichtsgutachtens. Die Referierung im dazu ergangenen Urteil des District Court des Eastern District of New York vom 21.8.2012 (U.S. v. DiCristina, 1:11-cr-00414-JBW) scheint allerdings darauf hinzudeuten, dass Voraussetzungen, Methodik, Argumentation und Schlussfolgerungen nicht genügend präzise formuliert sind. Kritische Anmerkungen dazu geben auch: Rogier J. D. Potter van Loon, Martijn J. van den Assem, Dennie van Dolder, *Beyond chance? The persistence of performance in online poker*, PLOS ONE 10(3): e0115479 (2015), insbesondere S. 17 f.

[401] Arpad E. Elo, *The rating of chessplayers, past and present*, New York 1978.

ist also ein hinreichendes Kriterium dafür, dass bei einem zu untersuchenden, symmetrischen Spiel die Hypothese eines überwiegenden Zufallseinflusses nicht aufrechterhalten werden kann. Konkret umfasst die Hypothese eines überwiegenden Zufallseinflusses den Sachverhalt, dass im Spiel kompetenzbedingte „Störungen" der Symmetrie maximal mit einer Wahrscheinlichkeit von 0,5 auftreten, und zwar selbst dann, wenn zwei Durchschnittsspieler mit deutlich unterschiedlichen Spielstärken gegeneinander spielen. Als formale Grundlage des Kriteriums, das wir in einer groben und in einer verfeinerten Variante vorstellen, verwenden wir die Zufallsgröße, die der Gewinnhöhe des besseren Spielers entspricht. Die Wahrscheinlichkeitsverteilung dieser Zufallsgröße ist symmetrisch um den Wert 0, sofern beide Spieler die gleiche Strategie spielen, was natürlich nur dann möglich ist, wenn kein Spieler eine Strategie verwendet, die das Kompetenzlevel seines Kontrahenten übersteigt.

Für die grobe Form des Kriteriums betrachten wir nur die Werte unterhalb des Medians, das heißt wir bilden eine bedingte Zufallsgröße aus den kleineren Werten, die mit einer Gesamtwahrscheinlichkeit von 0,5 eintreten. Ein überwiegendes Glücksspiel kann dann *nicht* vorliegen, wenn diese bedingte Zufallsgröße trotz der Ausblendung der mit Wahrscheinlichkeit 0,5 erreichten höchsten Werte immer noch asymmetrisch den besseren Spieler begünstigt, etwa aufgrund eines positiven Erwartungswertes. Ein Beispiel zeigt Bild 61.

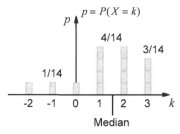

Bild 61 Dargestellt ist ein Beispiel für die Gewinnwahrscheinlichkeiten, die ein starker Spieler gegen einen schwachen Kontrahenten in einem symmetrischen Spiel erzielt. Ausgehend von der Hypothese eines überwiegenden Glücksspiels verbleibt, selbst nach Ausblendung der maximal mit Wahrscheinlichkeit 0,5 durch Geschick erzielten Gewinne, eine Zufallsgröße mit positivem Erwartungswert. Daher kann die gravierende Abweichung von der Symmetrie nicht durch einen nur nachrangigen Geschicklichkeitseinfluss verursacht worden sein.

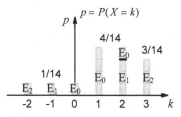

Bild 62 Zerlegung der Ergebnisse des Zufallsexperimentes, das der in Bild 61 dargestellten Zufallsgröße zugrunde liegt, in die drei Ereignisse E_0, E_1 und E_2 mit $k(E_j) = j$. Das heißt, es gilt: $X(\omega) \geq -j$ für alle Ergebnisse ω, die zum Ereignis E_j gehören, und $P(X \geq j \mid E_j) \geq \frac{3}{4}$.

Im Fall, dass ein symmetrisches Spiel nur mit zwei Gewinnwerten enden kann, ergibt sich wieder das 75:25-Kriterium.

Sofern die Gewinnhöhe einer normalverteilten Zufallsgröße X entspricht, ist die Bedingung des hinreichenden Kriteriums äquivalent zur Ungleichung $E(X) - 0{,}798 \cdot \sigma_X > 0$.[402]

Das gerade beschriebene Kriterium bewertet alle möglichen Gewinnhöhen „global" in einem Schritt. Statt dieser groben Verfahrensweise kann man auch die möglichen Gewinnhöhen „lokal", das heißt einzeln bewerten. Ausgangspunkt ist die Vorstellung eines hypothetisch angenommenen Spielablaufs, bei dem zunächst über die Höhe des Gewinnbetrages entschieden wird und erst dann über das Vorzeichen, das heißt darüber, wer von wem den zuvor ermittelten Betrag gewinnt. Würde dabei der bessere der beiden Durchschnittsspieler für *jeden* möglichen Gewinnbetrag eine Gewinnwahrscheinlichkeit von mindestens 0,75 erzielen, könnte für das symmetrische Spiel die Hypothese eines überwiegenden Glücksspiels nicht aufrechterhalten bleiben. Allerdings sollte das Kriterium auch jene Fälle berücksichtigen, in denen der bessere der beiden Durchschnittsspieler im Gewinnfall den Gewinnbetrag noch zu seinen Gunsten erhöht. Diese Überlegung führt dazu, dass die Gesamtheit der Ergebnisse des Zufallsexperimentes, das der Zufallsgröße X zugrunde liegt, in disjunkte Ereignisse zerlegt wird, wobei es für jedes einzelne Ereignis E dieser disjunkten Ereignisse einen nichtnegativen Wert k(E) gibt mit

- $X(\omega) \geq -k(E)$ für alle Ergebnisse ω, die zum Ereignis E gehören, und
- $P(X \geq k(E) \mid E) \geq \tfrac{3}{4}$.

In Worten: Stets tritt genau eins der disjunkten Ereignisse ein. Ist E dieses Ereignis, dann beträgt die Gewinnhöhe des guten Spielers mindestens –k(E), das heißt der kompetenzärmere Spieler gewinnt höchstens den Betrag k(E). Außerdem gewinnt der kompetenzstärkere Spieler mit einer bedingten Wahrscheinlichkeit von ¾ mindestens den Wert k(E). Ist diese Bedingung stets erfüllt, kann kein überwiegendes Glücksspiel vorliegen, weil bedingt zu jedem der disjunkten Ereignisse die Symmetrie des Spiels kompetenzbedingt mit einer bedingten Wahrscheinlichkeit von mindestens 0,5 gestört wird. Damit ist auch die absolute Wahrscheinlichkeit, dass die Symmetrie des Spiels kompetenzbedingt gestört wird, mindestens gleich 0,5.

Das Beispiel der Zufallsgröße, die in Bild 63 dargestellt ist, zeigt, dass das verfeinerte Kriterium tatsächlich effizienter ist.

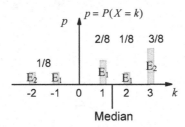

Bild 63   Beispiel einer Zufallsgröße, für die nur die verfeinerte Form des Kriteriums anwendbar ist.

---

[402] Der Wert 0,798 ergibt sich aus einer Integralberechnung, die zum Ergebnis $\sqrt{2/\pi}$ führt.

Auf Basis der zur Zufallsgröße X gehörenden **Verteilungsfunktion**, wie die Gesamtheit der zu jedem t-Wert gebildeten Wahrscheinlichkeiten der Form $F(t) = P(X \leq t)$ genannt wird, kann dem verfeinerten Kriterium noch eine etwas einfachere Form gegeben werden. Dazu betrachten wir jeden Gewinnbetrag $k \geq 0$, mit dem das Spiel enden kann. Dafür erfüllt sein muss die Bedingung $3 \cdot P(X \leq -k) \leq P(X \geq k)$. Sind diese Bedingungen alle erfüllt, dann lassen sich die soeben angeführten Ereignisse konstruieren.

Effizienter ist das verfeinerte Kriterium auch für normalverteilte Zufallsgrößen. Für eine solche normalverteilte Zufallsgröße X erlaubt es die Methodik des verfeinerten Kriteriums, die hinreichende Bedingung für ein Überwiegen des Geschicklichkeitseinflusses zur Ungleichung $E(X) - 0{,}675 \cdot \sigma_X > 0$ abzuschwächen. Dabei ergibt sich die Konstante aus dem Normalverteilungswert $\phi(0{,}675) = 0{,}75$.[403]

3. Partiesequenzen eines symmetrischen Zweipersonenspiels: Auch bei Spielen, bei denen eine einzelne Partie nicht genügend Geschicklichkeitseinfluss bietet, lassen sich auf die gerade beschriebene Weise die Resultate von Partiesequenzen analysieren. Nehmen wir an, dass eine einzelne Partie dem besseren von zwei Durchschnittsspielern einen Gewinn bringt, der durch eine Zufallsgröße mit dem Erwartungswert m und der Standardabweichung σ charakterisiert wird. Aufgrund des zentralen Grenzwertsatzes ergibt sich in einer Partiesequenz als Gewinnsumme eine Zufallsgröße, die – bei einer genügend hohen Anzahl n von Partien – mittels mit einer Normalverteilung relativ gut approximiert werden kann. Dabei ist der Erwartungswert gleich $n \cdot m$, während die Standardabweichung nur mit der Quadratwurzel aus der Partieanzahl n wächst. Als hinreichende Bedingung für einen überwiegenden Geschicklichkeitseinfluss ergibt sich damit auf Basis des letzten Abschnitts die Ungleichung $n \cdot m > 0{,}675 \cdot \sqrt{n} \cdot \sigma$, die unter der dafür notwendigen Bedingung $m > 0$ äquivalent zu $n > 0{,}456 \cdot \sigma^2/m^2$ ist.

Ausgehend von den Gewinnwahrscheinlichkeiten, die für zwei möglichst deutlich unterschiedlich stark spielende Durchschnittsspieler empirisch ermittelt wurden, lässt sich damit eine Partieanzahl berechnen, ab der das Turnierspiel nachweislich den Charakter eines überwiegenden Geschicklichkeitsspiels annimmt.

4. Beliebige Zweipersonenspiele: Für die Analyse des Pokerspiels sind die bisherigen Erkenntnisse über symmetrische Zweipersonenspiele nicht direkt anwendbar, selbst wenn man sich auf Zwei-Personen-Versionen des Pokerspiels beschränkt. Zwar sind die diversen Poker-Varianten fast symmetrisch, aber wie ist dieses „fast" zu bewerten?

Einen Ausweg eröffnen die in Kapitel 4.1 erörterten Methoden der Symmetrisierung, und zwar für beliebige Zweipersonenspiele und damit insbesondere auch Zwei-Personen-Poker, egal ob nur eine einzelne Partie oder gleich eine Partiesequenz gespielt wird. Zwei Möglichkeiten der Symmetrisierung bieten sich an: Werden eine Hin- und eine Rückrunde mit jeweils vertauschten Rollen gespielt, reduziert das den Zufallsanteil. Mit einer gleichwahrscheinlichen Auslosung der Rollen erhält man ein symmetrisches Spiel, bei dem sich der

---

[403] Das verfeinerte Kriterium lässt sich erfüllen, wenn man eine Zahl $s > 0$ findet, so dass für alle Werte $t \geq 0$ die Ungleichung $3\phi(-t - s) \leq 1 - \phi(t - s)$ gilt. Für $t \to \infty$ ist die Ungleichung auf jeden Fall erfüllt. Aus dem Spezialfall $t = 0$ erhält man zunächst die Anforderung $\phi(-s) \leq \frac{1}{4}$. Nun untersucht man für einen fest gewählten Wert $s > 0$ die Ableitung der Funktion $D(t) = 3\phi(-t - s) - 1 + \phi(t - s)$ und kann auf diese Weise erkennen, dass die Funktion $D(t)$ im Bereich der positiven Zahlen genau ein lokales Extremum besitzt, nämlich ein Minimum beim Wert $t = (\ln 3)/(2s)$. Daher ist, sofern der Wert s auf Basis von $\phi(-s) = \frac{1}{4}$ gewählt wird, die Ungleichung für jeden Wert $t \geq 0$ erfüllt.

Zufallsanteil leicht vergrößert hat. Daher lässt sich auf Basis der Auslosungssymmetrisierung ein hinreichendes Kriterium aufstellen, das insbesondere bei annähernder Symmetrie des originalen Spiels ähnlich effizient wie im Fall eines symmetrischen Spiels sein dürfte. Konkret: Lassen sich für die modifizierte Spielversion mit ausgelosten Rollen in der Gesamtheit der Durchschnittsspieler zwei Kontrahenten finden, bei denen für einen der beiden eine Gewinnwahrscheinlichkeit von über 0,75 statistisch nachgewiesen werden kann, dann muss das Spiel als überwiegendes Geschicklichkeitsspiel angesehen werden.

Übrigens kann im Rahmen einer empirischen Versuchsreihe auf das Auslosen verzichtet werden. Dazu ermittelt man empirisch für jedes der beiden Auslosungsergebnisse je eine bedingte Zufallsgröße. Anschließend berechnet man aus den beiden bedingten Zufallsgrößen die absolute, für das symmetrische Spiel geltende, Zufallsgröße.

5. Mehrpersonenspiele: Die Analyse von Mehrpersonenspielen ist deutlich komplizierter. Abhängig vom Typ eines Spiels lassen sich mit unterschiedlichen Ansätzen Schlussfolgerungen ziehen oder zumindest plausible Aussagen begründen.

5.a) Turniere mit High-Score-Charakter: Spielen mehrere Personen wie beim Golf ohne direkte Interaktion gegeneinander um das Erreichen einer möglichst hohen Punktzahl, dann wird dieser Vorgang genau dann primär durch Geschick bestimmt, wenn das für zwei Spieler im direkten Vergleich der Fall ist. Der Grund dafür ist, dass die Kausalitäten, die im Spiel wirken, offenkundig unverändert bleiben, wenn sich die Teilnehmerzahl ändert.

5.b) Turniere mit Zweier-Paarungen: Ein Turnier, bei denen ein symmetrisches Spiel von jeweils nur zwei Spielern im KO-Modus gespielt wird, ist genau dann ein überwiegendes Geschicklichkeitsspiel, wenn das zugrunde liegende Spiel diese Eigenschaft erfüllt. Grund ist, dass alle Entscheidungen in Partien fallen, die von zwei Personen gespielt werden. Die dort wirkenden Kausalitäten bestimmen daher auch den Ausgang des Turniers. Ein überragender Spieler, der in Bezug auf ein Einzelspiel die jeweils höchsten Gewinnwahrscheinlichkeiten gegen seine Gegner besitzt, wird auch für das Gesamtturnier die höchste Gewinnwahrscheinlichkeit besitzen. Allerdings kann diese Gewinnwahrscheinlichkeit absolut trotzdem relativ klein sein, wie wir es im fünften Beispiel von Kapitel 4.3 gesehen haben.

5.c) Andere Spiele, die sich mit beliebiger Anzahl von Mitspielern spielen lassen: Zu diesen Spielen zählt weitgehend auch Poker, zumindest im Bereich einer solchen Anzahl von Spielern, die sich an einem Tisch platzieren lassen und für die ein Kartendeck ausreicht. Auch in diesem Fall erscheint es plausibel, dass die wirkenden Kausalketten sich nicht prinzipiell ändern, wenn sich die Zahl der Mitspieler ändert. Definitiv beweisen lässt sich diese Eigenschaft für reine Glücksspiele wie auch Spiele, die als rein kombinatorische Spiele unbestritten als reine Geschicklichkeitsspiele gelten. Ausgehend davon ist es naheliegend, ein Mehrpersonenspiel dann als Geschicklichkeitsspiel zu werten, wenn diese Eigenschaft für die betreffende Zwei-Personen-Variante nachweisbar ist.

5.d) Beliebige Mehrpersonenspiele: In Kapitel 3.11 haben wir John von Neumanns Versuche skizziert, die Überlegungen zur Optimierung von Strategien in Mehrpersonenspielen auf den bereits gelösten Fall der Zweipersonenspiele zu reduzieren. Dazu ging von Neumann davon aus, dass sich die Mitspieler in zwei gegeneinander agierende Koalitionen aufteilen. Konkret ist damit gemeint, dass jedes Mitglied einer Koalition stets auf Basis *seines* individuellen Informationsstandes – „Kiebitzen" in die Karten eines Koalitionspartners ist nicht erlaubt – so handelt, dass die Gewinnsumme der eigenen Koalition möglichst groß wird. Analog zu von Neumanns Ansatz ist es natürlich naheliegend, auch bei der Messung des Geschicklichkeitseinflusses auf ein Mehrpersonenspiel zu versuchen, mittels unterstellter Koalitionen das Problem für das Mehrpersonenspiel auf den einfacheren Fall eines Zweipersonenspiels zu reduzieren. Rechtfertigen lässt sich diese Vorgehensweise dadurch, dass bei der Koalitionsbildung nicht nur die Zufallseinflüsse unverändert bleiben, sondern auch die möglichen Entscheidungen der Spieler inklusive des zu jeder Entscheidung gehörenden Informationshorizontes und folglich die den Spielern *gezielt* möglichen Beeinflussungen des Spielgeschehens.

5.e) Symmetrische Mehrpersonenspiele: Ausgehend von einem symmetrischen Mehrpersonenspiel empfiehlt es sich, zwei möglichst gleich große Koalitionen zu bilden, um eine annährend symmetrische Situation zu erhalten. Dies ist deshalb empfehlenswert, damit von der Auslosung der Rollen, die für die anschließende Re-Symmetrisierung verwendet wird, ein möglichst wenig verfälschender – den Zufallsanteil erhöhender – Einfluss ausgeht.

Allerdings dürfen einige kritische Punkte der gerade beschriebenen Vorgehensweise nicht übersehen werden: Erstens ändert sich durch die Koalitionsbildung der spielerische Charakter des Spiels, so dass es zunächst einmal keine erfahrene Spieler gibt, mit denen man empirische Studien machen könnte. Zweitens ist es a priori keinesfalls ausgeschlossen, dass unterschiedliche Koalitionsbildungen zu unterschiedlichen Ergebnissen darüber führen, ob das ursprüngliche Spiel als überwiegendes Geschicklichkeitsspiel eingestuft werden kann. Dies gilt drittens selbst dann, wenn es sich um eine Mehrpersonenvariante einer solchen Klasse von Spielen handelt, für die wir bereits zuvor einen speziellen Prüfansatz beschrieben haben.

Besonders einfach lassen sich die beiden letztgenannten Einwände entkräften. Grund ist, dass es sich bei den hier angestellten Überlegungen um Möglichkeiten handelt, *hinreichende* Nachweise für eine überwiegenden Geschicklichkeitseinfluss zu erhalten. Insofern sind unterschiedliche Ergebnisse nicht konträr, sondern stehen derart nebeneinander, dass zum Beispiel auf Basis einer bestimmten Koalitionsaufteilung der Nachweis eines überwiegenden Geschicklichkeitseinflusses erbracht werden kann, während ausgehend von einer anderen Aufteilung weder eine positive, noch eine negative Aussage möglich ist. Bestimmte Ansätze ermöglichen Nachweise, andere lassen das Problem offen. Nicht jeder wahre Sachverhalt ist eben beweisbar und schon gar nicht auf einem willkürlich vorgegebenen Weg.

In Bezug auf den ersten Einwand, dass sich bei der Bildung von Koalitionen der spielerische Charakter eines Spiels ändert, bedarf es einer Erinnerung an die hier verfolgte Argumentationskette. Wir haben einen überwiegenden Geschicklichkeitseinfluss dort als nachgewiesen angesehen, wo in symmetrischen Spielsituationen bei bestimmten Spielweisen, die als „durchschnittlich" und damit als rechtlich relevant angesehen werden können, die Spielresultate derart asymmetrisch ausfallen, dass ein überwiegender – und damit symmetrisch wirkender – Zufallseinfluss ausgeschlossen werden kann. Dazu reichen natürlich auch solche Spielweisen, die zum Beispiel bei einem Sechspersonenspiel im Rahmen von zwei Dreierkoalitionen empirisch nachweisbar sind, da die Koalitionsbildung nur die Ziele des Spiels, nicht aber die Möglichkeiten des Einflusses durch den Zufall und durch die Spieler verändert – bei den Spielern inklusive des Informationsstandes, der den Entscheidungen zugrunde liegt.

Die Eingangsfrage, ob „Poker" ein Glücksspiel ist, ist nicht nur aufgrund ihrer bewusst unpräzise vorgenommenen Formulierung hinsichtlich der genauen Spielregel offen geblieben. Immerhin hat sich der Ansatz, in symmetrischen Situationen nach spielerbedingten Symmetriebrüchen zu suchen, als eine universell verwendbare Methodik erwiesen. Dabei erlauben die hier beschriebenen Vorgehensweisen eine Transparenz in der Rechtsanwendung dahingehend, ob den Auslegungen der jeweils zugrunde gelegten Rechtstradition genügend Rechnung getragen wird. Nicht nur für die Zwei-Personen-Variante des Poker-Spiels sollten sich auf dieser Basis fundierte Prüfungen durchführen lassen. Dabei ist zu erwarten, dass sich ein Einzelspiel kaum als ein überwiegendes Geschicklichkeitsspiel heraustellen wird. Bei Poker-Turnieren wird die für ein Überwiegen des Geschicklichkeitseinflusses hinreichende Partie-anzahl deutlich davon abhängen, mit welchen Limits gepokert wird.

Anmerkungen

I

Um ein möglichst flexibles, zugleich aber auch mathematisch praktikables Modell zu erhalten, müssen zwei Besonderheiten berücksichtigt werden, die aber im Wesentlichen nur bei unendlichen Ergebnismengen von Bedeutung sind:

- Alle Ereignisse bilden ein unter den Mengenoperationen abgeschlossenes Untersystem von Teilmengen der Grundmenge. Als Mengenoperationen gelten dabei der Durchschnitt zweier Mengen und die Vereinigung abzählbar vieler Mengen.
- Die dem Additionsgesetz entsprechende Eigenschaft muss auch für abzählbar viele, paarweise disjunkte Mengen gelten.

Dass nicht unbedingt alle Teilmengen erreicht werden, ist keineswegs von Nachteil, ganz im Gegenteil! Es gibt nämlich Teilmengen, denen sinnvoll überhaupt keine Wahrscheinlichkeit zugeordnet werden kann und die demgemäß besser überhaupt gar nicht als Ereignisse angesehen werden. Dazu ein Beispiel aus dem Bereich der geometrischen Wahrscheinlichkeiten:

Wählt man innerhalb einer Kugel zufällig einen Punkt aus, dann entspricht jedem Ereignis eine Punktmenge innerhalb der Kugel. Werden alle Regionen der Kugel bei der Zufallsauswahl gleich berücksichtigt, dann ist die Wahrscheinlichkeit eines Ereignisses gleich dem anteiligen Volumen innerhalb der Kugel. Deckungsgleiche Punktmengen, die durch Verschiebung und Drehung ineinander überführt werden können, besitzen deshalb gleiche Wahrscheinlichkeiten. Welche skurrilen Erscheinungen Punktmengen aber aufweisen können, zeigt der Satz von Banach-Tarski. Danach kann eine Kugel in endlich viele Teile zerlegt werden, die – nachdem sie gedreht und verschoben werden – ohne Lücken zu einer Kugel mit doppeltem Durchmesser zusammengesetzt werden können. Diese Konstruktion scheint dem gesunden Menschenverstand zu widersprechen. Etwas Klarheit bringt erst die Erläuterung, dass es sich bei den „Teilen" nicht, wie man vielleicht angenommen hat, um zusammenhängende Stücke handelt. Vielmehr sind die Gebilde so kompliziert, dass sie jeder visuellen Vorstellung zuwiderlaufen – die „Apfelmännchen" der fraktalen Geometrie erscheinen dagegen wie regelmäßige Dreiecke. Mathematik beschreibt zwar Gegebenheiten unserer Anschauung, meist aber eben auch noch mehr.

Welches Volumen besitzen nun die Teile der nach Banach-Tarski zerlegten Kugel? Ihre Summe müsste sowohl gleich dem Volumen der Kugel als auch gleich dem achtfachen davon sein. Das zeigt, dass nicht jeder Punktmenge dieser Art widerspruchsfrei ein Volumen zugeordnet werden kann. Am besten schränkt man daher die Teilmengen, welche die Ereignisse repräsentieren sollen, schon zu Beginn ein.

II

Da eine zufällige Größe X jedem Ergebnis eine Zahl zuordnet, handelt es sich bei ihr mathematisch um eine Abbildung von der Ergebnismenge in die reellen Zahlen. Bei der Wahrscheinlichkeit $P(X = 0)$ steht der Ausdruck „$X = 0$" als Kurzform für das Ereignis

© Springer Fachmedien Wiesbaden GmbH, ein Teil von Springer Nature 2018
J. Bewersdorff, *Glück, Logik und Bluff*, https://doi.org/10.1007/978-3-658-21765-5

{w | X(w) = 0 }, welches jene 125 der insgesamt 216 Würfelergebnisse enthält, bei denen der Spieler nichts gewinnt.

Vom rein mathematischen Standpunkt gibt es fast keinerlei Einschränkungen, in welcher Weise eine Zufallsgröße den Ergebnissen Werte zuordnen darf. Sichergestellt sein muss nur, dass jeder Urbildmenge der Form {w | X(w) < t} eine Wahrscheinlichkeit entspricht. Bei endlichen Ergebnismengen ist das immer erreichbar.

III

Kann eine Zufallsgröße unendlich viele Werte annehmen, ergibt sich der Erwartungswert als Reihe, bei kontinuierlichem Wertebereich als Integral. Zum Beispiel besitzt die Anzahl von Versuchen V, die man benötigt, um eine Sechs zu würfeln, die Erwartung

$$E(V) = P(V = 1) + 2 \cdot P(V = 2) + 3 \cdot P(V = 3) + 4 \cdot P(V = 4) + \ldots$$
$$= 1 \cdot 1/6 + 2 \cdot 5/36 + 3 \cdot 25/216 + 4 \cdot 125/1296 + \ldots$$

Als Wert der Reihe ergibt sich 6. Das heißt, die zu erwartende Wurfzahl bis zur ersten Sechs ist gleich 6 – eigentlich sehr plausibel!

Kein endlicher Erwartungswert ergibt sich für das folgende Spiel, das so genannte Petersburger Paradoxon: Eine Münze wird solange geworfen, bis zum ersten Mal „Zahl" erscheint. Passiert dies schon beim ersten Wurf, beträgt der Gewinn 1. Bei „Zahl" im zweiten Wurf gibt es 2, im dritten Wurf 4, im vierten Wurf 8 und so weiter. Als Erwartungswert ergäbe sich eigentlich

$$1 \cdot 1/2 + 2 \cdot 1/4 + 4 \cdot 1/8 + 8 \cdot 1/16 + \ldots,$$

allerdings konvergiert die Reihe nicht – der Erwartungswert ist eben unendlich groß! Praktisch interpretiert bedeutet das, dass für das beschriebene Spiel kein (endlicher) Einsatz wirklich hoch genug ist.

IV

Die Gleichung beruht im Wesentlichen auf dem Multiplikationsgesetz für zufällige Größen. Der Beweis eignet sich gut dazu, das Rechnen mit zufälligen Größen zu üben: Zunächst bemerken wir, dass man die Varianz-Formel leicht umformen kann. So ist die Varianz einer beliebigen Zufallsgröße X gleich

$$Var(X) = E((X - E(X))^2) = E(X^2 - 2E(X)X + E(X)^2)$$
$$= E(X^2) - 2E(X)^2 + E(X)^2 = E(X^2) - E(X)^2.$$

Damit ist für unabhängige Zufallsgrößen

$$Var(X + Y) = E((X + Y)^2) - E(X+Y)^2 = E(X^2 + 2XY + Y^2) - (E(X) + E(Y))^2$$
$$= Var(X) + Var(Y) + 2E(XY) - 2E(X) \cdot E(Y) = Var(X) + Var(Y),$$

woraus die entsprechende Formel für die Standardabweichungen folgt.

V

Vom mathematischen Standpunkt ist die Tschebyschew'sche Ungleichung relativ elementar. Nimmt beispielsweise eine Zufallsgröße X nur endlich viele Werte x_1, x_2, ..., x_n an, so führt jeder Wert x_i, der um mindestens u vom Erwartungswert abweicht, das heißt, der die Ungleichung $|x_i - E(X)| \geq u$ erfüllt, in der Varianz-Formel zu einem Summanden

$$P(X = x_i) \cdot (x_i - E(X))^2 \geq P(X = x_i)\, u^2,$$

so dass die Varianz allein durch die Summanden solcher „Ausreißer" mindestens den Wert

$$P(|X - E(X)| \geq u)\, u^2$$

erreicht. Umgeformt ergibt sich die Ungleichung

$$P(|X - E(X)| \geq u) \leq Var(X)/u^2$$

und schließlich für $u = t \cdot \sigma_X$ die gewünschte Version der Tschebyschew'schen Ungleichung.
VI

Durch Umrechnungen der Form $X' = aX + b$ kann man die anderen normalverteilten Zufallsgrößen erhalten. Wesentliche Eigenschaft normalverteilter Zufallsgrößen ist es, dass die Summe unabhängiger normalverteilter Zufallsgrößen wieder normalverteilt ist.

Wie aus Tabelle 10 ersehen werden kann, konzentriert sich die standardisierte Normalverteilung im Wesentlichen auf den engeren Bereich um den Nullpunkt. Die ϕ-Werte können entweder durch das Integral

$$\phi(t) = \frac{1}{2} + \frac{1}{\sqrt{2\pi}} \int_0^t e^{-\frac{x^2}{2}}\, dx$$

oder mit der schnell konvergierenden Potenzreihe

$$\phi(t) = \frac{1}{2} + \frac{1}{\sqrt{2\pi}} \sum_{n=0}^{\infty} (-1)^n \frac{t^{2n+1}}{2^n\, n!\, (2n+1)}$$

berechnet werden. Die in der ersten Formel integrierte Funktion, einschließlich des Normierungsfaktors ist dies

$$\frac{1}{\sqrt{2\pi}} e^{-\frac{x^2}{2}},$$

wird auch Dichte der Normalverteilung genannt. Bei einer graphischen Darstellung erhält man die bekannte Gaußsche Glockenkurve, wobei jeder Wert $\phi(t)$ als Flächenstück unterhalb der Kurve interpretiert werden kann. Zusammen mit dem Porträt ihres Entdeckers Carl Friedrich Gauß (1777-1855), zweifellos einem der berühmtesten Mathematiker aller Zeiten, konnte man sie vor der Euro-Einführung auf jeder 10-DM-Banknote finden. Die Symmetrie der Kurve entspricht der Gleichung $\phi(t) + \phi(-t) = 1$.

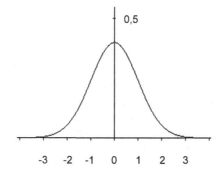

VII

Bezeichnet ν(m) die Anzahl der Primzahlen, durch die die Zahl m teilbar ist, dann gilt für beliebige, aber feste Werte t:

$$\lim_{n\to\infty} \tfrac{1}{n} |\{m \mid 1 \le m \le n \text{ mit } \nu(m) \ge \ln\ln n + t\cdot\sqrt{\ln\ln n}\}| = \phi(t)$$

Die relative Häufigkeit von Zahlen zwischen 1 und n, die mehr als $\ln\ln n + t\cdot\sqrt{\ln\ln n}$ Primteiler haben, konvergiert also stets gegen $\phi(t)$. Den Beweis einer stark vereinfachten Version dieses Satzes auf der Basis der Tschebyschew'schen Ungleichung und des Primzahlsatzes findet man in Noga Alon, J. H. Spencer, *The probabilistic method*, New York 1992, Theorem 2.1.

VIII

Die sich für den Fall p = 17 ergebende Sortierung der Zahlen 1 bis 16 verwendete 1796 Carl Friedrich Gauß (siehe auch Anmerkung V), um zu beweisen, daß das regelmäßige Siebzehneck mit Zirkel konstruierbar ist. Er machte seine Entdeckung, wie er später anmerkte, „durch angestrengtes Nachdenken ... am Morgen ... (noch ehe ich aufgestanden war)" und löste mit seinen allgemeinen Überlegungen ein Problem, dass bereits in der Antike formuliert worden war. Mit der Eintragung „Grundlagen, auf die sich die Teilung des Kreises stützt, und zwar dessen geometrische Teilbarkeit in siebzehn Teile usw. Braunschweig 30. März" begann der damals erst 18-jährige Gauß zugleich ein Tagebuch, in das er im Laufe seiner Schaffensperiode noch viele herausragende Ergebnisse eintragen konnte. Das in Latein geführte Tagebuch samt einer Übersetzung ist in der Reihe Ostwalds Klassiker erschienen (Nr. 226, Leipzig 1976). Das erste Zitat entstammt einem Brief von Gauß (*Carl Friedrich Gauß, der Fürst der Mathematiker in Briefen und Gesprächen*, herausgegeben von Kurt-R. Biermann, Leipzig 1990, S. 54).

Die Methoden zur Konstruktion des regelmäßigen Siebzehnecks – die Koordinaten der Ecken werden mit Hilfe der komplexen Lösungen der Gleichung $x^{17} - 1 = 0$ durch quadratische Gleichungen ausgedrückt – findet man in B. L. van der Waerden, *Algebra*, Heidelberg 1971, S. 180-182 und Jörg Bewersdorff, *Algebra für Einsteiger: Von der Gleichungsauflösung zur Galois-Theorie*, Braunschweig 2002, S. 67-71. Eine explizite Konstruktionsanleitung beschreibt Ian Stewart in seinem Artikel *Gauss*, Scientific American, 1977/7, S. 122-131 sowie Heinrich Tietze in der neunten Vorlesung seines Buches *Gelöste und ungelöste mathematische Probleme*, München 1959.

IX

Zwei der entscheidenden Kriterien für die Qualität der erhaltenen Zufallsfolge ist die Gleichverteilung im Intervall von 0 bis 1 sowie die weit gehende Unabhängigkeit aufeinanderfolgender Zahlen – letzteres ist beispielsweise immer dann wichtig, wenn mehrere Zufallszahlen das Ergebnis eines simulierten Versuchs bestimmen. In einem kontrollierten Rahmen lässt sich die Unabhängigkeit aufeinander folgender Zahlen erreichen, wenn mehrere Folgen von Pseudo-Zufallsfolgen in abwechselnder Reihenfolge zu einer Gesamtfolge kombiniert werden. Sind dabei die einzelnen Perioden zueinander teilerfremd, dann umfasst die Gesamtfolge alle Kombinationen von aufeinander folgenden Einzelwerten. Bewerkstelligen lässt sich dies zum Beispiel mit so genannten Sophie-Germain-Primzahlen p_1, p_2, ... wie 999521, 999611, 999623, 999653, 999671, 999749 und 1000151, welche die Eigenschaft besitzen, dass auch die Zahlen $2p_i + 1$ prim sind. Mit einem beliebigem Multiplikator $a \neq -1, 0, 1 \bmod (2p_i+1)$ erhält man zunächst Einzelfolgen der Periode p_i oder $2p_i$. Mischt man diese in abwechselnder Folge durch, ergibt sich daraus eine Folge mit einer Periode von $p_1 p_2$... oder $2p_1 p_2$.... Transformiert man schließlich die in das Intervall $(0, 1)$ normierten Pseudozufallszahlen y durch $y' = 2\min(y, 1-y)$, erhält man eine gleichverteilte Folge der Periode $p_1 p_2$..., bei der immer so viele aufeinanderfolgende Zahlen voneinander unabhängig sind, wie unterschiedliche Primzahlen p_i verwendet worden sind.

X

Wegen $p + q = 1$ ergibt sich zunächst

$$q \cdot (r(k-1) - r(k)) = p \cdot (r(k) - r(k+1)),$$

so dass man die Differenz von zwei aufeinander folgenden Ruinwahrscheinlichkeiten rekursiv aus $r(n-1) - r(n) = r(n-1)$ berechnen kann:

$$r(k-1) - r(k) = s^{n-k} r(n-1).$$

Ersetzt man k durch $k+1$, $k+2$, ..., n und addiert dann beidseitig die entsprechenden Gleichungen, erhält man

$$r(k) - r(n) = (1 + s + s^2 + ... + s^{n-k-1}) r(n-1).$$

Wegen $r(n) = 1$ und $r(0) = 0$ ergibt sich schließlich die angegebene Formel, die auf Basis einer Fallunterscheidung noch vereinfacht werden kann:

$$r(k) = \frac{n-k}{n} \quad \text{für } s = 1 \text{ bzw.}$$

$$r(k) = \frac{s^{n-k} - 1}{s^n - 1} \quad \text{für } s \neq 1$$

XI

Für $p \neq q$ können die Gleichungen des Systems zu

$$d(k-1) - d(k) + \frac{1}{q-p} = s \cdot \left(d(k) - d(k+1) + \frac{1}{q-p} \right)$$

umgeformt werden. Wie bei den Ruinwahrscheinlichkeiten können so die Werte von $d(1)$, ..., $d(n-2)$ aus $d(n-1)$ berechnet werden. Mit Hilfe der Gleichung

$$p \cdot d(1) + q \cdot d(n-1) = n - 1,$$

die sich durch Summation aller Gleichungen des Systems ergibt, erhält man schließlich die im Kasten angegebene Formel. Der zunächst ausgeklammerte Spezialfall $p \neq q$ kann durch Grenzübergänge, etwa indem man die l'Hospital-Regeln zweimal anwendet, gelöst werden.

XII

Für vier Ausgaben sind jeweils die Ziele der Transferkarten unter den je 16 Gemeinschaftskarten (G) und Ereigniskarten (E) aufgeführt:

a) Deutsche Ausgabe von ca. 1965 (entsprechend der deutschen Vorkriegsausgabe):

- G: Los, Gefängnis, Badstraße.
- E: Los, Gefängnis, Westbahnhof, Seestraße, Opernplatz, Schloßallee, 3 Felder zurück.

b) Deutsche Ausgabe von ca. 1980:
- G: Los, Gefängnis, Badstraße.
- E: Los, Gefängnis, Südbahnhof, Seestraße, Opernplatz, Schloßallee, 3 Felder zurück.

c) Deutsche Ausgabe ab ca. 1985:
- G: Los, Gefängnis.
- E: Los, Gefängnis, Badstraße, Südbahnhof, Seestraße, Opernplatz, Schloßallee, nächster Bahnhof, 3 Felder zurück.

d) Amerikanische Ausgabe (angegeben sind die „übersetzten" Straßennamen):
- G: Los, Gefängnis.
- E: Los, Gefängnis, Südbahnhof, Seestraße, Opernplatz, Schloßallee, nächster Bahnhof (2×), nächstes Versorgungswerk, 3 Felder zurück.

e) Amerikanische Ausgabe (gemäß US-Patent 2.026.082 vom 31. Dezember 1935):
- G: Los, Gefängnis, Turmstraße.
- E: Los, Gefängnis, Südbahnhof, Seestraße, Opernplatz, Schloßallee, 3 Felder zurück.

Auch nach Erscheinen der ersten Auflage des vorliegenden Buches im Jahr 1998 wurde die deutsche Monopoly-Ausgabe gegenüber dem im Text analysierten Stand weiter verändert. Dabei wurden mit der Währungsumstellung auf den Euro Ende 2001 und schließlich auf den Monopoly-Dollar im Jahr 2008 nicht nur die Preise, sondern auch die Gemeinschafts- und Ereigniskarten dem amerikanischen Original angepasst. Insofern gelten die für die amerikanische Ausgabe tabellierten Werte nun auch für die deutsche Ausgabe.

XIII

Für Spiele mit abwechselnder Zugfolge, die nur gewonnen oder verloren werden können, gibt es einen einfachen, auf Hugo Steinhaus (1887-1972) zurückgehenden Beweis (siehe Marc Kac, *Hugo Steinhaus – a reminiscence and a tribute*, American Mathematical Monthly, 81 (1974), S. 572-581), der mit Hilfe von logischen Quantoren auf zwei entscheidende Zeilen reduziert werden kann: Dazu wird zunächst jede Partie auf eine einheitliche Länge verlängert, indem gegebenenfalls Füllzüge ohne echte Entscheidung ergänzt werden. Sind w_1, w_2, ...w_n die Züge von Weiß und s_1, s_2, ...s_n die von Schwarz, dann gilt entweder die Bedingung

$$\forall w_1 \quad \exists s_1 \quad \forall w_2 \quad \exists s_2 \quad ... \quad \forall w_n \quad \exists s_n \quad \text{Weiß gewinnt}$$

oder das Gegenteil davon, nämlich

$$\exists w_1 \quad \forall s_1 \quad \exists w_2 \quad \forall s_2 \quad ... \quad \exists w_n \quad \forall s_n \quad \text{Weiß gewinnt nicht.}$$

Die erste Aussage bedeutet, dass Weiß eine Gewinnstrategie besitzt, die zweite, dass Schwarz über eine solche verfügt.

XIV

Der Vierfarbensatz besagt, dass eine Landkarte aus lauter zusammenhängenden Ländern mit vier Farben so gefärbt werden kann, dass keine zwei aneinander grenzende Länder gleich gefärbt sind. Siehe Kenneth Appel, Wolfgang Haken, *Der Beweis des Vierfarbensatzes*, Spektrum der Wissenschaft, Erstausgabe (1977), S. 82-91; Keith Devlin, *Sternstunden der modernen Mathematik*, München 1992 (engl. Orig. 1988), S. 173-202; Ian Stewart, *Mathematik*, Basel 1990 (engl. Orig. 1987), S. 144-153; Robin Wilson, *Four colours suffice*, London 2002.

XV

Der Heiratssatz behandelt eine Situation, bei der m Mengen gegeben sind, aus denen jeweils ein Element ausgewählt werden soll. Die Aussage ist nun, dass dies genau dann mit lauter verschiedenen Elementen möglich ist, wenn jede Vereinigung von k der m Mengen mindestens k Elemente enthält. Der Name Heiratssatz rührt von der etwas skurrilen Interpretation, bei der jede der Mengen jeweils diejenigen Frauen beinhaltet, die bereit wären, einen bestimmten Mann zu ehelichen (und umgekehrt). Gefragt ist, ob es möglich ist, dass jeder der betreffenden Männer eine Frau finden kann. Das Kriterium des Heiratssatzes ist in diesem Fall gleichbedeutend damit, dass bei jeder denkbaren Party-Konstellation, bei der eine beliebige Auswahl der Männer und alle dazu passenden Frauen teilnehmen, mindestens so viele Frauen anwesend sind wie Männer.

Der Heiratssatz wurde in verschiedenen Formen mehrmals zwischen 1910 und 1935 entdeckt. Ein Überblick findet man in Konrad Jacobs, *Selecta Mathematica I*, Heidelberg 1969, S. 103-137. Den nicht sehr schweren Beweis findet man ebenso in Lehrbüchern wie Martin Aigner, *Diskrete Mathematik*, Braunschweig 1993, S. 120 f.

XVI

Dazu darf die Anzahl der Gewinnreihen, zu denen irgend ein Feld gehört, nicht zu groß sein, weil sonst von dem Zug auf dieses Feld eine zu starke Mehrfach-Drohung ausgeht. Als Maß dafür nimmt man die größte Anzahl g_{max} von Gewinnreihen, die durch ein einzelnes Feld verlaufen. Aufgrund der Diagonalen wird dieses Maximum im oder um das Zentrum erreicht. Bei ebenen Spielfeldern (n = 2) ist zum Beispiel $g_{max} = 4$ für ungerade Spielfeldbreiten k beziehungsweise $g_{max} = 3$ für gerade Werte von k.

Der Heiratssatz wird nun auf die Menge angewendet, die alle Gewinnreihen in jeweils zwei unterscheidbaren Exemplaren beinhaltet. Diese Duplizität wird beispielsweise dadurch ermöglicht, dass man die Gewinnreihen gedanklich um ein weiteres Merkmal wie eine Richtung ergänzt. Hat man eine Auswahl von a solcher gerichteten Gewinnreihen, dann umfassen diese insgesamt mindestens

$$\frac{a}{2} \frac{k}{g_{max}}$$

verschiedene Felder. Bereits auf Basis dieser groben Abschätzung ist der Heiratssatz damit für $k \geq 2 \cdot g_{max}$ anwendbar, weil dann a gerichtete Gewinnreihen stets a Felder oder mehr umfassen. Es kann damit zu jeder gerichteten Gewinnreihe ein Feld und folglich zu jeder Gewinnreihe ein Paar von Feldern gefunden werden, wobei kein Feld mehrfach genommen werden muss. Für ebene Spielfelder sind damit im Fall von $k \geq 6$ Paarungsstrategien nachgewiesen.

XVII

Aus geometrischen Gründen gibt es beim k^n-Tic-Tac-Toe $\frac{1}{2}((k + 2)^n - k^n)$ Gewinnreihen. Jedem Feld eines äußeren, ein Feld breiten Randes entspricht nämlich genau eine Gewinnreihe, die ihrerseits durch jeweils zwei solche Randfelder verläuft. Ist diese Anzahl kleiner als 2^{k-1}, kann Schwarz als Nachziehender einen Sieg von Weiß verhindern.

Diese Tatsache ist ein Spezialfall eines allgemeineren Kriteriums, das eine Aussage auf der Basis der Angaben darüber macht, wie viele Felder die diversen Gewinnreihen beinhalten: Bezeichnet $|A|$ die Zahl der Felder, die eine Gewinnreihe A enthält, dann kann Schwarz im Fall, dass die Ungleichung

$$\sum_{A \text{ ist Gewinnreihe}} \frac{1}{2^{|A|}} < \frac{1}{2}$$

erfüllt ist, als Nachziehender einen Sieg von Weiß verhindern.

Das Kriterium erklärt sich dadurch, dass Schwarz so spielen kann, dass eine Fortschreibung der Summe im Verlauf der weiteren Partie relativ einfach abgeschätzt werden kann. Dabei werden die Gewinnreihen nur aus der Perspektive von Weiß berücksichtigt, das heißt, bei der Aktualisierung der Summe fallen jeweils die von Schwarz blockierten Gewinnreihen heraus, während die durch Weiß bereits zum Teil realisierten Gewinnreihen entsprechend verkleinert werden – konkret entspricht das, wenn man mit W und S die von Weiß beziehungsweise Schwarz belegten Felder bezeichnet, der Summe

$$\sum_{\substack{A \text{ ist Gewinnreihe} \\ \text{mit } A \cap S = \varnothing}} \frac{1}{2^{|A-W|}}$$

Im ersten Zug kann Weiß den Wert der Summe maximal verdoppeln, so dass alle zu diesem Zeitpunkt erreichbaren Summenwerte kleiner als 1 sind. Im weiteren Spiel lässt sich auf Basis der jeweils aktuellen Summe eine Zugweise für Schwarz konstruieren, mit der Schwarz seinen Verlust sicher verhindern kann. Konkret sucht dazu Schwarz für seinen Zug immer ein solches Feld, bei dem die Summe am stärksten vermindert wird. Bei einer aktuell erreichten Summe

$$\sum_{B} \frac{1}{2^{|B|}}$$

ist dazu ein Feld s auszuwählen, sodass unter allen Möglichkeiten die herausfallenden Summanden maximal werden. Zieht Weiß anschließend auf das Feld w, dann verdoppeln sich die Summanden zu denjenigen Gewinnreihen, die einerseits noch für Weiß realisierbar sind und andererseits das Feld w enthalten. Die Gesamtänderung, die durch die beiden Züge verursacht wird, ist also gleich

$$-\sum_{\substack{B:s \in B \\ s \notin B}} \frac{1}{2^{|B|}} + \sum_{B:w \in B} \frac{1}{2^{|B|}} \le -\sum_{B:s \in B} \frac{1}{2^{|B|}} + \sum_{B:w \in B} \frac{1}{2^{|B|}} \le 0,$$

wobei die zweite Ungleichungsbeziehung aufgrund der für Schwarz zugrunde gelegten Zug-auswahl auf das Feld s gilt. Folglich bleibt die Summe zu den Zeitpunkten, bei denen Weiß gerade gezogen hat, stets kleiner als 1, womit ein Sieg von Weiß völlig unmöglich wird, da die Summe dann mindestens 1 betragen müsste.

Für den Fall des hier einzig interessierenden k^n-Tic-Tac-Toes lässt sich die Voraussetzung sogar noch etwas abschwächen, da im ersten Zug von Weiß statt der unterstellten Ver-dopplung höchstens eine Erhöhung der Summe um den Wert

$$g_{max} \cdot \frac{1}{2^k}$$

möglich ist; dabei bezeichnet g_{max} wie schon in Anmerkung XVI die maximale Anzahl von Gewinnreihen, die durch ein einzelnes Feld verlaufen. In Folge ist bereits die Bedingung, dass die Gesamtzahl der Gewinnreihen kleiner als $2^k - g_{max}$ ist, dafür ausreichend, dass Schwarz seinen Verlust sicher verhindern kann.

Siehe dazu P. Erdös und J. L. Selfridge, *On a combinatorial game*, Journal of Combinatorial Theory, B 14 (1973), S. 298-301; J. Beck, *Achievement games and the probabilistic method*, in: Miklós, Sós, Szöyi (Hrsg.), *Combinatorics, Paul Erdös is eighty*, Volume 1, Keszthely (Ungarn) 1993, S. 51-78.

XVIII

In David Gale, *The game Hex and the Brouwer fixed-point theorem*, American Mathematical Monthly, 86 (1979), S. 818-827 wird die Tatsache, dass Hex nicht unentschieden enden kann, auf zwei verschiedenen Wegen bewiesen. Neben einem relativ elementaren Beweis wird gezeigt, dass die Unmöglichkeit eines Remis äquivalent zum so genannten Fixpunktsatz von Brouwer (1881-1966) ist, der in der Ebene die folgende Aussage macht: Eine stetige Abbildung, die das 1×1-Quadrat einschließlich des Randes in sich abbildet, besitzt mindes-tens einen Fixpunkt, also einen Punkt, der auf sich abgebildet wird. Dieses zweifellos sehr abstrakte Resultat hat auch anschauliche Konsequenzen. Nimmt man das obere von zwei deckungsgleich aufeinanderliegenden Stücken Papier in Form des Quadrates, zerknüllt es ohne es zu zerreißen und legt es dann wieder auf das untere Stück Papier, ohne dass es über dessen Rand hinausragt, dann gibt es auf dem zerknüllten Papier einen Punkt, der genau über seiner ursprünglichen Position liegt.

Für die allgemeine, nicht mehr auf die Ebene beschränkte Version des Brouwer'schen Fix-punktsatzes verallgemeinerte Gale das Hex-Spiel entsprechend zu einer höherdimensionalen Variante.

Der Brouwer'sche Fixpunktsatz hat sich in der Mathematik schon häufig als zweckmäßiges Mittel erwiesen. So lassen sich mit dem Brouwer'schen Fixpunktsatz Gleichgewichtssätze der Spieltheorie beweisen wie der 1928 durch von Neumann erstmals bewiesene Minimax-Satz sowie die Mehrpersonenvariante, wie sie 1951 erstmals von Nash, dem Miterfinder des Hex, bewiesen wurde. Mehr dazu in den Kapiteln 3.2 und 3.11.

Eine populäre und zugleich vielschichtige Darstellung zum Brouwer'schen Fixpunktsatz fin-det man in John Casti, *Die großen Fünf: mathematische Theorien, die unser Jahrhundert prägten*, Basel 1996 (amerikan. Orig. 1996), S. 49-86.

XIX

Die zweite Eigenschaft ist relativ klar. Kann man nämlich von einer Position, bei der die Haufengrößen a, b, c, ... die Nim-Summe $a +_2 b +_2 c +_2 ... = 0$ ergeben, zu einer anderen Position wie zum Beispiel a', b, c, ... ziehen, dann folgt

$$a' +_2 b +_2 c +_2 .... = a' +_2 a +_2 a +_2 b +_2 c +_2 .... = a' +_2 a.$$

Für a' < a ist dieser Wert aber auf jeden Fall ungleich 0.

Zum Nachweis der ersten Eigenschaft ist zu beweisen, dass im Falle von

$$s = a +_2 b +_2 c +_2 ... > 0$$

immer eine der Zahlen $a +_2 s$, $b +_2 s$, $c +_2 s$, ... kleiner als die ursprüngliche Haufengröße a, b, c, ... ist. Ist z die größte Zweierpotenz, die kleiner oder gleich s ist, so weist die Binärdarstellung von mindestens einer Haufengröße an der zu z gehörenden Stelle eine Eins auf. Ist das etwa beim ersten Haufen mit a Steinen der Fall, so folgt

$$a +_2 s = (a +_2 z) +_2 (s +_2 z) = (a - z) +_2 (s - z) \leq a - z + s - z < a.$$

XX

Ein Beweis dieser Aussage ist nicht sonderlich schwer:

Gehen wir zunächst von zwei äquivalenten Positionen G und H aus. Ohne den Gewinncharakter zu ändern, kann also in der zusammengesetzten Position G, H die Position H durch die äquivalente Position G ersetzt werden. Die dabei entstehende Position G, G ist aber eine Verlustposition, da der nachziehende Spieler die Möglichkeit hat, die Züge des anziehenden Spielers jeweils im anderen Teil nachzumachen.

Ist umgekehrt eine aus zwei Positionen zusammengesetzte Position G, H eine Verlustposition, dann ist zu zeigen, dass für jede Position L die beiden kombinierten Positionen G, L und H, L stets den gleichen Gewinncharakter haben. Dass dies tatsächlich richtig ist, wird mit Hilfe der Position G, G, H, L ersichtlich: Diese entsteht aus G, L durch Hinzunahme der Verlustposition G, H und aus H, L durch Hinzunahme der Verlustposition G, G.

XXI

Ein Beweis ergibt sich durch die folgenden Überlegungen:

Sind die Nachfolgepositionen G_1, G_2, ... einer Position G äquivalent zu den Nim-Haufen der Größen m_1, m_2 ..., dann ist zu zeigen, dass die disjunktive Summe $G + *m$ eine Verlustposition ist, wobei $*m$ für einen Nim-Haufen mit $m = \min\left(\mathbb{N} - \{m_1, m_2, ...\}\right)$ Steinen steht. Dies geschieht dadurch, dass jede denkbare Nachfolgeposition als Gewinnposition erkannt wird: Zieht man in der linken Komponente von $G + *m$, so entsteht eine Position, die für einen geeigneten Index i zur Position $*m_i + *m$ äquivalent ist. Wegen $m_i \neq m$ handelt es sich dabei um eine Gewinnposition. Zieht man dagegen in der rechten Komponente von $G + *m$, so führt dies zu einer Position $G + *n$ mit einer Zahl n < m. Da m die kleinste natürliche Zahl ist, die sich nicht unter den Zahlen m_1, m_2, ... befindet, handelt sich bei $G + *n$ um eine der Positionen $G + *m_i$. Diese ist eine Gewinnposition, da man durch den Zug nach $G_i + *m_i$ eine Verlustposition erreichen kann.

XXII

Sind m und n die Grundy-Werte zweier Positionen G und H, dann sind G + $*$m und H + $*$n Verlustpositionen. Außerdem ist aufgrund Boutons Theorie die drei Haufen umfassende Standard-Nim-Position $*$m + $*$n + $*$(m +$_2$ n) eine Verlustposition. Insgesamt folgt daher, dass G + H + $*$m + $*$n und schließlich G + H + $*$(m +$_2$ n) Verlustpositionen sind.

XXIII

Die erste Aussage ergibt sich in beiden Richtungen durch vollständige Induktion, wobei der Induktionsanfang wegen g(0) = g(1) = ... = g(s_1 – 1) = 0 und g(s_1) = 1 klar ist:

Im Fall von g(n) = 1 gilt für alle zulässigen Reduktionen s_k die Ungleichung g(n – s_k) ≠ 1 (wenn nicht n – s_k < 0). Nach Induktionsannahme ist daher stets g(n – s_k – s_1) ≠ 0 (wenn nicht n – s_k – s_1 < 0), weswegen g(n – s_1) = 0 folgt.

Ist umgekehrt g(n – s_1) = 0, so gilt für alle zulässigen Reduktionen s_k die Ungleichung g(n - s_1 – s_k) ≠ 0 (wenn nicht n – s_1 – s_k < 0). Nach Induktionsannahme ergibt sich daraus g(n – s_k) ≠ 1 (wenn nicht n – s_k < 0; die Fälle 0 ≤ n – s_k < s_1 sind klar) für alle Reduktionen s_k. Zusammen mit der Ausgangsbedingung g(n – s_1) = 0 folgt daraus schließlich g(n) = 1.

Wir kommen nun zur zweiten Aussage, bei der von einer Zahl n ≥ s_1 mit g(n) = 0 ausgegangen wird: Insbesondere ist in einem solchen Fall g(n – s_1) ≠ 0, was wiederum die Existenz einer Reduktion s_k mit g(n – s_1 – s_k) = 0 zur Folge hat. Nach dem bereits Bewiesenen folgt daraus aber g(n – s_k) = 1.

XXIV

Trotzdem ist es angebracht, sich zumindest einmal formal von der Richtigkeit der Aussage zu überzeugen. Dafür ist – unter Verwendung der im Kasten erläuterten Bezeichnung – zu zeigen, dass

$$\{G, H, ... \mid P, ...\} + \{-P, ... \mid -H, ...\} = 0$$

ist, das heißt, dass der nachziehende Spieler immer gewinnen kann. Beginnt Weiß und zieht dabei in der linken Komponente zur Position G, kontert Schwarz mit einem Zug zur Position G – H ≤ 0 mit anschließendem Gewinn. Jeder andere Anfangszug – ob von Weiß oder Schwarz – kann mit dem Komplementärzug in der jeweils anderen Komponente gekontert werden. Immer wird dadurch eine Nullposition erreicht, die dem Nachziehenden den Sieg sichert.

XXV

Zum Beweis des Einfachheitssatzes ist zu zeigen, dass {G | H} + {–Q | –P} eine Nullposition ist. Aus Symmetriegründen reicht es sogar, bei dieser Position eine Gewinnstrategie für den nachziehenden Spieler Weiß zu finden: Zieht Schwarz nach H + {–Q | –P}, kontert Weiß mit einem Zug nach H – Q ≥ 0, was Weiß genauso einen sicheren Sieg ermöglicht wie die Eröffnung von Schwarz nach {G | H} – P ||> 0.

XXVI

Da es darum geht, für die Komponente G gute Züge nachzuweisen, kann zunächst für die Zahl-Position x angenommen werden, dass sie in Form der in Kapitel 2.6 erläuterten Standarddarstellung vorliegt wie zum Beispiel $0 = \{ \mid \}$, $1 = \{0 \mid \}$, $-1 = \{ \mid 1\}$ und $\frac{1}{2} = \{0 \mid 1\}$. Für solchermaßen dargestellte Zahlen zeigt man nun induktiv – und zwar in der Reihenfolge ihrer „Einfachheit" –, dass für eine beliebige Nicht-Zahl-Position $G = \{H, ... \mid P, ... \}$ der Satz vom Zahlen-Vermeiden gilt:

> Besitzt der in der Position $G + x$ anziehende Spieler Weiß eine Gewinnstrategie, dann kann er sogar innerhalb der G-Komponente einen Gewinnzug finden.

Für Zahl-Positionen x, die in der Standarddarstellung Weiß keine Zugmöglichkeit bieten, ist die Behauptung klar, da es in diesem Fall für Weiß von der Position $G + x$ aus nur Züge in der G-Komponente gibt.

Kann dagegen Weiß in der Position x ziehen, so handelt es sich dabei um genau eine Zugmöglichkeit. Dieser Zug führt zu einer einfacheren Zahl-Position x' mit $x' < x$, wobei die Behauptung für die Zahl x' als bereits bewiesen angenommen werden kann. Für den entsprechenden Zug, den Weiß von der Position $G + x$ nach $G + x'$ ausführen kann, gibt es zwei Möglichkeiten: Ist dies kein Gewinnzug, muss es – wie behauptet – einen solchen in der anderen Komponente G geben. Im anderen Fall entsteht eine Gewinnposition für den nun nachziehenden Spieler Weiß, also gilt $G + x' \geq 0$ und damit, weil G keine Zahl ist, sogar $G + x' > 0$. Damit kann Weiß von dieser Position $G + x'$ auch als Anziehender sicher gewinnen. Aufgrund der Induktionsannahme muss es damit für Weiß einen Zug von der Position G zu einer Position H geben, so dass $H + x' \geq 0$ gilt. Wegen $x > x'$ folgt daraus $H + x > H + x' \geq 0$, das heißt, der Zug von G nach H ist auch ein Gewinnzug für die ursprüngliche Position $G + x$.

XXVII

Die obere Schranke $d_L(G)$ kann man für jede Position G, die keine Zahl ist, durch

$$d_L(G) = \max(\{L_0(G' - G) \mid G' \text{ ist in einem Zug von Links aus G erreichbar}\})$$

definieren. Wegen

$$G = G' + (G - G')$$

wird damit die Handikap-Verbesserung, die Links mit einem Zug zu einer Position G' erzielen kann, begrenzt:

$$R_0(G) \geq R_0(G') + R_0(G - G') = R_0(G') - L_0(G' - G) \geq R_0(G') - d_L(G).$$

Zieht Links optimal, so ergibt sich daraus

$$R_0(G) \geq L_0(G) - d_L(G).$$

Für die Anwendung auf disjunktive Summen ist schließlich noch die offensichtliche Ungleichung

$$d_L(G + H) \leq \max(d_L(G), d_L(H))$$

zu beachten. Eine Ausdehnung der beiden letzten Ungleichungen auf beliebige Positionen erreicht man, wenn für Zahl-Positionen G die Vereinbarung $d_L(G) = 0$ getroffen wird.

XXVIII

Offensichtlich ist zunächst die Ungleichungskette

$$R_0(G) \le \frac{R_0(2G)}{2} \le \frac{R_0(4G)}{4} \le \ldots \le \frac{L_0(4G)}{4} \le \frac{L_0(2G)}{2} \le L_0(G).$$

Zusammen mit der bereits mit Anmerkung XXVII dargelegten Ungleichung

$$0 \le \frac{L_0(nG)}{n} - \frac{R_0(nG)}{n} \le \frac{d_L(G)}{n}$$

ergibt sich daraus, dass die beiden Teilfolgen zu den Indizes n = 1, 2, 4, 8, 16, ... konvergieren und zwar gegen denselben Grenzwert. Für natürliche Zahlen q, s und r = 0, 1, ..., 2^s-1 ist außerdem

$$L_0((q2^s + r)G) \le q \cdot L_0(2^s G) + r \cdot L_0(G)$$

und damit

$$\frac{L_0((q2^s + r)G)}{q2^s + r} \le \frac{L_0(2^s G)}{2^s} + \frac{L_0(G)}{q}.$$

Kann die Zahl n = $q2^s$ + r beliebig groß gewählt werden, lässt sich damit für die Werte von q und s jede vorgegebene Größe erreichen. Beim Grenzübergang n $\to$ ∞ ergibt sich dann – zusammen mit der analogen Ungleichung für die rechten Stop-Werte – das Gewünschte.

XXIX

Die entsprechende Konstruktion für den Spieler Schwarz alias Rechts lautet G - G", wobei G" eine beliebige durch einen Zug von Schwarz aus G entstehende Position ist. Aufgrund des umgekehrten Vorzeichens hat auch Schwarz ein Interesse daran, einen Zug mit möglichst großem Inzentive zu wählen.

Inzentives, die wir implizit schon bei der Untersuchung der Stop-Werte (siehe Anmerkung XXVII) kennen gelernt haben, hängen übrigens von der konkreten Form einer Position ab. Das heißt, äquivalente Positionen können durchaus unterschiedliche Inzentive-Mengen besitzen.

XXX

Zum Beweis, wie er dem Band 1 von *Gewinnen*, S. 160 f., 179-181, entnommen ist, wird für jeden Wert t $\ge$ 0 eine Strategie konstruiert, mit der Links, je nachdem, ob er in der disjunktiven Summe G_1 + ... + G_n anzieht oder nicht, das Spiel zu einer Zahl führt, die mindestens so groß ist wie

$$\boldsymbol{L}_t = R_t(G_1) + \ldots + R_t(G_n) + W_t(G_1, \ldots, G_n)$$

beziehungsweise

$$\boldsymbol{R}_t = R_t(G_1) + \ldots + R_t(G_n) - t.$$

Die gewünschte Folgerung erhält man für den speziellen Wert t = max(t(G_i)), für den $\boldsymbol{L}_t$ = m(G) und $\boldsymbol{R}_t$ = m(G) − max(t(G_i)) gilt. Eine sogar noch etwas stärkere Aussage ergibt sich, wenn man den t-Wert so wählt, dass der Ausdruck $\boldsymbol{L}_t$ sein Maximum erreicht.

Der Beweis beider Aussagen erfolgt simultan mittels vollständiger Induktion. Begonnen wird mit dem Fall, dass die Summe $G_1 + ... + G_n$ gleich einer Zahl x ist – das Spiel auf Zahlen ist dann bereits beendet: Ohne weiteres kann man zunächst annehmen, dass das der Größe $W_t(G_1, ..., G_n)$ zugrunde liegende Maximum bei der ersten Komponente G_1 erreicht wird. Wegen

$$R_t(G_2 + ... + G_n) = R_t(x - G_1) = x - L_t(G_1)$$

folgt für die erreichte Zahl x

$$x = L_t(G_1) + R_t(G_2 + ... + G_n) \geq L_t(G_1) + R_t(G_2) + ... + R_t(G_n)$$
$$= R_t(G_1) + ... + R_t(G_n) + W_t(G_1, ..., G_n) = \boldsymbol{L_t} \geq \boldsymbol{R_t}.$$

Ist Rechts bei der von einer Zahl verschiedenen Position $G_1 + ... + G_n$ am Zug und zieht dabei nach $G_1'' + G_2 + ... + G_n$, so kann Links aufgrund der Induktionsannahme im Anschluss daran so spielen, dass das Spiel mit einer Zahl endet, die mindestens so groß ist wie

$$R_t(G_1'') + R_t(G_2) + ... + R_t(G_n) + W_t(G_1'', G_2, ..., G_n).$$

Wegen $\qquad\quad R_t(G_1'') + W_t(G_1'', G_2, ..., G_n) \geq L_t(G_1'')$

und $\qquad\qquad R_t(G_1) = \min(L_t(G_1''), ...) + \min(t, t(G_1)) \leq L_t(G_1'') + t$

ist der angeführte Mindestwert größer oder gleich $R_t(G_1) + ... + R_t(G_n) - t$.

Ist Links bei der von einer Zahl verschiedenen Position $G_1 + ... + G_n$ am Zug, so sucht er im Fall $t \leq \max(t(G_1), ..., t(G_n))$ für seinen Zug die Komponente G_i aus, für die die Differenz $L_t(G_i) - R_t(G_i)$ maximal ist – im Sonderfall $t = \max(t(G_1), ..., t(G_n))$ wählt er eine Komponente mit maximaler Temperatur. Generell gilt damit $t \leq t(G_i)$. Nimmt man wieder ohne Einschränkung $i = 1$ an, und wählt dann Links in der ausgewählten Komponente G_1 einen dort optimalen Zug zu einer Position G_1', so kann Links im weiteren Spielverlauf nach Induktionsannahme immer so ziehen, dass das Spiel mit einer Zahl endet, die mindestens so groß ist wie

$$R_t(G_1') + R_t(G_2) + ... + R_t(G_n) - t.$$

Wegen $\qquad\quad L_t(G_1) = \max(R_t(G_1'), ...) - \min(t, t(G_1)) = R_t(G_1') - t$

folgt damit wie gewünscht die Erreichbarkeit einer Zahl von mindestens

$$L_t(G_1) + R_t(G_2) + ... + R_t(G_n) = R_t(G_1) + R_t(G_2) + ... + R_t(G_n) + W_t(G_1, ..., G_n).$$

Zu behandeln bleibt noch der Fall, bei dem Links bei der von einer Zahl verschiedenen Position $G_1 + ... + G_n$ am Zug ist und dabei $t > u = \max(t(G_1), ..., t(G_n))$ gilt. Unter diesen Umständen kann Links aufgrund des zuvor untersuchten Falles so ziehen, dass eine Zahl erreicht wird, die mindestens so groß ist wie

$$R_u(G_1) + ... + R_u(G_n) + W_u(G_1, ..., G_n).$$

Wegen $R_t(G_i) = R_u(G_i) = m(G_i)$ und $W_t(G_1, ..., G_n) = W_u(G_1, ..., G_n) = 0$ folgt auch in diesem Fall die Behauptung.

XXXI

Ist es Weiß möglich, sich von einer Position als Anziehender einen Gewinn von mindestens v zu sichern, so kann er die zugrunde liegende Strategie so modifizieren, dass sie ihm für die Situation, bei der sein Gegner zuerst ziehen darf, mindestens einen Gewinn von v - 2 beschert. Dazu geht Weiß wie folgt vor:

- Setzt Schwarz irgendwann im Spiel auf das ursprüngliche „Anfangsfeld" – gemeint ist das Feld, mit dem Weiß bei eigenem Anzugsrecht beginnen würde –, dann verzichtet Weiß auf seinen Zug. Dieses eigentlich nicht vorgesehene Recht auf Passen darf Weiß eingeräumt werden, da es seine Situation nicht verbessert.
- Ansonsten verhält sich Weiß so, als hätte er selbst begonnen und dabei den in seiner enstprechenden Strategie vorgesehenen ersten Zug gemacht – unabhängig davon, ob das Anfangsfeld in Wahrheit leer oder mit einem schwarzen Stein belegt ist.

Mit dieser Strategie erreicht Weiß eine Endposition, wie sie fast auch bei eigenem Anzug hätte entstehen können. Der einzige Unterschied liegt beim Anfangsfeld vor, der den Gewinn um höchstens 2 Punkte schmälern kann.

XXXII

Ohne die Gewinnhöhen zu vervielfältigen, können alle Gewinne, die ganze Zahlen oder Brüche mit Zweierpotenzen im Nenner sind, direkt umgesetzt werden. So tritt zum Beispiel im Fall, wenn Schwarz einen halben Punkt gewinnt, die Zugfolge

$$-\tfrac{1}{2} = \{-1 \mid 0\} = \{\{ \mid \{ \mid \}\} \mid \{ \mid \}\}$$

anstelle der entsprechenden Endposition. Allerdings sind bei den meisten Spielen, darunter auch Go und Blockbusting, nur ganzzahlige Gewinne möglich.

XXXIII

Dass die vereinfachte Verfahrensweise, eine Position um 1 abzukühlen, tatsächlich immer die richtigen Ergebnisse liefert, ist keineswegs offensichtlich. Wesentliche Ursache für diese spezielle Eigenschaft von Go-Positionen ist die Tatsache, dass die Gewinne immer ganzzahlig sind. Da außerdem die Schenkel von Thermographen stets waagrecht oder im 45°-Winkel ausgerichtet sind, können sie nur auf solchen Linien verlaufen, wie sie in der nächsten Abbildung im Bereich von 0 bis 7/8 zu sehen sind. In Folge kann der Mittelwert einer Go-Position nur dann den Nenner 2^n aufweisen, wenn die Temperatur mindestens den Wert $1 - 1/2^n$ besitzt. Da für Abkühlungen unterhalb oder bis knapp oberhalb der Temperatur die Gleichung $G_t = \{G'_t - t, \ldots \mid G''_t + t, \ldots\}$ immer stimmt, ist bei der Abkühlung um 1 nur die letzte Phase von $1/2^n$ „kritisch" – ihre Wirkung ist zu prüfen: Keine einfachere Zahl im Sinne des Einfachheitssatzes als der Mittelwert darf zwischen den Positionen $G'_1 - 1, \ldots$ einerseits und $G''_1 + 1, \ldots$ andererseits liegen. Konkret sind dazu die Folgerungen aus der anzunehmenden Existenz eines minimalen Gegenbeispiels, das heißt einer Position mit möglichst kurzer Spiellänge, zum Widerspruch zu führen.

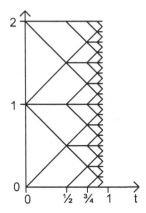

XXXIV

Weniger direkt, dafür unter Ausnutzung allgemeinerer Konzepte gehen Berlekamp und Wolfe vor: Dazu wird im Wesentlichen der Abkühl-Homomorphismus $G \rightarrow G_1$ für Go-
Positionen umgekehrt. Dies geschieht mittels einer universell für jede beliebige Conway-Position $H = \{H', \dots \mid H'', \dots\}$ rekursiv definierbaren Abbildung u, die sowohl als spezieller Fall
eines so genannten Überhitzungsoperators oder auch als eine Art Produkt mit $(1 + *)$ verstanden werden kann:

$u(H) = H$,   wenn H eine gerade Zahl ist,

$u(H) = H + *$,   wenn H eine ungerade Zahl ist, bzw.

$u(H) = \{-1 + u(H'), \dots \mid 1 + u(H''), \dots\}$ in den anderen Fällen.

Ähnlich wie Abkühlungen ist auch die Überhitzung ein Homomorphismus, das heißt mit der
disjunktiven Summation und der Größer-oder-gleich-Relation verträglich:

* $u(H + L) = u(H) + u(L)$
* Die Relation $H \geq L$ hat immer $u(H) \geq u(L)$ zur Folge.

Für Positionen des mathematischen Go, in deren nachfolgendem Spiel keine Kos und Sekis
auftreten ist, ist außerdem stets

$$G = u(G_1) \text{ oder } G = u(G_1) + *.$$

XXXV

Wir werden induktiv zeigen, dass die Approximationsfehler

$$D_L(G,t) = L_0(G + E_t) - L_t(G) - L_0(E_t)$$
$$D_R(G,t) = R_0(G + E_t) - R_t(G) - R_0(E_t)$$

für t-Werte, bei denen es sich um ganze Vielfache des zur Definition der Umgebung E_t verwendeten Rasters δ handelt, betragsmäßig durch $2N\delta$ beschränkt sind. Dabei bezeichnet N
die maximale Zuganzahl, die ein in der Position G startendes Spiel aufweisen kann.

Wir beginnen mit den Fällen $G = 0$ und $t = 0$, für welche die zu beweisende Behauptung offensichtlich richtig ist. Für den Induktionsschritt analysieren wir nun die Zugmöglichkeiten in der Position $G + E_t$, um so die Approximationsfehler rekursiv abschätzen zu können. Für die Position $G = \{G',...|G'',...\}$ erhalten wir

$$D_L(G,t)$$

$$= \max_{G'}\big(R_0(G + E_{t-\delta}) + t, R_0(G' + E_t)\big) - L_0(E_t) - L_t(G)$$

$$= \max_{G'}\big(R_0(G + E_{t-\delta}) + t - R_0(E_{t-\delta}) - t, R_0(G' + E_t) + R_0(E_t)\big) - L_t(G)$$

$$= \max_{G'}\big(R_{t-\delta}(G) + D_R(G, t-\delta), R_t(G') + D_R(G', t) + 2 \cdot R_0(E_t)\big) - L_t(G)$$

$$= \max_{G'}\big(R_{t-\delta}(G) - L_t(G) + D_R(G, t-\delta), R_t(G') - t - L_t(G) + t + 2R_0(E_t) + D_R(G', t)\big).$$

Dabei ist $t + 2R_0(E_t)$ entweder gleich 0 oder gleich $-\delta$, je nachdem ob es sich bei t um ein gerades beziehungsweise ungerades Vielfaches des Rasterabstandes δ handelt. Aufgrund der Induktionsannahme gelten außerdem die beiden Ungleichungen $|D_R(G, t-\delta)| \leq 2N\delta$ und $|D_R(G', t)| \leq 2(N-1)\delta$. Berücksichtigt man nun zusätzlich noch die beiden Ungleichungen $R_{t-\delta}(G) - L_t(G) \leq 0$ und $R_t(G') - t - L_t(G) \leq 0$, die aus den in Kapitel 2.7 beschriebenen Eigenschaften von Thermographen folgen, so erhält man

$$D_L(G,t) \leq \max(2N\delta, 2(N-1)\delta) = 2N\delta.$$

Noch zu zeigen bleibt die Ungleichung $D_R(G,t) \geq -2N\delta$. Dazu unterscheiden wir die beiden Fälle $t \geq t(G) + \delta$ und $t \leq t(G) + \delta$. Im ersten Fall gilt $R_{t-\delta}(G) - L_t(G) = 0$ und damit

$$D_L(G,t) \geq R_{t-\delta}(G) - L_t(G) + D_R(G, t-\delta) \geq -2N\delta.$$

Für $t \leq t(G)$ besitzt Links eine Zugmöglichkeit zu einer Position G' mit $R_t(G') - t - L_t(G) \geq 0$. Übernimmt man die für $t = t(G)$ existierende Zugmöglichkeit auch für t-Werte mit $t(G) \leq t \leq t(G) + \delta$, so erkennt man, dass für alle $t \leq t(G) + \delta$ eine Zugmöglichkeit zu einer Position G' existiert mit $R_t(G') - t - L_t(G) \geq -\delta$. Schließlich folgt daher auch in diesem Fall

$$D_L(G,t) \geq R_t(G') - t - L_t(G) + t + 2R_0(t) + D_R(G', t) \geq -\delta - \delta - 2(N-1)\delta = -2N\delta.$$

XXXVI

- Eine GV-Position, also eine Position der Form 1^{2k+1}, kann durch einen Zug nur dann entstehen, wenn ein Haufen bis auf einen Stein oder sogar ganz abgeräumt wird. Im ersten Fall besitzt die Position vor dem Zug die Gestalt $1^{2k}m$ mit $m > 1$, im zweiten Fall $1^{2k+1}m$ mit $m > 0$. VV-Positionen, das heißt Positionen mit der Nim-Summe 0, die nicht die Form 1^{2k} aufweisen, befinden sich darunter nicht. Züge von VV nach GV sind damit unmöglich.
- Von einer GV-Position, das heißt einer Position der Form 1^{2k+1}, gibt es nur Züge zu Positionen der Form 1^{2k}, das sind ausnahmslos VG-Positionen. VV- oder GV-Positionen sind also von GV aus in einem Zug unerreichbar.
- Eine VG-Position, also eine Position der Form 1^{2k}, kann durch einen Zug nur dann entstehen, wenn ein Haufen bis auf einen Stein oder aber ganz abgeräumt wird. Im ersten Fall besitzt die Position vor dem Zug die Gestalt $1^{2k-1}m$ mit $m > 1$, im zweiten Fall $1^{2k}m$ mit $m > 0$. Bis auf die Position $1^{2k}m$ mit $m = 1$ sind das alles Positionen vom Typ GG. Jede von ihnen bietet eine alternative Zugmöglichkeit zu einer Position der Form 1^{2k-1}, das heißt nach GV.

- Von einer VG-Position ungleich der Endposition, das ist eine Position der Form 1^{2k+2}, kann nur nach 1^{2k+1}, also zu einer GV-Position gezogen werden.

XXXVII

Ausgegangen wird von den Haufen des Standard-Nim $*0$, $*1$, $*2$, $*3$, ..., die formal durch die Menge ihrer Zugmöglichkeiten

$$*0 = \{\,\},$$
$$*1 = \{*0\},$$
$$*2 = \{*0, *1\},$$
$$*3 = \{*0, *1, *2\}, ...$$

bestimmt sind. Der Satz behauptet nun nichts anderes, als dass bei Hinzunahme von bestimmten weiteren Zugmöglichkeiten Misère-äquivalente Positionen entstehen. Im Einzelnen handelt es sich um die folgenden Äquivalenzen:

$*0 = \{*1,$	$*a, *b, ...\}$	mit a, b, ... ≥ 2,
$*1 = \{*0,$	$*a, *b, ...\}$	mit a, b, ... ≥ 2,
$*2 = \{*0, *1,$	$*a, *b, ...\}$	mit a, b, ... ≥ 3,
$*3 = \{*0, *1, *2,$	$*a, *b, ...\}$	mit a, b, ... ≥ 4, ...

Jeder ergänzte Zug führt dazu, dass der betreffende Nim-Haufen sich vergrößert. Dabei weist der Fall des leeren Nim-Haufens $*0$ eine entscheidende Sonderstellung auf, da der Satz an die Voraussetzung gebunden ist, dass einer der insgesamt möglichen Züge nach $*0$ oder $*1$ führt. Insofern muss sich im ersten Fall unter den hinzugenommenen Zügen der Zug zum Ein-Stein-Haufen $*1$ befinden.

Die vom Satz ausgesagte Äquivalenz besagt konkret das Folgende: Ist irgendein Nim-Haufen $*m$ Summand einer als disjunktive Summe vorgelegten Position, so ändern sich die Gewinnaussichten im Misère-Spiel nicht, wenn der Nim-Haufen $*m$ durch eine Position mit entsprechend erweiterten Zugmöglichkeiten ersetzt wird. Das heißt, der vorher auf Gewinn stehende Spieler besitzt weiterhin eine Gewinnstrategie. Das wollen wir nun zeigen:

- Der auf Gewinn stehende Spieler verzichtet dazu einfach auf die zusätzlichen Zugmöglichkeiten, ausgenommen in dem Fall m = 0, wenn $*0$ der einzig verbliebene Haufen ist. In diesem Fall zieht der Spieler nach $*1$, so dass er nach dem anschließend erzwungenen Zug seines Gegners nach $*0$ gewinnt.
- Nimmt dagegen der auf Verlust stehende Spieler irgendwann im Verlauf des Spiels eine der neuen Zugmöglichkeiten wahr und vergrößert dadurch den betreffenden Nim-Haufen, dann zieht der auf Gewinn stehende Spieler einfach nach $*m$ zurück.

Die gemachte Konstruktion ist ein Spezialfall dafür, mittels umkehrbarer Züge äquivalente Positionen zu erzeugen. Das Verfahren funktioniert für alle Conway-Spiele. Bei Misère-Versionen wird allerdings eine Schlussklausel benötigt, die für den Fall, dass keine andere Komponente mehr vorhanden ist, eine zu einer Verlustposition führende Erwiderung sicherstellt.

Anzumerken bleibt schließlich noch, dass Positionen wie {∗2} und {∗2, ∗3} nicht nur die Voraussetzungen des Satzes nicht erfüllen, sondern auch tatsächlich beim Misère-Spiel zu keinem Nim-Haufen äquivalent sind.

XXXVIII

Die Gewinnaussichten aller Positionen lassen sich in einem 4096 boolesche Werte umfassenden Array speichern. Die Nummerierung der Positionen erfolgt am besten in binärer Weise. Dabei entspricht jeder Binärstelle ein Feld auf dem Spielplan – bei einer Position ergibt dann ein vorhandener Stein an der entsprechenden Stelle eine binäre Eins, ein bereits entfernter Stein hingegen eine binäre Null. Auch Züge sind auf diese Weise codierbar. Die folgende Abbildung zeigt ein Beispiel für einen Eröffnungszug.

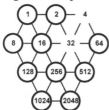

Nach dem Zug 36 entsteht aus der Anfangsposition 4095 die Position 4059.

Für die Minimax-Analyse können die Positionen in der normalen Reihenfolge 0, 1, ..., 4095 untersucht werden, da diese Reihenfolge sicherstellt, dass nur solche Positionen analysiert werden, von deren sämtlichen Nachfolge-Positionen die Gewinnaussichten schon bekannt sind.

Um die Gewinnaussichten aller Positionen zu speichern, kann man im Zeitalter der Mega-Byte-Speicher statt der binären Codierung ebenso eine Tabelle innerhalb einer relationalen Datenbank verwenden. Dazu können die Positionen in nahezu beliebiger Weise codiert werden; der schnelle Zugriff erfolgt über einen Index der Datenbank. Insbesondere für Spiele, deren Positionen eine komplexere Struktur aufweisen, ist diese Möglichkeit sehr interessant.

XXXIX

Bei einem Spielbaum der Tiefe d mit gleichmäßig jeweils n Zugmöglichkeiten pro Position sind bei der normalen Minimax-Suche n^d Endpositionen zu bewerten. Beim α-β-Algorithmus sind es deutlich weniger, wobei die konkrete Zahl aber davon abhängt, in welcher Reihenfolge die Züge einer Position untersucht werden. Beginnt bei jeder Position die Analyse mit dem besten Zug, so müssen nur $2n^{d/2} - 1$ Endpositionen bei gerader Tiefe d beziehungsweise $n^{(d+1)/2} + n^{(d-1)/2} - 1$ bei ungerader Tiefe untersucht werden. Größenordnungsmäßig kann man daher stets von $2n^{d/2}$ ausgehen, so dass bei gleicher Rechenzeit annähernd die doppelte Suchtiefe erreicht werden kann.

Die so erzielte Zahl von Cutoffs wird plausibel, wenn man sich die im Hinblick auf den zeitlichen Aufwand typische Situation während einer α-β-Suche vorstellt und dabei das zu diesem Zeitpunkt noch nicht bekannte Ergebnis vorwegnimmt, wie gut die einzelnen Züge sind:

- Weiß ist gerade dabei, einen Zug zu untersuchen, der sich gegenüber einem schon analysierten Zug als schlechter herausstellen wird. Anschließend werden die restlichen Züge von Weiß untersucht.
- Für Schwarz wird gerade eine Erwiderung untersucht, die sich als Widerlegung des ersten weißen Zuges herausstellen wird. Die weiteren Alternativen zu diesem Zug können daher unberücksichtigt bleiben.
- Für Weiß wird eine Abwehr gegen die Widerlegung gesucht, ohne dass diese Suche Erfolg haben wird.
- Für Schwarz wird dazu eine Widerlegung untersucht.

Und so weiter. Da es für einen Spieler ausreicht, jeweils eine für ihn genügend gute Widerlegung zu finden, müssen auf jedem zweiten Level meist nur wenige Züge untersucht werden – jedenfalls viel weniger, als es insgesamt gibt.

Eine umfassende Darstellung des α-β-Verfahrens gibt der in Fußnote 176 genannte Artikel von Knuth und Moore.

XL

Die Geschichte der Fermat'schen Vermutung ist wiederholt in den verschiedensten Publikationen und auf entsprechend unterschiedlichem Niveau dargestellt worden. Anlass der letzten Artikel in der folgenden Zusammenstellung ist der 1993 von Andrew Wiles gefundene Beweis: Harold M. Edwards, *Das Fermatsche Theorem*, Spektrum der Wissenschaft, 1978/12, S. 38-45; *Ferne Zukunft*, Der Spiegel 1983/28, S. 146; *Süßes Gift*, Der Spiegel 1988/12, S. 272-275; *Griff nach dem Gral*, Der Spiegel, 1993/26, S. 203 f.; Christoph Pöppe, *Der Beweis der Fermatschen Vermutung*, Spektrum der Wissenschaft, 1993/8, S. 14-16; Thiagar Devendran, *Der Widerspenstigen Zähmung*, Bild der Wissenschaft, 1994/4, S. 42-44; M. Ram Murty, *Reflections on Fermat's Last Theorem*, Elemente der Mathematik, 50 (1995), S. 3-11, Einführung dazu S. 1 f.; Jürg Kramer, *Über die Fermat-Vermutung*, Elemente der Mathematik, 50 (1995), S. 12-25; René Schoof, *Fermat's Last Theorem*, Jahrbuch Überblicke Mathematik, 1995, S. 193-211; Christoph Pöppe, *Die Fermatsche Vermutung ist bewiesen – nun auch offiziell*, Spektrum der Wissenschaft, 1997/8, S. 113-116; Simon Singh, Kenneth A. Ribet, *Die Lösung des Fermatschen Rätsels*, Spektrum der Wissenschaft, 1998/1, S. 96-103; Simon Singh, *Fermats letzter Satz*, Wien 1998 (engl. Orig. 1997).

XLI

Im Sinne einer objektorientierten Programmierung kann man sich mathematische Objekte, wie sie Gegenstand eines Axiomensystems sind, auch als Instanzen bestimmter Klassen vorstellen, deren innere Struktur aufgrund einer strengen Kapselung verborgen bleibt. Das heißt, es ist nicht erkennbar, ob es sich beispielsweise bei den Instanzen zweier Klassen `Punkt` und `Gerade` um Punkte und Geraden auf einer Ebene oder um Punkte und Großkreise auf einer Kugeloberfläche handelt. Prüfbar sind mittels entsprechender Methoden einzig die Beziehungen zwischen gegebenen Instanzen, das heißt, es kann beispielsweise zu einer Geraden und einem Punkt immer festgestellt werden, ob der Punkt auf der Geraden liegt. Weitere Methoden könnten dazu dienen, die Gleichheit zweier Instanzen zu prüfen oder als Konstruktor weitere Instanzen zu erzeugen.

XLII

Anknüpfend an die schon angestellten Überlegungen zum Halteproblem gehen wir von einem Programm aus, das bei Eingabe eines Programmes A solange – gegebenenfalls endlos – nach einem Beweis für die Aussage „Programm A mit Input A hält nicht" sucht und bei Erfolg diesen ausgibt und dann stoppt. Ein solches Programm ist als Kombination von zwei gedanklich schon verwendeten Programmen tatsächlich realisierbar:

- Der erste Programmteil überträgt ein konkretes – Programm und Input umfassendes – Halteproblem in eine arithmetische Symbolkette.
- Der zweite Programmteil sucht nach dem Beweis der zuvor erzeugten arithmetischen Symbolkette.

Ist unser Programm, das wir mit D bezeichnen wollen, fertig gestellt, geben wir es sich selbst als Input. Was passiert? Hält das Programm mit dieser Eingabe? Wir wollen das Stoppverhalten auf zwei verschiedenen Ebenen untersuchen, nämlich einerseits auf der Ebene der Symbol-Arithmetik und andererseits auf der Ebene der inhaltlichen Interpretation. Innerhalb der inhaltlichen Interpretation – und nur innerhalb dieser – verfügen die Aussagen über die Eigenschaften „wahr" oder „falsch", ganz so wie das Parallelenaxiom keine an sich wahre oder falsche Aussage darstellt, sondern nur dann, wenn es innerhalb einer konkreten Geometrie interpretiert wird. Bei der Verbindung der beiden Ebenen gehen wir von der Korrektheit des Axiome und Schlussregeln umfassenden Systems aus, das heißt, jede auf ihrer Basis formal bewiesene (Symbol-)Aussage soll in ihrer Interpretation als Aussage über Zahlen wahr sein:

- Zunächst stellt sich heraus, dass die Aussage „Programm D mit Input D hält nicht" auf dem Niveau der Symbol-Arithmetik formal nicht bewiesen werden kann:
  Wäre diese Aussage nämlich beweisbar, könnte der Beweis mit dem Beweissuch-Programm D gefunden werden. Der dazu notwendige Input ist das Programm D selbst. Da das Programm D stoppt, sobald es den Beweis gefunden hat, ist die Aussage „Programm D mit Input D hält nicht" falsch, kann also gar nicht beweisbar sein.
- Andererseits ist die Aussage „Programm D mit Input D hält nicht" wahr:
  Wäre sie falsch, so müsste das Programm D mit sich selbst als Input anhalten und dabei einen Beweis für die Aussage „Programm D mit Input D hält nicht" liefern. Die Aussage müsste damit im Widerspruch zur Eingangsannahme doch wahr sein.

„Programm D mit Input D hält nicht" ist damit eine unbeweisbare und trotzdem wahre Aussage.

Es bleibt anzumerken, dass die gerade angeführte Argumentation im formal strengen Sinn kein Beweis ist. Sie kann es auch gar nicht sein, weil die Wahrheit einer Aussage kein Gegenstand formaler, auf symbolischer Ebene zu führender Beweise ist. Das ändert aber nichts daran, die vollzogenen Schlüsse und damit die so erhaltene Aussage als richtig zu akzeptieren, so wie man es bei Axiomen auch tut.

XLIII

Allgemein kann jede von einem Computerprogramm aufzählbare Menge von natürlichen Zahlen, wie die geraden Zahlen, die Primzahlen oder die Zahlen-Codierungen von irgendwann anhaltenden Programmen mittels der Lösungsmenge einer geeigneten diophantischen Gleichung charakterisiert werden. Konkret gibt es zu jeder solchen Menge S eine diophantische Gleichung $Q_S(y, x_1, ..., x_k) = 0$, so dass eine natürliche Zahl n genau dann in S liegt, wenn die Gleichung $Q_S(n, x_1, ..., x_k) = 0$ in ganzen Zahlen lösbar ist. Nimmt man für die Menge S eine unentscheidbare Menge, wie sie etwa aus dem Halteproblem abgeleitet werden kann, dann ist die Lösbarkeit der zugehörigen Folge von diophantischen Gleichungen $Q_S(1, x_1, ..., x_k) = 0$, $Q_S(2, x_1, ..., x_k) = 0$, ... nicht entscheidbar. Das heißt, es gibt kein Computerprogramm, das für jede Gleichung in endlicher Zeit die Lösbarkeit beziehungsweise Unlösbarkeit erkennt.

Da lösbare und nachweisbar unlösbare Gleichungen immer in endlicher Rechenzeit erkennbar sind, muss es in der Folge unlösbare Gleichungen geben, deren Unlösbarkeit innerhalb der Arithmetik unbeweisbar ist. Solch eine diophantische Gleichung kann sogar explizit angegeben werden. Sie wird so konstruiert, dass jede ihrer Lösungen der Codierung eines Beweises für ihre Unlösbarkeit entsprechen würde und umgekehrt. Damit ist die Gleichung unlösbar, ohne dass dies aus den Axiomen abgeleitet werden könnte.

Einen genaueren Überblick über Hilberts zehntes Problem findet man in: *Die Hilbertschen Probleme*, Ostwalds Klassiker der exakten Wissenschaften <u>252</u>, Leipzig 1976 (russ. Orig. 1969, daher konnte die Darstellung von Matijawevics Resultat nur als Nachtrag für die deutsche Übersetzung aufgenommen werden), S. 53, 177-195; Martin Davis, Reuben Hersh: *Hilbert's 10th problem*, Scientific American 1973/11, S. 84-91; Keith Devlin, *Sternstunden der Mathematik*, München 1992 (engl. Orig. 1988), S. 153-172; Martin Davis, *Hilbert's tenth problem in unsolvable*, American Mathematical Monthly, <u>80</u> (1973), S. 233-269 (enthält eine vollständige Beweisführung).

XLIV

Dabei ist es wenig empfehlenswert, die Bedingung einfach zu negieren, da es sich bei der dann nachzuweisenden Unerfüllbarkeit um kein konstruktives Kriterium handelt. Eher praktikabel sind die folgenden Verfahren, die auf dem beschriebenen Gewinnkriterium für Schwarz als Nachziehendem aufbauen:

• Die Positionen, in denen Weiß als Nachziehender eine Gewinnstrategie besitzt, können beim Bridge-it dadurch charakterisiert werden, dass man die Farben der beiden Spieler vor der Umwandlung in das Shannon Switching-Game vertauscht. Lehman gelang eine entsprechende Konstruktion auch direkt auf der Ebene des Switching-Game.

• Die Positionen der dritten Klasse lassen sich dadurch erkennen, dass man einen Gewinnzug für Weiß und einen für Schwarz angibt und den Gewinncharakter der dabei entstehenden Positionen mit den Kriterien der anderen beiden Klassen bestätigt.

Auch die Generierung von Gewinnstrategien kann so auf den Fall, dass Schwarz als Nachziehender sicher gewinnen kann, zurückgeführt werden.

Am effektivsten unter den bekannten Verfahren arbeitet eine Methode, bei welcher der Graph – zunächst ohne „+" und „–" als spezielle Knoten zu berücksichtigen – in einer speziellen Weise zerlegt wird. Einzelheiten findet man in der in Fußnote 199 genannten Arbeit.

XLV

Quadratische Aufwandssteigerung bedeutet eine Vervierfachung des Aufwands bei doppelt so langen Zahldarstellungen. Beim Standardverfahren kann man das sehr gut anhand der Gleichung

$$(aB + b)(cB + d) = acB^2 + (ad + bc)B + bd$$

erkennen. Dabei sind die zu multiplizierenden Zahlen in vier halb so lange Zahldarstellungen zerlegt. In der so erreichten Größenordnung benötigt man vier Multiplikationen – dagegen sind die Additionen sowie die Multiplikationen mit B und B^2 deutlich einfacher, letztere sind, sofern B eine Potenz der verwendeten Zahlensystem-Basis ist, reine Verschiebungen um Stellen nach links. Formt man die Gleichung nach einer 1962 von Karatsuba und Ofman gefundenen Idee um zu

$$(aB + b)(cB + d) = acB^2 + [ac + bd - (a - b)(c - d)] B + bd,$$

so reichen drei Multiplikationen mit etwa halb so langen Zahldarstellungen aus, nämlich ac, bd und (a – b)(c – d). Das heißt, der Rechenaufwand verdreifacht sich, wenn sich die Inputlänge verdoppelt. Wegen $2^{1,585} = 3$ entspricht das einer Komplexität von $O(n^{1,585})$. Die Steigerung des Aufwands für sehr lange Zahlen lässt sich sogar noch weiter begrenzen. Siehe dazu: A. K. Dewdney, *Der Turing Omnibus*, Berlin 1995 (amerikan. Orig. 1993), Kapitel 25; Gilles Brassard, Paul Bratley, *Algorithmik: Theorie und Praxis*, Attenkirchen 1993 (amerikan. Orig. 1988), S. 168-173, 367-373.

XLVI

Theorie und Praxis können selbst in diesem Punkt voneinander abweichen und zwar dann, wenn der Rechenaufwand erst mit sehr langen Inputs deutlich wächst. Ein Beispiel dafür ist ein 1980 von Adleman und Rumely gefundener Primzahltest, dessen Rechenaufwand bei n-ziffrigen Zahlen durch $O(n^{c \ln \ln n})$ mit einer Konstante c begrenzt wird. Obwohl keine polynomiale Begrenzung vorliegt, hat das im Bereich der Computern zugänglichen Größenordnungen keine besonders große Bedeutung.

Die verschiedenen Primzahltests und Algorithmen zur Teilersuche sind übrigens komplexitätsmäßig bestens untersucht (siehe auch Anmerkung XLVII). Neben dem rein wissenschaftlichen Interesse bilden kryptographische Anwendungen ein starkes Motiv für solche Analysen. So basiert die Sicherheit des 1978 erfundenen, nach Rivest, Shamir und Adleman benannten RSA-Public-Key-Verfahrens unter anderem darauf, dass die Faktorisierung im Vergleich zu Primzahltests komplexitätsmäßig deutlich schwerer ist. Andernfalls wäre es nämlich möglich, aus dem offen zugänglichen Schlüssel zum Codieren den geheimen Schlüssel zum Decodieren zu berechnen.

Näheres zu diesem Thema findet man in: Carl Pomerance, *Primzahlen im Schnelltest*, Spektrum der Wissenschaft, 1983, Heft 2, S. 80-92; Jürgen Wolfart, *Primzahltests und Primfaktorenzerlegung*, Jahrbuch Überblicke der Mathematik, 1981, S. 161-188; John D. Dixon, *Factorization and primality tests*, American Mathematical Monthly, 91 (1984), S. 333-352;

Paulo Ribenboim, *The book of prime number records*, New York 1988, Chapter 2; Martin E. Hellmann, *Die Mathematik der Verschlüsselungssysteme*, Spektrum der Wissenschaft, 1979/10, S. 93-101; Albrecht Beutelspacher, *Kryptologie*, Braunschweig 1987.

XLVII

Kurz gesagt gehört die Entscheidung, ob eine Zahl prim ist, zur Klasse co-NP. Diese Klasse co-NP ist analog zur Klasse NP definiert, wobei im Unterschied zu NP jede „Nein"-Entscheidung mit Hilfe einer geeigneten Zusatzinformation einfach bestätigbar sein muss.

Übrigens kann man sich relativ einfach davon überzeugen, dass die Entscheidung darüber, ob eine Zahl prim ist, auch in der Klasse NP liegt. Die Bestätigung der Tatsache, dass eine gegebene Zahl n prim ist, kann nämlich stets durch die Angabe einer Zahl a erfolgen, für die die Zahlen 1, a, a^2, a^3, ..., a^{n-2} mit Ausnahme der 0 alle möglichen Reste zum Nenner n ergeben (beispielsweise kann für die Primzahl n = 7 die Zahl a = 3 gewählt werden, weil die Zahlen 1, 3, $3^2 = 9$, $3^3 = 27$, $3^4 = 81$, $3^5 = 243$ bei der Division durch 7 die Reste 1, 3, 2, 6, 4, 5 liefern). Diese Prüfung auf der Basis des sogenannten kleinen Fermat'schen Satzes ist dann ganz einfach, wenn die Primfaktorenzerlegung der Zahl n − 1 als weitere Zusatzinformation vorliegt. Man prüft dazu, dass für keinen Teiler t von n − 1 der Ausdruck $a^{(n-1)/t} - 1$ durch n teilbar ist. Dass die zu n − 1 angegebenen Faktoren tatsächlich prim sind, kann in analoger Weise rekursiv geprüft werden (zum kleinen Fermat'schen Satz siehe auch Kapitel 1.15, Kasten *Die Erzeugung von Zufallszahlen*).

Dass das Primzahltest-Problem sogar zur Klasse P gehört, wurde lange vermutet, ohne einen Beweis dafür finden zu können. So kannte man zwar bereits seit 1976 ein von Gary Miller untersuchtes, ebenfalls auf der Basis des kleinen Fermat'schen Satzes arbeitendes Verfahren, das stets in polynomial beschränkter Rechenzeit arbeitet, sofern die erweiterte Riemann'sche Vermutung stimmen sollte. Diese ist aber sogar in ihrer Standardversion bereits über 100 Jahre unbewiesen – so behandelte sie David Hilbert in seinem 1900 gehaltenen Vortrag, den wir bereits in den Kapiteln 1.8. und 2.11 erwähnten, als 8. Problem (siehe dazu: Stan Wagon, *Primality testing*, The Mathematical Intelligencer, 8/3 (1986), S. 58-61). Und auch bei den sieben zum einhundertjährigen Jubiläum von Hilberts Vortrag formulierten und jeweils mit einer Million Dollar dotierten Millenniumsproblemen des Clay Mathematics Institutes in Cambridge, Massachusetts gehörte die Riemann'sche Vermutung wieder dazu.

Ohne Rückgriff auf die Riemann'sche Vermutung lässt sich die Effizienz eines Verfahrens nachweisen, das 2002 von den drei indischen Mathematikern Agrawal, Kayal and Saxena gefunden wurde: Dieses Verfahren liefert stets in polynomial beschränkter Rechenzeit eine Antwort auf die Frage, ob eine gegebene Zahl prim ist (siehe Folkmar Bornemann, *Primes in P: Ein Durchbruch für „Jedermann"*, Mitteilungen der DMV, 2002/4, S. 14-21).

XLVIII

Das Erfüllbarkeitsproblem bezieht sich darauf, ob die Variablen x_1, ..., x_n einer gegebenen booleschen Formel so mit Wahrheitswerten belegt werden können, dass insgesamt ein wahrer Wert entsteht. Beispielsweise ist der Ausdruck

$$x_1 \wedge (\neg x_1 \vee x_2)$$

mit den Werten $x_1 = 1$ und $x_2 = 1$ erfüllbar. Offenbar gehört das Erfüllbarkeitsproblem zur Klasse NP, da eine „Ja"-Entscheidung mit Hilfe einer entsprechenden Variablenbelegung effizient geprüft werden kann.

Um ein beliebiges Problem der Klasse NP mittels einer effizienten Transformation auf das Erfüllbarkeitsproblem zurückzuführen, ging Cook folgendermaßen vor: Ausgangspunkt ist ein zu dem betreffenden Entscheidungsproblem gehörendes Computerprogramm, das imstande ist, jede „Ja"-Entscheidung mit Hilfe einer geeigneten Zusatzinformation zu bestätigen. Jedem einzelnen Bit in Arbeitsspeicher und Prozessor wird nun Takt für Takt eine boolesche Variable zugeordnet. Insbesondere gibt es Variablen für das letztendlich gültige Entscheidungsbit, die Bits des Inputs sowie die Bits der miteingegebenen Zusatzinformation. Da in polynomial beschränkter Zeit nur ein ebenso beschränkter Speicherbereich bearbeitet werden kann, ist die zu berücksichtigende Variablenanzahl ebenfalls polynomial zur Inputgröße beschränkt. Außerdem kann auf Basis der Rechnerarchitektur für jede Variable eine Transformationsgleichung aufgestellt werden, wie sie sich aus den Variablenwerten zum Takt davor ergibt. Mittels der logischen UND-Operation erhält man schließlich eine einzige Gleichung.

Für jede Länge des Inputs kann auf diese Weise *eine* boolesche Formel effizient, das heißt mit polynomial beschränktem Aufwand, berechnet werden, die das gesamte Verhalten des Computerprogrammes charakterisiert. Dabei führt jeder Input, der mit Hilfe einer geeigneten Zusatzinformation positiv entschieden wird, zu einer erfüllbaren Gleichung, und diese Entsprechung gilt auch umgekehrt, da eine erfüllende Variablenbelegung stets eine zur Bestätigung führende Zusatzinformation beinhaltet. Damit ist die Existenz einer geeigneten Zusatzinformation auf die Erfüllbarkeit des erzeugten booleschen Ausdrucks zurückgeführt!
XLIX

In der Praxis am gebräuchlichsten ist es, entweder zwei Partien mit vertauschten Rollen oder eine Partie mit ausgelosten Rollen zu spielen. Beide Mal umfasst eine Strategie im symmetrischen Spiel Pläne für beide Rollen im ursprünglichen Spiel. Aus spieltheoretischer Sicht ist das etwas unbefriedigend, da sich die Normalform drastisch vergrößert. Verfügen die Spieler ursprünglich über n beziehungsweise m Strategien, so erhöht sich die Anzahl der Strategien in der symmetrischen Version für beide Spieler auf je n·m.

Bei einem anderen Verfahren, welches von Brown und Dantzig ungefähr 1949 vorgeschlagen wurde, vergrößert sich die Normalform nur in einem weit moderateren Rahmen. Dabei wird die Rollenverteilung der beiden Spieler mit einem zu Papier-Stein-Schere ähnlichen Spiel festgelegt: Ausgegangen wird von einem Spiel, bei dem Weiß im Vorteil ist, das heißt von einem Spiel mit positivem Wert. Das lässt sich etwa dadurch erreichen, dass alle Gewinne um einen so hohen Betrag erhöht werden, bis sie sämtlich positiv sind. Dieses gegebenenfalls modifizierte Spiel wird nun symmetrisiert. Dazu werden, eben ganz ähnlich wie bei Papier-Stein-Schere, beide Spieler dazu aufgerufen, sich gleichzeitig zwischen drei Begriffen, nämlich „Weiß", „Schwarz" und „Eins" zu entscheiden. Treffen beide Spieler die gleiche Wahl, endet die Partie unentschieden. Bei einer Auswahl „Weiß"-„Schwarz" oder „Schwarz"-„Weiß" wird eine Partie mit der einträchtig gewählten Rollenverteilung gespielt. In den anderen vier Fällen beträgt der Gewinn 1, wobei der Gewinn wie folgt ermittelt wird: „Eins" schlägt „Weiß" und verliert gegen „Schwarz".

Wie bei Papier-Stein-Schere gibt es keine absolut beste Wahl, und abhängig vom Wert des ursprünglichen Spiels müssen alle drei Begriffe mit bestimmten, von 0 verschiedenen Wahrscheinlichkeiten ausgewählt werden. Dabei müssen die Entscheidungen für „Weiß" und „Schwarz" durch Strategie-Angaben für das eigentliche, gegebenenfalls nachfolgend ausgetragene Spiel ergänzt werden. Dabei kann man sich stets auf eine, nämlich die zuvor ausgewählte Rolle innerhalb des ursprünglichen Spiels beschränken. Daher verfügen beide Spieler über n + m + 1 Strategien.

Siehe: D. Gale, H. W. Kuhn, A. W. Tucker, *On symmetric games*, in: Kuhn, Tucker (ed.), *Contributions to the theory of games I*, Reihe: Annals of Mathematics Studies, <u>24</u> (1950), S. 81-87; R. Duncan Luce, Howard Raiffa, *Games and decision*, Toronto 1957, S. 440-442.

L

Es lassen sich lineare Optimierungsaufgaben kreieren, bei denen die üblicherweise verwendeten Varianten des Simplex-Algorithmus nicht geeignet sind, die Lösung in polynomial begrenzter Rechenzeit zu finden. Der Simplex-Algorithmus, der sich in der Praxis bestens bewährt hat, weist damit eine theoretische Unzulänglichkeit auf. In diesem Sinne besser ist das Ellipsoid-Verfahren, für das 1979 der Russe Khachiyan (1952-2005) nachweisen konnte, dass es stets in polynomial begrenzter Rechenzeit zu einer Lösung führt.

Lineare Optimierungsaufgaben werden für das Ellipsoid-Verfahren zunächst in Ungleichungssysteme transformiert, für die dann eine Lösung gesucht wird – wir haben solches implizit mit der Symmetrisierung von Spielen zu Beginn des Kapitels praktiziert. Anschließend wird die Lösungsmenge des Ungleichungssystems schrittweise durch eine Serie kleiner werdender Ellipsoide eingegrenzt. Jeder einzelne Schritt geht von einem Ellipsoid aus, der alle Lösungen des Ungleichungssystems enthält:

- Ist der Mittelpunkt des Ellipsoides eine Lösung, so ist man fertig.
- Andernfalls verletzen die Koordinaten des Mittelpunkts zumindest eine Ungleichung. Dieser Ungleichung entspricht geometrisch eine Trenn-Hyperebene. Verschiebt man diese parallel, so dass der Mittelpunkt des Ellipsoides auf ihr liegt, dann befinden sich sämtliche Lösungen in einer durch diese verschobene Hyperebene abgetrennten Ellipsoid-Hälfte. Die folgende Abbildung zeigt eine typische Situation – die Lösungsmenge ist schraffiert, die Hyperebene zur verletzten Ungleichung gestrichelt dargestellt:

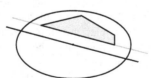

Der entscheidende Schritt der Ellipsoid-Methode besteht nun aus einem allgemeinen Verfahren, zu einer Ellipsoid-Hälfte einen kleineren Ellipsoid zu konstruieren,
- der diese Hälfte vollständig enthält und
- dessen Volumen um einen bestimmten Faktor kleiner ist als das Volumen des vorherigen Ellipsoides.

Da man die Achsen des Ellipsoides deformieren kann, ist es im Prinzip völlig ausreichend, die Konstruktion für die Hälften einer Hyperkugel durchzuführen. Die folgende Abbildung veranschaulicht den zweidimensionalen Fall:

Für ein Ungleichungssystem, dessen Lösungsmenge einerseits begrenzt ist und andererseits ein echtes Volumen aufweist, muss diese sukzessive Verkleinerung der Ellipsoide nach einer a priori abschätzbaren Zahl von Schritten terminieren, wobei der letzte Mittelpunkt eine Lösung liefert. Andere Ungleichungssysteme lassen sich zuvor entsprechend umformen, etwa dadurch, dass man sich bei den Ungleichungen als „großzügig" erweist und die vorgegebenen Schranken geringfügig ausdehnt.

So günstig Khachiyans Verfahren in der Theorie ist, so ist es in der Praxis dem Simplex-Algorithmus unterlegen. 1984 stellte daher Karmarkar ein entscheidend besseres Verfahren vor. Gleichwohl ist der Simplex-Algorithmus die am meisten verwendete Methode der Linearen Optimierung geblieben.

Literatur zu den Verfahren von Khachiyan und Karmarkar: Ulrich Derigs, *Neuere Ansätze in der Linearen Optimierung*, Operations Research Proceedings, 29 (1985), S. 47-58; A. Shrijver, *The new linear progamming method of Karmarkar*, Centrum voor Wiskunde en Informatica newsletter, 8 (1985), S. 2-14; *Neuer Dampf*, Der Spiegel, 1984/49, S. 239-240; Varék Chvátal, *Linear programming*, 1983; Robert G. Bland, Donald Goldfarb, Michael J. Todd, *The ellipsoid method*, Operations Research, 29 (1981), S. 1039-1091.

LI

Es handelt sich um den so genannten Dualitätssatz, der eine gegebene lineare Optimierungsaufgabe zu einem weiteren Optimierungsproblem in Beziehung setzt, das man als die dazu duale Optimierungsaufgabe bezeichnet. Beim im Kasten untersuchten Beispiel betrifft das duale Problem die Frage, welchen Wert die einzelnen Ressourcen besitzen und zwar auf Basis einer Grenzkosten-Analyse. Das heißt, Maß der Ressourcen-Bewertung ist der Erlös-Anstieg, der mit einer geringfügigen Vergrößerung der Ressource erzielt wird. In diesem Sinne wertlos erscheinen diejenigen Ressourcen, die beim optimalen Produktionsplan gar nicht ausgeschöpft werden. Im Beispiel ergeben sich für die vier Ressourcen A, B, C und D die Werte $a = 0$, $b = 1$, $c = 1$ und $d = 0$.

Wie bei den Minimax-Strategien eines Zwei-Personen-Nullsummenspiels ergänzen sich die Lösungen der beiden zueinander dualen Aufgaben und können, selbst wenn man die Werte einfach nur zufällig erraten haben sollte, zu einer gegenseitigen Bestätigung verwendet werden. Dazu addiert man einfach die Ungleichungen mit Gewichten, wie sie der dualen Lösung entsprechen. Entsprechend den Werten $a = 0$, $b = 1$, $c = 1$ und $d = 0$ addiert man dazu im Beispiel die zweite und dritten Ungleichung und erhält

$$2x + 3y \leq 24,$$

so dass das Maximum des erzielbaren Erlöses $2x + 3y$ *höchstens* 24 betragen kann. Dass es *mindestens* 24 beträgt, ergibt sich aus dem alle Bedingungen erfüllenden Wertepaar $x = 6$ und $y = 4$.

Welche formalen Anforderungen müssen solche Werte a, b, c und d erfüllen, damit eine vermutete Optimalität eines Wertepaares x und y solchermaßen bestätigt werden kann? Das Verfahren ist analog anwendbar, wenn die Zahlen a, b, c und d größer oder gleich 0 sind und die Bedingungen

$$a + \quad b + \quad c + 2d \geq 2$$
$$4a + 2b + 2c + \quad d \geq 3$$

erfülllt sind. Außerdem darf der Ausdruck

$$24a + 14b + 17c + d$$

höchstens den Wert des zu bestätigenden Maximums, in unserem Fall also 24, annehmen. Das heißt, die Werte a, b, c und d kann man aus einem Minimierungsproblem ableiten, dessen Ausgangsparameter gegenüber der ursprünglichen geometrischen Anordnung gekippt sind:

Minimiere	$24a + 14b + 17c + d,$
unter den Bedingungen	$a + \quad b + \quad c + 2d \geq 2$
	$4a + 2b + 2c + \quad d \geq 3$
sowie	$a \geq 0, b \geq 0, c \geq 0$ und $d \geq 0.$

Der Dualitätssatz der Linearen Optimierung besagt im Prinzip, dass eine Lösung jeder überhaupt lösbaren Optimierungsaufgabe derart durch eine Lösung der dualen Optimierungsaufgabe bestätigt werden kann.

Ganz spezielle Beispiele für zueinander duale Optimierungsaufgaben, wie sie bei der Analyse von Zwei-Personen-Nullsummenspielen aus der Sicht der beiden Spieler auftreten, werden wir in Kapitel 3.5 kennen lernen.

LII

Spiele mit perfekter Information sind dadurch gekennzeichnet, dass ein Spieler stets die Historie einer Partie kennt, wie sie sich aus den bereits erfolgten Zügen zusammensetzt. Das heißt, weiß ein Spieler etwas, dann weiß es auch jeder andere. Es gibt daher keine Positionen, die aus der Perspektive des ziehenden Spielers subjektiv nicht unterscheidbar sind. Im formalen Modell kann man daher perfekte Information als die Eigenschaft definieren, dass jede Informationsmenge genau eine Position enthält.

Perfektes Erinnerungsvermögen liegt vor, wenn ein Spieler sich stets an die von ihm in der Partie bereits getroffenen Zugentscheidungen und an sein vormals bereits verfügbares Wissen erinnert. Bezogen auf das formale Modell aus Spielbaum und Informationsmengen, innerhalb dessen das Wissen des Spielers einschließlich seines Gedächtnisses durch Informationsmengen repräsentiert wird, entspricht das der folgenden Eigenschaft, wie sie zu einer formalen Definition verwendet werden kann: Führt der Pfad, wie er einer Partie entspricht, erst durch die Position u und später durch die Position v, deren Informationsmengen U und V zum selben Spieler gehören, dann führen sämtliche Partie-Pfade zu Positionen der Informationsmenge V über Positionen der Informationsmenge U, wobei dort jeweils die gleiche Entscheidung getroffen wird. Letztlich sagt diese Eigenschaft nichts anderes aus, als dass dem Spieler ein explizites Merken der von ihm durchlaufenen Informationsmengen und der dort getroffenen Entscheidungen keine zusätzliche Information bringt, weil diese Daten aus jeder einzelnen der im weiteren Verlauf der Partie erreichten Informationsmengen rekonstruiert werden können.

Nicht zu verwechseln sind die beiden erläuterten Begriffe der perfekten Information und des perfekten Erinnerungsvermögens mit der von Harsanyi 1967 vorgeschlagenen Erweiterung des spieltheoretischen Spiel-Modells auf solche Fälle, bei denen die so genannte vollkommene Information nicht gegeben ist. Dabei geht man im Hinblick auf ökonomische Anwendungen davon aus, dass nicht alle Daten der Spielregeln sämtlichen Spielern bekannt sind. Siehe dazu: Reinhard Selten, *Einführung in die Theorie der Spiele mit unvollständiger Information*, in: Information in der Wirtschaft, Schriften des Vereins für Socialpolitik, 126 (1981), S. 81-147. Weit weniger detailliert und spezialisiert, dafür aber für den Laien leichter verständlich ist: Reinhard Selten, *Was ist eigentlich aus der Spieltheorie geworden?*, Zeitschrift des Instituts für höhere Studien (IHS-Journal), 4 (1980), S. 147-161, insbes. S. 151-154.

LIII

Der Beweis des Satzes ist formal relativ aufwändig. Außer in der genannten Originalarbeit von Kuhn (Fußnote 274) findet man einen Beweis in Roger B. Myerson, *Game theory: analysis of conflict*, Cambridge 1991, S. 154-163, 202-204; R. Selten, *Reexamination of the perfectness concept for equilibrium points in extensive games*, International Journal of Game Theory, 4 (1975), S. 25-55, Kapitel 4, nachgedruckt in: Harold W. Kuhn (ed.), *Classics in game theory*, Princeton 1997, S. 317-354.

Plausibel wird Kuhns Ergebnis, wenn man sich eine gemischte Strategie vorstellt, die keiner Verhaltensstrategie entspricht: Bei einer solchen Strategie gibt es mindestens eine Informationsmenge, bei der die Wahrscheinlichkeitsverteilung der zufälligen Zugauswahl von einer vorausgegangenen Zugentscheidung desselben Spielers abhängt. Da der Spieler aber bei perfektem Erinnerungsvermögen seinen bei der ersten Entscheidung ausgewählten Zug nicht vergisst, ist dieser Zug für alle Positionen der Informationsmenge, bei der wir die bedingte Zufallsauswahl unterstellt haben, identisch. Die zu diesem Zug bedingte Wahrscheinlichkeitsverteilung kann damit auch absolut genommen werden, ohne dass sich dadurch das zu erwartende Spielergebnis ändert, das heißt, die so veränderte Strategie ist äquivalent zur ursprünglichen Strategie.

LIV

Im Prinzip handelt es sich um ein reines Dimensionsargument, bei dem die Realisierungsgewichte dazu verwendet werden, bezogen auf den strategischen Einfluss eines Spielers die Zahl der relevanten Parameter zu bestimmen. Von denen kann es nämlich offensichtlich höchstens so viele geben, wie es beim betreffenden Spieler die Dimension der Menge aller Realisierungspläne vorgibt, und diese Dimension erhält man dadurch, dass man zu jeder Informationsmenge des Spielers die um 1 verminderte Zahl der Zugmöglichkeiten addiert.

Bei vielen Spielen ist die Dimension der Realisierungspläne deutlich kleiner als die universelle Schranke, die sich an der Anzahl der Endknoten orientiert. So können bei Le Her die

Realisierungsgewichte von Weiß durch 13 Parameter beschrieben werden. Gleiches gilt auch für Schwarz, sofern offensichtlich dominierte Züge ausgeklammert werden, die sich auf Situationen beziehen, bei denen Weiß zuvor getauscht hat. In Folge besitzen beim Le Her beide Spieler eine Minimax-Strategie, die höchstens 13 reine Strategien beinhaltet.

Dass gemischte Strategien strategisch äquivalent sind, wenn sie übereinstimmende Realisierungspläne aufweisen, wurde bereits 1969 von Yanovskaja bewiesen: Ye. B. Yanovskaja, *Quasistrategies in position games* (in Russisch), Izvestiya Akademii Nauk SSSR Tehnicheskaya. Kibernetika $\underline{1}$ (1970), S. 14-23; engl. Übersetzung: Engineering Cybernetics, $\underline{1}$ (1970), S. 11-19; siehe auch Mathematical Reviews, $\underline{43}$ (1972), #2995.

LV

Eine exakte Herleitung basiert darauf, die Anforderungen an eine optimale Gegenstrategie in eine lineare Optimierungsaufgabe umzuformen, um dann das dazu duale Optimierungsproblem zu untersuchen (genügend detaillierte Darstellungen der Dualität findet man in vielen Lehrbüchern über lineare Optimierung – zum Beispiel in Lothar Collatz, Wolfgang Wetterling, *Optimierungsaufgaben*, Berlin 1971, S, 61-62 und Peter Kall, *Mathematische Methoden des Operations Research*, Stuttgart 1976; S. 30 ff.).

Ausgegangen wird von der sequentiellen Form eines Spiels, deren Daten eine Matrix A bilden. Mit ihrer Hilfe kann aus Realisierungsplänen, die als Spaltenvektoren x und y vorliegen, die Gewinnerwartung $x^t A y$ berechnet werden. Die Anforderungen an die Realisierungspläne haben die Form

$$E\,x = e, \quad x \geq 0,$$
$$F\,y = f, \quad y \geq 0.$$

Dabei sind e und f Spaltenvektoren geeigneter Dimension, deren Koordinaten bis auf die erste, die gleich 1 ist, alle gleich 0 sind.

Bezogen auf einen beliebigen, aber für Spieler 2 fest vorgegebenen Realisierungsplan y lässt sich die für Spieler 1 optimale Gegenstrategie durch einen Realisierungsplan x charakterisieren, der die folgende lineare Optimierungsaufgabe löst:

$$x^t(A\,y) = \text{Max !},$$
$$E\,x = e,$$
$$x \geq 0.$$

Die dazu duale Optimierungsaufgabe, deren Minimum gleich dem Maximum der eigentlichen Optimierungsaufgabe ist, lautet

$$u^t e = \text{Min !},$$
$$E^t u \geq A\,y.$$

Im Vergleich zur eigentlichen Optimierungsaufgabe hat dieses duale Problem den Vorteil, dass es relativ einfach auch für die Gesamtheit aller möglichen Realisierungspläne y untersuchbar ist. Daher kann es dazu verwendet werden, die Minimax-Strategie von Spieler 2 zu bestimmen:

$$u^t e = \text{Min !},$$
$$E^t u \geq A\,y,$$

$$F\,y = f,$$
$$y \geq 0.$$

Als Spezialfall ergibt sich die Optimierungsaufgabe, wie sie für das Beispiel des Poker-Modells „Bieten-erhöhen-sehen" aufgestellt wurde.

LVI

Die Konstruktion der linearen Optimierungsaufgabe lässt sich, wie in Anmerkung LV ausgeführt wurde, völlig formal vollziehen. Ausgangspunkt der hier in Kapitel 3.7 bis 3.9 untersuchten Beispiele war eine objektorientierte Implementation der betreffenden Positionen mit Methoden wie

- `ZugAnzahl`:
  Anzahl der möglichen Züge – für Endpositionen ergibt sich der Wert 0.
- `AmZug`:
  Ermittelt den ziehenden Spieler (Spieler 1, Spieler 2 oder Zufall).
- `Ziehe(ZugNr, Prob)`:
  Erzeugt eine neue Positionsinstanz, die der im Zug erreichten Position entspricht. Bei Zufallszügen wird außerdem die Zugwahrscheinlichkeit `Prob` ermittelt.
- `Informationsmenge`:
  Ermittelt – außer bei Endpositionen und vor Zufallszügen – die aktuelle Informationsmenge in Form einer eindeutigen Benennung (`String`).
- `Gewinn`:
  Ermittelt bei Endpositionen den Gewinn von Spieler 1.

Diese Basis reicht bereits aus, um die beschriebenen Algorithmen zur Berechnung von Minimax-Strategien zu implementieren.

LVII

Nashs Beweis basiert auf der Idee, dass die Spieler ihre Strategien simultan modifizieren, und zwar in einer Weise, die an das in Kapitel 3.6 vorgestellte Verfahren einer fiktiven Serie von Partien erinnert. Dazu wird eine gegebene Kombination, die für jeden Spieler eine gemischte Strategie enthält, aus der Perspektive der einzelnen Spieler untersucht: Mit welchen reinen Strategien hätte ein Spieler die gegnerischen Strategien besser kontern können als mit dem tatsächlich von ihm verwendeten Strategie-Mix? Und um wie viel hätte er dabei seine Gewinnerwartung steigern können? Aufbauend auf dieser Idee definiert Nash konkret eine Transformation, bei der simultan für alle Spieler eine neue gemischte Strategie berechnet wird. Dabei werden die Wahrscheinlichkeiten derjenigen reinen Strategien angehoben, die für den betreffenden Spieler eine bessere Antwort dargestellt hätten als der verwendete Strategie-Mix, und die der anderen verringert. Unter Verwendung des Brouwer'schen Fixpunktsatzes (siehe dazu Anmerkung XVIII), den schon John von Neumann zum Beweis seines Minimax-Theorems verwendete, lässt sich für diese Transformation ein Fixpunkt nachweisen, bei dem es sich aufgrund der konkret von Nash konstruierten Formel um ein Gleichgewicht von Strategien handeln muss.

Nashs Konstruktion, bei der die Spieler ihre Strategien simultan transformieren, ist übrigens keineswegs kompliziert. Wir sehen uns einen einzelnen Spieler an – bei den anderen verläuft die Transformation analog –, der seine reinen Strategien s_1, s_2, ..., s_m im Verhältnis der Wahrscheinlichkeiten x_1, x_2, ..., x_m gemischt hat ($x_1 \geq 0$, $x_2 \geq 0$, ..., $x_m \geq 0$ und $x_1 + x_2 + ... + x_m = 1$). Der Spieler vergleicht nun seine gemischte Strategie mit den reinen Strategien und zwar bezogen darauf, welche reinen Strategien die gegnerischen Strategien besser gekontert hätten. Im Vergleich berechnet werden die Gewinnverbesserungen a_1, a_2, ..., a_m, die der Spieler mit den reinen Strategien anstatt seiner gemischten Strategie hätte erzielen können. Dabei wird bei einer wenig empfehlenswerten Gegenstrategie s_i, das heißt einer reinen Strategie, die im Vergleich zum aktuellen Strategie-Mix eine schlechtere Antwort darstellt, einfach $a_i = 0$ gesetzt. Nashs Transformation sieht nun vor, dass der Spieler seine Strategien mit den Wahrscheinlichkeiten

$$\frac{x_1 + a_1}{1 + a_1 + a_2 + ... + a_m}, \quad \frac{x_2 + a_2}{1 + a_1 + a_2 + ... + a_m}, \quad ..., \quad \frac{x_m + a_m}{1 + a_1 + a_2 + ... + a_m}$$

mischt; die anderen Spieler verfahren analog und zwar alle simultan. Offensichtlich ist Nashs Transformation stetig. Da die Menge aller Strategie-Kombinationen topologisch einem höherdimensionalen (Hyper-)Kubus mit Rand entspricht, kann der Brouwersche Fixpunktsatz angewendet werden, was die Existenz eines Fixpunktes zeigt. Ein solcher ist aber ein Nash-Gleichgewicht: Dazu wird unter den Strategien s_1, s_2, ..., s_m, die mit einer positiven Wahrscheinlichkeit im aktuellen Mix enthalten sind, die „schlechteste" ausgewählt, das heißt diejenige Strategie, die dem Spieler gegen die aktuellen gegnerischen Strategien die geringste Gewinnerwartung und somit gegenüber seinem Mix keinesfalls eine Verbesserung bringt. Für die so gefundene Strategie s_i gilt damit $x_i > 0$ und $a_i = 0$, so dass die Fixpunkt-Eigenschaft der betreffenden Koordinate sofort $a_1 + a_2 + ... + a_m = 0$ und schließlich $a_1 = a_2 = ... = a_m = 0$ zur Folge hat, das heißt, gegen die aktuellen Strategien der Gegner kann der Spieler seine Gewinnerwartung nicht erhöhen.

Es bleibt anzumerken, dass die Transformation keineswegs dazu geeignet sein muss, ein Gleichgewicht mit Hilfe einer Iteration zu berechnen, da die Transformation durchaus den Abstand zu einem Nash-Gleichgewicht vergrößern kann.

Einen Überblick über Berechnungsmethoden für Nash-Gleichgewichte geben Richard D. McKelvey, Andrew McLennan, *Computation of equilibria in finite games*, in: Hans M. Amman (ed.), *Handbook of computational economics*, Amsterdam 1996, S. 87-142.
LVIII

Auch allgemein reicht es, nur einen Teil der in einer gemischten Strategie enthaltenen Entscheidungen „global" auszuwürfeln. Die Zufallsauswahl der anderen Züge kann dann bedingt zu den global getroffenen Entscheidungen „lokal" erfolgen:

• Unter Umständen global, das heißt mit einer gemeinsamen Zufallswahl, müssen solche Entscheidungen getroffen werden, deren Informationsmengen einen Signalcharakter aufweisen, womit gemeint ist, dass der ziehende Spieler sein dort vorhandenes Wissen oder seinen dort getätigten Zug später scheinbar „vergisst" – zum Beispiel deshalb, weil der später ziehende Partner diese Informationen überhaupt nicht erhält.

- Stehen die Entscheidungen des global auszulosenden Strategieteils fest, können bedingt dazu die Züge in den anderen Informationsmengen lokal, das heißt auf Basis einer entsprechenden Zahl von Verhaltensstrategien, ausgewählt werden.

Siehe dazu: G. L. Thompson, *Signaling strategies in n-person games*, in: Kuhn, Tucker (ed.), *Contributions to the Theory of Games II*, Reihe: Annals of Mathematics Studies 28 (1953), S. 267-277; G. L. Thompson, *Bridge and signaling*, ebenda, S. 279-289.

Stichwortverzeichnis

© Springer Fachmedien Wiesbaden GmbH, ein Teil von Springer Nature 2018
J. Bewersdorff, *Glück, Logik und Bluff*, https://doi.org/10.1007/978-3-658-21765-5

Printed in the United States
By Bookmasters